本书摄影图片由杨甲文、陈丛伟、李亚鹏、冯贤、曾桂兰、乔荣占等同志提供。

2007年8月，徐一戎先生荣获全国劳动模范荣誉

2007年10月，徐一戎先生获何梁何利基金会奖励

徐一戎先生捐献100万元成立黑龙江垦区一戎水稻科研基金

2008年10月，徐一戎先生向黑龙江省农垦科学院捐献100万元仪式

2013年6月，徐一戎先生在从事寒地水稻研究工作62周年座谈会上

北大荒集团七星农场水稻长势喜人

黑龙江省农垦科学院水稻研究所徐一戎水稻科技园区智能温室

北大荒集团建三江分局稻田画

北大荒集团二道河农场万亩水稻肥药航化作业

北大荒集团建三江分公司稻田画

北大荒集团八五九农场稻田画

北大荒集团建三江分公司稻田画

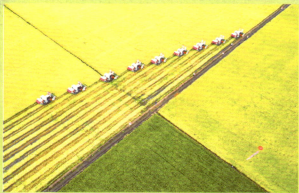

北大荒集团红兴隆分公司水稻喜获丰收

北大荒集团建三江分公司机群收割水稻

黑龙江省农垦科学院水稻研究所徐一戎水稻科技园区试验小区

2006年7月，徐一戎先生在黑龙江省农垦科学院水稻研究所试验基地拍摄水稻栽培技术专题讲座片

2008年9月，徐一戎先生为稻农解答疑难问题

2010年6月，徐一戎先生在黑龙江省八五二农场为稻农讲解水稻栽培技术

2010年6月，徐一戎先生在黑龙江省桦南县为基层技术员和稻农实地讲解水稻栽培技术

2010年7月，徐一戎先生在黑龙江省新华农场与稻农合影

2011年4月，徐一戎先生在黑龙江省七星农场水稻育秧大棚查看秧苗

2011年7月，徐一戎先生在黑龙江省新华农场为稻农讲解水稻种植技术

2011年7月，徐一戎先生在黑龙江省新华农场现场解答稻农生产中遇到的疑难问题

2012年5月，徐一戎先生在黑龙江省八五八农场为基层技术员和稻农讲解水稻育秧技术

接受媒体专访

2005年5月，徐一戎先生在黑龙江省农垦科学院水稻研究所试验基地查看秧苗

2007年8月，徐一戎先生和科技人员在一起进行水稻长势分析

2007年8月，徐一戎先生在黑龙江省农垦科学院水稻研究所试验基地接受央视专访

2008年6月，徐一戎先生接受《人民日报·大家》栏目专访并合影

2010年7月，徐一戎先生接受央视军事与农业频道专访

2010年7月，徐一戎先生在新华农场田间和央视记者合影

2010年7月，徐一戎先生在新华农场田间接受央视专访

2012年10月，徐一戎先生在黑龙江省农垦科学院水稻研究所试验基地

2012年5月，徐一戎先生回访黑龙江省八五六农场

2004年3月，徐一戎先生在黑龙江省农垦科学院水稻研究所指导绘制寒地水稻叶龄诊断图历

2004年6月，徐一戎先生在黑龙江省八五八农场查看水稻分蘖情况

2004年6月，徐一戎先生在黑龙江省八五七农场查看水稻根系生长情况

2005年9月，徐一戎先生在黑龙江省农垦科学院水稻研究所江北试验基地现场指导科技人员

2004年6月，徐一戎先生在黑龙江省军川农场查看水稻根系生长情况

2006年7月，徐一戎先生与时任黑龙江省农垦科学院水稻研究所所长解保胜在一起查看秧苗

2006年7月，徐一戎先生在试验田为科研人员讲授叶龄诊断栽培技术

2006年8月，徐一戎先生在实验室分析水稻单株长相

2007年9月，徐一戎先生与时任黑龙江省农垦科学院水稻研究所副所长那永光一起进行田间调查

2008年9月，徐一戎先生在黑龙江省桦南县进行秋收前期调研

2009年8月，徐一戎先生在黑龙江省农垦科学院水稻研究所科技园区与科技人员交流

2010年5月，徐一戎先生前往黑龙江省新华农场查看水稻秧苗

2010年6月，徐一戎先生在黑龙江省八五七农场查看苗情

2010年6月，徐一戎先生在黑龙江省八五七农场查看秧苗

2010年6月，徐一戎先生在黑龙江省桦南县指导本田管理

2011年9月，徐一戎先生回访黑龙江省二道河农场

2011年9月，徐一戎先生在黑龙江省二道河农场查看水稻长势

2012年5月，徐一戎先生在黑龙江省八五四农场与基层种植户交流

寒稻飘香话丰年

徐一戎科研践行录

那永光 李 静 主编

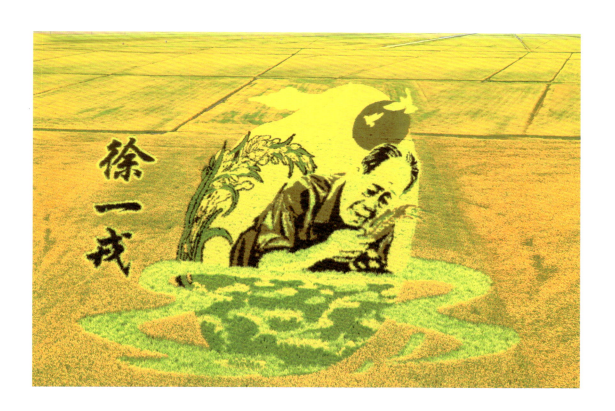

黑龙江科学技术出版社

图书在版编目（ＣＩＰ）数据

寒稻飘香话丰年：徐一戎科研践行录 / 那永光，李静主编 .－－哈尔滨：黑龙江科学技术出版社，2024.6
　　ISBN 978-7-5719-2400-3

　　Ⅰ.①寒… Ⅱ.①那… ②李… Ⅲ.①寒冷地区－水稻栽培－文集 Ⅳ.① S511-53

中国国家版本馆 CIP 数据核字 (2024) 第 098902 号

本书系统介绍了徐一戎先生立足黑龙江，在寒地稻作方面开展的技术研究和取得的成果，全书共分九篇，分别阐述寒地稻作、黑龙江农垦稻作、寒地水稻旱育稀植三化栽培技术、黑龙江垦区寒地水稻生育叶龄诊断技术要点、水稻栽培必读、水稻生育诊断与优质高产栽培、水稻增产新理论与稀植栽培、水稻直播栽培、科技成果凝练等内容。本书内容理论联系实际，科学性和可操作性强，可作为寒地水稻生产技术培训的参考教材，供农业科研人员、农技推广人员和广大稻农在科研和生产中使用。

寒稻飘香话丰年：徐一戎科研践行录
HAN DAO PIAO XIANG HUA FENGNIAN:XU YIRONG KEYAN JIANXING LU

那永光　李　静　主编

责任编辑　刘　杨　梁祥崇
封面设计　乔荣占　杨甲文　迟丽萍
出　　版　黑龙江科学技术出版社
　　　　　地址：哈尔滨市南岗区公安街 70-2 号　邮编：150007
　　　　　电话：（0451）53642106　传真：（0451）53642143
　　　　　网址：www.lkcbs.cn
发　　行　全国新华书店
印　　刷　哈尔滨市石桥印务有限公司
开　　本　787 mm×1092 mm　1/16
印　　张　38.25
字　　数　920 千字
版　　次　2024 年 6 月第 1 版
印　　次　2024 年 6 月第 1 次印刷
书　　号　ISBN 978-7-5719-2400-3
定　　价　198.00 元

《寒稻飘香话丰年——徐一戎科研践行录》
编委会

序

"寒地稻区"是我国新兴的稻区，历经恢复建设期（1950—1955 年）、扩大发展期（1956—1960 年）、下降徘徊期（1961—1975 年）、恢复上升期（1976—1980 年）、迅速发展期（1981—1990 年）、高速发展期（1991—2000 年）、稳步发展期（2001—2020 年）、结构调整期（2020 年至今）等阶段。寒地稻作从小到大、从弱到强的发展过程，离不开新品种的选育成果，也离不开种植模式的规范，特别是良种良法的精准配套，极大地保证了水稻生产的安全性、高效性和实操性。今天，寒地稻区已成为全国最大的粳稻产区，对保证国家粮食安全发挥了重要作用，为确保"中国粮食中国饭碗"做出了显著贡献。

无数农业科技工作者对寒地稻作的发展倾注了心血，其中，被誉为"北大荒寒地水稻之父"的徐一戎先生就是业界尊崇、百姓敬仰的杰出代表。徐一戎先生把自己的一生都献给了北大荒的水稻事业，他提出了寒地水稻计划栽培防御冷害理论体系，创造了寒地水稻直播亩产千斤纪录，制定了寒地水稻旱育稀植"三化"栽培技术模式，完成了寒地水稻优质米生产技术研究。

由徐一戎先生主持完成的"寒地水稻叶龄诊断栽培技术"等科研项目成果享誉龙江大地、造福千万稻农，推广应用面积累计 1.5 亿亩以上，增产粮食 600 多亿斤；他把一生的积蓄全部捐献出来，设立了"黑龙江垦区一戎水稻科技奖励基金"，培养了一大批年轻科研骨干；他是北大荒农业科技战线的一面光辉旗帜，是北大荒精神的忠实践行者，更是 160 万北大荒儿女心中永恒的"稻神"与丰碑。

2024 年是徐一戎先生一百周年诞辰，为深切缅怀徐老的光辉一生，广泛宣传、学习徐老的学术思想和高尚品格，在北大荒集团及社会各界大力支持下，黑龙江省农垦科学院组织收集整理了徐一戎先生的代表性科技成果，并追加了其科研团队主要成员的部分创新成果。我们本着保持原貌的原则，按照作品原来的编写结构，重新整理，汇编成本书，以期教育、引导和激励广大农业科研工作者，以徐老为榜样，立足科研岗位，创新奉献，共同为寒地水稻发展尽心竭力，为助力"三农"、共护"中国粮食中国饭碗"做出应有的贡献。

本书在编辑过程中，全体编委都付出了极大的努力，同时，本书编校过程中得到省内外同行的大力支持，在此一并表示衷心感谢！

由于时间仓促，书中内容难免挂一漏万，在此敬请各位行业专家和广大读者批评指正。是为序。

编者

2024 年 1 月

目　录

第一篇

寒地稻作

第一章　寒地水稻的生长发育

第一节　寒地水稻的特性与栽培的外界条件

寒地水稻生育期间短，受温度影响较大。寒地水稻生育期间气温变化的特点是：前期升温慢，中期高温时间短，后期降温快。因此，生育前期要注意保温壮苗，中期要充分利用高温适时孕穗抽穗，后期要保证有足够的光温条件，才能获得高产。

由于寒地水稻生育期间短，因而栽培的品种均为早熟或极早熟的粳稻。此类品种感温性强，营养生长与生殖生长部分重叠，主茎叶数少，有效分蘖节位少，为非蓄积型。这是寒地生态条件下逐渐形成的水稻品种特性。

水稻与旱田作物不同，有在水田里生长的能力。水田的昼夜温差比旱田小，季节间的变化也小，这对水稻生长有利。但淹水的土壤氧气很少，这是对水稻生育不利的一面。水稻根系生长在泥土中，而茎叶伸露在水面上，具有水旱双重特性。所以要按水稻生长发育的要求，做好水的管理，调节好水、肥、气、热，提高光合效率。

水田和旱田也不一样。水田除了用水可以防草、便于整平土地、具有保温增温效果之外，在水稻的营养及其生理方面，还有以下特点：第一，水田中可被水稻吸收利用的养分多，水田空气少，呈还原状态；磷、铁、锰等养分呈易于吸收状态，集积在根的周围，便于根系吸收。第二，水田中的水经常把养分运到稻根的周围，以供其吸收。第三，水是稻体的重要组成物质，在有水的环境下，水稻生育迅速，产量高。但同时也有其不利的一面，如用水不当，稻体过分伸长，反而会影响产量的提高。在长期淹水条件下，土壤中产生硫化氢和有机酸等有害物质，影响稻根的有氧呼吸、养分吸收和降低根的活力。因此，必要时须排水、晒田，以除去有害物质。水田的优缺点是相辅相成的。充分发挥其长处，克服其不利因素，应是水稻栽培技术的重要内容。

为了更好地掌握水稻栽培技术，在认真研究当地的气象、土壤等自然环境的同时，还要深入了解水稻的生长发育，才能使水稻顺应当地的环境条件，满足水稻生育的要求，从而获得高的产量。水稻栽培的外界条件主要有：

水：稻体所含大量水分，多数是直接从土壤中或水中吸收的。不仅存在于导管、细胞间隙和细胞液内，在细胞膜、原生质中也有大量水分。这些水分在稻体内吸收、流转或从体表蒸散，完成新陈代谢的生理功能。茎叶的水分含量，以抽穗开花时最大。鲜重的水分比例，以移栽时最多，以后逐渐减少，特别是出穗开花以后明显减少。从这时开始，土壤水分对茎叶水分的影响趋于明显。

空气：水稻进行呼吸，从空中吸取氧气，并间接利用氮作为氮素化合物的供给源。此外，二氧化碳是水稻光合作用不可缺少的。

光、温：水稻以日光进行光合作用，光的强弱影响水稻的形态和蒸腾作用，对开花结实也有一定影响。在强光下株高容易受到抑制，在弱光下则容易徒长。茎数、地上部干重、穗数、总粒数、结实粒数、穗重及结实率等在强光下增多，弱光下明显变少。分蘖盛期遮断光照，茎数减少；孕穗期遮光，粒重下降。寒地水稻感温性强，水稻生育对温度高低敏感。

土壤：土壤是水稻生产的基地，水稻生长所需十大元素：氧、碳、氢、氮、磷、钾、硫、钙、镁、铁，除碳素取自空气中外，其余均需从土壤和水中吸取。因此，改善土壤条件、不断培肥地力，是水稻生产的基础条件。

第二节　水稻的一生与栽培

稻谷从萌发经生长发育到新谷成熟，为水稻的一生。在水稻的一生中，以幼穗分化期为界限，以前为营养生长阶段，以后为生殖生长阶段。营养生长阶段分为幼苗期和分蘖期，生殖生长阶段分为长穗期和结实期。各生育期间互相联系，相互制约，形成统一的有机整体，完成一生过程。营养生长阶段的分蘖终止、拔节，与幼穗分化之间，有重叠、衔接、分离三种关系，形成三种不同的生育类型。

重叠型：营养生长与生殖生长部分重叠，幼穗分化后才拔节、分蘖终止，地上部伸长节间数5个以内，属早熟品种类型，寒地水稻多为此种生育型。由于营养生长期间短，栽培上应注意前期促进，从壮苗出发，培育健壮的营养体，是高产的关键。

衔接型：分蘖终止、拔节，与幼穗分化衔接进行，地上部有6个伸长节间，为中熟品种类型。营养生长与生殖生长间的矛盾小，栽培上宜促控结合。

分离型：营养生长与生殖生长间略呈分离，分蘖终止、拔节后10～15d才进入幼穗分化，地上部有7个伸长节间以上，为晚熟品种类型。在栽培上应促中有控，促控结合。

水稻一生经过如上2个生育阶段，4个生育时期，最终形成产量。产量的构成因素是：穗数、每穗粒数、结实率和粒重。

穗数：由苗数、每苗分蘖数、有效分蘖率三者组成。决定穗数多少的期间，主要在分蘖期，分蘖多少对穗数影响较大。决定穗数的基本条件是苗数、苗的素质、环境条件与栽培管理。早期低位分蘖成穗率高，穗部质量好，所以应促前控后，提高分蘖质量。从生理上看，最高分蘖期过后，同株的分蘖渐次出现正常生长蘖和停滞生长蘖，正常生长蘖发育成穗，停滞生长蘖成为无效分蘖。

每穗粒数：决定粒数的主要时期是长穗期，从穗的第1苞分化开始，直到花粉母细胞减数分裂终了，约为27d。前半期以枝梗分化为中心，是粒数增加时期；后半期以减数分裂为中心，是粒数减少时期。在栽培上要保证枝梗、颖花正常分化，积极防止后期退化，培育壮秆、大穗，促进粒多。

结实率：粒数确定后，如结实率低，成熟不良，也不能获得高产。结实率低的原因，有未受精（空壳）和发育停止（秕粒）两种。影响结实率的时期，在幼穗形成到出穗后30 d之间，其中以减数分裂期到出穗后15 d之间影响最大。因此，寒地水稻栽培必须确保适时抽穗，把抽穗期安排在当地温度和光照良好的季节，以提高结实率，保证安全成熟。

粒重：由颖壳容积大小和灌浆物质（胚乳量）多少来决定。颖壳容积在减数分裂期已经确定，开花后的灌浆物质主要来源于抽穗后光合作用的产物，产量越高时对抽穗后光合产物的依赖程度越大（可达90%以上）。因此，做好后期肥、水管理，防止根、叶早衰，提高光合效率，确保安全成熟，是结实期田间管理的基本要求。

总之，穗数是由群体发展决定的，粒数、结实率和粒重是个体发展的表现。通过栽培管理，使群体与个体的发展协调统一，才能获得较高产量。

第三节　水稻生长发育与环境条件

一、种子与发芽

（一）保存年限与水分、温度条件

成熟的稻种虽呈休眠状态，但仍有微弱的生理活动。稻种寿命的长短，因采种地点、水分、贮藏方法及温度条件等而有不同，温暖干燥的地方所产种子寿命长，寒冷湿润地区生产的种子寿命短。种子水分少且在低温下贮藏寿命相对延长。水分含量为10%～12%的种子，密封贮藏在38 ℃以下的温度里，发芽力可保持数年。充分干燥的种子，对温度的抵抗力较强。据日本的铃木氏试验，用70 ℃干燥24 h，对发芽力几乎没有影响；80 ℃时略有影响；90 ℃时影响激增。试验认为：稻谷干燥，以温度40～60 ℃，经2～4 h，使水分约达13%比较理想。稻种温汤处理，在55～60 ℃内经5～10 min，对发芽无大影响，而65 ℃ 5 min影响明显。

（二）种子发芽的条件

水稻种子发芽，必须具备两个基本条件，一是种子本身具有发芽能力；二是需要有适宜种子发芽的外界条件。

影响种子发芽的内因，首先是种子的成熟度。一般来说，种子成熟度好，发芽率也高。中国科学院植物生理生态研究所用晒种方法，提高了不同成熟度的稻种发芽率和发芽势，特别对未成熟的种子更为明显。种子成熟的生理变化主要是合成过程，种子干燥可使合成过程加快，使发芽率有所提高。种子的后熟作用、休眠期长短、种子的寿命等亦对种子发芽有一定影响。

水稻种子从休眠状态转化为萌发状态必需的外界条件是：足够的水分、适当的温度和充足的氧气，三者同等重要，缺一不可。种子发芽过程一般分为吸胀、萌动、发芽3个时期。各时期的矛盾特点不同，其所需条件也不一样。

1. 吸水和发芽

稻种吸水后，种子中的酶开始活动，种子所含各种养分渐次溶解，供胚吸收利用。稻种发芽必需的吸水量，约为种子重量的 25% 以上，当吸水量达到本身重量的 40% 左右时最为适宜。稻种吸水过程可分为 3 个阶段：第一阶段是急剧吸水的物理学吸胀过程。在此过程中，种子几乎可吸收种子萌动所需水分的一半以上；第二阶段是缓慢吸水的生物化学过程。在此过程中，种子内进行酶的活动、物质转变和运送等生物化学变化；第三阶段是吸水增多的新器官增长过程。在此过程中，水稻幼苗迅速生长，吸收水分增多。稻种吸水速度与温度有关，温度高吸水快，温度低吸水慢，一般需积温 80 ~ 100 ℃。水稻浸种的目的，是使稻种均匀充分地吸水，促进整齐发芽。如吸水不足，发芽慢，易出现"盲谷"不露白。如遇此种情况，在催芽过程中可多淋些温水补足。但浸种时间过长，则种子养分易溶解损失。据试验文献记载，在 10 ~ 15 ℃水中浸 1 d，稻种成分量损失 0.21%，浸 10 d 损失 0.37%，浸 20 d 损失 1.19%，因此不宜任意延长浸种时间。而且长期浸种，缺氧窒息，会影响胚的萌动，降低发芽率和抗寒性。稻种浸好的标准是：稻壳色变深，胚部膨起，手碾胚乳成粉，米心不显白色。如稻壳仍为白色，谷粒坚实，说明还未浸好；如稻壳深黄并显光泽，说明浸种时间偏长。

2. 氧气与发芽

水稻在水中或氧浓度低的地方虽然也能发芽，但只是形态上鞘叶伸长，种子根和真叶原基并不伸长。为迅速健全地发芽，需有必要数量的氧气。胚在休眠时呼吸作用微弱，开始发芽便明显旺盛。氧气在发芽过程中的生理作用是促进呼吸作用，呼吸释放的能量供各种生理活动的需要，并保证淀粉酶的活性，促进淀粉酶的水解作用和蛋白质的生物合成、细胞分裂和新器官形成。因此在浸种时应及时换水，以供给氧气并清除溶解于水中的二氧化碳、酸类等有害物质，使之正常发芽。

3. 温度与发芽

温度对稻种的发芽从吸水开始即有影响。种子萌发是一个生理生化的变化过程，是在一系列酶的参与下进行的。酶的催化与温度有密切关系。温度过低，即使稻种吸足水分，氧气充足，也难发芽。发芽的最低温度是 8 ℃，最高临界温度是 44 ℃，最适温度是 28 ~ 32 ℃。水稻发芽对温度的要求因品种不同而有异，特别是最低温度品种间差异较大。寒地水稻发芽的最低温度低，越是早熟品种低温条件下的发芽率相对越高。催芽过程的温度一般是：高温破胸，适温催根，保湿催芽，摊晾炼芽。为了破胸快速而整齐，可用人工加温保持在 35 ℃左右，只需 10 多小时即可破胸露白。露白到根齐，应及时翻动，通气降温，以水调气，以水调温，达到适温催根、保湿催芽，此期应将温度调至 25 ℃左右。根芽出齐后，要将稻种摊薄至 3 ~ 6 cm，并淋凉水降温，摊晾炼芽，以提高抗寒能力。

稻种发芽时，一般幼芽比幼根先长。幼芽是由种子胚最初长出的鞘叶及其下的胚轴和鞘叶中的初生叶（不完全叶、第一叶）等构成。鞘叶在暗处生长比在阳光下生长约长 2 倍，在水中比在暗处伸长更甚，这在寒地水育苗或水直播田中较为常见，如管水不当极易形成弱苗。在正常条件下，不完全叶与鞘叶同速生长，达一定程度突破鞘叶先端抽出。在深水下，鞘叶显著伸长，不完全叶不随之伸长，水深或氧气不足，根系生长不良。发芽时先长幼芽或先长幼根，以发芽床的水分决定。先出幼芽的水分界限，大粒种子为20%～24%，小粒种子较其略少。鞘叶向稻种颖尖方向伸长，不完全叶向相反方向伸长，如此依次伸长，在颖尖一侧的叶片为单数叶，相反一侧的为双数叶（图1-1-1）。

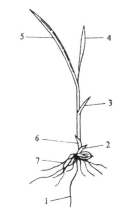

图 1-1-1　幼苗及叶龄方位
1. 种子根；2. 鞘叶；
3. 第1片完全叶；
4. 第2片完全叶；
5. 第3片完全叶；
6. 不完全叶；7. 不定根

二、苗的生长

水稻在秧田的生长时期称为苗期。直播栽培在分蘖前为苗期。移栽用的秧苗，按叶龄多少分为大苗、中苗和小苗。一般5叶以上为大苗，4～5叶为中苗，3叶以内为小苗。大、中、小苗不仅有叶龄的差别，在着叶和分蘖方式即体型上也有差别。如第1片叶的着生位置，小苗较高，中苗次之，大苗最低；大苗在6叶时已出现3个分蘖，中苗到4叶还很少分蘖。从干重的变化来看，在2叶期小苗的干重仅为大苗的80%左右。大苗干重高，中苗次之，小苗较低。这种差异主要是由播种密度不同造成的。

（一）苗的生长特点

从地上部看，稻种萌发鞘叶伸出地面，叶内没有叶绿素，随后从鞘叶中抽出不完全叶，开始有叶绿素，伸长达1cm左右，呈现一片绿色，称为出苗或现青。出苗2～3d后，从不完全叶内抽出具有叶鞘和叶片的第1片完全叶，一般按照完全叶的数目计算叶龄。第1片完全叶尚未展开时，稻苗呈针状为立针期。经2～3d，出第2片完全叶，到第3片完全叶展开时，称为3叶期。此时胚乳养分已将耗尽，稻苗进入独立生活，所以又称为离乳期。

从地下部生长看，稻种萌发后由胚根向下伸长成种子根，扎入土中吸收水分和养分，其后在鞘叶节上开始发根，一般为5条。先从种子根两旁长出2条较粗根，1～2d后在对称位置长出2条较细的根，随后在种子根同一方向再长出1条细根。这5条根扎入土中，是稻苗初期生长的主要根系（图1-1-2）。鞘叶节上的5条根系，在稻苗立针期开始长出，到1叶1心期基本出完，所以要抓住这一时期，使田面无水，促进扎根立苗。从3叶开始，随叶片伸出，依次从不完全叶节、第1片完全叶节长出根系，统称为节根或不定根。不定根较粗壮，有通气组织。

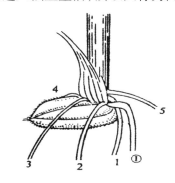

图 1-1-2　鞘叶节根出生位置和顺序
①种子根；1、2、3、4、5为鞘叶节根

因此，3 叶期前秧畦或田面应保持通气，3 叶期后可按需要建立水层。

（二）稻苗对环境的要求

稻苗生长快慢与温度有明显关系。一般日平均气温达到 13 ℃时才开始生长；日平均气温在 20 ℃左右时，利于培育壮秧；日平均气温达到 32 ℃以上，秧苗素质显著变劣。秧苗的耐寒能力以粳稻为例，其受冻指标是：播种到出苗最低气温为 –1 ℃，畦面最低温度为 –3 ℃；出苗到 3 叶最低气温为 3 ℃，畦面最低温度为 –1 ℃；3 叶期以后最低气温为 5 ℃，畦面最低温度为 2 ℃。露地育秧，如气温降到 5 ℃以下，需灌水护苗。薄膜育苗，最低气温需达 7 ℃以上时才能完全揭膜。秧苗生长需有充足的氧气，秧苗在 3 叶期以前，主要靠胚乳营养生长，在缺氧条件下，胚乳贮藏物质的能量转化效率和器官建成效率均低，不利培育壮苗。3 叶期以前根系尚无通气组织，秧田必须保持通气，3 叶期后根部通气组织形成，对土壤缺氧适应能力有所增强。稻苗对水层深浅反应敏感，水层深浅与秧田通气及温度高低有关。在出苗前，秧田保持田间最大持水量的 40% ～ 50%，即可满足发芽出苗的需要。3 叶期以前，土壤适宜含水量为 70% 左右，水分过多、氧气不足不易扎根；3 叶期后，气温增高，叶面增大，土壤水分少于 80% 时，光合作用即会受阻，秧苗生育迟缓。光照是培育壮苗的重要条件之一。光照充足，才能通过光合作用合成较多的有机物质，促进生长发育。光照不足秧苗徒长。秧田适量稀播、保持秧苗良好的受光条件，才能育出壮苗。此外，床土厚薄、床土酸度、基肥有无等，也明显影响秧苗素质。生产实践证明，盘育秧的床土厚度不宜浅于 2 cm，床土酸度以 4 ～ 5 为好，适量施用基肥易于培育壮苗。

（三）培育壮苗的关键时期

1．种子根的发育期

这是培育壮苗最初的重要时期。种子根是在鞘叶和不完全叶伸长时期，担负吸收水分、养分的唯一根系。种子根发育好，吸收旺盛，酶的活动好，苗茎粗，分蘖发育好，鞘叶节根多而粗壮。

2．第1片完全叶发育期

这片叶的形状宽窄不同，最能表现品种的特征。1 号分蘖是从 1 叶发生的，切除种子根或切除 1 叶，该蘖芽即不发育，说明该蘖芽的长势是靠第 1 完全叶的功能来支持的。因此，要调节光、温、氧等条件，防止高温徒长、形成叶鞘过长的腰高苗。

3．离乳期

寒地育苗更要重视这一时期，因为出叶速度慢，离乳的影响更大。使离乳期生育充实，避免高温、深水，防止过分伸长，对促进 1 号分蘖和壮苗是很重要的。

4．移栽准备期

移栽期是育苗过程中最后一个重要时期。稻苗移栽后发根的好坏，与移栽前秧田水分条件有密切关系。在水分少的状态下生育的秧苗，移栽后生育旺盛。因此，在移栽前 7 d 左右使秧田土壤水分下降，以育成易于返青的壮苗。为此要选用松软有团粒结构的床土，以便于调控水分，培育矮壮秧苗。

总之，在稻苗生长过程中，从播种到出苗，需水不多，耐寒力较强，需氧是主要矛盾；出苗以后耐寒力下降，温度成为主要矛盾；3 叶以后气温已高，需水成为主要矛盾。抓住主要矛盾，掌握育苗的 4 个关键时期，协调好氧气、水分、温度三者的关系，便可育成适龄壮秧。

三、叶的生长与功能

叶是光合作用的主要器官，是合成光合产物的主要场所，叶片的光合成量占总光合成量的90％以上。高产栽培的实质就是调整叶片，使之形成更多的光合产物。

（一）叶的构造

稻叶互生在茎节上，属 1/2 叶序，由叶片、叶鞘、其交界处的叶枕、叶舌、叶耳等 5 部分组成（图 1-1-3）。叶鞘作环状包裹其上位茎（节间）或叶、幼穗等，在节间伸长前，有几个叶鞘重叠在一起，呈假茎状。叶片为长披针形，中央有中筋，两侧有数量不等的平行叶脉。叶片基部与叶鞘相接处有叶枕，叶枕与叶鞘交接处有一对左右着生的叶耳，弯角状，有长毛。叶舌是叶鞘先端退化的部分，为白色舌状薄膜，密闭茎秆与叶鞘间隙，防止雨水浸入或调节秆与叶鞘之间的空气湿度。

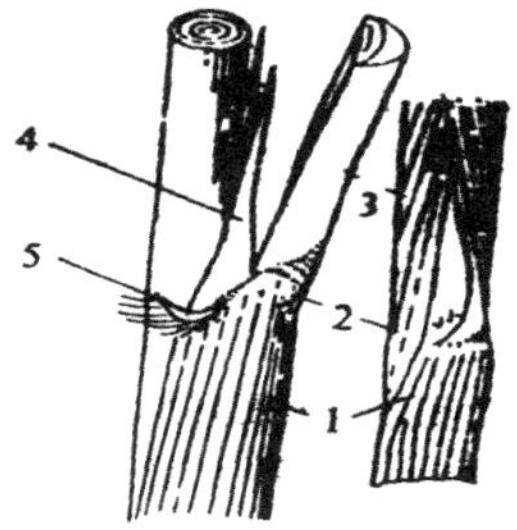

（二）叶数与生育期

水稻主茎叶数，各品种间有所不同。早熟品种叶片数少，晚熟品种叶片数多。生育期 95 ～ 125 d 的早熟品种，主茎叶数为 9 ～ 13 片；生育期 130 ～ 155 d 的中熟品种，有 14 ～ 15 片叶；生育期 160 d 以上的晚熟品种，主茎叶数在 16 片以上，最多有 19 片叶。在不同栽培条件下，主茎叶数有增有减。矮秆品种叶数比高秆品种叶数多，增加叶数是矮秆品种增加绿叶面积的一个形态特点。

图 1-1-3　稻叶的组成部分
1. 叶鞘；2. 叶枕；3. 叶片；
4. 叶舌；5. 叶耳

（三）叶的分化与出生

叶的分化发育可分 4 个阶段，即叶原基形成突起、叶组织分化、叶片伸长、叶鞘伸长。主茎各叶自下而上逐叶发育伸长，当 N 叶尖由下叶叶枕抽出，其叶片伸长基本完成，由叶鞘伸长将叶片全部抽出展开。上下相邻两叶的生长，存在着叶片、叶鞘的同伸关系，即 N 叶的叶鞘与 $N+1$ 叶的叶片同时伸长。当 N 叶抽出时，N 叶中还包有 3 个幼叶及 1 个叶原基，即 $N+1$ 叶的叶片在伸长，$N+2$ 叶的组织已分化，$N+3$ 叶的组织分化开始，$N+4$ 叶的原基分化。在 N 叶抽出时改变肥水条件，对 $N+1$、$N+2$ 两叶的影响最大，其次是 N 叶，对 $N+3$ 和 $N+4$ 两叶的影响最小。各叶从露尖到完全展开（即叶枕露出）所需日数，营养生长期各叶较快，生殖生长期各叶较慢。在主茎各叶中，前 3 叶在分蘖前出生，最后 3 叶在长穗期出生，其余各叶在分蘖期间出生。主茎一生的出叶间隔有两个转换点：一个在 3 叶期标志幼苗离乳；一个在幼穗分化期标志营养生长转入生殖生长。据黑龙江省农垦科学院水稻研究所对主茎 10 叶、11 叶类型的早熟品种进行多年观察，各叶从露尖到完全展开所需日数与活动积温相关：营养生长期各叶平均 4 ~ 5 d 长出 1 叶，需活动积温 75 ~ 85 ℃，其中 1、2 叶较快，3、4 叶较慢，5、6 叶又较快。生殖生长期各叶平均 6 ~ 7 d 长出 1 叶，需活动积温 130 ~ 145 ℃，8、9 叶较快，剑叶最慢。比一般文献记载的天数少些。各叶的寿命，随叶位上升而延长，幼苗期各叶寿命最短，最上两叶寿命最长。矮秆品种的叶片出生速度比高秆品种快，叶片寿命一般也比高秆品种长。

（四）叶的长宽

水稻主茎各叶的长宽，在正常栽培条件下，其变化有一定规律。叶片长度，自第 1 片完全叶起，随叶位上升而增长，至倒数第 3 叶达最长，以后到剑叶又依次缩短。据黑龙江省农垦科学院水稻研究所对垦稻 3 号（主茎 10 叶）亩产 500 kg 的群体调查，由下向上各叶以 3 ~ 7 cm 的长度依次增加，到最长叶后，又以 4 ~ 6 cm 的长度依次缩短。分蘖末期是生长最长叶的时期，也是最易造成后期徒长的时期。所以在这时晒田，可抑制最长叶及其下各叶的过分伸长，防止叶披、徒长和倒伏，改善群体受光态势，是高产栽培的重要环节。最长叶的叶位与品种的伸长节间数有关，伸长节间数多，最长叶的叶位下移。叶片宽度，自第 1 片完全叶开始，向上逐片增宽，到剑叶达到最宽。一般茎生叶长于蘖生叶，最上两叶与粒数呈正相关，叶片直立程度与根系活力有关。

（五）叶的功能

水稻一生多处于新叶生出和底叶衰亡的演变过程中。不同时期各叶功能不同。新出叶处于充实期，色淡、光合效能低；顶数 2 叶，叶色较深，光合产物能输出，称功能叶；顶数 3 叶，叶色最深，功能最强，叶鞘蓄积淀粉多；顶数 4 叶，与相邻上叶近似，但淀粉开始分解；顶数 5 叶，处于衰退进程。叶的光合产物在不同生育时期输向生长中心，分蘖期光合产物首先分配给幼嫩叶，其次是分蘖和根系；穗分化以后，分配给顶端新生叶、茎和穗。剑叶及其下叶合成的碳水化合物，主要送入穗部，是穗的中心功能叶。其下较老叶合成的养分主要供给茎，再下的老叶合成的养分供给根系。而根系从土壤中吸收的养分，送到上方的功能叶中去。如果过分繁茂，则下叶早衰，上叶活力降低，光合能力减弱，植株生育不良。水稻一生主茎叶片可分为 3 组：1 组为营养生长叶（或称蘖叶），着生分蘖节上，叶鞘扁、三角形中筋明显，叶腋间能产生分蘖，叶节部能发根。2 组为过渡叶，分蘖末至幼穗分化始长出的 2 ~ 4 片叶（4 个伸长节间的 2 叶，5 个伸长节间的 3 叶，6 个伸长节间的 4 叶），其中最下 1 叶鞘生在地下缩短节上，其余 1 ~ 3 叶均为基部的抱茎叶，叶鞘圆形，中筋不明显，叶腋一般不发生分蘖，下部 2 叶的叶节上发生次生根。3 组为生殖生长叶（又称穗粒叶），为最上 3 片茎生叶。

（六）叶鞘的贮藏作用

叶鞘的薄壁组织有暂时积累淀粉的功能，积累的顺序由下而上，从维管束周围开始渐至全体。主茎叶鞘比分蘖叶鞘蓄积淀粉能力强。这些淀粉是暂时贮藏的，抽穗后将运送到穗部。肥水管理合适，叶鞘蓄积的淀粉增加，叶鞘干重大于叶片干重，亦即鞘叶比高，经济系数也高，所以中期鞘叶比可作为预测籽粒充实程度的指标。

（七）叶的生长条件

影响叶片生长的条件主要有：

1．光照

光对稻叶生长有抑制作用,可破坏稻叶生长素,使叶片生长缓慢; 黑暗则促使叶片伸长。高产水稻的叶片，在不同生育时期，要有相应的叶面积，特别是在抽穗期，既要有足够大的叶面积指数，又要使植株基部具有光补偿点（波长 1 200 ~ 2 000 m 烛光）两倍以上的光强，以保证较强的光合作用。

2．温度

稻叶生长以气温 32 ℃、土温 30 ~ 32 ℃为最适宜，温度在 7 ℃以下或 40 ℃以上，稻叶停止生长。叶的光合作用在 15 ℃以上正常进行，25 ~ 35 ℃作用最强，高于 35 ℃作用下降。35 ℃ 时水稻呼吸作用比 25 ℃时增加 1 倍，净光合产物的积累比 25 ℃时下降，所以 25 ~ 30 ℃时利于光合生产和叶片寿命的延长。

3．水分

水分充足可促进叶片生长，但叶薄易干枯；如水分不足，叶片生长受抑制，生长缓慢，组织较硬。晒田的作用就是降低水分吸收，控制叶片生长。

4．养分

在各种养分中，氮肥对叶的生长影响最大，可使出叶提早，寿命相对延长，所以氮肥亦称叶肥。但氮肥施用过多，叶大而薄，组织松软，叶片寿命反而缩短。据文献记载，为保持叶片较强的光合能力，叶片各种矿质营养的最低含量是：N 2%、P_2O_5 0.5%、K_2O 1.5%、SO_3 0.7%、Mg 0.4%、CaO 0.2%。如根系吸收上述元素不能满足生长点的生长需要，下叶所含养分即向生长点转移，叶片光合能力将趋下降甚至衰枯。

11

四、分蘖的生长

水稻是具有分蘖特性的作物。分蘖早晚、多少，是衡量水稻群体中个体发育程度的重要标志之一。促进水稻分蘖早生快发，提高分蘖成穗率，确保足够穗数，是高产栽培的重要环节。

（一）分蘖发生的位置

水稻主茎一般有十几个节，每节各长 1 片叶，叶腋内均有 1 个腋芽，腋芽在适当条件下生长而成分蘖。但是鞘叶节、不完全叶节、各伸长节一般不发生分蘖，只有靠近地面的密集节上的腋芽可形成分蘖，所以称为分蘖节，着生分蘖的叶位称为蘖位。分蘖节位数一般等于主茎总叶数减去伸长节间数。分蘖着生节位较低的称低位分蘖，着生节位较高的称高位分蘖。低位分蘖成穗率高，穗形亦大，低位分蘖的始发节位因栽培方式和秧苗素质而有不同。直播稻的始蘖节位一般较低。移栽稻的始蘖节位与秧苗大小、壮弱有关。始蘖节位一般与移栽时秧苗最上接近全出叶的叶位相当，以此可以推测分蘖的最低节位。但是，即或同龄秧苗，也有壮有弱，常因各种条件而发生变化。

（二）分蘖的发生与出叶的规律

1. 分蘖芽的分化发育规律

每个分蘖刚长出时，已具有 1 个分蘖鞘、1 个可见叶及其内包的 3 个幼叶及叶原基，共相当于 6 个叶节位。亦即每个分蘖芽从分化到长出，前后需 6 个出叶期。主茎第 1 叶腋的分蘖芽，在种子萌动、鞘叶伸出时即已分化，历经不完全叶、第 1、2、3 直到第 4 叶抽出时才长出，共经 6 个叶期。在幼苗 3 叶期时，苗体内已孕育着 5 个处于不同阶段的分蘖芽和原基。所以为了分蘖的早生快发，必须以壮苗为基础，以蘖、叶的同伸程度来衡量秧苗壮弱及分蘖是否早发，是一项最好的指标。

2. 主茎出叶和分蘖发生的同伸规律

水稻主茎上的分蘖为 1 次分蘖，1 次分蘖上出现的分蘖为 2 次分蘖，余类推。当主茎 N 叶抽出时，N 叶下第 3 个叶节的分蘖同时伸出，即第 4 叶抽出时，其下第 3 叶即 1 叶叶腋的分蘖同时伸出，形成 N 叶与 $N-3$ 叶的分蘖同伸规律。其同伸的原因，根据稻体输导组织的解剖观察，N 叶的大维管束和 $N-2$ 叶、$N-3$ 叶的分蘖直接通连，N 叶伸出所需营养主要靠 $N-2$ 叶供给（功能盛期），同时 $N-2$ 叶合成的养分也供给 $N-3$ 叶的分蘖，以致形成同伸关系。3 叶以前一般无分蘖出生（秧田中亦有从不完全叶节生出分蘖的），4 叶伸出，1 叶的分蘖开始长出。分蘖茎上的分蘖，也是 $N-3$ 的关系，有时分蘖鞘叶腋长出的分蘖为 $N-2$。

（三）有效分蘖与无效分蘖

水稻群体中，有 10% 出生分蘖为分蘖始期；分蘖增加最快的时期为分蘖盛期；分蘖数达到最多的时期为最高分蘖期。分蘖成穗数与分蘖出生数相同的时期为有效分蘖终止期。在其以前出生的分蘖多为有效，在其以后出生的分蘖多为无效。分蘖成穗结实的为有效分蘖，反之为无效分蘖。

1．有效分蘖与无效分蘖的生育差异

主茎拔节对分蘖的养分供给迅速减少，使分蘖向有效和无效两方分化。有效分蘖的生理基础是主茎拔节时分蘖具有较多的自生根系和独立生活能力。分蘖茎有 3 片叶后才有自生根系。因此拔节时有 4 叶的分蘖（3 叶 1 心）能成穗，有 3 叶的分蘖（2 叶 1 心）处于动摇之中，有 1 ~ 2 叶的分蘖基本无效。根据叶蘖同伸关系，为使分蘖成穗，分蘖必须在拔节前 15 d 左右抽出，才能在主茎拔节前长出 3 个叶片，长出自己的独立根系，成为有效分蘖。所以在生产上促进分蘖早发、争取低位分蘖，是提高分蘖成穗率的关键。

2．群体有效分蘖的临界叶龄期

按照叶蘖同伸和叶节同伸的关系，在"主茎总叶数（N）—伸长节间数（n）"的叶龄期以前出生的分蘖，到拔节时（基部第一节间伸长时）可具有 4 个以上叶片，因此可将 $N-n$ 叶龄期称为有效分蘖的临界叶龄期。以 12 叶的品种为例，其伸长节间数为 4，有效分蘖临界叶龄期为 $12-4=8$，即 8 叶抽出期为有效分蘖临界叶龄期，9 叶抽出期为动摇分蘖争取叶龄期。亦即 8 叶的同伸分蘖到拔节（第 1 节间伸长期，为 $n-2$ 即 $4-2=2$，倒 2 叶伸长期为第 1 节间伸长时）即倒 2 叶伸出（主茎 11 叶）时，已具有 4 个叶片，有成穗条件，9 叶的同伸分蘖只具有 3 个叶片，在茎数不足时可以争取。

3．合理促控群体分蘖

在合理确定基本苗数的前提下，通过栽培管理，使群体的分蘖数在（$N-n$）有效分蘖临界叶位或其前一个叶龄期，达到或略超过预期的穗数，而后将控制无效分蘖与控制过渡叶的生长结合起来，改善有效分蘖长穗期的光、肥条件，提高产量形成期的生产水平。

（四）影响分蘖发生的条件

影响水稻分蘖发生的因素很多，概括起来可分为内因和外因两个方面。内因包括秧苗素质、品种的分蘖特性、秧龄大小、干重多少、充实度高低及含氮水平等，都直接影响分蘖的早晚、快慢、多少，外因方面主要包含以下几点。

1．温度

发生分蘖的最适气温为 30 ~ 32 ℃，最适水温为 32 ~ 34 ℃。气温低于 20 ℃、水温低于 22 ℃，分蘖缓慢；气温低于 15 ℃、水温低于 16 ℃，或气温超过 40 ℃、水温超过 42 ℃，分蘖停止发生。

2．光照

水稻分蘖期间，如阴雨寡照，则分蘖迟发，分蘖数减少。光照强度越低，对分蘖的抑制越严重。光强低至自然光强的5%时，分蘖停止发生。经推算，发生分蘖的临界日照量约为837.4 J/cm^2·d。秧田叶面积指数达3.5、本田达到4时，分蘖终止。

3．水分

保持浅水对水稻分蘖有利。在浅水层下可提高土壤营养元素的有效性。无水或深水易降低泥温，抑制分蘖发生。

4．栽插深度

栽插深度以2 cm左右为好，栽插过深，分蘖节位上移，分蘖延迟。弱苗深插会造成僵苗。

5．矿质营养

在各营养元素中，氮、磷、钾三要素对分蘖的影响最为显著。分蘖期苗体内三要素的临界量是：N 2.5%、P$_2$O$_5$ 0.25%、K$_2$O 0.5%。叶片含氮量为3.5%时分蘖旺盛，钾的含量在1.5%时分蘖顺利。

五、茎的生长

水稻茎秆在拔节以前呈圆筒形，中空直立，茎上有节和节间。茎的节数、伸长节间数、粗度和长度，因品种和栽培条件的不同而有差异。主茎一般有十几个节，3～6个伸长节间。寒地早熟类型品种节数少，伸长节间也少。节间初期伸长慢，幼穗形成后急剧伸长，抽穗开花后长到最后高度。

（一）茎的生长方式

稻茎的初期生长是顶端分生组织的活动，形成新的茎节和叶子，称之为顶端生长。从剑叶原始体形成后，进入幼穗分化期，到穗部分化完成后，顶端分生组织不复存在。而在节间基部保留的分生组织即居间分生组织的细胞分裂活动，使茎节继续伸长。当基部节间进行居间生长开始伸长时，出现所谓拔节。到抽穗时，节间迅速伸长，这完全是居间生长的结果。所以稻茎的生长由顶端生长和居间生长组成，由顶端生长开始，由居间生长结束。

（二）茎秆的分化发育

茎秆的分化发育可分为4个时期：

1．节和节间分化形成期

据日本的川原治之助的研究，当某叶露尖时，该叶叶鞘所抱节间的维管束数已被决定。另据日本的松岛省三的研究，茎基部第1节间的直径与每穗粒数之间呈密切的正相关。茎内大维管束数和穗部一次枝梗数是呈正相关的。由此可知，对穗部性状有影响的第 1 节间的维管束分化，在"主茎总叶数减去伸长节间数减 1"的叶龄之前已经决定。为壮秆大穗，要在该时期满足茎秆组织分化需要的氮素等矿质营养和光照条件。

2．节间伸长期

出叶与节间伸长有同伸关系。N 叶抽出，$(N-1) \sim (N-2)$ 节间伸长。如以倒数叶龄明确基部第 1 伸长节间的伸长时期，可用"伸长节间数 -2"来表示，即具有 6、5、4、3 个伸长节间的品种，其基部第 1 伸长节间的伸长，分别处于倒 4、3、2、1 叶的抽出期，基部第 2 节间伸长期处于倒 3、2、1 叶及孕穗期。所以为壮秆防倒，控制基部 1、2 节间伸长，运用上述倒数叶龄期是很方便的。控制节间伸长的主要条件是降低体内含氮水平和增强光照条件。

3．物质充实期

节间伸长后开始充实，是决定抗折断力和抗病虫能力的时期。出叶与节间伸长、节间充实之间，大体有如下关系：

N叶抽出≈$(N-1) \sim (N-2)$ 节间伸长≈$(N-2) \sim (N-3)$ 节间充实≈$(N-3) \sim (N-4)$ 节间充实完成。如具有 5 个伸长节间的品种，倒 2 叶抽出时，基部第 1 节间开始充实，剑叶抽出时充实完成，孕穗期基部第 2 节间才完成充实。

茎秆充实的物质来源，主要来自该节间两端二叶的光合产物，所以不宜过早封行，即在基部节间完成充实后封行，使基部叶片仍能受光 1 500 ~ 2 000 m 烛光以上，对防止倒伏有重要作用。此外要控制氮素，增加磷钾肥，以提高茎秆充实期体内碳素代谢水平，有利于茎秆的健壮。

4．物质输出期

水稻抽穗开花后，茎秆中贮藏的淀粉、部分半纤维素等，分解成可溶性糖向穗部转移，结实期叶和根的活力及适宜的温度和水分，是转移的必要条件。

（三）伸长节间的数目

伸长节间数目因品种而有不同，除特殊类型及深水稻外，一般伸长节间数在 3 ~ 6 个之间。据原江苏农学院对 69 份材料的调查，普通型水稻的伸长节间数约为主茎总叶数的 1/3。寒地水稻品种主茎叶数多为 9 ~ 13 叶，12 叶的品种伸长节间数为 4 个，13 叶的品种有时部分植株出现 5 个，9 ~ 10 叶的品种有时部分植株出现 4 个伸长节间。

（四）茎秆与倒伏

水稻的茎秆倒伏，主要由于茎秆发育不健壮，基部节间过长，组织柔弱，重心偏高，承受力小，担负不起上部重量而产生的。在环境条件上，如氮肥施用过多，氮磷钾比例失调，氮磷比过大［灌浆成熟期间氮磷钾比例一般为（1.4 ~ 2.0）：1：（4.0 ~ 6.0），氮磷比在 1.8 以下一般不倒〕，灌水过深，光照不足，温度过低或过高，都会影响茎秆健壮而产生倒伏。为防止倒伏，首先要选用抗倒品种，并采取合理的栽培措施，使群体通风透光，不徒长，基部节间短粗，以增强茎秆的抗倒伏能力。

六、根的生长

稻根是吸收水、肥，运输营养，支持地上部生长，合成各种氨基酸和植物激素等物质的器官，是稻株健全生长的可靠基础，高产栽培必须充分重视壮根。

（一）根的种类

稻根有种子根、胚轴根和不定根三种。种子根由胚中的根原基形成，发芽时破根鞘而出，只有一条，担负发芽期的养分吸收，一般能维持到 6 叶，根长可伸长到 15 cm（图 1-1-4）。胚轴根，一般胚轴上不发根，但播种较深，或旱直播，或因药物处理，有时会发出许多细根，分枝根很少，横向生长，数目不定。不定根是从鞘叶节及以上各节出生的根系，呈冠状长出，又称冠根。在节的上部根带发生的根，为该节上位基本单元的下位根；下部根带发出的根，为下位基本单元的上位根。越是从上位节部出生的不定根，数量越多且长势也好，伸得也长。同一基本单元的下位根比上位根粗而且长。各节形成的不定根数，受环境条件的影响而易发生变化。

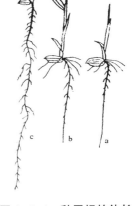

图 1-1-4 种子根的伸长
a. 芽鞘节根发生；b.1 叶 1心期；c.6 叶期种子根成熟

（二）根的构造

一条根由根冠和根体构成，根体由表皮、皮层、中柱 3 部分组成。根系在通气不良的水层下，皮层细胞果胶酸钙水解，失去细胞互相联系作用，呈放射状排列的细胞互相分离，形成许多空隙即所谓"裂生通气组织"，实质上是皮层细胞间隙。这种通气组织与茎叶中的类似组织通连，成为地上部向根输送氧气的通道，使水稻根系在淹水缺氧情况下仍能生长。根冠被覆在根体的尖端，根体顶端有生长点细胞，经常进行分裂，其附近为分裂带；与此接续的部分是各细胞纵向伸长的伸长带，伸长带与分裂带一起构成从土壤中旺盛吸收无机营养的部分，也是呼吸非常旺盛的部分。从伸长带再靠近基部为成熟带，部分表皮细胞向外突起形成根毛，而靠近根基部的根毛渐次枯萎脱落，随根的伸长根毛带也不断向前推移，成熟带中以根毛为中心，吸收水分特别旺盛。从成熟带（根毛带）到近基部，内皮壁木质化增厚，水分吸收减少，主要起通导作用（图 1-1-5）。

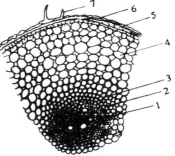

图 1-1-5 水稻幼根横切面的一部分
1. 木质部；2. 中柱部；3. 内皮层；4. 皮层薄壁组织；5. 外皮层厚壁组织；
6. 表皮；7. 根毛

（三）根的出生与发育

水稻根的出生，由下部节逐次向上，先 1 次根，再 2 次、3 次根。各节位发根的顺序一般是：N 叶抽出 $\approx N$ 节分化出根原基 $\approx$（$N-1$）~（$N-2$）节根原基发育 $\approx N-3$ 节发根 $\approx N-4$ 节根出 1 次分枝根 $\approx N-5$ 节根出 2 次分枝根……这种关系有时并不完全一致，有早发和迟发情况。各节位发根数量、长度和粗度，随节位上升而增加，但因环境条件亦有变化。秧苗素质对本田初期发根数的多少有决定性影响。分蘖的出根规律与主茎相同，所以根数激增时期一般比分蘖激增时期晚 15 ~ 20 d。在苗期要抓好种子根和鞘叶节根，打好壮苗基础。3 ~ 4 叶的秧苗发根力弱，宜带土移栽。大苗根多易活，素质好。根的伸长所需无机营养由根从土壤中吸收，而有机营养必须从地上部供给，所以节部如无地上部供给丰富的物质，就不能长出良好的根系。水稻生育初期，根斜向伸长，分布在浅层，根群呈扁圆形；分蘖盛期以后，根系渐次向下及表层伸展，出穗以后达最深，呈倒卵形。不同节位的根系对产量形成的作用不同，下层根（移栽后到幼穗分化前出生的根系，亦即上数第 4 节以下的根系）是分蘖期的功能根系。据江苏农学院研究（1981），到抽穗期下层根数只占总根数的 41.2% 左右，根量（重量）只占 35.94%，活力只为上层根的 17.6%，吸收力只为整个根系的 6.7%。上层根（幼穗分化到抽穗上 3 个生根节位出生的根系）从颖花分化起成为主要根系，是生殖生长期的主要功能根系。因此，在栽培上分蘖期促下层根，长穗期促上层根，抽穗后保上层根，防止早衰，才能获得高产。

（四）根的发育与环境条件

1．土壤的通透性和还原物质

稻根的发育需要氧气，在氧气充足的土壤条件下，根系生长良好，吸收水分，营养也较多，使地上部生长旺盛，光合产物也相应增多，这些物质又送到根部，进一步促进根的生育。因此，要改善稻田的排水设施，保持土壤良好的通透性，采取搁田、晒田等措施，供给根系氧气，促进其健壮生长。白根泌氧力强，老根泌氧力弱。根的泌氧量不足以抵御还原物质侵害时，根将中毒受害。土壤还原过强，便产生硫化氢、乳酸、丁酸、亚铁离子等。硫化氢与铁化合成硫化铁，使稻根变黑色；在铁少的情况下，稻根中毒呈灰色，严重危害稻根。乳酸、丁酸危害稻根，呈水浸状并产生臭味，同时抑制养分吸收。此外，土壤耕层深度对根系也有直接影响，在同等肥力条件下，耕深 20 cm 好于 15 cm。

2．土壤营养

土壤中的有机营养与根系的生理机能关系很大，因为根系需要的碳水化合物是由地上部光合作用制造供应的，凡影响地上部光合作用的因素，都间接地影响根的生长。矿质营养对根的影响亦大，在各种肥料成分中，氮素对稻根的生长影响最大，氮量适中根系多，过量根系减少。地上部过分繁茂，根多而短，分布浅，易早衰。氮量相同情况下，分次追肥高节位分枝根多、分枝次数多；全层施肥的下层根好些，深层追肥比全层施肥的下层根多。当苗体含氮量在 1% 以上时，根原基才能迅速发育成新根。磷和钾可使根长、根数增加，并向深层分布。氮、磷、钾供给平衡，可使稻根生长和功能保持旺盛水平。厩肥营养全，可改良土壤，并分解产生一些促进根系生长的物质，利于根的发育。

3. 温度

稻根生长最适温度为 25 ~ 30 ℃，最低温度为 12 ℃，最高温度为 46 ℃。当土壤温度高于 35 ℃，对根的生长不利；低于 15 ℃时发根力和吸收能力明显减弱。春季低温时应注意以水增温，夏季高温时要注意排水通气和流水降温。在低温条件下，首先磷的吸收受阻，其次为铵态氮，再次为钾和水。低温铵化速度慢，土壤有效氮少，影响根系生长。

4. 光强度

光强促进根系生长。在自然光照下，叶片光合产物的 17% 运往根部； 自然光减半，运往根部的光合产物为 12%；再减半，只有 1% 运往根部。据江苏农学院试验（1981），在长穗期对稻株基部遮光，使上位根数减少 44%，总根量减少 37.1%，根系活力下降 30% ~ 44%。

（五）黑根与防治

当稻田土壤含铁量较低或硫化氢过多时，硫化氢与根系表面的氧化铁膜化合，形成硫化铁，使根系成为"黑根"。黑根通常发生于活力小的老根、纤弱根或每条根的基部。按黑根的发展过程，可分三种类型：

1. 轻度黑根

黑色物质主要是高价铁的硫化物，不污手，在石灰水中（1‰ ~ 5‰ 浓度）黑色很快消失，无明显臭味，根部未腐烂。

2. 严重黑根

黑色物质主要是亚铁硫化物，较污手，在石灰水中黑色难消失，拔时少有臭气，根内未腐烂。

3. 腐烂黑根

硫化氢侵入组织内，根色灰白半透明，拔起有恶臭，部分腐烂变质。

稻田产生黑根的原因主要有：地下水位高，长期漫灌缺氧，大量施用未腐熟的肥料，硫酸铵等化肥施用过多，土质过黏通气不良等。因此要降低稻田地下水位，施用腐熟良好的肥料，避免过量施用硫酸盐肥料，适时露田、晒田，改良黏重土壤，进行综合治理，方能收效。

七、穗的分化与发育

水稻在完成营养生长之后，茎的生长锥便转入幼穗分化。水稻的穗属圆锥花序，穗的中心主梗为穗轴，穗轴上有节称穗节，最下一个节为穗颈节。穗节上长出的分枝为 1 次枝梗，1 次枝梗上的分枝为 2 次枝梗，1、2 次枝梗上长小枝梗，小枝梗末端着生小穗即颖花，由护颖、外颖、内颖、雌雄蕊等部分组成。穗节上退化的叶叫苞，在穗颈节上的苞为第 1 苞，苞的着生处有苞毛。由剑叶叶枕到穗颈节的一段节间称为穗颈。

（一）穗的分化过程

稻穗的分化过程可分为若干时期，目前国内外常用的划分方法如表 1–1–1 所示。

表 1–1–1　水稻幼穗分化过程

阶段	江苏农学院划分法	丁颖氏划分法	松岛省三氏划分法
幼穗形成期	1. 枝梗分化期	1. 第 1 苞分化期	1. 穗轴分化期
		2. 第 1 次枝梗原基分化期及第 2 次枝梗原基分化期	2. 枝梗分化期 （1）一次枝梗分化期 （2）二次枝梗分化期
	2. 小穗分化期	3. 小穗原基分化期	3. 小穗分化期 （1）小穗分化前期 （2）小穗分化中期 （3）小穗分化后期
		4. 雌雄蕊形成期	
孕穗期	3. 减数分裂期	5. 花粉母细胞形成期	4. 生殖细胞形成期
		6. 花粉母细胞减数分裂期	5. 减数分裂期
	4. 花粉粒形成期	7. 花粉内容充实期	6. 花粉外壳形成期
		8. 花粉完成期	7. 花粉成熟期

从表 1–1–1 看出，划分方法由繁到简，各有特点。从生产实用及便于以植株外部形态诊断幼穗发育进程上看，原江苏农学院划为 4 期的方法较好，其划分方法是：

在幼穗形成期中包括下列两个时期：一是枝梗分化期，包括第 1 苞原基分化、1 次枝梗分化和 2 次枝梗分化等 3 个时期。第 1 苞原基分化是指茎生长锥的基部、剑叶原基上方形成环状突起，即为第 1 苞原基，是幼穗开始分化的标志。1 次枝梗分化期，生长锥膨大并出现横纹，从下向上分化出 1 次枝梗原基突起，最后在第 1 苞着生处出现白色苞毛，标志 1 次枝梗分化终止。2 次枝梗分化，在 1 次枝梗原基两侧分化出 2 次枝梗原基突起，2 次枝梗分化完了时，幼穗被苞毛覆盖，幼穗长 0.5 ~ 1.0 mm。二是小穗分化期，包括小穗原基分化、雌雄蕊形成两个时期。上位 1 次枝梗顶端出现护颖及外颖原基突起时为小穗分化始期，当小穗分化出雌雄蕊原基时，进入雌雄蕊形成期。就全穗而言，小穗分化由穗顶向基部发展；从一个枝梗来说，顶端小穗最先分化，然后由基部向上分化，而以顶端第 2 小穗发育最迟，成为弱势花。

在孕穗期中也分两个时期：一是减数分裂期，包括花粉母细胞形成和花粉母细胞减数分裂两个时期，即从花药内花粉母细胞的发育充实开始，到减数分裂形成四分体的全部过程。这期间幼穗体积增大，养分分配矛盾尖锐，小穗向有效和退化两极发展，颖壳容积逐渐定型，所以减数分裂期也叫颖花退化期。二是花粉充实完成期，花粉粒内容充实，花粉变成黄色，穗长定型，小穗达到全长，内外颖全面出现叶绿素。

幼穗分化过程中，最关键的时期是 2 次枝梗分化期和减数分裂期，因为每穗粒数的多少取决于小穗数和小穗结实率，小穗数多少取决于枝梗特别是 2 次枝梗的多少，到减数分裂期小穗数不再增加，并可能因败育而减少。在栽培上前期要积极促花，后期要注意保花。

（二）从外部形态鉴定幼穗分化时期的方法

从外部形态鉴定幼穗分化时期，对正确进行田间管理有重要意义。常用的诊断方法有以下几种：

1．叶龄余数法

主茎上还未抽出的叶片叫叶龄余数。心叶内始终包有 3 个幼叶和 1 个原基，当幼穗第 1 苞分化时正值倒 4 叶抽出过程中。

穗轴分化期：倒 3.5 叶左右到倒 4 叶后半期。

枝梗分化期：倒 3 叶整个出叶期，1 次枝梗始于倒 3.0 叶，2 次枝梗始于倒 2.5 叶左右。

颖花分化期：倒 2 叶出生到剑叶初，共 1.2 个叶龄。颖花分化始于倒 2.0 叶，雌雄蕊形成始于倒 1.5 叶左右。

花粉母细胞形成及减数分裂期：花粉母细胞形成始于倒 0.8 叶龄期，减数分裂集中在倒 0.4 ~ 0.1 叶龄之间。

花粉充实完成期：始于倒 0.1 ~ 0 叶龄，整个孕穗期。

2．叶耳间距法

剑叶叶耳与其下叶叶耳的距离称为叶耳间距，以 cm 表示。剑叶叶耳低时为负、平时为 0、高时为正。据文献记载：–10 cm 时为减数分裂始，0 时为减数分裂盛，+10 cm 时为减数分裂终。据黑龙江省农垦科学院水稻研究所对 9 ~ 11 叶的极早熟品种观察，减数分裂期叶耳间距在 –13 ~ +3 cm 之间，较上列数据略早。

3．以幼穗和颖花长度鉴别

幼穗长 0.5 ~ 1.0 mm，有苞毛覆盖，为 2 次枝梗分化期。幼穗长 5 ~ 10 mm，为雌雄蕊形成期。幼穗长 1.5 ~ 4.0 cm，为花粉母细胞形成期。幼穗及颖花达全长的一半时为减数分裂期。幼穗及颖花接近全长时为花粉充实完成期。

4．以出穗前日数推断

第 1 苞分化在出穗前 29 ~ 35 d，2 次枝梗分化在出穗前 20 ~ 25 d，减数分裂期在出穗前 10 ~ 15 d。

5．伸长节间法

据原江苏农学院的观察，各伸长节间的伸长与幼穗分化时期有一定关系（表 1-1-2）。

从表 1-1-2 看出，有 5 个伸长节间的品种，基部第 1 个伸长节间伸长期，幼穗进入枝梗分化期。

表 1-1-2　水稻各伸长节间的伸长与幼穗分化进程的关系（1972）

幼穗分化进程		穗轴分化	枝梗分化	小穗分化	减数分裂	花药充实	抽穗	
伸长节间（自上而下）		第 7 节间	第 6 节间	第 5 节间	第 4 节间	第 3 节间	第 2 节间	穗梗
自下而上伸长节间	7 个伸长节间的	1	2	3	4	5	6	7
	6 个伸长节间的		1	2	3	4	5	6
	5 个伸长节间的			1	2	3	4	5
	4 个伸长节间的				1	2	3	4
	3 个伸长节间的					1	2	3

（三）穗的发育与环境条件

1．温度

幼穗发育最适温度是 30 ~ 32 ℃，粳稻以昼温 31 ~ 32 ℃，夜温 21 ~ 22 ℃，平均 26 ~ 27 ℃，适于幼穗发育。在适温内随温度升高，幼穗分化发育加速，低温则延迟或抑制发育。在减数分裂期对低温最为敏感，此时若遇日最低 15 ℃以下的温度，花粉发育开始受到影响，如在 13 ℃以下则影响严重。幼穗发育的上限临界温度为 42 ℃，超过此限发育亦受影响。据黑龙江省农垦科学院水稻研究所以 10 ~ 11 叶的品种进行幼穗发育与活动积温的关系研究，结果是：第 1 苞分化到 1 次枝梗分化，经 2 ~ 3 d，需活动积温 55 ℃左右；1 次枝梗分化到 2 次枝梗分化，经 3 ~ 5 d，需活动积温 80 ℃左右；2 次枝梗分化到雌雄蕊形成，经 5 ~ 7 d，需活动积温 150 ℃左右；雌雄蕊形成到减数分裂，经 7 ~ 9 d，需活动积温 180 ℃左右；由减数分裂到出穗，经 9 ~ 12 d，需活动积温 260 ℃左右。

2．光照

幼穗分化发育需要充足的光照，光照减弱，生殖细胞不能形成或延迟形成。颖花分化期光照不足，则颖花数减少；减数分裂期和花粉充实期光照不足，会引起颖花退化、不孕花增多。在幼穗分化期用两层纱布遮光，每穗颖花数减少 30%，2 次枝梗的退化率比 1 次枝梗的退化率高。

3．土壤营养

幼穗发育期间需要较多的营养，其中氮素的影响最大。在幼穗分化始期施用氮肥，虽能增加枝梗和颖花数，但易使中部叶片及基部节间伸长，影响植株结构而遭致倒伏。在颖花分化期间施用氮肥，可防止枝梗、颖花退化，增花保粒，不改变株形，增产效果好。钾肥能增进光合作用，故在施肥中适当施用钾肥有较好的效果。

4．水分

一般土壤含水量要达到最大持水量的 90% 以上，才能满足幼穗发育的要求。特别是在减数分裂期不能缺水，否则颖花将大量退化。但如土壤长期淹水，通气不良，根系活力受阻，甚至出现黑根、烂根，也会引起颖花大量退化。

八、抽穗、开花、受精和结实

稻穗发育完成后，即进入抽穗、结实时期，也是决定产量的关键时期。在寒地水稻栽培中，要把这一时期安排在当地常年气候较好的时期内，以确保安全抽穗，适期成熟。

（一）抽穗

在稻穗发育完成，即花粉粒充实完成期后 2 ~ 3 d，穗颈节下方的节间迅速伸长，使稻穗从剑叶叶鞘上方抽出，这一过程叫作抽穗。全田有 10% 的有效茎出穗为始穗期，达 50% 时为抽穗期，达 80% 时为齐穗期。正常天气，稻穗从剑叶鞘露出到全穗抽出需 4 ~ 5 d 以第 3 天伸长最快。不同类型品种间抽穗快慢有所不同，早熟的快，晚熟的慢，分蘖少的快，分蘖多的慢。抽穗是开花结实的先决条件，有时因气温低或肥水不足，穗被叶鞘裹住，出现所谓"包颈穗"，影响产量和质量。抽穗的快慢取决于穗颈节间的伸长速度，气温高则抽穗快，抽穗最适温度是 25 ~ 35 ℃，过低或过高均不利于抽穗。以日平均气温稳定在 20 ℃ 以上、不出现 3 d 平均气温低于 19 ℃ 的天气，即可安全齐穗。栽培上要合理安排密度及肥水管理，以保证抽穗快而整齐。

（二）开花与受精

抽穗当天或次日即开始开花。稻花所以能开，是鳞片吸水膨胀，将外颖向外推开，颖花开始开放，花丝迅速伸长，把花药送出花外，花药裂开散出花粉。正常花粉粒为圆球形，内有丰富的淀粉粒，碘染呈蓝黑色。颖花自始开至全开，需 13 min 左右。开花授粉后，鳞片失水，颖壳逐渐闭合。每个颖花自始开至闭合约需 1 h。一穗的开花顺序，一般是上部枝梗顶端颖花先开，然后上部枝梗基部颖花和中部枝梗顶端的颖花开放，中部枝梗基部颖花和下部枝梗顶端颖花继续开放，最后下部枝梗基部颖花开放。从一个枝梗的各花来说，顶端的颖花先开，其次由基部向上依次开放，顶端的第 2 个颖花最后开放。开花的顺序与颖花发育的顺序一致，先发育的先开。一日开花时间，9—10 时开花，11—12 时最盛，午后 2—3 时停止。1 个穗从始花到终花需 5 ~ 8 d。开花最适温度为 30 ~ 35℃，最低温度为 15 ℃，最高温度为 40 ℃，高于 40 ℃花粉易干枯。相对湿度在 50% ~ 90% 范围内都能开花，而以 70% ~ 80% 较好。开花授粉后，经 2 ~ 7 min 花粉发芽，伸出花粉管，沿柱头进入子房，达到胚珠，钻进珠孔，进入胚囊，花粉先端破裂，放出两个雄核，一个雄核先后与两个极核融合，成为胚乳原核，进一步发育成胚乳；另一个雄核进入卵细胞内受精，受精卵发育成为胚。一般在开花后 8 ~ 18 h 完成受精过程。受精作用对稻株代谢有明显促进作用，使子房的呼吸强度剧增，植物激素含量也剧增，生殖器官成为同化物的输入中心，结种传代。

（三）灌浆结实

颖花受精后，茎叶蓄积和制造的养分向籽粒输送，称为灌浆。稻米由子房发育而成，子房在受精后即开始伸长，开花后 6 ~ 7 d 米粒可达最长，胚的各部器官分化完成，开始具有发芽能力。9 ~ 12 d 米粒达到最宽，12 ~ 15 d 达到最厚。米粒鲜重以开花后 10 d 左右增加最快，25 ~ 28 d 达到最大值。干重增加的高峰期在开花后 15 ~ 20 d 出现，到 25 ~ 45 d 干重达到最大值。稻谷的成熟过程一般分为乳熟、蜡熟、完熟等时期。由于品种及气候条件不同，成熟过程的长短也不一样。灌浆物质主要有两类，一类是碳水化合物，主要是以蔗糖类物质送入谷粒，再合成淀粉；一类是以氨基酸或酰胺的形式输入米粒，再合成蛋白质。这些物质的 1/5 ~ 1/3 来源于抽穗前茎叶中的积累，其余均为抽穗后的光合产物。谷粒 2/3 的干物质是在乳熟期形成的，即抽穗后第 4 ~ 14 天间，是提高产量的关键时期。上部 3 个叶片对产量的贡献最大，据原苏北农学院测定，粒穗期剪去剑叶及倒 2 叶，空秕粒增近 1 倍，千粒重减少 4.38 g。上 3 叶的影响程度，剑叶＞ 2 叶＞ 3 叶。各叶光合作用合成的糖，剑叶 15 ~ 24 h 运向穗部，2 叶需 24 ~ 72 h，3 叶需 48 h。因此，在结实期保持上部数叶的光合能力，是高产的重要因素之一。灌浆结实期的适宜温度为 21 ~ 25 ℃，温度过高（超过 38 ℃以上），使细胞老化，易出现高温逼熟，而温度过低（17 ℃以下），降低酶的活性，同化物向穗部输送变慢，成熟延迟，籽粒瘦小。昼夜温差大对灌浆成熟有利，夜温低，绿叶衰老慢，植株呼吸强度低，利于同化物的积累，增加粒重。粳稻抽穗后 10 d 内，昼温 29 ℃，夜温 19 ℃，成熟期间昼温 24 ~ 26 ℃，夜温 14 ~ 16 ℃，对水稻增产有利。成熟期间光照强弱对产量影响也很大，水稻产量的 2/3 以上是靠抽穗后光合产物积累的。抽穗后光照好，产量就高；阴雨寡照，产量降低。齐穗期追氮，能提高稻米蛋白质含量，但用量不宜过多，以免茎叶徒长，成熟延迟，结实率和粒重降低。灌浆结实期间阴雨湿度大，蒸腾作用缓慢，影响有机物合成，也对产量不利。

（四）空粒与秕粒

水稻的空粒主要是由于不受精。不受精的原因一种是生殖器官发育不全，较多的是花粉发育不正常；另一种是由于外界条件不良，影响开花受精，或受精后子房停止伸长。所以空粒可分两种：未受精空粒和受精空粒，两者可用碘—碘化钾染色法区分，不染色者为未受精空粒。空粒产生的原因主要是花粉母细胞减数分裂期受低温危害使雄性不育和开花期遇低温危害影响受精而造成的。此外，高温、多湿、大风雨、氮肥偏多等也能增加空粒。

防止措施主要是选用抗低温、生活力强、结实率高的品种，并要适时播种、插秧，安全抽穗，适量施用氮肥。

水稻秕粒是开花受精后，在籽粒形成过程中停止发育的半实粒。水稻秕粒率一般是5%左右，严重的可达30%以上。形成秕粒的原因，根本在于养料不足，所以每穗的弱势花、下部枝梗容易形成秕粒。造成养料不足的原因，在气象条件方面，如开花结实期间遇高温或低温危害，或阴雨连绵、大风倒伏等，对同化物的制造和运输有明显影响；在栽培方面，如密度过大、早期封行、氮肥偏多、根叶早衰、病虫为害等，亦都降低光合能力，使秕粒增多。

预防秕粒的措施，首先要培育壮根，通过改土和肥水管理，促使水稻生育后期有大量的养老根，为地上部光合作用打好基础；其次在生育后期要保持足够的绿叶面积和理想的受光态势，以不断制造养料，并将制造的同化物顺利地运入谷粒，才能减少秕粒，提高产量。

第二章　寒地水稻直播高产栽培技术

水稻直播栽培的发展历史较长。在我国地多人少的新疆、内蒙古、黑龙江等地区曾被广泛应用。随着科学技术的发展，这种一向被认为粗放的栽培方式，目前已向集约化方向转化，并将逐渐形成以农业航空与地面机械、化学除草配套的高效率的现代化生产方式。

第一节　水稻直播栽培的类型及特征

水稻直播，是将种子直接播种在田间的一种栽培方式，与插秧栽培比较，有无移栽断根损伤等优点。根据整地、播种及播后灌水方式等的不同，可分为水直播、旱直播与旱作三种类型。其中旱作另有专述。

一、水直播

水直播栽培是在水整地的基础上，在浅水层或土壤湿润条件下播种，播种后保持浅水层，以提高泥温，促进出苗。

水直播田的整地方法，一般采取先旱整后水整，既能发挥机械旱整平的效率，又可通过水整地易于整平田面。水直播的种子应进行浸种催芽，可争得活动积温，出苗早而齐壮。水直播后有浅水层覆盖，利于保温抑草，促进出苗，而且昼夜温差小，土壤养分释放慢，铵态氮不易流失，铁被还原，磷、硅变为易于吸收状态。经过水整地后，田间渗透量减少，保水性增强。水直播种子播在地表，在低温时，特别是 10 ℃以下的低温易诱发绵腐病，水温低时不易保苗，生育易晚。水直播稻分蘖节位低，分蘖和根系生长较好，高次分蘖易多，有效茎率低，穗数易多而穗重降低。生育前期易繁茂，后期易脱肥早衰；根系分布较浅，易出现倒伏。认识和掌握水直播稻的特点，栽培上调整好环境与水稻生育的关系，发挥水直播的优点，克服其缺点，可充分发挥水直播的增产潜力。

二、旱直播

旱直播栽培，其整地和播种均在旱地条件下进行。根据播种的位置、覆土深浅及播种后水的早晚，又可分为以下三种方式：一是种子附泥地面旱直播，播后立即灌浅水层；二是种子浅覆土（1 cm左右）旱直播，播后灌浅水层，种子发芽后排水扎根立苗；三是种子深覆土（播深2～3 cm）旱直播，播后苗期旱长，三叶期后灌水常规管理。

旱直播的优点是：整地、播种等作业在旱地条件下进行，能发挥机械效率，减轻劳动强度，缓和稻田初灌期用水的紧张。覆土旱直播，部分蘖节埋于土中，抗倒性好于水直播。缺点是：如苗期旱长的旱直播，播后地面无水层保护，地面昼夜温差大，出苗比水直播晚。在旱田状态下，土壤有机物分解快，铵态氮氧化变为硝酸态氮，不易被土壤吸附而流失，磷、硅与铁化合，水稻一时难以吸收。覆土旱直播田的杂草，比水直播田发生早、种类多，蝼蛄等害虫也比水直播田多。在三种旱直播方式中，种子附泥地面旱直播和浅覆土旱直播，均在播种后立即灌水，与水直播比差异较小；而深覆土旱直播苗期旱长，与水直播比生育明显偏晚。旱直播对整地的质量要求较严格，而旱整地又不易平、碎，影响播种质量和保苗率的提高。此外，旱直播田因未经水整地，土壤渗漏量大，初灌需水多。

上述几种直播栽培方式，可按其适应条件，趋利避害选择应用。在寒冷地区为保证水稻生育期稳定，求得稳产高产，在一般条件下，水直播好于旱直播；在水直播中，为了节水和防止土壤养分流失，浅水直播又好于湿润直播；在旱直播中，从田间保苗及水稻生育方面，均以种子附泥地面旱直播好于浅覆土旱直播，而深覆土苗期旱长的旱直播，因整平土地、土壤保墒、覆土深度等作业难度较大，容易出现出苗不齐、出苗偏晚、苗数不足及生育延迟等问题。

直播水稻的播种方式，主要有条播、点播、撒播三种。条播是目前直播栽培的主要播种方式。条播按播幅与行距的大小，分为窄幅（播幅5 cm、空带20 cm）、宽幅（播幅15～20 cm、空带30 cm）、带状（播幅80～120 cm、空带25～30 cm）及宽窄行（7.5 cm双条、空带22.5 cm）等。其中宽幅及带状条播，可扩大绿色面积，相应增加苗、穗数，但群体通风透光较差，适于中低产水平稻区采用，不易获得稳定高产。窄幅及宽窄行播种，株行配置较为合理，利于产量形成期通风透光，因而适于高产栽培。点播便于行、穴间中耕除草，播种比较费工，推广化学药剂除草后，点播已很少见。撒播比较省工，但人工撒播植株分布不匀，田间管理不便，不如条播通风透光好。而机械撒播和飞机撒播，播种匀度有明显提高。

第二节　直播稻的生育特点及对品种的要求

直播水稻与移栽水稻相比有很多不同，明确其生育特点有利于掌握直播栽培技术。

一、苗期生育

寒地直播水稻，除深覆土苗期旱长的旱直播外，影响发芽、出苗的主要因素是温度和氧气。稻种在淹水条件下虽可依靠无氧呼吸进行发芽，但芽长根短难以正常立苗，如遇低温发芽出苗更慢，幼苗不壮。直播稻苗与移栽稻苗比，苗弱、叶数少，含氮量及风干重均低。因此直播稻必须适期播种（气温稳定在 10 ℃以上），播种后浅水保温，促进及早出苗，立针期（第 1 完全叶露出）落水晒田，供氧扎根壮苗，随后灌浅水层。深覆土苗期旱长的旱直播与水直播比，可适当提早播种，以利靠土壤水分出苗，要适时细致整地，镇压保墒，播深一致，以保证及时整齐出苗，苗匀苗壮。

二、分蘖的利用

直播稻的分蘖特征是始蘖节位低，从 2 或 3 节位开始分蘖。下位节分蘖多，高次分蘖相对增加。而分蘖终止节位比移栽稻低，总分蘖数易多，有效茎率常低，最高分蘖期比移栽稻早。针对这些特点，直播稻必须壮苗促蘖，早期做好肥水管理，以提高分蘖的利用率。

三、株高、茎、叶的伸长

深覆土旱直播的水稻，灌水前比移栽稻矮，灌水后株高伸长转快，以后与移栽稻比相差不大。水直播的水稻，前期因水层的影响，株高增长较快，随茎数增加株高增长转慢，到成熟期直播稻一般矮于移栽稻。水直播稻基部第 1 节间多长于移栽稻，而顶部第 1 节间又常短于移栽稻，反映出水直播稻前中期生长旺盛、后期常出现脱力现象。直播稻的出叶速度因无移栽断根的影响，出叶进程略快；而移栽稻移栽和返青期的叶片出叶速度明显变慢。总的认为，直播稻（苗期旱长的除外）前期茎叶长势强于移栽稻，后期则比移栽稻略差。

四、根的生长

直播稻的根系在生育前期比移栽稻的根系生长好，到出穗期前后两者相差无几。直播稻的根系分布是由上层渐次分布到全层，分布在浅层的比重较大，而移栽稻先由中层后及上下层，分布领域较直播稻略窄。直播稻低节位分蘖较多，根数比移栽稻也多。苗期旱长的直播稻，在旱长期间根系分枝多，根毛发达，灌水后氧气不足，部分根系死亡，分枝少的水生根迅速增加。覆土旱直播的水稻根系较水直播的根系略深，苗期旱长的水稻根系有较好的氧化能力，较水直播的根系不易早衰。

五、出穗成熟与产量构成因素

在南方暖地，直播稻与移栽稻同时播种，直播稻的抽穗期略早于移栽稻，深覆土苗期旱长的直播稻一般生育延迟，出穗期较晚。而寒地稻作区气温较低，直播稻的播种期晚于移栽稻的播种期，成熟易迟于移栽稻。直播稻低节位分蘖多，茎数易比移栽稻多，因而穗数多，每穗重量低。寒地水稻确保足够穗数是增产的重要条件，宜使群体穗数达到对增产有利的程度。千粒重与移栽稻差异不大，结实率也无大差别。因此在寒地水稻直播栽培中，提高每穗粒数（每穗重量）是获取高产的途径之一。

六、直播栽培对品种的要求

根据水稻直播栽培的环境与生育特点，品种选择要求：

熟期：宜选用当地中熟类型的品种，以主茎叶龄计算，比移栽稻至少要少 1 个叶龄。深覆土苗期早长的旱直播稻，熟期应更早，并应选用鞘叶顶土能力强的品种。

株形：选择适于密植，并在密植条件下每穗粒数减少小、叶片直立、秆中等，穗重型和中间型及抗倒性强的品种。

发芽性及初期生长性：要求低温发芽性好，初期生长性好，长穗期耐冷性强及在淹水下立苗伸长好的品种。

抗病虫力强：要选用对直播稻易发生的稻瘟病、恶苗病、稻摇蚊、潜叶蝇等病虫害具有强抵抗力的品种。

第三节　寒地水稻直播栽培的特点与基本要求

一、寒地水稻直播栽培的环境条件与技术原则

寒地水稻直播栽培，影响产量的主要环境因素是低温。认识低温对环境条件与水稻生育产生的影响，充分利用当地水稻生育有效期间和高温时间，促进水稻健全生育、安全成熟，防御低温危害，是寒地水稻直播栽培的根本。

在气象条件诸要素中，与水稻产量关系最密切的是气温。寒地气温影响水稻产量最大的时期是 7、8 月份，即抽穗前 15 d 到抽穗后 25 d 的 40 d 期间。因此，要根据寒地水稻生育期间平均气温低、无霜期间短、可用活动积温少，以及水稻生育期间，前期升温慢、中期高温时间短、后期降温快等特点，按当地可用生育期间及活动积温，选定适宜熟期的品种，以安全抽穗期为中心，确定安全播种期和安全成熟期，实行计划栽培，以充分利用当地热能资源，实现稳产高产。

土壤是水稻生长所需养分的主要供给基地，土壤养分的转化释放与水稻的吸收，均与温度有密切关系。据黑龙江省农垦科学院水稻研究所于 1975 年定点定时分析水稻生育期间土壤氮素的释放变化结果看出：稻田秋翻后经冬春风化，播种前速效氮略高，播种灌水后速效氮含量略趋下降，到 6 月中旬随气温升高，速效氮含量有所回升，到小暑与大暑之间（7 月中下旬）形成高峰，以后随气温下降又趋降低。有机质含量高和排水条件好的土壤，这种变化更为明显。这与水稻一生对氮肥的需要相比，前期明显不足，中期相差不大，后期略为短缺。所以施肥应掌握"前重、中轻、后补"的原则，以有机肥与速效化肥相配合，以适应寒地水稻直播栽培生育期间短、营养生长期要早生快发、生殖生长期防止脱肥早衰。磷肥在水稻各生育期均有吸收；钾肥主要在前中期，到抽穗开花期达到高峰。黑龙江省稻田土壤一般明显缺氮，比较缺磷，不太缺钾，但高产栽培或低温年份，适当施用磷、钾肥，对增产和防御冷害有明显作用。磷、钾肥一般均做基肥施用，钾肥可部分做穗肥追施。

寒地直播水稻品种的生理生态与南方生育期长的品种比亦有明显差异。主要表现在：熟期为早熟和极早熟类型，感温性强，主茎叶数少，分蘖节位少，有效分蘖期短。黑龙江省的直播水稻品种主茎叶数在 9～11 叶之间，为重叠生长类型。寒地水稻叶片含氮量高，分蘖盛期为氮肥吸收高峰期。结实期灌浆所需物质主要靠出穗后光合产物的积累，为非蓄积型。因此，要充分利用当地有限的光温条件，特别是出穗后要有良好的光温条件，加强水、肥管理，培育合理的群体与株形，养根保叶，提高光合效率，是十分重要的。

从上述天、地、种三方面可以看出，寒地水稻直播栽培有其本身的特点，故在栽培技术上必须遵循以下基本要求：

第一，努力促进生育。寒地直播水稻常因生育延迟，使开花、授粉、灌浆处于低温条件下，造成结实不良而遭到减产。特别在冷害年份，受害更甚。所以促进前期生育，确保适时抽穗成熟，是安全增产栽培的保证。

第二，保证生育健壮。要合理供给各种养分，及时防治病、虫、草害，使营养生长与生殖生长均衡协调。如有效分蘖过少，谷草比过小，说明发育不良，在低温年份易引起草重而谷轻，为此，前期要控制过多的分蘖，以促进结实。

第三，增加生长量。为获得较高产量，必须有较大的生长量，在保证群体生育的同时，要重点促进个体发育，防止发生病害和倒伏。

第四，提高经济效益。各项栽培技术必须保证获得较高的经济效益，才能普及应用。因此，各项技术措施必须建立在当地可行、而且可以获得较高效益的原则下优化选择。

二、寒地水稻直播高产的技术途径

寒地水稻直播栽培的产量水平，一般可分为低产变中产（亩产量 300～400 kg）、中产变高产（亩产量 400～500 kg）和高产再高产（亩产量 500～600 kg）三个层次。黑龙江省目前水稻直播栽培水平基本处在由低产变中产的范围，只有少数进入中产变高产阶段，而高产再高产只是在少数地块偶尔出现，尚未形成可以重演的实用技术。产量水平不同，影响产量提高的因素也不同，其增产途径随之亦异。大面积生产实践表明，水稻直播栽培低产的原因，除自然灾害的影响外，比较集中表现为平均单位面积上的穗数不足。其原因主要是：

第一，生产基本条件不完善。如灌排设备不配套，不能及时灌水或排水；稻田土地不平整，有的灌不上水，有的水深排不出去；所用种子纯度不高、熟期偏晚、稻种保管不当、发芽率偏低等。

第二，栽培管理粗放。耕种失时，作业不标准，基本苗数不足，生育期间死伤率大，有效分蘖率低，加之草荒或倒伏，收脱损失量大等。

因此，低产变中产的技术途径，应以完善水稻生产基本条件和熟练掌握基本技术、贯彻标准作业、严格掌握农时为前提，以保证足够的基本苗数（相应的收获穗数）为中心，以灭草、防倒、防治病虫为保证来实现。

由中产变高产，除在栽培上须具备基本生产条件和基本生产技术外，要针对选用的高产品种的生理生态特点，协调环境条件与生长发育要求，及时进行田间诊断，调整生育进程与长势长相，使之按高产群体的生育轨道进行计划栽培。对产量构成因素的组合，要在一定穗数的基础上，保证单位面积上的足够粒数，采取穗粒并重或穗重为主的途径来实现高产。高产栽培的实质是提高水稻的光能利用，特别要注意提高出穗后的光能利用率；提高穗的整齐度和结实率，提高穗重，提高谷草比等，都是高产栽培的主攻方向。

三、寒地水稻直播栽培的界限时期

寒地直播水稻产量的丰歉，当地当年的温度条件常起主要作用。认真分析研究当地气温变化规律，明确直播栽培界限时期，对充分利用当地热量资源、选用适宜品种、施行计划栽培、防御低温冷害、实现水稻稳产高产具有极其重要的意义。黑龙江省农垦科学院水稻研究所利用当地气象站 1958—1976 年的气温观测资料，对每年 4—10 月水稻生育期中的日平均气温进行了统计分析；并对当地主要水稻直播品种，按历年生育期调查记录，计算各品种各生育期所需活动积温；结合水稻生育界限温度等资料，计算出当地水稻直播栽培的适宜界限时期与安全栽培期间，从而明确了当地直播栽培可能利用的活动积温及适宜品种积温，给当地水稻直播栽培建立了农时规划。现以其为例做以简要介绍，寒地各稻区可根据当地气象站多年观测资料算出各自水稻的生育界限时期。

（一）水稻直播播种的界限时期

根据水稻种子发芽最低温度一般为 10 ℃的要求，当地日平均气温开始稳定在 10 ℃以上的始期为 5 月 4 日，因此 5 月 4 日为当地直播稻播种最早安全界限期。如以播种适宜起点温度 12 ℃计算，当地播种适期早限为 5 月 11 日。按当地直播水稻品种全生育期所需活动积温，早熟品种为 2 100 ℃左右，中熟品种为 2 200 ℃左右，晚熟品种为 2 300 ℃左右的要求，为在安全成熟晚限期以前成熟，其最晚安全播种界限期，早熟品种为 6 月 2 日，中熟品种为 5 月 27 日，晚熟品种为 5 月 21 日。

（二）水稻安全成熟界限期

当地入秋以后，日平均气温稳定降到 13 ℃的始期，为水稻安全成熟最晚界限期，当地一般为 9 月 18 日。如以日平均气温稳定降至 15 ℃时为安全成熟的界限期，则当地为 9 月 11 日。

（三）水稻安全抽穗期

当地水稻从抽穗到成熟，一般需活动积温 750 ~ 800 ℃，自当地水稻最晚成熟界限期 9 月 18 日倒算积温 750 ℃的日期为 8 月 8 日，达到 800 ℃的日期为 8 月 5 日，因此当地以 8 月 5 日为安全抽穗适期终日，8 月 8 日为安全抽穗最晚界限期。当地日最低气温稳定通过 17 ℃的日期为 7 月 14 日，水稻抽穗前 14 d 左右为花粉母细胞减数分裂期，为避免遭遇障碍型冷害，在 7 月 14 日后 14 d 抽穗较为安全。因此，当地 7 月 29 日为安全抽穗早限期，7 月 29 日—8 月 5 日为当地水稻安全抽穗期。

（四）直播水稻最大可用生育期间与安全可用生育期间

以 5 月 4 日为直播最早播种界限期，到 9 月 18 日为成熟最晚界限期，共 138 d，为当地直播水稻最大可用生育期间。这一期间内的活动积温为 2 490 ℃，为当地直播水稻栽培最大可用活动积温值。从安全播种早限期 5 月 11 日到安全成熟晚限期的 9 月 11 日，共 124 d，为当地直播水稻栽培安全可用期间，这一期间的活动积温为 2 320 ℃，为当地直播水稻安全可用活动积温值。在实际生产中，播种不可能一天播完，实际可用生育期间小于 124 d，可用活动积温值也小于 2 320 ℃。

总之，寒地水稻直播栽培必须根据当地多年气温观测资料，计算确定直播稻播种界限期、安全抽穗期及安全成熟界限期，从而明确当地安全可用水稻生育期间及活动积温值，以此选定熟期适宜的品种，按界限时期计划栽培，树立严格的农时观念和作业质量观念，才能在寒地较短的生育期内充分利用仅有的活动积温，实现直播水稻的稳产高产。

第四节　寒地水稻直播高产栽培技术要点

根据寒地水稻直播栽培的特点，结合寒地稻区各地直播栽培的丰产经验，水稻直播高产栽培技术一般需掌握以下主要技术环节。

一、完善提高农田基本建设水平，为水稻稳产高产奠定基础

（一）按总体规划设计，健全灌排渠系，建成田、渠、路、林配套的标准条田

一般稻田多分布在江河沿岸地势低洼地区，有的地下水位较高，所以降低地下水位，做到能灌能排，是低产稻田水利土壤改良的重要措施之一。能否种稻在灌水，能否高产在排水。要根据地形、作业机具等条件，在充分利用土地的原则下，规划单引单排、长宽适度、田渠路林配套的标准条田（计划飞机播种区，林带间距要尽量放宽）。在高产稻田建设中，要注意灌排水速度，要求在同一条田内，2～3 d 能灌完水，1 d 能将水排干，排水渠水面在地面 30 cm 以下，以便于调节稻田水、肥、气、热状况。

（二）培肥稻田地力，提高稻田平整水平

水稻高产栽培，培肥地力是项长远建设的根本措施。目前部分低产稻田的冷、硬、瘦等问题，有待改良解决。冷浆稻田，主要通过排除地表水和降低地下水，增施有机肥，以改良土壤的水、肥、气、热四性；黏性过重的稻田，可采取施砂改土的办法。据黑龙江省汤原县汤旺乡的试验，翻地前亩施砂 3 万 kg，当年比不施砂的增产 24%，第二年增产

12%。并可积极推广稻草还田，以保持和提高土壤肥力。稻田的耕深一般以 16 ~ 20 cm 为宜，一般秋耕好于春耕。在秋收后，掌握土壤适耕水分（土壤含水量 25% ~ 30%），对田面高低差大、残茬杂草多的地块，宜采用翻耕，要求翻垡整齐严密，不重不漏，耕幅耕深一致。如土壤水分较大，可于临冻前抢翻，翻后结冻，来春解冻后土壤疏松，易于平碎。耕翻机具，窄幅多铧犁的耕翻质量好于五铧犁。黑龙江省八五七农场在五铧犁架前安装防陷轮，犁后带合墒器，可减少垡沟，碎土保墒。对土地平整、田面清洁的稻田，可采用旋耕，旋耕深度宜达到 12 ~ 14 cm。如不能进行翻耕或旋耕，亦可采取耙耕，耙土深 10 ~ 12 cm。整平土地的方法，水直播田一般采取旱整与水整相结合，既能发挥机械效率，又能提高整地水平。耙、耢结合，可以减少整地作业次数。黑龙江省汤原县稻田整平采取旱平与水平相结合，以旱整为主；大平与小平相结合，以池内平为主；人、畜、机相结合，以机械为主，从而提高了稻田整平作业的效率和质量。黑龙江省农垦科学院水稻研究所曾研究出稻田松旋耕法，以少耕为主，以松耕、旋耕代替翻耕耙地，保持稻田原有土壤肥力层次和平整程度，提高了作业效率，降低了作业成本，缓和了寒地耕作农时的紧张，已大面积推广应用。旱直播稻田在土地整平后应进行镇压，以提高田面的平碎程度，使耕层松紧一致，防旱保墒。通过各项耕整作业，使稻田达到平、肥、松、软，为保苗、壮苗打好基础。整地质量一般要求在一个池子内，地面高低差不超 5 cm，每平方米内直径 5 cm 以上的土块不宜多于 2 个，不丢边剩角，全面平整。

二、选用熟期适宜的高产良种，做好种子处理，适期播种，提高播种质量

（一）选用适于当地直播条件的高产品种

熟期应早、中、晚品种搭配，以中熟品种为主。同时要选用耐冷、抗倒、抗病（主要是抗稻瘟病）、苗期生长快、旱播顶土能力强、穗重型或中间型的优质高产品种。黑龙江省南部可选用主茎叶数 11 ~ 12 叶品种，中部选用 10 ~ 11 叶品种，北部选用 9 ~ 10 叶品种。生产用种质量，应达到纯度 98%、净度 97%、发芽率 90% 以上，并应建立良种繁育体系，不断提高品种质量，有计划地更新高产良种。

（二）认真做好种子处理，提高播种质量

寒地直播水稻播种出苗阶段气温低，为保证苗全、苗壮，播用的种子应严格进行晒种、风筛选和泥水选，做好种子消毒。地面旱直播的种子泥水选后附泥阴干待播；水直播的种子应浸种、催芽，既能提高出苗速度和整齐度，又可争得生育积温，促进早熟。催芽的种子以 80% 的种子露白为准，防止伤热或催芽过长，并经晾芽方可播种。按地块整平程度、土壤肥力、种子发芽力及品种特性、栽培技术水平等，确定计划保苗数及田间损失率，正确核定播种量。根据黑龙江省各地水稻直播高产栽培经验，每平方米保苗数在 500 ~ 600 株之间，收获穗数在 570 ~ 720 穗之间，分蘖穗占总穗数的 15% ~ 20%。不同品种类型

穗数与产量关系的调查表明，穗重型品种（合江 11）及中间型品种（奋斗 6 号），每平方米收获穗数 650 ~ 750 个，出现高产的概率最多，如穗数再多，每穗粒数明显减少，产量反而下降。

直播水稻的播种时期，一般以当地气温稳定达到 10 ℃时开始播种。旱直播宜早于水直播，深覆土旱直播可早于浅覆土旱直播。黑龙江省水稻旱直播一般在 5 月上、中旬（深覆土旱直播在南部地区 4 月下旬即可播种），水直播在 5 月中、下旬。据在黑龙江省佳木斯地区连续 4 年的播期试验表明，5 月 15—25 日为水直播的高产播期，5 月 5—15 日为旱直播的高产播期。为了适时播种，必须做好播前各项准备。首先要做好播种机的改装与调整，大面积用 24 行或 48 行播种机，其主动齿轮应改为 28 齿，24 行播种机调整为上排种，去掉开沟器伸缩杆弹簧销子，用覆土杆覆土。各项播种机具均须做好播量试验。在保证整地质量与播种质量的前提下适时播种。为提高播种质量，必须坚持五不播：地未整平不播、种子未处理好不播、机具未调整好不播、水层未调整好垃圾未捞净不播、大风大雨天不播，做到"播量准、播行直、行距匀、下种均、头播满、边播全"，并随时检查，发现漏播随即补种。深覆土旱直播，播种后应根据土壤水分镇压保墒；地面旱直播的，播后缓灌浅水，防止冲毁种行；水直播应在播后保持浅水增温，促进出苗。

三、科学施肥、灌水，使直播水稻按高产的生育轨道进展

（一）根据寒地水稻直播栽培的特点，进行合理施肥

水稻生长发育必须从土壤中吸收一定数量的各种营养元素，其中主要是氮、磷、钾、硅。根据各地分析资料，每亩产稻谷 500 kg，需从土壤中吸收氮 8.1 ~ 11.6 kg，磷酸 3.8 ~ 5.7 kg，氧化钾 10.6 ~ 15.0 kg，硅 87.5 ~ 100 kg，氮、磷、钾的比例约为 2 ∶ 1 ∶ 3。寒地水稻与南方水稻比，需氮较多需钾较少，而且营养生长期需氮较多。据测定，分蘖期吸收的氮素可达一生总吸氮量的 79.4%。寒地水稻生育前期气温偏低，有机质分解缓慢，有效养分供应强度低，随温度提高供应强度逐渐增加。同时根据直播水稻分蘖早、根浅、前期生长快、后期生长慢、成穗率低等特点，施肥技术应以促根壮蘖、保证中后期生长、增加穗粒数为重点，采取有机肥与速效化肥相结合，基肥与追肥相结合，全层施肥与表层施肥相结合，三要素与微量元素相配合的方法，以适应直播水稻高产的需要。据辽宁、吉林、黑龙江三省 73 处试验，以三要素配合的稻谷产量为 100，则无氮区产量为 58，无磷区产量为 88，无钾区产量为 93，表明寒地稻田施肥应以氮为主，适当配施磷、钾肥。黑龙江省目前稻田施氮、磷、钾的比例约为 2 ∶ 1 ∶ 1，施用时期一般分为基肥、蘖肥、穗肥、粒肥等四种。直播田各期用氮比例，一般基肥占 40%、蘖肥占 30%、穗肥占 20%、粒肥占 10%。或适当减少蘖肥，不施粒肥，增加基肥和穗肥用量。基本施肥方式是攻前保后，主攻穗数，争取粒数与粒重。有机肥在翻地前施用，翻埋耕层中。腐熟良好的堆厩肥亦可与基施的化肥拌匀，在稻田基本整平最后一次耙地前施于地表，结合耙地耙入耕层内，做全层施用。据测定，全层施肥氮素吸收率为 48%，比翻入土中的深层施肥的氮素吸收率高 8%，由于全层施肥，水稻在苗期即可得力。此外，磷肥全做基肥施用，钾肥主要做基

肥，部分可做穗肥追施。

生育期间的追肥，按以叶龄为指标的施肥方法，便于掌握施肥时期，易于充分发挥肥效。蘖肥如只施一次时，在 4 ~ 5 叶期施用；若分两次施，可在 3 叶及 5 叶期分施。穗肥在倒数 2 叶长出 1 半，即剑叶下 1 叶抽出一半时（在出穗前 15 ~ 20 d）施用；粒肥在抽穗期或齐穗期施用，可收到明显效果。各期追肥均须看苗施用，做到"绿中有黄黄中补，高中有矮矮中施"，以调整水稻生育进程和长相，调平叶色和田面。穗肥及粒肥要根据当年气温情况、水稻长势长相、病害有无、底叶及根系生长状况，诊定施否和用量，以达到预期的生育指标，实现稳产高产。

（二）按寒地直播水稻的生理生态特点，合理进行灌溉排水

寒地直播稻田的灌水，在生理和生态需水方面，要突出以水保温增温，防御低温冷害；和以水调气调肥，促进壮根、早熟等两个方面。直播栽培与插秧栽培的灌溉有很多不同，在直播的不同播种方式间，初灌技术也不相同。深覆土旱直播苗期旱长，水稻 3 叶期后先湿润灌溉，根系适应灌水后再按常规水层管理。浅覆土旱直播和种子附泥地面旱直播，播种后缓流漫灌，防止大水冲毁种行，并保持浅水增温，促进出苗。水直播田浅水播种，随后保持 5 ~ 7 cm 水层，保温出苗。

直播田全生育期的灌溉技术，一般采取"三浅、两深、一晒"的方法。即播种后（水直播、浅覆土旱直播、种子附泥地面旱直播）灌 5 ~ 7 cm 浅水，保温出苗（一浅）；水稻立针期（第 1 片完全叶伸出）晒田，促进鞘叶节冠根生长立苗（一晒）；晒田复水后继续保持浅水，促进分蘖和"白壮根"的生长；幼穗分化期加深水层到 10 cm 左右，控制无效分蘖并防御穗分化期的低温冷害（一深）；进入颖花分化后撤浅水层到 5 ~ 7 cm，并间歇灌溉，紧泥壮秆，促发"泥面根"（二浅）；开始进入花粉母细胞减数分裂，灌 10 cm 以上水层，防御障碍型冷害，直到抽穗开花（二深）；齐穗后恢复 5 ~ 7 cm 水层并间歇灌溉，培育"养老根"，以根保叶，提高结实期光合效率（三浅）。一般在蜡熟末期停灌，黄熟初期排干，为秋收作业打好基础。

此外，由于直播水稻根浅、蘖多、封行早，容易出现根际倒伏。因此要选用抗倒伏品种，控制氮肥用量，蘖肥施用不宜过晚，防止过早封行，并在长穗期落水紧泥促根壮秆，控制顶部叶片与基部节间过分伸长，防止倒伏发生。

四、按寒地直播水稻高产群体的生育要求，掌握调整生育进程与长势长相，沿高产生育轨道计划栽培

寒地直播水稻高产栽培，须在较短的生育期间内达到一定的生育进程和长势长相，才能保证实现稳产高产。

（一）叶龄生育进程

以黑龙江省直播水稻主栽的 10 ~ 11 片叶的品种为例，在 5 月中下旬正常播种条件下，

其叶龄增长进程是：芒种（6月6日左右）1.5～2.5叶，夏至（6月21日左右）4～5叶，小暑（7月7日左右）7～8叶，大暑（7月23日左右）剑叶抽出，再经1.2个叶龄期（约9 d）即可抽穗。按此进程模式，作为田间诊断当年水稻生育迟早的依据，从而调整肥、水促控措施。在芒种到夏至和夏至到小暑两个阶段中，叶龄增长较快，分别增长30%左右。在栽培上须促进前期生长，以较大的营养体适时转入生殖生长，并为中后期建成良好的株形和高产的群体受光态势打好基础，这是寒地直播水稻早熟高产的关键。

（二）主要长势长相

主茎各叶的长宽，是高产群体长势长相的主要指标之一。叶长由下向上依次增长，到倒数第3叶达到最长，以后又依次变短；叶宽由下向上依次增宽，到最长叶达1 cm以上，到剑叶达最宽为1.5 cm左右。主茎最上3叶的长宽对水稻产量生产期叶面积指数与冠层叶片的受光态势有明显影响。上3叶的总长，应等于或略大于定型株高的长度为合适，上3叶的叶面积（cm^2数）与每穗结实粒数呈一定相关。株高的增长进程，在营养生长阶段，应达到定型株高的一半以上（55%左右），在生殖生长阶段的长穗期，株高增长宜慢，完成定型株高的20%左右，其余25%左右的株高在齐穗前完成。因此，高产群体剑叶节距地面的高度应为定型株高的一半以内，形成高产不倒的健壮长相。

此外，及时防治病、虫、草害，是直播水稻高产的保证。

第二篇

黑龙江农垦稻作

第一章　黑龙江垦区水稻种植方式的演进与其基本栽培技术体系

第一节　黑龙江垦区水稻种植方式的演进历程

垦区水稻种植方式的演进有其历史的背景，主要是科技进步使新的科学技术不断转化为生产力。在垦区水稻生产的发展历程中，种植方式的演进概括起来可分为两个阶段：1949—1984年的36年间，为水稻直播栽培阶段；1985—1996年的12年间，为旱育稀植及"三化"栽培阶段。在较长的直播栽培过程中，虽经历了不断的技术改进，但始终未脱离粗放的栽培方式，抗御低温冷害能力低。在活动积温少、水稻生育期间短、前期升温慢、中期高温时间短、后期降温快、低温冷害频繁的生态条件下，直播水稻前期保苗、壮苗困难，易使营养生长量不足，导致中后期生育延迟，难以保证安全出穗、成熟，年际间受温度影响很大，单产不高，总产不稳，生产效益与栽培面积波动较大。自1985年开始，垦区水稻由直播栽培转入旱育稀植的保温育苗移栽阶段，用30多天的旱育壮苗，在5月份适期移栽，比直播栽培延长1个月以上的生育期，利用比直播生育期长的品种，提高了寒地水稻的营养生长量，为生殖生长的穗大、粒多和安全抽穗成熟奠定了生育基础，从而增强了防御低温冷害的能力，使水稻生产步入高产优质高效益的、适于寒地水稻生态特点的良性循环的快速发展轨道。在不断总结垦区旱育稀植栽培技术经验教训中，为解决生产中"旱育不旱""稀植不稀""栽培失时""产量不高"等问题，吸取垦区内外新的水稻科研成果，组装形成旱育稀植"三化"栽培技术。自1991年开始，在嫩江分局查哈阳农场及牡丹江分局各水稻农场示范应用，1994年被农业部列为黑龙江农垦水稻丰收计划重大推广项目，1996年在垦区全面推广，使黑龙江垦区水稻生产又上一个新台阶，使水稻面积、单产、总产三超历史最高水平。根据黑龙江省农垦总局的统计资料，随着水稻种植方式的演进，水稻种植面积、单产和总产量的变化见表2-1-1。

表 2-1-1　黑龙江垦区水稻种植方式的演进与面积、产量的变化

种植方式	起止时间	种植面积			单产			总产量		
		平均面积 / 万 hm²	与直播比 /%	与旱育稀植比 /%	公顷产量 /kg	与直播比 /%	与旱育稀植比 /%	总产 /t	与直播比 /%	与旱育稀植比 /%
直播	1949—1984 36 年平均	1.44	100	—	1 950	100	—	28 080	100	—
旱育稀植	1985—1993 9 年平均	5.56	386	100	4 005	205	100	222 678	793	100
旱育稀植 "三化" 栽培	1994—1996 3 年平均	21.54	14 958	387	6 816	349	170	1 468 166	5 228.5	659

从表 2-1-1 看出，垦区在 1949—1984 年的水稻直播栽培阶段中，平均公顷产量只有 1 950 kg，改为旱育稀植栽培的 1985—1993 年间，平均公顷产量比直播栽培增长 1 倍多，1994—1996 年三年间推广旱育稀植 "三化" 栽培技术，平均公顷水稻产量又比旱育稀植栽培增长 70%。表明水稻种植方式的改进，大幅度提高了单位面积产量，增加了生产效益，从而不断促进了水稻面积的扩大和总产量的提高。

第二节　黑龙江垦区水稻直播栽培阶段

水稻直播栽培，是将种子直接播种在田间的栽培方式，是最原始的栽培方法。根据整地、播种及播后灌水方式的不同，又分为水直播、旱直播与旱种等三种类型。其中，垦区使用时间最长、面积最大的是水直播，其次是旱直播，水稻旱种的面积很小，时间也很短。寒地水稻直播栽培，影响产量的主要环境因素是低温，因此加深认识低温的特点，充分利用当地水稻生育的有效期间，严格掌握农时，促进水稻健全生育、安全抽穗成熟，防御低温冷害，是寒地水稻直播栽培技术的根本。黑龙江垦区自 1948 年查哈阳等少数农场开始种稻，直到 1984 年间，水稻生产基本为直播栽培，1985 年推广旱育稀植栽培技术后，仍有部分面积延用直播栽培，到 1993 年后由于直播的产量、米质，特别是稳产高产性能与单位面积经济效益，明显不如旱育稀植 "三化" 栽培，因而直播面积锐减以致基本消失。根据黑龙江省农垦总局的统计资料，在 1949—1984 年的 36 年直播栽培期间，每 12 年划为一个小段，分析各段间直播栽培技术水平进展。

从表 2-1-2 可以看出，在 1949—1960 年的 12 年间，直播水稻平均公顷产量只有 1 788 kg，到 1961—1972 年的 12 年间，平均单产不但未增，反而下降 4%，由于单产不高，栽培面积随之下降 6%。这 24 年的直播栽培，由于对寒地水稻栽培的认识不足，农时掌握不准，在低温冷害影响下，先后有 10 年平均公顷产量不足 1 500 kg，最低只有 840 kg（1972 年）。吃一堑长一智，随着直播栽培技术及品种等科研成果的推广，寒地直播水稻高产技术、

计划栽培防御低温冷害技术、机械旱直播技术、化学除草技术等先后在垦区合江良种场（农垦水稻研究所前身）及几个农场研究应用成功，推动了直播水稻单产的提高，在1973—1984年的12年间，垦区直播水稻平均公顷产量达到2 390 kg，比前12年增长37.6%，但仍未发挥水稻稳产高产的性能。长期生产实践证明，寒地水稻栽培，采取保温育苗，延长水稻生育期间，确保安全抽穗、成熟，防御低温冷害，是必须重视改进的基本技术环节。

表2-1-2 黑龙江垦区水稻直播栽培阶段生产水平

起止时间	年均面积		公顷产量		总产量	
	面积 / 万 hm²	百分比 /%	产量 /kg	百分比 /%	总产量 /t	百分比 /%
1949—1960 12年平均	1.54	100	1 788	100	27.535	100
1961—1972 12年平均	1.44	94	1 718	96	24.739	89.8
1973—1984 12年平均	1.34	87	2 390	133.6	32.026	116.3

一、寒地直播稻的生育特点及对品种的要求

寒地直播稻与移栽稻比有其不同的生育特点，掌握这些特点，利于采取针对性措施做好直播栽培。

从苗期生育来看，直播稻除覆土旱直播苗期旱长外，稻种均在淹水条件下靠无氧呼吸发芽和幼苗生长，芽苗易徒长，根系短少，较难健壮立苗，如遇低温，发芽出苗慢，幼苗不壮。因此，直播苗与移栽苗比，叶数、根数少，含氮量及干重低，苗的素质差。因此，直播稻须精选种子，做好浸种、消毒、催芽，适期播种（气温稳定10℃以上），播种后浅水增温，促进出苗，按同伸理论在第一完全叶伸出时，落水晒田供氧，促进鞘叶节根下扎入土，壮根定苗，并例行浅水增温，壮苗促蘖。苗期旱长的旱直播，可比水直播稍早播种，加细旱整地，镇压保墒，保证播深一致，利于整齐出苗。

从分蘖、茎、叶、株高及根系伸长方面看，直播稻的分蘖节位低，最高分蘖期比移栽稻早，因此直播稻要做好肥水管理，壮苗促蘖，提高分蘖利用率。水直播稻前期因水层的影响，株高增长较快，随茎叶增加株高增长转慢，到成熟期直播稻比移栽稻略矮。覆土旱直播稻，灌水前较移栽稻矮，灌水后伸长转快，以后与移栽稻近似。节间长度，水直播稻基部第一节间多比移栽稻长，而顶部第一节间常比移栽稻短，表明水直播稻中前期生长旺盛，中后期常出现脱力现象。直播稻的出叶速度因无植伤影响，比移栽稻进程略快。直播稻的根系，前期好于移栽稻，到出穗期两者相差不大，直播稻的根系由上层渐次分布到全层，浅层分布的比重大，而移栽稻先由中层延伸到上下层，直播稻根数比移栽稻略多，苗期旱长的直播稻，在旱长期间，根系分枝多、根毛发达，灌水后氧气锐减，部分根系死亡，水生根迅速增加，伸展深度比水直播略深，且氧化能力强，不易早衰。

从出穗成熟及产量构成因素上看，寒地直播稻，苗期受温度影响，生育易晚，使出穗延迟；而覆土旱直播，出苗受土壤水分、温度的双重制约，一般生育延迟，出穗期比水直播略晚。直播稻基本苗数多，低节位分蘖多，因而穗数较多，每穗重量低。寒地直播稻，

确保足够穗数是增产的重要条件。结实率与粒重和移栽稻差异不大。因此，在寒地直播栽培中，培育壮苗、保证足够穗数、提高穗重（每穗粒数），是高产的有效途径。

根据寒地直播稻的生育特点，在品种选择上，要选用当地中早熟直播品种，垦区南、中部以 11 叶品种为主，北部以 10 叶品种为主，比移栽稻要少 1 个叶龄，井灌和苗期旱长的旱直播，品种熟期更应早些。品种株形应适于密植、叶片收敛、株高中等、抗倒伏、耐低温、抗病虫能力强。寒地直播稻均为极早熟类型，感温性强，主茎叶数少，分蘖节位少，有效分蘖期间短，为重叠生长类型，叶片含氮较高，分蘖盛期为氮肥吸收高峰期，结实灌浆所需物质，主要靠出穗后光合产物的积累，为非蓄积型。所以要充分利用寒地有限的光温条件，特别是在出穗后要保证有足够的光温条件，才能安全成熟，保证高产和优质。

二、黑龙江垦区水稻直播栽培的特点、栽培界限时期与栽培技术原则

黑龙江垦区的水稻直播栽培，影响产量的主要环境因素是低温。而在水稻生育期间，低温影响水稻产量最大的时期是 7、8 月份，即水稻抽穗前 15 d 到抽穗后的 25 d 共 40 d 期间。因此，要严格按当地温度条件，选择确保安全成熟的品种，以安全抽穗期为中心，安排好播种期和成熟期，严格实行计划栽培，用好当地热量资源，确保高产、优质、高效益。由于寒地温度条件的影响，稻田土壤的氮素释放，苗期因气温不高，氮素释放较少；6 月中旬以后随气温升高，土壤速效氮含量增加，到 7 月中下旬形成高峰，以后随气温下降又趋降低，在有机质含量高和排水条件好的稻田，这种变化更为明显。这与水稻一生需氮相比，前期明显不足，中期相差不大，后期略为短缺，所以寒地水稻施肥，应掌握"前重、中轻、后补"的原则，以有机肥与速效化肥相配合，以适应寒地直播水稻生育期间短、营养生长要早生快发、生殖生长期防止脱肥早衰的特点。黑龙江垦区稻田土壤，目前一般缺氮，比较缺磷，不太缺钾，在高产栽培或低温年份，适当配施磷、钾肥，对增产及防御冷害均有明显作用。磷、钾肥一般做基肥施用，部分钾肥可做穗肥追施。

由于寒地水稻生育期间短，直播栽培必须严格掌握界限时期，树立明确的农时观念。

水稻直播播种的界限时期：按水稻种子发芽最低温度一般为 10 ℃ 的要求，佳木斯地区日平均气温开始稳定在 10 ℃ 以上的限期为 5 月 4 日，因此直播播种最早安全界限期为 5 月 4 日。如以安全发芽起点温度 12 ℃ 计算，播种适期早限为 5 月 11 日。当地直播水稻品种全生育期所需活动积温，早熟品种为 2 100 ℃，中熟品种为 2 200 ℃ 左右，晚熟品种为 2 300 ℃ 左右，为在安全成熟期前成熟，其最晚播种界限期，早熟品种为 6 月 2 日前，中熟品种为 5 月 27 日前，晚熟品种为 5 月 21 日前。

水稻安全成熟界限期：当地入秋以后，日平均气温稳定降到 13 ℃ 的限期，为水稻安全成熟最晚界限期，佳木斯地区为 9 月 18 日，如以日平均气温稳定降至 15 ℃ 时为安全成熟界限期，佳木斯地区为 9 月 11 日。

水稻安全抽穗期：垦区水稻从抽穗到成熟，一般需活动积温 750 ~ 800 ℃，自水稻最晚成熟界限期 9 月 18 日倒算活动积温 750 ℃ 的日期为 8 月 8 日，达到 800 ℃ 的日期为 8 月 5 日，所以佳木斯地区以 8 月 5 日为安全抽穗适期终日，8 月 8 日为抽穗最晚界限期。

直播水稻最大可用生育期间为 5 月 4 日—9 月 18 日，共 138 d，这一期间的多年平均活动积温为 2 490 ℃，为直播栽培最大可用活动积温值，如从安全播种早限期 5 月 11 日到安全成熟晚限期的 9 月 11 日，共为 124 d，为直播水稻栽培安全可用期间，这一期间的活动积温为 2 320 ℃，为本地直播水稻安全可用活动积温值。在实际生产中，播种不能一天播完，实际可用的生育期间必然小于 124 d，可用活动积温值也必然小于 2 320 ℃。所以要在安全可用生育期间和可用活动积温内，选用熟期合适的品种，并按界限时期计划栽培，树立严格的农时和作业质量观念，才能在较短的生育期间，充分利用仅有的活动积温，实现直播稻的高产优质高效益。

从寒地特点出发，直播水稻栽培技术必须遵循以下原则：

第一，要努力促进生育，特别是促进营养生长进程，以确保适时进入生育转换期（6 月下旬到 7 月初），防止生育延迟，确保安全抽穗成熟，是安全增产的保证。

第二，要保证水稻生育健壮，要适时供给所需养分，及时防治病、虫、草害，使营养生长与生殖生长协调发展，提高分蘖成穗率、结实率和粒重。

第三，要增加生长量，以健壮的个体，保证高产的群体，并防止病害、倒伏和冷害。

第四，要提高经济效益。各项栽培技术要建立在当地先进可行、优化选择的基础上，以保证获得较高的经济效益。

三、黑龙江垦区水稻直播栽培的类型

水稻直播栽培根据整地、播种及播种后的灌水方式等，分为水直播、旱直播、水稻旱种、航空直播等几种类型。

（一）水直播

水直播栽培在垦区沿用的时间最长，面积最大，在寒地直播栽培中，是一种较好的栽培方式。其主要特点是：

①水直播的整地，一般先旱整，以充分发挥机械力量，再泡田水整地，易于整平田面，通过水整地，田间渗透量减少，保水性增强。

②水直播的种子，进行消毒、浸种和催芽，可争得活动积温（80～100 ℃），出苗早而齐。而且种子播在地表，有浅水层覆盖，利于保温抑草，昼夜温差小，土壤养分释放慢，铵态氮不易流失，铁被还原，磷、硅变为易于吸收状态。水直播稻分蘖节位低，穗数易保而穗重易低，生育前期易繁茂，后期易脱肥早衰，根系分布较浅，易出现根际倒伏。幼苗期在水下生长，低温时易诱发绵腐病，缺氧使根系发育不良，不易保苗，必须在"立针期"（第一叶露尖时）撤水晒田，增氧壮根立苗。掌握水直播稻的特点，在栽培技术上调整好环境与水稻生育的关系，发挥水直播的优点，克服其缺点，才能发挥水直播的增产潜力。

垦区水直播的播种方式，随栽培技术的发展特别是化学除草剂的应用，曾先后采取了撒播、条播、点播等不同的播种方式。20 世纪 50 年代初期以撒播为主，为便于灭草，在 50 年代末期到 60 年代中期曾先后采用水条播和水点播，为解决畜力中耕又采取了大垄水条播，60 年代后期垦区率先试验示范大面积推广普及稻田化学除草，形成了以化学除草为主的灭草技术体系，并首次在寒地研究了稻田化学除草不中耕的技术，进一步明确了寒地稻田中耕，主要是为灭草，应用除草剂灭草后，中耕的灭草效应消失，而伤根、延迟生育却明显暴露出来，从而在化学除草技术普及后，稻田中耕在垦区随之消失。而水直播的播种方式也出现了新的变化，为增加绿色面积，在 70 年代末有的农场曾采用宽幅带状播种（播幅 80 ～ 120 cm、空带 30 ～ 40 cm，亦称宽厢播种），垦区应用面积不大，而大面积由条播改为撒播。水条播按播幅及行距的大小，分为窄幅（如播幅 5 cm、空带 20 cm）、宽幅（如播幅 15 cm、空带 25 ～ 30 cm）、宽窄行（如小行距 7.5 ～ 10 cm 双行，大行距 30 ～ 35 cm）等。其中宽幅及带状条播，虽可相应扩大绿色面积，增加苗、穗数，但群体通风透光较差，适于中低产水平应用，不易获得稳定高产。而窄行及宽窄行播种，株、行距配置较为合理，生殖生长期间通风透光好，适于高产栽培。点播因较费工，化学除草普及后，生产应用很少。进入 80 年代以后，垦区水直播的播种方法主要为撒播，条播面积不大，田间管理与播种匀度仍待改进。

（二）旱直播

水稻旱直播栽培，是适应稻田耕作和播种机械化而出现的一种直播方式，在垦区曾占一定面积。旱直播的整地及播种均在旱地条件下进行，根据播种位置、覆土深浅及播种后灌水早晚，又分为三种：第一种是种子附泥地面旱直播，播种后立即灌浅水层。这种播法只是整地、播种在旱地条件下，而种子萌发出苗仍在有水层的保温条件下，因而出苗快而全。种子浸种、附泥，是为种子播于地面，防止灌水漂移，冲毁种行。第二种是种子浅覆土（1 cm 左右）旱直播，在旱整平土地的基础上，用带有靴形开沟器的播种机，浅播 1 cm 左右，用覆土链覆土，播种后灌浅水层，种子发芽出苗后，撤水晒田，促进扎根立苗。这种播种方式如覆土稍深，容易出现哑谷而缺苗，未覆上土的种子，容易因灌水漂移而散行。第三种是种子播深 2 ～ 3 cm，亦即种子覆土较深，播种后适当镇压，靠土壤水分出苗，苗期旱长，三叶期后缓水漫灌，进入常规灌水管理。深覆土、苗期旱长的旱直播，靠土壤水分出苗，大面积土壤水分的差异，影响出苗快慢和出苗率高低；如土壤墒情不良而灌水时，常因地势不平，洼处积水，出苗不全。由于苗期生育延迟，抽穗期变动较大，不利于寒地稳产。总之，旱直播的优点是：整地、播种在旱地条件下进行，能充分发挥机械效率，减轻劳动强度，缓和稻田初灌期用水的紧张，覆土旱直播的抗倒伏性好于地面直播；缺点是：旱直播没有水整地，土地不易平、碎，苗期旱长的旱直播，出苗比水直播晚，土壤养分易流失，杂草为害比水直播重。因此，在三种旱直播方式中，种子附泥旱直播和浅覆土旱直播，均在播种后立即灌水，与水直播比差异较小，种子附泥旱播比浅覆土旱直播更具出苗整齐的优势。而深覆土旱直播，苗期旱长，与水直播比，生育明显偏晚。旱直播对整平土地的质量要求较严，是旱直播提高播种质量、出苗率和稳产高产的关键。

（三）水稻旱种

水稻旱种，是在全生育期内靠天然降水供给水稻生育所需水分，一般不进行人工灌溉的栽种方式。水稻旱种可利用部分低洼易涝地，发挥机械作业效率，并具节水、省工等优点。在国内 20 世纪 70 年代末和 80 年代初，曾发展较快。黑龙江垦区，根据低洼易涝地多的条件，1982 年 1 月曾引入水稻旱种技术，在黑龙江农垦科学院水稻研究所试验并组织示范，在宝泉岭分局、红兴隆分局及牡丹江分局所属几个农场，做不同面积的示范生产，积累了不少经验，1984 年 12 月，组织水稻旱种单位，在水稻所进行试验示范总结。水稻旱种的栽培技术要点：选地与耕作整地时选肥沃、中性或偏酸性土壤，以保水能力较好的黑土、草甸土为好，不宜在黏土或盐渍土上种植，土壤水分大的，宜秋翻、秋耙、秋整平，达到播种状态，在春季返浆前播完种，并注意解决田间排水。水稻旱种靠土壤底墒出苗，所以做好整地保墒是旱种保全苗的基础。因此，最好要秋翻、秋耙，整平耙碎，达到播种状态，以利保墒。垄作最好秋起垄、镇压保墒。选用耐旱早熟水稻品种，由于在旱种条件下生育期延迟，必须选用早熟、拱土力强的耐旱品种，垦区当时以合江 14 为旱种主要品种。在播种技术方面，据试验结果：播种期以 4 月末 5 月初较好，特别是低洼易涝地，播种期要在返浆前播完。播种量，用发芽率 90% 以上的种子，通过种子精选，每公顷播量为 180 ~ 195 kg，每平方米保苗 300 ~ 350 株。播种方式，垦区以平播为主，部分试验了垄作。在平播中，一般用机引 48 行播种机，行距 15 cm 或 23 cm，播深 2 ~ 3 cm，播幅 3 ~ 5 cm。为保证播种质量和保墒出苗，播前或播后根据土壤水分状况进行镇压。试验示范表明，平作条播的产量好于垄作产量，而且还便于机械化作业。水稻旱种的施肥，以基肥或种肥为主，氮、磷、钾的比例为 1 : 1 : 0.5，每公顷用磷酸二铵 120 ~ 180 kg、硫酸钾 60 ~ 90 kg 做底肥施用；或在播种时，播种机带施肥箱，开沟施肥略覆土，随后播种，以免烧芽伤苗。防除旱种田杂草，是田间管理的关键环节，除草方法以除草剂灭草为主，人工灭草为辅。据调查，水稻旱种田间杂草的高峰期在 5 月末到 6 月间，用化学除草剂在苗前处理时，用 25% 恶草灵每公顷用药量 3.0 kg，或 40% 除草醚每公顷用 7.5 kg，兑水 300 kg，出苗前 3 ~ 5 d 用喷雾器喷洒。出苗后在稗草 2 叶期左右，阔叶草分枝前，每公顷用敌稗（20%）15 000 ~ 19 950 mL 加麦草畏 0.3 kg，兑水 300 kg 喷雾。残余杂草辅之以人工铲除。

垦区水稻旱种在 80 年代初期，通过试验示范，利用低洼旱田和旱作农业机械，曾在 5 个农场播种面积先后达 87 ~ 210 hm²，平均公顷产量达 4 125 kg。但因除草费用较高，稻谷品质较低，有的按杂粮价收购，生产效益不高，随井灌水稻的发展，水稻旱种在垦区已经消失。

（四）航空直播

航空直播水稻，首先在美国加利福尼亚州于 1929 年应用飞机播种水稻，以后发展到灭草、施肥和防治病虫害，飞机作业面积约占水稻面积的 87%。日本 1962 年开始利用飞机播种，目前飞机作业面积约占水稻总面积的 42%。其他如苏联、法国、澳大利亚等国，亦先后利用飞机进行播种、施肥、除草等作业。

在我国，1967 年黑龙江垦区首先在八五七农场、云山农场、八五〇农场进行了飞机直播水稻试验，其后（1978—1980 年）在广东的潼湖农场、汕头片田洋、湛江赤坎，湖南的南湾湖、千山红，湖北的沉湖、三湖，新疆的几个农场等，先后开展飞机播种、施肥、灭草与防治病虫等作业，均取得良好成绩。

黑龙江省农垦总局成立农业航空实验站以后，1987 年用引进的澳大利亚"空中农夫"

飞机，在八五三农场进行水稻附泥旱直播和催芽水直播两种方式的试验，附泥旱直播的面积为 117.3 hm²，平均公顷产量 3 750 kg，影响产量的主要因素是播种后灌水偏晚，草荒较重；催芽水直播的面积为 13.3 hm²，单产 5 250 kg。1989 年及 1990 年两年，在建三江分局七星农场试验，飞机直播面积 66.6 hm²，平均公顷产量 4 950 kg。1995 年、1996 年，在建三江分局洪河农场进一步做试验示范，面积共 206.7 hm²，平均公顷产量为 5 280 kg。

航空直播水稻技术属水直播范畴，飞机播种速度快，必须与地面土地整平和灌水等作业相配合，才能发挥航播的优势。

1. 飞机航播水稻作业技术标准

"运五 B"型和""运五"型飞机：作业飞行高度为 25 ~ 28 m，作业幅 20 m，作业时速 160 km。"M−18"型飞机：作业飞行高度为 25 ~ 28 m，作业幅为 20 m，作业时速为 180 km。

"空中农夫"型飞机：作业飞行高度为 15 ~ 20 m，作业幅为 10 m，作业时速为 168 km（90 节）。

"GA−200"型飞机：作业飞行高度 15 ~ 20 m，作业幅为 6 m，作业时速为 168 km（90 节）。

2. 侧风修正与种门开（关）修正距离

①侧风修正：在静风条件下，有效播幅中心线并不重合于航迹，而偏向航迹右侧 7 m 左右，这种偏移距离的形式，主要受其飞机螺旋桨涡流的影响。

侧风修正距离 = 航迹距播幅中心线距离−设备偏差距离。

侧风修正值 = 侧风修正距离 ÷ 正侧风风速。正速风即 90° 风，其他角度的风应换算成 90° 风。

②种门开（关）修正距离：

顺风开（关）种门修正距离 = 种门开（关）延滞时间 × 航速+正顺风风速 × 种子沉降时间。

逆风开（关）种门修正距离 = 种门开（关）延滞时间 × 航速−正逆风风速 × 种子沉降时间。

3. 飞机直播水稻栽培技术要点

①整平土地：飞机直播水稻对土地整平的要求较高，格田内高低差不大于 5 cm，达到寸水不露泥，并要连片、条田和方田化。

②水层管理：航播前要灌好水层，水深 2 ~ 3 cm，以利于提高地温、水温，促进种子发芽。水混时要充分沉淀成清水后播种，以免泥浆盖种影响成苗。

③航播品种的选择：选择在当地保证安全成熟的直播早熟品种，并且抗病、抗倒、品质好。垦区主要用合江 19 等 11 叶品种。

④种子处理及播种期：为保证播种及种子质量，所用种子必须经过严格清选、消毒、浸种和催芽。种子催芽以露白为准，并与播种期密切配合，防止催芽过长，影响播种质量。

黑龙江垦区飞机直播的播种期以日平均气温稳定在 10 ℃以上，以 5 月中旬为最佳播种期，最晚不宜超过 5 月 25 日。播种后的田间管理与水直播稻相同。

飞机直播水稻，速度快、撒播均匀，具有保农时、省工、省种等优点，与地面机械作业配合，对提高直播水稻劳动生产率有积极作用。黑龙江垦区随着水稻经营规模的扩大，早熟高产品种的选育，保苗壮苗技术的完善，整地灌水技术的提高，在保证高产、优质、高效益的基础上，飞机直播水稻有较好的发展前景。

四、黑龙江垦区水稻直播栽培技术的改进与发展

在垦区多年的水稻直播栽培实践中，通过科研吸取国内外先进技术经验，促进了直播栽培技术不断改进和提高，对寒地水稻直播栽培技术做出了相应的贡献。主要有以下几项：

①明确了黑龙江垦区水稻直播栽培界限时期。为寒地水稻充分利用当地有限的活动积温和生育时期，保证安全抽穗、成熟，提供了科学的农时依据。如垦区直播稻播种的最早安全界限期为 5 月 4 日，播种适期早限为 5 月 11 日，最晚安全播种界限，直播早熟品种为 6 月 2 日前，直播中熟品种为 5 月 27 日前，直播晚熟品种为 5 月 21 日前。垦区水稻安全成熟最晚界限期为 9 月 18 日前，安全成熟晚限为 9 月 11 日前，抽穗期的安全晚限为 8 月 8 日，抽穗适期为 7 月 25 日—8 月 5 日。明确直播水稻生育界限时期，可充分利用当地活动积温，播种期逐年有所提早，栽培品种由过去以 10 叶品种（合江 10 等）为主，转为以 11 叶品种（合江 19 等）为主，保证了直播稻的安全抽穗和成熟。

②大面积机械旱直播和飞机直播，生产效率高。根据垦区地多人少的特点，在 20 世纪 60 年代后期先后采用旱田播种机经改装用到水稻旱直播上来，其中如八五七等农场利用旱田播种机，改下排种为上排种，增加排种轮凿数，改进排种管，改进三台播种机的连接、划印装置，提高了播种质量与效率，积累了大面积机械旱直播的宝贵经验，同时牡丹江分局的八五七、云山、八五〇等农场，先后试验采用飞机直播，为水稻飞机播种开了先例。

③大面积推广普及除草剂灭草，在寒地水稻栽培中免除了中耕作业。黑龙江垦区自 20 世纪 60 年代末到 70 年代初，先后试验和推广应用五氯酚钠、除草醚、敌稗、杀草丹等除草剂，解决了稻田杂草防除费工的难题，对推动垦区水稻的发展起到积极作用。随后针对润叶草及三棱草等又先后试验应用了二四滴丁酯、二甲四氯、苯达松等除草剂，基本实现了稻田内无杂草。在 70 年代中期，黑龙江农垦科学院水稻研究所试验研究了稻田除草剂灭草中耕的作用，进一步明确，寒地水稻栽培，中耕的作用主要是灭草，其次是疏松土壤，加速土壤养分释放，随之部分稻根断伤，生育相对延迟，影响安全抽穗和成熟。应用除草剂灭草，代替了中耕除草的主要作用，为防止伤根和延迟生育，可不进行中耕，从而在寒地稻作中应用除草剂灭草，免除了人畜力笨重的中耕作业，在水稻田间管理中是一项重大改革。随着稻田除草剂的应用普及，对稻田耕作亦产生明显影响，在 70 年代中后期，黑龙江农垦科学院水稻研究所先后研究了稻田免耕、少耕、旋耕、松耕及其轮耕体系，为稻田耕作的改革做出重要贡献。

④改进施肥技术，推广化肥基施及以叶龄为指标的追肥施用技术。过去直播田施用化肥以追施为主，自 1980 年莲江口农场开始用化肥全层基施，肥效时间长、利用率高，在

垦区迅速推广普及。为准确掌握水稻追肥时期，黑龙江农垦科学院水稻研究所在 70 年代末和 80 年代初，研究了以叶龄为指标的施肥技术，在直播条件下，蘖肥在 3～4 叶期施、穗肥在倒数 2 叶长出 1 半左右时施用，效果较好。以叶龄为指标的施肥技术，是看苗施肥的进一步发展。比按节气或日历施肥更结合水稻生产发育的实际，使稻田施肥技术又上一个新的台阶。

⑤由长期水层灌溉，改为按直播水稻生育需要，采取"三浅、两深、一晒"的灌溉方法。水直播水稻播后即有水层，其萌发出苗一直处在淹水缺氧条件下，种子根入土浅，随波浪摆动，容易造成漂苗而降低成苗率。因此，在第一叶伸长过程（立针期）中，撤水晒田，增氧促根，使与第一叶同伸的鞘叶节根（5 条）扎土定苗，可提高成苗率与幼苗素质。同时，按直播水稻不同生育时期调整水层深浅，即苗期、分蘖期浅水，幼穗分化后到减数分裂前浅水，抽穗到黄熟浅水（三浅）；有效分蘖末到幼穗分化期深水，减数分裂期深水（两深）；立针期晒田（一晒）的"三浅、两深、一晒"的直播灌溉方式，改变了长期深水漫灌，收到节水、增产的效果。

⑥研究寒地直播水稻公顷产量 7 500 kg 的栽培技术，推动了垦区直播稻的产量提高。黑龙江省农垦科学院水稻研究所在 70 年代中后期及 80 年代初期，系统地研究了寒地直播水稻早熟高产问题，在完成直播公顷产量 6 000 kg 的基础上，连续三年实现了公顷 7 500 kg 的产量，在寒地直播稻区首次突破亩产千斤关，总结出寒地水稻直播高产栽培技术模式，绘制出省内第一张模式图，为垦区直播水稻的高产提供了系统的技术资料。其后在三江平原开发基点八五〇、八五三两个农场的大面积直播高产攻关田上（107 hm^2），分别实现平均公顷产量 5 600～5 800 kg 的较好收成。

总之，垦区在 40 余年的直播水稻生产过程中，在寒冷的北大荒处女地上，填补了水稻生产的空白，从生产上、学术上积累不少有益的经验。

五、黑龙江垦区直播水稻高产栽培技术体系要点

通过垦区 40 多年的生产实践，在不断认识寒地水稻直播栽培特点的基础上，结合垦区各场直播栽培的高产经验与试验研究的结果，形成了垦区直播水稻高产栽培技术体系，其要点如下。

（一）不断完善提高稻田基本建设水平，为水稻稳产高产提供基本条件

①按机械化生产要求，健全灌排渠系，不断完善田、渠、路、林配套的标准条田和方田。垦区稻田多分布在地势低洼地区，地下水位较高，土壤潜育化面积较大，加强排水，做到能灌能排，是低产稻田土壤改良的重要措施。根据地形及机械作业的要求，不断完善土地整平和条田、方田建设，尽快使田、渠、路、林配套，在灌排速度上，在同一条田内，要求做到 2～3 d 内灌完水，1 d 之内水排完，排水渠水面在地面 30 cm 以下，以便于调节稻田水、肥、气、热状况。

②不断培肥稻田地力，提高稻田平整水平。培肥地力是水稻高产栽培中一项根本性措施。低产稻田的冷、硬、瘦等问题，要通过合理耕作、改良土壤、施用有机肥、稻草还田

等措施，改良培肥地力，保持合理耕层。推广轮耕方法，保持和提高稻田整平度，一个池子内高低差不超过 5 cm，不丢边剩角，达到全田平碎规整。

（二）选用当地安全成熟的高产优质良种，适期播种，做好种子处理，提高播种质量

品种熟期要早、中、晚熟搭配，以中早熟品种为主，同时要兼顾耐冷、抗倒、抗病（主要是稻瘟病）、苗期生长快、旱播顶土能力强、穗重型或中间型的优质高产品种，垦区南部各场可选用主茎叶数 11 ～ 12 叶品种，中部地区选用 10 ～ 11 叶品种，北部选用 9 ～ 10 叶品种。种子质量，纯度应达到 98% 以上、净度 97% 以上、发芽率 90% 以上，并建立良种繁育体系，不断提高品种质量，有计划地逐年更新高产优质良种。

寒地直播水稻，播种出苗阶段气温低，为保证苗全、苗壮，直播用稻种要严格进行晒种、风筛选和泥水选及种子消毒。地面旱直播的种子，泥水选后附泥阴干待播。水直播的种子，须浸种、催芽，芽长以 2 mm 以内为准，防止伤热或催芽过长，并经晾芽降温后播种。据垦区各场直播高产经验，平方米保苗数在 500 ～ 600 株之间，收获穗数在 550 ～ 700 穗之间，分蘖穗占总穗数的 15% ～ 20%，按计划苗数与田间损失率确定相应的播种量。直播水稻的播种时期，一般以当地气温稳定通过 10 ℃ 开始播种，旱直播可早于水直播，深覆土旱直播可早于浅覆土旱直播。垦区旱直播一般在 5 月上、中旬（深覆土旱直播在垦区南部 4 月下旬即可播种），水直播在 5 月中、下旬，据黑龙江农垦科学院水稻研究所连续 4 年的播期试验，水直播在 5 月 15—25 日间为高产播种期，旱直播 5 月 5—15 日为高产播种期。为了适时播种，须做好播前各项准备，首先要做好播种机具的修整，做好播量试验，在保证农时、质量的前提下适时播种，做到"播量准、播行直、行距匀、下种均、头播满、边播全"。

（三）做好肥、水管理，使直播水稻按高产群体的生育轨道进展

肥水管理是调整水稻生育的主要手段。寒地水稻与南方水稻比，需氮较多而需钾较少，特别是营养生长期需氮较多，寒地水稻生育前期气温偏低，土壤有机质分解缓慢，有效养分供应强度低；同时直播水稻分蘖早、根浅，前期生长快。因此，直播稻的施肥技术应以促根、壮蘖，保证中后期生长、增加穗粒数为重点，采取有机肥与速效化肥相结合，三要素适量配合的方法，以适应直播稻高产的需要。黑龙江垦区直播稻的施肥，氮、磷、钾的比例约为 2 ∶ 1 ∶ 0.5，施用时期一般为基肥、蘖肥、穗肥、粒肥等 4 期，各期用氮肥量多为基肥（占全年用氮肥量）40%、蘖肥 30%、穗肥 20%、粒肥 10%；或适当减少蘖肥，不施粒肥，增加基肥和穗肥用量，采取攻前保后，主攻穗数，争取粒数和粒重。基肥、有机肥与化肥混拌，在稻田基本整平后，最后一次把地前撒施地表，结合把地把入耕层，做全层施肥。磷肥可全做基肥施用，钾肥主要做基肥，部分可做穗肥追施。追肥推广以叶龄为指标的施肥方法，蘖肥一次施用时在 4 ～ 5 叶期，分两次施用时在 3 叶期及 5 叶期。穗肥在倒数 2 叶长出 1 半时（在抽穗前 15 ～ 20 d）施用，粒肥在始穗或齐穗期施用。每次追肥，均须看苗施用，做到黄处补，矮处施，调平叶色和田面。

直播稻全生育期的灌溉技术，由长期水层灌溉，转为"三浅、两深、一晒"的灌溉方

法。一般在腊熟末期停灌，黄熟初期排干，为秋收作业创造有利条件。由于直播水稻根浅，容易出现根际倒伏，要选用抗倒伏品种，控制氮肥过量，蘖肥施用不宜过晚，控制顶部叶片与基部节间过分伸长，防止发生倒伏。

（四）按直播水高产群体的要求，调整生育进程与长势长相，沿高产生育轨道计划栽培

寒地直播水稻，须在较短期间内达到一定的生育进程和长势长相，才能实现稳产高产。叶龄生育进程以垦区直播主栽的 10～11 片叶品种为例。5 月中下旬正常播种，其最晚出叶进程是：芒种（6 月 6 日）1.5～2.5 叶，夏至（6 月 21 日）4～5 叶，小暑（7 月 7 日）7～8 叶，大暑（7 月 23 日）剑叶抽出，再经 1.2 个叶龄期（约 9 d）达到抽穗。以此作为田间诊断生育迟早的依据，从而调整肥、水管理措施。在栽培上要促进前期生长，以较大的营养体适时转入生殖生长，并为中后期建成良好的株形和高产群体的受光态势打好基础，是寒地直播水稻稳产高产的关键。生育期间，主茎各叶的长宽是高产群体长势长相诊断的主要指标之一，叶长由下而上依次增长，至倒 3 叶达最长，以后依次变短；叶宽由下向上依次增宽，到最长叶宽达 1 cm 以上，剑叶宽达 1.5 cm 左右。最上 3 叶的长宽对水稻产量生产期叶面积指数与冠层叶片的受光态势有明显影响。上 3 叶的总长以等于或略大于定型株高为合适，上 3 叶的叶面积与每穗结实粒数有一定相关。株高的增长，在营养生长阶段应达到定型株高的一半以上（55% 左右），长穗期株高增长宜慢，完成定型株高的 20% 左右，到齐穗前再完成定型株高的 25% 左右。高产群体剑叶节距地面的高度，应为定型株高的一半以内，形成高产不倒的健壮长相。此外，要及时防治病虫草害，防御低温冷害，详见本书有关部分。

第三节　黑龙江垦区水稻旱育稀植栽培阶段

水稻育苗移栽，是寒地水稻栽培抗御低温冷害、确保安全成熟的有效途径。长期以来，曾多次探索水稻育苗移栽方法，如 20 世纪 50 年代的水育苗移栽，60 年代先后试验了保温（油纸和薄膜）湿润育苗和拉线育苗移栽技术，70 年代相继做了小苗丢栽及无土育秧的引进试验，但均以秧苗素质差，栽后返青慢，育苗延长生育时间。被返青缓苗所扣掉，保证不了足够穗粒数，以致费工且产量不高，难以代替直播栽培。80 年代初（1981—1983 年），在黑龙江省方正县，由日本的藤原长作与省内水稻专家配合，试验成功水稻旱育稀植栽培技术，1984 年在黑龙江省推广应用，增产效果显著。垦区于 1984 年在哈尔滨、牡丹江、红兴隆等分局的几个农场示范试验，效果良好。同年 8 月 22—24 日总局在畜牧兽医总站召开水稻会议，刘文举副局长在 24 日到会讲话，明确指出："垦区水稻生产由粗放自给型，尽快向集约商品化方向发展，以家庭农场为单位种植水稻，运用先进技术，以旱育插秧为方向，积极稳步发展，这是转向的会，在政策上下功夫，在技术上抓培训，开创垦区水稻

生产新局面。"从此，自 1985 年垦区水稻由直播开始转入旱育稀植，1988 年 10 月 15—19 日总局在庆阳农场召开水稻开发工作会议，垦区主要水稻农场领导参加（42 个农场共 77 人），总局刘文举副局长做总结发言："3 年内垦区水稻要发展到 150 万 ~ 200 万亩，使粮食产量达 74 亿斤，使种稻农场和职工由贫变富。"

通过这次会议，将垦区水稻开发和旱育稀植栽培技术的推广推向一个新阶段。水稻面积迅速增加，单位面积产量大幅度提高，旱育稀植栽培技术不断转化为新的生产力。在 1985—1993 年 9 年间，年均水稻面积比直播时期增加 286%，单产提高 105%，总产量增加 693%，职工普遍说"以稻治涝，以稻增粮，以稻致富"是发展垦区农业的绝好办法。

一、水稻旱育稀植栽培技术的主要特征

水稻旱育稀植栽培技术，其基本特征是旱育能壮苗，苗壮可稀植。旱育苗是由水育苗、湿润育苗发展起来的，其基本环节是通过旱育（控制床土水分），增加苗床土壤对水稻种子萌发和幼苗生长的供氧量，从而使秧苗根系发达，根数和须根、根毛增加，吸水、吸肥能力增强；种子进行有氧呼吸，胚乳转化率比无氧呼吸增加 26 倍，秧苗可早期超重，育成干重大、充实度高的壮苗。加之利用塑料薄膜保温育苗，可提早播种，延长水稻生育期间，争得生育活动积温，增强了抗御低温冷害能力。因此，保温旱育苗与水育苗和湿润育苗比，育出的秧苗素质好，早期超重，充实度高，根系发达，分蘖原基发育好，抗逆性强，可适期早插，返青快、分蘖早、低位分蘖比例高，分蘖成穗率高，穗的质量好，可比水育苗或湿润育苗的栽插密度稀些。寒地水稻生育期间短、低温冷害频率高，保温旱育苗稀植栽培，适应寒地稻作的生态特点，为寒地水稻的稳产、高产和优质，开辟出先进的技术，这项技术在黑龙江水稻生产中取得划时代的成就，1993 年 4 月国务院办公厅发布通知在全国范围内推广并已取得显著效益，进一步表明水稻旱育稀植栽培技术具有广泛的应用价值和增产效果。

二、黑龙江垦区水稻旱育稀植主要栽培方式的演进

黑龙江垦区水稻旱育稀植栽培，从 1985 年起步至 1988 年后全面铺开，在 10 余年的生产实践中，结合垦区具体条件，在旱育苗技术上，保温棚型由封闭式小棚向开闭式小棚和中、大棚方向发展，目前中、大棚的比重已占保温棚的 30% 以上，有的农场达 50%，封闭式小棚逐渐被开闭式小棚代替。保温棚型的改进，降低了育苗设备成本，便于秧苗管理，缩小昼夜温差，便于防御冻害，利于常年固定，适合多种经营，秧苗素质及综合效益明显提高。大中棚的材料以"土"为主，土洋结合，因地制宜。中棚高 1.5 m 左右，大棚高 2.2 m 左右，多数为 1 柱 2 桩式，部分为 2 柱 2 桩式，上用竹片或木杆连接，宽 5 ~ 7 m，长 30 ~ 60 m，雨天可在里面作业，秧苗移栽后可再种蔬菜，是小棚无法比拟的。育苗类型在实践中已明确：在寒地为保证安全抽穗、成熟，小苗不如中苗，中苗不如大苗。现在小苗在垦区已经淘汰，机械插秧用中苗，人工手插用中到大苗，而且手插的中苗或大苗，因为没有缺插问题，插量比机插中苗降低一半以上，发挥稀播能壮苗的优势。随移栽方式

的演进，使旱育苗又分为隔离层育苗、子盘育苗和钵育苗等，为减少植伤，手插秧不采取抢秧方法，而用编织袋、地膜打眼、子盘等隔离层育苗，加速返青进程。现将几种主要栽植方法分别做以介绍。

（一）盘育苗机械插秧栽培

黑龙江垦区水稻盘育机插栽培技术，是 1979 年吉林省农业科学院水稻所与日本协作进行水稻机械化高产稳产栽培技术试验示范基础上，结合吉林省的具体情况形成的栽培技术，引入黑龙江垦区发展起来的，历经了引入消化、完善普及和发展提高的三个发展阶段。

1. 引入消化阶段

在 1984—1988 年间，先后由黑龙江省农垦科学院水稻研究所、新华、庆阳、肇源、江滨、绥滨、红卫等单位，根据垦区地处寒地、地多劳力不足的特点，在直播栽培的基础上引入了吉林省的水稻盘育机插技术，加上插秧品种的筛选，形成了具有黑龙江垦区特色的水稻盘育机插栽培技术规范，1989 年 2 月印发垦区各农场。此后经过 2 ～ 3 年的实践，结合当地的实际，部分管理局和农场制定了适合当地的水稻盘育机插技术规范。

2. 完善普及阶段

水稻盘育机插栽培技术经过 5 年的引入消化，在 1989—1993 年间进入完善普及阶段。由黑龙江农垦科学院水稻研究所牵头，与农场先后开展品种、播插期、密度、施肥、灌水、灭草、防病等方面的研究，通过每年的水稻生产经验交流会，及时反馈到各农场水稻生产中去，推动了生产的发展。如宝泉岭局农业处与新华农场合作，1987—1989 年间完成"寒地水稻 66.7 hm^2，公顷产量 7 500 kg 栽培技术开发研究"，水稻开闭式小棚、盘育机插高产栽培技术全面推广；黑龙江农垦科学院水稻研究所在 1986—1990 年研究完成"水稻盘育机插公顷产谷 9 000 kg 高产栽培模式"，在全垦区推广；新华农场总结出大面积使用丁草胺插前封闭与农得时（或草克星）分蘖肥结合的二次灭草技术；庆阳农场总结出防治胡麻斑病、稻瘟病技术及节水灌溉技术；查哈阳农场总结出高台（台高 40 cm）秧田、不插 5 月 25 日秧、4 月结束水整地与丁草胺封闭结合的技术，大面积推广应用盘育苗播量降到每盘播芽谷 100 g 左右的稀播育壮苗技术和减少生育前期施肥量且增加中后期施肥量技术，还总结出万公顷稻田实现单产 7 500 kg 的经验。1993 年黑龙江垦区水稻旱育稀植面积达 7.3 万 hm^2，占水稻面积的 83%，在垦区旱育稀植栽培技术中起到先导作用，步入完善普及阶段。为了进一步促进垦区水稻的发展，提高单产和经济效益，1994 年元月总局水稻办主持修订了 1989 年版《黑龙江垦区水稻盘育机插栽培技术规范》，提出了盘育机插公顷产谷超 7 500 kg 的技术，即《黑龙江垦区水稻旱育稀植（盘育机插）栽培技术规程》。

3. 发展和提高阶段

黑龙江垦区水稻盘育机插公顷产谷超 7 500 kg 技术规程的制定，促进了水稻大发展，也为后来栽培技术再提高打下较好基础。

1）垦区水稻盘育机插面积有很大发展。

垦区水稻盘育机插面积到 1996 年达到 24.3 万 hm²，占水稻旱育稀植面积的 45.1%，其中齐齐哈尔分局的机插面积占 90% 以上，盘育机插在旱育手插、钵育抛秧与摆栽等方式中占主导地位。

2）水稻盘育机插生产水平进一步提高。

从查哈阳农场 1993 年在 1.1 万 hm² 稻田（其中机插面积占 90% 以上）突破单产 7 500 kg 以来，盘育机插面积占全场水田面积 80% 以上的庆阳、八五四等农场在 1995 年和 1996 年公顷单产提高到 8 250 kg 以上，查哈阳农场 1996 年 1.75 万 hm² 水稻单产达到 8 763 kg。

3）水稻盘育机插栽培技术有了进一步发展。

由黑龙江省农垦科学院水稻研究所在 1991—1995 年间完成的"寒地水稻小群体创高个体生产力再高产栽培技术研究"项目，总结、鉴定和推广了盘育机插水稻"前稳、中促、后保"栽培模式。"前稳"意在利用中早熟期高产品种，适期播种盘育壮苗，在本田适量基施氮磷钾肥和药剂封闭除草的基础上，5 月中旬机械栽成行距 30 cm、穴距 16 ～ 20 cm、穴栽 3 ～ 5 株苗，分蘖期浅水管理和撒施适量药剂，及时灭草治虫，使水稻在生育前期稳健生长；"中促"指水稻倒 5 叶出生期到出穗期，通过分期追施氮磷钾肥和"浅、湿、干"间歇灌溉，促进上三叶和上位根的生长及幼穗的发育，在水稻的出穗期形成穗数足、粒数多、适宜叶面积的高产群体结构；"后保"就是采取追施粒肥、实行以"湿、干"为主的"浅、湿、干"间歇灌溉和药剂防病等措施，保证上位根的活力和上三叶的光合生产能力，最终获得高产量和高的经济效益。

4）水稻育苗标准化程度不断提高。

水稻旱育稀植三化栽培技术的推广，尤其是"旱育秧田规范化"和"旱育壮苗模式化"技术的推广，使垦区水稻壮苗的比率提高到 90% 以上。

5）水稻本田管理向科学化发展。

通过农场各级干部和群众的不断创新和引进新技术，使盘育机插水稻本田管理更加科学化。在农时安排上，查哈阳农场总结出"水整地不过 4 月，插秧不过 5 月 26 日，不抽 8 月穗，按稻穗黄化率 90% 开镰收获不过 10 月"的经验。稻田整地：八五四农场采用秋天泡田整地技术；二九一农场在秋翻或秋旋的基础上，翌年 4 月底旱整耙平，5 月上旬机械精细水整平，做到地平上糊下松，有利于机插水稻生长。机插密度：庆阳农场把 80 余台插秧机改装成插秧穴距 16 ～ 20 cm 规格，全场有 80% 水田实行超稀植栽培；宝泉岭局新华农场示范推广机械超稀植栽培技术。稻田灌溉：查哈阳农场总结出按叶龄模式水层管理的经验，即水稻返青期 5 ～ 7 cm 深水促进返青，在 5 ～ 9 叶期以 3 ～ 5 cm 浅水促进分蘖，10 叶期晒田控制无效分蘖，11 叶期湿润为主控制下部节间伸长，12 叶到水稻出穗灌 10 ～ 15 cm 深水防御冷害，齐穗后实行以"干"为主的间歇灌溉保根保叶促进灌浆。稻田施肥：八五四、军川等农场推广应用水稻专用肥和磁化肥；绥滨农场重视生育中期施肥，公顷总施氮量 100 kg 左右，氮、磷、钾比为 1∶0.6∶0.3 的情况下，基施氮 40%、磷 100%、钾 50%，蘖肥在 4 ～ 5 叶期施氮 20%，调节肥在 7 ～ 8 叶期施氮 30%，穗肥在倒 2 叶期施氮 10% 和钾 50%。药剂除草技术上，查哈阳农场根据水整地后到插秧期间隔较长的特点，公顷用 2 L 丁草胺封闭灭草，水稻 5 ~ 6 叶期再施丁草胺 1.5 L 和草克星 150 g，做到既控制杂草生长，又不抑制水稻生长。防治水稻病害方面，庆阳农场总结出水稻健身防病系列措施，即氮、磷、钾配合施用的施肥措施，间歇灌溉的水层管理，每公顷用 50% 多菌灵（或 20% 三环唑）、磷酸二氢钾、米醋各 1 kg，兑水 100 kg，于 6 月末和 7 月上旬各喷一次防治胡麻斑病和稻瘟病。

6）水田机械化程度进一步提高。

为了实现水田机械化，不少农场做了试验研究工作。例如，八五四农场研究出水稻盘育机插垄作（垄台 10 ~ 11 cm）栽培技术，同时筛选出适合垦区稻田条件的水田机械型号，即整地机械以清江 504 和手扶拖拉机为主，插秧机选用 2ZT–9356 型，割晒机选用东方红 –75 前悬割晒机和 MF855 割晒机，手扶拖拉机配 160 型割晒机代替人工收割。创业农场实行以家庭农场为单元的水田机械化，打一眼井，种 15 hm² 水稻，购置手扶拖拉机、插秧机（含侧深施肥机）、割晒机、双铧犁或小型旋耕机等各一台，解决全年的耕地、旱整地、水整平、插秧、深施肥及收割等水田机械作业。查哈阳农场把大型联合收获机的纹杆式滚筒改装成钉齿滚筒，综合脱谷损失率从 7% 降到 3%。

水稻盘育机插高产栽培技术要点：

①选用良种。

为保证水稻安全抽穗成熟，要根据当地活动积温，选用高产、优质、抗逆性强、中早熟的一级良种。一积温带：活动积温 2 700 ℃以上，种植 12 ~ 13 叶品种；二积温带：活动积温 2 500 ~ 2 700 ℃，种植 11 ~ 12 叶品种；三积温带：活动积温 2 300 ~ 2 500 ℃，种植 11 片叶品种；四积温带：活动积温 2 100 ~ 2 300 ℃，种植 10 片叶品种。目前垦区主要品种有：主茎叶片 10 叶品种黑粳 6 号和黑粳 7 号，11 叶品种合江 19、空育 131，12 叶品种查稻 1 号、东农 416、垦稻 6 号，13 叶品种东农 415、藤系 137。

②育苗技术。

育苗场地：选择地势高燥、平坦、向阳，灌排方便，便于运秧的地方作固定秧田。稻田地内育苗，靠排水渠建立固定育苗台田，台高出地面 0.5 m，宽达 3 m。棚型以竹木结构的大、中棚为主，小棚必须用开闭式。置床在秋季完成翻地、施腐熟农家肥、整平做床等作业，翌春播种前 3 d 进行施肥、消毒和调酸。

配制营养床土：播种前 2 d，用水稻壮秧剂（牡丹江科研所配方）与过筛土按使用说明混配，如用硫酸调酸，每公顷用过筛土 2 000 ~ 2 500 kg（pH 值 7 左右）与 98% 浓硫酸 7 ~ 9 kg、粉碎磷酸二铵及硫酸钾各 1.5 kg，分层浇洒后闷一昼夜，混拌 4 ~ 6 次，成为 pH 值 4.5 ~ 5.5 的营养床土，可育 450 ~ 550 盘秧苗。

苗盘播种：经过晒种、盐水选、浸种、消毒、破胸催芽等处理的种子，在 4 月 10 — 25 日间，每盘播 90 ~ 100 g，每 100 cm² 落粒 150 ~ 200 粒。

中苗壮秧标准：秧龄 30 ~ 35 d，叶龄 3.1 ~ 3.5 叶，苗高 13 cm 左右，根数 11 ~ 14 条，地上部百株干重 2.5 g 以上，每 100 cm² 保苗 130 ~ 180 株，无病虫草。

苗床管理：播种到出苗覆农膜和地膜，棚内高温控制在 30 ℃以下，出苗 30% 时撤出地膜，并浇透 pH 值 3 ~ 4 的酸水。出苗到 2 叶 1 心期棚内高温控制在 20 ℃左右，2 叶 1 心后进行大炼苗（即昼揭夜盖农膜）。当苗床缺水时浇透 pH 值 3 ~ 4 的酸水。缺水指标：

床土绝对含水量少于 13.5%，中午床土面发白、翌日早晨叶尖水珠直径小于 1 mm 时，即夜浇水。灭草：稻苗出齐到 1 叶 1 心期间，喷 1 ~ 2 次敌稗。追肥：如用硫酸调制营养床土时，在水稻 1 叶 1 心和 2 叶 1 心期，每 100 m² 用硫铵 2.5 kg 兑水 300 kg 喷浇；施送嫁肥，插秧前一天 100 m² 苗床施尿素 3 kg、磷酸二铵 6 kg 加增产菌 3 mL（含菌 60 亿个 /mL），并浇一次透水。防虫：插秧前一天，施送嫁肥浇水后，喷一次乐果。

③插秧技术。

本田耕整地，稻田耕地以旋、耙等浅耕为主，实行每 3 ~ 4 年深松或深耕一次的轮耕制度。稻田平地以池内旱平为主，水耙为辅，达到上糊下松且"寸水不露泥"的状态。旱改水前 2 年推广查哈阳早春水耙地经验。

插秧作业：水稻秧苗 5 月 10 日前后试插，5 月 25 日前插完。稻田管理水平一般时，稻苗插成行穴距（30 cm × 12 cm），穴栽 3 ~ 4 株；稻田栽培水平较高时，穴距可加大到 16 ~ 20 cm，穴栽 3 ~ 5 株。

④本田管理技术。

灌溉：推广节水灌溉技术，水稻全生育期灌溉定额降低到 6 000 m³ 以内。泡田用没垡块 2/3 的水，薄水插秧，浅水返青，药剂灭草时期保持浅水层，水稻进入 7 ~ 8 叶的分蘖盛期转入"浅、湿、干"间歇灌溉。"浅"指灌 3 ~ 5 cm 水层；"湿"为地表湿润；"干"就是地面发干但无裂纹，个别脚窝有水，土壤水分为田间持水量的 80% 时，即要灌水。水稻分蘖期"浅"的时期长一些，长穗期灌水"湿"的时候多一些，结实期灌水则"干"的状态应长，水稻长穗期如遇 15 ℃ 以下低温，灌深水为好（水温 18 ℃ 以上）。

施肥：公顷总施肥量尿素 150 ~ 200 kg、磷酸二铵 80 ~ 150 kg、钾肥（含 K20% ~ 50%）70 ~ 100 kg。氮肥可分基肥 20% ~ 30%，晚期（水稻 6 ~ 7 叶，即倒 5 叶出生期）蘖肥 25%，促花肥 15% ~ 25%（倒 3 叶出生期水稻开始落黄时施，如果地力足，每平方米茎数又超过 500 个，叶色没有落黄迹象，则推迟到叶色开始落黄时再施），穗肥 15%（剑叶露尖期施），粒肥 15% ~ 20%（齐穗期可望公顷产谷 7 500 kg 以上时施），一次公顷追肥量不超过 50 kg 为宜；磷肥全部用于基肥；钾肥分基肥 50 kg，穗肥 50 kg 施用。水稻苗质差返青期长时，应及时追施壮秧剂（合硫铵 60%，三料 12%，钾肥 9%）50 kg/hm²，促进水稻返青。水稻出穗前后如出现早衰，每公顷可喷施多元液体肥 3 kg，或磷酸二氢钾、尿素、米醋各 1 kg 兑水 100 kg 喷雾。

药剂灭草：水稻播前 4 ~ 5 d，用 60% 丁草胺 1 ~ 1.2 L 封闭；水稻返青后进入分蘖始期时，根据草情再施禾大壮或丁草胺与农得时、草克星或苯达松配合施用；个别高包灭稗不彻底时及早用快杀稗杀灭。

防治病虫害：以尽量减少水稻损害又不降低经济效益为原则，进行药剂防治。消灭潜叶蝇和负泥虫，以 5 月底到 6 月初成虫交尾期，全田药剂防治为佳。稻瘟病防治，7 月份和 8 月上旬，在阴雨天气，出现稻瘟病斑时，用稻瘟灵或三环唑全田防治；如果叶瘟发病重时，出穗始期和齐穗期（相隔 7 d）各喷一次三环唑、磷酸二氢钾、米醋的混配剂，公顷用量为各 1 kg 兑水 150 kg。

⑤收获。

推广分段机械收获技术，联合收获机的滚筒应改装成钉齿式，综合脱谷损失率降低到

3%以内。

（二）手插旱育稀植栽培

这是常用的旱育稀植栽培方式。垦区近年随水稻面积的迅速扩大、家庭农场两费的自理，插秧机供量不足，手插面积有所增加，据1996年统计，垦区人工手插面积约占一半，农场间比例不同，有的农场劳力充足手插面积较大，有的农场水田面积大，机械力量配备强，手插面积比重很小。手插与机插比，从秧苗素质方面看，手插可用中苗或大苗，播量比机插苗少，秧苗比机插苗壮。手插每穴苗数较匀，无漏插缺穴，基本不补苗。但插秧人员素质不同，有的插植偏深、偏浅、穴距不匀。劳力紧张时，工价抬高，增加作业成本，且易延误农时。

手插旱育稀植栽培的技术要点：

①旱育壮秧。选择地势平坦、背风向阳、排水良好、灌水方便、土壤肥沃、中性或偏酸的旱田地育苗；纯水田区选高地、建高台，保证灌水泡田后苗床土仍为旱田状态。秧本田比例为1:（70～80）。采用中棚或大棚。苗床（置床）做成高出地面8～10 cm的高床，要秋翻地、秋施肥、秋做床。垦区手插旱育苗，主要采取子盘或编织袋隔离层育苗，基本淘汰了抢秧的方法。为了壮苗、防病（立枯病），置床和床土均应调酸、消毒、施肥。床土用旱田土3份与腐熟过筛的有机肥1份充分混合，用调酸增肥剂将床土酸度调到4.5～5.5间，如酸度不够，再用硫酸调到规定范围。同时要做好种子处理，选用当地安全抽穗成熟的早中熟高产、优质、抗逆性强的品种，井灌区除注意选用耐冷性强的品种外，在熟期上要用比自流灌区早熟1叶左右的品种。育苗用种要晒种2～3 d，筛除杂质，用相对密度（比重）为1.13的盐水选种，用噁苗灵等消毒、浸种。浸好的种子在32 ℃高温下破胸，在25 ℃适温下催芽，芽长2 mm以内，晾芽待播。秧田播种在当地气温稳定通过5 ℃时开始，垦区一般为4月10—25日，手插中苗每平方米播芽种250～275 g，手插大苗每平方米播芽种200～250 g，播后压籽、覆土，覆土厚不超过1 cm。封闭灭草后，平铺地膜，扣严棚膜，拉好防风网带。秧田温度管理，播种至出苗密封保温；出苗到1叶1心期，棚内温度不超过28 ℃；1.5～2.5叶期，棚内温度控制在20～25 ℃间，不超过25 ℃；2.5叶后昼揭、夜覆，直至不必覆膜。水分管理2叶期前一般不浇水，保持土壤湿润；2叶后根据床土干旱情况，早晨或晚上浇水，一次浇足。及时用敌稗、禾大壮等除草剂灭草，看苗追施肥料，防治立枯病，移栽前带乐果下地，预防潜叶蝇为害。

②适期插秧。在秋耕或春耕的基础上，先旱整平，再筑埂、泡田，进行水整地，在最后一次耙地前，均匀撒施基肥，耙入8～10 cm土层内，做全层施肥。通过整平，池子内高低差不过3 cm。插秧时期以当地气温稳定通过13 ℃开插，5月25日前插完，不插6月秧。据垦区多次插秧期试验，高产插秧期为5月15—25日，5月10—15日和5月25—30日为平产期，再前或再后为减产期。插秧密度及规格，以公顷产量7 500 kg为目标，手插大苗、土壤肥力较好的可插30 cm×16 cm（9寸×5寸），每穴2～3苗，一般中苗根据品种、地力及插期，可分别插30 cm×13 cm（9寸×4寸）或30 cm×10 cm（9寸×3寸），每穴3～4苗，四积温带高寒地区农场可插26 cm×10 cm（8寸×3寸）或26 cm×13 cm（8寸×4寸），每穴3～4苗。插秧质量，以插深2 cm为标准，最深不超过3 cm，要求行直、

穴距均匀、每穴苗数准，不丢穴、不勾秧、少植伤，插时田间花达水，插后灌苗高 2/3 水层，促进返青。

③加强本田肥、水、植保等管理。分蘖期看苗施好蘖肥，用量占生育期用氮量的 20% ~ 30%；水层管理以浅水（寸水）增温促蘖为主；有效分蘖末期，晒田控蘖、壮根，促进生育转换；及时根据草情选用除草剂灭草，并防治潜叶蝇、负泥虫等危害。长穗期适时施好穗肥，一般在抽穗前 18 ~ 20 d（倒数 2 叶长出一半）施用，施全生育期氮肥量的 20% ~ 30% 和钾肥量的 30% ~ 40%，按拔节黄出现程度调整施用；水分管理，晒田复水后，间歇灌溉或浅水灌溉，壮秆促根，减数分裂期如有 17 ℃ 以下低温，灌深水 17 cm 以上，防御障碍型冷害；并及时防治稻瘟病、稻螟蛉等病虫危害和后期草害。结实期是水稻产量的生产期，更要加强田间管理，要壮根养叶，以叶保根，灌水要间歇灌溉，既要供给水稻所需水分，又要供给根系所需氧气，使根、叶健全生育，提高光合生产率，增加粒重，腊熟末期停灌，黄熟初期排干，根据叶色褪淡程度，在抽穗始期或齐穗期施用粒肥，用量为全生育期用氮量的 10% 左右；进一步防治穗颈瘟、枝梗瘟及粒瘟。为提高稻米品质，要在黄化完熟率达 95% 时收割，及时干燥上垛，防止出现过干米和裂纹米，提高稻谷等级水平。

（三）钵育苗抛栽和摆栽技术

1. 钵苗抛栽技术

钵苗抛栽技术是中国农科院在 20 世纪 80 年代初吸取国内外抛秧栽培经验，研制出方格塑料育秧盘，经多点试验，效果虽好，但秧盘成本偏高，未能生产应用。1985 年黑龙江省牡丹江农科所与牡丹江塑料三厂共同研制出简塑抛秧盘，把每张塑料盘价格由 7 元降到 0.65 元，为应用推广创造了条件。1985 年八五〇农场科研站引入了这项技术，进行了试验示范，是黑龙江垦区钵育苗抛秧栽培的开始。随着垦区水稻生产的发展，栽培面积迅速增加，为缓解手插劳力紧张和插秧机的不足，一些农场先后从 80 年代末到 90 年代初，部分采用了钵苗抛秧栽培。据总局统计，抛秧面积占年度水稻面积的 3% ~ 7%，抛秧栽培的产量少数等于或高于手插和机械插秧、多数低于手插和机插，分析其原因主要是整地质量较差，抛秧稀密不匀，散块、倒苗较多，返青期延迟，单位面积穗数不足等影响所致。垦区在十几年的钵苗抛栽生产实践中，根据寒地特点，在育秧和秧盘选择上由纸筒向塑料秧盘，由密钵向稀钵（每盘 561 穴向每盘 460 穴）发展；营养土适当增加土的比例，防止钵体散块；由土种混播向土种分播发展；由两次找匀抛栽向交叉两次抛栽、拾出步道调匀方向进展，进一步发挥钵苗抛栽长处，克服存在的缺点，使抛秧产量有所提高。

钵苗也叫营养块苗，是继旱育苗之后又一先进的育苗技术，不仅继承了旱育的优点，而且每个钵体有一定的营养面积，生长一定的秧苗数量，适于稀播育壮秧，钵间秧苗素质匀壮，可育中苗或大苗。而且钵苗移栽基本不伤根、不缓苗，较耐低温，比一般旱育苗可早栽。抛栽入土浅，初生分蘖节位低，有效分蘖率高。在栽培上要针对钵苗抛栽的特点，调节肥、水管理，适期控制分蘖，防止分蘖过多、秆细穗小；中期适当施用穗肥，防止后期脱力早衰；并要中期壮根紧泥，防止抛栽入土浅而招致倒伏。

徐一戎科研践行录

钵育苗抛秧栽培技术要点：

育苗钵盘的选择：目前常用的钵盘有两种，一种为每盘 561 个钵穴，每盘苗可抛栽 16 ~ 18 m²，每公顷本田需育苗秧盘 580 张左右；另一种为每盘 468 个钵穴，每盘抛栽 14 ~ 16 m²，每公顷本田需育秧盘 660 个左右，稀播育壮秧，468 个钵穴的秧盘比 561 个钵穴的秧苗素质略好，每平方米抛栽穴数可适当稀些。秧本田的比例约为 1 : 90。秧盘塑料厚度应在 11 道以上，钵壁厚度均匀，底孔直径 4 mm 为标准。

选地做床与营养土配制：秧田地的选择与置床做法与前述盘育苗相同。营养土配制，为防止散块，适当增加土的比例，一般用旱田土或水田土 80%，掺入山地腐殖土或腐熟有机肥 20% 混合而成，每盘需营养土 2.5 kg 左右，调酸、消毒、施肥，用调酸增肥剂处理，将营养土酸度调到 4.5 ~ 5.5 之间。置床与盘育苗相同，做成高出地面 8 ~ 10 cm 的高床，并调酸、消毒和施肥。

钵苗播种与秧田管理：种子处理与盘育苗相同，播种摆盘前，置床要浇足底水，不平处进一步整平，随后摆盘播种，可先摆盘后装土播种，亦可先装土播种再摆在置床上，摆时盘间要靠紧，钵体必须压入置床泥土中，防止悬空失水。播种时期以当地适宜抛秧期向前推 30 ~ 35 d，垦区育苗播期一般为 4 月 10 — 20 日间。播种量以每个钵穴播种 4 粒为标准，按每盘钵数计算播种量，土种混播可增加播量 20%。播种方法有手工播、播种器播和土种混播三种。人工手播，先装土穴深的 2/3，每穴播种 3 ~ 5 粒；用播种器播种，装土 2/3 后用播种器播种，均匀一致，2 min 可播 1 盘；土种混播较省工，将每盘所需营养土与应播种子充分混拌，播于 1 个秧盘内，混播种子量要比计算数增加 20%。播后覆土厚 0.5 cm 左右，用细嘴喷雾器缓慢喷足水分，个别露种处补充覆土，加盖地膜，保温保湿。苗床管理在温度、防病、灭草等方面与盘育苗相同，只是水分管理因钵穴土量少、保水少，要勤观察，及时细致补水，防止缺水或浇水冲露种子，2 叶以后需水量增加，更须注意水分管理，防止秧苗蔫萎。

抛秧与本田管理：抛秧田要求地平、泥脚略软，使钵苗土块大部扎入软泥中，而过软、过硬均不适宜，水整地后应适当沉降再进行抛秧。垦区抛秧时期以日平均气温稳定通过 12 ℃即可开始，一般为 5 月 10 — 20 日间。抛秧密度，因无行距，应比当地插秧平方米穴数多些，根据品种及土壤肥力，平方米抛栽钵数在 30 ~ 40 之间，每钵苗数 3 ~ 4 株。起秧、运秧要与抛秧结合好，起秧前一天停止浇水，从置床上掀起秧盘，刮掉秧盘底部泥土，卷起秧盘运往田间，或将钵苗拔出放在土篮内运往田间抛栽。按每个池子面积算好抛栽秧苗盘数，先抛计划苗数的 2/3，再用 1/3 找匀，最后每隔 4 ~ 5 m 拉绳，捡出绳两侧各 15 cm 的秧苗补于稀处，留出步道，进一步调整匀度。抛秧质量除要求匀度外，还要不散块，立苗率高，大把抓起秧块向空中抛高 2 m 以上，均匀散落在田间，大风天不宜抛秧。抛栽后 1 d 缓灌浅水，防止冲移秧苗。本田管理针对钵苗抛栽的特点，采取针对性措施。在水分管理方面，钵苗抛栽入土浅，有倒苗，抛栽 1 d 后，秧根入泥再缓灌浅水；钵苗抛栽，分蘖早而快，要适时控制无效分蘖，防止蘖多、秆细、穗小；抛秧入土浅，长穗期应浅灌、晾田，促进紧泥、壮根、防倒。本田施肥根据钵苗素质好、分蘖早发的特点，基肥、蘖肥可适当减少，向中后期接力肥、穗肥、粒肥等转移，防止中后期早衰。化学除草应根据抛栽入土浅、部分根系外露等特点，注意选择不伤根系的除草剂，以免造成药害。其他管理与一般旱育稀植栽培相同。

2.钵苗摆栽技术

随着钵苗抛栽在垦区的应用，为解决抛秧散块、倒苗、入土浅、分布不匀等缺点，自80年代末在一些农场开始钵苗摆栽的试验示范，即将钵育苗用人工拉线按一定行穴距，将苗的钵体摆插与泥面相平，摆后即可灌水增温，提早进入分蘖。充分发挥钵育壮苗的优势，解决了钵苗抛栽不匀、入土偏浅、散块倒苗、立苗率低等问题。摆栽的产量比抛秧、手插或机插稻均高，一般公顷增产 1 000 kg 以上，1996 年查哈阳农场在金光分场 5 队示范了"三膜覆盖钵体育苗人工摆栽"1 hm²，经秋收实测，1 hm² 产稻谷 12 120 kg，创造了查哈阳农场的高产纪录。1996 年 9 月 2 日黑龙江农垦总局在查哈阳农场召开农业工作会议，决定在垦区积极推广水稻钵苗摆栽技术，要求 1997 年钵苗摆栽面积要占人工插秧面积的40%，是垦区水稻发展的又一新举措，同时为解决钵苗移栽的机械化问题，总局已引进日本的钵苗移栽机及其育苗配套机具，1997 年在红兴隆分局友谊农场三分场进行生产示范，为钵苗机械移栽提供新的机具，展示出水稻钵苗移栽机械化的美好前景。

钵苗摆栽的主要特点概括起来有以下几点：①每钵播量少，每苗面积大，秧苗干重大、充实度高；②钵苗移栽植伤少，深浅适宜，不漂苗、不缺苗、返青快、初期生育好，吸水、吸肥力强；③较耐低温，适用早栽及冷水灌溉；④水稻生育开张型，受光态势好，茎粗、根深、抗倒伏；⑤适于稀植，适用穗肥、粒肥，出穗早，穗大粒多，结实率高，高产优质。钵苗摆栽有上述特点，在栽培上需充分发挥其优势，以提高产量与品质。

保温钵体育苗人工摆栽技术要点：①保温棚型的选择：以中棚、大棚二层覆盖保温（棚膜和地膜），可育钵苗中苗；为提早播种、培育大苗、适时早栽，可在大棚内设小棚，小棚高 45 ～ 55 cm，小棚间留步道，形成三膜覆盖，可提早播种 7 ～ 10 d，增加积温 100 ℃左右，减少昼夜温差，可育 4.1 ～ 4.5 叶大苗，并可提前摆栽，是解决寒地育苗期间短的有效措施。②钵苗盘的选择：30 cm × 60 cm 的钵盘内，448 ～ 468 个钵的秧盘，适于育摆栽的中苗和大苗，每公顷需秧盘 450 张左右。③选用当地中早熟、高产、优质、抗性好的品种，即纯度在 99% 以上、发芽率在 95% 以上的种子。种子处理必须认真进行，用比重1.13 的盐水筛选，并做好浸种、消毒、催芽。④置床与营养土配制：置床与抛秧钵苗相同，营养土配制因摆栽无散块之虞，土与腐熟有机肥的比例可达 7 ∶ 3，过筛后与所需壮秧增肥剂充分混合，将酸度调到 4.5 ～ 5.5 间。⑤摆盘、装土、播种做法与抛秧苗相同。播种期用三膜覆盖可在气温稳定通过 0 ℃以上时，约在 4 月上旬；二膜覆盖按盘育苗进行。加强苗床肥、水管理。⑥摆栽技术：当地气温稳定通过 12 ℃即可进行摆栽，一般 5 月中旬初开始，钵苗摆栽适于稀植，不同积温带可分别采取 30 cm × 13 cm、30 cm × 16 cm、30 cm × 20 cm 等规格，摆栽深度以钵块与泥面相平为准，不宜过深或过浅，秧盘置于木板上，边摆边起，防止盘干、苗萎。⑦本田肥水管理：钵苗摆栽，分蘖早生快发，前期宜平稳生长，基肥和蘖肥可适当减施氮肥，增加调节肥、穗肥和粒肥，垦区施肥每公顷用量水平，尿素 180 ～ 220 kg，磷酸二铵 80 ～ 120 kg，硫酸钾 80 ～ 120 kg，磷肥全部基施，钾肥 50% ～ 60%基施，其余 30% ～ 40% 做穗肥施用，氮肥按基、蘖、调、穗、粒各为30%、30%、10%、20%、10% 的比例分期施用，孕穗期结合防病健身，喷施磷酸二氢钾加米醋，有促熟增产效果。水分管理，花达水摆栽，摆栽后浅水增温分蘖，有效分蘖临界期（11 叶品种 7 叶、12 叶品种 8 叶）晒田控蘖，长穗期及结实期间歇灌溉，遇低温冷害按常规措施防治。腊熟末期停灌（抽穗后 30 d 以上），黄熟期排干。其他如病虫草防治等按常规措施进行。

钵苗人工摆栽比一般手插秧工效高，而且高产、优质、效益好。据查哈阳农场计算，每公顷纯增效益 3 000 余元。垦区已开始研制钵苗移栽机，将由人工摆栽向机械移栽方向发展。

第四节　黑龙江垦区水稻旱育稀植三化栽培阶段

一、水稻旱育稀植三化栽培的由来及主要特征

黑龙江垦区自 1985 年推广旱育稀植技术，已有十几年的历史，运用这项技术改变了垦区直播低产的局面，取得了显著的增产效果，推动了垦区水稻生产的发展。在旱育稀植的推广和生产实践中，积累了不少有益经验，但也出现了旱育不旱、稀植不稀、秧苗不壮、栽培失时、产量不高、品质不优、效益不高等情况。为了完善、充实和提高旱育稀植栽培技术，在总结垦区高产经验的基础上，吸取近年国内外及垦区的先进科技成果，组装形成寒地水稻旱育稀植三化栽培技术体系，从 1991 年开始先后在齐齐哈尔分局的查哈阳农场及牡丹江分局各水稻农场大面积示范使用，普遍收到良好效果。1993 年末被国家农业部列为丰收计划项目，在垦区丰收计划中推广，在 1994 及 1995 两年，共推广实施面积 13.28 万 hm²，水稻平均公顷产量 7 372.5 kg，比项目实施前 3 年平均每公顷增产 2 515.5 kg，增产幅度达 51.8%，经农业部组织专家鉴定，认为这项综合技术已达国内先进水平。该技术还曾获农业部丰收计划二等奖。1995 年 11 月黑龙江省农垦总局研究制定了水稻旱育稀植三化栽培技术规程，决定在全垦区推广应用。1995 年 8 月上旬及 1996 年 9 月中旬，黑龙江省水稻专家顾问组先后到查哈阳农场及兴凯湖农场考察，调查了解垦区南北两个水稻大场，连续三年在 1.5 万 ~ 1.8 万公顷面积上获得公顷产量超 7 500 kg 的成果，进一步肯定了旱育稀植三化栽培技术的效果，并建议在全省推广应用，1996 年垦区水稻面积发展到 34 万公顷，平均公顷产量达到 7 140 kg，进一步推动了垦区水稻向高产、优质、高效益方向迅速发展。

水稻旱育稀植三化栽培技术以旱育稀植为基础，以增氧壮根、提高胚乳转化率、器官同伸及叶龄模式等理论为指导，综合组装形成寒地水稻旱育稀植三化栽培技术，由过去的种、管、收流程式栽培技术，向诊断、预测、调控技术方向发展，提高应变技术能力，使栽培技术能调控水稻生育，按高产、优质的轨道，达到高效益的目的。旱育稀植三化栽培技术的基本内容：一是旱育秧田规范化，明确旱育秧田的基本条件，区分湿润秧田与旱育秧田的本质差别，通过旱育秧田规范化，解决旱育不旱或以湿代旱的不正确做法，从秧田上打好旱育壮苗的基础。二是旱育壮苗模式化，以旱育为基础，以同伸理论为指导，按秧苗类型的壮秧模式，以调温控水为手段，育成地上部与地下部均衡发展的标准壮苗，解决

秧苗生长和秧田管理标准不清而出现的秧苗不壮问题。按壮苗模式育秧，是垦区水稻科研与稻农群众的智慧结晶。三是本田管理叶龄指标计划化，以主茎叶龄的生育进程和叶片的长势长相为指标，及时进行田间诊断、预测，按水稻高产群体的生育标准，以肥、水、植保等为手段，进行促控管理，达到安全抽穗、安全成熟，确保实现水稻高产、优质、高效益。在三化栽培技术中，有两化是为培育壮苗，表明寒地水稻"壮苗八成年"的重要性，而本田管理以叶龄为指标进行计划栽培，便于控制农时和长势长相，做到诊断、预测和调控，使旱育稀植技术上升到一个新的台阶。

几年来，垦区在推广普及旱育稀植三化栽培技术方面做了大量科普工作，查哈阳农场编印了三化栽培技术规范，牡丹江分局印发了三化栽培技术布告，胜利农场和新华农场印发了三化栽培技术图表，黑龙江农垦科学院学术委员会编著发行了寒地水稻旱育稀植三化栽培技术图历，分送到稻农手中，使水稻生产获得新的生产力，从而使垦区水稻出现面积、单产、总产迅速增长，产量、品质、效益不断提高的良性持续发展势态中。

二、水稻旱育稀植三化栽培技术体系要点

（一）熟习掌握水稻栽培技术基本知识

熟习掌握寒地气温变化特点：前期升温慢，中期高温时间短，后期降温快，水稻生育期间短，活动积温少，低温冷害 3 ~ 5 年出现一次等，选用适于当地安全成熟的中早熟品种，严格保证农时。掌握寒地水稻感温性强、属重叠生长类型、灌浆结实物质主要靠抽穗后的光合产物、为非蓄积型等特点，在营养生长期以水增温，促进早熟；基肥用量不宜过多，蘖肥不宜过晚，防止生育转换期后移或增加无效分蘖；在保证水稻安全抽穗的同时，对产量决定期（抽穗前 15 d 到抽穗后 25 d 的 40 d 间）要有良好的光温条件，搭好高产架子，壮根保叶，提高中后期的光能利用率，是十分重要的。寒地稻田土壤氮肥的释放，随温度升高而增加，到 7 月中旬形成高峰，以后随气温降低而下降，因此稻田的氮肥施用，要掌握"前重、中轻、后补"的原则，既要满足前期营养生长和分蘖的早生快发，又要防止后期脱肥早衰。水稻不同品种的主茎叶数比较稳定，叶与其他器官有同伸关系，运用叶龄模式进行计划栽培，可随时掌握水稻生育进程及群体生长状况。垦区井灌面积较大，井水温度低，影响水稻产量与品质，要采取晒水池、取表水、延长水路等综合配套的增温技术，设法提高水温，使水稻稳产高产，提高稻米品质。

（二）旱育秧田规范化

为了保证旱育壮苗，秧田必须规范，防止跑粗走样。

选地：本着确保旱育、便于秧田管理、利于培养壮秧、照顾运苗方便等原则，选择降水不涝、地势平坦高燥、背风向阳、排水良好、有水源条件、土壤偏酸、无农药残毒的旱田，建成适当集中的秧田地；无旱田的水田队，可在水田中选高地或用排水渠堤修成高出地面 50 cm 以上的高台作为集中秧田，挖设截水沟，确保旱育。

做好规划和秧田建设：旱育秧田选定后，做好规划设计，建设成常年固定的具有水源、晒水池、苗床地、运秧路、排水沟、堆土（肥）场、防风林的规范旱育秧田。

坚持做好"两秋、三常年"。秧田地在秋季清理残渣后，浅翻 15 cm 左右，及时粗耙整平，按棚型修好高 8 ～ 10 cm 的高床，挖好床间排水沟，打好棚架桩柱和孔眼，做到秋整地、秋做床。并坚持常年固定、常年培肥地力、常年培育床土和制造有机肥，定期检查验收。

（三）旱育壮苗模式化

旱育壮苗模式化是培养壮苗的技术标准。主要包含以下各项：

选定秧苗类型：为保证安全抽穗成熟，根据移栽方式和品种熟期，选定秧苗类型。人工插秧、钵苗摆栽，可育中苗或大苗。抛秧、机械插秧，应用中苗。小苗易延迟出穗，垦区已不采用。大苗叶龄为 4.1 ～ 4.5 叶，秧龄 35 ～ 40 d，株高 17 cm 左右，百株地上干重 4 g 以上。中苗叶龄 3.1 ～ 3.5 叶，秧龄 30 ～ 45 d，苗高 13 cm 左右，百株地上干重 3 g 以上。大苗好于中苗，但目前插秧机只能用中苗；抛秧用大苗，立苗率低，也不宜采用。

做好置床与床土调制：置床要高出地面 8 ～ 10 cm，整平耙碎，每平方米施用腐熟有机肥 8 ～ 10 kg、尿素 20 g、磷酸二铵 50 g、硫酸钾 25 g，均匀撒施后，耙入 3 ～ 5 cm 土层内，摆盘播种前一天，每 100 m² 置床喷浇 1% 浓度的硫酸水 300 kg，使置床土壤 pH 值达到 4.5 ～ 5.5，5 h 后再喷 65% 敌克松 1 000 倍液 300 kg 进行消毒。床土按三份旱田土（或水田土）与一份腐熟有机肥拌匀过筛，再与壮秧剂（按产品说明书用量）混拌均匀，测试 pH 值，如未达到 4.5 ～ 5.5，再补硫酸水调酸到位，盖好备用。

做好种子处理：种子出库后要进行晒种和风筛选，严格用 1.13 比重的盐水选种（50 kg 水加 12.5 kg 大粒盐，充分溶解，以新鲜鸡蛋横浮液面、露出 5 分硬币大时为准），用恶苗灵等药物消毒、浸种，催芽 2 mm 以内，经低温晾芽后播种。

秧田播种：当地气温稳定通过 5 ℃后，开始保温育苗播种，黑龙江垦区一般在 4 月中、下旬，最佳播种期为 4 月 15—25 日。正确掌握秧田播种量，是培育壮苗的关键，绝不能播密。手插旱育中苗每平方米播芽种（发芽率 90% 以上）250 ～ 300 g；手插旱育大苗每平方米播芽种 200 ～ 250 g；机插盘育中苗每盘播芽种 100 g 左右（最少 90 g，最多 125 g）；钵苗抛秧，每钵穴播 3 ～ 5 粒，土种混播增加 20%；钵苗摆栽，每钵播 3 ～ 4 粒，播种后将种子压入土中，覆土 0.7 cm 左右，不宜超过 1 cm。盖好保温棚膜，认真压好防风网带，挖好棚间排水沟，保证旱育壮苗。

按旱育壮苗模式及关键时期，做好秧田管理：根据黑龙江垦区十余年的科研与生产实践，旱育中苗的壮苗模式是：叶龄 3.1 ～ 3.5 叶，株高 13 cm 左右，秧苗早期超过种子干重，茎叶标准是中茎长不超过 3 mm，第一叶鞘高 3 cm 以内，1 叶与 2 叶、2 叶与 3 叶的叶耳间距各为 1 cm 左右，1 叶长 2 cm 左右，2 叶长 5 cm 左右，3 叶长 8 cm 左右，叶不披垂；根系须根、根毛多，各节位根数为种子根 1 条、鞘叶节根 5 条，不完全叶节根 8 条、第一叶节根 9 条分化突破叶鞘待发。旱育大苗的壮苗模式是：叶龄 4.1 ～ 4.5 叶，株高 17 cm 左右，茎叶为中茎长 3 mm 以内，第一叶鞘高 3 cm 以内，1 叶与 2 叶、2 叶与 3 叶、3 叶与 4 叶的叶耳间距各为 1 cm 左右，1、2、3、4 叶长各为 2、5、8、11 cm 左右；地下根系为种子根 1 条、鞘叶节根 5 条、不完全叶节根 8 条、第 1 叶节根 9 条、第 2 叶节根 11 条分化突破叶鞘待发，各节位根系须根、根毛多。为育出标准壮苗，中苗抓住 4 个关键时期，大苗抓住 5 个关键时期进行秧田管理：

第一个关键时期——种子根发育期：秧田播种后到不完全叶抽出，一般经 7 ~ 9 d，管理的重点是促进种子根健壮生长，使其长得粗长，须根、根毛多。种子根发育好，可使鞘叶节根及分蘖芽发育好。在浇足底水的基础上，经常检查床土，过干或过湿，及时晾床或补水，顶盖的及时敲落，补水补土。此期以保温为主，床温高于 35 ℃时，开口通风，控制在 32 ℃以内。

第二个关键时期——第一完全叶伸长期：时间是从第 1 叶露尖到叶枕抽出和叶片展开，一般为 5 ~ 7 d。此期秧田管理的重点为，地上部控制第 1 叶鞘高在 3 cm 以内，以控制与其同伸的第 2 叶片长度，防止 2 叶徒长；地下部要促发与第 1 叶同伸的鞘叶节 5 条根系。为此，出苗 80% 左右时及时撤出地膜，促进绿化，棚内温度控制在 22 ~ 25 ℃，最高不超过 28 ℃，多设通风口，炼苗控长，如遇冻害，早晨提早通风，缓解冻叶蔫萎。水分管理，1 叶期耗水量较少，除过干补水外，一般不全面浇水。

第三个关键时期——离乳期：从 2 叶露尖到 3 叶展开，胚乳耗尽而离乳，经 12 ~ 15 d，其间 2 叶略快，3 叶稍慢。离乳期秧田管理，地上部要控制 2 叶和 3 叶鞘高度，使 1、2 叶和 2、3 叶的叶耳间距各为 1 cm 左右（2 叶鞘高 4 cm 左右，3 叶鞘高 5 cm 左右），以控制与其同伸的 3 ~ 4 叶片长度，防止徒长；地下部促发与 2、3 叶同伸的不完全叶节根 8 条，使其健壮生长。温度管理，2 叶期控制在 22 ~ 25 ℃之间，最高不超过 25 ℃；3 叶期间棚温调整在 20 ~ 22 ℃之间，最高不超过 25 ℃，掌握"低温有病、高温要命"的道理，提早通风换气，并在 2、3 叶期喷浇 pH 4.5 的酸水，防止出现立枯病。水分管理，由于叶片增加，炼苗时间长，耗水量增加，注意"三看"浇水，一看土面发白与根系生长状况，二看早晚叶尖吐水珠大小，三看午间高温是否卷叶，对缺水处于早晨补浇晒水池内温水，1 次浇足。在稗草 1 叶 1 心期用敌稗灭草，有缺肥现象时喷施液肥，后用清水洗叶 1 ~ 2 次，以免烧苗。

第四个关键时期——第 4 叶伸长期（大苗 4.1 ~ 4.5 叶）：旱育大苗要经过这一时期，从 4 叶露尖到全叶展开，经 6 ~ 8 d。此期秧田管理，地上部促发与 4 叶同伸的第 1 叶腋分蘖伸出，同时控制第 4 叶鞘高在 6 cm 左右（3 ~ 4 叶叶耳间距 1 cm 左右）；地下促发与 4 叶同伸的第 1 叶节根 9 条。秧苗长大，棚温不宜超过 20 ℃，白天揭开，夜间不低于 10 ℃时不必盖膜，按"三看"浇水，继续防治立枯病。

第五个关键时期（中苗为第四个关键时期）——移栽前准备期：适龄秧苗在移栽前 3 ~ 4 d 开始，在不使秧苗蔫萎的前提下，进一步控制秧田水分，蹲苗、壮根，使秧苗处于饥渴状态，利于移栽后返青快、分蘖早。在移栽前一天，做好"三带"。一带药，喷施乐果，预防潜叶蝇为害；二带磷酸二铵（每平方米 125 ~ 150 g）；三带增产菌，按产品说明施用。起秧、运秧、移栽时要减少植伤，不插隔夜秧。

按上述中苗 4 个关键期、大苗 5 个关键期，做好秧田管理，通过调温、控水，育成标准壮苗。

（四）本田管理叶龄指标计划化

过去本田管理按节气或日历进行管理，不同品种和年份变化差异很大。用叶龄模式进行本田管理，易于掌握生育进程和长势长相，管理措施针对性强，可有计划地沿着水稻高产的轨道健壮生长，确保安全抽穗成熟。运用叶龄模式技术，使旱育稀植栽培又向前推进一步。

插秧前本田的准备：进一步完善田间灌排工程，按机械化生产要求，建设标准条田和方田，建成田、渠、林、路综合配置、土地平整的稻田。稻田耕作，垦区推广翻耕（1 年）—免耕（1 年）—旋耕或耙耕（2 ～ 3 年）或松旋耕（1 年）—免耕（1 年）—旋耕或耙耕（2 ～ 3 年）的轮耕体系，前者适于施有机肥或稻草还田，后者适于以化肥为主的耕作。稻田整平是农田基本建设，要先旱整，后水整，水旱结合，易提高工效和质量，每个池子地面高差，要做到寸水不露泥，达到"灌水棵棵到，排水处处干"的要求。稻田施用基肥，每公顷用腐熟有机肥 15 000 ～ 22 500 kg，氮肥全年用量的 30% ～ 50% 做基肥施用，磷肥在土壤中移动性差，可全做基肥施用，钾肥全生育期用量的 60% ～ 70% 做基肥施用。垦区目前水稻生育期每公顷施肥量，尿素为 150 ～ 225 kg、三料磷 75 ～ 105 kg、硫酸钾 45 ～ 75 kg，老稻田、瘦地多些，旱改水和肥地适当少些。氮、钾肥施用，由前期重点向中后期转移，亦即由穗数重点向调整穗粒数、结实率和粒重方向发展，提高水稻产量决定期和产量生产期的供肥量，防止水稻早衰脱力，全面提高产量构成四要素。垦区稻田基肥，全面推广全层施法，即在最后 1 次水耙地前撒施田面，再耙入 8 ～ 12 cm 耕层内，比深施效果更好。土地整平后于插秧前 3 ～ 4 d 进行封闭灭草。

适时进行移栽：水稻移栽时期要根据所用秧苗类型、当地安全移栽期和安全抽穗期等来确定。适期早栽可延长营养生长期，争得有效分蘖，积累较多干物质，利于壮秆、大穗，还可缓解劳力与机具，保证移栽质量。黑龙江垦区旱育苗移栽早限，以当地气温稳定达 13 ℃、地温达 14 ℃时即可开始，一般在 5 月中旬初。据多年多点水稻移栽期试验资料，垦区以 5 月 15—25 日为高产移栽期，随时间拖后，产量明显降低。近几年来，垦区狠抓适期早插，查哈阳、兴凯湖等农场早已实现不插 5 月 26 日秧，已连续几年实现全场平均公顷产量 7 500 kg 以上。适期早插，5 月末进入分蘖，穗数增加、出穗提早、结实率高、粒重增加，不仅稳产高产，而且米质提高，是寒地水稻高产、优质、高效益的基本措施之一。插秧规格，垦区一般采用 30 cm（行距）× 13 cm（穴距），每穴 3 ～ 4 苗；生产水平较低、晚期栽植或生育期较短的农场，采用 30 cm × 10 cm，每穴 3 ～ 4 苗的规格。人插带蘖大苗或钵苗摆栽及生产水平较高的，可采用 30 cm ×（16 ～ 20）cm，每穴 2 ～ 3 苗的规格。第四积温带部分农场，品种生育期短，除用 30 cm × 10 cm 规格外，亦可采取 26 cm ×（10 ～ 13）cm 的较密规格。抛秧由于匀度差，宜比当地常规栽植穴数增加 20% 左右，每平方米抛 30 ～ 40 穴。移栽行向在条件允许时以南北行较好。插栽深度以 2 cm 为标准，最深不宜超过 3 cm。钵苗摆栽，使钵面与泥面相平；钵苗抛栽，钵块入泥 0.7 ～ 1.0 cm，立苗率最低宜在 65% 以上，抛后拣出步道再次调匀。寒地水稻移栽，要以盘育或隔离层育苗，带土移栽，减少植伤，杜绝抢秧断根的做法。移栽后要及时覆水（抛秧除外），水深不没苗心，提高泥温，促进返青。

分蘖期田间管理：分蘖期田间管理的任务，是促进分蘖早生快发，保证足够穗数，以健壮的营养体适时转入生育转换期，为安全抽穗打好基础。旱育苗移栽的水稻，分蘖期主要在 6 月份，11 叶品种 7 叶为有效分蘖临界叶位（6 月 20 日前后），12 叶品种 8 叶为有效分蘖临界叶位（6月25日前后）。在有效分蘖临界叶位前要促进分蘖，在其以后要控制无效分蘖。为使某叶（N叶）的同伸分蘖长出，必须管好其功能叶（$N-2$），损失1个叶片，将影响1个分蘖的生长。按叶龄掌握生育进程和分蘖进程，可随时了解生育的迟早和分蘖的多少，便于采取对应的促控措施。插秧后如出现大缓苗现象，其原因主要是：秧田过湿、播种过密、未及时炼苗、秧苗徒长软弱，或插得过深、插后缺水、大风暴晒、灌水偏深、潜叶蝇为害等，造成叶片枯萎死亡。防止大缓苗，必须从培育壮秧出发，适时浅插，以水护苗，防治虫害，保护叶片功能，促进新根生长，加速返青，进入分蘖。垦区水稻为早熟粳稻，营养生长期间短，移栽后1个月左右即进入幼穗分化。分蘖期施肥可起到增蘖、增花的双重作用，因系重叠型生长，早期穗肥在密植群体中意义不大。分期追施氮肥，为使在盛蘖叶位见到肥效（11叶品种盛蘖叶位为5.5叶，12叶品种盛蘖叶位为6叶），必须在返青后即4~5叶期立即施用，如施两次分蘖肥，第二次分蘖肥应在6叶期施，使肥效反映在有效分蘖临界叶位前（有效分蘖临界叶位11叶品种为7叶，12叶品种为8叶），过晚施用，虽有保蘖作用，也易增加无效分蘖。分蘖期追施氮肥用量，一般为全生育期总施氮量的30%左右，即每公顷用尿素45~68 kg，一般先施用量的80%，几天后再用20%找匀，浅水施肥，施后不灌不排，肥水渗入土中再正常灌溉。分蘖期水分管理，在返青后立即撤浅水层，保持3 cm左右浅水，以利增加水温和泥温，加快土壤还原进程，提高磷、钾和微量元素的溶解度和吸收量，加快水稻生长速度，利于分蘖发生。水层过深或时干时湿不利于寒地水稻分蘖。灌水时间以早晨为好，白天尽量不灌水、不落干，以免损失热量，如需向根部供氧，也以夜间落干、早晨覆水为好。分蘖期灭草，要根据杂草种类群落，选择适宜的除草剂和配方。病虫害防治，主要防治潜叶蝇、负泥虫和叶稻瘟病。

生育转换期田间管理：以幼穗分化为中心前后一段时间为生育转换期，生育转换期是水稻生育的一大转折，由营养生长转向生殖生长，由氮代谢为主转向碳代谢为主，由茎叶生长转向穗粒生长。适时进入生育转换期，是确保安全抽穗的前提，对寒地水稻稳产高产具有重要意义。生育转换期以叶龄为指标，11叶品种为7~9叶间，12叶品种为8~10叶间，日历时间为6月下旬到7月上旬间。田间管理的主要任务是，通过调整氮素，壮根壮株，抑制营养生长，促进生殖生长，调整长势长相，搭好高产架子，为壮秆大穗和提高粒重打好基础。生育转换期要看叶色褪淡状况，施好调节肥（接力肥），具体观察当时的功能叶色，如比叶鞘色褪淡达叶长2/3左右时即应施用调节肥，如返青晚、叶尖下垂或叶无光泽、叶尖钝圆有根腐征兆的不宜施用调节肥。调节肥尿素用量，每公顷为15~23 kg，肥少可掺土混施，施后以叶色不再褪淡为准，如叶色转深即施肥过量。生育转换期的水分管理，在有效分蘖临界期已达到计划茎数时，由分蘖期的浅水层转入晒田控蘖，一般晒田3~5 d后进入间歇灌溉，即每次灌3~5 cm水层，堵住水口，自然渗干，当地面无水而脚窝尚有水时再灌3~5 cm水层，如此反复进入长穗期。在此期间，对残余杂草补药防除，仍需注意防治晚期负泥虫害，注意叶稻瘟发生并及时防治，注意观察双零叶，当倒数4叶和5叶出现双零时，叶龄余数为2.5左右，幼穗分化处于枝梗分化期，掌握长穗进程。

长穗期田间管理：从幼穗分化到抽穗约30 d时间，为水稻长穗期。此期长出倒数1、2、3叶片（11叶品种为9、10、11叶，12叶品种为10、11、12叶），节间开始伸长，叶鞘由扁变圆，田间开始封垄，根系向地表和深层伸展。长穗期田间管理的任务是，协调个体和群体间的矛盾，壮根、壮秆，保证足够的叶面积和良好的受光态势，孕育相应粒数，防御倒伏、病虫和低温冷害，达到安全适时抽穗。长穗期要施用穗肥，按寒地水稻重叠型的生育特点，一般在抽穗前20 d施用穗肥，以叶龄为指标即在倒数2叶长出一半左右时施用，施时要做到"三看"：一看拔节黄，叶色未褪淡不施，见叶色褪淡再施；二看底叶是否枯萎，如有枯萎表明根系受损，先撤水晾田壮根再施用穗肥；三看水稻有无病害（稻瘟病），如有应先用药防治，再施穗肥。穗肥用量，氮肥为全生育期总量的20%，钾肥为30% ~ 40%，混合一次施用。在孕穗期（剑叶叶枕抽出），根据叶色和病害测报，可喷施磷酸二氢钾加米醋加三环唑等，可防治病害、促进抽穗、提高结实率和粒重。长穗期需水较多，在颖花分化和减数分裂期对水分最为敏感，而减数分裂期对低温也很敏感，易出现障碍型冷害。因此在水分管理上，从幼穗分化后到减数分裂期前以间歇灌溉为主，既供给足够水分，又向土壤供应氧气，防止根系出现"根垫"现象。当剑叶部分抽出，为防御冷害，可灌 10 cm左右水层；当剑叶叶耳间距为 ±5 cm期间，即出穗前 8 ~ 14 d间，如有 17 ℃以下低温，水层再增加到 17 cm以上，以防御障碍型冷害，之后恢复浅水。井灌区应提早蓄水增温，使水温提到 18 ℃以上，再深灌防御冷害。抽穗前 4 ~ 5 d，看根系及底叶情况，可短期晾田增氧，利于养根保叶。长穗期的病害主要是稻瘟病，叶瘟、节瘟陆续出现，要及时调查防治。虫害主要有稻螟蛉，在 7 月中下旬到 8 月上旬发生为害，在三龄期前施药防治。田间残余杂草及埂堤杂草要进一步拔除、割净，保持田间清洁，防止重复蔓延。

结实期田间管理：从抽穗到成熟为水稻结实期，是水稻产量生产期，正常年份要经过45 d左右，早熟品种短些，晚熟品种长些。结实期田间管理的任务，是在生育中期建造合理群体的基础上，在安全抽穗的前提下，养根保叶，提高光合效率，增加干物质生产和向穗部流转，提高结实率和粒重，确保安全成熟。水稻抽穗开花受精后，子房向纵向伸长，5 ~ 7 d达定长，12 ~ 15 d长足宽度，20 ~ 25 d长宽厚基本定型。谷粒鲜重在抽穗后25 d左右达最大，干重在 35 d左右基本定型。早熟粳稻抽穗期一般主茎保持 4 片绿叶，抽穗后 15 ~ 20 d最少仍要保持 3 片绿叶。因此，抽穗后如何保持叶片生机活力，防止底叶早衰，必须以根养叶，以叶保根，才能维持高的光合效率。结实期施用粒肥，可以维持稻株绿叶数和叶片含氮量，提高光合作用，防止稻体老化。寒地水稻抽穗后气温逐渐降低，施用粒肥不宜过晚，一般在抽穗后 15 d内进行，垦区多在始穗期或齐穗期根据温度、叶色施用。氮肥每公顷用尿素 15 ~ 22.5 kg，当叶色比孕穗期叶色褪淡时即可施用。亦可用尿素与过磷酸钙混合液叶面喷施，效果亦好。根是叶的基础，叶是根的反映，养根保叶必须做好水分管理。要求出穗期浅水，齐穗后间歇灌溉，既保证需水，又保证通气，前期多水少湿，后期多湿少水，以水调气，以气养根，以根保叶，以叶增产。为保证高产优质，停灌时间须在出穗后 30 d以上，一般腊熟末期停灌，黄熟期排干，既保证水稻成熟，又为收获作业创造方便条件。结实期主要病害是节瘟、穗颈瘟、枝梗瘟和粒瘟，以及叶鞘腐败病、褐变穗等。虫害有稻螟蛉等，水稻抽穗后对种子田要进行 2 ~ 3 次严格的去杂去劣，切实保证品种纯度。成熟期按品种特征进行田间穗选和室内复选，供提纯复壮使用。种子要在霜前收割，充分干燥（含水量 14%以内），妥善贮藏保管。

收获、干燥与贮藏：水稻出穗后经 45 d左右，活动积温最少 750 ℃以上进入成熟。成熟的标准为，95% 以上颖壳变黄，谷粒定型变硬，米呈透明状，或以黄化完熟率达 95%

时（小穗轴 95% 黄化）进行收割。机械割晒在水稻黄熟期开始进行，割茬高度 15 ~ 20 cm，放铺角度 45°，晒 6 ~ 7 d，当稻谷水分降至 15% ~ 16% 时，拾禾脱谷，防止干后降水吸湿而增加裂纹米或干燥过度形成过干米。枯霜后可进行机械直收，用改装的钉凿滚筒收割机，控制滚筒转数和行走速度，收脱损失控制在 3% 以内。人工收割，要求割茬矮、捆小捆、码人字码、晾干（水分 16% 以内）及时上小垛，腾出地便于秋翻，及时脱谷，收脱损藏减少到 3% 以内，入库稻谷水分 15% 以内。

三、水稻优质米生产技术研究示范与推广

垦区在推广普及水稻旱育稀植三化栽培技术的基础上，为适应市场经济的发展，在农垦总局科委的安排下，由黑龙江农垦科学院及其下属水稻研究所、查哈阳农场、兴凯湖农场、八五四农场、云山农场等单位在农垦科学院及牡丹江分局水稻办共同主持下，在 1993—1995 年，进行了"寒地水稻优质米生产技术研究"，采用边试验研究、边组装示范的方法，在 1994—1996 年三年共示范面积 1 162.8 hm²，平均公顷产量 8 434.5 kg，稻米达到部颁二等以上标准。由于高产而且优质，每公顷效益比一般三化栽培增收 27.6%，受到生产者的欢迎，已列入垦区新技术推广计划，1997 年计划推广 6.7 万 hm²。从而在垦区水稻高产栽培中，又补长了优质的短腿，提高了市场竞争能力，为进一步发展水稻生产注入了新的技术能力。

寒地优质米生产技术，是包括产前、产中和产后的系统技术体系。其生产技术流程是：

①以选择适于当地熟期的早中熟高产、优质品种为前提。经过三年对垦区现有栽培品种的筛选，选出高产、米质好的中早熟品种垦鉴 90–31、合江 19、上育 397、查稻 1 号、垦稻 6 号、东农 416 等品种，供优质米生产选用。

②以旱育壮苗（严格高台旱育，控制播量，例行早期炼苗）、适期早栽稀植为基础。普及深化旱育秧田标准，严格按旱育壮苗模式培育壮秧，并研究出三层膜覆盖、提早秧田播种、培育大苗技术，在 5 月中旬内适期早栽，发挥壮苗优势，由 9 寸 × 3 寸 ~ 9 寸 × 4 寸，扩展到 9 寸 × 4 寸 ~ 9 寸 × 5 寸，充分发挥个体增产潜力，为高产、优质打好生产基础。

③以稻田整平，翻、松、旋、耙轮耕；低洼地排水改土；稻草还田培肥地力；氮、磷、钾肥配合，氮钾肥适量后移；中后期间歇灌溉；及时防治病虫草害等为手段，按叶龄模式做好本田管理。

④以安全抽穗、安全成熟、提高结实率和粒重，发挥高产、优质品种性能为中心。寒地水稻只有安全抽穗成熟，才能高产、优质，一切栽培技术必须以此为中心才能收到具体效果，因此各项栽培技术要树立严格的农时和质量观念。

⑤以黄化完熟率 95%（小穗轴变黄数）为收获适期，收后降水干燥、减少裂纹米率、低温贮藏，精细加工，是高产、优质米的保证。在生产上，目前对此还不完善，须提高认识，尽快充实完善、提高。

第五节　今后发展与建议

近几年来黑龙江垦区水稻生产有了很大发展，面积迅速扩大，单产大幅度提高，总产成倍增加。今后在进一步发展的同时，要努力提高单产，以市场为导向，以经济效益为中心，向高产、优质、高效方向发展。因此，根据寒地的生态条件和垦区的生产特点，在种植方式和栽培技术上建议：

①积极提高稻田建设水平，整平土地。完善灌排渠系、改造低产田、培肥地力、充分利用江河水源、研究节水增温灌溉技术，改善寒地水稻生态条件。

②深化旱育壮苗技术，使旱育壮苗向工厂化、专业化、商品化方向发展，向钵育中、大苗带蘖类型发展，提高秧苗素质，降低育秧成本。

③高产与优质并举，提高市场竞争能力，培育早熟、高产、优质、食味好、多抗的新品种，加速品种更新及统一供种的种子产业化进程，推广高产优质生产技术，创优质名牌，向产、加、销一体的产业化方向发展。

④改进生产组织，适度扩大经营规模，积极推进水稻生产全面机械化进程。目前要着重解决育苗移栽、收割脱谷、稻谷干燥的机械化以及稻谷精加工与销售问题。

⑤运用提高单产和促进优质的新技术。如以土定产、以产定肥，配方用肥，微肥与生长调节剂的应用，病虫草等综合防治及测报技术，应积极探索计算机预测、诊断、调控技术等在生产中的应用。

第二章　黑龙江垦区水稻冷害防御技术

第一节　水稻冷害在黑龙江垦区发生频率及危害

水稻冷害是指水稻不同生育时期，遇到生育最低临界温度以下的低温，对水稻生育、产量和品质造成影响的一种气象灾害，与 0 ℃以下的冻害是不同的。

黑龙江垦区地处全国六个稻作区中的东北半湿润早熟粳稻区的最北部，属寒地稻作区。据文献记载，东北稻作区在全国冷害统计中，发生频率最高、受害最大。自 1949 年以来，较重的冷害曾发生 8 次，其中 4 次使粮食减产 500 万吨左右，最重的 1972 年减产 630 余万吨，水稻减产幅度达 33.5%。冷害不仅给当年造成减产和品质降低，而且还降低稻种发芽率，给下年生产带来严重损失。据黑龙江垦区的统计，自 1949 年以来，水稻冷害面积较大的年份有 1951、1954、1957、1960、1964、1969、1972、1976、1981、1987 年等，在 1949—1996 年的 47 年中，出现 10 次较重的水稻冷害，3 ~ 5 年出现一次，频率是较高的，有些局部地区的冷害还未统计在内。在 10 次水稻冷害中，平均比常年每公顷减产 36.5%，其中 1960 年、1972 年最重的两次冷害，全垦区每公顷水稻分别减产 66% 和 59%。垦区水稻生产的历史表明，必须常年立足于防御低温冷害，才能获取稳产高产。

第二节　水稻冷害的研究概况

水稻冷害，是一种具有普遍性、多发性和严重性的灾害，早已引起人们的重视并进行研究。日本对水稻冷害的研究开展较早，19 世纪末期即开展了科学的调查研究，进入 20 世纪的 30 年代，伴随冷害的连续发生，出现了冷害研究的盛期，对水稻冷害的生理、生态进行了很多有益的研究，对水稻冷害的发生机制有了比较明确的认识，对防御冷害形成了比较系统的措施。其后在 1953、1954、1956 年，随冷害的出现，又延续了 30 年代的研究。以后随稻米过剩、冷害减少，研究一时停滞，而北海道在 1964、1965、1966 年连续发生冷害后，又强化了研究组织、设施，在原有研究成果的基础上，又充实提高一步，对冷害的生理机制研究又有新的进展，为防御技术提出了理论依据。我国水稻栽培历史悠久，面积分布很广，对冷害的研究历史较长。自新中国成立以来，在中国科学院上海植物生理研究所及中国农科院气象研究室等一些单位，对水稻冷害的生理机制、低温冷害指标等利

69

用人工气象设备进行大量研究。特别是 20 世纪 70 年代初期冷害较重，国家在东北地区组织了农作物冷害研究协作组，黑龙江省农垦科学院水稻研究所承担了水稻冷害防御技术研究的课题。经 6 年的系统试验研究，在国内首次提出"寒地水稻计划栽培防御冷害技术"，1983 年获农牧渔业部科技进步二等奖。其主要内容是：研究掌握当地气温变化规律，明确水稻生育及栽培界限时期，选用适于当地温度条件的耐冷早熟高产品种，以叶龄生育进程和长势长相为指标进行计划栽培，以肥、水、植保为主要手段，适时调控水稻生育，预报水稻低温敏感期，有计划地采取综合防御措施，确保水稻安全抽穗、成熟。经在垦区内外大面积生产应用，收到良好效果。近年，随旱育稀植栽培技术的推广，旱育壮苗技术日趋提高，加上中早熟品种比率增大、肥水管理技术的改善，冷害的威胁有所减轻。90 年代以来，虽有几次低温冷害，减产率只为 10% 左右。足以表明，水稻冷害随着科技进步可以减轻，但仍是寒地水稻生产的主要灾害，还有待认真普及防御技术，加强试验研究，不能疏忽麻痹。

第三节　水稻冷害的发生趋势与冷害的类型

一、水稻冷害发生趋势

水稻是喜温作物，对温度反应比较敏感。寒地水稻生育期间短，常有寒流侵袭，在水稻各生育时期随时有遭受低温危害的可能。据各地对历史资料的统计分析，其基本趋势是 3 ~ 5 年发生一次冷害。如黑龙江省北部的黑河，在 1959—1980 年的 22 年间，共发生 7 次冷害，约 3 年发生一次，多出现在 7 月份，有时延至 8 月上旬。据宝清县 1949—1985 年（不含 1981 年）36 年间收成指数调查看，年成指数在 80 以下的冷害年有 11 次，3 ~ 4 年发生一次冷害，其年成指数与 8 月份的积温和平均气温密切相关。8 月的积温低于 600 ℃，平均气温在 20 ℃以下，年成指数在 80 以下。据黑龙江垦区梧桐河农场对 1955—1994 年间的气象资料分析，以 5—9 月积温比历年平均低 100 ℃为冷害年指标，共有 14 个冷害年，约 3 年出现 1 次冷害。据黑龙江农垦科学院水稻研究所对 1958—1994 年 37 年气象资料的分析，5—9 月活动积温比常年少 100 ℃为冷害指标，共出现 10 个冷害年，约 4 年发生一次冷害。各地温度资料分析结果基本一致。5—9 月活动积温比常年减少 100 ℃，可作为冷害年的气温指标。从冷害发生的历史来看，1909—1918 年，1953—1960 年，1969—1976 年为冷害高发期，1919—1928 年，1932—1941 年，1961—1968 年，1977—1983 年为冷害低发期，有阶段性分布。水稻冷害与降温强度和持续时间有密切相关，并与当时天气状况有关。晴天出现低温，由于日照和最高温度的补偿作用，受害较轻；阴天低温对水稻的危害次之；低温与阴雨寡照相结合，对水稻危害最重。根据各地形成冷害的天气类型，可分为晴冷型（或干冷型）、阴冷型（或低温寡照型）和湿冷型（或低温阴雨型）三种，以此可判定低温冷害程度。

二、水稻冷害的类型、特征和敏感期

按照低温的气象学指标和水稻受害状况，水稻冷害分为延迟型冷害、障碍型冷害、稻瘟病型冷害和混合型冷害四种。

（一）延迟型冷害

延迟型冷害，是水稻出穗后结实期间所需温度不足而出现的冷害。一般多因抽穗期延迟而产生，也有抽穗虽未延迟，而在结实期遇到异常低温，使灌浆成熟不良。延迟型冷害的特征是，一般开花、受精正常，而灌浆、成熟不充分，秕粒明显增加，千粒重下降，造成减产，甚至没有收成。受延迟型冷害的稻穗，上部颖花结实比穗下部略好，青米、死米增加，出米率低、米质不良。据黑龙江农垦科学院水稻所对 1976、1981 两年水稻延迟型冷害的调查分析，出穗延迟的原因均为前期生育延迟。1976 年、1981 年水稻幼穗分化比正常年份分别推迟 3～5 d、5～7 d，8 月份气温比正常年分别低 1.9 ℃、1.3 ℃，导致抽穗延迟。1976 年空秕粒比正常年高 8.6%，秕粒占空秕粒的 79%，1981 年空粒比正常年高 11%，秕粒占空秕粒的 76%。同时对历年水稻冷害分析的结果显示，延迟型冷害出现频率最高，其次为混合型冷害，障碍型及稻瘟病型冷害出现较少。而延迟型冷害虽与各生育阶段的低温均有一定关系，起决定性作用的是 8 月份的温度，该月温度比常年高，前期生育延迟，还可得到适当补偿，如该月温度比常年低，将出现不同程度的延迟型冷害。

水稻延迟型冷害可分为出穗延迟和结实延迟两类。低温使抽穗延迟是延迟型冷害的主要原因之一，出穗延迟是由于低温使返青期延长，出叶周期变长；幼穗分化前的低温易使主茎叶数增加和幼穗分化延迟；幼穗分化到出穗期间的低温，使抽穗相对延迟。其中低温延迟出穗最重的时期，不论气温和水温，均为出穗前 60 d 前后、出穗前 40～30 d、出穗前 30～25 d 和出穗 10～8 d 等时间，亦即分别为返青到分蘖始期、幼穗分化期前后、剑叶期等，其中前两时期的低温最易延迟出穗期。出穗期与施肥也有关系，多氮或少磷使抽穗延迟，低温更会加重该影响。不同秧苗类型，小苗比大苗的抽穗期变化大，低温易使小苗出穗期延迟。各生长发育期的最低温度指标：株高在 17 ℃时开始受抑制，最低界限温度为 15 ℃；叶原基分化及生长，10 ℃时完全停止；分蘖出生的界限温度为 12 ℃，出叶进程在 13 ℃时显著受到抑制；节间伸长受水温影响较大，到 20 ℃以下即受抑制，对温度的反应因节位而不同，界限温度随节位上移而增高，幼穗分化的界限温度为 15 ℃。

出穗后低温与结实的关系：寒地水稻为非蓄积型，籽实中淀粉的蓄积主要靠出穗后光合产物的积累。出穗后 30 d 间，结实最适温度为 20～21 ℃，温度成为限制因素时，光照的影响变小。低温对结实初期影响最大，以后再有高温也难恢复。糙米千粒重，最高气温在 15 ℃以上时略有增加，如在 18 ℃以上则明显增加。从平均气温来看，10 ℃左右开始结实明显停滞。低温影响光合产物的流转，在 13 ℃的低温下，叶部的碳水化物向其他部位的流转即受到抑制。黑龙江垦区水稻结实期 40 d 间日平均气温最低为 18.8 ℃，适温在 20 ℃以上，活动积温最低 750 ℃，正常 800 ℃以上。

（二）障碍型冷害

水稻幼穗形成期到开花期间遭遇低温冷害，使不实率显著增加而减产，称之为障碍型冷害。障碍型冷害又分为孕穗期冷害和出穗开花期冷害两种。孕穗期的冷害，主要在小孢子初期（四分子期和小孢子前期统称小孢子期），相当于出穗前 14 ～ 8 d，叶耳间距 ±5 cm 范围内，此期遭遇低温，使花粉发育不良，花药糖代谢紊乱，小孢子发育受阻，花粉丧失机能，形成颖花不育。出穗开花期遭遇低温，主要使雄蕊受害，花药不能正常开裂，花粉散落不良，柱头授粉很差，柱头上花粉发芽率大幅度下降，引起颖花大量不育。水稻孕穗期和出穗开花期的冷害临界低温，随品种特性、栽培技术、生长环境的前历和后历效应、以及昼夜温度而不同，低温危害程度因降温强度、持续时间和昼夜温差而不同。一般粳稻的临界温度较低，耐寒性强的品种低于耐寒性弱的品种，山区或高原栽培的品种比平原同类型的品种低。据研究资料，减数分裂期昼夜温度在 17 ～ 19 ℃时开始产生不育，15 ～ 17 ℃显著不实，11 ～ 13 ℃时完全不实。粳稻抽穗开花期，日平均气温连续 3 d 以上低于 20 ℃，或日最低气温连续 3 d 以上低于 17 ℃，不实率明显增加。孕穗期障碍型冷害的特征，穗上部不实粒多，穗基部较少，因为穗上部着生的颖花易受低温冷害，而穗下部的颖花有灌水的保护，受低温的影响较小。同时，不实粒和结实粒的差别非常明显，也是孕穗期障碍型冷害的特征。这是因为孕穗期低温冷害在出穗前发生，结实期气温好，易使结实饱满。一般着生在基部二次枝梗的颖花比穗上部的颖花灌浆略晚，在障碍型冷害时，穗上部不实粒多，而穗下部二次枝梗着生的颖花反而成熟良好，粒重反而增加，从外观看空壳增加将严重减产，而实收后还有一定产量。孕穗期的低温不实障碍，随多施氮肥而加重，施用磷肥则略有减轻，减施氮肥，增施磷、钾肥，冷害不实率降低。据 1991 年梧桐河农场对障碍型冷害的调查，实验的垦稻 5 号空壳率达 69%，平均公顷产量只有 3 810 kg。

（三）稻瘟病型冷害

稻瘟病是真菌感染的病害，将其列入冷害中，是因为冷害年的稻瘟病比常年发生范围广，常年不易发病或抗病品种也发病受害，是具有冷害特色的异常发病。一般发生在延迟型及障碍型冷害地带的外侧，比冷害区温度略高的地带，这类地区努力采取防治措施及安全栽培方法，可以明显减轻其危害。水稻生育期的 7—8 月份，月平均气温 20 ℃以下便出现冷害，稻瘟病在平均气温 19 ℃左右开始发生，较之略高便易于侵染蔓延。冷害性稻瘟病的发生机制，首先是天气不良，适于稻瘟病发生的气温和湿度持续期长；其次是光照不足，水稻抗病性明显减弱；最后是抗病性减弱的稻体被病菌侵染后，形成大量病菌孢子，为大发生提供菌源。上述条件综合，造成病害大发生。

（四）混合型冷害（并发型冷害）

混合型冷害，是指延迟型冷害、障碍型冷害、稻瘟病型冷害，在同一年的同一生长季中有两种或三种相继发生为害，即水稻生育前期低温延迟生育和抽穗，孕穗或出穗开花期又遇低温障碍生育，或因低温而发生稻瘟病，而遭致减产。这类冷害对水稻影响大，减产严重。1972 年是垦区水稻冷害最重的一次，也是比较典型的混合型冷害，该年垦区水稻公顷产量只有 840 kg，比正常年减产 59.6%。黑龙江省其他地区同样为混合型冷害，水稻公顷产量为 1 260 kg，是 1968—1977 年平均公顷产量的 50%，损失也很严重。

第四节　冷害对水稻生育伤害的机理

一、冷害对水稻营养生理的影响

在水稻生育不同时期，遭遇临界温度以下的低温均会使稻体营养生理显著变化，导致器官分化、生长发育发生变化。其变化程度与性质，因低温强度、持续时间、频率及水稻生育时期而不同。当气温回升后，有时可恢复正常，有的则不能恢复。

低温削弱水稻光合作用。低温使水稻叶绿体中的蛋白质变性，酶的活性降低或停止。

低温影响根的吸收能力。导致叶部气孔关闭，吸氧量减少，影响光合效率。在低温条件下，不同品种间光合作用下降有差异，主要是酶的活性下降不同造成的。光合作用降低幅度的大小，与光照强度有一定关系，温度相同而光照强度小，其光合作用降低幅度大。

低温降低水稻呼吸强度。水稻生育过程中，适温每下降 10 ℃，其呼吸强度下降 37% ~ 50%，对维持根的吸收能力和生长速度均产生严重影响。

低温影响水稻矿质营养的吸收。如上所述，低温使根系的呼吸作用减弱，从而也使营养物质的吸收减弱。研究表明，在 16 ℃和 30 ℃两种温度水培植株，经 48 h 几种营养元素的吸收结果如下：

$$P \quad < \quad H_2O \quad < \quad NH_4 \quad < \quad SO_4 \quad < \quad K \quad < \quad Mg \quad < \quad Cl \quad < Ca$$
$$（56）\quad （67）\quad （68）\quad （71）\quad （79）\quad （88）\quad （112）\quad （116）$$

注：括号内数字为 16 ℃条件下，以 30 ℃为 100 的吸收率。

研究表明，低温对氮、磷、钾的吸收影响较大，对钙、镁、氯的影响很小。在水稻不同生育期中，以插秧后低温对营养吸收影响最大。气温回升，吸收养分能力可以恢复。吸收三要素中以氮的吸收最旺盛，易使稻株养分平衡破坏，含氮过高，徒长软弱，抗性降低，易感病、晚熟。

二、低温影响水稻养分运转与分配的失调

低温影响光合产物和营养元素向生长器官的运输，降低运转速度。用 ^{14}C 在分蘖、幼穗分化始期和乳熟期供给主要功能叶，并将植株放置在 13 ℃和自然温度（平均 23 ℃）下 48 h，测定植株各部位的 ^{14}C 含量，在低温下三个时期各生长器官中 ^{14}C 的含量均比自然温度下的低。试验表明，各生育期叶片的光合产物向生长部位的运转比向茎组织运转活跃，并受低温的影响。生长中的器官因低温使养分不足、呼吸减弱，从而生长缓慢、退化甚至死亡。分蘖期遇低温冷害，分蘖数明显减少，分蘖迟发，已出分蘖滞长。幼穗分化期遭遇

低温，花粉发育不良。灌浆成熟期遇低温，不仅降低光合生产率，含氮量过高时，合成碳水化合物减少，阻碍光合产物向穗部流转。在低温条件下，根系不仅吸收率降低，向叶部运转也少，根重增长下降，地下与地上的养分分配失调。处在低温条件下，叶片的光合产物留在叶片的时间延长，向其他部位的运转减少，造成叶片光合产物分配不正常。

第五节　冷害出现的环境因素及对各生育期的影响

秧苗期冷害：晴天降温幅度大，秧苗易受害，症状是新嫩叶失水蔫萎，根系受害比地上部晚。秧苗期冷害一般出现在日平均气温低于 10 ℃、最低气温低于 3 ℃、空气相对湿度 70% 左右、连续 3 d 以上时，光照良好时出现青枯，阴雨天气会出现黄枯。秧苗遭冷害后水分平衡被破坏，蒸腾大于吸水，导致秧苗失水过多，蛋白质降解，叶绿素含量降低，光合强度减弱。据梧桐河农场 1994 年所做调查，5 月 9—11 日连续 3 d 低温，日平均温度为 5.8 ~ 7.2 ℃，造成青枯病大发生，个别发病率达 75%。

营养生长期冷害：水稻营养生长期遇低温冷害，主要影响营养体生长速度和分蘖增长进程，延迟生育转换期，影响穗的质量和安全抽穗。试验资料表明，在低温（16 ℃）和正常温度（20 ℃）各处理水稻 10 d，低温处理比正常温度处理株高增长明显变慢，出叶间隔期显著延长，根数和根长变少，分蘖速度变慢，幼穗分化期推迟。从而明确，抽穗期的迟早与播种至幼穗分化始期的温度呈显著负相关，低温抽穗延迟，高温抽穗提早。延迟抽穗的临界温度指标，播种至幼穗分化始期平均气温 17 ~ 18 ℃，温度在临界点以上，对抽穗延迟的影响小，温度在临界点以下，对延迟抽穗期影响急剧加重。寒地水稻栽培要努力保证安全抽穗，抽穗期后移，必将遭到不同程度的减产。

长穗期冷害：长穗期对温度反应最为敏感。在倒数 2 ~ 3 叶期，是幼穗枝梗分化至颖花分化期，即群体抽穗前 23 ~ 25 d，此期遭遇低温，枝梗及颖花分化不良，每穗粒数减少。花粉母细胞减数分裂的小孢子初期，对低温最为敏感，如遇低温将产生颖花不育，特别是昼间的低温影响最大，其不育程度还与前历和后历条件有关。据文献记载，粳稻日平均气温低于 19 ℃，最低气温低于 15 ℃，持续 3 d 以上，为受害温度指标。减数分裂期冷害在垦区的发生时期，11 叶品种在 7 月上、中旬，12 叶品种为 7 月中、下旬。

开花灌浆期冷害：水稻出穗开花期遭遇低温冷害，使颖壳开裂角度小，授粉受阻，花药不开裂，散不出花粉，或花粉发芽率下降，影响受精和子房伸长，造成不育，空壳率明显增加。水稻开花期冷害的临界温度是 20 ℃。灌浆期遭遇低温，影响光合产物的形成与运转，粒部干物质积累速度明显变慢，籽实不能完全充实，秕粒率增加，千粒重下降，出米率及米的品质降低。抽穗后 35 ~ 40 d 的灌浆成熟期间，出现冷害减产的临界平均气温为 18.8 ℃，一般活动积温要保证在 750 ℃以上才能安全成熟。

第六节　水稻冷害的诊断

水稻冷害是寒地水稻发生频率较高的严重灾害，按水稻不同生育时期、温度指标、生育进程、长势长相、综合环境条件等，准确地进行诊断，及时采取防御措施，预防和补救冷害造成的损失，是栽培技术的重要内容。

一、以气象条件做冷害诊断

按水稻一生历经各生育时期阶段，每一生育时期阶段均经一定的积温和时间，营养生长阶段随温度高低略有变化，生殖生长阶段，时间和积温比较稳定。经分期试验，对不同品种可以求得在当地不同生育阶段理论的有效积温和标准天数，以及通过与当地当年实际有效积温对照，可以诊断生育是否延迟和遭受冷害。首先计算出各生育阶段实际标准天数内的有效积温 A_1，然后与理论有效积温 A 比较，若 $A_1 < A$，说明这一阶段已受冷害，生育延迟，再将差数除以每天平均有效积温，即为生育延迟的天数。

七八月份，正值水稻抽穗前 15 d 和抽穗后 25 d 共 40 d 的产量决定期，七八月温度的高低，对垦区水稻能否遭遇冷害是关键。7 和 8 月的平均气温为 20 ℃或以下，将发生不同程度的冷害。另外，七八月的水温也与水稻丰歉有密切关系，此时期最高最低平均水温须在 22.5 ℃以上、最高水温在 26.5 ℃以上，才能避免冷害的威胁。

开花、灌浆成熟期的气温，对水稻影响很大。研究结果表明，开花期必须保证最高最低平均气温在 22.5 ℃以上（最高气温 27.5 ℃，最低气温 17.5 ℃）。灌浆成熟期的气温与糙米千粒重之间有密切关系，结实期最适气温为 22 ℃左右（抽穗后 40 d 间平均气温），至少不低于 20 ℃，特别是以 18 ℃为限，再低成熟度锐减，发芽力下降。

障碍型冷害与遭遇的低温强度与持续时间有关。研究资料表明，幼穗形成期后 10 d 以上期间内，日平均气温 20 ℃以下的低温持续出现，即有发生障碍型冷害的危险，要采取相应的防御措施。

二、根据生育观察对冷害的诊断

分蘖的长相与冷害：分蘖期间连续低温，分蘖延迟，分蘖期间延长，分蘖数比常年多，穗数也常增加。使每穴总粒数增多，而结实粒数和粒重明显变差，以致减产。从这种关系看，分蘖持续延长，是延迟型冷害的一种表现，以之进行诊断并采取对应措施。

出穗期的延迟与冷害：水稻未安全抽穗，即有遭受延迟型冷害的危险。因为在寒地抽穗延迟，结实期间的活动积温平均温度就难以保证，灌浆速度及籽粒充实必将受到不同程度的制约，导致成熟度差、粒重降低、出米率下降，米的品质变差。对当年的出穗期，以叶龄和积温可以预测，在栽培上采取促控措施加以调整。

出穗开花现象与冷害：正常稻穗由剑叶鞘抽出即行开花，但在出穗前遭遇低温的稻穗，出穗也不立即开花，结实率将受一定影响。幼穗发育过程遭遇冷害，出现畸形粒，如双子房、三个颖或部分器官缺欠，或秆和叶鞘蔫曲，以之均可预知曾遭遇冷害。据对开花与当日气温间的关系调查，以最高气温 24.5 ℃、最低气温 14.5 ℃、平均气温 19.5 ℃为界线，再低开花明显不良，经 2 ~ 3 d 气温回升，等花一齐开放，出现满花现象。如不适合开花的气温时间延长，在较低温度下也可出现满花现象。如低温进一步加强，不开颖花增加，满花现象便不易出现，不育花明显增加。因此，开花期的低温障碍程度，低温持续日数比开花当时的气温对其影响更大。

第七节　防御冷害的技术措施

黑龙江垦区的水稻生产是在不断与冷害斗争中发展起来的，防御冷害的技术措施在生产实践中逐渐完善提高，成为水稻栽培技术中重要的组成部分。总体防御技术，是在不断提高对当地气温变化规律认识基础上，选用当地保证安全成熟的高产、优质、多抗的优良品种，建立严格的农时、质量观念，以叶龄为指标，掌握生育进程和长势长相，从旱育壮苗出发，以肥、水和植物保护为手段，以安全抽穗为中心，沿着高产群体的生育轨道，按田间诊断结果，采取针对性的促、控措施，常年促进早熟、防御低温冷害，以实现高产、优质、高效益。几项主要措施如下：

一、培育和选用耐冷、早熟、高产、优质品种

选用耐冷性好的早熟高产、优质品种，是防御冷害的基础措施。近年随市场经济的发展，为了高产、优质和稳产高产，水稻品种趋向早熟化，并将不同熟期品种搭配种植，分散冷害危险。垦区水稻研究所自 20 世纪 70 年代初对育种亲本及杂交后代即开始进行耐冷性鉴定试验，近年育成推广的垦稻 6 号、垦鉴 90-31 等品种，耐冷性较好。目前也正进一步选育苗期、孕穗期、抽穗开花期耐低温性强、结实率高、灌浆成熟快的早中熟的高产优质良种。在熟期搭配上，以当地早中熟品种为主，减少晚熟品种比例，井灌区不种晚熟品种。生产实践证明，晚熟品种在高温年确比早熟品种增产，但低温年的产量和品质，远不如早中熟品种。早中熟品种在寒地稻区进可攻、退可守，是防御冷害的前提条件。

二、实行计划栽培

计划栽培是根据寒地水稻生育时间短、活动积温少、农时紧张的特点，按当地热量条件，选定安全成熟品种，并根据品种全生育期所需活动积温，合理安排播种期、插秧期、幼穗分化期，以保证安全抽穗，适期成熟。使水稻生育各阶段充分利用当地热量资源，有计划地完成。计划栽培主要包括农时计划、叶龄进程计划及长势长相计划，以之作为水稻生长发育基本标准，通过肥、水、植保等调控管理，实现防御冷害、稳产高产的目标。十几年来，水稻计划栽培已被垦区认为是防御冷害的基本措施。

进行计划栽培，要利用当地多年气温资料，确定当地稳定通过 5 ℃为保温育苗播种始期，秋季气温稳定降至 13 ℃为水稻成熟最晚界限期，由播种始期到成熟最晚界限为当地水稻最大可用生育期间和最大可用活动积温值。由最晚成熟界限倒推活动积温 800 ℃和 750 ℃的日期，为当地水稻安全抽穗晚限和最晚抽穗界限，由安全抽穗晚限倒推 30 d，为当地水稻幼穗分化晚限，在限期内力争提早，留出安全余地。

黑龙江垦区通过对兴凯湖、八五○、八五三农场、梧桐河、查哈阳等农场计算，保温旱育苗播种期在 4 月中、下旬，插秧期在 5 月中、下旬，幼穗分化期在 6 月下旬—7 月初，抽穗期在 7 月下旬—8 月 5 日，最晚不超过 8 月 8 日，成熟期在 9 月中旬，最晚不超过 9 月 18 日。12 叶品种的叶龄进程，最晚 6 月 15 日 6 叶、6 月 25 日 8 叶、6 月末 7 月初 9 叶、7 月 15 日剑叶露尖，大暑前剑叶展开，以保证适期抽穗，安全成熟。

三、采用保温旱育壮苗技术

育苗移栽比直播栽培更能延长水稻生育期间，缓解延迟型冷害。而保温旱育苗比水育苗和保温湿润育苗，更能育出返青快、分蘖早的壮苗，解决了寒地水稻营养生长初期气温低、生长量小的问题。保温旱育苗比直播栽培增加生育期 30 ~ 45 d，可用比直播多 1 ~ 2 叶的品种。旱育苗水分少，氮及全糖含量高，在低温下养分吸收力强，冠根及根原基数多，返青快、分蘖早。其优势大苗好于中苗，中苗好于小苗。1985 年以来，垦区开始旱育钵苗，进行抛秧或摆栽，更发挥了旱育苗的优越性。旱育钵苗由于播量少、每苗营养面积大、秧苗素质好、移栽无植伤、植深一致、耐低温，因而返青快、分蘖早、低位分蘖多、有效分蘖率高、抽穗期提早，可有效地防御苗期低温及延迟型冷害。

四、施肥与防御冷害

水稻计划栽培，施肥是重要手段。以肥调整水稻生育进程和长势长相，才能适时完成各生育阶段，实现安全出穗成熟。垦区水稻施肥，要掌握寒地水稻特点，根据地力、产量指标、品种栽培特性，做好氮、磷、钾三要素的合理配比。根据现实生产水平，垦区氮、磷、钾的比例为 1∶0.5∶（0.3 ~ 0.5），采取基肥与追肥相结合，前期施肥与中、后期施肥相配合，按土壤养分释放规律，采取前重、中轻、后补的分配。并采取以叶龄为指标的施肥技术，以肥效反应有计划地促控水稻生长。

寒地磷肥不足易延迟生育，特别是在冷害年更为明显。多施氮肥易发生不育，全部基施，不如基、追结合，在幼穗形成期或剑叶期追肥，效果比较理想。堆肥在低温年有减轻障碍型冷害的效果，这与堆肥能提高根系活力有关。未腐熟的秸秆还田，初期生育受到抑制，易延迟出穗。为解决寒地磷素不足，在育苗过程中可适当增施磷肥，育成高磷水平的秧苗，对防御冷害有明显作用。有些农场采用侧深施与中后期追肥相结合的施肥方法，对促进营养生长、保证足够茎数及中后期稳健生长和防御冷害均有较好的效果。

五、灌水管理与防御冷害

水稻生育受地温、水温和气温的影响。水田水温一般比气温高 3 ~ 4 ℃，寒地水稻以水保温增温是一项重要措施。温度条件主要影响生长点，生长点在土中时受地温影响，在水中时受水温影响，长出水面在空气中时受气温影响。因此，在水稻不同生育时期，受水温和气温的影响：水稻移栽后到幼穗形成期（幼穗出水面前），水温影响大于气温；幼穗形成期后（幼穗出水面后）到剑叶期，水温和气温的影响相同；剑叶期以后气温的影响大于水温。寒地水稻要注意提高水温，促进营养生长，井灌区必须采取综合增温技术（设备增温与灌水技术增温），使白天水温高、夜间降温小、日平均水温高，即白天停灌增温，后半夜到日出前补充灌水，严禁长期串灌。障碍型冷害最敏感的时期是孕穗期的小孢子初期（剑叶叶耳间距 ±5 cm），采取深水灌溉是减轻冷温障碍的唯一有效方法，为使颖花80% 以上受到深水水温防护，水层深应在 17 ~ 20 cm。防止冷害的界限水温，耐冷性强的品种为 17 ℃，耐冷性弱的品种为 19 ℃，一般最低要在 18 ℃以上。此外，从幼穗分化到孕穗前的前历水温高低及水层深浅，在低温年与孕穗期障碍型冷害的受害程度有关。研究资料表明，前历水温高低对药长反应敏感，药长每个花药充实花粉数多，花粉发育好，结实率高。孕穗前水深 10 cm 增温效果好，前历水温与冷害危险期（小孢子初期）深水相组合，对防御障碍型冷害效果好，不育率降低。

防御低温冷害是一项综合性系统技术，在已有防御技术的基础上，随科技进步不断完善提高。

参考文献

[1] 张矢，徐一戎. 寒地稻作［M］.哈尔滨：黑龙江科学技术出版社，1990.

[2] 徐一戎，孙作钌. 寒地水稻计划栽培防御冷害研究［J］.黑龙江农业科学，1982（6）：7–10.

[3] 户刈义次，天辰克己. 稻作诊断法（下卷）［M］.日本：农业技术协会，1968.

[4] 和田定. 水稻冷害［M］.东京：株式会社养贤堂，1992.

[5] 高亮之. 水稻气象生态［M］.北京：中国农业出版社，1993.

[6] 徐一戎，邱丽莹. 寒地水稻旱育稀植三化栽培技术图历［M］.哈尔滨：黑龙江科学技术出版社，1996.

[7] 崔承善，等. 寒地水稻盘育机插亩产 600 kg 栽培模式［J］.盐碱地利用，1991（3）：49–53.

[8] 崔承善，于洪军，孟庆芝，等. 寒地水稻小群体再高产栽培技术总结［J］.现代化农业，1996（9）：1–3.

[9] 黑龙江省农垦总局寒地水稻优质米生产技术研究课题组. 寒地水稻优质米生产技术研究［J］.现代化农业，1997（8）：2–4.

第三篇

寒地水稻旱育稀植三化栽培技术

黑龙江垦区的水稻生产，1982 年水稻种植面积只有 18 万亩，平均亩产 165 kg，到 1995 年已发展到 270 万亩，平均亩产超过 420 kg，水稻面积增长 14 倍，平均亩产增长 1.6 倍。这是改革开放、社会主义市场经济发展、资源重新配置、种植业结构合理调整的结果，也是推广水稻旱育稀植、大力运用先进科技转化为生产力的结果。在十几年的旱育稀植技术推广中，黑龙江垦区积累了不少经验和教训。为使旱育稀植栽培技术不断向深广发展，1990 年，黑龙江省农垦总局在总结推广旱育稀植经验的基础上，吸收垦区内外先进科技成果，针对存在的旱育不旱、稀植不稀、秧苗不壮、栽培失时、产量不高等问题，以旱育稀植为基础，以根系生长、胚乳转化、器官同伸、叶龄模式等理论为指导，综合组装形成旱育稀植三化栽培技术，在嫩江管理局的查哈阳农场、牡丹江管理局各水稻农场示范使用，普遍收到良好效果。1993 年末，该技术被农业部列为丰收计划推广项目；在垦区丰收计划中推广，又取得普遍增产效果。在 1994 年中国北方水稻研究会年会上，水稻旱育稀植三化栽培技术经验及论文获得多项奖励。1995 年 8 月上旬，黑龙江省水稻专家顾问组考察查哈阳农场，调查北纬 48°30' 的高寒地区水稻生产情况，了解该农场连续三年在 15 万 ~ 20 万亩面积上平均亩产超 500 kg，进一步肯定旱育稀植三化栽培技术的效果，建议在黑龙江省全省推广应用。1995 年 11 月，黑龙江省农垦总局水稻办主任会议研究制定旱育稀植三化栽培技术规程，决定在全垦区推广应用，以进一步推动垦区水稻向高产、优质、高效益方向发展。

　　在水稻旱育稀植三化栽培技术中，第一化是旱育秧田规范化，明确旱育能够壮苗的机理，划清湿润育苗与旱育苗的本质界限，解决生产中真旱育与假旱育这一根本问题；第二化是旱育壮苗模式化，明确旱育壮苗标准，地上和地下部生长进程指标，培育壮苗的关键时期与调温控水标准，形成旱育壮苗模式，解决生产中真壮苗和假壮苗识别不清的根本问题；第三化是本田管理叶龄指标计划化，明确寒地水稻栽培必须以安全抽穗期为中心，严格以叶龄掌握农时，以叶龄长势长相及生育进程调控肥水管理，按高产的轨道进行计划栽培，解决生产作业的真适时或假适时及真高产和假高产等问题。由于标准明确、简易可行，采用本项技术一般水稻亩产可达 500 kg 以上，最低亦在 400 kg 以上。1994 年嫩江农场管理局有查哈阳、泰来、依安农场，牡丹江农场管理局有兴凯湖、八五六、八五四、八五五农场，全垦区有 11 个农场水稻平均亩产超 500 kg。1995 年，全垦区有 23 个农场水稻平均亩产超过 500 kg。

第一章　写在前面

第一节　旱育稀植三化栽培技术的由来及内容

　　黑龙江垦区在水稻生产中推广旱育稀植栽培技术已有十几年的历史[1]，运用这项新技术取得了显著的效果，推动了垦区水稻生产的发展。在十几年的推广生产实践中，积累了许多有益的经验，但也出现了旱育不旱、稀植不稀、秧苗不壮、栽培失时、产量不高、品质不优、效益不高等情况。为了不断充实、完善和提高旱育稀植栽培技术，在总结垦区高产经验的基础上，吸取近年国内外先进技术成果，组装形成寒地水稻旱育稀植三化栽培技术体系（图 3-1-1）。几年来，该技术在几个管理局和农场生产应用，增产效果良好。1994 年被国家农业部列为黑龙江垦区丰收计划中的重大推广项目，取得显著增产效益，在全垦区 11 个农场水稻平均亩产（1 亩 ≈ 666.67 m²）超 500 kg，有 121 个生产队亩产超过 500 kg，有 7 个高产户（30 亩以上的户）亩产超过 700 kg，全垦区水稻种植面积 192 万亩，平均亩产 376 kg，与 1993 年的面积 162 万亩、平均亩产 334.5 kg 相比，面积增加 18.5%，亩产提高 12.4%。稻农反映，这项技术先进，可操作性强，各项作业农时清楚，技术标准规范，深受生产者欢迎。寒地水稻旱育稀植三化栽培技术的基本内容如图 3-1-2 所示。

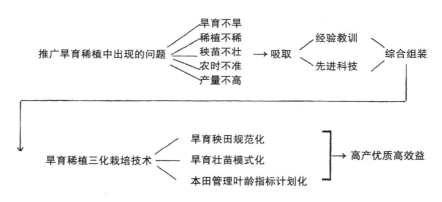

图 3-1-1　水稻旱育稀植三化栽培技术的由来

───────────────

①本篇指 1996 年《寒地水稻旱育稀植三化栽培技术图历》出版前的时间。

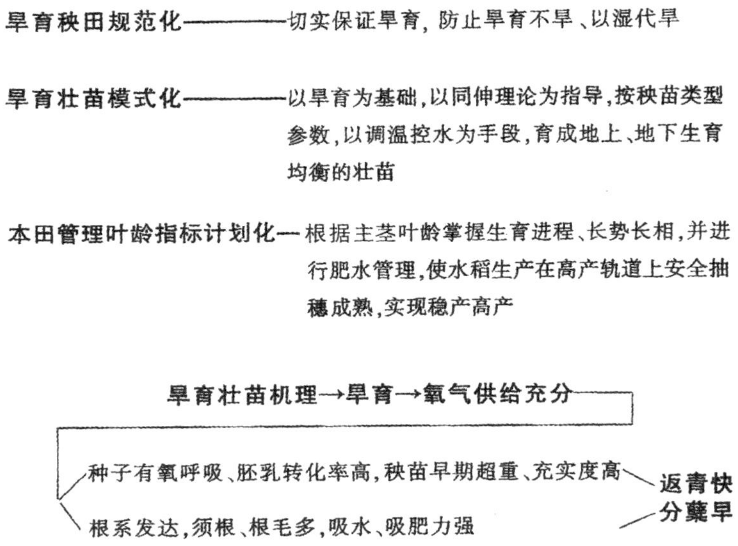

旱育秧田规范化————切实保证旱育，防止旱育不旱、以湿代旱

旱育壮苗模式化————以旱育为基础，以同伸理论为指导，按秧苗类型
参数，以调温控水为手段，育成地上、地下生育
均衡的壮苗

本田管理叶龄指标计划化—根据主茎叶龄掌握生育进程、长势长相，并进
行肥水管理，使水稻生产在高产轨道上安全抽
穗成熟，实现稳产高产

旱育壮苗机理→旱育→氧气供给充分
种子有氧呼吸、胚乳转化率高，秧苗早期超重、充实度高————返青快
根系发达，须根、根毛多，吸水、吸肥力强————分蘖早

图 3-1-2   旱育稀植三化栽培技术的主要内容

旱育秧田规范化：是保证旱育壮苗的基础，严格区分湿润育苗与旱育秧苗田地的不同，防止旱育不旱、以湿代旱的倒退做法。

旱育壮苗模式化：是以旱育为基础，以同伸理论为指导，按秧苗类型参数，以调温控水为手段，育成地上、地下均衡发展的标准壮苗，解决旱育秧苗生长无标准、秧苗不壮的问题。

本田管理叶龄指标计划化：是以主茎叶龄的生育进程、长势长相为指标，进行田间的水肥管理，使水稻生育按高产的轨道和各期指标达到安全抽穗、安全成熟，实现稳产高产。

第二节　几项基本知识

一、掌握寒地气温特点

水稻是喜温、短日照作物，在黑龙江省寒地、长日照条件下栽培，从品种到生态条件均与南方水稻有很大不同。寒地生态条件中，影响水稻产量最主要的因素是气温，气温影响水稻产量最重要的时间是 7、8 月份，特别是在水稻抽穗前 15 d 到抽穗后 25 d 的 40 天间，是水稻产量的决定期，气温高低对产量的影响更大。要根据寒地水稻生育期间短、活动积温少、前期升温慢、中期高温时间短、后期降温快、低温冷害多等特点（图 3-1-3），选用适于当地的熟期品种，以安全抽穗期为中心，确定生育界限时期，实行计划栽培，充分利用当地的光热资源，促进水稻健壮生育，防御冷害，确保安全成熟，提高结实率和粒重，实现高产、优质、高效益，是寒地水稻栽培技术的根本。因此，水稻栽培每项作业都要提前做好准备，严格保证农时（图 3-1-4、图 3-1-5），农时就是质量，农时就是产量。黑龙江省水稻保温旱育苗，在气温稳定在 5 ℃后开始（盖地膜、棚膜后增温到 12 ℃以上），一般自 4 月中旬开始（南部早些、北部晚些），大苗在 4 月 25 日前播完，中苗最晚播种期不超过 4 月 30 日。插秧期以当地气温稳定达 13 ℃后，一般自 5 月中旬初开始，5 月 15—25 日为高产插秧期，最晚不宜超过 5 月末，使水稻有足够的有效分蘖时间，并保证在 6 月末 7 月初进入幼穗分化，7 月末 8 月初安全抽穗，到 9 月上中旬气温降到 13 ℃以前安全成熟。违误农时，必将降低稻米品质和产量。查哈阳农场的经验是：不泡 5 月田，不整 5 月地，不播 5 月种，不插 5 月 26 日秧，不用 7 月蘖，不抽 8 月 5 日以后穗。由于抓住了农时、壮苗和技术规范，已连续 4 年实现全场亩产 500 kg 以上。

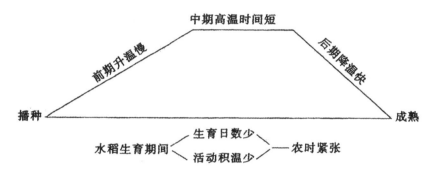

图 3-1-3　寒地水稻生育期间气温特点

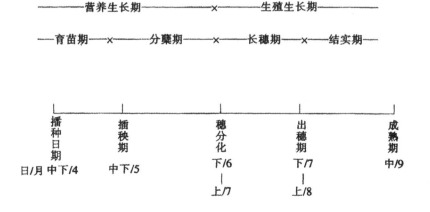

图 3-1-4　寒地水稻栽培的生育界限时期

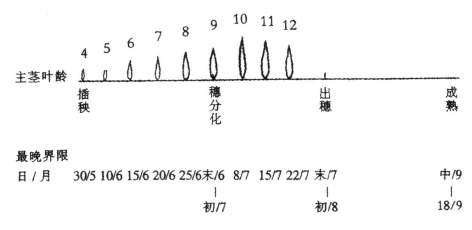

图 3-1-5　主茎 12 叶品种叶龄与生育期（中苗正常栽培）

二、掌握当地土壤氮肥释放规律

　　土壤是水稻生长所需养分的主要供给基地，土壤养分的释放与水稻的吸收利用均与温度有密切关系。据黑龙江省农垦科学院水稻研究所的研究，寒地稻田氮素释放过程，秋翻稻田经过冬春风化，速效氮含量逐渐增加，灌水泡田后略趋下降，到 6 月中旬随气温升高，速效氮含量日趋回升，到 7 月中旬达到高峰，以后随气温降低又趋下降（图 3-1-6）。在有机质含量高、排水条件好的土壤中，这种变化更为明显。这与水稻一生对氮肥的需要相比，前期明显不足，中期相差不大，后期略呈短缺。所以稻田施肥要掌握"前重、中轻、后补"的原则，有机肥与速效化肥相结合，以适应寒地水稻生育期间短、前期营养生长要早生快发、后期生殖生长要防止脱肥早衰的特点。垦区稻田土壤一般明显缺氮，比较缺磷，不太缺钾，高产栽培必须氮、磷、钾配施，适当控氮增磷、钾，对增产及防御低温冷害有明显作用。特别是地下水位高、低洼排水不良的沼泽化稻田，要控制灌水、间歇灌溉、通气壮根，高温期控氮增磷、钾可获得更佳效果。

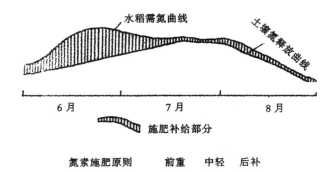

图 3-1-6　寒地土壤氮肥释放与水稻需肥的关系示意曲线

三、掌握品种的特性

黑龙江省水稻品种均属早熟和极早熟粳稻类型，与生育期长的南方品种有明显差异。主要表现在：首先，熟期为早熟和极早熟，系感温性强的品种类型，亦即在营养生长期对温度敏感，高温可使营养生长期缩短，低温可使营养生长期相对延长，利用这一特点，在营养生长期以水保温、以水增温，可以促进早熟。其次，在生长类型上属重叠型，即营养生长末期与生殖生长前期相重叠，最高分蘖期出现在幼穗分化之后。对此，在栽培上既要保证幼穗分化所需养分，又不能使后期无效分蘖增加，在施肥上基肥不宜过多，蘖肥宜早施，看苗施调节肥（接力肥），用量不宜大，以调整长穗期长势长相，搭好高产水稻的架子，提高中后期的光能利用率。最后，结实期灌浆物质主要靠抽穗后光合产物的积累，为非蓄积型，因此在栽培上必须将水稻抽穗安排在当地高温光照充足的季节，保证抽穗后有25 d 以上的良好光温条件是十分重要的（图 3-1-7）。此外，由于生育期间短、主茎叶数少、分蘖节位少、有效分蘖时间短，若措施不当、延误农时，易造成不可弥补的损失。

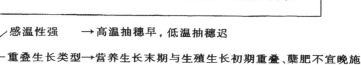

寒地水稻品种→早熟粳稻类型→主要特性

感温性强 → 高温抽穗早，低温抽穗迟

重叠生长类型→营养生长末期与生殖生长初期重叠、蘖肥不宜晚施

非蓄积型 →产量形成主要靠抽穗后光合作用产物的积累，要确保安全抽穗期

图 3-1-7　寒地水稻品种主要特征

结合天（温度）、地（肥力）、种（感温性强、重叠生长型、非蓄积型）三方面因素，运用栽培技术调整好三者的关系，形成寒地水稻栽培的原则（图 3-1-8）：首先从培育壮苗出发，努力促进生育，确保适时抽穗，才能安全增产；其次要保证生育健壮，合理调控，肥水管理，防治病虫草害，使营养生长与生殖生长协调发展，提高谷草比和经济产量；最后要有足够的生长量，在保证群体生育的同时，促进个体的健壮发育，从而获得稳定增产。

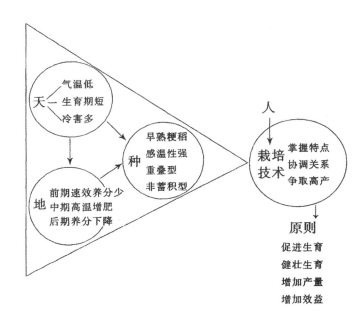

图 3-1-8　寒地水稻栽培原则

四、掌握寒地水稻高产的技术途径

提高作物产量的根本途径是提高光能利用率。目前水稻的光能利用率不到 1%，一般只利用太阳光的 0.4%，高产田也不过 2%，潜力很大。据推算，在北京地区如将光能利用率提高到 2.6% 来计算，水稻亩产可达到 1 250 kg。所以栽培技术的核心问题是提高光能利用率。研究资料表明，水稻产量来自三个"90% 以上"（图 3-1-9），即水稻产量的 95% 以上来自光合产物即空间营养（二氧化碳和水），不到 5% 来自土壤的各种营养，所以高产必须提高空间营养。高产水稻产量的 90% 以上来自抽穗后的光合产物，例如穗子重量增加 2 g，茎秆重减少 0.5 g，叶片重减少 0.2～0.3 g，在 2 g 中 2/3 来自抽穗后的光合产物，1/3 来自茎叶中的贮存，产量越高后期光合产物积累越多，抽穗后光合产物的多少对最后形成的产量起决定性作用。只有中期不过分繁茂，后期受光态势良好、光合能力强，才能获得高产。水稻产量的 90% 以上来自叶片的光合产物，栽培技术的实质就是调整叶片的面积、受光态势、内含素质，以提高光合能力。施肥，尤其是氮肥，是调整叶片最有力的手段，从某种意义来说，高产栽培技术就是用肥调整叶片的技术。所以高产栽培的一切措施都要从提高叶片的光合能力，特别是抽穗后的光合能力来考虑，协调好穗、叶、茎、根的关系，使穗部能蓄积更多的淀粉，才能稳产高产。

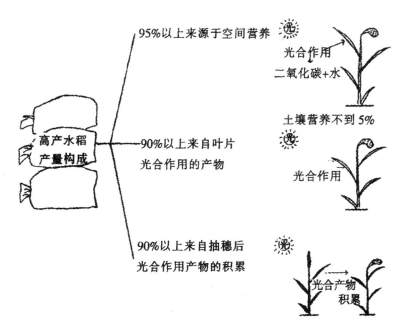

图 3-1-9　水稻高产的技术途径

五、掌握水稻产量构成因素

　　水稻产量是由每亩穗数、每穗粒数、结实率、粒重等 4 个因素构成（图 3-1-10）。在生产实践中，常常是穗数过多，每穗粒数、结实率、粒重反而下降；而穗数少时，每穗粒数虽多，但因穗数不足，总粒数少，产量也不高。因此只有各因素协调发展，才能实现高产。目前寒地水稻产量水平一般可分为低产变中产（亩产 400 kg 左右）、中产变高产（亩产 500 kg 左右）和高产再高产（亩产 600 kg 以上）三个层次。产量水平不同，影响产量提高的因素也不一样，其增产途径随之亦异。大面积生产实践证明，低产变中产的技术途径，应以完善生产基本条件、熟练掌握基本技术、贯彻作业标准、掌握农时为前提，以保证足够穗数为中心，以灭草、防倒、防治病虫害为保证来实现。中产变高产，在产量构成因素中，要穗数、粒数并重，在栽培上除须具备基本生产条件和基本生产技术外，还须熟悉品种的生理生态特点，协调水稻生长对环境条件的要求，在做好前期（穗数）田间管理的基础上，还要进一步做好中、后期（结实粒数）的田间管理，使水稻生育按高产的轨道进行。而高产再高产，要在足够穗数的基础上主攻穗重，提高单位面积粒数和粒重，在田间管理中更要加强中、后期特别是抽穗后的田间管理，提高光能利用率，不断做好诊断、预测和调控，是提高产量的主攻方向。

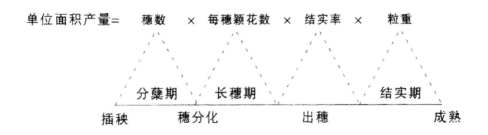

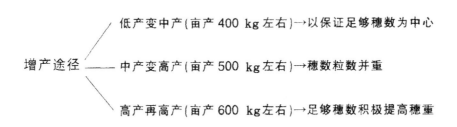

图 3-1-10　水稻各生育期与产量构成因素

六、掌握叶龄模式

水稻不同品种的主茎叶数比较稳定，每片叶称为一个叶龄，叶与其他器官有同伸关系，因此用叶龄做指标掌握水稻生长发育进程和长势长相比较简便而准确。运用叶龄模式进行计划栽培，要先知道所种品种的主茎叶龄数（图 3-1-11），如垦区大面积栽培的品种合江 19、上育 397 等主茎有 11 片叶，东农 416、垦稻 6 号、查稻 1 号等为 12 叶品种，藤系 137、东农 415 等为 13 叶品种。叶数增加，生育期变晚，垦区以中、早熟品种为主，13 叶品种很少种植。知道品种的主茎叶龄数，即可求出该品种的伸长节间数。伸长节间数 = 主茎总叶数 ÷3，如 12 叶品种其伸长节间为 4 个，11 叶品种计算结果为 3.7 个，即以 4 个伸长节间为主，有部分为 3 个节间。

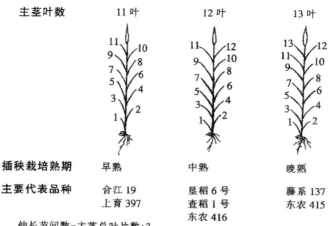

伸长节间数=主茎总叶片数÷3

11 叶品种伸长节间数=11÷3=3.7　即 4 个伸长节间为主,少部分 3 个伸长节间

12 叶品种伸长节间数=12÷3=4　即 4 个伸长节间

13 叶品种伸长节间数=13÷3=4.3　即 4 个伸长节间为主,少数 5 个伸长节间

图 3-1-11　垦区水稻主茎叶龄数与品种熟期

出叶与分蘖的关系见图 3-1-12,N 叶伸出,$N-3$ 叶出现分蘖,如 4 叶伸出,4-3=1,即 1 叶叶腋出现分蘖。有效分蘖临界叶位=主茎总叶数-伸长节间数,如 12 叶品种的有效分蘖临界叶位=12-4,即 8 叶的同伸分蘖有效,8 叶以后的分蘖一般无效。分蘖的盛蘖叶位=主茎总叶数÷2,即 12 叶品种其盛蘖叶位是 6 叶,即在正常栽培条件下,6 叶为分蘖盛期,在施用蘖肥时应考虑将肥效主要反映在 6 叶期是合适的。

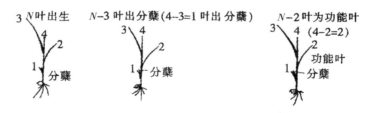

分蘖盛蘖叶=主茎总叶数÷2　有效分蘖临界叶位=主茎总叶数-伸长节间数

12 叶品种　　　　　　　　　　12 叶品种

12÷2=6 为盛蘖叶位　　　　　12-4=8 叶为有效分蘖临界叶位

图 3-1-12　出叶与分蘖的关系

出叶与内部心叶分化生长的关系见图 3-1-13,按同伸规律,N 叶尖露出 = N 叶鞘伸长 = $N+1$ 叶片伸长 = $N+2$ 叶组织分化 = $N+3$ 叶组织分化开始 = $N+4$ 叶原基分化,即 5 叶露尖 =5 叶鞘伸长 =6 叶片伸长 =7 叶组织分化 =8 叶组织分化开始 =9 叶原基分化,由叶原基分化到露尖长出,经过 4 个叶龄期,某叶露尖长出,其内部还包有 3 个幼叶和 1 个叶的

原基。N 叶露尖伸长时改变肥水条件，对 $N+1$ 叶和 $N+2$ 叶特别是 $N+2$ 叶的影响最大，其次是 N 叶，对 $N+3$ 叶和 $N+4$ 叶的影响最小。各叶从露尖到完全展开（叶枕露出）所需日数见图 3-1-14，营养生长期各叶生长较快，平均 4~5 d 长出 1 叶，需活动积温 85 ℃左右，其中 1~2 叶生长较快，3~4 叶较慢，5~8 叶又较快；生殖生长期各叶平均 6~7 d 长出 1 叶，需活动积温 135 ℃左右，倒 2~3 叶较快，剑叶最慢。各叶寿命随叶位上升而延长，最上两叶寿命最长。掌握叶片出生规律，即可由表及里，对掌握叶龄进程及其形态变化很有用处。

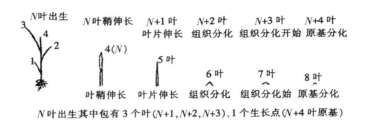

N 叶出生其中包有 3 个叶（$N+1$，$N+2$，$N+3$）、1 个生长点（$N+4$ 叶原基）

图 3-1-13　出叶与内部心叶生长的关系

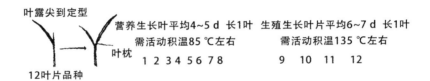

图 3-1-14　长出 1 叶所需时间与积温

　　叶龄与根系生长，有其同伸关系（图 3-1-15）。N 叶抽出 ~ N 节根原基分化 ≈（$N-1$）~（$N-2$）节根原基发育 ≈（$N-3$）节发根 ≈（$N-4$）节根出 1 次分枝根 ≈（$N-5$）节根出 2 次分枝根……这种关系有时并不完全一致，因条件有早发和迟发情况。各节位发根数量、长度和粗度，随节位上升而有所增加，因条件而有变化。分蘖的出根规律与主茎相同，所以根数激增期比分蘖激增期晚 15~20 d。根系伸长所需无机营养，由根从土壤中吸收，而有机营养必须由地上部茎叶供给，地上部有机营养不足，就难以长出好的根系。不同节位的根系对产量形成的作用不同，下层根（移栽后到幼穗分化前出生的根系）是分蘖期的功能根系，到抽穗期占总根数的 41.2%，活力只为上层根的 17.6%，吸收只为整个根系的 6.7%。上层根（幼穗分化到抽穗上 3 个生根节位出生的根系）从颖花分化起成为主要根系（图 3-1-16）。因此，在栽培上分蘖期促发下层根，长穗期促发上层根，结实期保上层根，防止早衰，才能获得高产，养根保叶，以叶养根，就是这个道理。

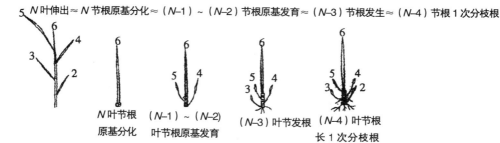

图 3-1-15 叶龄与根系生长的同伸关系

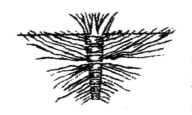

图 3-1-16 上层根与下层根

叶和节间伸长也有同伸规律（图 3-1-17）。 N 叶露尖 ≈（$N-1$）~（$N-2$）节间伸长 ≈（$N-2$）~（$N-3$）节间充实 ≈（$N-3$）~（$N-4$）节间充实完成。拔节期的倒数叶龄值 = 伸长节间数 — 2，如 12 叶的品种伸长节间数为 4，则 4 — 2 就是拔节期在倒数 2 叶期。所以壮秆防倒，要使基部第 1、2 节间不宜过分伸长，就得使倒 2 叶和倒 1 叶不过分伸长，并防止灌水偏深、氮肥过多、氮磷比过大（在 1.8 以内），栽培上要十分注意。

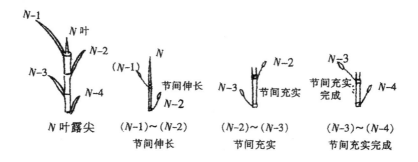

图 3-1-17 出叶与节间伸长的同伸规律

叶龄与幼穗分化发育的进程如图 3-1-18 所示，通过研究已经明确，一般是：倒数 4 叶后半叶进入第 1 苞分化，倒数 3 叶露尖到定长为一、二次枝梗分化期，倒 2 叶出生到定长为颖花分化期，倒 1 叶（剑叶）出生到定长主要是花粉母细胞减数分裂期，倒 1 叶定型到出穗为花粉充实完成期，从叶龄进程即可知道幼穗发育进程，对施用穗肥和防御障碍型冷害有很大指导作用。

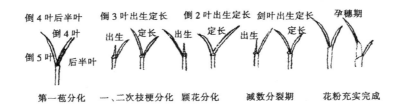

图 3-1-18　叶龄与幼穗分化发育的进程

叶龄的识别方法（图 3-1-19）常用的有以下几种。种谷方向法：根据水稻叶为 1/2 开的道理，在种谷一侧的叶为单数叶，相反一侧的叶为双数叶。拔苗时捏住种谷拔出，洗去泥土，在种谷颖尖一侧的为单数，相反一侧为双数，即可判断出当时的叶龄。蘖期双零叶法：N 叶移栽，$N+1$ 叶呈双零，其上 1、2、3 叶为 $N+2$、$N+3$、$N+4$。植伤叶法：N 叶移栽，$N+2$ 叶植伤，其上 1、2、3 叶为 $N+3$、$N+4$、$N+5$……。主叶脉法：单叶主脉偏右，左宽右窄，双数叶反之。伸长叶枕距法：4 个伸长节间有 3 个伸长叶枕距。变形叶鞘法：4 个伸长节间的第 1 变形叶鞘为倒 4 叶。最长叶法：最长叶为倒 3 叶，其上为倒 2 叶及倒 1 叶。

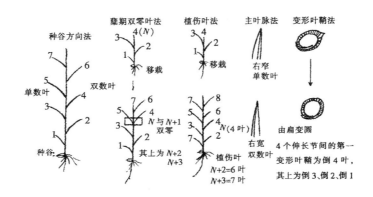

图 3-1-19　叶龄识别方法

七、掌握和运用井灌水综合增温技术

寒地稻作区气温低、水凉，井水灌溉或地下水位高的低洼地，水冷地温低，对水稻生育及产量影响很大。为此，采取有效措施提高灌溉水温，对促进与发展水稻生产，特别是井灌水稻的发展有重要意义。

目前提高水温的方法有以下几种，要综合配套应用，设法提高水温（图 3-1-20）。

设晒水池，一般一井一池，或几井一池，晒水池占地面积为负担稻田面积的 1%～3%，池底与地面相平，水深 0.5 m 左右，池内设隔水墙，交错排列，使池水迂回流出，利于增温，在一头设出水口，要装叠板式闸门，用挡板拦水，增减方便，利于取表层温水。进水管用木架支起，使水喷流池内，提高温度。

建宽浅式灌水渠，延长水路，或渠道覆膜提高水温。井灌区的灌水渠要采用宽浅式渠道，利用浅水增温；坡降过大时增设跌水减缓流速，并延长渠道，使在渠道中提高水温；在斗渠上覆盖薄膜，或用"小白龙"，随时清除渠内杂草，均有明显增温效果。

加宽垫高稻池进水口，滚水增温入田。将进水口加宽、垫高，使水流宽浅滚流田间，增加阳光照射来提高水温，每经过 7 ~ 10 d 更换进水口位置，防止进水口处水稻贪青。

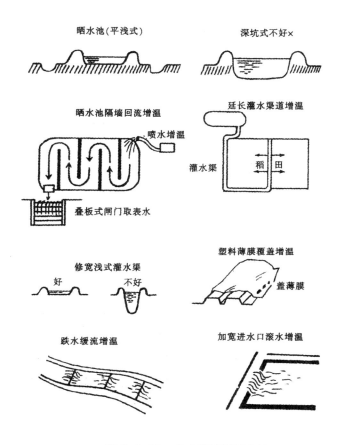

图 3-1-20 井水灌溉增温方法

采用提高水温的灌溉技术（图 3-1-21），实行浅湿灌溉方法。浅湿灌溉既可提高水温，又能节省用水，也就是浅灌 3 ~ 5 cm 水层，渗至地表无水后再灌 3 ~ 5 cm 水层，如此反复进行，孕穗期有低温时适当加深水层到 17 cm 以上（水温 18 ℃ 以上），其他与一般灌溉相同。尽量利用回水灌溉，单灌单排，不宜串灌。灌水时间宜为夜灌或清早灌，在夜间或早晨水温低时灌水，渠道水温与田间水温差异小，夜间水温低可降低水稻呼吸强度，减少能量消耗，利于物质积累。漏水较严重的地块，水整地时用机械反复水整，使泥浆充实土壤孔隙，增强保水能力。

间歇灌溉（浅湿灌溉）

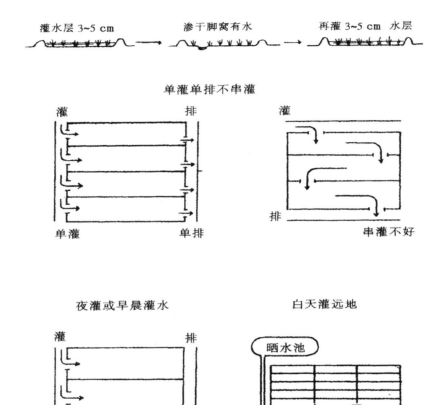

图 3-1-21　提高水温灌溉技术

垦区井灌面积不断增加，综合运用提高水温措施，是防御冷害、稳产高产、提高稻米品质的重要技术，必须引起足够重视。

稻种粒重与每千克粒数换算表见表 3-1-1，不同行距 1 m² 折算行长查对表见表 3-1-2。

表 3-1-1　稻种粒重与每千克粒数换算表

千粒重 /g	种子粒数 /0.5 kg	千粒重 /g	种子粒数 /0.5 kg
20	25 000	26	19 230
21	23 809	27	18 518
22	22 727	28	17 857
23	21 739	29	17 241
24	20 833	30	16 666
25	20 000	31	16 129

注：每 0.5 kg 种子（1 市斤）粒数 $= \dfrac{500（g）}{千粒重（g）} \times 1\,000$。

表 3-1-2　不同行距 1 m² 折算行长查对表

行距 / 尺	行距 /cm	1 m² 折算成行长 /m
0.50	16.50	6.06
0.60	19.80	5.05
0.70	23.10	4.33
0.80	26.40	3.79
0.90	29.70	3.37
1.00	33.00	3.03

注：一尺 ≈ 33.3 cm。

1 m² 折成行长（m）$= \dfrac{1\ m^2}{行距（cm）} \times 100$。

第二章　旱育秧田规范化

为了切实保证旱育壮苗的要求，旱育苗的秧田建设必须规范化，以防止旱育不旱、前旱后湿、以湿代旱、秧田分散、管理不便、秧苗不壮等问题。旱育秧田规范化主要包括以下两项内容。

第一节　选地、规划及秧田基本建设

一、选地

本着确保旱育、便于管理、利于培育壮秧、照顾运苗方便等原则，根据水田分布状况，在居住区附近，选择地势高而平坦、干燥、背风向阳、排水良好、有水源条件、土壤偏酸、比较肥沃且无农药残毒的旱田，按水田面积的 1/80 ～ 1/60，留设比较集中的旱育秧田地，一个生产队集中设几处秧田，便于技术管理指导及互相学习提高。没有旱田的纯水田，可在水田中选高地，挖好截水、排水沟，建成确保旱育、高出地面 50 cm 以上的高台集中秧田。为防止地下水位上升或地湿，床间可埋设暗管排水，确保旱育（图 3-2-1）。

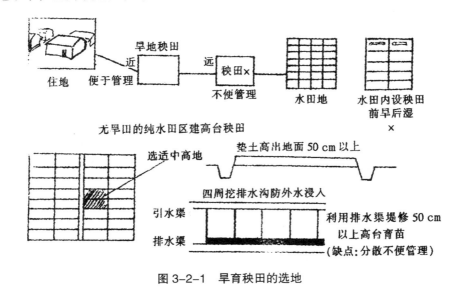

图 3-2-1　旱育秧田的选地

二、规划设计

旱育秧田选定后，做好规划设计，确定水源（引水渠系或打井位置）、晒水池，修秧田道路（宽 3 ~ 4 m）、划定苗床地（按开闭式小棚、中棚或大棚的长宽及数量）、堆放床土、积造堆肥用地、挖设排水系统（棚间及周围），确定防风林栽植位置、做好秧田规划图（图 3-2-2）。

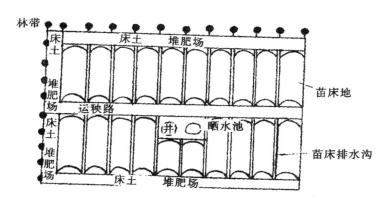

按水稻本田面积的 1/(60~80)留设秧田地
按规划建好井(水源)、池(晒水池)、床(苗床)、
沟(引排水)、路(运秧路)、场(培床土、堆肥场)、
林(防风林)等七项基本建设

图 3-2-2 旱育秧田规划设计

三、秧田基本建设

按规划设计做好旱育秧田基本建设，形成常年固定，具有井（水源）、池（晒水池）、床、路、沟（引水、排水）、场（堆肥场、堆床土场）、林（防风林）的规范秧田，为旱育壮苗提供基础保证。

第二节 "两秋""三常年"

一、"两秋"

"两秋"就是秧田秋整地、秋做床（图 3-2-3），好处是可以提高秧田的干土效果，增加土壤养分释放，缓和春季农时紧张，提高旱育秧田质量，是旱育壮苗所必需。在秋季收完所种作物清理田间后，浅翻 15 cm 左右，及时粗耙整平，在结冻前按采用的棚型（开闭式小棚或中棚、大棚）确定好秧床的长、宽，拉线修成高 8 ~ 10 cm 的高床，粗平床面，利于土壤风化，挖好床间排水沟，疏通秧田各级排水（图 3-2-4），便于及时排出冬春降水，保持土壤旱田状态。中、大棚在结冻前要打好埋桩的孔眼。保温棚型（图 3-2-5）已由过去的拱式小棚向开闭式小棚、中棚、大棚方向发展，垦区已逐渐淘汰拱式小棚，并由开闭式小棚向中棚、大棚方向发展。拱式小棚由一幅塑料薄膜盖成，棚型矮、覆盖容积小、昼夜温差大、防冻能力低、管理不方便、难以培育壮秧。开闭式小棚由一幅半塑料薄膜盖成，棚高 50 ~ 60 cm，床宽 2.0 ~ 2.8 m（过宽不便管理），在背风侧开闭，在昼夜温差、防冻能力、管理难易等方面较拱式小棚有很大改善，但仍不如中、大棚。近几年来，垦区中棚使用面积迅速增长，有的农场已达 80% 以上。中棚高 1.5 m 左右，宽 5 ~ 6 m，长 30 ~ 40 m，覆盖容积大、昼夜温差小、熏烟防冻能力强、阴雨天不影响作业、管理方便（图 3-2-5）。有的农场在中棚基础上又向大棚方向发展，大棚高 2.2 m 左右，宽 6 ~ 7 m，长 40 ~ 60 m，其性能较中棚更进一步。

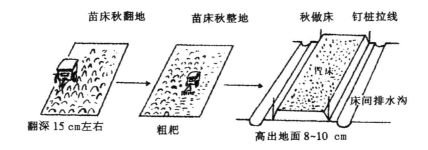

图 3-2-3 "两秋"（秋整地、秋做床）

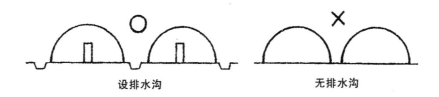

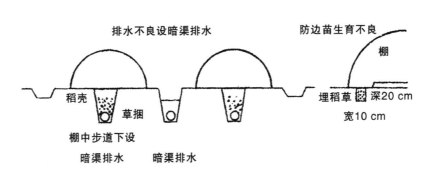

图 3-2-4 排水沟的设置

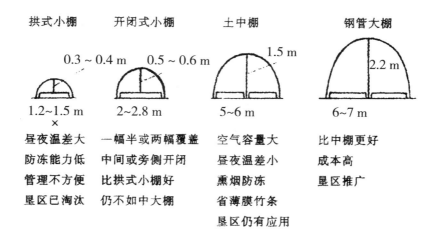

图 3-2-5　育苗棚型选择

二、"三常年"

"三常年"即常年固定位置、常年培肥地力、常年培养床土制造有机肥（图 3-2-6）。旱育秧田通过选地、规划与基本建设，就必须常年固定下来，不宜轻易变动。只有固定下来，才能便于常年培肥地力。秧苗移栽后，秧田地要耕作施肥，栽种蔬菜或大豆，需坚持常年培肥地力。所需床土和有机肥要坚持常年培养制造，确保数量质量。床土以旱田土为好，在农闲时取运到床土场，如无旱田土可在水田泡田前选高地分散取土做下年床土。取回的床土经翻捣、调制，使草籽发芽，并掺混腐熟草炭，在结冻前过筛、堆好、苫严，供来年使用。有机肥要坚持常年积造，利用 7、8 月份高温季节，在秧田积选肥场，铺一层土、加一层碎秸秆、浇一次水（内掺水量 1% 左右的尿素），如此堆到 1.5 m 高左右，用泥封严，腐熟后捣碎混匀过筛，堆好苫严备用。

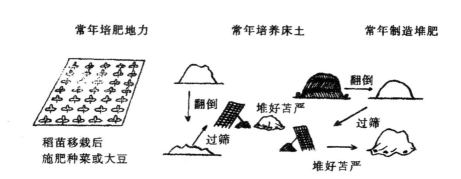

图 3-2-6　旱育秧田"三常年"

徐一戎科研践行录

每亩插值穴数计算表见表 3-2-1。例如，行距 30 cm、穴距 10 cm 规格插秧，每亩穴数约为 22 222（一寸 ≈ 3.33 cm）。

表 3-2-1　每亩插值穴数计算表

行距 /cm	穴距 /cm				
	6.66	9.99	13.32	16.65	19.98
16.55（5 寸）	60 000	40 000	30 000	24 000	20 000
19.98（6 寸）	50 000	33 333	25 000	20 000	16 666
23.31（7 寸）	42 857	28 571	21 429	17 142	14 289
26.64（8 寸）	37 500	25 000	18 750	15 000	12 500
29.97（9 寸）	33 333	22 222	16 666	13 333	11 111
33.33（10 寸）	30 000	20 000	15 000	12 000	10 000
36.63（11 寸）	27 000	18 181	13 636	10 909	9 091
39.96（12 寸）	25 000	16 666	12 500	10 000	8 333

第三章　旱育壮苗模式化

旱育壮苗模式化，包括秧苗类型的选择、做床与床土调制、种子处理、秧田播种、秧田管理等主要内容。

第一节　秧苗类型的选定

在育苗前要根据品种、移栽方式、调整抽穗期的要求，选定适宜的秧苗类型来进行育苗。属于寒地的黑龙江省，水稻生育期间短，品种均属早熟或极早熟粳稻类型，感温性强，高产插秧期间短，对秧龄的要求严、弹性小。正确选择秧苗类型，对发挥品种增产潜力、适应不同移栽方式、确保安全出穗成熟都有重要意义。秧苗类型可分为小苗、中苗、大苗三种。

一、小苗

小苗叶龄为 2.1 ~ 2.5 d，秧龄为 20 ~ 25 d（图 3-3-1）。每盘播芽种（发芽率90%以上，下同）200 g左右，苗小较耐低温，可适当早插，株高 10 cm 左右，胚乳养分移栽时尚未用完，苗体小不便手插，适于机械插秧，对本田整平及插后水层管理要求较严。特别是由于秧苗小，在本田生育时间较长，容易延迟抽穗期，垦区目前已很少使用。

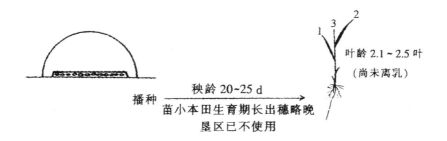

图 3-3-1　小苗

二、中苗

中苗叶龄为 3.1 ~ 3.5 叶，秧龄 30 ~ 35 d，是生产应用面积较大的秧苗类型（图 3-3-2）。中苗苗高 13 cm 左右，百株地上干重 3 g 以上。中苗根据插秧方式可分为机插中苗、人插中苗、抛秧中苗，其差异主要是：机插为防漏插播量适当密些，人工手插没有漏插问题可适当稀播，播量不同，秧苗素质不一。机插中苗每盘播芽种 100 ~ 110 g，人插中苗每平方米（6 个盘）播芽种 250 ~ 300 g，抛秧每穴播芽种 3 ~ 5 粒。如不选择秧苗类型，人工插秧用机插密苗，则不能发挥人工插秧用稀插壮秧的增产优势而导致减产。所以在育苗前须根据插秧方式选定秧苗类型，采取相应的播量。

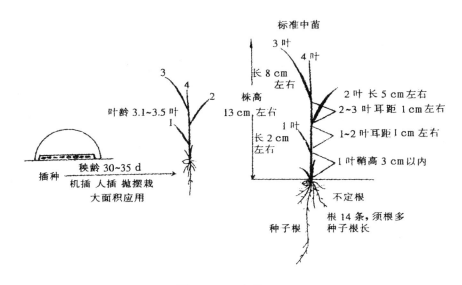

图 3-3-2　中苗

三、大苗

叶龄为 4.1 ~ 4.5 叶，秧龄 35 ~ 40 d，用于人工移栽或抛栽（图 3-3-3）。培育大苗，每平方米苗床播芽种 200 ~ 250 g，稀播育带蘖壮秧，在秧田培育 35 d 以上，对调整当地中晚熟品种的抽穗期、确保安全成熟有重要作用。4.1 ~ 4.5 叶龄的大苗，株高 17 cm 左右，百株地上干重 4 g 以上。

根据品种熟期和移栽方式，选择秧苗类型，按不同秧苗类型确定相应的播种量，以确保稀播育壮秧，充分利用品种感温性的特点，用秧苗类型调整本田熟期，确保安全抽穗和成熟。为此，人工插秧或抛秧可育稀播的中苗或大苗，机械插秧用盘育中苗，人工插秧不宜用机插密苗，以发挥人插稀播壮秧的增产优势。秧苗类型选定后，才能具体安排育苗用种量、秧田面积和秧田播种期、移栽期。按不同秧苗类型的壮苗标准，做好秧田管理，培育出足龄壮秧。

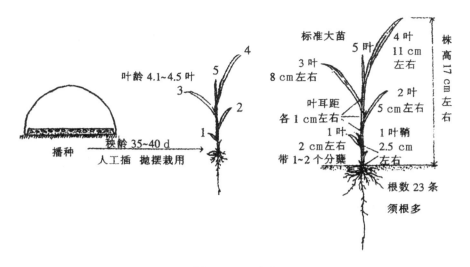

图 3-3-3　大苗

第二节　做好置床与床土调制

为了旱育壮秧，缩短返青期，提早分蘖，确保安全抽穗和成熟，推广盘育苗或铺打孔膜育苗方法，不用抢秧移栽，苗床均为置床。在秋整地、秋做床的基础上，春季化冻后，进一步耙碎整平，做成规整、确保旱育、高出地面 8 ~ 10 cm 的置床。开闭式小棚，置床宽 2.2 ~ 2.8 m、长 15 ~ 20 m，床间距离 0.7 m。中棚及大棚总宽 5.5 ~ 6.0 m，中间步道宽 0.5 m，两侧置床宽 2.4 ~ 2.7 m，长 40 ~ 60 m，棚间距离 1.5 ~ 2.0 m。棚间须挖排水沟，沟沟相通，排水有出路。为保证旱育壮苗和防御立枯病，置床要施肥、调酸和消毒。置床施肥（图 3-3-4）根据床地土壤有机质含量和质地情况，每平方米施用腐熟有机肥 8 ~ 10 kg、尿素 20 g、磷酸二铵 50 g、硫酸钾 25 g，均匀撒在床面上，用镐或二齿挠反复掺混在 3 ~ 5 cm 深土层内，做到床平、土细、肥匀。在摆盘播种前一天，每 100 m² 置床浇喷 1% 浓度硫酸水（1 kg 硫酸加 100 kg 水）300 kg，使置床土壤 pH 值达到 4.5 ~ 5.5，过 5 h 后再喷 2 500 倍 30% 瑞苗青 200 kg 水（图 3-3-5），瑞苗青用水稀释到规定倍数，进行土壤消毒。

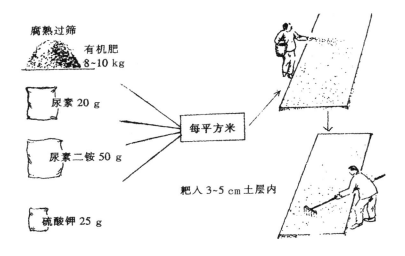

图 3-3-4　置床施肥

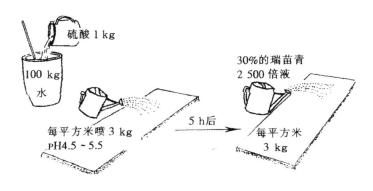

图 3-3-5　置床调酸及消毒

一、床土调制

育苗的床土按三份旱田土或水田土，过筛除去石子、枯枝烂叶，与一份充分腐熟过筛的有机肥混拌均匀，再进行调酸、消毒和施用化肥（图 3-3-6）。如取用的床土地点不一、质量不同，调制前要充分掺拌均匀。然后取样，测定 pH 值，明确应调的酸度。

二、床土的调酸、消毒

旱育苗、防御立枯病的主要措施就是床土调酸，创造酸性土壤环境，提高水稻种子萌发的生理机能，提高育苗土壤中磷、铁等营养元素的有效性和幼苗根系的吸收能力，并能抑制立枯病菌的增殖，从而壮苗抗病、抑菌防病。床土酸度以 pH 4.5 ~ 5.5 为好。床土消毒一般用瑞苗青药剂，除能消灭和抑制立枯病菌外，还有增强秧苗抗性和促进秧苗生长的作用。瑞苗青是一种内吸性较强、在土壤中比较稳定、残效期较长的土壤杀菌剂，是当前防治水稻立枯病的高效、安全、无残毒、使用方便的药剂。用壮秧剂调酸、消毒和施肥的，要按产品说明书操作。如用牡丹江银达牌生物型壮秧剂，调酸、消毒、施肥结合在一起，每一小袋壮秧剂（2.5 kg）与 270 kg 过筛床土拌匀，可供 90 个秧盘的床土。调制时先将壮秧剂与 1/4 左右的床土（70 kg 左右）混拌均匀做成小样，再用小样与其余床土（200 kg 左右）充分拌匀。床土调酸后，再测 pH 值，如未达到 4.5 ~ 5.5，可再用硫酸补调到规定标准。床土调制后要堆好盖严，防止遭雨淋或挥发。用硫酸调酸时（图 3-3-7），一般用 30 kg 水加 98% 硫酸 9 kg，配成 25% 左右的酸化水，同粉碎的磷酸二铵 1.5 kg、硫酸钾 1.5 kg，分层浇撒在已筛好的 500 kg 床土上，闷 24 h，充分混拌 6 ~ 8 次，做成酸化土小样，再与每公顷床土所余的 2 000 kg 过筛土拌匀，堆好盖严备用。由于各地床土酸碱度差异很大，而且各种调酸增肥剂性能不一，所以调酸时必须先测定床土酸度，明确调酸范围，调酸后必须进一步检测，务必使床土酸度调到 pH 4.5 ~ 5.5。注意调匀，在摆盘装土前 2 d 完成。

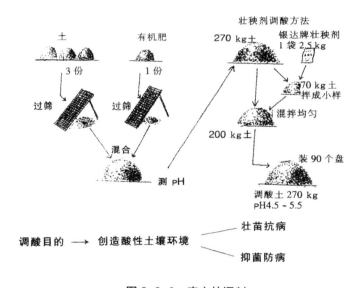

图 3-3-6　床土的调制

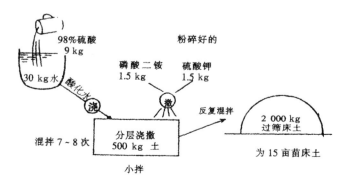

图 3-3-7　用硫酸调酸方法

为防治地下害虫（图 3-3-8），在摆盘前每 100 m² 置床用敌杀死 2 g 兑水 6 000 g 或甲基硫环磷 150 g 兑水 7 500 g 喷洒防治。

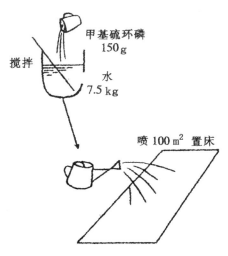

图 3-3-8　防治置床地下害虫

第三节　做好种子处理

一、风筛选及晒种

种子出库后，进行风筛选，清除草籽、秕粒和夹杂物，随后选择晴天再晒种 2 ~ 3 d（图 3-3-9），晒种可增强种皮的透性，增强呼吸强度和内部酶的活性，使淀粉降解为可溶性糖，以供给种胚中的幼根、幼芽生长，同时还可使种子干燥一致，利用吸水和发芽整齐，提高稻种的发芽势和发芽率。风筛选和晒种一般在播种前 15 d 左右进行，种子放在铺好的苫布或塑料薄膜上，铺种厚度 5 ~ 6 cm，经常用木锹翻动，防止戳破种皮，晚间收堆苫好，防止低温霜冻。

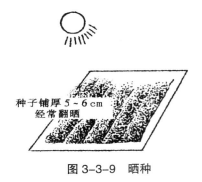

图 3-3-9　晒种

二、盐水选种

成熟饱满的种子，发芽力强，幼苗发育整齐，成苗率高，因此必须认真进行盐水选种。选种用的盐水比重（相对密度）为 1.13，方法是用 50 kg 水加大粒盐 12.0 ~ 12.5 kg，充分溶解后，用新鲜鸡蛋测试，当鸡蛋横浮水面露出 5 分硬币大时，盐水比重为 1.13，将种子放入盐水内，边放边搅拌，使不饱满的种子漂浮水面，捞出下沉的种子，用清水洗净种皮表面的盐水（图 3-3-10）。每选一次，都需测试调整盐水比重，以保证选种质量。

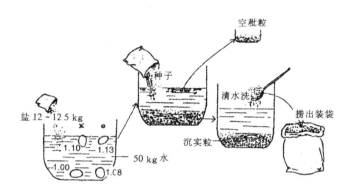

图 3-3-10　盐水选种

三、种子消毒及浸种

种子消毒是防除由种子传染的水稻恶苗病、苗稻瘟病的主要措施。浸种可使水稻种子吸足水分，促进生理活动，使种子膨胀软化，增强呼吸作用，使蛋白质由凝胶状态变为溶胶状态，在酶的作用下把胚乳贮藏物质转化为可溶物质，并降低种子中抑制发芽物质的浓度，使可溶物质供幼芽、幼根生长。种子发芽前的吸水过程，分为急剧吸水的物理学吸胀过程和缓慢吸水的生物化学过程两个阶段。前段吸收了种子发芽所需水分，后段进行酶的活化、运送等生物化学变化，吸水比较缓慢。种子吸水快慢与温度呈正相关，大体浸好需积温 80 ~ 100 ℃。但温度不宜过高，在较低温度下浸种，吸水均匀，消耗物质少，萌动慢、发芽齐，利于培育壮秧。种子吸水达本身重量的 25% 时即可发芽，达 30% 时即呈饱和。为了提高种子消毒的效果，常采取消毒和浸种同时进行，方法：把选好的种子用 25% 施保克（咪鲜胺）一袋（10 mL），加 0.15% 天然芸苔素 8 mL，兑水 50 kg，浸种 40 kg。水温保持 11 ~ 12 ℃，浸种消毒 6 ~ 7 d。推广袋装浸种法，即将选好的种子装入编织袋的2/3 左右，不能装满，以便于翻动袋内种子，使浸种、通气均匀，缸内放入袋装种子后，缸顶用塑料布封好，加盖草帘，以便保温。浸种时每天要调换上下种子袋位置，沥水通气（图3-3-11）。浸好种子的标志：稻壳颜色变深，稻谷呈半透明状态，透过颖壳可以看到腹白和种胚，米粒易捏断，手碾呈粉状、没有生心。消毒浸种后，捞出可直接催芽。

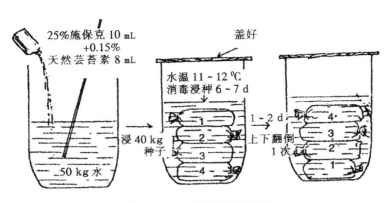

图 3-3-11　种子消毒及浸种

四、催芽

　　将浸好的种子捞出，控去种子间的水分，如果种子太湿，氧气不足，易出现哑种。具体做法：在炕上用木方垫起，其上铺一层稻草，再上铺一层塑料布，浸好的种子堆放其上，以高温（30 ~ 32 ℃）破肠，露白后种子堆温度控制在 25 ℃，适温催芽，芽根长以 2 mm以内为宜，催好后在阴凉处（大气温度）晾芽，等待播种（图 3-3-12）。不浸种催芽，不仅出苗不齐，难以育成壮苗，而且延误育苗时间，影响适时插秧。

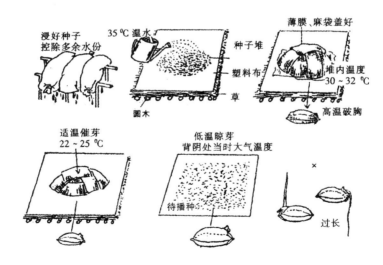

图 3-3-12　催芽

第四节　摆盘、播种

一、摆盘、装土

在整平、调酸、消毒、施肥完成并浇透底水的置床上，播种前 2 ~ 3 d，将四边折好的子盘相互靠紧，整齐摆好，边摆边装床土，床土厚 2.5 cm 左右，厚度均匀，周边用土封严；人工插秧的亦可用盘育苗，或在置床上铺编织袋、打孔地膜代替子盘，在其上铺 2.5 cm 厚床土，不宜采取抢秧伤根延长返青的做法（图 3-3-13）。用没有消毒功能的调酸增肥剂时，要进行床土消毒，用 30% 瑞苗青配成 2 500 倍药液，每平方米苗床均匀喷浇药液 3 kg。

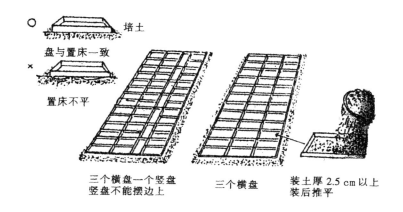

图 3-3-13　摆盘与装土

用抛秧盘育苗时（图 3-3-14），在做好的置床上浇足底水，趁湿摆盘，将多张秧盘摆在一起，用木板将秧盘钵体压入泥中，再将多余秧盘取出，依次平整摆压。土种混播时，亦可先播种，再将播种的秧盘整齐摆压在置床泥土中。

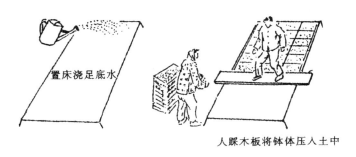

图 3-3-14　抛秧盘摆盘

二、秧田播种期

一般以当地气温稳定通过 5 ~ 6 ℃时开始保温育苗播种。黑龙江省一般在 4 月中、下旬，不播 5 月种，不插 6 月秧，最佳播种期为 4 月 15—25 日。也可以插秧期倒算日数确定播种期，中苗在插秧前 30 ~ 35 d 播种，大苗在插秧前 35 ~ 40 d 播种（图 3-3-15）。

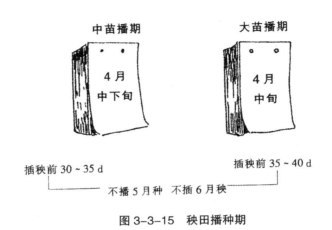

图 3-3-15　秧田播种期

三、播种量

为了培育壮秧，秧田播种量宜稀不宜密。壮秧的主要标志之一是茎基部宽。茎基部宽，维管束数多，分蘖芽发育良好，因而能分蘖早发，穗多粒多。秧苗茎基部宽，只有在稀播条件下，保证相应的光照，才能培育壮秧。密播的秧苗生产率低，难以获得高产。密播对小苗影响略小，对中、大苗随生育进展影响越来越大。所以播量的多少应以育苗叶龄的多少和移栽方式（人工插或机械插）来确定，以移栽前是否影响个体生长为标准。一般人插旱育中苗，每平方米（6 盘）播芽种（发芽率 90% 以上，下同）250 ~ 300 g，人插旱育大苗每平方米（6 盘）播芽种 200 ~ 250 g。盘育机插中苗每盘播芽种 100 g 左右，最低不能少于 90 g，过少则漏插率增加，补苗费工；最多不超过 125 g，过密苗弱，返青慢，分蘖晚（图 3-3-16）。

图 3-3-16　播种量

抛秧或摆栽用的旱育钵苗，其播种量按每个钵穴播芽种 3 ~ 5 粒计算，如土种混播，每盘播量在计算数量基础上再增加 20%，以保证出苗率。

四、播种方法

用人拉播种机播种时，要先调好播种的匀度与播量，将计划播量分两次播，中途不宜停车，保证播种均匀。用手撒播时，按苗床面积及育秧类型核定播量后，分两次或多次播下，边播边找匀。对播后不够均匀处，人工用鸡毛翎调匀。播下的种子用板或木磙压入土中，使种子三面着土。压种可防种子芽干，既有利于种子出苗，又能使发芽的种子根向下扎入床土内。覆土最好用过筛的山地腐殖土或旱田肥土，这样的土壤疏松、空隙度大、保水力强、不闷种，禁止用黏重的土做覆土，易造成缺氧出苗不齐，覆土厚度为 0.7 ~ 1.0 cm，过厚易使中茎伸长，形成弱苗；过浅则保水力差，种子芽易干；覆土厚薄不匀，出苗不整齐，影响秧苗素质。为了消灭秧田杂草，可进行封闭灭草，每平方米用 60% 新马歇特 0.11 ~ 0.15 mL 兑水进行喷雾，用喷雾器均匀喷施（图 3-3-17）。或用国家注册的苗床除草剂灭草，用量方法按产品说明书执行。封闭灭草后铺盖地膜，保温保湿，利于出苗齐整一致。

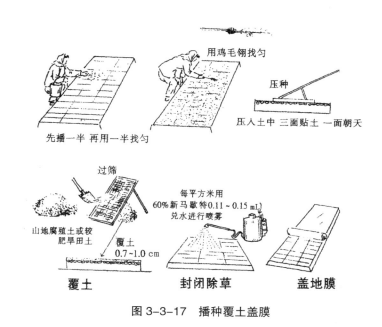

图 3-3-17 播种覆土盖膜

五、盖好保温棚膜

开闭式小棚纵向每 60 ~ 80 cm 插 1 根弓条，形成拱形，中间高 50 ~ 60 cm，使各弓条间高度一致，弓条两头离播种床 10 cm 左右，插在两侧各呈一条直线，各弓条间用绳连接在一起，拉紧固定，防止倾倒。开闭式小棚盖膜在开闭处重叠 30 cm 左右，设在背风侧，四周用土压实封严。在两根弓条间用绳压紧，防风刮开，中、大棚棚膜上要拉好防风绳带或防风网，防风刮坏，万勿大意（图 3-3-18）。

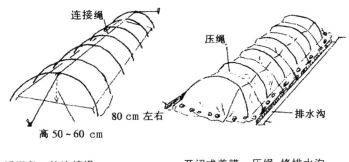

图 3-3-18　播种覆土盖膜

六、修好秧田排水沟

棚膜盖好后，结合膜边压土，在两床修好排水沟，宽 25 ～ 30 cm，深 30 cm 左右，做到沟沟相通，及时将秧田雨水彻底排出秧田，确保秧床土经常呈旱田状态，提高土温和通气性，保证旱育壮苗。

第五节　秧田管理

秧田管理是培育壮秧的关键。自秧田播种后起到秧移栽前这一段时间均为秧田管理期间，小苗为 20 ～ 25 d，中苗为 30 ～ 35 d，大苗为 35 ～ 40 d。旱育壮苗，在秧田管理上要以旱育为基础，以同伸理论为指导，以壮苗模式为依据，以调温控水为手段，抓住四个关键时期，使秧苗地上和地下均衡发展，育成标准壮苗。

一、旱育壮秧模式

根据黑龙江省垦区十余年科研与生产的实践经验，旱育中苗的壮苗模式是：秧龄 30 ～ 35 d，叶龄 3.1 ～ 3.5 叶，株高 13 cm 左右，秧苗干重早期超过种子干重，地上部茎叶标准为中茎长不超过 3 mm、第 1 叶鞘高 3 cm 以内，1 叶与 2 叶的叶耳间距 1 cm 左右，2 叶与 3 叶的叶耳间距 1 cm 左右，第 3 叶长 8 cm 左右；地下部根数应是种子根 1 条、鞘叶节根 5 条、不完全叶节根 8 条、第 1 叶节根 9 条分化突破叶鞘待发。旱育大苗的壮苗模式是：秧龄 35 ～ 40 d，叶龄 4.1 ～ 4.5 叶，株高 17 cm 左右，地上部标准：中茎长 3 mm 以内，第 1 叶鞘高 3 cm 以内，1 叶与 2 叶、2 叶与 3 叶、3 叶与 4 叶的叶耳间距各为 1 cm 左右，由下向上逐次略长；第 4 叶长 11 cm 左右；地下部根数是种子根 1 条、鞘叶节根 5

条、不完全叶节根 8 条、第 1 叶节根 9 条、第 2 叶节根 11 条分化突破叶鞘待发（图 3-3-19）。为育出上述标准的中苗或大苗，要掌握叶与根、叶与茎、叶鞘与叶片的同伸规律，中苗抓住 4 个关键时期、大苗抓住 5 个关键时期，以调温、控水为手段，通过秧田管理，实现旱育壮苗。

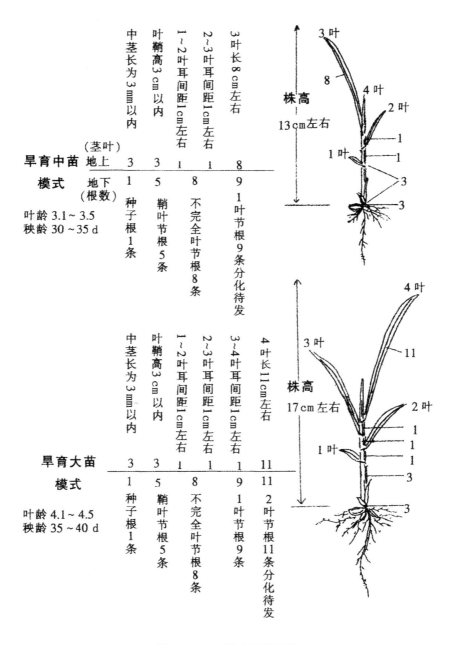

旱育中苗模式

叶龄 3.1～3.5
秧龄 30～35 d

地上（茎叶）	3	3	1	1	8
地下（根数）	1	5	8	9	

中茎长为 3 mm 以内；叶鞘高 3 cm 以内；1～2 叶耳间距 1 cm 左右；2～3 叶耳间距 1 cm 左右；3 叶长 8 cm 左右

种子根 1 条；鞘叶节根 5 条；不完全叶节根 8 条；1 叶节根 9 条分化待发

株高 13 cm 左右

旱育大苗模式

叶龄 4.1～4.5
秧龄 35～40 d

地上（茎叶）	3	3	1	1	1	11
地下（根数）	1	5	8	9	11	

中茎长为 3 mm 以内；叶鞘高 3 cm 以内；1～2 叶耳间距 1 cm 左右；2～3 叶耳间距 1 cm 左右；3～4 叶耳间距 1 cm 左右；4 叶长 11 cm 左右

种子根 1 条；鞘叶节根 5 条；不完全叶节根 8 条；1 叶节根 9 条；2 叶节根 11 条分化待发

株高 17 cm 左右

图 3-3-19　旱育壮苗模式

二、旱育中苗、大苗，秧田管理的关键时期

旱育中苗，秧田管理自播种开始到插秧要经过 30 ~ 35 d，叶龄达到 3.1 ~ 3.5 叶；旱育大苗秧田管理期间为 35 ~ 40 d，叶龄为 4.1 ~ 4.5 叶。在秧田期间，一般播种到出苗（第一完全叶露尖）需 7 ~ 9 d，催芽播种，高温时出苗快些，低温时则慢些，出苗后长出 1、2、3、4 叶，平均每叶需 7 d 左右，其中 1、2 叶略快，3、4 叶略慢（图 3-3-20）。不同秧苗类型，通过秧田管理，达到适龄（不缺龄、不超龄）壮苗，适期栽植。整个秧田管理期间，要运用叶与根、叶鞘与叶片的同伸关系，分期管理，中苗要抓住 4 个关键期进行管理；大苗增加 4 叶生长期，要抓住 5 个关键期进行管理。各关键期如下：

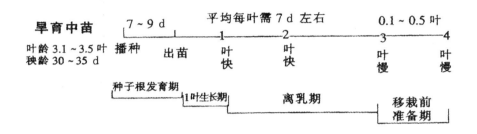

图 3-3-20　秧田管理关键期

第一个关键时期——种子根发育期（图 3-3-21）。种子根发育期主要是指播种后到不完全叶抽出这一段的秧田管理，时间根据温度高低而不同。一般为 7 ~ 9 d，管理的重点是促进种子根健壮生育，长得粗长，须根多、根毛多。育苗先育根，育根先育种子。种子根仅 1 条，种子根充分发育，则苗茎基部变粗，吸收能力增强，秧苗能早期超重（秧苗在离乳前超过种子重量），分蘖芽发育好。种子根是在鞘叶和不完全叶伸长期间起养分、水分吸收作用，种子根发育好，须根多、根毛多，养分吸收旺盛，酶的活动增强，不仅秧苗素质提高，其后生长的鞘叶节根数也能达到预期数量。为使种子根发育良好，要保证旱育，控制秧田水分，不宜过多。在浇足底水的前提下，种子根发育期一般不浇水。播种扣棚后，要经常认真检查，如发现地膜下有积水或土壤过湿，在白天移开地膜，尽快蒸发撤水，晚上再盖上地膜，促进旱生根系生长。如发现出苗顶盖现象或床土变白水分不足时，要敲落顶盖，露种处适当覆土，用细嘴喷壶适量补水，接上底墒，再覆以地膜，以保证出苗整齐一致，使种子根生长苗壮。如播后 7 ~ 9 d 仍未见出苗，要及时检查种子，如出现芽腐（烂芽）现象，每平方米用 30% 瑞苗青 1.25 mL 兑水 3 kg 进行防治。严重缺苗时，要进行毁种或补增育苗面积。种子根发育期的温度管理，以密封保湿为主，如遇 35 ℃以上高温，应打开秧棚两头通风降温，下午 4 ~ 5 时关闭通风口。发现苗床有蝼蛄虫道及时喷洒 800 倍液的敌百虫或敌敌畏药液防除，有鼠害时床周撒施防鼠剂（0.5 kg 磷化锌加 25 kg 玉米拌好撒施）。

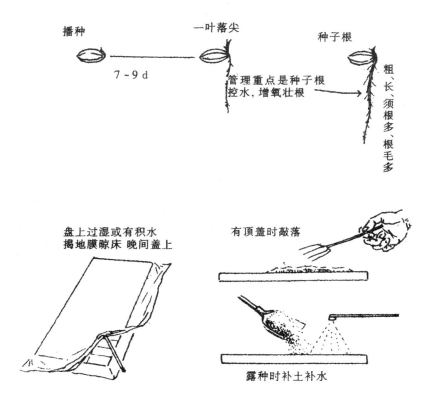

图 3-3-21　秧田管理第一个关键期——种子根发育期

种子根发育期管理的重点如图 3-3-22。在密闭保温、防止 35℃以上高温的条件下，关键是水分管理，不使床土过干、过湿，既保证幼苗的生理需水，又要保证床土有足够的氧气，提高胚乳转化率，使种子根伸长、长粗、长出较多的须根和根毛，中茎长度不超过 3 mm，覆土过厚处适当挠掉，培育出良好的旱生根系，为进一步壮苗打好基础。

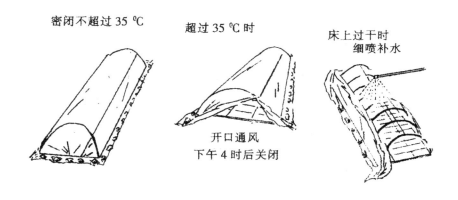

图 3-3-22　种子根发育期管理重点

第二个关键时期——第一完全叶伸长期（图 3-3-23）。从第一完全叶露发到叶枕抽

115

出、叶片完全展开，一般为 5 ~ 7 d。第 1 完全叶的形态最能表现品种的特征，1 号分蘖是在第 1 完全叶叶腋内发育的，水稻幼苗靠第 1 完全叶的功能得到活力，而第 1 完全叶的活力与光照、氧气、温度等多种条件有关。因此，第 1 完全叶伸长期的秧田管理，要做好调温、控水，地下促发与第 1 叶同伸的鞘叶节 5 条根系，地上部控制第 1 叶鞘高度（中苗 3 cm 以内，大苗 2.5 cm 以内），不使伸长过长，以控制与第 1 叶鞘同伸的第 2 叶片长度，防止徒长。为此，当出苗达到 80% 左右，及时撤出地膜，增加光照，促进绿化。棚内温度控制在 22 ~ 25 ℃，最高不宜超过 28 ℃，晴好天气自早 8 时到下午 3 时，要打开苗棚两头或多设通风口，炼苗控长，如遇冻害，早晨提早通风，缓解冻叶枯萎。水分管理，在撤除地膜后，床土过干处用喷壶适量补水，使秧苗生长整齐，在 1 叶伸长期，耗水量较少，一般要少浇或不浇水，床土保持旱田状态。床土过湿，氧气不足，根系发育不良，必要时应揭膜通风晾床。并随时观察地下鞘叶节 5 条根系生长状况，根数少、白根多，表明水分充足；如土表发白、根多，应适当补水；地上部要掌握第 1 叶鞘高，当叶鞘高达 2 cm 左右，更要注意调温、控水，防止叶鞘高超过标准高度，以免第 2 叶片伸长。

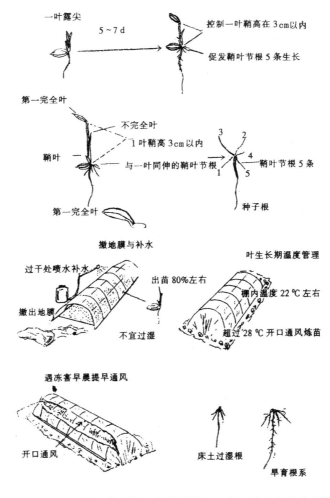

图 3-3-23　秧田管理第二个关键期——第一叶完全叶伸长期

　　第三个关键时期——离乳期（图3-3-24）。从2叶露尖到3叶展开，经2个叶龄期，胚乳营养耗尽，而至离乳期需 12 ~ 15 d，其间 2 叶生长略快，3 叶生长略慢。离乳期是秧苗生长由胚乳营养转向根系营养的转折期。2 ~ 3 叶期，地下部长出不完全叶节根 8 条，地上部先后长出 2 叶和 3 叶。因此，秧田管理的重点，地下部要促发与 2 ~ 3 叶同伸的 8 条不完全叶节根健壮生长，地上部要控制第 2 叶鞘高在 4 cm 左右（1 ~ 2 叶叶耳间距 1 cm 左右），第 3 叶鞘高 5 cm 左右（2 ~ 3 叶叶耳间距 1 cm 左右），以控制与 2 ~ 3 叶鞘同伸的 3 ~ 4 叶片伸长（图3-3-25）。因此要进一步做好调温控水、灭草、防病，以肥调匀秧苗长势等各项指标，育成标准旱育壮苗。调控措施：温度管理，棚温在 2 叶期控制在 22 ~ 25 ℃，最高不超过 25 ℃；3 叶期间棚温控制在 20 ~ 22 ℃，最高不超过 25 ℃，要根据天气温度变化，多设通风口进行大通风炼苗。要掌握"低温有病、高温要命"的道理，在连续低温过后开始晴天时，要提早开口通风，并喷浇 pH4.5 的酸水，防止出现立枯病，高温晴天也要提早揭膜通风，严防高温徒长。遇有冻害预报，可在大中棚内熏烟、小棚内点油灯增温防冻。已经受冻也要提早开口通风，缓解叶尖蔫萎。要注意各叶鞘伸长及叶耳间距，及时调温，控制其适宜长度，保持叶片挺拔，不弯不披。2.5 叶后根据温度情况，逐渐转入昼揭夜盖，最低气温高于 7 ℃时可昼夜通风。在水分管理上，由于叶片增加，蒸腾量大，要注意"三看"浇水，一看土面是否发白和根系生长状况，二看早、晚叶尖吐水珠大小，三看午间高温时心叶是否卷曲，如床土发白、根系发育良好、早晚吐水珠变小或午间心叶卷曲，要在早晨 8 时左右适当浇水，1 次浇足。用水必须在晒水池内增温后使用，水温最好在 16 ℃以上。为预防立枯病的发生，在 1 叶 1 心和 2 叶 1 心期，分别浇 1 次 pH4.5 左右的酸水，5 h 后再喷施 2 500 倍 30% 瑞苗青药液。对已发生的一丛一块的立枯病，要立即喷施酸水及敌克松药液（或撒施少量壮秧剂），进行封闭防治。苗床灭草，在稗草 1.1 叶期，每 100 m² 用 20% 敌稗 150 g，兑水 6 kg 混匀，在晴天露水下去后均匀喷雾，喷药后床温不能高于 30 ℃，以免出现药害。如果秧苗出现缺肥现象，在 2 叶期每平方米苗床用硫酸铵 25 g，兑水 2.5 kg。充分溶解后，喷施叶面，然后用清水洗 1 ~ 2 次。

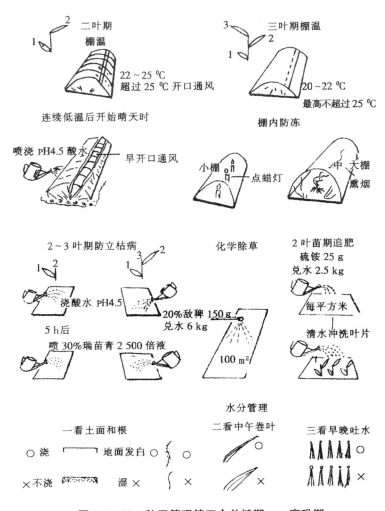

图 3-3-24　秧田管理第三个关键期——离乳期

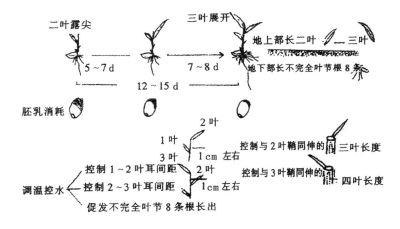

图 3-3-25　离乳期管理重点

第四个关键时期——第4叶伸长期（4.1～4.5大苗）（图3-3-26）。旱育大苗要经过这一关键时期，从4叶露尖到展开，经6～8 d。此间秧田管理，地下部促发与4叶同伸的第1叶节根9条，地上部促发与4叶同伸的第1叶腋分蘖伸出，同时控制第4叶鞘高6 cm左右（3～4叶叶耳间距1 cm左右），育成标准大苗。此期苗已离乳长大，进入炼苗后期，棚温不宜超过20 ℃，白天揭开，夜间覆盖。秧苗需水量增加，按上述"三看"要求及时浇水，并注意防止立枯病的发生。苗高控制在17 cm左右。

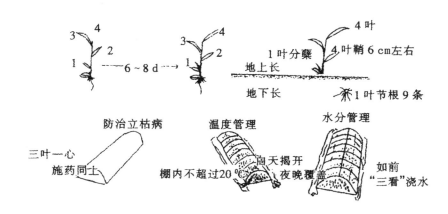

图3-3-26　秧田管理第四个关键时期——第4叶伸长期（4.1～4.5大苗）

第五个关键时期（中苗为第4个关键时期）——移栽前准备期（图3-3-27）。对适龄秧苗在移栽前3～4 d，进入移栽前准备期。从移栽前3～4 d开始，在不使秧蔫萎的前提下，进一步控制秧田水分、蹲苗、壮根，使秧苗处于饥渴状态，以利于移栽后发根好、返青快、分蘖早。为了带肥带药下地，于移栽前一天做好秧苗"三带"，一带肥：每平方米苗床均匀撒施磷酸二铵125～150 g（2.5～3两），少量喷水，使肥料沾在床土上，防止运秧肥料遗失；二带药：每100 m² 用70%艾美乐5 g兑水3 kg，喷在叶片上，预防前期潜叶蝇为害；三带增产菌：用量方法按说明书进行。起秧、运秧要按当日移栽面积进行，不插隔日秧。

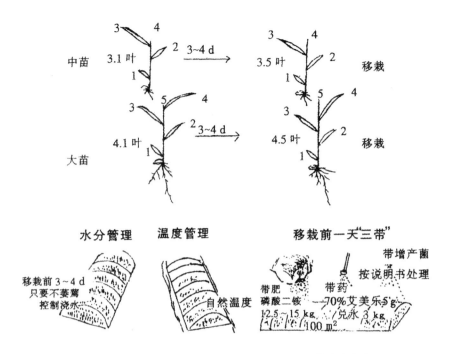

图 3-3-27　秧田管理第五个关键时期——移栽前准备期

按上述中苗 4 个关键期、大苗 5 个关键期做好秧田管理，按中苗或大苗壮苗模式，育成理想壮秧，关键是调温、控水，使秧苗缓慢苗壮生长。要掌握秧苗生长界限温度，稻根为 12 ℃，稻叶为 15 ℃，在此以下停止生长。秧苗生长适温一般为 22 ～ 25 ℃，是同化作用旺盛、对呼吸略有抑制的温度。注意昼夜温度，白天不要过高，夜间要适当降低，利于秧苗缓慢健壮生长。旱育苗必须控制好土壤水分，土壤水分少，旱生根系发达，地上部生长缓慢，所以旱育苗比水育、湿润育苗秧田期长，秧苗素质好。通过以上管理，育成具有旱生根系、茎基部宽、早期超重、株高标准、叶片不弯披的适龄壮秧。

三、秧苗诊断

在秧田管理期间，每天至少到秧田去三次，做详细观察，早、晚看叶尖吐水情况，午间看心叶是否卷曲，看床土表面是否发白、有微裂，来诊断根系发育状况以及是否缺水。同时观察根数及须根、根毛生长状况以及地上部叶鞘高度、叶片长度，与壮苗模式对照，明确差距，采取调温控水的相应措施及时调整，确保按壮秧生育进程轨道前进。

秧苗素质诊断。壮秧特点是根系好、同伸节位根数足、须根多、根毛多、根色正、白黄根多、无黑灰根、地上中茎短、茎基部宽、叶鞘高度适中、各叶耳间距匀称、叶片长标准、不弯不披、苗间生育整齐、远看叶尖平齐、近看叶尖挺拔长势不齐、旁看 1 叶高度一致、各叶耳相差不大、株高标准无徒长、同伸蘖早发、潜在蘖芽发育好、早期超重、干重高、充实度大，移栽后返青快、分蘖早（图 3-3-28）。

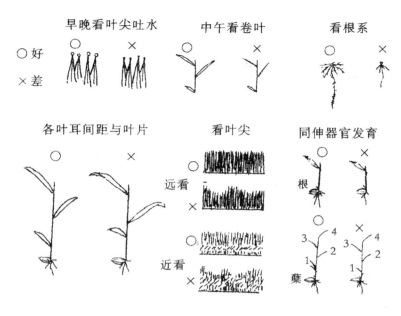

图 3-3-28　秧田诊断

　　秧苗壮弱鉴别方法（图 3-3-29）。除上述秧苗素质观察外，常用的鉴别方法有：翘起力法——取样用大头针将茎基部固定在桌面上，茎叶翘起快且高的为壮苗。萎蔫速度法——同时取样，观察其叶片蔫萎卷曲速度，卷曲慢的为壮苗。发根力法——取样剪去根系，植于砂培或水中，发出新根快而多的为壮苗。

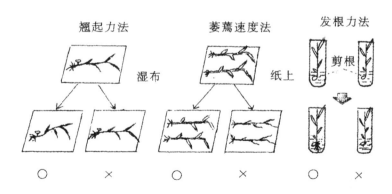

图 3-3-29　秧田壮弱苗鉴别法

　　秧苗生育障碍及鉴别如下：

　　烂秧苗（图 3-3-30）：播种后到 1 叶前发生烂种、烂芽均属烂秧。烂种为芽腐烂，谷壳呈暗褐色。烂芽种谷不扎根，翻根或根腐，根黑死亡。烂种主要是发芽力弱，催芽温度过高或覆土过深。烂芽是低温水多缺氧，有机质过多或施未腐熟有机肥料，病菌侵入而产生芽腐。对此除选用发芽率高的种子、不施未腐熟肥料、不过早播种外，注意苗床浇水，防止床土过湿、缺氧，提高床土温度，促进根系生长。已发生烂秧时，每百平方米苗床用30%瑞苗青125 mL，兑水，喷施床土上可收到良好效果。

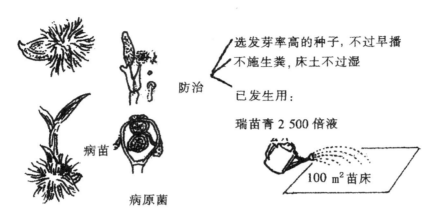

图 3-3-30 烂秧苗

黄枯苗（图 3-3-31）：幼苗叶片、叶鞘比正常苗短，叶片自下而上、由叶尖向基部逐渐枯黄致死，根灰白色，似水烫状，用手拔苗，茎基部易与地下稻谷断离。初期不易发现，观察早、晚叶尖吐水情况，可早期诊断发现。黄枯苗在 1 叶 1 心到 3 叶期，苗体含糖少，抗性弱，病菌易乘机侵入，连续 10 ℃以下低温，骤然转入高温（35 ℃以上），易发生黄枯病。防治方法：要早期炼苗、培肥床土，使离乳前秧苗健壮，提高抗病能力，并在 1 叶 1 心和 2 叶 1 心期浇酸水、喷瑞苗青药液（参看秧田管理中离乳期秧田管理）。福美双可抑制亚硝酸形成兼有杀菌作用，对防治黄枯病有明显效果。

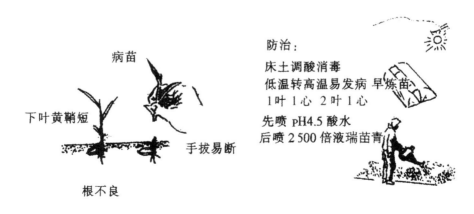

图 3-3-31 黄枯病（立枯病）

青枯病（图 3-3-32）：秧苗从心叶开始呈青绿针状，随后全株叶片紧缩纵卷青枯，初期暗绿色，继而蔫萎而死，茎基横断面呈浅黄至褐色（壮苗为乳白色），根部表皮易脱落，根毛极少，叶尖水分少到不吐水。发生原因：在 2 ～ 3 叶期，养分来源处于转折点，遇天阴低温突然转晴，温差过大，根系衰弱，苗体失水，导致青枯发病。为此要早期炼苗，低温转晴，提早通风，及时浇酸水和用瑞苗青药液防治，病情严重时，提早抢栽，改换环境，促进康复。

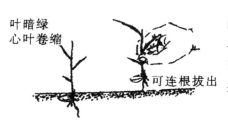

图 3-3-32 青枯病

缩脚苗（图 3-3-33）：植株矮小、叶片少、根弱苗黄，甚至枯萎死苗。催芽不整齐、哑谷生长慢、苗床不平、施肥不匀、播种稀密不均、苗床水分不一、生长快慢不一致，容易出现缩脚苗。

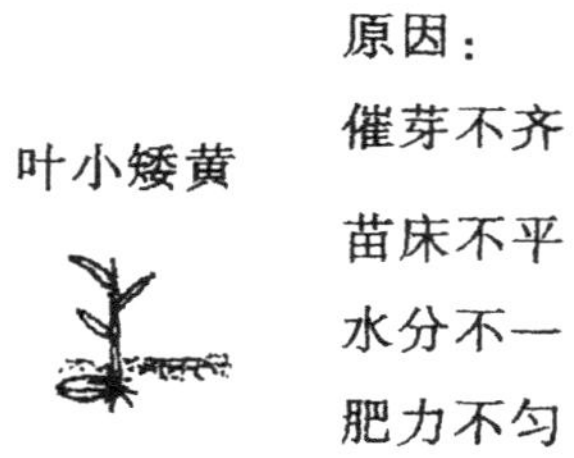

原因：

叶小矮黄 催芽不齐

苗床不平

水分不一

肥力不匀

图 3-3-33 缩脚苗

白芽病（图 3-3-34）：由于苗床湿度太大，氧气不足，气温较低，光照不足，覆土较厚，芽鞘徒长，叶绿素难以形成，成为白色芽，通称白芽病。可通过晾床增温、除去地膜、提高光照来尽快缓解。

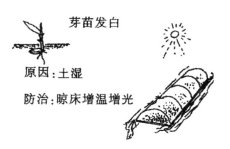

芽苗发白

原因：土湿

防治：晾床增温增光

图 3-3-34 白芽病

白化苗（图 3-3-35）：秧田中常发现叶片白色的秧苗通称为白化苗。白化苗有两种，一种是零星出现，叶片出生即白，或部分条状白化，全白苗多在 3 叶期枯死。一种是从叶尖开始由黄到白，如气温转暖，水肥充足，还可恢复生长。第一种属生理病害，第二种系低温引起叶绿素分解所致。可增施速效氮，提高秧苗素质，增强抵抗能力。

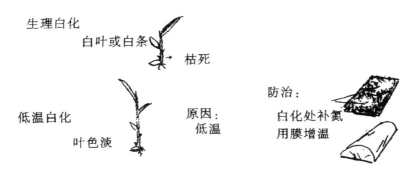

图 3-3-35　白化苗

缺氮苗：植株矮小，叶小色黄，生长缓慢，苗体僵老。原因是氮素不足，蛋白质和叶绿素合成受阻，糖多转化为结构物质和淀粉等贮藏物质，因而叶色褪淡，叶片挺直，苗体瘦小，因此在 2 ~ 3 叶离乳过程中，根据苗色可适当补施氮肥（详见秧田管理）。

徒长苗（图 3-3-36）：秧苗徒长，叶片披长，叶色深绿，形成徒长苗。一般是施肥多、播量大、湿度大、气温高，容易产生徒长苗。除正确核定播量、调整肥水管理及早期炼苗外，在易徒长条件下可在 1 叶 1 心期每亩喷施多效唑 300 mL/kg，每百平方米用药液 15 ~ 23 kg，徒长苗多施，反之少施。

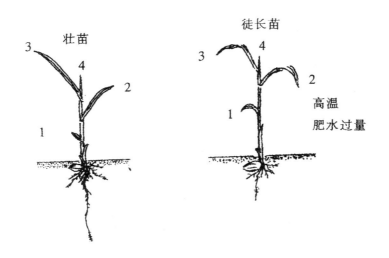

图 3-3-36　徒长苗

第四章　本田管理叶龄指标计划化

从插秧开始，进入本田管理时期。本田管理是决定各产量构成因素的过程，对能否获得稳产高产起决定性作用。过去按节气或日历进行看苗管理，不同品种、不同年份差异较大，按同一节气、日历进行管理显然很不合理，对生育进程不便掌握，调控技术针对性不强，有时延误生育，抽穗期延迟，造成减产。近十几年来，水稻叶龄模式已经研究应用，根据不同品种在基本相同条件下栽培，其主茎叶龄数基本稳定不变的原理，以叶龄为指标掌握水稻生育进程长势长相，通过各项管理措施，沿着高产轨道使水稻健壮生长，确保安全抽穗、安全成熟，是寒地水稻栽培的一项重要技术，运用这项技术将使旱育稀植栽培又向前推进一步。

本田管理（图 3-4-1）分为插秧前稻田准备、移栽、分蘖期、生育转换期、长穗期、结实期、收割脱谷与贮藏 7 个部分的管理。

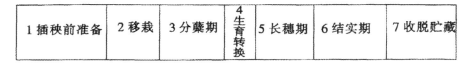

1 插秧前准备	2 移栽	3 分蘖期	4 生育转换	5 长穗期	6 结实期	7 收脱贮藏

图 3-4-1　本田管理

第一节　插秧前的稻田准备

插秧前的稻田准备（图 3-4-2），包括完善灌排渠系，建成标准的条田、方田，做好稻田耕作整平，筑好坚实的池埂，及早泡田，做好水整地，施好基肥及封闭灭草药剂，是保证适时早插提高插秧质量、做好全年田间管理的基础，特别是灌排不畅、土地不平，插秧后将难以补救，必须保证足够时间，细致地按标准完成。

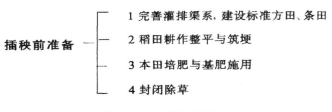

插秧前准备 ── 1 完善灌排渠系, 建设标准方田、条田
2 稻田耕作整平与筑埂
3 本田培肥与基肥施用
4 封闭除草

图 3-4-2　插秧前准备

一、完善灌排水渠系

经验证明：能不能种水稻在灌水，水稻能不能高产在排水。所以要不断完善稻田建设，确保能灌能排，灌排畅通。灌排渠系布设（图3-4-3）宜在地势平坦的地方，可采取灌排渠相间的方式，灌渠和排渠各在条田一侧，灌水、排水均为双向控制，负担面积大，节省建设费用，减少输水损失；缺点是修灌水渠堤要取土出坑，增加工程占地面积。在坡降较大地区，宜采取灌排相邻的方式，灌渠和排渠均为单侧控制，优点是可以利用挖排水的土方修筑灌水渠堤，使挖方与填方互用，省地省工；不足是灌渠水易向排渠渗漏，增加输水损失，易造成排水坍坡。在稻田内由灌渠和排渠隔成条田（图3-4-4），在条田内用池埂隔成方田。规划时要注意便于机械作业，灌排方便，利于田间管理，提高土地利用率，并要完美规整，做到渠直、埂直、条格方正。条田长度要根据地形条件确定，以便于耕作和灌水，一般为500～800 m，过长虽利于机械作业，但灌水不便，需时太长。条田宽度以30～50 m为好，过宽不易整平，必要时中间可设一条主埂。在条田内用主副池埂隔成1～2亩的方田，方田面积最好相等，以便于施肥、用药及产量等多方面的计算管理。为便于田间运输，每隔3～5个条田，在排水渠侧设田间农道，路面高出地面0.5 m以上，路宽4～6 m，并可与林带结合，形成田、渠、路、林综合配置。新建稻田必须做好条田、方田内的土地整平，去高填洼，分散取土，相应地保持土壤肥力。

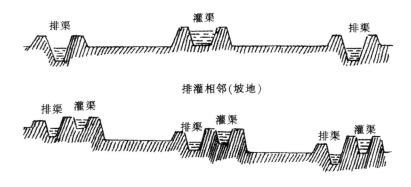

图3-4-3　稻田灌溉渠系的设置

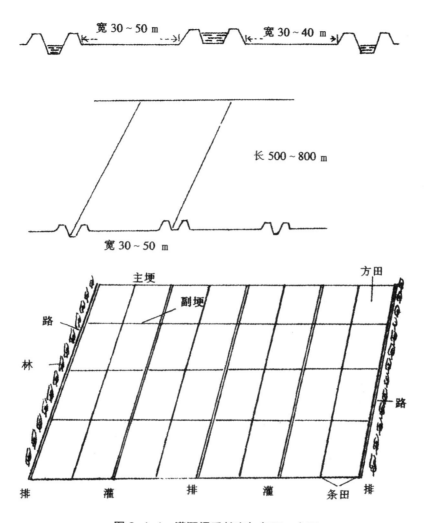

图 3-4-4 灌溉渠系长宽与条田、方田

二、稻田的耕作、整平与筑埂

稻田由于长时期田间保有水层，因而土壤性质与旱田土壤有一些不同，出现土壤剖面层次分明和耕作层的还原化（图 3-4-5）。在地下水位高时，水以横向移动为主，耕层下面即为底土层，或耕层也被地下水浸润，整个土壤剖面呈青灰色，称为地下水型稻田；地下水面过低，心土层发达，几乎没有底土层，水分上下不能沟通，称为地表水型稻田，多分布在地势较高、水源不足的地方。地下水型稻田排水不良；地表水型稻田渗透性强，保水性差，漏水漏肥。处于两者之间的为良水型稻田，地下水位合适，灌水层和地下水层可通过毛管水沟通，保肥、保水，通气发暖，是丰产的稻田土壤。地表水型和地下水型土壤，要通过灌排、改土、耕作、培肥，改变为良水型稻田。稻田耕作，主要是完成耕地、碎土、

平地三项任务，以调整稻田土壤的水、肥、气、热的关系，发挥土壤肥力，并使稻田土壤达到平、碎、软、深，以满足水稻移栽及生长发育的需要。

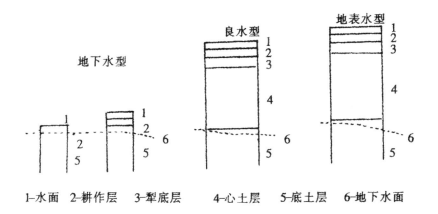

1-水面　2-耕作层　3-犁底层　　4-心土层　5-底土层　6-地下水面

图 3-4-5　不同土壤类型剖面

　　目前常用的稻田耕作方法有（图 3-4-6）：翻耕——有秋翻和春翻两种，秋翻土壤风化时间长、养分释放多，并可缓解春季农忙，有机质含量多的稻田应以秋翻为主；春翻干土时间短、养分释放少。翻地深度一般为 15 ~ 20 cm，掌握土壤适耕水分在 25% ~ 30% 时进行，确保翻地质量，采取 2 ~ 3 区套耕，减少开闭垄，翻垡扣严，深浅一致，不留生格。如施有机肥，可在翻地前撒施地表，翻入土中。旋耕——是用旋耕机进行耕作的方法，特点是碎土能力强，耕后土层细碎、地面平整、容量减小、蓬松度高，稻茬覆盖率为 53% ~ 77.8%，耕层养分和草籽分布呈上多下少的趋势。旋耕一次即起到松土、碎土、平地的作用，可代替翻、耙、耢等作业，减少拖拉机及农具对土壤的多次挤压和破坏，比翻、耙、耢节省能源及用工，优点明显，已成为稻田耕作的主要方法之一。据各地生产应用证实，连续旋耕以不超过三年为好，三年以上导致耕层逐渐变浅而减产。特别是在寒地稻作区，作业时间短，旋耕能缩短耕作时间，对提高作业质量、争得农时十分有利。旋耕机的碎土性能与刀轴转数和前进速度有关，刀轴转速一定时，前进速度慢，碎土性能好。旋耕深度一般为 12 ~ 14 cm，秋旋好于春旋。水稻成熟后做好排水，收割后结冻前做好旋耕，效果最好。松旋耕——是深松机与旋耕机配套的耕整地方法，一般先用深松机进行深松散墒，再用旋耕机碎土平田，一般以秋松、春旋有利于提高耕整地质量。免耕——是在稻田收割期，尽量减少稻田地表的破坏，保持其原有平度及田间整洁度，杂草少，割茬矮，不再进行耕作，直接播种或插秧的方法。由于免去耕整地及筑埂等作业，生产成本相对降低。但因未进行整地耕作，土壤肥力释放少，杂草籽未经翻埋，因而需适当增施氮肥和加强化学除草。在稻田整平基础好、杂草少或无力耕作时，可采取这种做法。以上几种方法，各有利弊，连续运用一种耕法，势必加深积弊，应取长补短，组成合理的轮耕体系，提高稻田耕作水平。据黑龙江省农垦科学院水稻研究所的多年研究与生产实践，提出两种轮耕方式（图 3-4-7），供生产选用。

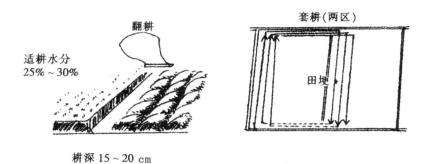

图 3-4-6　稻田耕作方法

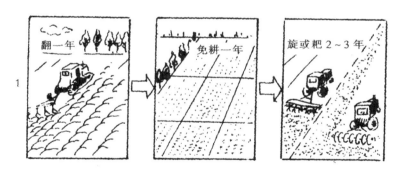

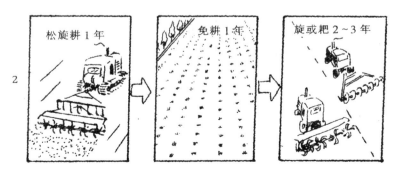

图 3-4-7　轮耕方式

第一种是耕翻（1年）—免耕（1年）—旋耕或耙耕（2～3年）；

第二种是松旋耕（1年）—免耕（1年）—旋耕或耙耕（2～3年）。

前者适于施用有机肥或稻草还田，后者适于以化肥为主的耕作。要根据当地自然条件、物资条件及产量水平、管理水平等综合选定。

稻田整平（图3-4-8）是稻田的基本建设，是本田各项栽培技术的基础。稻田不平，灌水深浅不一，严重影响施肥、灭草及病虫防治，势必严重影响水稻生育。整平土地分旱整与水整两种，旱整平因田间未灌水，便于发挥机械效率，但不易整平。水整是在泡田后进行，高低差明显，易于耙碎耢平，但带水作业，机械效率较低，磨损较大。一般先旱整，后水整，水旱结合，易提高工效和质量。常用的平地方法有：大型拖拉机水耙地，是加快条田建设、提高整地质量的有效方法。大型拖拉机带水田耙及拖板，可移高垫低，使耕层松暄，效率高、质量好、成本低。手扶拖拉机水整地，作业灵活、方便、边角整平，是方田（池子内）内提高整平质量、进度的好办法。在高差较大的地块可以利用推土机平地，要注意表土还原，采取"秋抽条、冬搬家、春找平、增施有机肥、调匀地力"的办法。综合运用人、畜、机，旱整水整结合，必须达到同一方田内，地面高差寸水不露泥，做到"灌水棵棵到，排水处处干"。整地时间以保证插秧适期为原则，要整好地等待插秧，不要苗已适龄地却未整好，而延误插秧时期。水整地后，要保持浅水层，防止跑浆落干，表土沉实。用手指一节划沟，能徐徐合拢，为插秧适合状态。

筑埂、泡田，是旱整地后要抓紧进行的作业，按设计的方田规格，用筑埂机或人力打好旱埂，埂高沉实后要保证30 cm左右，机械筑埂最好用单侧取土方法，按坡降由高侧取土向低侧筑埂，取土沟即成上一池子排水沟和机械收割前平池埂放土用地，以免压苗。用双向取土筑埂机筑埂时，两侧取土处于水整地时再次整平。旱筑埂后及时泡田，缓水漫灌，达到花达水，以利水整地，并进一步加固池埂。

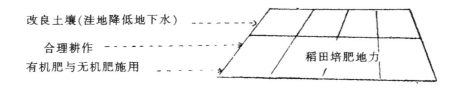

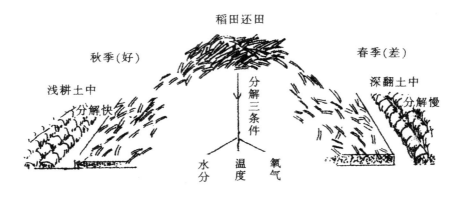

图3-4-8 稻田整平

三、本田的培肥与基肥施用

寒地水稻多年高产实践证明：水稻高产靠地力，小麦高产靠肥力。为了不断培肥稻田，除合理耕作、改良土壤外，在施肥方面要积极有计划地实施稻草还田、有机肥与无机肥配合、氮磷钾配合、化肥与微肥和激素配合，配比合理，提高肥料利用率。有机肥与无机肥配合施用，不但可以平衡土壤有机质，而且对营养元素的循环和平衡也有积极作用。稻草还田和施用有机肥，可增加土壤多种营养元素，并提供具有生长激素和生长素类的化合物，保持土壤氮肥储量，对水稻具有特殊重要意义。因为在水稻土中，化肥氮素的残留量一般极少，甚至没有，而有机肥中的氮素被当年水稻吸收利用一些后，仍有部分残留在土壤中，可有 1 ～ 2 年的后效。有机肥料中的有机酸和腐殖酸，不但能与铁、铝等络合，而且腐殖酸还能在胶态氧化铁、铝表面形成保护膜，从而减少化学肥料磷被土壤的固定，提高有效磷量和在土壤中的移动性。随着对产量要求的提高，本田施肥要提倡氮、磷、钾三要素的合理配合。不但可以提高产量，还可以提高稻米品质，提高肥料利用率。稻田施用基肥，一般亩施腐熟有机肥 1 000 ～ 1 500 kg；氮肥易流失，应将全年氮肥用量的 30% ～ 50% 做基肥，全层施或深层施；垦区目前以全层施为主，以便插秧后在低温条件下早期利用速效养分，促进早生快发（图 3-4-9）。磷肥在寒地水稻生产中能促进稻苗生长健壮和根系发育，对增加分蘖和提高产量有重要作用。磷肥在土壤中移动性小，不易流失，可全做基肥施用。磷肥施在土壤表层，易与高价铁结合形成难溶的磷酸铁；施于还原层时与二价铁结合，形成磷酸亚铁，易被水稻吸收利用；所以磷肥可做基肥全层施用（图 3-4-10）。

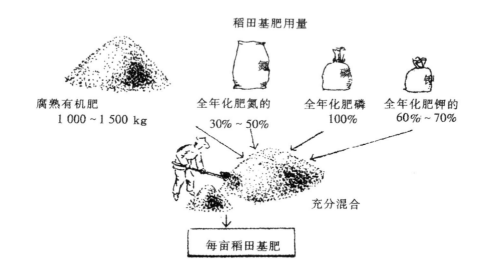

图 3-4-9　稻田基肥用量

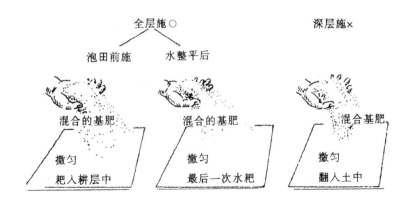

图 3-4-10　稻田基肥全层施用法

钾肥在土壤中的移动性比氮小、比磷大，一般以全生育期用量的 60% ~ 70%，与基肥的氮、磷肥混合，在最后一次耙地前施入，耙入全部耕层中，其余 30% ~ 40% 的钾肥，做穗肥施用，以充分发挥肥效，提高水稻中后期的光合作用，利于水稻高产。高产水稻全生育期施用氮、磷、钾的比例见图 3-4-11，国内外一般为氮 2、磷 1、钾 3，黑龙江省近年试验，以氮 2、磷 1、钾 0.5 的配比产量较高。目前黑龙江垦区水稻全生育期氮肥用量以尿素为标准，亩用量为 10 ~ 15 kg，三料磷 5 ~ 7 kg，硫酸钾 3 ~ 5 kg。

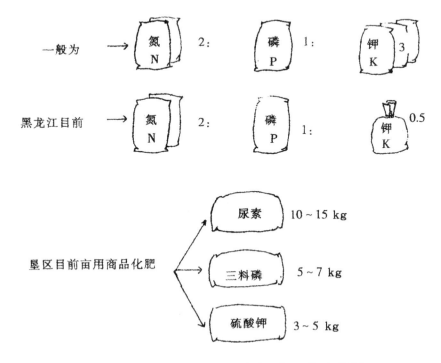

图 3-4-11　高产水稻全生育期施用氮、磷、钾比例

老稻田和瘦地适当多些，新旱改水田和湿地适当少些，各生育期施用比例见表3-4-1。

表 3-4-1　生育期施用氮、磷、钾比例　　　　　　　　　　　单位：%

肥料施用		基肥	蘖肥	调节肥	穗肥	料肥
氮肥	①	50	30	—	20	—
	②	40	30	—	20	10
	③	30	30	10	20	10
磷肥		100	—		—	—
钾肥		60 ~ 70	—		30 ~ 40	—

氮肥施用由前期重点向中后期转移，由①逐渐向②、③方向改进，以之调整穗粒数、结实率和粒重，全面提高产量构成四要素。

基肥全层施用主要有两种方法，一是在泡田前撒施于地表，通过旋耕或耙地将肥料混拌在耕层中，然后泡田水整地，但泡田时需注意漫水缓灌，防止大水串灌，并不宜大量移动表土，以免肥力不匀。另一种是在泡田水整平后，将基肥撒施田面，再进行一次水耙地，将肥料混拌在耕层中，进一步耢平田面。全层施基肥，肥效稳，持续时间长，肥料均匀分布全耕层，水稻根系扎得深、吸收面广，肥料利用率高。

四、插秧前封闭灭草

为了控制和消灭稻田早期发生的杂草，减少插秧后田间杂草发生数量，延缓插秧后灭草时期，以利于水稻返青分蘖，在插秧前 3 ~ 5 d，亩用 25% 恶草灵 0.1 kg 加细土（或细砂）15 ~ 20 kg，充分拌匀做成毒土撒施，或在水整地结束，泥浆开始沉降，每亩甩施 12% 恶草灵 0.2 kg，保水层 3 ~ 4 cm，经 48 h 后排除多余水层，进行插秧或抛秧，移栽后再保持3 ~ 5 cm 水层，加速返青防草。恶草灵溶解在水中后，逐渐在田面形成毒土层，药效期达20 ~ 30 d，是广谱触杀除草剂，当药层因插秧等作业被破坏后能自行复原，可保持杀草作用。施药后不得立即排水，必须保持水层 2 ~ 3 d，才能形成药层。此外，亦可使用 60% 马歇特，亩用 100 ~ 133 mL，用毒土或泼浇法施药，水层 3 ~ 5 cm，保持 3 ~ 4 d，以后可插、抛秧（图 3-4-12）。

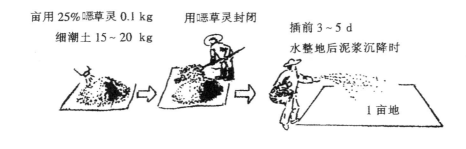

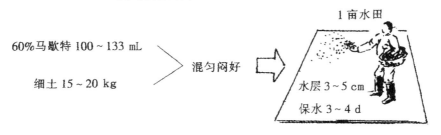

图 3-4-12 插秧前封闭灭草

第二节 水稻移栽

水稻移栽是将育好的壮秧移栽到本田，是在本田生育的开始，是决定各产量因素发展的基础。因此，必须做到适时移栽、合理密植、确保移栽质量。

一、移栽时期

水稻移栽时期（图3-4-13），要根据所用秧苗类型（小苗、中苗或大苗）、当地安全移栽期和安全抽穗期等来确定，原则上要抓准农时，适期早栽，即在安全生育范围内宁早勿晚。适期早栽，能延长营养生长期，增加有效分蘖，争得低位分蘖，使稻株在穗分化前积累较多物质，有利壮秆、大穗、增产。而且早栽还可调节劳动力与农机具，确保插栽质量。寒地旱育苗水稻，是抗御低温冷害、实现稳产高产的重要措施，根据早熟水稻品种的特性，黑龙江省旱育移栽早限期以当地气温稳定达13℃、地温达14℃时即可开始移栽，一般为5月中旬初。据多年移栽期试验资料，在黑龙江省水稻移栽以5月15—25日为高产移栽期（图3-4-14），随时间拖后，产量明显降低，以5月15日移栽的产量为100，5月20日移栽的产量为94，5月25日移栽的产量为90，5月30日移栽的产量为79.9，6月5日移栽的产量为79。近几年垦区狠抓适期早插，查哈阳农场早已提出不插5月26日秧，全部插在高产期内，牡丹江管局亦提出不插5月26日秧，有的农场已经实现。由于适期早插，到 5 月末已进入分蘖，有效穗数增加，抽穗期略早，结实率高，粒重增加，不仅稳产高产，而且保证稻米品质，是寒地水稻高产、优质、高效益的一项基本措施。

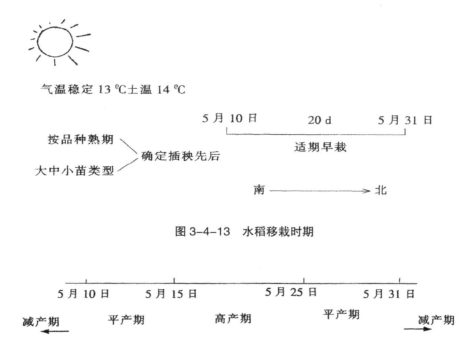

图 3-4-13　水稻移栽时期

图 3-4-14　插秧期与产量

二、移栽的规格与密度

水稻的产量取决于有效利用光能的程度。栽插密度即是以健壮的个体，合理组成高光效的群体，扩大光合积累，减少呼吸消耗，不断提高经济产量。水稻本田的密度由单位面积的穴数和每穴苗数决定。密度是个群体，群体由个体组成，对单位面积来说，穴数是个体；对每穴来说，每棵苗是个体，所以合理密植包括单位面积插多少穴、每穴插几株苗、行穴距多少、行的方向如何等 4 个问题。近几年来，随着科技进步，产量提高，水稻栽植密度由过去的抑制型偏密方式，向发挥个体生产潜力的稀植方向发展，黑龙江省在旱育稀植的基础上，已开始推广超稀植高产栽培（图 3-4-15）。实践证明，在旱育稀播育壮苗的基础上，用带蘖秧稀植是进一步高产的方向。为充分发挥秧苗的生长能力，每穴苗数要根据单位面积穴数来确定，分蘖少的品种或地区，单位面积苗数以计划穗数的 1/5 ~ 1/4 为好，按单位面积苗数和栽植穴数确定每穴苗数，一般每穴苗数以 4 株为限，多于 4 株出夹心苗，穴内环境恶化，生长不良，如每穴 4 苗达不到单位面积苗数和穗数，可适当增加单位面积穴数而不增加每穴苗数。在确定行距时，要考虑植株的高矮和叶片繁茂程度，一般行距约为株高的 1/3。因此，具体设计密植程度时要充分利用空间营养和土壤营养，其主要核心是利用基本苗数创造合适的叶面积，使个体与群体以及穗数、粒数、粒重协调发展，其重要调节手段是分蘖，合理利用分蘖，是合理密植的保证。实践证明，基本苗相同，穗数多的增产；穗数相同，基本苗少的增产。确定密度时要根据品种特性（分蘖力强的稀些，弱的密些；生育期长的稀些，短的密些；植株收敛的密些，反之稀些）、土壤肥力（肥力高稀些，肥力低密些）、秧苗素质（壮苗稀些，弱苗密些）、栽植时期（早插稀些，晚插密些）等条件，具体安排。根据黑龙江省水稻亩产 500 kg 高产田的分析，每亩穗数在 25 万 ~ 40 万范围内，随穗数增加而产量提高，低于 25 万穗产量低，高于 40 万穗，总粒数减少，产量下降。黑龙江垦区旱育稀植插秧规格(图3-4-16)，根据当前土壤肥力状况及主栽品种特性，一般采用 30 cm（行距）× 13.3 cm（穴距），每穴 3 ~ 4 苗；生产水平较低、晚期栽植、生育期较短的地区采用 30 cm × 10 cm，每穴 3 ~ 4 苗的规格。人插带蘖大苗或钵苗摆栽及生产水平较高的可采用 30 cm ×（16.5 ~ 20）cm，每穴 2 ~ 3 苗的规格，比一般略稀些。第四积温带部分农场，品种生育期短，除插 30 cm × 10 cm 外，亦可采取 26.5 cm ×（10 ~ 13.3）cm 的较密规格。抛秧田由于匀度较差，宜比常规每平方米穴数增加 20％左右，即每平方米抛 30 ~ 40 穴。关于插秧行向问题（图3-4-17），生产上往往根据地块条件确定行向，据国内试验，东北地区以南北行较好，因水稻生育期间南风和北风较多。

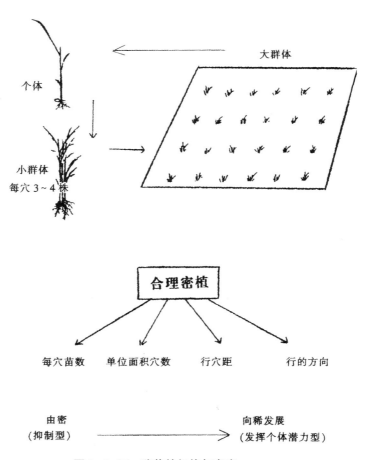

图 3-4-15　移栽的规格与密度

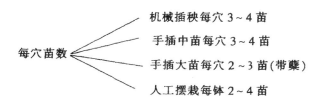

行穴距的规格

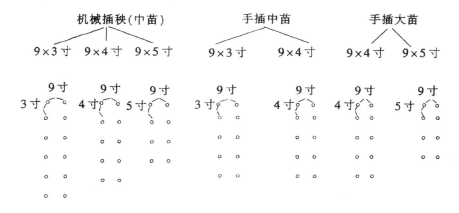

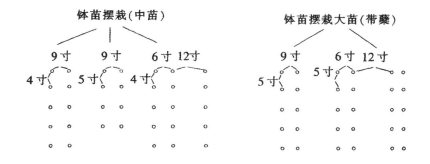

6 寸 ≈ 20 cm   12 寸 ≈ 40 cm

图 3-4-16 黑龙江垦区常用插秧行穴距

东西向行

行向因地制宜

南北向好于东西向

南北向行

图 3-4-17　插秧行向

三、移栽方法与质量要求

寒地水稻移栽，为减少植伤和加快返青，采取带土移栽的方法。

盘育机插，在泡田整好地的基础上，机械插秧田面保持花达水，水深泥稀易埋苗，无水插秧机前进阻力大，降低机插效率。机插深度（图 3-4-18）以 2 cm 为好，最深不得超过 3 cm，为此，水整地后要沉实 1 ～ 3 d，以保证机插适宜深度。机插前要做好计划安排，确定插秧机行走路线和插秧机进出路口位置，一般沿池子长边（最好插南北行）进行，田边地头留出一个行程工作幅，以便最后插一周由田角到另一池内。组织好劳力，使起秧、运秧、插秧、补苗等协同配合，加秧时注意不使秧片变形、破碎，以免丢穴、少苗，停机时间较长，要取下秧苗，清洗秧箱。秧片不要沾泥浸水或卷压时间过长，以免伤损秧苗。

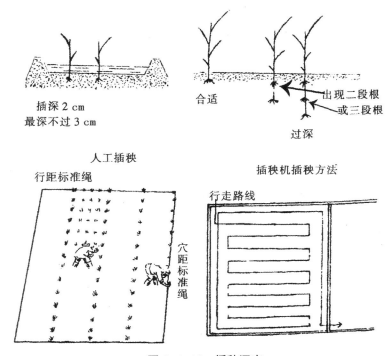

插深 2 cm
最深不过 3 cm

合适

出现二段根
或三段根

过深

人工插秧

行距标准绳

穴距标准绳

插秧机插秧方法

行走路线

图 3-4-18　插秧深度

人工手插或摆栽，要按确定的插秧规格拉标绳或划印，插深 2 cm 左右，勿漂、勿深。摆栽使钵体与泥面相平即可。

钵苗抛栽（图 3-4-19），田间花达水，钵苗入泥深 0.7 ～ 1.0 cm，大风大雨天不宜抛栽。起秧前一天不再浇水，以免秧块粘连，按计划抛栽穴数，先抛 2/3，再用 1/3 补抛找匀，抛秧向前方空中抛高 2 m 以上，使秧块直立散落田间，顺风抛，接上茬，抛后每隔 4 ～ 5 m 拉绳，拣出两侧各 15 cm 内的秧苗补于稀处，形成 30 cm 的步道，便于田间管理，抛秧后 1 d，秧苗新根发出扎地，缓灌浅水扶苗。

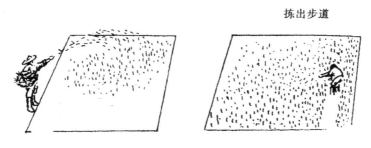

图 3-4-19　抛秧

总之，寒地水稻移栽，要采取带土移栽，减少断根、植伤和蔫萎，促进水稻返青快、分蘖早。为此，移栽质量（图 3-4-20）要做到：浅——栽插要浅，2 cm 左右，深不超过 3 cm，浅插土温高、通气好、养分足，利于扎根返青分蘖；深插则出现地下节伸长，形成二段根或三段根，返青慢分蘖晚。直——秧苗插得直，不东倒西歪，行插直，行穴距规整。匀——每穴苗数均匀。齐——栽插深浅齐一，不插高低秧、断头秧。大面积插秧要周密制订计划，起秧、运秧、插秧配合好，防止中午晒秧，不插隔夜秧。插秧后要及时覆水（图 3-4-21）（抛秧除外），水深以不没秧心为准，防止日晒蔫萎，促进返青。

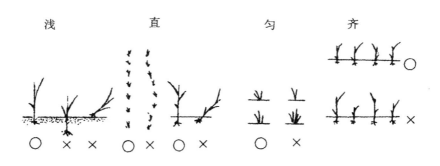

图 3-4-20　移栽质量

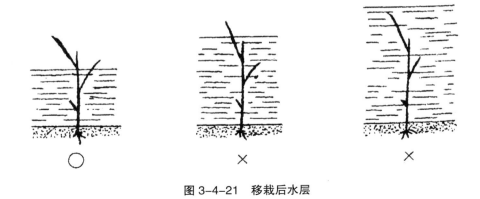

图 3-4-21　移栽后水层

第三节　分蘖期田间管理

旱育壮秧，适期早插，为水稻高产打下良好基础，而本田管理是稳产高产的保证。分蘖期间的田间管理，在产量构成因素中，主要是保证足够穗数，其主要任务是创造良好的条件使秧苗返青快、分蘖早、株壮、根多，以及控制无效分蘖，防治病虫草害，提高有效分蘖率，适期达到预期的田间总茎数和有效分蘖数，适时转入生育转换期，为穗足穗大和安全抽穗打好营养基础。

一、水稻发生分蘖的内外因素

水稻发生分蘖必须具备的条件可分为内因和外因两个方面（图 3-4-22）。内因包括品种的分蘖特性、秧苗壮否、干重多少、充实度高低、秧龄大小等。外因主要有：温度——分蘖最适气温为 30 ~ 32 ℃，最适水温为 32 ~ 34 ℃。气温低于 20 ℃、水温低于 22 ℃分蘖缓慢，气温低于 15 ℃、水温低于 16 ℃，或气温超过 40 ℃、水温超过 42 ℃，分蘖停止发生。寒地水稻促进分蘖，提高水温、泥温极为重要。光照——阴雨寡照时，分蘖发生延迟，光强低至自然光强的 5%时，分蘖停止发生。经推算，发生分蘖的临界日照量约为 837.4 J /（ cm² · d）。秧田叶面积指数达 3.5，本田叶面积指数达到 4.0 时分蘖终止。水分——保持 3 cm 左右浅水层对分蘖有利，浅水可增加泥温，缩小昼夜温差，提高土壤营养元素的有效性。无水或深水易降低泥温，抑制分蘖发生。栽插深度——浅插 2 cm 左右，对分蘖有利。插深超过 3 cm，分蘖节位上移，分蘖延迟，分蘖质量变差，弱苗插深还会造成僵苗。矿物质营养——在营养元素中氮、磷、钾对分蘖的影响最明显。分蘖期稻苗体内三要素的临界量是：氮 2.5%、五氧化二磷 0.25%、氧化钾 0.5%。叶片含氮量为 3.5%时分蘖旺盛，钾含量在 1.5%时分蘖顺利。因此，分蘖期的田间管理，就是充分利用上述各项因素，在有效分蘖期内促进有效分蘖，在无效分蘖期间控制无效分蘖。

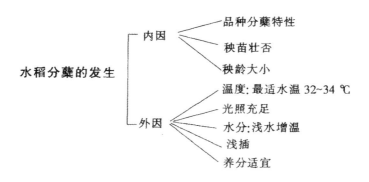

水稻分蘖的发生
- 内因
  - 品种分蘖特性
  - 秧苗壮否
  - 秧龄大小
- 外因
  - 温度:最适水温 32~34 ℃
  - 光照充足
  - 水分:浅水增温
  - 浅插
  - 养分适宜

分蘖(5 叶期)

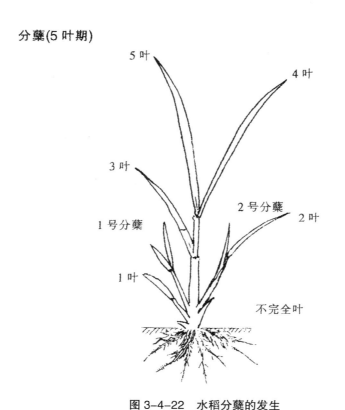

5 叶

4 叶

3 叶

2 号分蘖　2 叶

1 号分蘖

1 叶

不完全叶

图 3-4-22　水稻分蘖的发生

二、按叶龄进程促控分蘖

按栽培品种的叶龄数，在分蘖期田间管理中，掌握促蘖、控蘖及其生育进程，是确保适时进入生育转换、达到安全抽穗、实现稳产高产的科学方法。现以垦区主栽的 12 叶品种（东农 416、绥粳 1 号、垦稻 6 号、查稻 1 号，龙粳 4 号等）为例（图 3-4-23），用中苗 3.1 ～ 3.5 叶于 5 月中下旬移栽，4 叶展开定型进入返青，5、6、7、8 等 4 个叶龄期为有效分蘖期，先后在 2、3、4、5 各叶节发出 1 次分蘖和 2、3 叶节的 2 次分蘖。如苗弱、插得深、插后管理不当（受虫害、水肥管理不及时），5叶伸出其同伸的2叶节分蘖长不出来，分蘖数随之减少。12叶的品种，其有效分蘖临界位为8叶，8叶以后的分蘖多为无效分蘖，所以8叶前为促蘖期，8叶以后进入控蘖期。12叶的品种，其盛蘖叶位是6叶，所以蘖肥肥效必须在6叶期前后反映出来，充分发挥促蘖作用。叶和分蘖有同伸规律（图3-4-24），一般某叶（以 N 表示）抽出，其下3叶叶腋内出生分蘖，叶与蘖形成 $N-3$ 的规律。其所以同伸，是当时功能叶（$N-2$ 叶）光合成的养分，同时供给新伸出叶和其下叶分蘖的缘故。假如当时的功能叶因病、虫伤害或枯萎，合成的养分减少，只能优先供给新出叶生长，对分蘖所需养分就无能为力，造成分蘖缺位。因此，要想与某一叶的同伸分蘖长出，不仅对其分蘖芽的形成（从分化到长出经6个叶龄期）注意培养，对其出生供应养分的功能叶，必须保证生产足够的养分，才能使同伸叶与同伸分蘖都健壮地长出来。所以，12叶品种为使5、6、7、8各叶的同伸分蘖顺利长出，必须将其对应的3、4、5、6等功能叶管好，使其有足够养分供给同伸叶、蘖的生长。实际上，分蘖期主茎每个叶都关系到一个分蘖，损失一个叶将影响一个蘖，注意保护每个叶片十分重要。分蘖期各叶（图3-4-25）平均每长1叶（由露出到定型）需4~5 d，以上述4个有效分蘖叶龄期计算，有效分蘖期仅20 d左右，一般在5月末插完秧的情况下，为保证及时转入生育转换期，确保安全抽穗期，分蘖期各叶最晚定型时期见表3-4-2（12叶品种）。

表3-4-2　分蘖期各叶最晚定型时期

时期（日／月）	10/6	15/6	20/6	25/6	末/6—初/7
叶龄	5	6	7	8	9（后半）
出生分蘖叶位	2	3	4	5	穗分化

按叶龄掌握生育进程及分蘖进程，可随时了解生育迟早、分蘖多少，便于采取对应的促控措施。

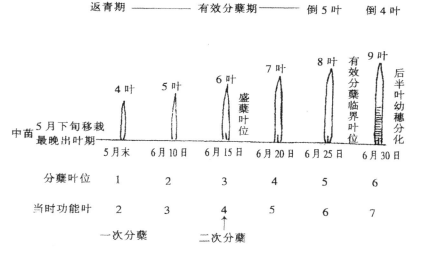

图 3-4-23　主茎 12 片叶品种分蘖状况

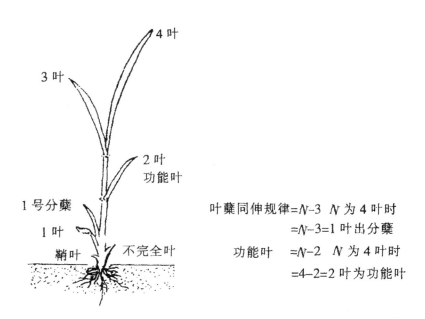

图 3-4-24　叶蘖同伸规律与功能叶

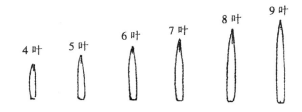

平均每叶露尖到定型需 4~5 d 需活动积温 85 ℃ 左右

图 3-4-25 分蘖期主茎各叶的出生（主茎 12 叶品种）

三、防止插后大缓苗

插秧后如迟迟不返青，出现大缓苗现象（图 3-4-26），分蘖期的栽培目标就难以实现，必须严加注意。发生分蘖的物质基础是苗体的蛋白质含量。栽植时秧苗蛋白质含量已经下降，加之移栽的损伤、根系断伤，使插后苗体蛋白质用来发生新根，叶片含氮量进一步下降，新根出现后开始吸收土壤氮素，才使苗体含氮量逐渐提高。插后稻苗的吸收能力与新根发生量有关，新根发生量又与秧苗壮弱有关，壮苗发根多，吸收能力强，苗体含氮量提高快，因而能使分蘖发生早。影响分蘖早发的因素中，最严重的是出现大缓苗，造成大缓苗的原因除秧苗徒长软弱外，插得过深、插后缺水、大风、暴晒、灌水过深、潜叶蝇为害等，可造成叶片枯萎、死亡，失去新根发生的物质，以致新根、新叶生长迟缓。为了防止大缓苗，必须培育旱育壮秧，移栽时浅插，插后以水护苗防止秧苗失水，注意防治潜叶蝇虫害，保持叶片功能，促进新根生长，提早返青进入分蘖。

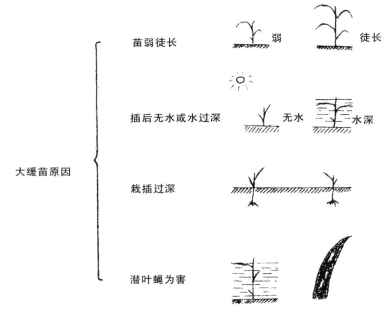

图 3-4-26 防止插秧后大缓苗

四、分蘖期氮肥的施用

黑龙江省的水稻均属早粳类型，本田营养生长期间短，分蘖和穗分化的关系为重叠型，移栽后一个月左右即进入幼穗分化，施足基肥和蘖肥，稻体含氮量较高而进入幼穗分化期，很少因缺氮影响枝梗和颖花分化。分蘖期施肥可起到增蘖、增花的双重作用，施用早期穗肥几乎没有实用价值。分蘖期追施的氮肥，为使在分蘖期盛蘖叶位见到肥效，必须在移栽返青后立即施用，以 12 叶品种为例，6 叶为盛蘖叶位，为使蘖肥在 6 叶期见效，必须在 4 叶期追肥，因肥效反映在施肥后 1 ~ 2 叶，以后 2 叶得到肥效最多，即 4 叶期追肥，5 叶和 6 叶得肥效，以 6 叶见效最多。如施两次分蘖肥，第二次蘖肥应在 6 叶期施，使肥效反应在有效分蘖临界叶位（8 叶）以前，过晚施用，肥效将出现在有效分蘖临界叶位以后，虽有保蘖作用，但易增加无效分蘖。分蘖期追施氮肥用量，一般为全生育期总施氮量的 30% 左右，亩用尿素 3.0 ~ 4.5 kg，以之补给分蘖所需养分，并调整水稻长势长相。施肥方法，一般先施计划用量的 80%，过几天再用所余 20% 肥料对长势仍差的地方找零，先站在埂上观察施肥田的长势长相，明确哪稀哪密、哪绿哪黄、哪高哪矮，然后进地根据不同长相酌情施肥，通过追肥调平田面（图 3-4-27）。浅水施肥，施后不灌不排，使肥水渗入土中，再正常灌溉。

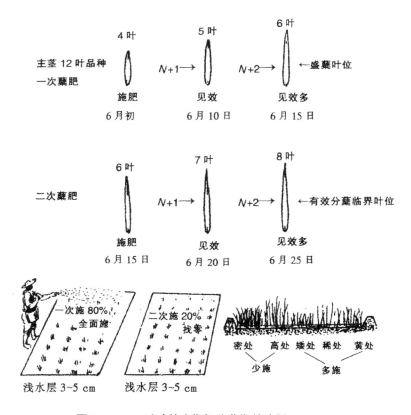

图 3-4-27　以叶龄为指标分蘖期的追肥

五、分蘖期的水层管理

水稻分蘖期的灌水，从移栽到有效分蘖末期，总的原则是：花达水移栽，深水扶苗返青，浅水增温促蘖（图3-4-28）。在水稻返青后，立即撤浅水层，保持3 cm左右浅水层，以利增加水温和泥温，加快土壤还原进程，提高磷、钾和微量元素的溶解和可吸收量，加快水稻生长速度，利于分蘖发生。如水层过深或干干湿湿都不利于水稻分蘖。灌水时间以早晨为好。如有落干，次日早晨再灌，白天尽量不灌水、不落干，以免因蒸发带走热量，如需向根部供氧，也以夜间落干、早晨覆水为好。

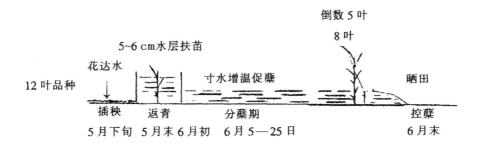

图3-4-28　分蘖期水层管理

六、分蘖期稻田除草

采取以药剂除草为主，清选种子、整平土地、合理灌水、人工除草等为辅的综合灭草技术（图3-4-29）。根据田间杂草群落，选择适宜的除草剂和配方，提高灭草效果，降低除草成本。主要消灭的杂草有稗草、雨久花、泽泻、慈菇、异型莎草等。移栽后本田常用的除草剂及其配方（亩用量）如下（任选一种）：

60%马歇特乳油100 ~ 133 mL，加10%农得时可湿性粉剂13.3 g，插后15 ~ 20 d毒土法施用，水层3 ~ 5 cm保水5 ~ 7 d。插前封闭除草。

30%阿罗津乳油50 ~ 60 mL，插秧后15 ~ 20 d毒土法施用，水层3 ~ 5 cm保水5 ~ 7 d。

30%阿罗津50 ~ 60 mL，加10%草克星可湿性粉剂6.7 g，插秧后15 ~ 20 d毒土法施用，水层3 ~ 5 cm保水5 ~ 7 d。

二次灭草配方（亩用量）如下（任选一种），主要消灭稗草、三棱草、水葱及阔叶杂草等。

第一次施药：

60%马歇特乳油100 ~ 133 mL，插后15 ~ 20 d毒土法施用，水层3 ~ 5 cm，保水5 ~ 7 d。

98%禾大壮乳油200 mL，插后5 d毒土法施用，保持水层3 ~ 5 cm，保水5 ~ 7 d。

第二次施药：

48%苯达松水溶剂200 mL，杂草出齐后喷施。

48%苯达松 100 mL 加 56%二甲四氯 30 ~ 50 mL，杂草出齐后喷施。

这两种配方，施药前要撤浅水层，使杂草露出水面，施药后 24 h 正常灌水管理。

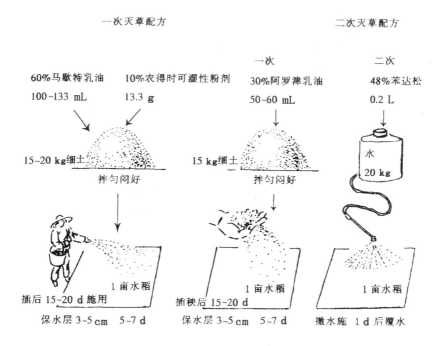

图 3-4-29　分蘖期稻田除草

七、分蘖期病虫害防治

分蘖期主要防治两虫一病。

水稻潜叶蝇的防治（图 3-4-30）：稻潜叶蝇属双翅目，水蝇科，每年都有不同程度的危害发生，轻则影响稻苗生长分蘖，重则造成秧苗死亡。成虫为灰褐色小蝇，体长 2 ~ 3 mm。卵乳白色，长圆柱形，长约 0.7 mm，3 ~ 10 粒集成一块。幼虫为乳白色小蛆，圆筒形，前端尖、后端钝。幼虫潜入稻叶内咬食叶肉，剩下表皮，呈黄白色枯死斑，渗水腐烂，整叶死亡，严重时成片稻苗枯萎或死亡。黑龙江省一年发生 4 ~ 5 代，为害水稻的主要是第二代。成虫喜欢在下垂或平伏在水面的叶尖部位产卵，在浅灌条件下，在叶基部产卵。卵孵化后咬破叶面侵入叶组织内取食叶肉。防治方法：一是浅水灌溉，使苗壮叶片直立，减轻危害；二是清除灌排渠堤及埂上杂草，减少虫源，降低危害；三是药剂防治，在秧苗带药下地的基础上，在幼虫发生初期，亩用 40%乐果乳剂 50 g 兑水 30 kg，喷雾防治；也可用 3%呋喃丹颗粒剂每亩 2 kg 撒施，可兼治其他害虫。

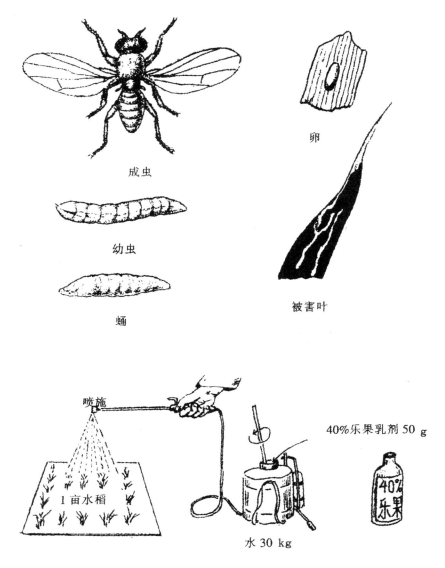

成虫

卵

幼虫

被害叶

蛹

喷施

1亩水稻

40%乐果乳剂 50 g

水 30 kg

图 3-4-30　水稻潜叶蝇的防治

　　水稻负泥虫(图3-4-31)：属鞘翅目，叶甲科。成虫是小甲虫，卵长椭圆形，幼虫头黑色，近梨形，肛门向上开口，排粪堆于背部，故称负泥虫。在黑龙江省一年发生一代，以成虫越冬。成虫为害稻叶，吃成纵向条纹；幼虫食害叶表皮叶肉，使叶枯萎。防治方法：在 5 月末 6 月初，清除稻田附近杂草，消灭越冬虫源；成虫出现较多，或孵化的幼虫有小米粒大时，喷洒 3% 呋喃丹颗粒剂，亩用 1.5 ~ 2.0 kg；或用 2.5% 敌杀死乳油，每亩 15 ~ 33 mL，兑水 10 kg 喷雾。

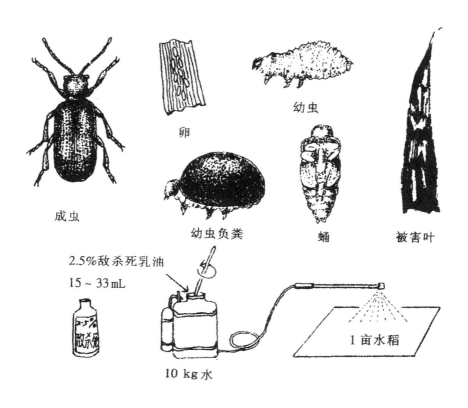

图 3-4-31　水稻负泥虫的防治

　　稻瘟病（图 3-4-32、图 3-4-33）：是水稻最严重的病害之一，每年均有发生，轻者减产，重者颗粒无收。根据侵染的部位不同，分为苗瘟、叶瘟、节瘟、穗颈瘟、枝梗瘟、粒瘟等。寒地春季气温低，基本不发生苗瘟。稻瘟病菌属半知菌亚门，丛梗孢目，梨形孢属，病原菌有菌丝、分生孢子、分生孢子梗、附着孢等，菌丝体的发育温度为 8 ~ 37 ℃，最适为 26 ~ 28 ℃；分生孢子在 10 ~ 35 ℃均可形成，最适为 25 ~ 28 ℃；孢子萌发最适温度为 25 ~ 28 ℃，低于 15 ℃不萌发。稻叶上的病斑在相对湿度高于 93% 时才能产生分生孢子，孢子萌发必须具备水滴条件，在相对湿度达 96% 以上才能萌发。病菌以分生孢子或菌丝体在带病稻草或稻谷上越冬，是翌年病害的初次侵染源，当气温上升到 15 ℃以上，湿度又合适时，就能不断产生孢子，侵染水稻发病。在黑龙江省，6 月末 7 月初可发生叶瘟，7 月中下旬为叶瘟盛期；7 月下旬到 8 月上旬，病菌孢子侵入节、穗颈及枝梗或粒，相继发生节瘟、穗颈瘟、枝梗瘟和粒瘟，有时可延续至黄熟期。叶瘟的病斑分为急性型、慢性型、褐点型、白点型四种，其中急性型可产生大量病菌孢子，是叶瘟流行的预兆。叶瘟不仅破坏叶片，并为后期节瘟、穗颈瘟等提供了菌源，须及早发现，早期防治。节瘟多在穗颈下第 2 节上发生，初期为暗褐色小点，逐渐呈环状扩展，直到节部变黑褐色，后期干缩易折，影响养分流转，穗部早枯，粒重降低，早期发生的甚至导致白穗。穗颈瘟、枝梗瘟初期在穗颈、枝埂上出现水渍状暗褐色斑点，逐渐扩展变为黑褐色，影响养分流通，形成秕粒或白穗，造成严重减产。稻瘟病在日照少、多雨、多湿和温度在 20 ~ 26 ℃时容易发生，须及时测报防治。防除方法：采用抗病品种，清除带病稻草，适量施用氮肥，浅水灌溉，壮根健株，提高抗病能力。药剂防治以控制叶瘟，严防节瘟、穗颈瘟为主，及时喷药防治。防治叶瘟要抓住始发期和盛发期，防治穗瘟应在始穗期和齐穗期，常用药剂种类有：亩用加收米 80 ~ 100 mL，兑水 33 kg 喷雾，或亩用 40%富士一号乳油 57 ~ 72 mL，或用 50%多菌灵 80 ~ 100 g，兑水 33 kg 喷雾防治。

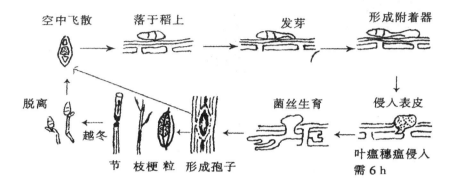

图 3-4-32 水稻稻瘟病的传染途径

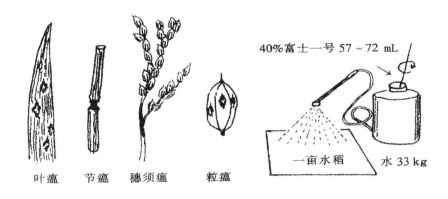

图 3-4-33 水稻稻瘟病的防治

八、分蘖期的生育诊断

分蘖期须随时做好生育诊断，以便调整管理技术，使水稻适时、健壮生长。

分蘖期植株形态诊断如图 3-4-34 所示。一般 N 叶移栽，$N+1$ 叶返青，$N+2$ 叶露尖出现分蘖，一般为 5 ~ 7 d，分蘖出现过晚，要查明原因，改进田间管理技术。叶龄进程，12 叶品种最晚在 6 月 10 日长出 5 叶，6 月 15 日长出 6 叶，6 月 20 日长出 7 叶，6 月 25 日长出 8 叶，达到有效分蘖临界叶位，分蘖期各叶由下向上逐次增长，叶面积指数分蘖始期为 2.0 左右，分蘖盛期为 3.0 ~ 3.5，分蘖高峰期为 3.5 ~ 4.0。叶色由返青后的淡绿逐渐转深，分蘖盛期达青绿，功能叶的叶色深于叶鞘色，叶态弯披而不垂，叶耳间距逐渐递增，分蘖叉开，角度大，呈扇形。无效分蘖期到分蘖末期，叶色由青绿转淡绿，叶片渐挺，根系发达，根白色有毛，根基部橙黄色，无黑根。

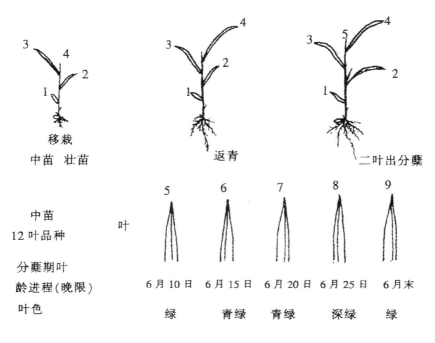

图 3-4-34　分蘖期植株形态诊断

返青期的诊断如图 3-4-35 所示。移栽后，当晴天中午有 50% 植株心叶展开，或早晨见叶尖吐水，或植株发出新根，为达到返青的标准。

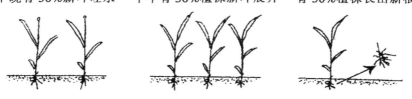

图 3-4-35　返青期诊断

有效分蘖的诊断如图 3-4-36 所示。在有效分蘖临界叶位（12 叶品种为 8 叶，11 叶品种为 7 叶）前出生的分蘖一般为有效分蘖。当主茎拔节，分蘖叶的出生速度仍与主茎保持同步的为有效，速度明显变慢的为无效；拔节后 1 周，分蘖茎高达最高茎长 2/3 的为有效，不足者为无效；主茎拔节时，分蘖有 4 片绿叶的为有效，有 3 片绿叶的可以争取，有 2 片以下绿叶的为无效，或在拔节期分蘖有较多自生根系的为有效，没有或很少自生根系的为无效。

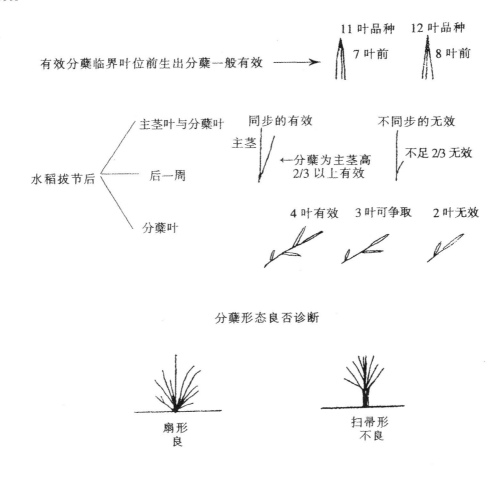

图 3-4-36　有效分蘖的诊断

　　分蘖期正常苗与僵苗、徒长苗的诊断。分蘖期正常的健壮苗，表现为插后返青快，叶色转深快，叶片色比叶鞘色深，叶耳间距只有 1 个植伤缩短，以后正常递增，分蘖出生早，长势蓬勃，长相清秀，早晨看苗弯披不垂，中午看苗挺拔有劲，分蘖呈扇形。进入无效分蘖期后，叶色渐次转淡，总茎数适宜。徒长苗叶以黑过头，出叶快而多；无效分蘖期后，近看叶色深绿，叶鞘细长，叶耳间距仍急剧增长，叶片软弱，远看叶色黑绿，早晨叶片披垂，中午叶片下弯带披，晚间叶尖吐水慢且少，分蘖末期叶色"一路青"，总茎数过多。这类稻苗须尽快控制氮肥，及早晒田，控制生长，调整长势长相。弱苗叶色黄绿，叶片、株形直立，出叶慢、分蘖少，叶耳间距递增，分蘖末期出现"脱力黄"，总茎数不足，这类稻苗要及时调整肥、水管理，促进其正常生长。僵苗（图 3-4-37）系插后生长速度慢、迟迟不发，造成的原因有多种，要找清原因采取针对性改善措施。由于插得深，地下起节、分蘖迟发的，可进行耘稻松土来解决；由于缺水使稻叶淡黄，可灌水施肥补救；由于缺钾形成僵苗，叶耳间距不正常，叶蘗不同伸，叶浓绿有赤褐色斑点，远看发红，可排水晒田壮根，补施草木灰或钾肥；由于药害，叶色深绿、无分蘗、植株矮小或出现筒状叶的，可以肥、水调节其生长。其他如低温、盐害等亦可造成僵苗，可采用以水调温、以水洗盐等方法解决。

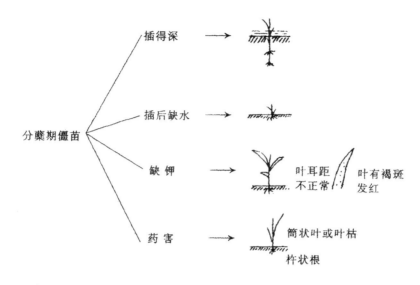

图 3-4-37　分蘗期僵苗的诊断

第四节　生育转换期的田间管理

水稻完成有效分蘗以后，由营养生长向生殖生长转换，从而进入幼穗分化期。所以，以幼穗分化为中心的前后一段时间为生育转换期。生育转换期是水稻生育中的一大转折，是由营养生长转向生殖生长、由氮代谢为主转向碳代谢为主、由茎叶生长为主转向穗粒生长为主，适期进入生育转换期，是确保安全抽穗的前提，在寒地水稻稳产高产中有其重要意义。生育转换期田间管理，通过调整氮素，壮根壮株，抑制营养生长，促进生殖生长，控制无效分蘗，调整长势长相，为后期壮秆大穗、提高粒重奠定基础。

一、生育转换期的叶龄指标与农时

生育转换期的叶龄指标可以倒数 4 叶为中心前后 1 个叶龄期为生育转换期，即出穗前 20 ~ 40 d。在黑龙江省为 6 月下旬至 7 月上旬。12 叶的品种为 8、9、10 叶间，11 叶品种为 7、8、9 叶间，13 叶品种为 9、10、11 叶间（图 3-4-38）。

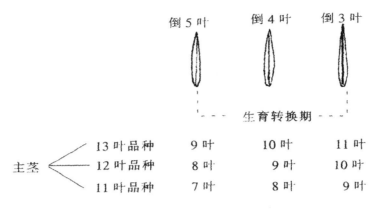

图 3-4-38　生育转换期叶龄指标

二、生育转换期调节肥（接力肥）的施用

在分蘖期施氮促蘖确保穗数的基础上，进入生育转换期要调节氮素吸收，以促进生长中心由营养生长向生殖生长方面转移，并要增强体质，提高碳氮比，控制无效分蘖，改善株形，实现高产防倒。调节氮素吸收的方法，主要是控制前期施氮量，蘖肥早施、用足、不过量，使在有效分蘖期后，肥劲下降，叶色转淡，并适期转入晒田或烤田，以达到控制无效分蘖和改善株形的目的。但在出穗前 40 d 即有效分蘖临界叶位后，有明显缺肥征兆时，必须施用接力肥，使肥效接续到施用穗肥，避免脱肥使叶的光合能力下降，造成穗小、结实力弱。施用接力肥时要观察田间叶色变化，开始脱氮时田间出现色调不匀，对褪色处的植株，观察其功能叶（当时的倒数 3 叶即 $N-2$ 叶）褪色达叶片 2/3 左右时，为接力肥施用适期。同时要考虑土壤性质，当时虽表现叶色褪淡，但土壤肥力还够，可改用饱和水使根系下扎，几天后叶色停止褪淡就不必施用接力肥。此外，有根腐的水稻（叶尖圆形、叶无光泽）、移栽植伤重的水稻（返青晚的）、过分繁茂叶尖下垂的水稻，均不宜施用接力肥。接力肥施用量，一般亩用尿素 1 ~ 1.5 kg，肥量少可掺土混施，施后以叶色不再褪淡为准，如叶色转深则施量过多（图 3-4-39）。

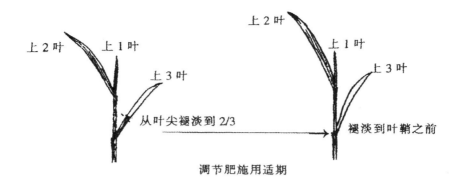

调节肥施用适期

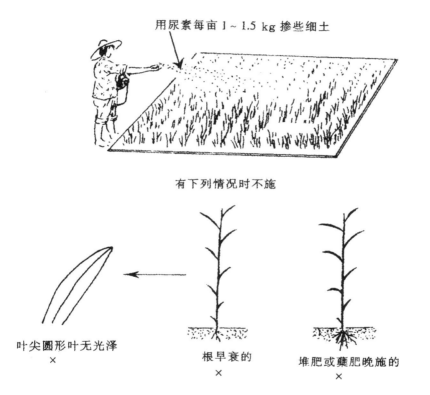

图 3-4-39　生育转换期调节肥的施用

三、生育转换期的水层管理

有效分蘖临界期以后，已达到有效数时，由分蘖期的浅水层灌溉转入以壮根为主的间歇灌溉（图 3-4-40），首先选晴好天气晒田 3 ~ 5 d，控制无效分蘖，以后进入间歇灌溉（图 3-4-41），即每次灌 3 ~ 5 cm 水层，停灌自然渗干，到地面无水、脚窝有水时再灌 3 ~ 5 cm 水层，如此反复直到主茎长出倒 3 叶为止。通过晒田和间歇灌溉，向土壤中输送氧气，排除有害物质，使根系下扎，壮根壮秆，为长穗期生长打下基础。

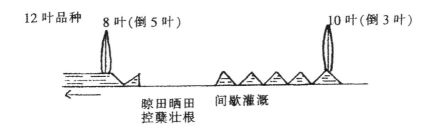

图 3-4-40　生育转换期的水层管理

图 3-4-41　间歇灌溉

四、生育转换期病虫草害的防除

如仍有负泥虫等为害，要继续注意防治。叶瘟根据气温变化将有可能发生，注意测报防治。残余的稗草和水生阔叶草，补施除草剂，彻底消灭，并割除埂、堤杂草，保持田间整洁。

五、生育转换期的生育诊断

水稻有效分蘖临界叶位以后，进入生育转换期（图3-4-42）。其长势长相开始出现变化，由分蘖期的叶色较深，渐次转淡，株高增长，出叶和分蘖速度均开始减慢。当进入倒数4叶的后半叶，幼穗开始分化，倒数4叶的长出，11叶品种在6月25日前后，12叶品种在7月1日前后，13叶品种在7月5日前后，掌握倒4叶出现时间，才能保证安全抽穗期。倒数4叶的诊断方法，一是用变形叶鞘法，当发现叶鞘横切面的形状呈圆形时其上1叶为倒4叶；二是用"双零叶期法"，一般早中熟品种在倒4叶和倒5叶（主茎11叶品种为7叶和8叶，主茎12叶品种为8叶和9叶）叶枕相平，其上仅有1个心叶（主茎11叶的为9叶，12叶的为10叶），为双零叶期，此时叶龄余数为2.5左右，幼穗分化处于枝梗分化期。

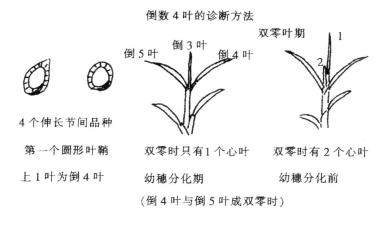

倒数 4 叶的诊断方法

双零叶期

倒 5 叶　倒 3 叶　倒 4 叶

4 个伸长节间品种

第一个圆形叶鞘

上 1 叶为倒 4 叶

双零时只有 1 个心叶

幼穗分化期

双零时有 2 个心叶

幼穗分化前

（倒 4 叶与倒 5 叶成双零时）

图 3-4-42　生育转换期的生育诊断

第五节　长穗期的田间管理

幼穗分化到抽穗这一段时间为长穗期（图 3-4-43）。长穗期生长点由分化叶子到分化穗子，节间开始伸长，叶鞘由扁到圆，最后 3 片叶依次抽出，叶面积指数增到最大，田间开始封垄，根系向地表和地下扩展，从土壤里吸收的养分占一生的 50% ~ 60%，根深叶茂，制造的干物质也多，这些物质除用作新器官生长外，一部分贮藏在叶鞘和节间，抽穗开花后再运往籽粒。所以，长穗期不但是决定粒数的时期，也是决定结实率和千粒重的时期。但是，由于此期的时间仅有 30 d 左右，生长量大，变化快，黑龙江省正值高温雨季，必须处理好个体和群体间、环境和水稻间、物质生产和分配间的多种矛盾，使其协调发展，以达到秆壮、穗大、粒多、粒饱，防止贪青、倒伏、病虫、冷害。特别是要重视保花期（减数分裂期）的管理，以促进粒数、结实率和粒重的提高。

图 3-4-43　长穗期的田间管理

一、长穗期的叶龄与生育进程

黑龙江省栽培的早熟粳稻类型品种，长穗期一般为 30 d 左右，主要在 7 月份，即 6

月末 7 月初幼穗分化，7 月末 8 月初出穗。从叶龄来看，一般在倒数 4 叶的后半叶进入幼穗分化，即第一苞分化，幼穗分化后，还要长出 3 个叶片（图 3-4-44）。以 12 叶品种为例，倒 4 叶后半叶即 8.5 叶龄后进入幼穗分化，幼穗分化后还长出 10 叶、11 叶、12 叶，再经过 1.2 个叶龄期便达到出穗。叶龄与穗的分化进程及节间伸长有如下同伸关系：

倒 4 叶出生 1 半后 = 倒 6 节间伸长 = 苞原基分化

倒 3 叶出生到定长 = 倒 5 节间伸长 = 枝梗分化期

倒 2 叶出生到定长 = 倒 4 节间伸长 = 颖花分化期

倒 1 叶出生到定长 = 倒 3 节间伸长 = 减数分裂期

倒 1 叶定长到穗顶露出 = 倒 2 节间伸长 = 花粉充实完成

穗顶露出到穗完全抽出 = 倒 1 节间伸长

从幼穗分化到抽穗，共约经历 4.2 个叶龄期（倒数 3 个叶龄期及孕穗的 1.2 个叶龄期）。为保证在安全抽穗期出穗，生殖生长期各叶最晚出叶时间，以 12 叶品种为例，倒 4 叶（即 9 叶）在 6 月末 7 月初，倒 3 叶（10 叶）在小暑前后（7 月 8 日），倒 2 叶（11 叶）在 7 月 15 日前后，倒 1 叶（剑叶）在大暑（7 月 22 日左右）抽出，再经 1.2 个叶龄（约 9 d）期达到抽穗。掌握长穗期叶龄进程，调整生育期，达到安全抽穗。

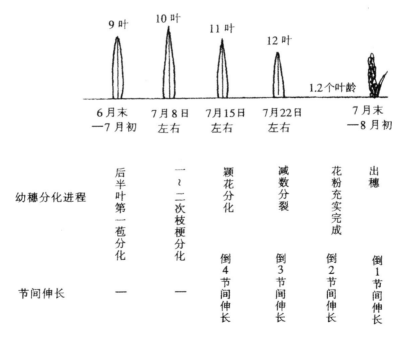

图 3-4-44 长穗期的叶龄与生育进程

二、长穗期穗肥的施用

施用穗肥的目的，主要是增加颖花数和防止其退化，为适时安全抽穗和提高结实率、粒重打好基础。一般穗肥有促花肥和保花肥两种。寒地早熟粳稻系重叠生长类型，营养生长末与生殖生长初重叠生长，所以一般不用促花肥而用保花肥。一般在抽穗前 20 d 以后施用穗肥，基本度过重叠期可安全施用。穗肥施用时期的判断，以倒数 2 叶长出一半左右时施用，使颖花分化期及减数分裂期见到肥效，以防止颖花退化、扩大颖壳容积。施肥时要做到三看，一看拔节黄，叶色未褪淡不施，等叶色褪淡再施；二看底叶是否枯萎，如有枯萎，说明根系受损，可先撤水晾田壮根，然后再施穗肥；三看水稻有无病害（稻瘟病），如有病害，可先用药防治，再施穗肥。如倒 2 叶期叶色未褪淡。可在倒 1 叶（剑叶）露尖时看苗施用。穗肥按总体施肥设计，氮肥占全生育期总量的 20%，钾肥为全生育期总量的30% ~ 40%（图 3-4-45）。穗肥是长穗期调节长势的肥料，在抽穗前 30 d 左右，茎数比计划数多，而且粒数也多，这时对出穗前 20 d（倒 2 叶长出 1 半）左右的第一次穗肥应拖后施用，以免颖花过多而结实不良。在抽穗前的孕穗期（剑叶叶枕抽出后），根据叶色及病害测报，可喷施磷酸二氢钾加米醋，以促进抽穗，提高结实率，增加粒重。

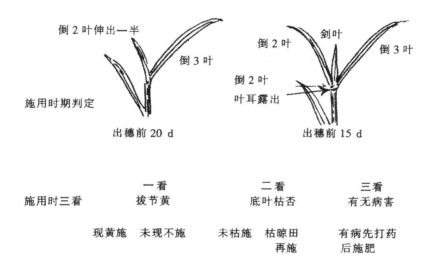

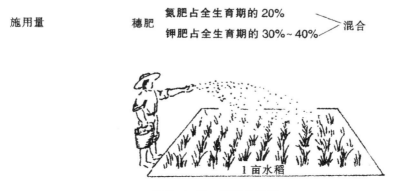

图 3-4-45　穗肥的施用

三、长穗期的灌水管理

从幼穗分化到抽穗这一期间，是水稻一生需水较多的时期，也是寒地水稻易遭障碍型冷害的时期。在这一时期有两个生理水分最敏感的时期，一是颖花分化期，生理水分不足易引起颖壳畸形；另一个是减数分裂期，这时水分不足或气温、水温偏低，易引起花粉发育不良，降低结实率。而且黑龙江省水稻长穗期，正值 7 月份高温季节，土壤微生物繁殖快，长时间淹水，可加速土壤还原程度，使根功能衰退。因此，长穗期的灌溉管理，必须针对水稻生理、生态需水的要求，及时做好调整，以达到壮根、增温、防害、保证水稻健壮生长、安全抽穗、稳产高产的目的（图 3-4-46）。从幼穗分化到剑叶露尖前这段时间，以间歇灌溉为主，既向水稻供给必需的水分，又向土壤补给氧气，排出土壤中产生的有害气体，进入以根的发育为重点的时期，如持续深水淹灌，不向根系补氧，即会出现"根垫"现象，这是长期淹灌、土壤缺氧、根系不能伸入下层、只长在地表所造成的。采用间歇灌溉，向土壤供给氧气，使根系向下深扎，既不会发生根腐，又能吸收土壤深层养分，不致出现脱肥、早衰。浅水间歇灌溉即一次灌 3 ~ 5 cm 水层，堵住水口，渗干至田面无水，脚窝尚有点水时再灌 3 ~ 5 cm 水层，如此反复。当剑叶部分抽出，灌 10 cm 左右水层，做防御障碍型冷害准备，当剑叶叶耳间距为 ±5 cm 时（图 3-4-47），即出穗前 8 ~ 14 d，如有 17 ℃以下低温，水层应增加到 17 cm 以上，以防御障碍型冷害。以后恢复浅水灌溉，如有生育过旺、叶色偏深的地块，在抽穗前 4 ~ 5 d，可适当晾田或晒田，促进根系发育，防止倒伏，提早出穗。井灌区应将水温提高到 18 ℃以上，再灌深水防御冷害。寒地水稻在长穗期既要壮根壮秆，确保穗大粒多，又要适时防御低温冷害，这是本地灌溉技术的特点。

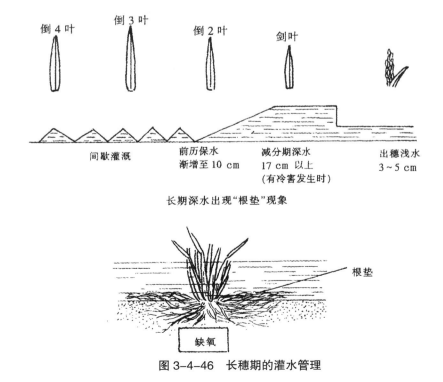

图 3-4-46　长穗期的灌水管理

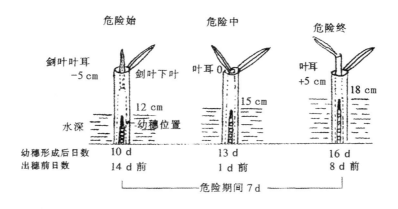

图 3-4-47　障碍型冷害危险期诊断

四、长穗期防治病虫草害

黑龙江省水稻长穗期的主要病害是稻瘟病，继叶瘟之后在 7 月中下旬将出现节瘟和穗颈瘟。对长势过旺的田块，根据天气变化，及时调查防治。富士一号的药效较好，是内吸剂，药效期长，在晴天散雾后均匀喷施，用药剂量见本章分蘖期病虫害防治相关内容，用药后 4 ~ 6 h 其有效成分被吸到茎叶中去，即使降雨仍可保持药效。虫害主要有稻螟蛉（图3-4-48），又叫稻青虫、青尺蠖、粽子虫，在 7 月中下旬到 8 月上中旬发生为害，幼虫白天躲在稻丛中下部，傍晚出来为害，初孵化的幼虫沿叶脉啃食叶肉，形成白色条纹，三龄以后食量大增，将叶片咬成许多缺刻。幼虫老熟后在稻叶尖端吐丝折叶做成粽子状的三角形叶苞，后咬断叶片，虫苞落在田内，在苞内化蛹，再羽化为成虫。防治措施：利用灯光诱蛾捕杀，消除带虫稻草，消灭越冬虫蛹。虫害发生后在三龄期前施药防治，亩用 2.5%功夫乳油 10 ~ 20 mL，或 50%杀螟松乳剂 1 000 倍液，或 40%乐果乳剂 1 000 倍液，亩用 75 kg 左右喷施。长穗期田间除草作业基本结束，但残余杂草及堤埂上的杂草仍不容忽视，要及时拔除田间大草和稗穗，割净埂、堤上的杂草，保持田间清洁，防止杂草重复蔓延，为水稻创造良好的通风透光条件。

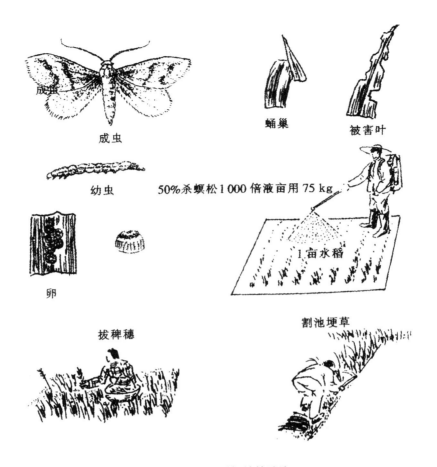

成虫

蛹巢

被害叶

幼虫

50%杀螟松1000倍液亩用75 kg

1亩水稻

卵

拔稗穗

割池埂草

图 3-4-48　稻螟蛉的防治

五、长穗期的形态特征与田间诊断

长穗期生育正常的健壮水稻，其特征是（图3-4-49）：晒田覆水后稻株生长稳健，幼穗分化时总茎数基本定型，单位面积茎数为计划茎数的1.2～1.3倍，到孕穗期总茎数等于或略大于计划茎数，有效分蘖率高。叶面积指数，幼穗分化期为4左右，倒2叶时为6左右，剑叶定型时为7左右。叶色在拔节前后略淡，以后渐次加深，全田远看淡绿色，近看青绿色（因为远处看的主要是叶色，近看的主要是茎色），由于养分的积累，叶鞘色深于叶片色，至孕穗期转青绿色，抽穗前后叶色略转淡。有效分蘖绿叶数4片以上，叶耳间距逐次拉长，倒数1、2、3叶，以倒3叶叶片最长，以下依次变短，倒数3个叶片总长要达到或略超过定型株高，叶厚而直挺，受光态势好。根系侧根多，根端白色，有弹性，几乎无黑根，株高在孕穗前稳长，幼穗分化期达定型株高的55%左右，到孕穗期达定型株高的75%左右，以后生长速度加快，到齐穗期达到定型株高，使基部几个伸长节间短，剑叶节间长，剑叶节距地面高度在定型株高的1/2以内，形成受光态势好、秆粗抗倒、封行不封顶的提高光能利用率的高产群体。长穗期是决定每穗粒数、壮秆防倒、培育冠层叶片、为安全抽穗和灌浆结实打好营养基础的时期，要注意做好以下各项主要田间诊断，以便调整田间管理技术，使之按高产的轨道前进。

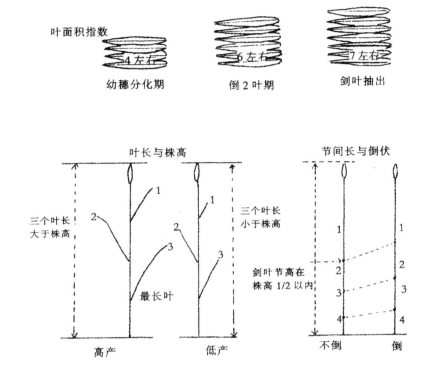

图 3-4-49　长穗期的形态特征与田间诊断

穗大小的早期诊断（图 3-4-50）。茎秆基部第一节间的大维管束数与穗的一次枝梗数和颖花数呈正相关。穗的一次枝梗数为基部第一节间大维管束数的 1/3 左右。拔节后调查水稻基部第一节间的大维管束数，即可预测穗的一次枝梗数，了解穗的大小。因此，培育粗茎是培育大穗的基础。

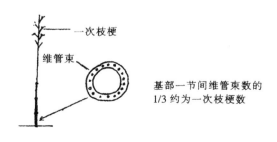

图 3-4-50　穗大小的早期诊断

以叶龄诊断穗的分化进程和抽穗期（图 3-4-51）。倒数 4 叶后半叶伸长期，开始第一苞分化，距抽穗约 30 d；倒数 3 叶露出到定长，为一、二次枝梗分化期，为抽穗前 23 ~ 30 d；倒 2 叶露出到定长为颖花分化期，为抽穗前 16 ~ 22 d；倒数 1 叶（剑叶）露尖到定长，为减数分裂期（前、中期），为抽穗前 9 ~ 15 d；剑叶定型到抽穗，为花粉充实完成期，为抽穗前 1 ~ 8 d。

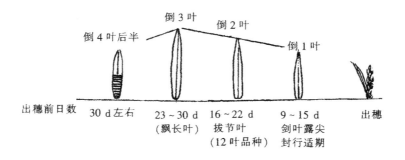

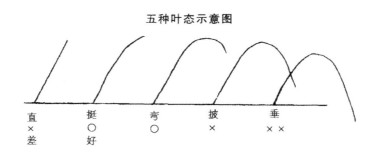

图 3-4-51　倒数叶龄与抽穗期

用飘长叶法诊断长穗期叶龄。水稻一生主茎各叶的长度，由下向上依次增长，至倒数第 3 叶达最长，以后又依次缩短。在田间见到长于其他各叶且随风飘摇的即为飘长叶，该叶出现即为倒 3 叶，标志幼穗已进入枝梗分化期。

拔节期的诊断。熟悉水稻拔节叶龄期，以便制定相应措施，使基部节间短粗，穗大抗倒。拔节期的倒数叶龄值 = 伸长节间数 –2，如 12 叶的品种，伸长节间数为 4 个，4-2=2，即倒数 2 叶时水稻开始拔节，12 叶品种的倒 2 叶即 11 叶露尖到定长，为基部第一伸长节间伸长期，11 叶露尖，开始进入拔节期。

封行适期的诊断。封行期的早晚，标志着长穗期群体长势长相的优劣和叶面积指数的大小。一般站在田埂上顺看稻行 1.5 m 处由于稻叶覆盖而看不到水面或土面时为封行，水稻达到封行的日期为封行期。封行适期为剑叶露尖时，在黑龙江省 12 叶品种一般为 7 月 15 日前后，封行过早或过晚，都不利于高产。

减数分裂期的诊断（图 3-4-52）。水稻花粉母细胞减数分裂期，是水稻一生对低温最敏感的时期，用剑叶叶耳间距法可以判断。当剑叶叶耳在倒 2 叶鞘内 10 cm 时（–10）

为减数分裂始期，两叶叶耳重叠时（0）为减数分裂盛期，剑叶叶耳超出倒2叶叶耳10 cm（+10）为减数分裂末期。近年研究结果表明，影响花粉发育的低温敏感期为减数分裂期的四分子形成小孢子初期，当时的叶耳间距为 –5 ~ +5 cm，为出穗前的8 ~ 14 d。以此作为防御障碍型冷害的生育指标，并采取深水保温防害措施。

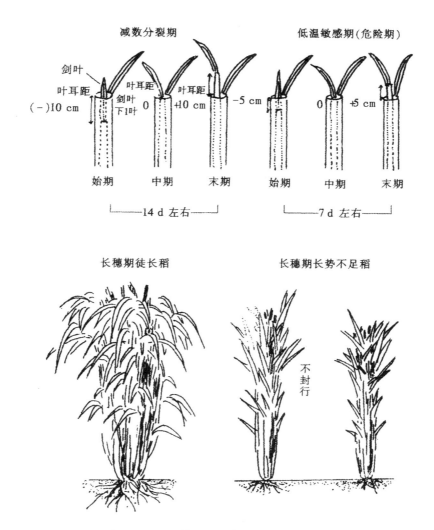

图 3-4-52　花粉母细胞减数分裂期的诊断

　　徒长或长势不足的诊断。长穗期的水稻，在重露下叶片弯垂，或中午烈日下有卷叶现象时，水稻将出现徒长。徒长的水稻，叶色"一路青"，晚生分蘖多，稻脚不清，叶片软弱搭架，上两叶过长，易感病害。对此类水稻要及时烤田，促叶片落黄挺立，叶色不落黄不宜再施穗肥。长穗期长势不足时，叶色早期落黄，叶片直立，分蘖少而小，迟迟不能封行，对此除常年培肥地力、增施肥料外，长穗期间水稻拔节后，可适当重施、早施穗肥，以巩固分蘖成穗，减少颖花退化。

第六节　结实期的田间管理

结实期是水稻籽粒物质充实积累的时期，是决定产量高低的关键时期。而产量的高低，取决于结实期叶片光合产物的多少。因此，在前中期建造合理群体的基础上，在安全抽穗前提下，养根保叶、提高光合效率、增加干物质产量、顺利地进行物质运转、提高结实率和粒重、确保安全成熟，是结实期田间管理的任务（图3-4-53）。

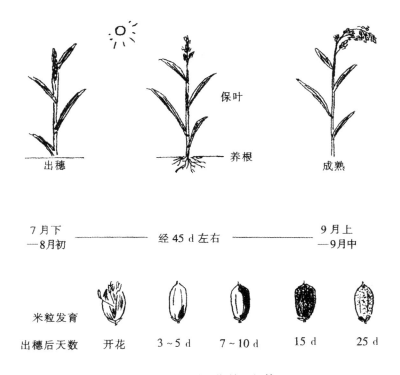

图 3-4-53　结实期的田间管理

一、结实期的生育进程与叶龄

结实期为出穗到成熟，在黑龙江省正常年份要经过 45 d 左右，早熟品种短些，晚熟品种长些。一般田间开始见穗 2 ~ 3 d 后可达到抽穗期（抽穗 50%），以后再经 2 ~ 3 d 可达到齐穗期（抽穗 80%），开花受精的第 2 天起子房纵向伸长，5 ~ 7 d 达到定长，12 ~ 15 d 长足宽度，20 ~ 25 d 长宽厚基本定型。谷粒鲜重在抽穗后 25 d 左右达最大，干重在 35 d 左右基本定型。早熟粳稻类型品种，抽穗期一般主茎保持 4 片绿叶，抽穗 15 ~ 20 d 后最少仍保持 3 片绿叶。青秆绿叶黄籽，活棵成熟才能稳产高产。因此，要适期出穗，防止倒 4 叶早衰，保持根系活力，以根养叶，以叶保根，维持高的光合效率。

二、施好粒肥

结实期施用粒肥，可以维持稻株的绿叶数和叶片含氮量，提高光合作用，防止稻体老化，增加结实率和粒重。籽粒干物质的积累建成需要足够的蛋白质，如不能充分吸收土壤氮素，势必引起叶蛋白分解上运，使倒 4 叶提早枯死，上三叶叶绿素含量减少，同化能力衰退，根功能下降，籽粒充实不良。寒地水稻结实期温度逐渐降低，所以粒肥多在抽穗到其后 15 d 以内的时间进行，一般在始穗期或齐穗期施用，具体要看苗、看天而定。如植株小，单位面积穗数少，叶色落黄早，活叶多，无稻瘟病，可在抽穗早期施用；反之则略晚，少施或不施。施用氮量为全生育期总用氮量的 1/10 左右（每亩尿素 1.0 ~ 1.5 kg）（图3-4-54）。施用粒肥的判断，以孕穗期（出穗前 10 ~ 5 d）的叶色为基准，当抽穗后的叶色比孕穗期淡时，即可施用粒肥。此外，采取根外追肥，也是省肥、防早衰、加速养分运转的好方法，常用尿素与过磷酸钙混合施用（图 3-4-55）每亩用尿素 0.5 kg，过磷酸钙 1 ~ 2 kg，加水 75 ~ 100 kg，过滤后叶面喷施；或亩用磷酸二氢钾 150 g，爱丰肥 125 mL，兑水 70 ~ 80 kg，叶面喷施效果亦好。

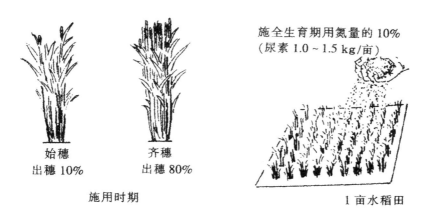

图 3-4-54　施好粒肥

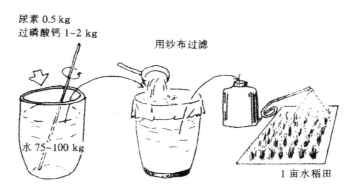

图 3-4-55　结实期叶面追肥

三、结实期的灌溉管理

水稻抽穗后，地上部向根运送氧气的能力减少，在淹水状态下，根系呼吸所需的氧气不能充分满足，中下层根所需氧气的大部分依靠表根吸收下运。因此，结实期间须经常使土壤与空气直接接触，增加表层根系的获氧量，对提高根系活力、增加结实期养分和水分吸收能力、维持高的光合效率具有重要意义。根是叶的基础，叶是根的反映，养根保叶，是结实期灌溉的中心环节。所以水层管理要求是（图3-4-56）：出穗期浅水，齐穗后间歇灌溉，既保证水稻需水，又要保证向土壤通气。间歇灌溉是灌一次浅水，自然渗干到脚窝有水，再灌浅水，前期多湿少干，后期多干少湿，做到以水调肥、以水调气、以气养根、以根保叶，利于高产。为高产优质，停灌时期要在出穗后 30 d 以上，一般腊熟末期停灌，黄熟初期排干，既保证水稻成熟，又为收获创造方便条件。

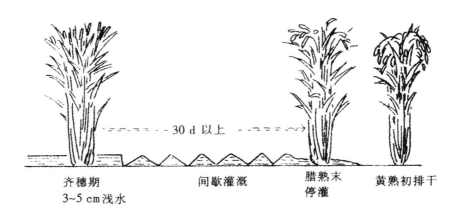

图 3-4-56　结实期灌水管理

四、结实期病虫害防治

结实期的病害，主要是防治穗颈瘟、枝梗瘟和粒瘟，对抗病性较弱的品种或生育繁茂的地块，宜在始穗期或齐穗期喷药防治。虫害有稻螟蛉，要及时发现并防治。

五、结实期的形态特征与田间诊断

为提高结实期碳水化合物的合成能力，除要保持一定的叶面积外，还要保持上部叶片的直立，提高光合效率。因此，从出穗到灌浆期，叶面积指数要保持 3.5 以上，单株活叶数保持 3 ~ 4 叶，叶色褪淡缓慢，叶片有活力，是根系健壮有活力的证明，这要从长穗期开始加强管理，使水稻叶面积指数合理、受光态势良好、根系健壮，才能使结实期长势良好。定型后植株的各节间，以上数第 1 节间比其下位各节间的全长还长为好，是高产抗倒的形态。枝梗是出穗后叶部制造的碳水化合物向穗部流转的通道，如果枝梗早期老化，籽粒就难以完全充实。造成枝梗早枯的原因，主要是抽穗前 30 d 左右的枝梗分化期氮肥过多，使枝梗细胞组织软弱，进入结实期形成早衰，这样即使叶片能制造养分，而运输通道枯死，不能使籽粒充实饱满，所以高产水稻必须使枝梗在成熟前一直保持有生机的绿色，才能流转畅通，增加粒重。

结实期高产长相的诊断（图 3-4-57）。抽穗开花期，株形老健，像竹林，稻脚清爽，叶短直立，穗相一次枝梗多，排列均匀，下部不密不稀，齐穗后弯头早；抽穗后上部三叶色渐深，维持 15～20 d 后转淡，若褪黄过早是缺氮或根系早衰，叶片开张角度逐渐增大，也是根系早衰的标志。到成熟期的高产长相，穗大粒饱，弯腰不倒，稻脚清爽，秆像藤条，秆青籽黄，粒重粒厚，结实率高，病害很少。

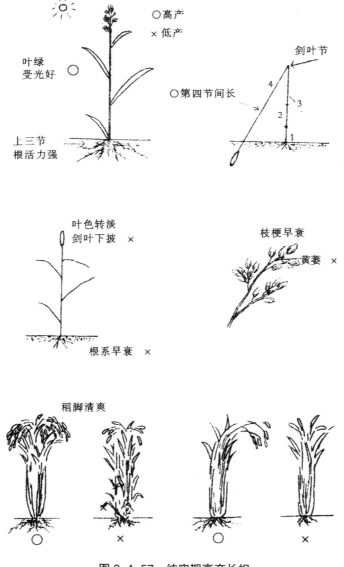

图 3-4-57　结实期高产长相

结实率的诊断（图 3-4-58）。水稻齐穗后 10 ~ 15 d，在天气正常条件下，凡米粒尚未达到颖壳中部或超过中部而颖壳有褐斑、米粒弯如牛角的，这些将成为空秕粒。齐穗后 20 ~ 25 d，米粒尚未长到顶部，或虽达到而米粒细长的，均将成为秕粒，从而推算出空秕粒率和结实率。

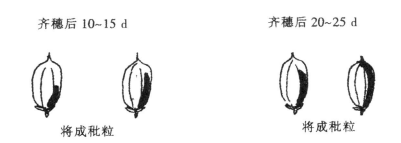

图 3-4-58　结实率的诊断

成熟期的诊断（图 3-4-59）。当每穗谷粒颖壳 95% 以上变黄或 95% 以上谷粒小穗轴及副护颖变黄，米粒定型变硬，呈透明状，为成熟的标准，是收获适期。

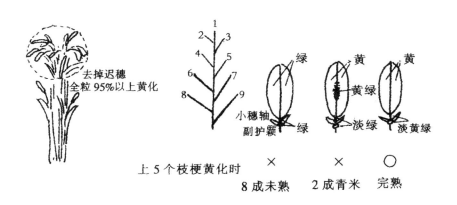

图 3-4-59　成熟期的诊断

六、结实期种子田的管理

水稻出穗后，对种子田要进行 2 ~ 3 次严格的去杂去劣，清除杂株异穗。成熟后单收、单打、单藏。必要时按品种特征进行田间穗选，选出生长整齐、穗形一致、结实率高、谷粒饱满、无病虫害、无倒伏的典型单穗，单独晾晒，在室内再严格复选，混合脱粒，做来年种子田用种，提高种子质量（图 3-4-60）。

田间去杂选种

单打
（脱在雪前）
转数
500～550 r/min

单收
（割在霜前）

单藏
（藏在冻前）
水分 14% 以内

图 3-4-60　种子田的管理

七、收获、干燥与贮藏

水稻出穗后最少 35 d，活动积温达 750 ℃ 以上，达到成熟标准（95% 以上颖壳变黄、谷粒定型变硬、米呈透明状或 95% 以上小穗轴黄化）时，适期进行收割。

种子的收割、脱谷、干燥与贮藏（图 3-4-61）：要进一步建立健全良种繁育体系，发展统一生产、贮藏、供种制度。种子田要"割在霜前，晒在垛前，脱在雪前，贮在冻前"。种子田黄熟后立即收割，集中力量霜前割完，割倒后在田间放铺晾晒几天，基本干后再捆成直径 15～20 cm 小捆，码成人字码，隔 3～4 d 翻晒 1 次，干燥后堆成八条腿圆垛，防止雨雪。水分过大时，采取低温烘干，使种子水分降到 14% 以内，便于安全贮藏。并要在结冻前脱完、扬净，最晚在 11 月上旬入库贮藏，脱谷机滚筒转数控制在 500～550 r/min，破壳及糙米率控制在 3% 以内。种子保管须按种子含水量采取安全保管措施，当种子含水量在 14% 以内时，可用一般仓库保管；含水量在 15%～17% 的要增加防寒保温措施，库内温度不得低于 -10 ℃；含水量在 17% 以上时，必须在暖库保管，库温保持在 -5～5 ℃。降低种子水分、保温防冻，是稻种贮藏的关键，及时测温，试验发芽率，防止坏种。

一般稻谷的收脱工作，用机械收割时，要及早做好田间排水，提前平好池埂，打好收割道，做好收获、运粮、干燥、清粮等项作业安排，并及时清理田间，为秋耕打好基础。机械割晒在水稻黄熟期开始进行，割茬高度 15～20 cm，放铺角度 45°。割晒 6～7 d 后，稻谷水分达 15%～16% 时及时拾禾脱粒，防止因雨雪增加裂纹米率。在枯霜后可进行直收，使用改装的钉齿滚筒收割机，控制滚筒转数和行走速度，使收脱损失率不超过 3%。人工收割在水稻完熟期进行。茬高一致、捆小捆、码人字码，干后及时上小垛，腾出地来便于秋耕，收脱损失控制在 3% 以内，稻谷水分达到 15%，按品种收、脱、入库，加工成优质米，达到高产、优质、高效益。

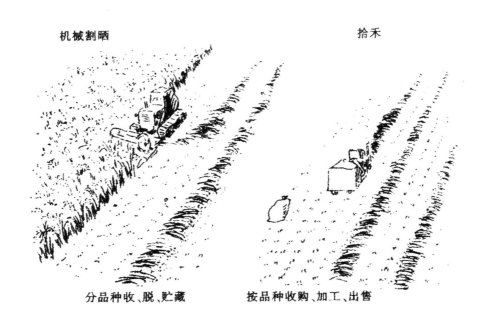

图 3-4-61　种子的收获、干燥、贮藏

一些肥料的商品名称及代号见表3-4-3。

表 3-4-3　肥料商品名称及代号

商品名称	分子式	代号
硝酸铵	NH_4NO_3	AN
硫酸铵	$(NH_4)_2SO_4$	AS
氯化铵	NH_4Cl	AC
尿素	$(NH_2)_2CO$	UREA
三料过磷酸钙	$3Ca(H_2PO_4)_2 \cdot H_2O$	TSP
硫酸钾	K_2SO_4	SOP
氯化钾	KCl	MOP
硝酸钠	$NaNO_3$	SN
磷酸二铵	$(NH_4)_2HPO_4$	DAP
磷酸一铵	$NH_4H_4PO_2$	MAP

第五章　栽培历

第一节　寒地水稻旱育稀植三化栽培历（全生育期）

寒地水稻旱育稀植三化栽培历（主茎12叶品种）见图3-5-1。

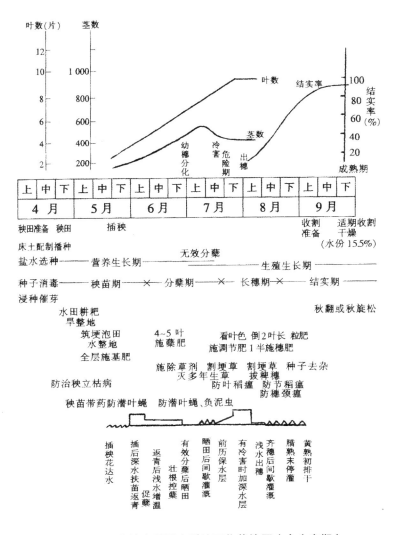

图 3-5-1　寒地水稻旱育稀植三化栽培历（全生育期）

第二节 主茎 12 叶品种本田叶龄进程及高产长势长相

以主茎 12 叶品种为例,叶龄进程及高产长势长相见图 3-5-2。

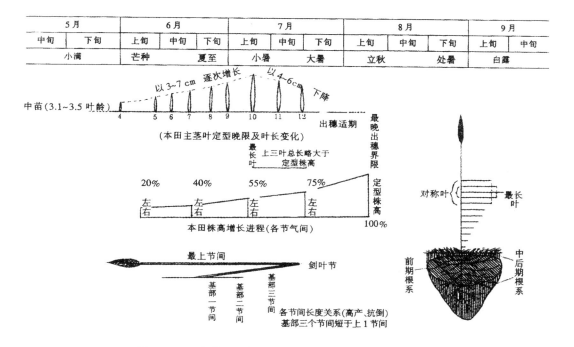

图 3-5-2 主茎 12 叶品种本田叶龄进程及高产长势长相

第三节 寒地水稻旱育稀植三化栽培四月栽培历

寒地水稻旱育稀植三化栽培 4—9 月栽培历及栽培技术三字歌见图 3-5-3~ 图 3-5-4。

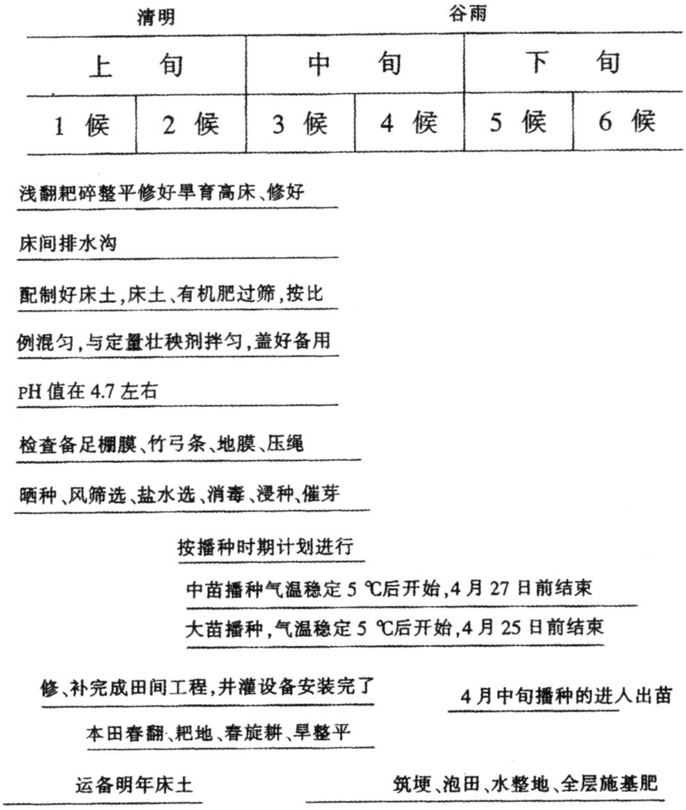

	清明		谷雨		
上　旬		中　旬		下　旬	
1 候	2 候	3 候	4 候	5 候	6 候

浅翻耙碎整平修好旱育高床、修好

床间排水沟

配制好床土,床土、有机肥过筛,按比

例混匀,与定量壮秧剂拌匀,盖好备用

PH 值在 4.7 左右

检查备足棚膜、竹弓条、地膜、压绳

晒种、风筛选、盐水选、消毒、浸种、催芽

　　　按播种时期计划进行

　　　中苗播种气温稳定 5 ℃后开始,4 月 27 日前结束

　　　大苗播种,气温稳定 5 ℃后开始,4 月 25 日前结束

修、补完成田间工程,并灌设备安装完了　　　　　　4 月中旬播种的进入出苗

　　本田春翻、耙地、春旋耕、旱整平

　　运备明年床土　　　　　　筑埂、泡田、水整地、全层施基肥

图 3-5-3　寒地水稻旱育稀植三化栽培四月栽培历

四月份水稻栽培技术三字歌

四月份	育秧期	育秧田	选旱地
离家近	便管理	适集中	利学习
本田育	建高畦	出地面	点五米
按棚型	修置床	做高床	保旱育
旱育苗	防立枯	土调酸	严消毒
选品种	中早熟	要高产	品质优
中大棚	温差低	易防冻	苗壮齐
选好土	腐熟肥	三比一	全过筛
晒好种	盐水选	消好毒	芽催全
按苗型	控播量	浅覆土	膜盖严
四二五	种播完	管苗床	勤细看
调床温	控浇水	按模式	细管理
控茎叶	防徒长	促根系	长粗壮
移栽前	要三带	蹲好苗	适龄栽

图 3-5-4　四月份水稻栽培技术三字歌

第四节　寒地水稻旱育稀植三化栽培五月栽培历

立夏				小满	
上　　旬		中　　旬		下　　旬	
1 候	2 候	3 候	4 候	5 候	6 候

按旱育壮模式做好秧田管理及移栽准备

本田筑埂、泡田、水整地、全层施基肥

插秧前 3~5 d 封闭灭草

中苗移栽及补苗

大苗移栽及补苗

抛秧移栽及匀苗

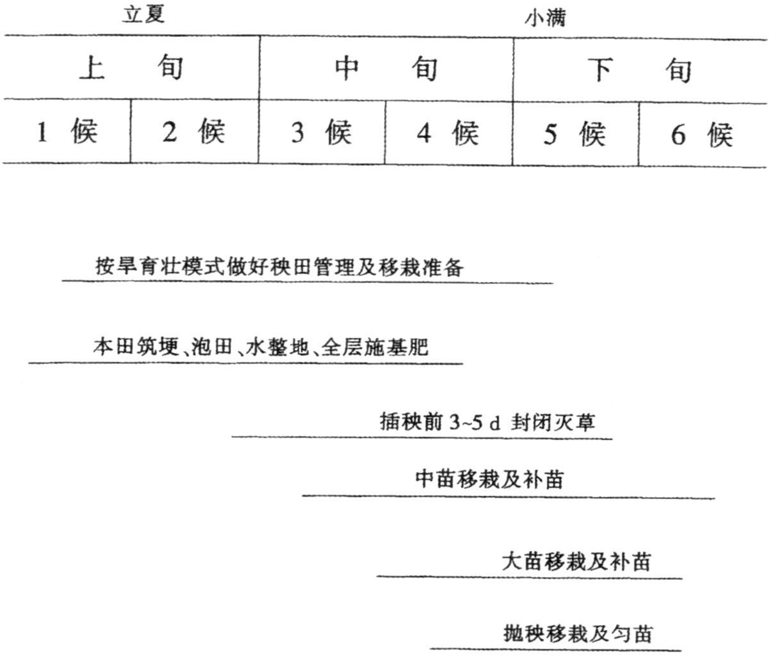

图 3-5-5　寒地水稻旱育稀植三化栽培五月栽培历

五月份水稻栽培技术三字歌

五月份	插秧忙	高产期	二五前
早泡田	细整地	灌寸水	不露泥
施基肥	耙土中	全层施	肥效宏
马歇特	草封闭	三天后	插秧宜
栽稀密	按苗型	看地力	定密稀
大苗稀	中苗密	肥宜稀	瘦地密
保株数	插匀齐	栽过密	蘖秆细
插过深	两段根	插过浅	易漂移
每穴苗	三四株	二指深	最适宜
机插秧	有缺穴	及时补	勿漏缺
钵育苗	宜摆栽	用抛秧	匀甩开
栽运苗	结合好	隔夜秧	不宜有
移栽后	水扶苗	增泥温	返青早
常检查	虫防好	要杜绝	大缓苗

图 3-5-6　五月份水稻栽培技术三字歌

第五节　寒地水稻旱育稀植三化栽培六月栽培历

芒种			夏至		
上　旬		中　旬		下　旬	
1 候	2 候	3 候	4 候	5 候	6 候

叶龄进程晚限　　　5叶　　　6叶(盛蘗叶位)7叶　　8叶　　9叶
　　　　　　　　　　　　　　　　　　　　　　　(有效分蘗临界叶)

同伸蘗位　　　　　2　　　3　　　4　　　5　　幼穗分化

4~5叶分蘗肥、苗期灭草　　6叶分蘗肥　　灭阔叶草　　接力肥(调节肥)
　　　　　　　　　　　　　　　　　　　　割埂子草　　9叶期

浅水增温促蘗(3~4cm水层)　　　　　晒田

返青后调查苗数　　　　防治潜叶蝇　　调查有效蘗数

清理秧田地　栽培豆、菜作物　　　　防治负泥虫
清洗棚膜、秧盘

图 3-5-7 寒地水稻旱育稀植三化栽培六月栽培历

六月份水稻栽培技术三字歌

六月份	分蘗期	定穗数	抓仔细
分蘗肥	宜施早	返青后	即施好
盛蘗期	见肥效	早生蘗	成穗好
六叶前	蘗肥完	向后延	分蘗晚
叶与蘗	要同伸	功能叶	必保证
灌浅水	利增温	促分蘗	又壮根
潜叶蝇	常做孽	喷乐果	保全叶
负泥虫	啃叶白	用药防	别等待
阿罗津	农得时	防杂草	要及时
保水层	增药效	有残草	再补药
防叶瘟	加收米	蘗够用	要晒田
壮根系	控分蘗	生育转	肥调节
倒四叶	穗分化	七月初	六月下
营养期	促早熟	适抽穗	保成熟

图 3-5-8　六月份水稻栽培技术三字歌

第六节　寒地水稻旱育稀植三化栽培七月栽培历

小暑				大暑	
上　旬		中　旬		下　旬	
1 候	2 候	3 候	4 候	5 候	6 候

9 叶———10 叶———11 叶———12 叶———出穗

（最长叶）—拔节期—剑叶露尖　　　　冷害危险期
封行适期　　　　剑叶叶耳间距±5 cm

叶龄进程晚限

按力肥
（调节肥）　　　　穗肥　　　　叶面喷施磷酸二氢钾　　　　粒肥
9 叶或 10 叶初　　倒 2 叶长出 1 半左右　　　　　　　　始穗或齐穗

晒田 MMMMM　前历水层 冷害深水 17 cm　以上　早熟品种出穗
间歇灌溉　　　　　　　　　　　　　　　　　齐穗后
间歇灌溉

防治叶稻瘟病　　　　防治节、穗颈稻瘟病
防治稻螟蛉虫害

调查茎数及有效茎数　　割埂、堤杂草、拔大草、稗穗

调制床土、堆造有机肥、腐熟堆肥过筛　　早熟种去杂

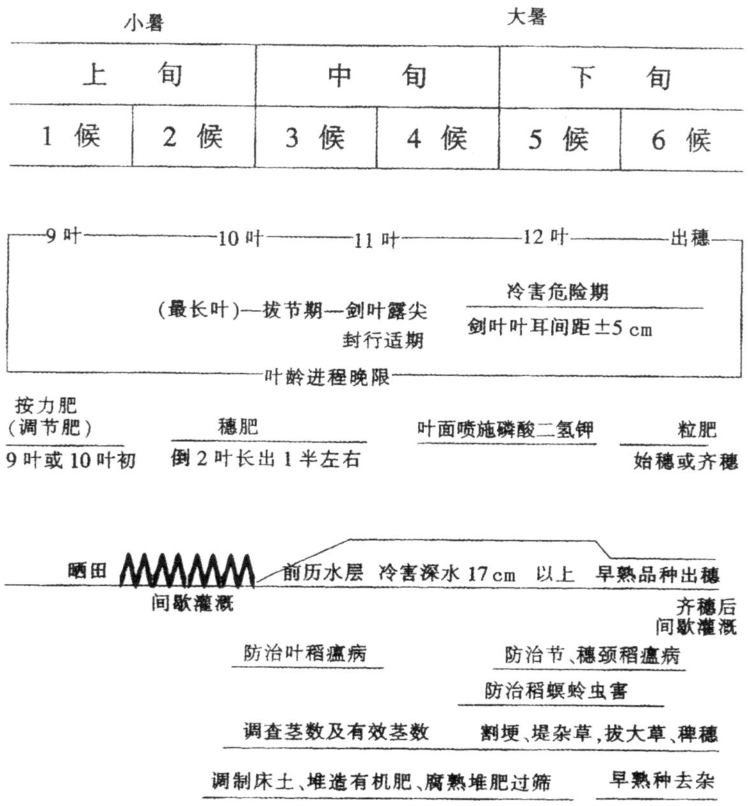

图 3-5-9　寒地水稻旱育稀植三化栽培七月栽培历

七月份水稻栽培技术三字歌

七月里	长穗期	穗大小	靠管理
小暑后	气温高	壮根系	很重要
间歇灌	供氧好	扎根深	根垫少
减分期	防冷害	灌深水	护穗胎
抽穗期	灌浅水	齐穗后	间歇水
倒 2 叶	施穗期	拔节黄	施正宜
如有病	先施药	防病后	施肥好
底叶枯	先晾田	壮根系	肥效显
孕穗期	喷叶肥	加米醋	防病害
叶节温	稻螟蛉	及时治	要除净
抢高温	积造肥	培床土	早齐备
看叶龄	知进程	从外表	知穗成
到小暑	飘长叶	倒二叶	稻拔节
到大暑	剑叶伸	抽穗早	保收成

图 3-5-10　七月份水稻栽培技术三字歌

第七节 寒地水稻旱育稀植三化栽培八月栽培历

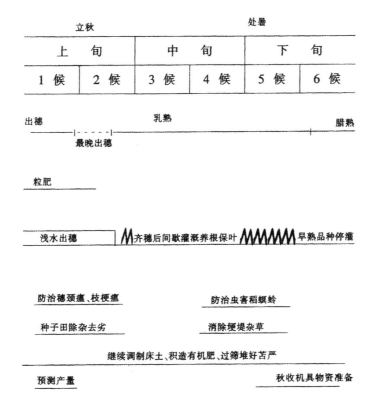

图 3-5-11 寒地水稻旱育稀植三化栽培八月栽培历

八月份水稻栽培技术三字歌

八月里	结实期	立秋前	穗抽齐
边出穗	边开花	施粒肥	看苗撒
从始穗	到齐穗	按叶色	追好肥
齐穗后	间歇灌	保绿叶	养好根
花受精	子房长	二五天	浆灌满
腊熟末	停灌水	过早停	米质毁
种子田	去杂株	保纯度	勿跑粗
早防治	穗粒瘟	稻螟蛉	别放松
积造肥	翻倒碎	育苗土	细过筛
查穗粒	预测产	秋收事	早备全
农机具	检修好	种子库	早清扫
丰产稻	大哈腰	穗弯垂	随风摇
叶秆绿	籽粒黄	上浆快	多打粮
细调查	勤观看	为高产	增经验

图 3-5-12 八月份水稻栽培技术三字歌

第八节　寒地水稻旱育稀植三化栽培九月栽培历

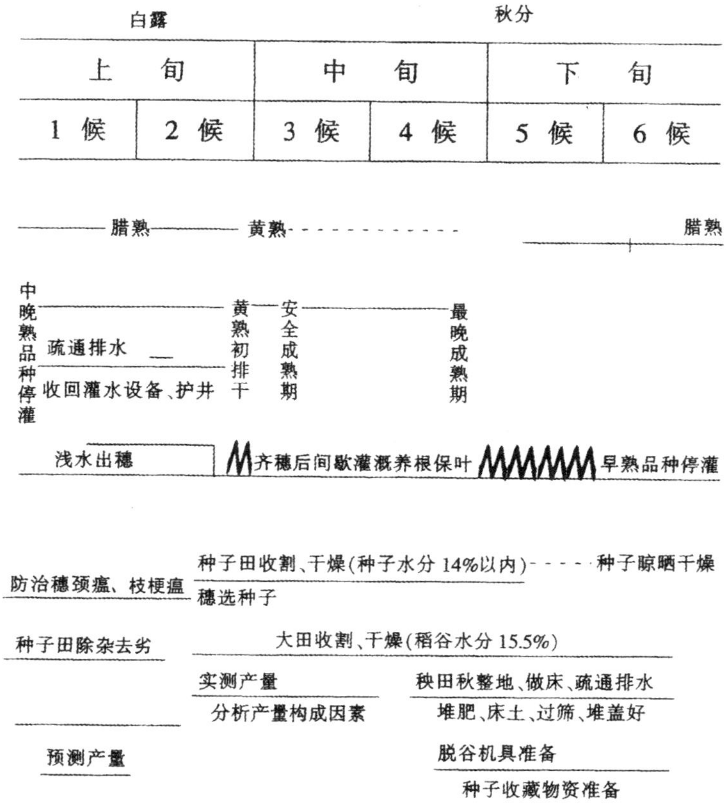

白露			秋分		
上　旬		中　旬		下　旬	
1 候	2 候	3 候	4 候	5 候	6 候

腊熟 ——— 黄熟 ------ 腊熟

中晚熟品种停灌：疏通排水　收回灌水设备、护井　黄熟初排干　安全成熟期　最晚成熟期

浅水出穗　齐穗后间歇灌溉养根保叶　早熟品种停灌

防治穗颈瘟、枝梗瘟

种子田收割、干燥(种子水分14%以内) ---- 种子晾晒干燥

穗选种子

种子田除杂去劣

大田收割、干燥(稻谷水分15.5%)

实测产量　秧田秋整地、做床、疏通排水

分析产量构成因素　堆肥、床土、过筛、堆盖好

预测产量　脱谷机具准备

种子收藏物资准备

图3-5-13　寒地水稻旱育稀植三化栽培历九月栽培历

九月份水稻栽培技术三字歌

九月里	稻成熟	早熟种	上旬初
中晚熟	中旬末	再晚熟	秕粒多
腊熟末	水停灌	黄熟初	水排干
定熟期	看黄化	达九五	开镰割
收割前	测好产	四因素	分析全
种子田	霜前割	快晒干	单运脱
雪前脱	冻前贮	降水分	别疏忽
商品粮	抓割晒	早抬禾	防雪盖
苗床地	要秋翻	粗整平	秋做床
排水沟	挖修好	保旱育	不可少
育苗土	有机肥	全过筛	严封盖
结冻前	抓秋翻	低洼地	要翻完
查经验	找教训	做总结	为来年
再高产	优质量	高效益	年年强

图3-5-14　九月份水稻栽培技术三字歌

徐一戎科研践行录

主要进口肥国家、地区代号及各种肥料混合施用表见表 3-5-1 及表 3-5-2。

表 3-5-1　主要进口肥国家、地区代号

名称	代号	名称	代号
中国香港	CK	澳大利亚	UD
意大利	CL	加拿大	MC
丹麦	CM	美国	MR
日本	CN	智利	MS
叙利亚	AC	波兰	SB
菲律宾	PF	罗马尼亚	SR

表 3-5-2　各种肥料混合施用表

药品名称	碳酸氢铵、氨水	尿素	硝酸铵	石灰氮	过磷酸钙	钙镁磷肥
碳酸氢铵、氨水	▲					
尿素	○	○				
硝酸铵	○	○	○			
石灰氮	×	×	▲	×		
过磷酸钙	○	○	○	○	×	
钙镁磷肥	×	×	▲	×	○	▲
磷矿粉	○	×	○	○	○	▲
硫酸钾、氯化钾	○	○	○	○	▲	○
窑灰钾肥	×	×	×	×	○	×
人粪尿	▲	▲	○	▲	×	○
石灰、草木灰	×	×	×	×	○	×
堆肥、厩肥	▲	×	▲	○	○	○

药品名称	磷矿粉	硫酸钾、氯化钾	窑灰钾肥	人粪尿	石灰、草木灰	堆肥、厩肥
碳酸氢铵、氨水						
尿素						

续表

药品名称	磷矿粉	硫酸钾、氯化钾	窑灰钾肥	人粪尿	石灰、草木灰	堆肥、厩肥
硝酸铵						
石灰氮						
过磷酸钙						
钙镁磷肥						
磷矿粉	○					
硫酸钾、氯化钾	○	○				
窑灰钾肥	○	○	▲			
人粪尿	×	○	○	×		
石灰、草木灰	▲	▲	○	○	×	
堆肥、厩肥	○	○	○	○	○	×

注：○表示可以混合；　×不能混合；　▲混合后立即施用。

第四篇

黑龙江垦区寒地水稻生育叶龄诊断技术要点

水稻生育叶龄诊断技术，是在水稻"器官同伸理论"与"叶龄模式理论"的基础上发展起来的水稻栽培新技术，使传统的种、管、收流程式栽培技术，发展成为按叶龄诊断、预测、调控的栽培技术体系。黑龙江垦区自1996年在水稻生产中全面推广旱育稀植"三化"栽培技术，其中对育苗及本田管理开始运用叶龄诊断技术，取得较好的效果。为进一步深入普及这项系统技术，2001年以来，黑龙江省农垦总局连续三次举办水稻叶龄诊断技术培训班，2003年总局在重点农场设多点水稻叶龄跟踪调查，并以之指导生产，取得了明显成效。为全面普及应用，黑龙江省农垦总局组织水稻科技人员，按垦区水稻主要推广品种，编制了本篇，图文结合，易看、易懂、易做，提高水稻生产的科技含量，将进一步获得优质、高产、高效益。

第一章　寒地水稻生育叶龄诊断技术
应用的基本要求

一、实施地点

试验站、科技园区及水稻生产队。

二、品种

当地主栽的两个品种；科研站及园区应增加有望推广的新品种。

三、秧龄规格

3.1 ~ 3.5 叶的旱育中苗。

四、栽插方式

机械插秧。

五、调查点的确定

选有代表性的地号，在池埂边向里数三行，选择穴距均匀、穴株数相近的 10 穴为调查对象，并在两边插上标志物，确保调查对象的准确性。每个品种按插秧期 5 月 15、20、25 日设调查点。试验站、科技园区至少设两个品种，生产队至少设 1 个主栽品种。

六、调查内容

详见表 4–1–1 ~ 表 4–1–6。

徐一戎科研践行录

表 4-1-1　苗期情况调查表

调查单位：　　　　　　调查人：　　　　　　调查日期：　　　　　品种：

序号	项目							第3叶 /cm	
	浸种日期	浸种天数	催芽天数	出芽率 /%	盘播量 /g	第1叶鞘高 /cm	第2叶鞘高 /cm	叶鞘高	叶长
平均									
1									
2									
3									
4									
5									
6									
7									
8									
9									
10									

注：序号 1 ~ 10 是指取自同一秧棚内的任意 10 株。

表 4-1-2　叶龄跟踪调查表

调查单位：　　　　插秧期：　　　　调查人：　　　　调查时间：　　　品种：

调查内容	1穴	2穴	3穴	4穴	5穴	6穴	7穴	8穴	9穴	10穴	合计	平均
基本苗数												
株高 /cm												
茎数												
叶龄												

注：表 4-1-2 和表 4-1-1 的秧苗取自同一棚内。

表 4-1-3　施肥时期及用量情况调查表

调查单位：　　　　调查人：　　　　调查时间：　　　　品种：　　　　　　单位：kg/ 亩（商品量）

内容	插秧期	返青期	施肥总量	氮肥						磷肥	钾肥		
	日 / 月	日 / 月		小计	基肥	蘖肥	调节肥	穗肥	粒肥	基肥	小计	基肥	穗肥
施用量	—	—											
时期				—									—

注：氮肥名称：　　　含量：　　　磷肥名称：　　　含量：
　　钾肥名称：　　　含量：　　　其他肥：

表 4-1-4　水层管理情况调查表

调查单位：　　　　调查人：　　　　调查时间：　　　　品种：

项目	插秧期	分蘖期	生育转换器	长穗期	结实期	停灌期	排水期	全生育期亩用水量 /m³	
								井灌区	自流灌区
水层						—	—		
日期									

注：随表 4-1-2 同时调查。

表 4-1-5　抽穗期主茎倒 4 个叶片长势长相情况调查表

调查单位：　　　　调查人：　　　　调查日期：　　　　品种：

穴	项目							
	穴		倒 2 叶 /cm		倒 3 叶 /cm		倒 4 叶 /cm	
	长度	宽度	长度	宽度	长度	宽度	长度	宽度
平均								
1								
2								
3								
4								
5								
6								
7								
8								
9								
10								

注：表 4-1-5 为表 4-1-2 中的 10 穴，每穴选有代表性的一株。

表 4-1-6 产量情况调查表

调查单位：　　　　　　调查人：　　　　　　调查时间：　　　　　品种：

项目	1穴	2穴	3穴	4穴	5穴	6穴	7穴	8穴	9穴	10穴	平均
平米穴数 / 穴											
每穴穗数 / 个											
每穗平均粒数 / 粒											
每穗平均实粒数 / 粒											
结实率 /%											
千粒重 /g											
亩产量 /kg											

七、调查方法

（一）叶龄跟踪秧苗的选择

在调查对象的 10 穴里，每穴选择有代表性、苗质好、叶片健全的秧苗，在主茎叶上进行叶龄标记。

（二）标记方法

标记点的叶龄必须选准，叶龄全部点在单数叶上，起始叶要从第三叶开始，并且跟踪到齐穗期。每个叶片要用不同标记符号点在叶片中间部位（如第一标记叶片点一个点，第二标记叶片点两个点）或用其他方法标记。原则是叶龄跟踪叶片标记要有区别，全场统一，便于自己和他人识别，确保叶龄跟踪的准确性。

（三）平均每穴株高测定

用手抓住一穴向上捋，由地面量至第二高度叶尖为该穴平均株高，逐穴测定，计算出平均值，做好记录。

（四）叶龄计算方法

N 叶从露尖到叶枕露出过程的叶龄计算，首先估算 N 叶的长度（方法：以 N 叶下一叶的长度加 5 cm 为 N 叶长度，然后测量 N 叶抽出的实际长度，再除以估算的 N 叶长度，作为 N 叶长度的比例。如计算第 5 叶抽出过程的叶龄，首先估算 5 叶的长度，如 4 叶的定型长度为 11 cm，加上 5 cm，即 5 叶的估算长度为 16 cm，如果 5 叶已抽出 2 cm，用 2 除以 16，等于 0.125，约等于 0.1，即第 5 叶已抽 0.1 个叶龄，此时调查的叶龄为 4.1 个叶龄值），并做好记录，如此计算至倒数三叶（11 叶品种为 9 叶、12 叶品种为 10 叶）均按此法。倒 2 叶及剑叶，按前一叶的定长减 5 cm 为估算值，实际伸出长度除以估算值，求出当时叶龄值。

（五）调查时间

调查的品种均以 5 月 15、20、25 日三个插秧期为调查始期，以后每 5 d 调查一次，一直调查到齐穗期。

八、要求

（一）调查人员的确定

该项工作专业性强，调查内容多，为保证该项工作的准确性，各设点单位必须选派一名有多年生产实践经验、具有一定的理论基础、热爱本职工作、有事业心的技术人员担当此项工作。

（二）油漆的选择

要选择红色、不易被水冲掉的油漆，确保标记点的稳定性。

（三）表 4-1-1 调查内容与表 4-1-2 调查内容的秧苗要来源于同一大棚

要根据 5 月 15、20、25 日插秧的中苗分别向前推算 30 ~ 35 d 播种；再以播种日为基础向前推算 8 d 为浸种日。

（四）不同插秧期要与调查内容（表 4-1-2 ~ 表 4-1-6）相符

根据调查内容，每次调查后，要根据同期、同品种的多点调查结果进行整理分析，评议出生育进程延迟、长势长相不足或过旺等，提出具体调节措施，指导生产。

第二章　水稻叶龄指标计划管理的含义

一、以水稻主茎叶龄来表达水稻的生育进程

水稻在生长发育过程中，主茎的叶片生长与叶、分蘖、茎秆、穗等器官的生长发育之间存在较严密的相关关系——器官同伸规律。根据这一规律，通过叶龄进程的调查，可推测出各器官的生育进程，这就是生育进程的诊断；也可根据当时的叶龄进程，推测以后一段时间的叶龄进程，从而推测出幼穗分化、拔节、减数分裂、抽穗等关键时期，预知抽穗早晚，这便是预测。

二、以水稻的叶龄进程保证安全抽穗期

寒地稻作生育期短、品种熟期早、农时紧张，必须确保安全抽穗，才能确保安全成熟，是实现优质高产的前提。为此，要采用适于当地安全成熟的优质品种、旱育壮苗和科学合理的管理手段，使水稻叶龄进程与当地农时季节高度吻合，并且密切关注各器官发展变化，及时发现问题，随时加以调控，确保生育健壮，在安全抽穗期适时出穗，安全成熟。

三、农时措施要以主茎叶龄为指标实施

为实现水稻生产的优质、高产、高效，对其群体进行适时的施肥、灌溉、植保等方面的管理至关重要。不同叶龄期的管理措施，所产生的效果也将表现在特定的叶龄期，并按"器官同伸规律"对相应的器官产生作用。因此，按主茎叶龄进行管理，是确保及时性和准确性的最好方法。

第三章　寒地水稻生育叶龄诊断技术应用的前提

一、品种

该项技术依据垦区主栽 11 叶品种（空育 131）和 12 叶品种（垦鉴稻 7 号）制定的，主茎叶片数相同的品种可参照使用，10 或 13 叶品种应在技术人员指导下适当调整后参照使用。

二、栽培方式

该项技术各指标适用于旱育中苗机械插秧栽培方式，栽植密度为每平方米 27 ~ 33 穴，每穴 3 ~ 5 株。

三、叶龄

该项技术要求在旱育壮苗基础上应用，叶龄在 3.1 ~ 3.5 之间。

四、插秧期

移栽晚限为 5 月 25 日前。

五、该项技术以水稻旱育稀植"三化"栽培技术和水稻优质米生产技术为基础制定

人工插秧和钵育摆栽可参照执行。

第四章　不同生育时期的诊断要点及管理措施

一、育苗期

垦区水稻机械插秧采用旱育中苗,秧龄 30 ~ 35 d,叶龄 3.1 ~ 3.5 叶,苗高为 13 cm 左右。按叶龄"器官同伸规律",通过调温、控水等手段,抓好四个关键时期,育成健壮旱育中苗。

第一个关键时期——种子根发育期:播种后到第一完全叶露尖,时间为 7 ~ 9 d。管理重点是促进种子根长粗、伸长、须根多、根毛多、吸收更多养分,为壮苗打好基础。此期一般不浇水,过湿处散墒,过干处喷补,顶盖处敲落,露籽覆土补水。温度以保温为主,如遇 33 ℃ 以上的温度,开口降温,保持 32 ℃ 以下,最适温度 25 ~ 28 ℃,最低温度不低于 10 ℃。20% ~ 30% 的苗一叶露尖时及时撤出地膜。

第二个关键时期——第一完全叶伸展期:从第一完全叶露尖到叶枕抽出(叶片完全展开),时间为 5 ~ 7 d。管理重点是:地上部控制第一叶鞘高不超过 3 cm,地下促发鞘叶节 5 条根系生长。此期温度最高不超过 28 ℃,适宜温度 22 ~ 25 ℃,最低不低于 10 ℃。水分管理,床土过干处适量喷浇补水,一般保持旱田状态。

第三个关键时期——离乳期:从 2 叶露尖到 3 叶展开,经 2 个叶龄期,胚乳营养耗尽,经 12 ~ 16 d。2 叶生长略快,3 叶生长略慢。管理的重点是:地上部控制 1 ~ 2 叶叶耳间距和 2 ~ 3 叶叶耳间距各在 1 cm 左右;地下部促发不完全叶节根 8 条健壮生长。因此,要进一步做好调温、控水及灭草、防病、以肥调匀秧苗长势等管理工作。温度管理,2 ~ 3 叶期,最高温度不超过 25 ℃,适宜温度 2 叶期为 22 ~ 24 ℃,3 叶期为 20 ~ 22 ℃,最低温度均不低于 10 ℃。特别是在 2.5 叶期,温度不超过 25 ℃,以免出现早穗现象。水分管理,要"三看"浇水,一看早、晚叶尖有无水珠;二看午间高温时新展开叶片是否卷曲;三看床土表面是否发白和根系生长状况,如早晚不吐水、午间新展开叶片卷曲、床土表面发白,宜早晨浇水并一次浇足。1.5 叶和 2.5 叶期各浇一次酸水(pH 值 4 ~ 4.5),1.5 叶前施药灭草,2.5 叶期酌情追肥。

第四个关键时期——移栽前准备期:适龄秧苗在移栽前 3 ~ 4 d 开始,在不使秧苗萎蔫的前提下,不浇水,蹲苗壮根,以利移栽后返青快、分蘖早。在移栽前一天,做好秧苗"三带",一带肥(每平方米施磷酸二铵 125 ~ 150 g),二带药(预防潜叶蝇),三带增产菌等,壮苗促蘖。

二、返青、分蘖期

1. 分蘖期生育过程

本期水稻生长经历了返青、有效分蘖和无效分蘖的发生及营养生长转向生殖生长的过程。生长发育内容：地上部长叶片、分蘖，地下部长根系。以营养生长为主，11 叶品种 7.5 叶龄、12 叶品种 8.5 叶龄开始幼穗分化。11 叶品种的生育转换期为 6.1 ～ 9 叶龄，12 叶品种为 7.1 ～ 10 叶龄。

2. 分蘖期叶龄进程晚限

6 月 5 日最晚要达 4 叶龄，6 月 15 日 6 叶展开，6 月 20 日 7 叶展开（11 叶品种剑叶原基分化，进入有效分蘖临界叶龄期），6 月 25 日 8 叶展开（11 叶品种进入幼穗分化，12 叶品种剑叶原基分化，进入有效分蘖临界叶龄期）。

3. 器官同伸关系

见黑龙江垦区水稻主茎 11 叶品种叶龄诊断栽培技术模式图（附件）。

4. 与产量构成的关系

分蘖期是决定单位面积穗数的关键时期，也是为秆粗、穗大、粒多打好营养基础的时期。

5. 分蘖期栽培管理目标

壮苗、浅插、保水，力争水稻早返青；浅水增温、早施蘖肥，确保水稻叶龄进程，促进分蘖早生快发，在有效分蘖临界叶龄期基本达到计划茎数，及时控制无效分蘖，及时转入幼穗分化期。

6. 分蘖期主要农艺措施

（1）分蘖期灌溉增温：移栽后灌护苗水至最上展开叶（3 叶）叶枕。返青后浅灌增温，水层深度 3 ～ 5 cm，水温不低于 16 ℃。田间茎数达计划穗数的 80% 左右，晾田控制无效分蘖，达到晾田标准恢复灌溉，防止幼穗分化期土壤干裂。

（2）按叶龄施用分蘖肥：蘖肥用量为全生育期氮肥用量的 30%。分蘖肥要求早施，可分两次进行，第一次施分蘖肥总量的 70% ～ 80%，于返青后 4 叶龄施用；第二次施分蘖肥总量的 20% ～ 30%，11 叶品种于 5.5 叶龄、12 叶品种于 6.0 叶龄施于色淡、生长差、分蘖少处。机插侧深施肥免施分蘖肥。

（3）分蘖期病、虫、草防治：及时防治水稻赤枯病、细菌性褐斑病、胡麻斑病、水稻潜叶蝇、负泥虫等。插秧前水整地后第一次封闭灭草，选择安全性高、防效好的除稗剂，如 50% 瑞飞特、30% 阿罗津等。用毒土法或喷雾器甩喷，水层 3 ～ 5 cm，保水 5 ～ 7 d，等水自然渗降至花达水时进行插秧。插秧后 10 ～ 20 d，根据苗情、草情进行第二次灭草，选择安全性高的杀稗剂，与防治阔叶杂草的除草剂如太阳星等混配，采用毒土法或喷雾器甩喷，水层 3 ~ 5 cm，保水 5 ~ 7 d。

7. 分蘖期生育诊断

（1）分蘖期叶龄：水稻返青后平均 4 ~ 5 d 增加一个叶龄，需活动积温 85 ℃左右，各叶出叶晚限见附件。其中 6 叶龄为分蘖盛期，是争取有效分蘖的关键时期。

（2）分蘖期叶长、叶态、叶色：此期叶片长度呈递增规律，增幅为 5 cm 左右，叶耳间距逐渐拉大，返青后叶色逐渐加深，至 6 叶龄达到青绿色，叶态弯披，功能叶叶色较叶鞘深，至 7 叶龄后叶色平稳略降（不可过淡）。

（3）分蘖进程：11 叶品种进入 4 叶龄，1 叶节上有部分分蘖发生；5 叶龄（12 片叶品种为 6 叶龄）田间茎数达计划茎数的 30% 左右；6 叶龄（12 片叶品种为 7 叶龄）达计划茎数的 50% ~ 60%；7 叶龄（12 片叶品种为 8 叶龄）达计划茎数的 80%；7.5 叶龄（12 片叶品种为 8.5 叶龄）前后达计划茎数。

8. 分蘖期生长异常的调控措施

（1）分蘖期生育延迟：因苗弱、植伤、插秧过深、低温、药害、虫害等造成生育延迟。在栽培过程中应注意规范操作，减少植伤，早施分蘖肥，同时注意及时灌护苗水和井水增温。因药害等原因造成生育延迟，应换水、施生物肥，并喷施天然芸苔素等解药害，注意及时防治病虫草害。

（2）分蘖期生育不足：主要表现是植株矮小、叶色浅淡、茎数不足、生长量不足。原因是耕层过浅、土壤漏水、水温低、地温低、氮磷钾缺乏或病、虫、草、药害所造成。要分析原因，采取针对性措施，同时注意井水增温浅灌，防渗漏。如在前期氮肥已足量施用的情况下，因低温影响，不可增氮促长。

（3）分蘖期生长过旺：因施用氮肥过多而导致叶片过长、叶色过浓、生育转换前叶色不褪，应提早进行晾田或晒田。

三、生育转换期

1. 生育转换期生育过程

水稻完成有效分蘖后，由营养生长向生殖生长转换，进入幼穗分化期。生育转换期是以幼穗分化为中心前后一个叶龄期，即以倒 4 叶为中心，前后 1 个叶龄期，在出穗前的 20 ~ 40 d，11 叶品种为 7、8、9 叶期，12 叶品种为 8、9、10 叶期。

2. 生育转换期叶龄进程晚限

11 叶品种，6 月 20 日达 7 叶，6 月 25 日达 8 叶，7 月 2 日达 9 叶，8 叶为幼穗分化过渡叶，需活动积温 110 ℃左右，9 叶需活动积温 130 ℃左右。12 叶品种 10 叶定型最晚界限为 7 月 10 日。

3. 生育转换期各器官同伸关系

见附件。

4. 生育转换期与产量构成的关系

生育转换期是单位面积穗数的巩固时期，也是每穗枝梗数的决定时期。

5. 生育转换期栽培管理目标

在前期早发的基础上，控制无效分蘖，提高成穗率，争取秆粗、穗大；调整氮素，控制营养生长，确保适时完成生育转换，为搭好水稻高产架子和安全抽穗奠定基础。

6. 生育转换期主要农艺措施

（1）生育转换期的灌溉：11 叶品种 7 叶龄（12 片叶品种为 8 叶龄）田间茎数达计划穗数 80% 左右时，晒田控蘖，抑制氮肥吸收，使叶色平稳褪淡，以利顺利完成生育转换。

（2）生育转换期的调节肥（接力肥）：11 叶品种 7.1～8.0 叶龄（12 片叶品种为 8.1～9.0 叶龄）根据功能叶片颜色酌施调节肥，中期脱氮，施肥量不超过全生育期施氮量的 10%。

（3）生育转换期的植保：此期药害症状主要表现是心叶筒状、扭曲、黑根、抑制生长、不分蘖等。解救措施：喷施叶面肥（爱丰、丰业等）；喷施天然芸苔素或康凯等；施生物肥。继续防治负泥虫及田间杂草，同时进行稻瘟病的预测预报，及时防治。

7. 生育转换期的诊断

（1）生育转换期叶龄进程晚限：正常条件下最晚在 6 月 20 日前应达到 7 叶龄，6 月25 日达 8 叶龄，如遇低温寡照，叶龄进程将会变晚拖后，遇高温条件叶龄进程将提前。

（2）生育转换期的增叶与减叶现象：在营养生长期由于高温、密播、苗弱、苗老化、密植、晚栽、成活不良、氮素不足等原因，会出现减叶现象，使幼穗分化提前一叶；在低温、稀植、氮素过高情况下会出现增叶现象，使幼穗分化拖后一叶。诊断时机为：

减叶：11 片叶品种于 7～8 叶龄（12 片叶品种于 8～9 叶龄）连续数日在全田不同点取样 10 处，每处取主茎 2～3 个剥出生长点，若见生长点已变成幼穗、出现苞毛即可确定减叶。

增叶：11 片叶品种于 8～9 叶龄（12 片叶品种于 9～10 叶龄）采用同样方法观察，若生长点未变成幼穗，即可确定增叶。

50% 以上减叶，穗肥可提早 2～3 d 施用；50% 以上增叶，穗肥可延迟 2～3 d 施用。增减 10%～20% 的穗肥按常规施用。

（3）生育转换期的叶长、叶态、叶色：11 片叶品种，叶龄达 9 叶（12 片叶品种达 10 叶），叶片长度达最长；功能叶（11 片叶品种为 7 叶，12 片叶品种为 8 叶）颜色不深于叶鞘颜色，褪淡不超过 2/3，叶态为弯挺。

（4）穗分化以后新生的分蘖多为无效分蘖，此期分蘖发生少而减缓，田间最高茎数不超过 650 个 $/m^2$。

8. 生育转换期异常生育的调控措施

（1）生育转换期生育延迟：因低温寡照、氮肥过多而导致叶龄延迟或增叶，应在井水增温的基础上考虑提早晒田，减免调节肥。

（2）生育转换期生长量不足：因前期长势不足、中期脱氮等因素而导致叶色淡、叶片短小、植株矮小、茎数不足、发生减叶等现象，可提早施用调节肥和加强井水增温。

（3）生育转换期生长过旺：因氮素过高等原因导致叶色过浓、分蘖过旺、叶片过长或生育转换拖后或有增叶现象，应采取提早晒田控氮、抑蘖，免施调节肥等措施。

四、长穗期

1. 长穗期生育过程

当水稻叶龄余数达 3.5 叶（11 叶品种 8 叶后半叶，12 叶品种 9 叶后半叶）进入幼穗分化，开始生殖生长，至抽穗称为长穗期。在此过程中，地上部除进行幼穗分化发育外，还要生出最后 3 片半叶子，形成茎秆，根系向深层发展，分枝根大量发生。

2. 长穗期生育进程晚限

11 叶品种 6 月 25 日达 8 叶龄，此后，平均每 7 d 增加一个叶片，到 7 月 15—16 日叶龄达 11 叶，7 月 25 日达出穗期；12 叶品种 7 月 22—23 日叶龄达 12 叶，8 月 1 日前达出穗期。

3. 长穗期各器官同伸关系

见附件。

4. 长穗期与产量构成因素的关系

长穗期内由枝梗和颖花分化的多少和退化颖花数多少决定每穗颖花数，通过花粉育性的高低影响结实率的高低，并通过颖花容积而影响粒重，出穗前 15 d 开始进入水稻产量决定期。

5. 长穗期栽培管理目标

促进水稻健壮生育，构建高光效群体，协调个体与群体矛盾，壮秆促大穗，防御障碍型冷害，确保适期安全抽穗，提高穗粒数、结实率和千粒重。

6. 长穗期诊断

（1）长穗期生育进程正常情况下，11 叶品种 6 月 22 日达 7.5 叶龄，开始进入幼穗分化期，若发生减叶现象，将提前一个叶龄进入幼穗分化；若发生增叶现象，将推迟一个叶龄进入幼穗分化。7 月 2—9 日随 10 叶的伸出（12 叶品种 7 月 9—16 日 11 叶伸出），基部第一节间开始伸长。剑叶露尖为封行适期。倒 1 叶与倒 2 叶叶耳间距在 ±10 cm 期间为减数分裂期，叶耳间距在 ±5 cm 时为小孢子初期，为低温最敏感时期。7 月 16 日（12 叶品种 7 月 23 日）剑叶叶枕露出开始进入孕穗期，约经 9 d，即 7 月 25 日（12 叶品种 8 月 1 日）达到抽穗期。始穗至齐穗期约需 7 d。减数分裂期特别是小孢子初期若遇到 17 ℃以下气温，会影响颖花育性，形成障碍型冷害，空壳率增加。抽穗期遇 20 ℃以下气温，抽穗进程变慢，抽穗期延长，包茎现象增加，甚至花粉不发芽，形成空壳。

（2）长穗期的叶长、叶色、叶态：11 叶品种第 9 叶长度达最长，为 35 cm 左右（12 叶品种 10 叶最长，达 40 cm 左右），其后以 5 cm 的进程递减，剑叶长度为 25 cm 左右（12 叶品种为 30 cm 左右）。若穗分化期氮素含量过高，叶色过浓，会导致第 10 叶（12 叶品种为 11 叶）乃至剑叶过长。此期正常的叶色变化是拔节期叶色平稳褪淡，孕穗期叶色转浓。叶态为倒数 4、3 叶弯，2、1 叶挺。若拔节期叶色不褪淡，呈"一路青"现象，将有倒伏、无效分蘖多、上部叶片弯披、群体郁蔽、贪青晚熟之危险，若叶色过淡将导致穗粒数明显减少。

（3）长穗期的茎秆及株高：茎秆粗壮，株高和节间长度适宜是良好的长相。标准是：幼穗分化期达定型株高的 55% 左右，孕穗期达 75% 左右，齐穗期株高定型。剑叶节距地面的高度在定型株高的 1/2 以内，是高产长相。

7. 长穗期的管理措施

（1）长穗期的灌溉：既要保证水稻生长发育，又要满足水稻对水的需求，还要防止土壤过分还原，产生黑根、烂根现象。同时要在低温敏感期防预障碍型冷害。因此在减数分裂期以前实施间歇灌溉，灌水深度为 3 ~ 5 cm，自然落干至地面无水、脚窝有水，再补水 3 ~ 5 cm，如此反复。进入减数分裂期，若有 17 ℃以下低温，灌深水防冷害，水深 17 cm 以上，水温在 18 ℃以上，剑叶叶耳间距达 5 cm 以后恢复间歇灌溉，至始穗期实施浅水灌溉。

（2）长穗期的施肥：长穗期施肥的主要环节是在抽穗前 20 d，倒数 2 叶露尖到长出一半（11 叶品种 9.1 ~ 9.5 叶，12 叶品种 10.1 ~ 10.5 叶）时追施穗肥。施肥量为全生育期施氮量的 20% 和全生育期施钾量的 30% ~ 40%，施肥时要做到"三看"：一看拔节黄，叶色未褪淡不施，等叶色褪淡再施；二看底叶是否枯萎，如有枯萎，说明根系受损，可先撤水晾田壮根，然后再施穗肥；三看水稻有无病害（稻瘟病），如有病害，可先用药防治再施穗肥。

（3）长穗期的植保：防治水稻叶部、穗部病害。稻瘟病防治选用 2% 的加收米，叶鞘腐败病及小球菌核病防治选用 25% 的施保克，纹枯病防治选用 30% 爱苗乳油等，并与水稻健身防病相结合，坚持预防为主、综合防治的方针。A 级绿色稻米病害要选用生物农药进行防治。

8. 长穗期生育异常的调控措施

（1）长穗期生育延迟：因前期低温、氮肥过量及增叶等，导致生育延迟，应考虑穗肥氮素少施或免施，同时注意晾田控氮、井水增温等措施，配合防病，叶面喷施磷酸二氢钾等。

（2）长穗期生长量不足：因中期脱氮、茎数不足等因素造成的生长量不足或发生减叶现象，应考虑提早施用穗肥。

（3）长穗期生长过旺：氮素过多、叶色过浓、田间茎数过密、上部叶片过长等，应考虑穗肥氮素少施或免施，同时注意晾田控氮，增施磷酸二氢钾。有稻瘟病发生时，应先治病，后施肥。

五、结实期

1. 结实期生育过程

此期从出穗到成熟是水稻结实期，是稻谷产量生产期。抽穗前 15 d 和出穗后 25 d 又是产量决定期。历经开花、受精、灌浆（乳熟、腊熟、黄熟），最终完成水稻的一生。

2. 结实期生育进程

生育晚限 11 叶品种 7 月 22 日左右（12 叶品种 7 月 29 日）进入始穗期。7 月 25 日左右（12 叶品种 8 月 1 日前）进入抽穗期。7 月 28 日前（12 叶品种 8 月 5 日前）进入齐穗期。开花受精后 7～9 d 子房纵向伸长，12～15 d 长足宽度，20～25 d 厚度定型，籽粒鲜重在抽穗后 25 d 达最大，35 d 左右干重基本定型。从抽穗到最终成熟需 40～50 d，需活动积温 900 ℃左右。

3. 结实期与产量构成的关系

结实期是最终确定结实率和粒重的时期。常因抽穗开花期的不良气候条件而影响受精、子房发育；因环境条件及病、虫害等因素影响灌浆结实过程中物质生产、运输，进而影响结实率和千粒重，最终影响品质、产量。

4. 结实期栽培管理目标

养根、保叶、防早衰，保持结实期旺盛的物质生产和运输能力，保证灌浆结实过程有充足的物质供应，确保安全成熟，提高稻谷品质和产量。

5. 结实期的诊断

（1）结实期生育与环境：始穗到齐穗经 7 d 左右，如遇低温天气，抽穗速度变慢，齐穗期拖后。开花期需要较高的温度和充足的光照，此时如遇低温、连续阴雨，将增加空粒率。灌浆结实过程，以日平均温度 20 ℃以上为好。温度低，灌浆速度变慢，日平均气温降至 15 ℃以下，植株物质生产能力停止，这是水稻安全成熟的界限。日平均气温降至 13 ℃以下，光合产物停止运转，灌浆随之停止，这是水稻成熟的晚限。

（2）结实期的叶片：结实期叶长与叶态都已定型，正常的叶色为绿而不浓。抽穗期主茎绿叶数不少于 4 片，功能叶为剑叶。各叶对产量的贡献率，剑叶为 52%、倒 2 叶为 22%、倒 3 叶为 7.7%、倒 4 叶为 17.7%。因此，要防止叶片衰老，保持活叶成熟。若长期淹水、过早停灌，或严重脱肥，叶片衰老速度加快，将导致物质生产不足、秕粒增多、千粒重降低、减产降质。若后期施氮过多，叶色过浓，则光合产物向籽粒分配减少，灌浆速度减慢，秕粒增多，粒重降低，稻米蛋白质含量提高，食味下降。

6. 结实期管理措施

（1）结实期的灌溉：主要是养根保叶。乳熟期要间歇灌溉，即灌 3 ~ 5 cm 浅水，自然落干至地表无水再行补水，如此反复；腊熟期间歇灌溉，灌 3 ~ 5 cm 浅水自然落干，脚窝无水再行补水，如此反复，直至腊熟末期停灌，黄熟初期排干。抽穗后 30 d 以内不可停灌，防止撤水逼熟。

（2）结实期施肥：叶色正常情况下不需施肥。剑叶明显褪淡、脱肥严重处，抽穗期补施粒肥，用量不超过全生育期施氮量的 10%。

（3）结实期的植保：防治穗颈瘟、枝梗瘟、粒瘟及其他穗粒部病害，与喷施叶面肥、水稻促早熟技术相结合进行。

7. 结实期生育异常的调控措施

因抽穗晚、抽穗后低温寡照、抽穗期叶色过浓而出现灌浆延迟或贪青晚熟危险时，应采取叶面喷施磷酸二氢钾等促早熟措施，必要时实施化学促熟措施，同时注意提高水温、地温。

六、收获、脱谷、干燥、贮藏

1. 水稻成熟适期收割的标准

95% 以上的粒颖壳变黄，2/3 以上穗轴变黄，95% 的小穗轴和副护颖变黄，即黄化完熟率达 95% 时为收割适期。

2. 收割后捆、码或放铺晾晒

水分降到 16% 以内，经过脱谷晾晒使水分达到 14.5% 的标准。用烘干机干燥，每小时降低一个水分，温度控制在 45 ℃ 以内，以免降低品质。整个晾晒过程防止湿、干反复，以免增加裂纹米率。

3. 按品种分别脱谷

换品种时必须清扫场地及机具，防止异品种混杂，降低产品等级。脱谷机转数每分钟控制在 500 转以内，谷外不得超过 2%。

4. 粮食入库贮藏

最晚在结冻前完成，防止冰冻、雪捂，降低品质。

5. 水稻种子

要割在霜前、脱在雪前、藏在冻前，水分降到 14.5% 的标准水分。

附：

酵素菌发酵稻壳有机肥操作技术规程

酵素菌发酵稻壳有机肥技术，是利用日本酵素原菌通过扩繁、增殖，生产出发酵剂，用来发酵稻壳制造有机肥。该技术操作规程如下：

一、制作配方

（1）粉碎稻壳 1 000 kg（约 3 m³）；
（2）新鲜粪便 200 kg（鸡粪、猪粪）；
（3）米糠（或麦麸）15 kg；
（4）红糖 1.5 kg；
（5）尿素 10 kg；
（6）发酵剂 4 kg；
（7）水 500 kg 左右。

二、原料混配

先将红糖、尿素用水溶化待用。

把米糠（或麦麸）、发酵剂与红糖水、尿素水混合均匀，作为小料倒入搅拌机中，加水充分搅拌，再将新鲜粪便加入混拌均匀，最后再与稻壳混拌均匀，进行堆制。

三、堆肥的管理

1. 堆形

堆成梯形长条堆，堆高度不超过 1.5 m，堆底宽不超过 5 m，堆长至少 5 m 以上。

2. 覆盖

堆肥四周用麻袋或草帘或土覆盖。堆顶用塑料布封盖，主要防止雨水的渗漏使堆内水分增加或散失，保持堆内适宜水分，否则影响发酵剂活性，造成堆制失败。

3. 温度

夏季堆制 48 h 以内，堆内温度即可达到 30 ~ 40 ℃，72 h 肥堆温度可达到 50 ~ 60 ℃。用温度计测温时，测温点应在堆内 30 cm 以上。春秋两季温度低，堆内温度上升的时间将推迟 1 ~ 2 d。

4. 倒堆

由于堆表面和堆内温度不同，发酵腐熟程度不同，应适时倒堆。从堆制开始，到堆内温度达到 65 ~ 70 ℃时，夏季需 7 d 左右，春秋两季需 14 d 左右，这时进行第一次倒堆，倒堆次数 2 ~ 3 次。要严格控制温度，最高不超过 70 ℃，当堆内温度超过 70 ℃时，说明堆内缺水，应进行补水倒堆，继续进行发酵；当堆内温度不足 40 ℃时，说明堆内水分过大，也应倒堆，降低水分。

5. 堆制时间

发酵好的稻壳标志是稻壳颜色由黄色变成黑褐色。当稻壳已全部变为褐色或黑褐色时，有机肥发酵完成。堆制时间一般为 20 ~ 30 d。

四 、注意事项

1. 水分

制作时的堆肥水分一般以手握成团不滴水、落地散开（22% ~ 25%绝对含水量）为宜，水分过多、过少均不好。水分过多造成堆内厌氧，好气性微生物活动慢或死亡，温度难以升高，造成堆制失败；水分过少，微生物活动旺盛，温度起温快，致使水分很快散失，保温效果差，温度下降快，微生物又停止活动，发酵效果不好。所以水分是发酵成败的关键。

2. 原料

以稻壳为原料。稻壳的特点是体轻、壳硬、硅质含量高、蜡质层厚、不易吸水、难腐烂。发酵稻壳有机肥时，必须克服稻壳这一特点，要把稻壳经粉碎机粉碎为 3 mm 左右，目的是提高稻壳吸水能力，便于微生物分解，提高发酵效果。

3. 粪便

必须使用新鲜的粪便，因为新鲜粪便可为微生物繁殖活动提供丰富的食源和能源，如鸡粪或猪粪或人粪用量均为 200 kg，用牛等反刍动物粪便时要适当多些。不能使用已腐熟过的粪便，因为腐熟过的粪便中的养分已被微生物分解利用过，所以没有再利用价值。

4. 尿素

稻壳碳氮比为 74 : 1，而微生物分解最适碳氮比为（25 ~ 30）: 1，所以加入尿素的目的是调整稻壳的碳氮比，促进微生物对其分解。

5. 配制方法

发酵剂、米糠、红糖水、尿素水等原料必须混拌在一起后，再与粪便和粉碎稻壳混拌进行发酵。绝不可以把发酵剂、米糠、红糖水、尿素水分开使用，目的是后三者可为酵素菌提供充足的食源，供微生物繁殖活动。如几种原料分开使用，微生物活动慢，起温慢，发酵时间延长。

6. 覆盖物

在发酵过程中，使用覆盖物的目的是防止阳光直射、漏雨等。用塑料布覆盖时，不能全部封死，否则不透气，影响发酵效果，因为好气性发酵必须有充足的氧气。

7. 搅拌均匀

无论机械混拌或人工混拌，菌、肥与稻壳必须搅拌均匀，充分接触，这样可使堆内起温快，减少倒堆次数，降低制造成本，提高发酵效果。

8. 菌种保管

发酵剂必须在阴凉、干燥、通风处保存，防止潮湿和阳光直射。一般可保存 1 ~ 2 年。酵素稻壳有机肥在水稻育苗替代床土有机肥使用时，按肥土 1：3（体积比）的比例配制使用，育苗方法参照"寒地水稻生育叶龄诊断技术要点"。

第五篇

水稻栽培必读

为了适应黑龙江垦区水稻生产发展和提高科学种田水平的需要，现摘译了本篇，供从事水稻科研、教学及生产的人员参考。

本篇是由日本农文协编的《稻作的基础》一书摘译而成的。该书是以片仓权次郎著《谁都能获得5石》《续——谁都能获得5石》，冈岛秀夫著《稻的生理和栽培》，津野幸人著《稻的科学》，中山彦治编《稻的育秧》，小西丰著《机插稻作的增产技术》6本书为基础编写的，1973年11月出版，到1983年7月的近10年中再版印刷21次，发行量较大。该书概括了日本20世纪70年代水稻增产经验与科学技术，是一本农家实践技术与基础科学相结合的水稻栽培基础知识书籍，很受人们欢迎。

第一章　水稻的生育和产量

一、水稻的特性

（一）水稻的基本特性

水稻的基本特性，用一句话来说，就是有在水田中生长的能力。水田中的昼夜温差比旱地小，而且季节间的变化也小。这点对水稻生育有利。但水田里氧气不足，当水温20℃时，水中溶氧量仅为3.1%，而且由于土壤微生物的争夺，在淹水的水田土壤中几乎没有氧气。水稻根系长在有水层的土壤中，而茎叶露在水面上，既非旱生植物，又非水生植物，它能积极利用这种氧、光、水三者齐备的优越环境。所以在水稻栽培上必须做好水的管理，要适应水稻的这种水旱的两重性。

（二）生育在水田里的优缺点

水田的优点，用水可以防除杂草，有水便于整平土地，利于保持温度，而且从水稻营养及其生理来说有几个优点。第一，水田中可被水稻吸收的养分多。水田土壤空气少，呈还原状态，磷、铁、锰和其他养分呈易于吸收的状态，集积在根的周围，适于水稻根系的吸收。第二，水田的水常把养分运到稻根的周围，而旱田是靠根的伸长去寻找养分。第三，是水本身的作用，水可使水稻快速生长，建立大的营养体没有水是不可能的。用水可以调整水稻的生长。但水田也易产生有害物质，水田的有害物质抑制根的有氧呼吸，是根腐的原因之一。总之，水田的优缺点常是表里相连的，所谓技术，就是要充分利用其优点，克服其缺点。

二、水稻的生长和发育

（一）水稻的一生

水稻的一生可分为两个较大的时期，即从水稻发芽开始建造营养体的营养生长期和长穗、结实的生殖生长期。在水稻一生中，生长率最高的期间，是在生殖生长期前半期的幼穗分化期到出穗期的1个月左右的期间。水稻经过发芽期、移栽期、幼穗分化期、减数分裂期、出穗期、成熟期完成它的一生，在各生育时期分别进行不同的生理活动。

（二）发芽的过程

（1）发芽的过程。稻种在一定的水分、温度、氧气条件下，从休眠状态开始活动发芽。首先是开始活动，胚乳养分通过吸收层送给胚芽，这一时期为发芽准备期，其次为幼芽、幼根突破种皮的生长期。种子吸水达13%以上时开始呼吸旺盛，细胞开始分裂或伸长，酶及生长素开始活动，胚乳中的淀粉、蛋白质分解，不仅成为构成新细胞的养分，还为呼吸作用提供能源。

（2）发芽的条件。稻种发芽时不需要光，水分、温度、氧气3个条件齐备即可发芽，三者缺一不可。吸水要近饱和状态，为20%～25%。吸水所需日数依水温而定，温度低时间要长。发芽时先出根或先出芽，取决于水分，实质是氧气，水少气多先出根。发芽最适温度为30～34 ℃，最低为10 ℃，最高为44 ℃。

（三）水稻地上部和地下部的生长

（1）叶的生长过程。在水稻种子中已分化形成4个叶片，以后随着发芽一面生长、一面分化，逐次增加叶数。当某叶出现时，其内部应有4个幼叶在分化生长。第三叶展开进入离乳时，第四至第六叶已经形成，第七叶原基已经分化。叶的生长速度受气温的影响，营养生长期每生长1片叶，在20 ℃时需5 d，33 ℃时需3 d，生长1片叶约需积温100 ℃。

各叶的出叶间隔，从第一叶到第七叶的出叶间隔，各叶逐次略有延长，到秧田期终了的第七叶形成第一个高峰，其上位各叶出叶间隔略有缩短，到第十、十一叶最短，再上各叶渐次延长（以15叶品种为例）。出叶转换期相当于出穗前35 d左右，是生长点分化剑叶的时期，在这以前出生的叶片其出叶间隔为4～5 d，生存期约为30 d，出叶转换期以后长出的4片叶，出叶间隔延长到8～10 d，生存期达60 d以上。

（2）分蘖方式。水稻主茎生长4～5叶时开始分蘖，有一次分蘖、二次分蘖等。因植伤、环境条件不良等，分蘖一般达不到按节位计算的数目。分蘖与叶片出生之间，存在着规则的秩序关系，称为同伸叶理论。即某一节发生的第一次分蘖，与从该节以上第三个节的主茎叶片同时出生。

（3）根的分化和生长。稻根的生长受生长点附近的土壤条件影响很大，氧气充足时根长而粗，分枝根和根毛发达，在还原土壤里则相反。在地温25 ℃时生长点细胞分裂旺盛，13 ℃以下或35 ℃以上则不分裂。根的出生规律与出叶相同，即某节的生根与其上第三节的叶同时伸长。稻根随分蘖的增加而增多，过最高分蘖期到拔节期发根停止。根数受体内含氮量支配，根的伸长受体内淀粉含量支配，为增加根数，要适当增施氮肥。

（四）穗的分化和结实

（1）穗的分化。到最高分蘖期，茎端生长点形成最后一叶即剑叶，这时生长点形成穗颈原基，进入幼穗分化即生殖生长。稻穗形成的顺序为：

穗首分化，在出穗前32 d；

一次枝梗分化，在出穗前29 d；

二次枝梗分化，在出穗前27 d；

颖花分化，在出穗前 25 d。

分化发育中的幼穗，对不良环境的抵抗力较弱，特别是颖花分化和减数分裂期，如遇 17 ℃以下低温或干旱，易出现畸形或不完全的颖花。颖花分化期氮素不足，颖花数减少；减数分裂期碳水化合物不足，颖花退化，颖花数减少。

（2）开花和受精。开花适温为 30 ℃，最低温度 15 ℃，最高温度 50 ℃。晴天开花时刻多为 10 ~ 12 时，开花后 1.5 ~ 2 h 闭花，阴雨天开花延迟。开花期遇低于 17 ℃的低温，花粉管伸长停止，花粉失去受精能力而造成不育。开花后 7 ~ 10 d 完成胚，以后蓄积淀粉，28 d 左右糙米干重最大，以后继续充实到 40 d 左右。

三、产量的构成

（一）各生育时期的作用

水稻生产是利用太阳能增加光合量，因此，高度维持叶的光合量是重要的。提高产量的措施如图 5-1-1 所示。

第一期为扩大叶面积的时期，要尽早达到最适叶面积。通过提高秧苗素质、适宜的基肥用量、施肥方法、栽植密度、选用品种、整地和灌水方法等，促进初期生育。

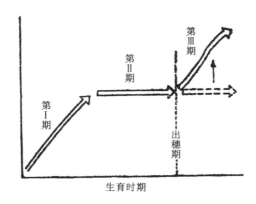

图 5-1-1　提高产量结构

第二期要保持一定的叶面积和光合能力，调节肥效以防止过分繁茂。从最高分蘖期到出穗 1 周内，调节肥效是水稻栽培中最难的。这个时期叶面积过大即成过分繁茂状态，会降低结实期淀粉的生产。这个时期决定构成产量的粒数。为提高产量，必须尽量增加总粒数，并为结实期的淀粉生产做好准备。因此，这个时期不能缺少氮肥，氮肥不仅对增加粒数有作用，而且对扩大叶面积也有作用。

第三期是使光合作用形成的淀粉更多地运向穗部。不论生产力多高，如不集积到穗里就没有意义。光合产物向穗中转运的多少，受接受淀粉流入的总粒数的多少和送入的光合产物的数量的影响。

生殖生长期的前半期幼穗发育消耗的养分不多，而这时生产的碳水化合物较多，剩余部分蓄积在叶鞘中，其蓄积量到出穗期达到最高。

进入生殖生长的后半期，即出穗结实期，抽穗前蓄积的淀粉向穗部流转，到出穗后20 d左右，体内蓄积的淀粉量达到最低。另一方面，旺盛地进行光合作用，新合成的淀粉不断向穗部充实。出穗前在茎叶中蓄积的养分向穗部运转的比率为20% ~ 40%。

（二）产量是怎样构成的

了解水稻产量是怎样构成的,对考虑栽培技术颇为重要。水稻的产量由穗数、一穗粒数、结实率、粒重4个因素构成。在栽培上必须明确这些因素是何时、依何种条件而变化的。

（1）穗数的确定。穗数的多少受分蘖多少的影响，早在发芽初期就与穗数形成有关，与插秧后20 ~ 30 d间的分蘖盛期关系最大。所以，确定穗数的时期从发芽一直到最高分蘖期，以后的环境变化对穗数的影响不大。从生理上看，最高分蘖期后10 d，同一株的分蘖可分为叶数正常生长群和叶数生长停滞群，正常生长群的分蘖为有效分蘖，停滞群的分蘖为无效分蘖。

（2）粒数的确定。决定粒数有两个要素，一是每穗能分化多少粒数，二是分化的粒数有多少退化。决定粒数的多少，从穗首分化（出穗前32 d）开始，到减数分裂终了为止约27 d，前半期以枝梗分化为中心，是粒数增加的时期，后半期以减数分裂为中心，是粒数减少时期，两者的差就是一穗的粒数。一般所说的幼穗形成期，是指出穗前25 d的颖花分化期，这时第一次枝梗和第二次枝梗均已分化完了，所以对颖花数增加影响最大的时期是在此之前。其后颖花退化的原因，主要是随着幼穗的很快生长，对营养状况等环境条件变化的影响最为敏感所致。

（3）成粒率的确定。颖花数确定以后，如果成熟不好，也不能提高产量。成熟不良可分为不受精和发育停止两类。从幼穗形成开始到出穗后30 d，是影响成粒率的时期，其中影响最大的是从减数分裂到出穗后15 d之间。

（4）千粒重的确定。粒重是由颖壳容积和装入的胚乳量来决定的。颖壳大小在花前已经决定，开花后灌浆不足粒重亦低。

（三）产量构成因素和产量

产量构成因素有4个，产量以其连乘积来表示。
（1）穗数：平均单位面积穗数。
（2）每穗粒数：计数若干穗的粒数，求其平均值。
（3）成粒率：用比重1.06的盐水选，下沉粒数占总粒数的百分比。
（4）粒重：一般以1 000粒成粒的重量来表示，亦称为千粒重。

以穗数乘每穗粒数，求出单位面积总粒数，再乘成粒率，得出单位面积成粒数，再乘以千粒重即得单位面积产量。

就水稻来说，穗数和每穗粒数之间存在着某一方面增加、则另一方面减少的关系。即或相同的品种，穗数增加，则每穗粒数减少。在总粒数和成粒率之间，也存在粒数增加、成粒率下降的关系。总成粒数和粒重之间也存在一方增加、另一方减少的关系。因此，产量构成因素之间不是孤立的，而是相互制约的，在计算上通过增加某一因素，其连乘积可以得到较大的数字，而实际产量未必提高。高产途径的根本，是要确保合理的粒数，并促进淀粉生产，使其灌浆饱满。

（四）高产的途径

（1）光能利用是根本。不仅是水稻，一切作物栽培的根本就是提高光能利用。稻作的目的是要得到大米，光能利用率最高的时期是在出穗后。所以一切措施都要从提高出穗后的光能利用率来考虑。为此，最要紧的是不使出穗后的光利用恶化，也就是不使水稻过分繁茂。其次要不使水田的优点变为缺点，水田能供给水稻生育所需的水分和营养，但如调节不当，优点就会变为缺点。因此，调整出穗后的光能利用，集中到籽实生产上来，是今后新的技术方向。提高后期根的活力，以提高叶的光合能力，协调穗、叶、茎、根的关系，使穗部积蓄更多的淀粉。

（2）穗重与穗数的比较。宁可把重点放在穗重上。穗数和粒数分开考虑是不对的，要统一考虑。如对穗重型品种，穗数会减少，而每穗粒数增加。采取首先确定单位面积合理茎数，然后努力增加着粒数的方法比较好。如果平均每穗粒数为100粒，则主茎穗粒数多的有150粒，少的有60～70粒。提高穗的整齐度也可增加每穗粒数。另外，提高成粒率和粒重也有增产潜力，即或不增加茎数也能提高产量。高产的水稻，主、蘖穗分辨不清，有时一、二号分蘖穗比主茎穗还大，株高也高。

（3）提高谷草比的方向。高产稻作的途径，用一句话来说就是增谷减草。例如去年谷、草总产为200 kg，其中谷100 kg、草100 kg。今年增产1成，其中谷为110 kg，草为90 kg，谷草总产仍是200 kg。这说明，增产的水稻不是增加稻草，也不是大大增加茎数，而是使茎叶蓄积的养分最后都输向穗部，不残留在茎叶中。谷粒充实不良，草重必增。所以高产水稻的穗部要有活力，有不断吸收叶茎养分的能力。

（五）机插稻作的特点

提高结实率是手插稻作的关键技术环节，随着产量的提高，与其增加穗数、粒数，不如把重点放在提高结实率上。而机插稻作，在现阶段提高结实率却不如增加粒数重要。机插小苗比手插的粒数少，所以结实好。机插稻粒数少的原因，一是每穗着粒少。着粒数是由出穗前40～30 d稻株的姿态与素质，亦即茎的充实度来决定的，机插小苗茎比手插稻瘦弱，从这样的茎中不能长出大穗来。二是穗数不足，一般认为小苗容易利用低位分蘖，而事实恰恰相反，1～4号分蘖死亡，一般从5～6号分蘖开始利用。机插每穴苗数多，才能使机插与手插的穗数相近。

第二章　水稻的营养生理

一、养分的吸收

（一）生育时期和养分吸收

古人说"米一石（60 kg）、氮一贯（3.75 kg）"。实际分析水稻收获产物，产米 1 石吸收氮 0.9 贯（3.38 kg），接近一贯。产米 5 石需氮 4.5 贯（16.8 kg），水田无肥栽培可收 2 石，所需的约 2 贯氮肥是由土壤供给的。但一般施氮 2 贯却只收 3 石，这是由于浪费或吸收率不高造成的。水稻生育必需的养分为氮、磷、钾、镁、钙和微量元素铁、锰、锌、铜、硼、钼、氯、硅等。做肥料施用，以氮、磷、钾为主，其他在稻田中均有，一般可不考虑施用。在秋衰田施硅有一定效果。

以氮的吸收为例，从分蘖期到伸长期吸收旺盛，开花以后吸收停止，与水稻大量需氮的时期相吻合。值得注意的是，出穗以后暂停吸氮，不是穗不需要氮素，而是出穗以后茎叶中的氮向穗部转移，形成养分的再分配利用。磷也是同样，出穗期以前吸收的 60% ~ 75%，从穗形成开始，由茎叶向穗部转移。所以，出穗后不是不需要氮、磷，而是将出穗前吸收蓄积在体内的氮、磷再转移利用。

钾在全生育期都需要，也可从茎叶向穗部转移，但数量很少，不超过 20%。出穗后吸收的钾，大部分停留在叶中。氮、磷、钾的功能是不同的。氮和磷是合成蛋白质的原料，出穗后，穗活动所需的蛋白质随时从茎叶中运到穗，并尽力接收从叶送来的碳水化合物。而钾残留叶中，为叶的光合生产和向穗部输送碳水化合物而起作用。

总之，养分根据生育的需要而吸收，又根据需要而再分配。

（二）养分吸收后的动向

出穗前在稻体内蓄积的氮、磷、钾等养分，出穗后在体内进行再分配使用。养分的再分配利用不仅在出穗后有，在出穗前甚至在苗期也是有的。

稻种胚内已有 3 个叶的原始体，靠胚乳营养逐渐生长。生根后吸收土壤养分，逐渐过渡到独立营养。

水稻的生育，是叶、蘖、根渐次增长的。每个器官生育所需的蛋白质和碳水化合物，不是靠自己制作，而是靠母体供给的。例如第五叶生长所需的营养物质，不是自身合成的，而是第四叶和第三叶供给的。第五叶长到一定程度，才开始独立合成营养并向新生器官供应养分，以后逐渐衰老、枯死，其所含氮、磷养分向新生器官转移。转移数量因条件而不同，如叶茂光暗或低温致死，其所含养分多蓄积在叶内而不向外转移。

总之，水稻从秧田发芽开始，渐次增加新叶、分蘖，新叶依靠老叶，新老之间存在密切关系。为培育理想株形，如想使剑叶长到 20 cm，在剑叶长出时施肥管理已经过晚，必须在其前叶以及更前一叶采取措施，才能实现。

现在以 1 个叶片为例，说明新、老叶之间的关系（图 5-2-1）。图 5-2-1 中以第 4 叶的出生到枯死，表明叶中氮、淀粉、纤维素的含量动态变化。当叶露尖时，由前一叶供给氮素，含量较多，但还不能独立，淀粉合成也少。随着叶的伸长，进入成龄叶，光合作用旺盛，淀粉量增加。随之叶的骨架纤维素也增加，更利于光合作用。生产的碳水化合物不断供给新生的叶、蘖。经 2 周后，该叶逐渐老化，光合作用减弱，叶中的氮向新生器官转移。这种规律无论对叶或叶鞘、根都是适用的，水稻的一生也是这种关系。

从图 5-2-2 可以看出，从分蘖期到幼穗分化期，蛋白质形成最多，是建成营养体所必需的。而合成蛋白质，需要根吸收的氮、磷、硫和叶中形成的碳水化合物。在茎数确保以后，为节间伸长、建成利于受光的骨架，要增加纤维素、木质素，以后进入出穗、结实，稻体合成的碳水化合物向穗部转移，形成淀粉，成为大米。合成蛋白质、纤维素、木质素，是为"淀粉制造工厂"打好基础，安好"机械设备"，以保持"淀粉工厂"的正常生产。充分利用光能，向穗部蓄积更多的淀粉，是技术中心。

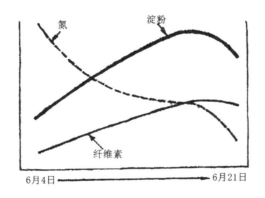

图 5-2-1　1 片叶的生长和内含物的变化

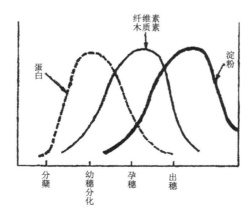

图 5-2-2　各生育时期内含物的变化

二、各器官和养分分配

（一）分蘖和养分

分蘖伸长所需养分，由着生的节部供给，节的养分从叶、叶鞘和节间中来。值得注意的是，出生分蘖的节上长的叶（如图5-2-3中A），其合成的养分向下个节运送，而分蘖芽所需的养分主要由相对侧的上叶（B）送来。当然也从节上的叶（A）取得养分，但比率很少。

主茎叶合成的养分，既向上供给新生叶所需，又要供给下部节上分蘖芽的生长。当主茎叶从根部得到的碳水化合物养分少，合成的物质无力全面供给时，首先保证新生叶的生长，其相应的分蘖将受抑制而不能伸长。所以在肥料不足时分蘖减少。另外叶片繁茂郁蔽，影响叶片功能时分蘖亦少。

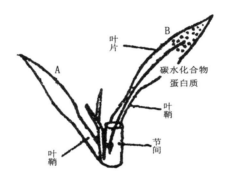

图 5-2-3　分蘖使用的养分

（二）叶、茎、根的分工体系

一粒稻种一般可生产 1 000 粒稻谷，在一生中其叶、茎、根是通力协作、互相配合的，用图5-2-4的模式可以说明。图5-2-4中所示为出穗期的水稻模型。剑叶和其下较新的叶片所合成的碳水化合物向穗部输送，是灌浆的中心功能叶。在其下的较老叶合成的养分主要供给茎秆，形成植株骨架，以支撑穗部和叶片。再下的老叶合成的碳水化合物，送入根部，作为根部吸收养分的能源。而根系吸收的养分不流向下叶，只送到剑叶和较上的叶片中去，在那形成简单的蛋白质等再流转到穗部。如果植株过分繁茂，则下叶早衰，上叶活力降低，光合能力减弱，结果穗粒发育不良。有经验的农民，知道水稻下叶与根的活力有关，因此，通过灌溉等方法，设法不使其早衰。

合成的碳水化合物

肥料养分

图 5-2-4　叶、茎、根的分工

（三）叶的光合能力

叶伸长过程中所需的养分，由伸长叶下数 2 ~ 3 叶供给。展开中的叶片虽能生产碳水化合物，但仍需他叶的供给。叶片展开完了，才有力量供给他叶。叶光合能力最强的时期，是在完全展开后数日间，以后逐渐下降，这时也恰为上叶展开完了的时候。所以叶的光合能力由下叶依次向上位叶移动。剑叶及其下叶合成的碳水化合物，主要流入穗部形成糙米，从剑叶下数第 6 叶的碳水化合物，大部分移向根部，中间各叶合成的养分向穗和根两方面流转。

下叶枯萎的原因，首先是氮素不足。试验证明，当氮素不足时，下叶保有的氮素将转送到上叶，而本身枯萎。其次是光照不足。在弱光下，下叶早枯。必须充分认识过分繁茂的弊端。过分繁茂时，下叶受光少，不能进行光合作用，却还要向根供给碳水化合物，以至枯萎死亡。

（四）生育时期和叶的功能

生育时期与各叶的功能因品种和栽培条件而有不同。以藤坂 5 号为例，主茎叶数为 14 ~ 15 个（以不完全叶为第一叶），这些叶的功能，亦即各叶合成的碳水化合物送往哪里，因生育期而不同。有的叶为生长分蘖，有的叶为穗粒数服务。了解这些关系，才能具体制订确保粒数的计划。

从图 5-2-5 可以看出，发芽后生出第一、二叶为苗自身增大起作用，称为苗叶；第三、四叶为返青叶，也就是在本田向根部输送碳水化合物以促发新根的叶，第四 ~ 八叶是分蘖叶，为调节分蘖须注意对这些叶片的促控，第八～十二叶与穗的大小亦即粒数多少有关，同时对节间伸长也有作用。如针对这些叶片施穗肥，易助长节间伸长招致倒伏，第十二～十五叶为灌浆成熟叶片。各叶之间是互相联系的，从第一叶到剑叶形成一个链条，只靠某一叶是不行的。

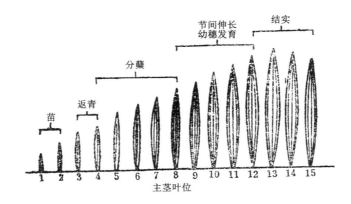

图 5-2-5　与各生育期有关的叶片

三、根的营养生理

（一）叶和根的出生规律

根和地上部的生育有密切关系。4叶以后某节上的一次根，与其上第三节的叶同时伸长，如第五节根（从下数第五节发出的根）和第八叶同时伸长。一般返青好的苗，其发根快，而发根好的秧苗充实，氮、淀粉含量高。

上数第三叶叶鞘的淀粉含量最多。当某叶伸出时，该叶的下二叶为活动中心叶（功能最旺盛叶）。活动中心叶与其下一叶节的根和维管束有密切关联（图5-2-6）。

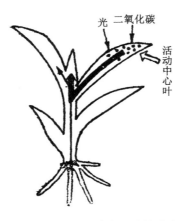

图 5-2-6　活动中心叶的功能

根的发生与伸长，需地上部供给碳水化合物。根伸长所需矿物质，由根从土壤中吸收，而碳水化合物必须由地上部供给。所以，如果没有地上部物质供给充分的节，就长不出好的根系来。

活动中心叶是茎上各叶中光合作用最旺盛的叶，物质生产量最多。所以从与活动中心叶关联最深的节上，可长出良好的根。活动中心叶随生育进展，逐次向上叶转移，所以发根节位也逐次向上移动。

特别重要的是，老化的节绝对不能发根。所以出叶与发根是按严格的规律紧密结合的，地上部的生育当然会影响地下部。

（二）发根节位和伸长方式的差异

生育初期，根系分布在浅层。地上部生长到伸长期，根也开始向深层伸长，到出穗期达最深层。地下部占地上部重量的比率，分蘖初期最高，达35%左右，出穗期以后仅为5%～15%。根的发育，生育初期比地上部略迟，到出穗期根系完成，到灌浆成熟期由于枯死根量渐减。有趣的是，根的伸长角度因发根节位而不同。

如图5-2-7所示，根的发生是由下位节逐次向上位节转移，返青期发生的根系向深层伸长（第六、七节）。随着生育的进展，根的伸展方向接近水平，最后出生的为表根（十一节）。早发生的根分布深，晚发生的根分布浅。

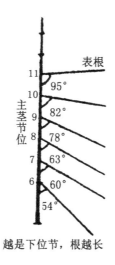

图 5-2-7 根的发生节位和伸长方式

关于初生根的诊断，地上部的生育状况可反映到初生根上。细心拔出稻株，洗去根部泥土，观察初生根，是判断活动中心叶是否健全的重要指标。首先要看是否根粗、根多，如果根既粗又多，便可放心。其次要注意支根发生位置与根尖的距离，从根尖到支根发生位置间的距离愈长，愈是伸长好的根。土壤环境不良或地上部光合能力下降时，根尖与支根发生位置的距离就会缩短。

（三）发生的位置和功能的差异

无论是根或叶，其功能因发生时期和发生位置不同而有差异。从根系活动与叶的关系来看，当某叶伸出时，其下第四叶节的根正在旺盛活动，它吸收的物质供应其上第二节位着生叶（活动中心叶）。

某节位根和上位叶的关系，随两者距离增加而减弱。根输送水分的通道（导管）的横断面，也与发生节位有关，大约以第六、七节发生的根为最大，在此以上或以下均渐次变小。

日本水稻品种以主茎 16 叶（不完全叶为 1 叶）的较多，这种水稻的发根节位，是从下数的 1 ~ 12 节。13 ~ 16 节虽有发根能力，但由于伸长在地上，所以一般不带根。剑叶和其下叶的维管束与穗密切相连，其光合产物主要供给穗。乳熟期养分的流向，剑叶和其下第二叶的光合产物主要流向穗部，其下第四叶合成的碳水化合物大部分送往根部。在幼穗阶段，上位叶的光合产物送给伸长中的叶和幼穗，下位叶（上数第五叶）的光合产物大部分送往根部。

（四）根和地上部的联系

保持根的活力，就是使根的功能不下降。根的功能就是吸收水分和养分。养分由根的幼嫩部分吸收，根尖端附近吸收的养分，留在该处的比例较大，稍后部分吸收的养分，向地上部输送的比例较大，吸水旺盛的部位也是这部分。

将水稻幼苗切去新根或根尖，在数小时内看不出对光合作用有明显影响。当切掉一半左右的根时才表现光合作用下降。这是由于吸水减少，体内水分不足造成的。幼苗期地上部小，而根量比较多，所以不易看出断根的影响。到结实期，根量相对减少，根的障碍会直接造成光合能力的下降。

特别是到结实期，根枯死速度加快，这是由于出穗后碳水化合物向穗部集中，下叶的光合作用减弱或枯萎，输向根部的碳水化合物减少，使根的呼吸作用不能充分进行，抵抗不良环境（还原状态）的能力减弱，以致枯死。未枯而残存的根也由于细胞内糖分减少，渗透压下降，吸水困难，使地上部水分不足而逐渐枯萎。所谓稻的成熟，就是指体内失水致死的现象。水稻生育末期不能吸收水分，这是不得己的，但时期过早则成问题。如成熟期平均气温高时，结实期的日数则缩短，这是由于吸水不良的稻体在高温条件下蒸腾旺盛，体内失水加速而导致早枯。

如果下叶不早枯，能向地下部输送碳水化合物，吸水能力增强，则能抗御结实期的高温。如果从地下部供给的水分充足，穗部保持较高的水分，随时可接受碳水化合物的流入，即可获得结实良好的水稻。

（五）根的活力受下叶支配

根的基本功能是吸收养分、水分并将其输送到地上部。根系还有一项重要的任务，就是在水田中生育的能力。这种能力，包括从茎叶获得根系生活必需的养分，以及在无氧土壤里生活和将水田产生的有害物质变为无害物质两个方面。我们将后者称为氧化力。根的氧化力与营养状态有关，特别是含氮较多的根系，在严重缺氮时氧化力减弱，根受有害物质损伤，不能吸收水分、养分。

根在无氧状态的水田里生活的另一种方法，就是所谓的"浅根性"。随着生育进展，陆续长出新根，以抵抗有害物质。一般来说新根吸收水分、养分的能力强。但在新老掺混的根群中，新根反而不如老根吸收量多，这是因为老根的支根多，吸收面积大，吸收的能源——碳水化合物也多。茎叶生长所需养分的大半靠老根来供给。

新根从茎节蓄积的养分中取得本身生长需要的养分，吸收的氮、磷也只用于本身的生长。但是，它含有较多蛋白质，活力很强，变有害物质为无害的氧化力很大。老根虽然也有氧化力，但只限于根端部分，不如新根的氧化力强。总之，稻的根系有补给茎叶水分、养分的功能，又有氧化际有害物的使命。

新根将吸收养分、水分的重任委托给老根，自己专心建造自己的身体，为将来的吸收做准备，并用自己强大的氧化力援助老根吸收养分、水分。在老根受有害物质影响或茎叶要求养分、水分急增时，新根也积极吸收供应。这与新叶只从老叶中取得养分进行生育是有所不同的。在营养状态良好时，新根和老根可很好配合，若停止供氮或茎叶供给的碳水化合物受阻时就差些了。

出穗后稻的生长中心转向穗部。出穗前稻向体内蓄积养分，出穗后则根据需要养分趋向再分配利用。根受地上部的影响，新根数减少，抵抗有害物质能力减弱。

根部受有害物质影响的时期是伸长期。这时水田地温升高，微生物活动还原激烈，而这时恰值水稻生育繁茂、下叶向根部供给的碳水化合物容易中断的时期，根在水田中处于逆境，新根也因能源不足而氧化力降低。为此，人们采取晒田和培土等措施，以改善根的环境，消除有毒物质。但更重要的应注意不使地上部过分繁茂，使下叶能为根提供充分能源，使根能持续发挥其功能。

（六）氧气不足根系也能生活

虽说水稻是两栖生物，但生活在无氧水田中的根系是不能活动的。根系吸收养分，不是简单地将根周围的养分随水吸入。为了吸收水分、养分需要能源。根也同样靠呼吸氧化从叶获得的碳水化合物，提供吸收水分、养分的能源（图 5-2-8）。根靠无氧呼吸获取能量的效率很低，土中氧气又极少。然而，水稻具有从茎叶向体内输送氧气的通气组织。根系利用这种通气组织获得氧气，因此在无氧的水田中也能进行有氧呼吸，吸收水分和养分。而且，如水田中有还原产生的硫化氢等有毒物质，根系利用从地上部茎叶获得的氧气及能源，可以将有害物氧化为无害物质，为自己营造良好的生育环境。根的这种功能即为氧化力。

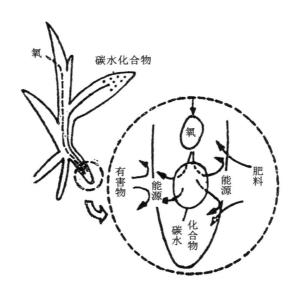

图5-2-8 根的机能和呼吸

在寒地水稻育秧时，有的下面叶未黄而新叶很快变黄，这种现象有时是病害，有时就是根的氧化力低的原因。水稻从下叶渐次向上变黄新叶不黄，是由于氮、磷、钾等养分不足。如下叶绿而新叶变黄，则是由于铁、锰等不足而引起的。水田含有水稻需要的多种养分。当气温升高，水田土壤中氧气被微生物利用，使水田呈还原状态时，产生有害物质，同时还原状态可使磷、铁溶解于水，变为易被水稻吸收的形态，所以，也有增加磷、铁养分的作用。在寒地气温低的水稻秧田里，由于地温低，床土还原差，磷、铁未溶解于水，铁不足使新叶变黄。这种缺铁，可通过施铁或提高地温促进还原而解决。所以，水稻根的这种特性，有有利的一面，也有不利的一面。如诊断错误，容易产生种种障碍。

第三章　水稻生产淀粉的机制

一、淀粉蓄积的原理

（一）淀粉生产的机制

光合作用就是植物利用太阳能，将空气中的二氧化碳和水合成碳水化合物的过程。所以稻体的大部分是以空气中二氧化碳和水为原料建成的。光合作用在植物的绿色部分都能进行，但稻穗和叶鞘的光合作用很少，基本与其呼吸作用相抵消。稻叶的光合作用为呼吸作用的 5 ~ 10 倍，所以叶片是生产碳水化合物的主要"工厂"（图 5-3-1）。

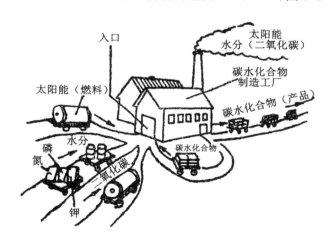

图 5-3-1　生产碳水化合物必须供给的物资

向"工厂"输入的太阳能，大部分用在水的蒸腾上，并随水返回空中，所以被固定在产品中的太阳能，仅为全部投入能量的 1% ~ 5%。

光合作用和呼吸作用的关系如下：

$$光合量-呼吸量 = 生产量$$
$$收入　　　支出　　　贮存$$

上式成立的理由是：

光合作用：二氧化碳 + 水 → 碳水化合物 + 氧

呼吸作用：碳水化合物 + 氧 → 二氧化碳 + 水

增加生产量就是增加光合成量，减少呼吸量。

（二）淀粉蓄积的3个条件

穗部蓄积淀粉必须具备3个条件。

第一，叶片充分利用太阳光能，固定空气中的二氧化碳；

第二，生产的碳水化合物向叶鞘、节、中移动，并向穗部输送；

第三，穗不仅是贮藏淀粉的口袋，而且要随时将输送来的碳水化合物合成淀粉。这3个条件缺一不可（图5-3-2）。

如何满足这3个条件，首先，要有充分的叶绿素固定空气中的二氧化碳，而且要有足够的水，特别是在出穗后不能断水，以保证叶片的水分、养分，促进光合作用。

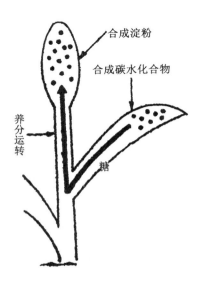

图 5-3-2　蓄积淀粉的 3 个条件

其次，就是合成的碳水化合物经叶鞘、秆向穗部运输，这不仅是通道问题，而且和根系吸收养分一样，叶鞘和秆用呼吸产生的能量来从事运输。过去，农民在出穗后成熟前，在穗的枝梗尚绿时追肥，就是促进碳水化合物运送能力的措施。

最后，输入穗部的碳水化合物（糖）要尽快转化为淀粉，穗、秆、叶的健壮生长是个前提条件。因此调节穗、秆、叶各部器官为蓄积淀粉这同一目的而努力活动，是关键所在。

二、光能的有效利用

（一）光合能力的限制因素

水稻在群体条件下，其生产结构和个体是不同的。个体在孤立状态下时，周围光照充足，叶面积越大产量越高，限制叶面积扩大的氮素等营养不足是生产的限制因子，而在群体状态下时，提高光能利用就成为很重要的问题。例如，群落上面的光照强度为10万lx时，上部第一、二叶的光合能力为 100%，则第三叶为 60%，第四叶为 25%。叶面积指数增加，群体的光合量不一定增加。光被上层叶片吸收，下叶处于光不足状态，抑制了光合能力，甚至由于呼吸作用而出现负值。所以为增加群体光合量而增加叶面积时，必须使下层叶片受光较好才能实现。

（二）叶面积增大光合量未必增加

叶面积指数是叶面积与土地面积的比。例如，叶面积指数是 3，则每平方米水稻的叶面积总和为 3 m²。当日照强（1.0 cal，1 cal ≈ 4.19 J）、叶面积指数在 6 以内时，光合量随叶面积增加而增加；而日照弱（0.25 cal）时，叶面积指数在 3 以内光合量增加，到 4 以上时光合量渐次下降，即叶面积与光合量不成正比。这样，可把在一定日照强度下光合量最大的叶面积指数称为光合最适叶面积指数。其值因日照强弱而不同，日照弱时趋向低值，反之则向高值移动，而不是固定的。日照量在一天中正午最强，早晚弱些，晴和阴也不一样。所以要根据不同年份的实际光照条件调节叶面积。

（三）防止初期过分繁茂与光利用效率

日本水稻的平均产量（糙米，译者注），1883 年为 1.2 石（每 0.1 hm² 产量，每石 180.5 L），1923 年为 1.9 石，1938 年为 2.0 石，1960 年为 2.7 石，与 1883 年相比增长 2 倍以上。特别是寒地稻作及其增产技术，在世界上居于领先地位。

日本水稻栽培所以能逐渐向北发展，除品种改良和施肥管理等之外，主要是采取生育促进技术的结果。促进早发的关键是培育壮苗，增加基肥，适当密植，尽早确保茎数。因为北部气候冷凉，水稻不易过分繁茂，促进生育可提高出穗后的光能利用，这是水稻向北推进的原因之一。但是，目前随着促进生育技术的完善，光能利用效率高的时期有所提早，反而出现过分繁茂之害，"4 石到顶"的说法就是这种情况的反映。

为了防止过分繁茂，必须控制基肥，加强水的管理，防止徒长，注意根的伸长，使出穗后根不早衰，掌握叶色不使追肥过量，采用宽行条植防止伸长期叶片过繁。有经验的农民认为，水稻生育初期长势不宜过猛，要看起来不起眼的样子。这样的长相，对结实有好处。因为运往穗部的碳水化合物，其来源除叶的光合产物外，还有贮藏在秆中的淀粉。叶生产的淀粉，初期存于叶鞘，以后转入秆，再由秆转入穗。出穗前贮存在秆中的淀粉向穗部输送的比率，因栽培方法而有不同。其中，与氮肥吸收方法密切相关。图 5-3-3 表明了其间的关系。

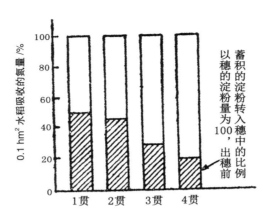

图 5-3-3　淀粉输送与氮吸收量之间的关系

氮吸收量减少，茎秆蓄积的淀粉增多，向穗部转移的比率也大。初期生长受到控制的水稻，可在出穗前为穗准备些淀粉，相对减轻出穗后叶的负担。

（四）结实期的长短和蓄积量

越是早熟的品种结实期间越短；越是穗小的，其结实期间也越短。在生育顺利时，一般结实期有 40 d 左右即很充分。结实期间长是好是坏，因水稻生育状况而不同。时间延长或缩短，有的增产，有的减产。

碳水化合物向穗部运转有"推"和"拉"的力量，总称为成熟力。在出穗后要有良好的受光姿态，叶片保持活力，枝梗、谷粒不早衰，以姿态和时间来适应光照的不足。如果培育在出穗前 30 d 能大量蓄积碳水化合物的水稻，即可不受当年天气的左右，每年均可获得较高的收成。如不注意这点，一旦秋天天气不良，成熟率就会下降。

第四章　栽培期和品种

一、全生育期和结实期

考虑水稻栽培计划时，把出穗到成熟放在什么时期是个重要问题。用一句话来说，是要放在连续晴天的时期，也就是要安排在能有效利用光能的条件下。结实期间短，光的绝对利用量减少。为提高产量，须设法延长结实期间。因此，要想缩短生育期，应缩短出穗前的期间。实际上，好的早熟品种，其全生育期受到促进，而结实期间长，所以能取得好的产量。

为了高产量，常想延长总的生育期间。但是，与其延长总的生育期间，不如延长结实期间为好。所以，应缩短出穗前的生育期间，而将缩短部分在结实期延长，这是比较有利的（图5-4-1）。

从栽培期来说，以短些为理想，不必过长。短的优点是生产效率高，栽插期不受严格限制。生育期间短而且产量高是比较理想的。

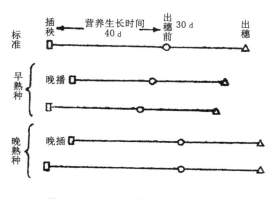

图5-4-1　早晚熟和营养生长期间

二、适当的营养生长期

从插秧到出穗前30 d，约有40 d的时间，这是很重要的营养生长期。水稻一生中最重要的时期是出穗前30 d左右的穗首分化期，在穗首分化期使水稻的姿态、体内的营养状态达到最佳为好。这时脱肥或氮素过剩都不好。为此稻田要适当深耕，土壤缓慢释放养分，并施氮肥做接力肥，使稻体充实，蓄积较多的碳水化合物。

在营养生长期间，为达到理想的生育，要防止因除草剂的施用而造成影响，保证营养生长必要的时间（图5-4-2）。

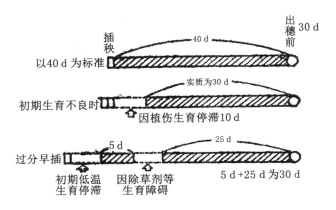

图5-4-2　栽培方法和营养生长期间

三、品种和营养生长期

在较难确保营养生长期的寒冷地区，要在育苗上下功夫，尽量早栽，努力确保营养生长期40 d，这是积极增产的办法。为此要采用返青快的保温旱育苗方法和不使初期生育停止的管水方法。

如图5-4-3所列，对早熟品种日本海，为延长营养生长期要早插。对生育期长的千秋乐品种，要在提高秧苗素质上下功夫。寒地稻作以育大苗晚植为好。

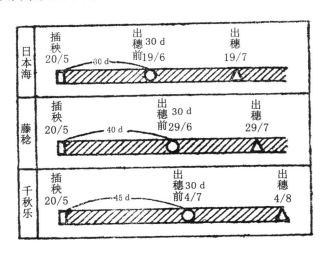

图5-4-3　品种和营养生长期间

第五章　本田的准备和施肥

一、土壤条件和地力

（一）地力和堆肥

日本传统的稻作技术，是充分施用堆肥，增加土壤有机质，以深耕增加耕作层。也就是以深耕、堆肥为基础建立起来的高产技术。

堆肥一般是将秸秆、草等有机物堆积腐熟后施用。其结果是增加了土壤微生物的营养——腐殖质。有机物的腐烂，是微生物活动的结果。秸秆等有机物，其主要成分是光合作用形成的碳水化合物，并含有一定比例的氮、磷、钾肥料元素。微生物以有机物为营养而生活。有机物被微生物分解利用，最后产生二氧化碳和无机元素。植物利用无机元素作为养料。

土壤中有很多微生物，其活动须具备一定条件。将其列出如下：

（1）酸性条件对其活动有抑制作用，必须调整土壤酸度。

（2）秸秆等原料中碳氮比高，微生物活动困难，制造堆肥时应加氮素，将碳氮比降低到 20 为宜。稻草、落叶等的碳氮比为 50 ~ 70，绿肥为 10 ~ 15。有机物在土壤中分解的适宜碳氮比为 20 ~ 25。

（3）低温抑制微生物活动，有机物分解困难。

（4）氧气不足抑制微生物活动。

要随时注意以上 4 个条件，才能做到堆肥的有效利用。特别是水田，水的灌排影响堆肥效果，是发挥地力还是浪费地力，都与水的灌排有密切关系。

堆肥和水稻的关系，简要说来，没有堆肥，结实期的生产力将下降。没有地力的水田，在结实期即或反复追肥，也不能防止叶片氮浓度的下降，进而导致光合能力下降和叶面积不足，使成熟率降低。堆肥和化肥不同，只有在微生物分解期间才能发挥肥效。堆肥肥效的发挥因温度条件而有差异，即或同一种土壤，在寒地或暖地堆肥分解释放氮素量也是不一样的。

如图 5-5-1 所示，在寒地，堆肥释放的氮素起结实期追肥一样的作用；在暖地，于最高分蘖期表现出肥效，化肥肥效与堆肥肥效一起发挥，易增加无效分蘖，降低堆肥本来的肥效。

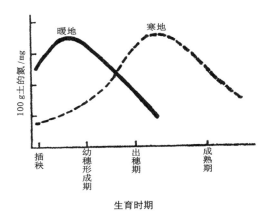

图 5-5-1　堆肥氮素肥效反应

根据前述有机物分解的条件，要使堆肥晚分解，使之在后期发挥肥效，只要控氧、降温即可。如通过深耕将堆肥翻入深层，使其在后期发挥肥效，以实现增产。

为使堆肥发挥肥效，必须辅之以水的管理。多施堆肥，如果淹水灌溉，因土壤呈还原状态而引起根腐；如果无水干旱，土壤中氧气过多，促进堆肥分解，会急剧发挥肥效。防止的办法是饱和水栽培，这对有一定地力的水田来说，是必须采用的管水方法。

有人问：不施堆肥，而用化肥于结实期追肥，或深层追肥是否可以？从水稻根系方面看，追肥和堆肥是不同的。第一，追肥仅施在土壤表面，第二，即或深层追肥，也难全部被根系吸收。

图 5-5-2 是水稻孕穗期以后各节位发根分布状况。表层追肥，只有第一节根或者第二节根可以得到肥料。幼穗形成期进行深层追肥，可施到第三、四节根，所以有防止根系老化的效果。如向整个耕作层施用堆肥，其释放的氮素则可防止全部根的老化，这是一目了然的道理。堆肥中不仅含有氮素，还有其他水稻所需的营养元素，但主要的还是氮素。堆肥兼有结实期追肥和深层追肥二者的作用，可发挥其最大效果。

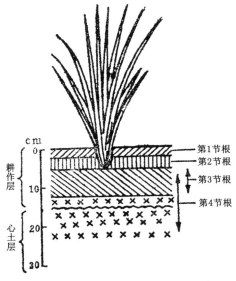

图 5-5-2　从各节位发生的根的分布

（二）正确掌握土地的性质

水稻栽培，土地条件是非常重要的。条件不好的水田，既有弱点，也有长处。充分发挥长处，克服弱点，就是稻作技术。

黏土和砂土比较，黏土保肥力好，初期生育缓慢，砂土保肥力弱，肥效发挥快，初期生育容易过分繁茂。对这种情况，只要在肥料种类、施肥位置等方面予以注意，是可以解决的。黏土初期生育差，可表施速效氮肥，砂土可用迟效肥料施于下层，避免初期生长过旺。

对磷素不足的水田，即或多施磷肥，由于移栽后苗小，根未伸长，也不易吸收。应在育苗时使之多吸收储备，供移栽后利用。表面为一般土壤，耕层下为火山灰土或泥炭土时，肥料施于耕作层，在出穗前 30 ~ 40 d 吸收用完时，根系伸入下层时会出现一时脱肥状态，这时若追肥，根系伸入腐殖质多的下层土壤，同时土壤中的氮素发挥肥效，常使水稻生长过旺。对这类土壤，为使水稻根系尽快下扎，应在伸长期前改保持水层为湿润灌溉。

对湿田要控制灌水，努力向土壤中输送氧气，以消除有害气体。堆肥要腐熟后施用，以利于在土壤中分解。

在土地条件中，必须注意的另一个问题是地下水位和水温。地下水位高、水温低，稻根不易下扎，吸收能力降低。宜采取暗渠排水等措施，解决排水不良问题，除此以外别无良策。

二、耕翻、整地、水耙

（一）耕翻

为了增产，深耕是很重要的，使土壤干燥也很重要。这可增加土壤中空气，利于整地和秧苗返青及以后的生育。而且下层土干裂，空气和水易于透入，对根系伸长有良好影响。

土壤干燥还利于养分释放，肥效均匀、持久。因此使用动力机具耕翻时，要使土壤充分干燥，以达到有裂纹的状态为好。

高产田的耕深为 15 ~ 20 cm，耕深要一致。堆厩肥在耕翻前全田撒匀，其他肥料也要全层混匀。地下水位高的土地，深耕没有效果，要采取暗渠排水或用客土加深耕层。深耕翻出新土或用山土客土时，一定要增施腐熟好的堆厩肥（40% ~ 50%）。耕翻作业如在秋季进行，易破坏土壤团粒结构，有机物分解快，消耗地力。所以耕翻的时间，在不影响泡田整地的前提下，以晚些为好。基肥堆肥要在耕翻时施用。从这方面看，耕翻也以晚些为好。

（二）水耙

水耙不宜过细，过细破坏土壤结构。水耙前最好在旱地状态下细致碎土整地，而水耙应尽量简单从事。

田间杂草多，简单水耙达不到插秧要求时，要在水耙前处理好杂草。如早些耕翻，待杂草枯萎再行水耙，比较容易消灭杂草。

寒地保水不良的土地，整地时水深以 3 cm 以内为标准。稻田表面整得太光滑，不利有害气体散失，而使其充满土中，容易造成根腐。

一般耕翻后泡田，淹水 3 d 左右，土壤泡透，轻耙即平，插秧植伤也少。

（三）水耙后的强还原

在暖地或前作之后栽植水稻时，常出现土壤氧气不足而引起的植伤。一般在前作收获之后即行耕地，耕后水耙即行插秧，这对水稻生育是非常不利的。昨天还是土壤氧化条件好的旱田，匆忙灌水耙地后，土壤急剧还原。这时栽植水稻，返青差，根受损伤，与晚栽无大差异，所以不如晚 3 ~ 4 d 再栽植，以稳定还原状态。此期间施用除草剂也较安全。

三、施肥的观点与基肥

（一）以生育后期为重点的施肥体系

培育稻体时，过多使用氮肥，不如以最低的氮量培育，维持后期活力更好。前期多肥栽培，其肥料（特别是氮肥）能否用到后期，是个复杂的问题。由于前期多肥成为贪青田，造成群体结构恶化，土壤中有氮水稻也不能吸收，结果和没有氮一样。

总之，前期施肥越多，后期的氮素利用反而越少。如认真对氮素进行调查，上年施用的氮肥还有被吸收利用的。所以为充分利用氮素，与其考虑土壤的保肥能力，不如更注意水稻自身的吸收能力为好。

前期稻体结构小些，地上和地下均生育健壮，到后期吸收能力仍高，对土壤中仅有的氮素也能吸收利用。即或土壤中氮素不足，还可追肥补给，使生育后期健壮。如果培育成"贪青田"，水稻后期吸收能力减退，土壤中有氮也不能吸收，追肥反而会出现反效果。

（1）基肥少施的原则。要提高生育后期的追肥效果，以基肥少施为好，如果多施，水稻生育过分繁茂，使后期吸收能力下降，即或不过分繁茂，基施氮肥少些，穗肥的效果会提高。这是因为稻体内养分再分配方式发生变化引起的。基肥多施时，最初叶吸收的养分向下一叶依次进行再分配，如果最初氮多，供再分配的氮也多，由于体内再分配已得到充足的养分，即或施用穗肥也难显出肥效。在这种条件下施用穗肥，起不到穗肥的作用，且易引起徒长。这意味着，在有丰富的养分依次转移的情况下，即使追肥也不能用于提高光合能力，而是使叶片增大，致使水稻出穗前的受光态势变劣。

采取基肥少施的施肥体系，稻体内再分配的养分不多，没有过剩的顾虑，水稻结构好，淀粉蓄积量多，后期追肥也不会使稻体增大，而是用于提高叶的光合能力上。总之，由于叶片不过分伸长，受光态势好，能充分利用光照，光合作用旺盛。

为建成不过分繁茂的群体结构，要减少基肥，采用以后期追肥为重点的施肥方法。每公顷产量 4 500 kg 以内时，肥料全做基肥施用，即或水稻略有过繁，也可取得 4 500 kg 左右的产量。但是每公顷产量提高到 6 000 kg 时，要增加氮肥，如一次做基肥施用，水稻过分繁茂的矛盾将激化，这就可能使产量降到 4 500 kg 以下。所以，基肥应以确保必要的分蘖来定量。以后所需的氮肥，用后期追肥来解决。例如每公顷计划产量 6 000 kg，必需的茎数每穴为 16 个，公顷产量 7 500 kg 时，必需的茎数为每穴 20 个，这种茎数的差异就是基肥量变化的范围。

（2）分蘖必需的氮素以少为好。水稻移栽后植株尚小，养分浓度不适当高些不能吸收。由于根的表面积小，即使全层施肥，也不能充分吸收。这时必须提高根附近的肥料浓度，所以宜采取表层施肥。基肥全层施对抑制脱氮是有利的，但基肥肥效在何时发挥是个问题。为了后期仍有肥效而全层施，或想只用基肥在全生育期都有效，这在一般土壤上是不可能的。

从水稻对氮素的吸收机制来看，大量的吸收是在分蘖期以后，为产生分蘖而必需的氮等养分量是很少的。这样，如以基肥来保证后期肥效，全层施肥还不如深层施肥。若不施基肥，在后期进行重点追肥亦可。

（3）后期追肥的肥效。在确保一定的分蘖、营养生长停止并确立受光态势之后，绝对不允许养分不足。群体结构好的水稻，根系也健全，施给的肥料可充分吸收。要以不脱肥为原则进行追肥。

然而，在水稻过分繁茂，根、叶不健壮的情况下，施肥会进一步使稻体结构恶化，收不到好的效果，在这种状态下，追肥看不出肥效，而伴有危险，在施肥方法上一般也非常难以掌握。

分蘖停止时，出叶还在继续进行。例如，在 12 叶期为培育剑叶，从 13 叶向上到 15 叶均包括在内。培育这些叶的同时，还不能使其分蘖。这时如果发挥肥效，就要继续发生分蘖。在这种情况下，只有靠根系的活力来保证营养。

剑叶伸出后，可以放心进行追肥，但这也要在植株受光态势好的情况下才行。如叶片过分繁茂，中间郁蔽，光照不足和肥效重叠，则开始徒长。受光态势不良，常使施肥造成反效果。所以为充分发挥肥效，必须使植株受光态势良好。

穗肥只能提高出穗后叶的光合能力，不是使穗增大，粒大小和粒数也不会增加。如前所述，为使粒增大，反以少肥为好。

（二）基肥的作用

想以基肥氮素保证水稻一生的需要是不会成功的。基施氮肥，要以到出穗前 20 d 为目标，在此期间，维持不致过剩的最低肥效即可。在生育初期 40 ~ 50 d 间的肥料，是确保必需茎数的辅助手段，但确保茎数起主要作用的不是基施氮素，而是秧苗的分蘖力。所以要从维持苗期分蘖和以后顺利分蘖的营养补给来考虑施肥。

从事实来看，没有多施氮肥能早期确保茎数的事例，而仅仅是茎和叶的增大，看上去像是增加茎数，实际上只是一种错觉。即使茎数增加，也多数是二、三次的高位分蘖，大部分将成为无效分蘖。

确保茎数的方法，暖地和寒地有所不同。在暖地，由于地温和水温高，不易出分蘖芽，所以要选分蘖力强的品种；相反，初期生育在低温下度过的地区，比较容易保证茎数，即或不促进分蘖，也能确保。之所以还有分蘖不足的现象，是苗弱的缘故。如果栽插根系有很强吸收能力的秧苗，就有足够的分蘖芽发生。不使分蘖芽因营养失调而退化或枯萎，是基施氮肥的首要作用。生育初期出现氮素不足，不是施肥量的多少问题，而是肥效发挥不好的结果。

（三）施肥量的确定

（1）氮。基肥的施肥量以多少为好，考虑这个问题不能忘记如何发挥肥效。如不以此为前提，就难以确定施肥量。

基肥用氮量虽因土壤有所不同，但一般水田不必超过每公顷 50 kg。如进一步完善栽培体系，每公顷 50 kg 也显过多，必须减少氮量。氮的标准用量为每公顷 40 kg 左右，最高为 50 kg。

可能有人对上述施氮指标会提出不同意见，认为基肥氮量偏少，难以确保茎数，会因茎数不足而减产。我们认为，要确保茎数或增加穗数，不能只靠基施氮肥，正确的途径是提高秧苗素质、防止植伤等。

插秧后 40 ~ 50 d 间，氮肥肥效最好是逐渐发挥，但实际上，在 10 ~ 20 d 内将所施肥量吸收完了的例子很多。短期吸收会使水稻姿态恶化，其后会表现明显脱肥（图 5-5-3）。

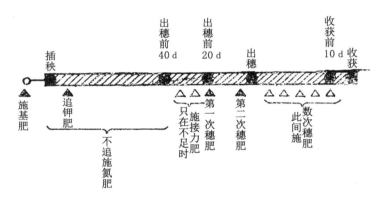

图 5-5-3　以追肥为重点的施肥方法

考查肥效的标准是水稻生育进程。为使水稻在出穗前 30 d 达到良好的姿态，不论水田条件如何，其生育进程是相同的。应按生育进程调整施肥位置、肥料种类及其相应的肥效。

对早发的水田，如果表施速效性肥料，会很快吸尽脱肥，水稻表现过分繁茂的姿态。

即使在贫瘠的老朽化水田，使肥效缓慢发挥，也不必增加施肥量。等施下的氮肥吸收完了，再继续追肥也是可行的。

无论是保肥性差的砂土地还是保肥性好的黏土地，基肥氮素用量是相同的，只是要根据其不同条件，调整其肥效反应。

水田条件大致有如下 4 种。

山间冷水田 $\begin{cases} ①保水不良田 \\ ②保水田 \end{cases}$　　　平坦区水田 $\begin{cases} ③早发田 \\ ④晚发田 \end{cases}$

①对保水不良的山间冷水田，要用不易流失的速效肥料，在水耙地后表施。同时应使用水温上升剂等使水温升高。

②对山间保水田首先要设法提高水温，水温升高才能缩短返青期间。不用速效肥料和表施亦可，用普通肥料在耕翻后施用。

③平坦地区的早发田，肥效发挥很快，容易出现过早脱肥，要用迟效性肥料在耕翻前施用，混于耕层全层，以使初期生育缓缓进行。

④平坦地区的晚发田，初期生育不良，应以速效性肥料表施。

肥料有单一肥料和复合肥料，以复合肥料为好。用作基肥时，硫铵、尿素无大差异。选用复合肥料时，要特别注意掌握肥效反应。

早发田用尿素或氯化铵均可，但以选用肥效较长的为好。

施肥位置，为长期保持肥效，想施于下层时，可于耕翻前施用；用耙耙地也可将肥料耙入下层，在耕翻后耙地前施用亦可。但是，如果耕翻早，到灌水还有 1 周以上的时间，肥料流失会增加，耕翻前施用便不合理。旋耕后施用肥料，用轻耙混拌可使肥料很好地掺入下层。

（2）磷。对目前仍多量施用氮肥的人，要减少用量需有很大的勇气。为减少氮肥要增施磷肥。增施磷肥，根系伸长好，吸收氮量也多。如不减少施氮量，水稻就会生长过繁。增施磷肥，必然要减少氮肥用量。

另外，磷可给分蘖芽以活力，从确保茎数方面来看，也有很大作用。

例如，常年适宜氮用量为每公顷 60 kg 的稻田，施用磷肥时不把氮肥量减到 50 kg 或 40 kg，就容易徒长。如不考虑磷而只减氮，施 50 kg 也可能不足。

一般人所以忽视磷肥，是因为其肥效没有氮肥那样明显。但是，施磷的水稻，外表虽较矮小，但可确保茎数。株高矮些而内容充实，不易引起极端脱肥，蓄积的碳水化合物用于生长，可使茎秆长粗，同时可提早结束分蘖。

基施的磷肥，可在水稻一生中发挥作用。磷肥在土壤中不流失，可做基肥施用，并在任何时期都以有效状态存在。

多施磷肥，对火山灰土或易缺磷的土壤是有效的。不易确保茎数的土壤，也有多施磷肥的必要。

过去认为磷对水稻的效果较小，是由于在淹灌还原状态下，使土壤中不溶解性磷变为可吸收状态，这和旱田是不同的。为获得高产，水稻生育初期吸收磷肥是非常重要的。

磷肥以可溶性的磷矿粉等为好。并且磷矿粉系以蛇纹岩为原料，因此有疏松土壤的作用。

（3）钾。从绝对吸收量来说，钾和氮同样是必要的。但到目前为止还未出现因钾不足而造成减产的现象。

但是，从增加出穗后的活力来看，钾就成为直接的限制因素。钾和氮的关系密切，多吸收氮时，钾的吸收受到抑制，因此必须积极供给。为提高出穗后的光合能力，利于碳水化合物的流转，必须提高对钾肥的认识，在追肥上予以重视。

（4）堆厩肥的肥效。在使用含氮多的堆厩肥的时候，必须调整基施氮肥。要根据堆厩肥的腐熟程度和土壤条件，预测肥效的反应程度。

过去一户农民经营 1 ~ 1.5 hm² 地，养一匹马，所产的堆厩肥全部施到地里。现在农民水田经营面积与家畜头数没有关系，其生产的堆厩肥在数量、质量方面均有不同。堆厩肥的肥效也因家畜种类、腐熟程度而有不同。多用堆厩肥，化肥就应减少，在移栽时每公顷大约施硫铵 40 kg 是比较安全的。

（四）施肥方法

基肥是骨干肥料，必须与全耕作层或深层混合，以保持其长期肥效。磷肥以全部做基肥为好。但在透水性好、灌水频繁、土壤通气性好的地方，以追肥使用为好。钾是协调水稻生理的重要养分，可做基肥，也可分几次施用，使其在水稻一生中随时发挥肥效。

畜力耕作时的施肥方法，是先粗耕，在土干湿适宜时耙地，施用堆厩肥、绿肥，碎土时施用石灰氮、磷矿粉、硅钙肥。在灌水前施硫铵、过石、氯化钾等，再翻一遍使肥料与土壤充分混合。机械旋耕是在干土时期，耕后不久即要灌水，所以要在耕前施用全部肥料，并与耕层土壤充分混拌。假如耕翻到灌水的时间长（10 d 以上），或因肥料种类不能同时施用时，在耕翻前施用堆厩肥、绿肥、石灰氮、磷矿粉等，其他肥料在灌水前施用，再旋耕一次与土壤充分混合。或用旋耕机水耙，灌水要少，注意水耙时不使肥水流出。

实际上全层施肥或深层施肥都是较难的，大部分肥料常施在表层，特别是在碎土后施肥更难进入深层。为此应选用粒状化肥或有机质肥料，以充分起到基肥的作用。

基肥用量一般为全量的一半左右，做全层或深层施时，在黏性大的土壤或寒冷地区，以及耕层较深的地方，水稻初期生育不良，常难确保所需茎数。一般在插秧前再表施氮肥全量的 20% 左右，与旱田土混匀撒施，用耙子混入表层。

第六章　秧苗的生理和育苗

一、秧苗生长生理

（一）发芽生理

稻谷吸水由发芽孔来进行。发芽孔在胚的上部稻壳裂开处，胚在干燥时体积缩小，吸水后膨胀，使稻壳容易裂开。在发芽前使稻壳充分干燥，发芽就能整齐。吸水多少因品种有所不同，吸水能力与浸种时氧气供给有关，提高温度使吸水速度加快，易使氧气不足，必须数次更换新水。

发芽活动的第一阶段是吸水。胚在吸水后才开始活动。稻谷吸收本身重量的23%水分才能发芽。

稻胚吸足水分后，与胚相接的胚乳开始吸水，其养分开始分解，供给芽、根生长。

水稻的发芽温度，最低为10 ℃，最高为42 ℃，最适为30 ~ 32 ℃。日本东部品种发芽所需最低温度、最高温度一般比日本西部的品种低。

呼吸作用是吸收氧气，排出二氧化碳。但是水稻可进行无氧呼吸，即在无氧状态下进行呼吸，无氧也能发芽，这是水稻的特征。无氧呼吸下的发芽，只长芽不长根。这说明发芽和发根有本质的不同。在种谷胚和胚乳的接合部有称为盾片的吸收组织，稻谷只吸水时这个组织的细胞并不膨大，但在吸水同时有氧气供给时，这个组织的细胞就开始膨大，同时幼根生长。盾片不长大，幼根就不生长。也就是说幼根的生长不是由胚，而是由胚乳供给所需的养分。

在无氧条件下发芽，未得充分氧气之前只长幼芽（芽鞘）。在浅水中幼芽尖达到水面以前继续伸长，达到水面以后，从芽尖吸收氧气，开始发根。流动水易发根，是因为水中溶有氧气。稻种发芽与各种酶的活动有关。

（二）生长生理

发芽后叶龄从5叶到7叶，为秧苗生长期，这个期间应特别重视下列时期，是培育壮秧的关键（本书是以不完全叶为第一叶记数叶龄——译者注）。

（1）种子根的发育期。最初的重要时期是种子根发育时期。种子根充分发育，则苗茎变粗，分蘖发育好。这是因为根发育好，养分吸收旺盛。在这种状态下酶的活动也好，秧苗素质也非常好。

叶和根有同伸关系，原则上从上数第三叶节上出现新根。例如5叶期的秧苗，3叶节上出新根。也就是在 5 叶期，第一节（种子根）、芽鞘节和第一、第二、第三叶各叶节均长出根。第一叶即不完全叶伸出时，只伸长第一节根（种子根），也就是种子根在芽鞘和不完全叶伸长时期起吸收养分的作用。

新根的出生和根的寿命之间有一定关系。原则上，新根长出时，老根的生长即停止。例如第二叶（第一完全叶）开始展开时，种子根的生长衰退。不论种子根生长好或坏，第二叶展开随之发生新根，为了新根的生长，种子根不再伸长，但是，在长出第二叶之前，使种子根充分发育，茎可变粗。这对水稻以后的生长是非常有利的。

如果种子根充分发育，其后鞘叶节的根数增多。例如，在水秧田淹灌少氧状态下发芽的，种子根发育不太好，鞘叶节根数为 3 条；而旱育状态下发芽的，种子根发育好，鞘叶节根为 5 条。这种差异不仅关系到以后生育，也与分蘖的发育有关。

（2）第二叶（第一完全叶）的发育期。其次重要的时期是第二叶发育期。该叶的形态最能表现出品种的特征。对该叶的形态和机能还没有研究。这里要提出的问题是，第二叶和一号分蘖的发育关系。一号分蘖是从第二叶发生的。切除种子根或切除第二叶，一号分蘖即不发育。由此可知，种子根和第二叶对苗的发育是很重要的。幼芽靠第二叶的功能得到活力。

播后到第一叶（不完全叶）的伸长期，床土的氧气是很重要的问题，而第二叶是其自身的能力问题。就是说，适当的温度、适当的光照、适当的空气等多种条件与该叶的功能有关。另外，在第二叶伸长期，胚乳营养还很充分，温度过高，易长成高腰苗，高腰苗叶鞘过长是劣苗。在短期内使其快速生长，容易造成这种情况。

（3）离乳期。寒地育苗要重视离乳期。因为寒地出叶速度慢，离乳期的影响很大。在暖地出叶速度快，同时发根也快，到离乳期对生育也无明显影响。离乳期在第四叶（第三完全叶）。实际上养分供给是逐渐下降的，从第三叶期（第二完全叶）开始进入离乳期。

离乳期在胚乳营养耗尽的同时，从第二叶发生的一号分蘖正在发育。因此，使这时期的生育充实，对一号分蘖的发育是重要的。

促进水稻的伸长生长，有抑制分蘖发育的作用。所以在一号分蘖、二号分蘖发育过程中，只要有微小的条件差异，就会使其受到影响或停止发育。因此，在这个时期，尽可能抑制伸长生长是必要的。在离乳期要防止徒长，就是从茎和分蘖的发育来考虑的。

总之，在离乳期要重视叶的生长速度。在具体的管理方法上，高温和深水等条件是不利的。在保温折中秧田，撤除覆盖后灌深水，这是为了防御低温，保护幼苗，但另一方面也抑制了一号分蘖的发育。所以，对保温折中秧田撤除覆盖的时期和方法，有待进一步研究。

（4）移栽的准备期。在秧田中，第四个重要的时期是移栽的准备期，秧苗在移栽时要断根，并发生新根。这时应尽量减少断根，使补偿断根的新根尽早发生。

越是在水分少的状态下生育的秧苗，移栽后发根越好。试验表明，土壤水分在较少的条件下生育的秧苗成活最好。也就是在秧田后期 7 d 左右，要降低土壤水分。为此，要使床土松软，团粒结构良好，这样就可育成矮状秧。

二、壮苗的条件

（一）必备的秧苗素质

（1）重要的是促进返青。插秧栽培是稳定的增产技术。用什么样的秧苗移栽好，因地域、品种而有不同，不能一概而论。日本稻作从北海道到九州相距2 000 km，必须育成各种秧苗，以分别适应各地的要求。但是，不论在哪里，其共同点是：移栽后要返青良好。插秧后如不能很好返青，出穗后就会穗数不足，或有缺株，将直接影响产量。另外，如返青不良，生育即不整齐，以致不能适期施用除草剂。

所谓返青，就是移栽后发生新根，地上部消费的水分，由根能吸水补给。植物的根（叶也同样）如被切断，其他部分的生长将受到抑制。但是植物又具有促发新根的能力，这是植物生长素起作用的结果。

促使返青良好的秧苗特点是，断根少（尽管新根发生量少些）、叶坚挺（叶软说明植伤重，移栽后浮于水面，叶功能低）、新根发生力强（秧苗养分充足，新根健壮生长）。

在栽培方面，重要的是防止秧苗徒长。为此，要防止秧苗急剧吸氮，以免在短时间内长大。另外，以控制土壤水分来控制生长也很重要。

移栽后灌深水，从秧苗水分平衡上看是适当的。但深水时间过长，初期分蘖有减少的危险。为增加分蘖需要浅插，而浅插灌深水时容易漂秧。

（2）培育均一整齐的秧苗。在一块水田中全体秧苗生育要整齐一致。但即或细致耙耢，土地硬度也不会均匀一致，手插时用触感可随时调整，机械插秧就不可能，因此机插缺穴率必将增加。

秧苗不整齐，会使分蘖少的小苗增加，用小苗即或增加每穴株数，也达不到预想茎数。根据气候和水田条件不同，每穴苗数有一定范围。苗数增加，每穴内侧的秧苗发根不良，生育衰弱。

（3）秧苗带蘖。从分蘖体系来看，低节位发生的分蘖发育最好，这就要在秧田长出分蘖或在本田初期长好分蘖。

（二）理想秧苗的姿态

所谓理想型的秧苗，概括来说，就是在插秧时有一定大小而又不徒长的秧苗。从发芽、发根和第一、第二叶鞘高等方面，均须注意。就像为了在结实期的姿态良好，要从抽穗前40～50 d开始调整一样，要获理想型秧苗，在育苗的全过程，各个环节均须管好。

为防止徒长，要注意以下几点：①使种子根充分发育。为此，床土松软、通气好是首要条件，而且浅层不宜多肥；②第一叶（不完全叶）的伸长要尽量快而齐。为此，要催芽露白整齐，浸种时要勤换水，水量不宜过多，堆放时间不宜过长。

从播种到第一叶（不完全叶）展开的日数，电热育苗为5 d左右，寒地无保护的秧田为20 d左右，一般为7～10 d。时间过长时，种子根上部老化变硬，伸长不良，根功能减退，而过快时，根的伸长受叶伸长的制约而不伸长。除用特殊的育苗盘育苗的以外，以不过快为好。

第二叶（第一完全叶）最能表现品种的特征，叶片长度多少为好难以具体确定。但是，这时胚乳营养充足，如果温度过高或水分较多时，则叶鞘伸长过长，叶鞘的光合能力较低，是贮藏器官，而 2 ~ 3 叶期还无需这种贮藏功能，如果伸长，只是浪费胚乳养分，没有什么好的作用。

第四、第五叶生长是否正常，是否为理想型，只要看叶鞘长度是否按叶位排列即可判断。叶片披垂得不好，但有的品种略有披垂。插秧时叶片浮于水面，不仅叶的功能不好，而且易受除草剂药害，所以不是理想型。这时叶片所以伸得过长，原因在于温度急剧升高，氮肥过多，水分过多。

秧苗的好坏也取决于根的伸长状况。根数与茎粗成比例关系，茎的粗细不同，根数也必然不同。到 5 叶期（4 个完全叶）左右，以茎粗、根多为好，像旱育苗那样，侧根多更好。5 叶期是出现分蘖的时期，根就更为重要。

6 叶期以后的秧苗（5 片完全叶），根多也不一定是好苗。因为这时为返青保有潜在根，所以对已出根系要充分利用。为此，要放慢出叶速度，暂时抑制氮肥肥效，注意水的管理，不损伤根系，改善床土的物理性状等。

在 5 叶期，6 叶时出生的分蘖芽在伸长，7 叶的分蘖芽在发育，必须避免因苗伸长而抑制分蘖。

如能全面满足这些条件，就可育成碳、氮充足，即贮藏物质多的壮苗。所谓贮藏物质多，就是叶鞘及茎组织充实，移栽时植伤少。

秧苗的理想型与分蘖有关，高温下短期生长的，苗高伸长旺盛，养分蓄积和分蘖均少。没有分蘖的秧苗，不一定不好。在高温下培育分蘖秧苗，容易形成过分繁茂。为尽量减轻植伤，以不拘泥于分蘖数为好。

在寒地一般以带蘖苗为好，这是因为本田的分蘖期间较短，有必要在秧田确保分蘖。但是否可用充分分蘖的老苗，必须考虑本田管理来确定。也就是在本田初期低温、返青不良、生育易晚等情况下，以老苗为好，相反，如果本田初期温暖，使用快分蘖的秧苗，本田返青和初期生育均好。

（三）育秧方法和秧苗生长

（1）选择育秧方法的要点。育秧的方法很多，要根据劳力及用水情况，以插秧期为基础来进行选择。例如从插秧时期逆算，播种期在 3 月上旬或 4 月上旬，就必须用适当的材料保护秧田；播种期在 4 月下旬或 5 月中旬，可用露地秧田。在寒地单作地带，本田水温上升达到水稻能够成活的温度时为插秧期。为了水稻高产，确定插秧时期是很重要的。

在水稻一生中最重要的时期是结实期，必须安排在当地晴天多、温度好（日平均温度 22 ~ 23 ℃）的时期，以此来推算插秧期和选择育秧方法。

（2）壮苗的生长。为培育返青良好的秧苗，在秧田里必须有较长时间长到 6 叶或 7 叶。一般生长 1 片叶用 7 ~ 10 d 时间，可以育成理想型的壮苗。要实现这样缓慢的生长，要掌握温度。生长的界限温度，稻叶为 15 ℃，根为 12 ℃，温度在此以下，生长停止。秧苗生长需要的能源，依靠呼吸作用，即呼吸作用产生的能量供给秧苗生长。呼吸既产生能量，也消耗体内养分，所以过于旺盛也不好。生长的适宜温度，是同化作用旺盛、对呼吸略有抑制的温度，为 22 ～ 25 ℃。在温度管理上的另一个重要问题是昼夜温度问题。夜间不能进行光合作用，温度要降下来。植物夜间也生长，夜间温度低，生长就慢。所以在日落前将床温降到与外界气温相同，也是调节秧苗生长的办法。具体的做法可用冷水灌溉。总之，在能避免寒冷危害的前提下，使之缓慢生长，是培育返青好的壮苗的关键。

其次是水分。土壤水分少，生长慢。对水稻来说，应为生长壮实而供水，但也应避免严重缺水。旱育苗比水育苗秧田期间长，其间不宜随意灌水，以免破坏低水分的优点。一般来说，可将秧田期间划分为 2 ～ 3 个时期，有的时期为养分吸收或促进生育，采取过湿状态，有的时期为防止植伤，以低湿度状态为宜（图 5-6-1）。

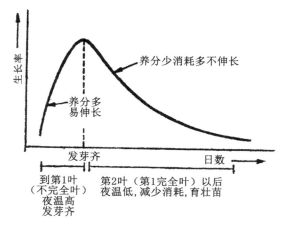

图 5-6-1　养分、温度和水稻生长

（3）保护秧田的管理要点。从保温用材料来说，有的用电热在室内育苗，有的用薄膜保温育苗，无论采取哪种方式，均需充分利用太阳光能，才能育出好苗。

平铺保温育苗：保温育苗，温度管理十分重要。从发芽到第一叶（不完全叶）伸出期间，必须保持较高温度。如果温度低，生长慢，发芽不齐。床内温度与床内水分有直接关系。干燥时温度易升高。平铺的折中秧田，床内温度易上升，要注意掌握揭膜时期。早春既有暖天，也有冷天，揭膜后还会遇到寒潮，要注意管理。平铺的温度高，催芽不整齐时会扩大其差异，易使秧苗生长不整齐。因此，催芽整齐、细致播种是关键。

拱式保温育苗：这种育苗方法覆盖时间长，播种时要充分灌水。为使种子根生长良好，要注意土壤氧气，既要充分灌水，也不宜过湿，以改善床土的物理性质。拱式苗床空间大，夜间降温较慢。夜间冷的程度也是选择保温育秧方式的标准之一。拱式保温秧田，要及时揭膜、换气炼苗，操作比较麻烦。

（4）普通秧田的管理要点。暖地育苗，一般不用保护材料。即或是水育苗，也采取培育好种子根的管理方法，吸取了旱育苗的优点。

无论水育苗或旱育苗，从发芽到第一、二叶展开期间，管理上没有多大的差别。在暖地要防止高温，注意育成植伤少的秧苗。在暖地温度高，生长速度快，育壮秧的难度大。例如，硅是决定秧苗素质的重要成分，但如高温生长快，生长量和硅吸收量比例失调，形成硅不足的秧苗。硅是伴随水稻的蒸腾作用而吸收的，没有一定时间不能充分吸收。硅不足的秧苗，易感染苗稻瘟病，对此要特别注意。

三、小苗育苗

所谓小苗，是用插秧机栽插，用育苗盘培育的叶龄为 3 ~ 3.5（2 ~ 2.5 片完全叶）的秧苗。比小苗多 1 ~ 2 叶的为中苗。

（一）理想的小苗长相

所谓好苗，是具有低位分蘖，能稳定确保茎数的秧苗。其长相是：

从稻谷到鞘叶节根的长度在 3 mm 以内，到第一叶（不完全叶）尖的长度为 3.5 ~ 4 cm。如能达到这个长度，鞘叶位置低，可以育成壮实的小苗。这两个长度确定后，如没有大的差错，以后就不易伸长过长。好的小苗高 12 ~ 13 cm，最高不过 15 cm。但问题不是全长，而是胚轴长度和稻谷到第一叶（不完全叶）尖的长度。

其次是返青和根的关系。理想的小苗，鞘叶位置低，茎基重量大，移栽次日可发新根，第 4 天即不易拔出。在这点上，无论大苗或小苗都是一样的。

生长到 3.5 叶（2.5 个完全叶）时，鞘叶节冠根伸长入土，第一叶节根（不完全叶节根）开始发生。在第一叶节根将出时移栽到本田最好。第一叶节冠根能否很快生长，决定小苗返青的快慢。第一叶节根如停止活动，就要靠第二叶节根，这需要 1 周左右的时间。出来的根，既细又少。不好的秧苗就是第一叶节根停止活动，使返青延迟。如果 3.5 叶期（2.5个完全叶）不能移栽，在育苗盘中时间较长，第一叶节根（不完全叶节根）不在土中，与空气接触，会停止生长。

鞘叶节冠根 5 条，第一叶节根（不完全叶节根）8 条。苗弱根数明显减少。特别是移栽时能否长出 8 条第一叶节根，对返青影响很大。

（二）小苗的育苗方法

（1）作业的顺序。小苗育苗的作业顺序见表 5-6-1。

表 5-6-1　小苗育苗作业顺序

床土准备			种子准备			育苗				
采土	调酸	基肥	盐水选	浸种	催芽	播种	出芽	预备绿化	绿化	硬化
上年秋	播种前1个月			6天			育苗器内4天	大棚内8天	自然条件下10天	

培制床土：培制床土和调酸是培育小苗的基础，在播种前 1 个月进行。

种子准备：对去年选留的种子进行盐水选、消毒、浸种、催芽。从盐水选到催芽完了，约经 6 d。催芽的种子播入育苗盘。0.1 hm² 本田需苗盘 20 ~ 22 个。

出芽期：将播种的育苗盘放入育苗器，在 32 ℃温度下经 2 d，使其整齐发芽，鞘叶伸长约 1.2 cm。

预备绿化：是必需的一项操作，在育苗器中进行，弱光处理 2 d，第 1 天 25 ℃，第 2 天 20 ℃，以弱光使苗呈黄色，第一叶（不完全叶）抽出，苗高 3.5 ~ 4.0 cm。

绿化：在大棚中绿化 8 d，白天温度 30 ℃，夜间温度 12 ℃。

硬化：如在寒地，棚外气温低，从绿化转入硬化的开始 2 ~ 3 d，要在大棚内进行，使之逐渐适应外界条件，称为预备硬化。预备硬化期间，包括在硬化期中，一般硬化期置于自然状态下，白天 20 ℃，夜间 10 ℃，经过 10 d 时间。

（2）技术要点。第一个目标是第一叶（不完全叶）的展开。育苗的好坏，首先看第一叶（不完全叶）伸长是否顺利。这个期间，经过出芽和预备绿化，既不要伸长过长，又不要过短，到第一叶尖（不完全叶）的高度以 3.5 ~ 4.0 cm 为标准。第一叶如正常生长，鞘叶节冠根也顺利扎入，进而决定了对小苗返青有重要作用的第一叶节根的素质。

培育小苗的秧苗的素质，在 2 叶期（1 片完全叶）就决定了。为此，要控制好第一叶的伸长。要使第二叶时地上部具有活力，须使第一叶期鞘叶节冠根伸长良好，能尽早吸收养分。经过 2 d 的预备绿化，使鞘叶节冠根顺利伸长。

使苗正常生育。也就是通过预备绿化，使苗伸长。有如下意义：

①确保叶面积。没有一定叶面积，苗无活力，返青、分蘖均晚。

②在不良气候条件下（寒冷或旱风），需灌 3 ~ 4 cm 深水护苗，没有一定苗高是不行的。最好要露出第三叶叶舌（第二完全叶）。如果苗矮，深水淹苗，会使返青、分蘖延迟。所以苗高以 13 cm 左右为好。

小苗素质在 2 叶期（1 片完全叶）确定。绿化期结束第二叶（第一完全叶）展开时，苗高达 12 cm 左右，以后略有伸长。进入绿化期，叶色加深，光合作用旺盛，小苗日趋健壮，大体到 2.5 叶期（1.5 个完全叶），确定了叶宽和叶长。

从 1 叶（不完全叶）到 2 叶（第一完全叶），小苗生长旺盛，与之相对应的根系也是旺盛生长时期。在预备绿化完了的 1 叶期，种子根与鞘叶节冠根均伸长到苗盘底板，2 叶期根长满苗盘，是有旺盛活力的表现。小苗生长不顺利时，盘根晚，养分供给也少，进入 2 叶尚不具备自立条件，成为胚乳依赖型。另外，徒长的秧苗，鞘叶节冠根发生少，总根量少，地上部与地下部的比例失调。

第七章　生育初期

一、插秧

（一）栽插密度

水稻的产量，取决于有效利用光能的程度，栽插密度过稀或过密均不能高产。应研究改善叶片的受光态势，增加有一定面积的叶数，增加光合产物，同时培育健壮的群体，扩大光合收入，减少呼吸支出，增加干物质积累。研究光能利用，可以不断提高产量。

（1）密植的界限。从现实情况来说，少肥密植，每坪（1坪为3.3 m²）插到800株，随株数增加，产量略有提高。密度再增加，产量不能再高。例如每坪40株，每株穗数15个，随着株数增加，分蘖反而减少，到800株时，每株连主茎在内只有2穗。但是，每坪插40株，15×40=600个穗，而插800株时，800×2=1 600穗。也就是，在800株以下范围内单位面积上穗数随株数增加而增加，从而可略增加产量。但是，由800株增到1 000株，已不能产生分蘖，只有主茎1个。所以，插到1 000株以上时，若再增加株数，虽然随株的增加穗数也略有增加，但每穗粒数减少，增加株数已起不到增产作用。这样看来，栽插密度是有限度的。培育壮苗，适当施肥，每坪栽插60～120株的产量最高。

（2）提高光合效率的栽插方法。密植有一定界限，因为密度超过一定界限后，光的分配不良。个体增加了，每个个体受光量减少，分蘖减少，稻体变小，穗也变小。在密度相同时，如能改善光的分配，可进一步提高产量。光合效率可随栽植方式而改变，如长方形栽植和交错形栽植，虽然株数相同，个体的受光条件却不同。

一般水稻在出穗后吸收氮素之所以减少，不是不需要氮，而是其所需氮素由下叶或茎的氮素通过再利用而得到。从这点看来，无效分蘖的氮素，在生育后期氮素再利用上有很大作用。长方形栽植或交错形栽植，无效分蘖少，生育后期氮的吸收与正方形栽植不同，出穗后需要的氮素不能从无效分蘖中获得，其所需数量必须靠增加吸收。因而根系健全，吸收养分能力强，提高结实期叶片功能，利于灌浆成熟。

（3）栽插方法与水稻姿态。利用长方形栽植或交错形栽植，也不一定就能高产。还必须注意培育矮壮的株形，不然会导致倒伏或受光条件恶化。做得不好，反不如正方形栽植的受光好、产量高。

（二）决定一穴苗数的方法

一穴苗数少，虽能充分发挥每个苗的能力，但各苗能力不同，生育不易整齐。另外，如果苗数少，必须增加分蘖，一次分蘖不足，还要二、三次分蘖，不仅穗不整齐，而且晚生分蘖多，有效分蘖率降低。基肥需要量多，后期追肥不易掌握。

每穴苗数，也要根据单位面积穴数来决定。单位面积的苗数，以占必要穗数的 1/10 以上为好。如每坪要 1 500 穗时，1/10 即 150 苗。每坪 75 穴，1 穴为 2 苗。分蘖较少的品种或地区，以必要穗数的 1/5 为宜，1 500 穗的 1/5 为 300 苗，每坪 75 穴，每穴为 4 苗。每穴苗数，除特殊情况（极晚栽插、冷水灌溉、不能分蘖）外，以 4 苗为限，再多苗弱，环境恶化（图 5-7-1）。

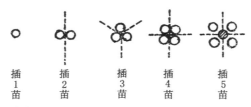

点线与点线间为1苗的生活领域，插5苗的中央苗
与其余4苗比环境不良，苗的生活能力变劣

图 5-7-1　1 穴苗数与环境

（三）行距与穴距

为充分发挥秧苗的生长能力，每穴苗数以少为好。但为提高穗部整齐度，利用与主茎近似的强势分蘖确保茎数，又必须增加株数。为了高产，保证茎数的同时还须重视茎的质量，所以要采取少苗密植的栽插方式。这种密植方式，必须考虑株间的透光问题，亦即行距与穴距的关系。要考虑其对水稻生育的影响，确定适当的行距与穴距。

确定行距时要考虑：①植株的高矮；②叶的繁茂程度。植株高大，叶片长，行距就须宽些。一般的栽培品种，行距为株高的 1/3 以上，如株高为 1 m 的品种，行距为 33 cm 以上；株高 60 cm 的品种，行距为 20 cm 以上。如果品种叶片披散，或上位叶偏大，行距要加宽些。

穴数确定后，行距宽了，穴距就窄。穴距窄到某种程度对分蘖即有抑制作用，茎不整齐，影响穗的质量。一般每穴苗数少，穴距可以窄些，一穴苗数多，穴距就必须宽些。以每穴 4 苗为例，穗重型品种穴距应为 12 cm 左右，穗数型品种应为 15 cm 左右。如再缩窄，生育初期即影响生育和茎粗。

穴距应在穴间互不影响的范围内，如从每坪穴数计算出行距，有时行距不够株高的 1/3。在这种情况下，可以采取长方形大小垄栽植方式。如穴距不变，小行距变窄，生育及产量并不理想。长方形大小垄的行距确定方法，先按穴距计算出等宽的行距，乘以 2，以其积的 1/3 定为小垄行距，2/3 定为大垄的行距。

（四）插秧的做法

为培育壮苗，采取节水灌溉或间歇灌水，但这样常使床土变硬。为防止这种情况的发生，虽然采取混施多量炭化稻壳、培育床土等办法，但拔秧时仍感土硬难拔，容易断根。

断根多，吸水力减弱，植伤增加，返青缓慢。薄膜旱育苗的根系，蓄积有多量养分，移栽到本田后，可照样吸收养分水分，对氧气不足、低温有较强的抵抗力。所以尽量不要伤根，不要使之风吹日晒萎蔫，不要折腰、伤叶。拔苗要在插秧当天早晨进行，计划取苗，不用隔夜苗，防止秧苗养分消耗。

寒地插秧，要在暖天上午到下午 3 时前进行，插后立即灌水到苗高 2/3 处，让水有增温的时间。冷风天或傍晚插秧，地温、水温难以升高，对返青、生育不利。

二、生育初期的生长

（一）生育初期的姿态

（1）初期生育要稳长（图 5-7-2）。以抽穗前 30 d 时达到理想型为目标，即在抽穗前 30 d 长得不要过猛。插秧后苗色减褪，以后逐渐恢复正常。如果氮肥增多，表面生育虽很好，但将脱离正常生长轨道。这时以叶色淡、叶鞘色浓为理想。氮素吸收过多时，叶色比叶鞘色还浓。最好是在水稻分蘖期能保持分蘖芽不休眠、可正常生长的程度。如生长过旺反而危险。

（2）初期生育不良，出叶紊乱。移栽后出叶速度慢。既有气候的影响，也有秧苗素质的影响。养分蓄积少、发根力弱的秧苗，到返青时要消耗自身的养分，出叶速度明显变慢。一般移栽后长出 1 叶需 1 周左右，以后约 5 d 长 1 叶。随着生育进展出叶间隔变长，临近出穗时 10 d 左右长 1 叶。

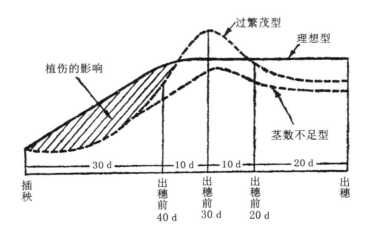

图 5-7-2　水稻生育初期的生长变化

但是，出叶速度因年份、栽培环境而明显不同（图 5-7-3）。水稻生育前期天气不良出叶缓慢时，叶片将减少 1 片，15 叶的品种也可能只出生 14 个叶。叶片减少的时期在倒四叶以前。调查品种的叶数，以主茎叶数为标准。如为 15 叶的品种，最晚在 11 ～ 12 叶出现时即可判断出来，叶数减少，叶的生长时间相对长些，比正常叶大，长势好看，但因为叶数少，氮含量易略多。

这种现象，在气候好的年份几乎不会发生，栽植的秧苗素质不良，或移栽后温度管理不当，生育延迟时，容易出现。另外，分蘖是按叶数增加而增加的。叶数减少，茎的发育充实也会受到影响。

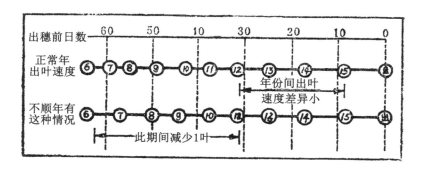

图 5-7-3   环境条件和水稻出叶速度

（二）确保分蘖的方法

确定栽植株数、栽植方式的基本原则，是要考虑出穗后的受光态势，既要防止过分繁茂，又要适当密植。

为使在抽穗期达到一定穗数，不使过多或不足，就涉及确保分蘖数的方法问题。一株苗要长出若干个分蘖，如何保证所需分蘖，是调整生育的根本。

（1）有效地利用分蘖的规律性。水稻在长出 4 片完全叶时，从第一完全叶长出 1 个一次分蘖。接着第五片完全叶伸出时，从相对侧的第二完全叶长出一次分蘖。这样，随着叶的顺序出生，有规则地长出分蘖。而且，一次分蘖长出 4 叶时，也同样有规则地发生分蘖（二次分蘖）。所以稻的分蘖随时间推移，成倍增长。这是在秧田分蘖生存下来的情况下的表现。按这种状态发展，达到计划茎数 10 个，要在主茎 9 叶期（完全叶），达到一次分蘖 6 个、二次分蘖 3 个，连主茎在内共 10 个茎（表 5-7-1）。

表 5-7-1   分蘖方式（秧田分蘖继续生存时）

主茎叶数（完全叶）	一次分蘖	二次分蘖	三次分蘖	包括主茎的茎数
8	5	2	0	8
9	6	3	0	10
10	7	4	1	13
11	8	5	2	16
12	9	6	3	19

9 叶期，在秧田时长了 6 片叶，栽入本田后只有长 3 片叶的时间。以每叶需 5 ~ 7 d 平均按 6 d 计算，在插秧后 18 d 可确保 10 个茎。如 5 月 25 日插秧，到 6 月 12 日可确保所需茎数。实际生产中，由于返青延迟，要到 6 月 20 日左右。

从表 5-7-2 秧田未生分蘖的情况来看，到 11 叶期才能达到 10 个茎。实际上这样的秧苗返青慢，要更晚的时间才能达到计划茎数。

表 5-7-2　分蘖方式（秧田未生分蘖时，无一、二叶分蘖）

主茎叶数（完全叶）	一次分蘖	二次分蘖	三次分蘖	包括主茎的茎数
8	3	0	0	4
9	4	1	0	6
10	5	2	0	8
11	6	3	0	10
12	7	4	1	13

（2）二次、三次分蘖。另一个重要的问题，是迷信一次分蘖好，二、三次分蘖不好的问题。一般来说，二、三次分蘖不好的原因，主要是由于出生时期晚，出穗时叶数少，叶面积小，出穗后利用光能蓄积淀粉的能力弱。然而，情况并不尽然，例如，12 叶期出生的一次分蘖，比 9 叶期出生的二次分蘖还少 3 片叶，所以 9 叶期的二次分蘖比 12 叶期的一次分蘖好得多。根据这个道理，在栽培上早期确保分蘖，控制晚生分蘖，利用带蘖秧苗，促进分蘖早生快发，最晚要在 7 月初保证所需茎数，并控制分蘖发生，是很重要的。

对分蘖苗缺乏信心的人，将每穴苗数由 2 苗改为 4 ~ 5 苗，期望每苗分 5 个以内，以求早期确保分蘖。但这样做，分蘖素质有明显不同。在生育中期繁茂之前，由于穴内株间竞争激烈，光照不足，使分蘖瘦弱。

为掌握分蘖的规律性，培育所需要的分蘖，要促进返青，对早生分蘖适当施肥（表层施肥），促其苗壮。要抑制晚生分蘖，以少肥速效为好。

（3）确保分蘖与苗的分蘖。水稻出穗前 30 d 的长相可决定产量，已是一般的常识。理想的长相应该是，有必要的茎数，各茎整齐、充实，碳水化合物蓄积量多，培育出后期也能生长健壮的根系。有这样的长相就一定可以增产。这样的水稻绝不是过分繁茂型的，而是各茎受光态势良好的群体。

插秧后到出穗前 30 d 之间的天数，因品种及栽培条件而有不同，一般约为 40 d。为使在出穗前 30 d 左右各茎充实，碳水化合物蓄积量多，在其稍前即出穗前 40 d 左右时，必须确保所需茎数。这样分蘖期间约为 30 d。

基肥中氮量多，虽然易于增加蘖数，但蘖的充实不良，且会增加不必要的茎数，使确保茎数的时期变晚。

虽说确保茎数重要，但靠增加每穴苗数的办法是不可取的。这是因为穴内苗间分布不合理，各茎所处环境变劣，分蘖弱而充实不良。要想确保茎数，又使分充实，只依靠本田的分蘖是不行的，必须依靠秧苗分蘖。在插秧当时若能确保必要茎数的1/3左右，剩余的茎数就比较容易保证，而且茎的充实也有时间了。

为使穴内植株开张性好，茎充实，秧田分蘖很重要。不仅要秧田分蘖，而且要在移栽后分蘖成活不死，这就必须培育有旺盛发根力素质的秧苗。

秧苗好坏在移栽后即可确定。秧田期的分蘖是否死亡，正在发生的分蘖芽是否休眠，是区分秧苗好坏的标准。秧田分蘖死亡的秧苗，外观再好，也不是好苗（图5-7-4）。

好苗：以7叶苗（包括不完全叶）为例，有分蘖茎3个，①和②号分蘖的高度为主茎的2/3。好苗移栽后，从泥水中长出新生分蘖（图5-7-4中③④⑤⑥）。发根力旺盛的秧苗，植伤少。根据秧田期养分蓄积量，出生①～⑥号分蘖，一旦返青延迟，⑤、⑥号分蘖即行休眠。理想苗在本田能有效地利用①～⑥号分蘖。这是公顷产量7 500～9 000 kg的苗的长相。

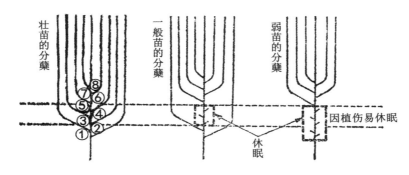

图5-7-4　壮苗和弱苗的分蘖差异

一般苗：一般苗从外观来看，还比较好，但③、④、⑤号分蘖容易死亡。秧田分蘖较好，①、②号分蘖高度长到主茎的2/3。与理想苗比，外观无大差异，但是发根力弱，养分蓄积量少，所以③、④、⑤号分蘖容易死亡。移栽后的生育情况是，①、②号分蘖生存下来，似乎没有植伤，但返青略晚，叶色略淡，新生分蘖迟迟不发。外观上虽无大差异，实质上是体内有植伤。

劣苗：典型的是密播徒长苗。秧田期未出生①、②号分蘖，仅主茎伸长。移栽后因植伤使③、④号分蘖休眠，叶色淡，迟迟不发分蘖。所以想追施氮肥。无论在秧田或本田，都有分蘖茎休眠。这样的苗，公顷产量要达到6 000 kg也有困难。

（4）有效分蘖的诊断。在出穗前40 d左右时，分蘖数达到计划的7～8成是比较好的。即在分蘖茎中，具有2片叶的分蘖数，达到计划数的7～8成时，就能充分确保计划茎数。

在出穗前40 d长出2叶的分蘖茎，3叶还未伸出时，下叶叶鞘里一定有分蘖茎，随3叶抽出而长出来，这部分是可以预见的。把这部分分蘖包括在内，就足以达到计划茎数。如果不做预测，以为茎数不足而追肥，虽然可以增加分蘖，但穗数不一定增加。这是因为，次叶伸出时，其同伸分蘖也伸长出来，这时追肥的肥效在出穗前30 d以后才发挥出来，对当时出生的分蘖起不到作用，反而会有负作用。即使当时分蘖比计划数少5成的情况下，也不要追施促进分蘖的氮肥。与其增加软弱或无效的分蘖，不如在过有效分蘖期后不再增加分蘖，而将已有分蘖充实起来，促进穗大、结实率高，更易获得增产。

（三）初期的水管理

（1）为调整生育而进行水管理。利用施肥手段，既要控制初期生育，又要确保分蘖茎数。为了培育前期稳长的矮壮型、后期有足够的叶面积的秋优型，除了施肥之外，还要通过水的管理来调整。

有充足的肥料，再给以充沛的水，水稻就会猛长。因而要适当控水，才能培养成叶绿素多、淀粉蓄积多的健壮群体。控制水稻生育，不是使氮素或淀粉缺乏，而是使体质充实，控制猛长。

在水稻的生长条件中，除光、温和氮素等养分之外，水有直接关系。其中容易调节的是水和肥。没有氮素，给水也不能伸长。反过来也是同样。氮素过多，略有徒长时，落水晒田可抑制植株伸长。水的管理是调整生育的方法之一。例如在旱育苗时，虽有相当的氮素，但水成为限制因素时，几乎不发生徒长。

在深水下之所以徒长，可能与温、光和生长素有关。热带水稻全株被洪水淹没时，一夜间可长 30 cm，这是一种生长素的作用。这种生长素，遇光被破坏，暗时开始活动。一般阴天时伸长，光充足时抑制伸长，这也是生长素的作用。

水稻吸水多时，是否吸收养分也多，因稻体素质而有不同。茎内淀粉蓄积多的，按自己的需要吸收养分，和水的吸收无大关系，淀粉蓄积少的，吸水旺盛也促进养分吸收。所以在同样有水条件下，淀粉蓄积多的稻体，吸水虽多，也不破坏自己养分吸收的体制，而淀粉蓄积少的，不断吸收养分而徒长。所以，水稻对肥料是做出敏感反应，还是独立自主地发展，依稻体的淀粉含量多少而定。另外，如果育成了淀粉蓄积量多的稻体，即使环境略有变化，也不致破坏水稻的受光态势而正常生育。

水稻的生长，除肥、水以外，还受光温等的影响。温度低时，为保温而灌深水，因低温可抑制伸长，所以虽灌深水也不会徒长。但在没有保温必要而灌深水时，则促进伸长。这在温度和水的管理上要特别注意。因此，在光照不足的阴天，养分充足，温度也高，若灌深水，水稻就会猛长。

（2）生长、分蘖和水的关系。从水稻的伸长、分蘖与温度的关系来看，是相反的关系。遇像冷害那样的气象条件时，伸长停止，分蘖增加；相反，如果水稻不断伸长时，分蘖就不会多。这就是某一方面占优势时，另一方面就要受到抑制。在迅速伸长时，剪断上叶，分蘖即旺盛生长。培育早生分蘖，抑制后期分蘖，必须明确这种关系。

但是，具体执行起来也很复杂。有时抑制分蘖，又助长了伸长。如何解决这种矛盾，要解决水的管理问题。如果不保持水层，使茎受光，抑制生长素的活动，并限制水稻生长必需的水分，就会使稻体坚实而不徒长。但如限制过头，虽然抑制了生长，但分蘖增加。因此，较难掌握。

（3）水管理的做法（图5-7-5）。以出穗前 40 d 为界限，将水管理分为前期和后期。前期应保持浅水状态，后期应保持饱和水分状态。特别是后期的饱和水分状态的管理，是水稻栽培中的重要措施。

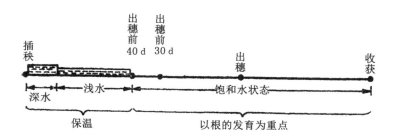

图 5-7-5　水管理的具体方法

初期浅水灌溉期间的着眼点是，不使水稻因低温而萎蔫。由于地温低，没法不使水稻根系伸长缓慢。若不考虑以灌水保温，会因根系发育不良，使水稻有肥也难以吸收。以保温为重点的水的管理，要持续到出穗前 40 d。当气温升高到 20 ℃，茎数达到计划的 7 ～ 8 成时，就没有必要保温。这时要尽早由浅水灌溉改为饱和水分状态。

插秧后需深水管理，返青后开始浅水管理。保持 3 cm 左右的浅水层。早晨灌水，落干后次日早晨再灌。除草时，撤水干 1 d 左右再除草，除草完了晒 1 d 再灌水。

以保温为重点的管水期间，白天也不落水，保持浅水，以提高地温。如完全落干，因蒸发量大，热量被带走。所以，这时向根部供给氧气时，也以夜间落干为好。

三、机插稻作的特征

（一）初期生育的差别

首先，有必要和手插秧比较，来明确苗的差异。育好的小苗，叶龄 3.5 叶左右（包括不完全叶，下同），比手插的 6.5 叶苗约少 3 叶。株高 13 ～ 14 cm，没有分蘖。而手插秧是播后 35 ～ 40 d 的秧苗，株高长到 22 cm 左右，一般已有 2 ～ 3 个分蘖。所以，从移栽当时比较，机插的小苗株高矮，干重仅为手插苗的 1/10，分蘖是零，两者差异很大。

随着生育的进展，其差异表现在分蘖和茎粗上。手插的水稻，秧苗干物重大，从一号位顺利进行分蘖，到出穗前 40 d 左右，能够确保计划茎数，而且茎秆充实、整齐。一般机插小苗，秧苗素质较弱，不仅①、②号分蘖没有，就连③、④号分蘖也难确保。结果从⑤号分蘖开始，到出穗前 40 d 陆续出生 3 ～ 4 个分蘖，当然不能指望二次分蘖。在这样的生育过程中产生的分蘖，茎细，充实度也不好。

应该充分认识，茎的充实程度与穗的大小和结实期的结实好坏有密切关系。茎充实不好是小苗最大的缺点。

如果仅从确保穗数来考虑，每穴多插些苗即可达到。但是，用这种方法获得的分蘖更加瘦弱，即或植株不高，下位节间也会伸长，易于倒伏。这就是一般小苗容易倒伏的原因。小苗要取得高产，要解决茎细问题。

（二）确保分蘖

一般移栽的小苗，①～③号分蘖是用不上的，④号分蘖也难利用，几乎是从⑤号分蘖开始利用。也就是 8 叶时出⑤号分蘖，9 叶时出⑥号分蘖，10 叶时出⑦号分蘖，11 叶时出⑧号分蘖。假如以每苗保证 4 个分蘖为目标，要到 11 叶期，这时将开始幼穗分化。即使勉强赶上，也是茎细、穗小、粒数不足。为了增产，必须有一定的淀粉蓄积期间，但是，由于过分分蘖和生长过旺，其后节间徒长。

另一个问题是，每穴苗数多，分蘖过剩。每穴苗数多，分蘖更加延迟。如每穴栽 10 苗，穴中间的 5～6 个苗，即或③、④号分蘖有出生能力，由于下部节位挤在一起，也使分蘖难以出生。随着生育进展，穴内开张，节位上升，突然大量出生分蘖，形成弱小过剩的分蘖。

有人认为，既然分蘖晚，就不用分蘖，而增加栽植苗数，这根本是错误的。从水稻本身来看，出生分蘖是正常的，而不能长出分蘖是体内代谢混乱、生长不协调的结果。所以为避免上述情况，切实使①号分蘖长出是重要的。

第八章　生育中期

一、生育中期的姿态

（一）群体的光能利用率

（1）增加光合量的方法。增加碳水化合物的生产，就是增加收入（光合量），减少支出（呼吸量）。其中增大光合量是基本途径。

群体的光合量可用下式表示：

$$群体光合量 = \underset{①}{\boxed{叶面积}} \times \underset{②}{\boxed{光合能力}} \times \underset{③}{\boxed{光能利用率}} - \underset{④}{\boxed{叶片以外的呼吸}}$$

增加群体的光合量，就是增加①、②、③，减少④。光合能力是一定叶面积在一定时间内的光合速度。光能利用率是群体条件下，每株水稻最大光合能力的发挥系数，亦即穴内互相制约发挥光合能力的状态。光能利用率随叶面积增加而下降，严重时全体光合能力只能发挥 2 成左右，叶面积指数大时，提高光能利用率是增加群体光合量的最常见的方法。

（2）提高光能利用率的要素。提高光能利用率的方法可归纳为如下 3 点：

①近于直立状态的叶片比水平叶好；

②细长叶比短宽叶好；

③叶不密集，呈有适当间隙的立体状态，分布于空间。

实际上，②和③的差异不太明显，①叶的着生角度是个问题。

水平形叶的光能利用率明显比直立形的低。但当直立形叶面积指数达 8 以上，已不能再靠叶的角度优势提高光能利用率，将急速接近水平形。叶面积指数在 5 以下，直立形和水平形的光能利用率也无大差别。叶的着生角度，在叶面积指数为 5 ~ 8 时，才能收到提高光合作用的效果。在实际生产中，最繁茂状态的叶面积指数，也多在 8 以下（特别是在寒地）。为高产而选育直立形叶的品种是重要的。但是，叶面积指数若在 5 以下，由于日光可照射到下部叶，强调受光态势也无太大意义。

（二）理想稻的姿态

一般情况下，出穗前 30 d，相当于幼穗形成期（出穗前 25 d）5 d 前的时期，相当于最高分蘖期（暖地为最高分蘖期过后）。

要调整好出穗前 30 d 时稻的姿态，在出穗前 40 d 还在旺盛分蘖的水稻是不行的。到出穗前 40 d 左右，分蘖要顺利地停止。由此以后到出穗前 20 d 的 20 d 期间，水稻如能形成下列长相，是理想的（表 5-8-1）。

①不再发生分蘖；②既不徒长，也不缺肥；③稳健生育，只有叶数顺利增加。

表 5-8-1　水稻的姿态比较

项目	好的	差的
丛形	扇形张开	比较集中收拢
叶态	叶尖向上	叶尖下垂
叶和叶鞘色	叶淡，鞘浓	叶浓，鞘淡
叶和叶鞘长	叶长，鞘短	叶短，鞘长
叶尖	尖	钝
碘反应	强	几乎没有

远看：远看全田色略淡。因为叶直立，远看多为叶尖色，所以较淡。

近看：远看色淡，近看色浓。叶鞘色比叶色浓，近看时看叶鞘部分多，所以色浓。丛形呈扇状张开。叶尖向上，新出叶更直立向上。

叶色：叶淡绿，绿中透黄，叶鞘浓绿色，这是淀粉蓄积量高的特征。一般氮素过多的水稻，叶色乌黑，叶鞘色淡。叶色因品种而不同，正确的判断，必须进行叶色和叶鞘色的比较。叶和叶鞘色都较淡时是缺肥的表现。

株高、叶鞘的长度：株高要有健壮感，以矮为好。叶和叶鞘的长度比，以叶略长为好，叶鞘伸长最不好。徒长的水稻，叶鞘比叶长。

总之，要在出穗前 30 d 左右的时期里，使之尽量蓄积养分，而且极力减少消耗。

二、生育中期的追肥

（一）中期追肥的意义

基肥氮素是以肥效达到出穗前 20 d 为目标的。在天气较好，生育顺利，或技术水平高、生育过程较理想时，追施接力肥就显得必要。所以，接力肥有的年份用，有的年份不用。在出穗前 40 d 左右明显表现缺肥征兆的年份，施用接力肥接续到出穗前 20 d，避免因断肥而使叶的光合能力下降，是中期施肥的目标。

从出穗前 40 d 到出穗前 20 d 的 20 d 间，不可脱氮。最低要维持光合作用必需的氮肥。氮肥不足，穗小，结实力弱。当然，这时的氮肥也不必过多。这时叶尖如果呈现浓绿色，穗虽变长，但将成为着粒稀的穗子。决定稻穗素质的是这时的碳水化合物积累量。

让接力肥的肥效达到能看出茎叶色变化的程度是不恰当的。这个期间没有增大叶片的必要，而是使光合作用旺盛，提高碳水化合物的生产，以满足穗形成的需要。所以施接力肥的用意，不是在叶上见效，而是在体内生长的幼穗上见效。

（二）施肥的诊断

对接力肥施用时期的诊断，产量越高越要准确。和生育初期不同，这时一旦脱肥就不能恢复正常，而肥过剩也难以挽回。但只要仔细领会，也是容易诊断的。

细致观察全田，开始脱肥时会出现色调不匀，这是脱肥的预兆。但不能仅据此来做判断，还要特别对褪色严重部分的植株进行观察。

观察一株水稻的要领，要看褪色的程度。开始脱肥时，先从叶尖逐渐向下褪色，进而叶鞘褪色，继续向下发展。施用接力肥的适期为叶片褪色达到叶片的2/3左右时（图5-8-1）。

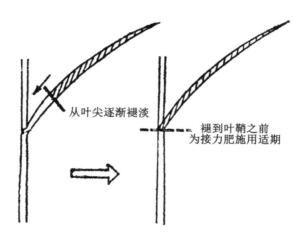

从叶尖逐渐褪淡

褪到叶鞘之前
为接力肥施用适期

图5-8-1 施接力肥适期

如果叶色没有褪淡的征兆，氮素尚有存留时，无论如何不能施肥。对后期伸长型品种，要注意观察，必须考虑晚些施用追肥。

另一个重要问题是要考虑土壤的性质。有的土壤虽然一时表现脱肥，但其后根向下层伸长，可能反映出肥效。在这种情况下，要改用饱和水分状态，观察几天，如果叶片停止褪色就不必施用氮肥。

判断比较难的，是在出穗前40 d以前出现脱肥的时候。一般在出穗前40 d左右，因气候或移栽的关系茎数不足，多进行中间追肥。但是，在出穗前40 d时，可成为有效茎的已经确定，这时追施氮肥只是增加无效分蘖。所以，到这时期不必为增加茎数而追肥。

茎数比计划数少的稻田，各茎的环境条件反而较好，不足部分可用穗的良好发育来弥补。这时要打消对茎数的依恋，改为以穗重为重点。特别是穗重型品种，这样做更好。改变方针后，努力改善环境条件，使各茎环境良好，叶色稍浓，也不致有负作用。其后不宜断肥，以免出现穗数既少、穗子又小的局面。

什么样的水稻不必施用接力肥，其判断标准如下：

根腐的水稻：叶尖圆形，叶无光泽，没有活力的水稻，多为根腐的结果。这样的水稻施接力肥也无效果，以采取防止根腐的对策为好。

移栽后植伤重的水稻：植伤重，返青晚，以不用接力肥为好。因已施的基肥还未完全吸收。

施用了迟效肥料的水稻：已多量施用迟效的有机肥料，在出穗前 40 ~ 35 d 有脱肥表现时，以控制追肥较为安全。

叶尖下垂的水稻：从叶鞘到叶尖颜色逐渐变浓的水稻，不施接力肥。过分繁茂的不施接力肥；即或不过分繁茂，叶尖下垂的也不施接力肥。

（三）施肥方法

接力肥使用氮、磷、钾三要素齐全的复合肥料，纯氮以 0.1 hm² 施 500 ~ 600 g 为标准，绝对不要施 1 kg 以上。施后 5 ~ 7 d 仍有褪色表现时，再施下次接力肥。

此时追肥失败的原因是施肥量过多。农民的心理往往是，施肥后 3 ~ 4 d 如果叶色还未变深，就认为没效或用量不足，再行补追，这是不行的。这时的追肥是维持生育现状，达到叶色变深的程度已是过量了。

接力肥一次用量要少，注意调整次数。例如，接力肥用氮量应为 800 g 时（0.1 hm²），若用 1 kg 即为过量，若分两次，每次 500 g，虽总量相同，也不会过剩。施用氮素 500 ~ 600 g，叶色是不会变深的。认为没变深而增施肥料，是绝对不允许的。第二次追肥，也是要看叶色褪淡程度来施用。

另外，过分担心氮素过剩，而使褪色达到叶鞘也不好。一旦出现严重缺氮，褪色到叶鞘时，以后施较多氮肥也不上色，而只伸长茎叶。如再过剩吸收，叶色变浓而徒长。达到这种程度，出穗前 20 d 的穗肥就不能施用，以后粒肥的效果也不好。

接力肥的施用时期，一般在出穗前 40 ~ 20 d 的 20 d 之间，只能施 2 ~ 3 次，施 3 次以上是很少的。

第二次施肥时，要注意施肥不匀田间出现的黄色部分，要在全部施用的基础上，对色淡部分进行矫正，不宜只施发黄的部分。施肥时以饱和水分状态为好。如有水层施肥，因水不能流动，高温下加速土壤还原，易伤根系。

三、生育中期的灌水管理

（一）为壮根管水

在灌水管理中（图 5-8-2），最重要的是在出穗前 40 d 左右，要改水层灌溉为饱和水状态。也就是只供给水稻必需的水分，向土壤补给氧气，排出土壤中产生的有害气体，进入以根的发育为重点的时期。从此时期起直到收割前，要维持饱和水状态。

持续淹灌，不能向根补氧，会出现"根垫"现象。稻田有水覆盖，氧气不足，根系在地表 3 cm 以下形成纲状层。这样的水田用脚踩，会发出咔咔的断根声。"根垫"是由于长期淹灌，土壤缺氧，根系未伸入下层，只长在地表层造成的。与此相反，饱和水状态的稻田，氧气充足，也不易发生根腐，根向地下迅速生长，可吸收土壤深层养分。从出穗前 40 d 左右，若不将根引向地下，各穴间的根系开始竞争，地表养分用尽，就会出现严重脱肥现象。由于根的竞争而引起的脱肥，用少量肥料也难以恢复正常。如果多量施用则水稻贪青，以后脱肥更甚。

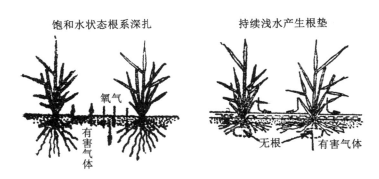

图 5-8-2　水管理和根的发育

饱合水状态，是地表无水层，土壤充分含水呈羊羹状，脚窝处有水的程度（图 5-8-3）。

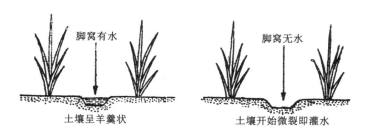

图 5-8-3　饱和水状态的水管理

（二）水管理的做法

灌水量达地表无水、脚窝里积水的程度即可，到脚窝里无水时再灌入水。这时绝对不要过干，脚窝无水土壤将干，即行灌水。

几天灌一次，因土壤持水情况而异。砂土地可能 1 d 灌 1 次，黏土地 3 d 灌 1 次。持续降雨时，可利用雨水。低洼地也同样要采取露出地面的灌水管理。

如果地干了，不要急速灌水，开始在地表灌跑马水，经 3～4 d 恢复原有状态。

高温时串灌。为减少盛夏的高温障碍，要进行串灌。气温在 30 ℃以上时，用大量的水温在 25 ℃以下的水进行串灌，效果明显。串灌仅在白天进行，夜间按饱和水状态管理。

饱和水状态持续多久？穗的枝梗带绿是进行淀粉蓄积的象征，在枝梗生活期间应保持饱和水状态，停灌期在将要收割之前。

（三）注意晒田

晒田作业是稻作的重要技术。这是调整水稻生育的一种特殊的水管理。其目的之一，是用控水脱氮的方法，抑制不必要的分蘖；另一个目的，是向土壤中充分供氧，防止根腐，健全根系。但实际上多与此目的不相符。

通过晒田使氮素逃逸的想法，是认为有机物分解产生的铵态氮或存在于地表的铵态氮，由于土壤变为旱田状态而成硝态氮，硝态氮溶于水而流失。假如相信这种"理论"，那是非常可笑的。铵转为硝酸不是那样简单的。晒几天田，变为硝酸是很少的。在未变为硝酸之前即被水稻用掉。所以，认为晒田可将氮转为硝酸而逸失是不对的。以这样的设想来考虑晒田，只会得到不良的结果。

晒田后，当土壤出现小裂缝时，土壤中确实进入了氧气，不仅使根系生育良好，而且好气性微生物也有增加。这种微生物靠氧呼吸而生活，分解水田中的有机物产生铵态氮。但是，这种铵态氮未转为硝酸态之前即灌入水，在水田中的肥分反比晒田前增加了。

晒田的另一个理由是向土壤中补给氧气，积极防御根腐。对此也根据情况而有不同结果。

如上所述，晒田使好气性微生物增加。灌水以后，会再次出现氧气不足，而且时间有所加快。和晒田前不同的是，氧的消耗因微生物的呼吸而一时加剧，很快恢复到晒田前的状态。适于根系生育的时间很短，便急速回到还原状态。

晒田 5 ~ 7 d，干到有小裂缝的程度，将水田状态很快变为旱田状态。虽然时间很短，在这种状态下培育的水稻根系，也有某种程度的旱育性格，再灌水后，会引起根的生理变化，丧失对硫化氢等毒物的抵抗能力，容易引起根腐。

此外，晒田后复水，地上长出白根的现象，并不是晒田使根系发育良好的结果。地表很快长出新根的原因，一是变为旱田状态后，水分不足抑制了整个生育，光合作用合成的碳水化合物蓄积在基部茎节中，只要有水随时可以发根，所以在灌水后，地表一齐出现新根。另一个原因是晒田使老根腐烂，水稻为弥补根的不足，而大量出生新根。无论是上述哪种情况，都不是正常的发根。

这样看来，晒田无助于健壮根系，也无益于逸散氮素，害多利少。这样的晒田以不进行为好。不过，如果前作为牧草等时，插秧后土壤中一时有害气体发生严重，为氧化有害气体，晒田是很有作用的，但是，在这种情况下起作用的，也以除去有害物质比向根供给氧气的效果大。对秋衰田，通过晒田除去硫化氢也是同样的道理。

用特殊的事例套在一般水田上，是不合适的。为了不出现根腐，处理的方法是，加强水稻本来具有的氧化力，即使在氧气不足的土壤中，也能保持其活力，维持正常生活。

提高根的氧化力，就要提高地上部特别是下叶的活力，使其制造碳水化合物不断供给根系。为此，氮素过多、过分繁茂、下叶见不到光等都不行。另外，对保肥不良的水田，基肥施用过多，初期生育繁茂，其后养分补给中断，营养失调，根的氧化力随之减弱。急剧的营养失调更加危险。

充分发挥根的功能，向根供给充足的碳水化合物，作为根系的能源，用通过体内送来的氧气，以自身力量对根周围进行氧化，即或有些硫化氢，或土壤中极度氧气不足，也能将毒物转化为无毒物。充分发挥水稻本身的能力，战胜不良条件，比采取晒田打乱生育规律，对水稻更为有利。

所以，这个时期水的管理，与其逸散氮素，或输入氧气，不如以水换除土壤中的毒物，也就是排除土壤中水，换入新鲜水，对排水不良的水田进行活水串灌，换掉田内陈水，对水稻更为有利。

第九章　生育后期

一、结实期的姿态

（一）提高受光态势的条件

（1）粒数和受光态势。增加叶的碳水化合物合成量的条件是，确保水分，有充足的叶绿体蛋白，有充足的二氧化碳，有充足的光。

粒数少的水稻，剑叶短，形成剑叶时起作用的下叶也相对短。叶短或叶长均以直立为好，长叶因自重而易披垂。一株的稻叶互相交错排列，即使上叶略大些，下叶也不一定被遮阴，但水稻在群体条件下，上叶大而披垂，会影响邻叶。

提高叶的碳水化合物合成能力，是向穗部蓄积淀粉的首要条件。使叶能制造大量碳水化合物还有一个重要条件，是受光叶的大小亦即叶面积。叶面积大，淀粉的合成量也多。但是，叶面积增大的方式不同，光的利用也完全不同。

现在用 30 cm 长的叶 3 片，水平重叠和直立并列排列，来进行分析。1 片叶的面积为 60 cm²，3 片叶共为 180 cm²。在叶面积相同条件下，水平和直立的受光条件完全不同。水平重叠的只有上 1 叶受光，下 2 叶不受光，只有呼吸消耗，3 片叶生产的碳水化合物总量，比 1 片叶的光合量还少。

而 3 片叶直立并列的，3 片叶均能受光，没有遮阴部分。没有像水平重叠排列那样只进行呼吸消耗的叶片。这是直立叶好的最大理由（图 5-9-1）。

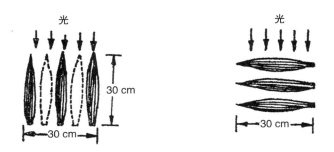

图 5-9-1　叶直立光能利用率高

叶片水平排列，在叶长 30 cm 间，重叠的几个叶片只是增加消耗，直立排列，同在 30 cm 内再加入几叶，仍能充分受光。因此，直立叶的光能利用率高。直立叶也不是越大越好，叶大难以直立，穗粒数增加，叶和粒的关系变得不相适应。为此，多着生直立小叶是最有利的。矮壮、小叶、直立的水稻，是有利的。

另一个重要问题是，扩大叶面积时，增加叶数比增加单叶面积有利。这是由于剑叶和其下各叶与谷粒连接的通道是有差异的。

稻穗有一次枝梗、二次枝梗，其上着生谷粒。这些枝梗是叶向谷粒输送碳水化合物的通道。这些通道由维管束组成并与各叶连接，所以以叶数保证穗的淀粉蓄积是有利的。在出穗期最好地利用光能，是高产的秘诀。群体叶片形成良好的排列，上下各叶均能受光，是最好的姿态。

（2）叶的素质。进入结实期以后，以活叶多为好。结实期的活叶数，有的3片，有的4片。一般来说，4片的好些。但3片叶的也有增产的。叶色变黄问题不大，只要不枯即是高产的状态。

结实期茎叶全面覆盖，各种不良条件都可使叶枯萎。但最重要的是分析第四、五叶出生时的水稻状态。第四、五叶出生的时间，是在出穗前40 d左右。这时如氮素过剩，生育过繁，影响根系生长，叶就不能充实，素质差。叶枯萎，是由于根不健全，根的障碍是决定性的影响因素。严重时在夏季就可发现下叶枯萎，这是难以指望结实良好的。

最后对结实贡献较大的是上数一、二叶，这几叶的素质很重要。不是叶的大小问题，而是叶的能力。假如是叶比较大的品种，叶片要有一定的大小。假如是小叶品种同样结100粒，不一定是大叶的就增产。从群体有效利用光能来看，大叶的遮光反而效率不高。叶小而功能高的为好。功能高的叶枯萎晚，生活时间长，直立的光合效率高。秋季褪色时，叶色金黄的是功能强的叶片。功能低的叶片退绿后程白色干枯。

从结实期的叶长来看，到上数第三叶要长到一定程度。往上要逐渐变小，亦即对穗的伸长要比对叶的伸长更下功夫，这是好的长相。氮素多时，会使上叶伸长。

（二）理想稻的姿态

结实期理想的水稻姿态是什么样呢？如图5-9-2所示，叶的状态：叶长以上数第三叶最长，第二叶和第四叶等长，剑叶更小些也无关系，第五叶以下逐次变小，这是理想型。剑叶和第二叶比第三叶小，是生育旺盛、穗分化正常的标志。如不正常，养分转向叶部，剑叶或第二叶就伸长。

到出穗期有5片绿叶，收割前最低需要存留3片活叶。各个时期均保留有活力的叶片，是根系具有活力的证明，也是水稻有活力的标志。这要以出穗前30 d为中心，使水稻成为理想型，以后饱和水灌溉管理，培养根系，才能维持叶的健壮。

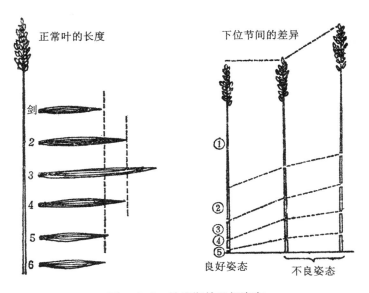

图 5-9-2　结实期的理想姿态

　　节间状态：下部第四、五节间，过分伸长的不好。特别是在出穗后的第五节间，高产的水稻几乎不能伸长。而一般水稻该节间伸长 5 ~ 10 cm，植株增高，是倒伏的原因。

　　高产的水稻第一节间比较长，但不是第一节间伸长好，而是其下各节间以短为好。也就是，植株矮、第一节间比下位节间全长还长的为好。

　　穗的状态：决定穗的大小亦即粒数多少的时期，是穗分化期以后的 10 d 左右，这时调查幼穗，一般有 150 ~ 200 个颖花。可是在出穗后调查，一般只有 70 ~ 80 粒，多的 120 粒左右。这是由于从穗的分化到出穗，有的颖花自行消失，即所谓退化现象。颖花退化和枝梗退化，少的为 3 成，多的达 5 ~ 6 成。在穗颈节着生的枝梗，1 个最少可着生 20 粒，退化 2 个就是 40 粒，仅此即可占 4 ~ 5 成。认真调查，可观察到退化痕迹。

　　和结实有重要关系的是枝梗老化问题。枝梗是出穗后叶部制造的淀粉向穗部运送的通道，如果早期老化，粒就不能完全充实。出穗前 30 d 枝梗分化时，氮肥肥效高，枝梗细胞软弱，进入结实期，成为早枯的原因。即使叶片健全能制造淀粉，而运送通道枯死，也无用处。所以必须使枝梗到最后仍保持绿色而有生机的状态。

（三）机插稻作的特征

　　机插小苗的稻穗，比手插苗的穗短，小苗稻穗几乎没有二次枝梗，一次枝梗的着粒数也少。为什么会出现这种穗长和一次枝梗着粒数的差异，归根结底是根和茎的充实程度不同造成的。

　　然而，机插小苗由于一穗着粒数少，所以结实比手插大苗好。穗的整齐度一般不如手插的好，这是由于每穴苗数多，因无效分蘖多，后期营养呈秋衰型。

　　结实期的绿叶数（剩余的未枯绿叶），小苗比手插苗多 1 片左右，多为 3 ~ 4 片。认真观察，小苗的叶色淡，叶能力也低。一般手插的上数第四、五叶比第一至第三叶小，而机插小苗第四、五叶多数更小。小苗初期多生育不良，从确保分蘖开始，经过体质弱小阶段，到后期才逐渐恢复，是其典型的长相。

机插小苗叶的活力弱，出穗后叶片渐次枯萎，出穗当时有绿叶 6 片左右，在灌浆成熟的 60 d 中渐次枯死，最后只剩 1 ～ 2 片绿叶也是有的。

在寒地，机插小苗的总出叶数，一般比同品种手插苗的少 1 片。如果叶片全部长出，多长 1 片叶约晚 1 周时间，而到一定时期幼穗分化就开始，所以水稻本身通过减少 1 叶来调整出穗期。而在暖地就没有这种情况，一般机插稻和手插稻一样能长出所有叶数。

从茎来看，乍看无何差异，但仔细观察，粗度和硬度机插稻均比手插的差，而且下部节间比手插的易于伸长。但如注意栽培，可做到几乎没有差别。

二、生育后期的穗肥

（一）出穗前的穗肥

出穗前 20 d 过后，追肥失败的可能性减少，可安全施用。所以从出穗前 20 d 到出穗期，为了防止幼穗退化，提高水稻活力，促进结实成熟，要施用穗肥。

出穗前 20 d 的穗肥：第一次穗肥在出穗前 20 d 施用。这次穗肥，要使其在颖花退化严重的减数分裂期（出穗前 12 d）见效，以氮肥为主，也要施钾和磷。

追施钾肥，水稻的光泽好，多施氮肥则呼吸旺盛。为保持协调，只在第一次穗肥里施用氮、磷、钾三要素齐全的肥料。

每 0.1 hm² 用纯氮 1.5 ～ 2.0 kg，钾和磷按纯量与氮等量施用。生育正常的水稻，到出穗前 4 ～ 5 d 的孕穗期，色转淡。如果此时色不转淡，说明氮量过多。

出穗前 20 d 施用穗肥，必须注意的是，稻体氮量稍多，下位节间易伸长，对下部节间不宜伸长的品种，要推迟 5 d，即在出穗前 15 d 施用穗肥。

出穗前 20 d，是上数第二叶长出一半左右的时候；出穗前 15 d，是上数第二叶展开的时候（图 5-9-3）。

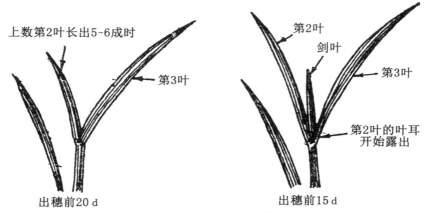

图 5-9-3　出穗前 20 d、15 d 的判断

将要出穗之前的穗肥：对孕穗期色淡的，在将要出穗之前施第二次穗肥。色不淡的不施。这时仅用氮肥，每 0.1 hm² 施纯氮 1 ~ 1.5 kg。

穗肥的调节：在出穗前 30 d 左右，茎数比计划数多，而且粒数也多时，将使水稻结实不良。这时应将出穗前 20 d 的第一次穗肥拖后几天施用。因为出穗前 20 d 的穗肥是防止颖花退化的。施肥时期延迟，可使颖花退化，避免因颖花过剩而使成熟不良。如果仍按原计划施用，虽然防止了颖花退化，但因二次枝梗着粒过多，反而结实不良。

（二）出穗后的穗肥

出穗后施用穗肥的目标，是加强叶的碳素同化作用。也就是增加茎、叶的叶绿素，防止稻体老化（图 5-9-4）。

从出穗到收割之间，短的 45 d，长的有 60 d。在此期间，只要枝梗青绿，即可不断施用穗肥，少则 3 次，多则可达 10 次。基肥少施，培养出适于追肥的水稻，出穗后认真施肥，这是与过去的方法根本不同的稻作。

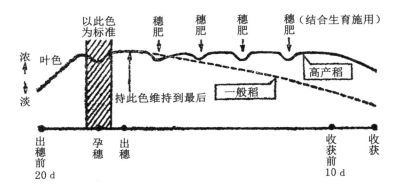

图 5-9-4　出穗后穗肥的施法

叶色与穗肥的诊断：出穗后施用穗肥的诊断，以孕穗期（出穗前 10 ~ 5 d）的叶色为基准。任何水稻，从出穗前 20 d 左右开始，叶色逐渐加深。而到孕穗期叶色褪淡，这时的叶色一定要记住。孕穗期过后，叶色又略深。

出穗后认真观察叶色，当叶色比孕穗期叶色淡时，应立即施用穗肥。健康的水稻，出穗后 10 d 左右褪色。如放任下去，水稻素质下降，易感染穗稻瘟病。叶的色泽由于穗的影响，在远处不易看清。掌握绿色从叶尖开始褪到叶鞘时，施用穗肥。

穗肥的次数和用量：应根据气候和稻体状况而有不同，以叶色变化为目标进行施用。一次用量每 0.1 hm² 纯氮 1 kg 左右。

培育出适于追肥的水稻后，只要天气好，穗肥的效果就很好，施用次数也可以多。出穗后的穗肥，根据当年的天气情况而有很大的不同。如果光合作用旺盛，叶向穗部输送的淀粉多，需要的氮素就多，以增加叶的活力。最后一次穗肥可施到收割前 10 d 左右。

这时施肥即或有些过头，也完全不用担心倒伏或贪青晚熟，尽管放心去做。

三、生育后期水的管理

（一）增进植株的持水能力

水稻的生育后期，要处在光和作用的最佳状态。所以，要以满足旺盛的光合作用为前提进行水的管理。叶的水分含量是影响出穗后光合作用的因素之一，要维持光合作用和保持叶直立的受光态势，没有水分保证是不可能的。所以，植株的持水能力是重要的。这取决于根的水分吸收和叶的水分蒸腾。为提高持水力，要保证营养，同时要有良好的根系。这时只要有水供应即可满足。田间有饱和水，不管有无水层，根周围的水量没有变化，并对调节地表环境有利。

（二）以水调节温度

出穗后地面被叶遮盖，所以，稻体的大部分和地表部分的温度受水温的支配。出穗后水温可以调节株间温度是已证明了的，但什么样的温度好还是个问题。

一般认为出穗时高温，呼吸量比光合量大，消耗多而结实不良。但是，为向穗部运送淀粉，不论是叶，还是作为碳水化合物的运送通道的叶鞘、秆、枝梗等，都必须进行呼吸活动。为使呼吸旺盛，温度高些是有利的。有人试验认为，在 25 ℃以内温度越高成熟越好。另外，也有在 29 ℃左右时成熟更好的报道。

那么夜间温度以多少为好？夜间不进行光合作用，如果仅是呼吸，夜温高就有问题。但是，一夜间也不只是呼吸，利用呼吸提供能源还要将白天制造的碳水化合物向穗部运送。所以夜温也以高些为好。然而，这种效果在氮素丰富的水稻上才表现明显。出穗 17 d 以后，夜温以不高为好。不过，氮素营养好的，即使有高温也不太影响成熟。

这样看来，除出穗后天气非常热以外，以水降温的必要性不大。水稻出穗后，水田被稻体覆盖，株间温度比气温低。水温调节靠蓄水串灌，使温水进入稻田。

（三）防止根腐的管理

经过酷热的夏季，出穗后根的氧化力已经衰退，而且出穗后全部精力集中于穗部，根、叶均从属于穗，向根补给的养分也少，生理上已到易引起根腐的状态。如地温升高，土壤呈还原状态，就出现有毒物质。

提高水温利于淀粉向穗运送，但根系受不了，这样做光合作用所需的水分、养分补给不能协调，成熟反而不良。所以在出穗期后不建立水层，和晒田的道理一样，为了去掉土壤中有害物质，以时常换水使根系健壮为好，也就是采取经常用新水换陈水的管理方法。事实上，有水层的根系不如饱和水程度的根系生长健壮。

许多人认为，出穗期以后没有根腐等问题了。事实上却相反，与盛夏比更易出现根腐。土壤中活跃的微生物，以有机物为食，此时由于食物渐渐不足，便以稻根为食继续繁殖。在根系具有活力时还不致于如此，到根系极度衰弱时，失去存活能力，不仅养分被其他器官夺走，而且养分向外溢出，这时会被微生物侵染而引起根腐。过去认为，后期的根系过分健壮容易晚熟，根吸收养分多成熟不良等。这是过时的观点，是不对的。

（四）决定排水期的方法

一般认为，出穗后 20 d 就可排水，这对秋衰型水稻来说也可能是对的。但对秋优型水稻就不行，秋优型水稻出穗后受光态势好，叶也生机勃勃，若在出穗后 20 d 排水，养分活动停止，对成熟会有不良的影响。

一般情况下，推迟排水，熟期拖晚，出现青米，成熟不良，而且收割作业困难。即使不考虑收割作业，由于排水期晚，造成成熟期晚，也是不应该的。

收割后，有时在稻茬中出现很多再生蘗。这要看收割后的气象条件。即或出现，因水田情况不同发生的也不一样，在湿田或冷害田发生的较多，这是剩余的养分留在稻茬里，而未完全转移到穗里的明显证据。为使养分完全送入穗中，必须使枝梗保持绿色而有活力，如果枝梗变黄，即使有充足水分，体内养分也不能向穗转移。

秋季严重低温时，枝梗虽然青绿，但因低温生活机能停止，也难以很好成熟。但一般来说，枝梗青绿，叶片中的碳水化合物可向穗部运转。到收割前不断水，对受光态势好的水稻是必要的。

四、倒伏的生理

（一）倒伏的原因

（1）倒伏稻和不倒伏稻。稻从节处折断倒伏的情况很少，几乎都是由于节间曲折而倒伏的。调查倒伏稻和不倒伏稻的节间 1 cm 的重量来进行比较，如图 5-9-5 所示。

与倒伏关系密切的节间 N3、N4 特别是 N4 节间，不倒伏的很重。节间重意味着导管粗，对曲折的抵抗力强，是抗倒的特性。但是，考虑倒伏时不能只看秆，抗倒性是由秆的强度与其叶鞘的强度构成的。

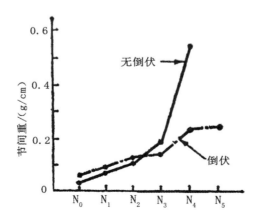

图 5-9-5　倒伏稻和不倒伏稻节间重比较

据久保氏调查，在茎（秆+叶鞘）的抗折能力中，叶鞘所占比率：S1（剑叶叶鞘）为52%、S2 40%、S3 31%、S4 13%，越是上部的叶鞘，在茎的防折力中所占比例越大。但这不是下部叶鞘本身强度弱，而是由于秆强，叶鞘的作用相对下降。如果节间伸长，秆变弱时，叶鞘就会发挥作用。叶鞘呈枯死或半死状态时，抗倒力明显减弱，茎整体的抗倒性变小。特别是与倒伏关系最密切的 N3、N4，包括其节间的叶鞘（S4、S5）必须坚韧。S4、S5 是结实期间的下位叶鞘，不使下叶枯萎，是防止倒伏的重要手段。

培育不倒的水稻，首先要增加单位秆长的重量，要秆短而充实，秆粗而叶鞘结实。一般来说矮秆品种抗倒，但如果接近地面的节间（N3、N4）伸长，也容易倒伏（图5-9-6）。

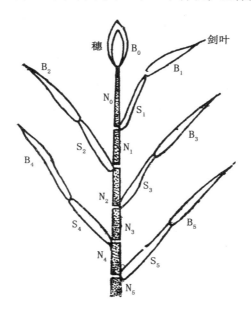

图 5-9-6　记号说明

（2）倒伏与碳水化合物的蓄积。不倒伏的植株，淀粉和糖的含量多。倒伏的几乎没有淀粉，糖的含量也少。秋衰田的水稻，或根腐早枯的水稻，虽不过分繁茂也常倒伏，是由于秆中几乎没有碳水化合物。秆中有糖时，渗透压增高，秆组织内水分保有量增多，所以秆可以保持健壮挺实。

（二）节间为何会伸长

由于倒伏是由近地面节间曲折而引起的，所以要设法使这些节间变短，节间重量增加。因此，有必要分析一下决定稻株各部位长度的原理。

把伸长的节间和短的节间分别纵向薄薄切开，在显微镜下进行观察，伸长的节间由大型细胞排列，而且全部节间多为细长细胞像梯子一样纵向排列，当每个间隔变长时，整个梯子也变长了。

在极少量的生长素的作用下，细胞壁开始膨大，整个组织惊人地伸长。在细胞膨大过程中，光合作用生产的糖类被用于制造细胞壁，生成淀粉的数量减少。氮肥过多而徒长的水稻，秆基部所以淀粉减少，其原因就在这里。

生长素种类很多，其中绝大部分是在植物体内蛋白质代谢过程中制造的。即或是极少量的生长素，对器官伸长也有很大影响。如数量过多，是不利的。植物为其自身安全，有破坏过剩生长素的机能。其中之一就是生长素有被光破坏而失去作用的性质。喜阴植物所以长得细长，是因为生长素没被光破坏。光照不足或过分繁茂的水稻，株高所以增加，原因之一是生长素未被光破坏而作用于伸长部位。

第六篇

水稻生育诊断与优质高产栽培

随着我国的改革开放，社会主义市场经济的发展，水稻生产由产量型迅速向质量效益型方向发展，而水稻栽培技术亦由种、管、收的流程式技术，向诊断、预测、调控的系统技术方向发展。黑龙江垦区近十年来，在水稻生产中，推广普及寒地水稻旱育稀植"三化"栽培技术及优质米生产技术。从旱育壮苗到本田管理，均以水稻叶龄为指标，进行计划栽培，收到较好效果。为了加大水稻提质增效栽培技术的科技含量，黑龙江省农垦总局农业局已两次举办水稻叶龄诊断技术培训班，在水稻品种调早、调优、调专、调特的基础上，在栽培技术方面，以叶龄诊断技术为手段，及时掌握水稻生育进程和长势长相，以安全抽穗期为中心，及时做好诊断、预测、调控是寒地水稻优质高产栽培需要深入普及的重要技术。为此，我们将日本农山渔村文化协会 1996 年 2 月 25 日出版的高桥保一著《稻的生育诊断和高产栽培》、1995 年 5 月 10 日第 30 次印刷的农山渔村文化协会编辑的《米的增收》及 1996 年 2 月 20 日第 8 次印刷的薄井胜利著《良食味、高产的稻作》等三本书，摘译编写成《水稻生育诊断与优质高产栽培》一篇，供垦区水稻提质增效和叶龄生育诊断技术的参考。全篇共分三章：第一章为水稻的生育诊断和高产栽培；第二章为水稻茎粗栽培法；第三章为水稻优质、高产钵育大苗稀植栽培。由于各地生态条件、社会经济及生产水平的差异，应结合当地实际，取长避短，参考借鉴。

第一章　水稻的生育诊断和高产栽培

第一节　生育诊断容易陷入的误区

一、看邻近水稻好的错觉

（一）插秧后看苗长势不旺而不高兴

插秧开始时间差不多，到最后比别人晚些；或在不合理的天气条件下插秧；或插秧前后对灌水管理粗心大意，使返青不良；或者追求效率，插秧穴间不齐，感到补秧费劲。你有过这样体会吗？侥幸天气好，返青快，稻田一片青青，忘掉了入春以来的辛劳，而且还发现，栽的苗数少或穴间苗数不整齐，与邻近长势好的稻田相比，还感觉不如意。都是自己的稻田，一块当时看是好的，秋天 1 000 m² 产量 720 kg 左右；一块是差些的，秋天 1 000 m² 产量却获得 780 kg，差的产量反而高。说明看密播多插田好的时代过去了。

（二）关心邻近稻田的施肥

插秧完了，经过几天，各处开始施用返青肥，担心的是肥量。指导部门说用氮素基肥量的 1/3，可是去年水稻倒伏的 A 先生怎样施的，每年产量不错的 B 先生怎样施的，想去了解一下，又不好意思。

到中期施用接力肥和穗肥时，各农户都更加注意，想问问种田能手，又怕叫人担责任，没办法中采取比一般户略多一点就行了，结果有的出现倒伏使人灰心，只好明年再改进。

（三）外观好看的水稻和真好的水稻

水稻有最初好看，最后减产的；也有最初不太好看，逐渐变好而最后增产的。例如密播密插的水稻，插秧后比较好看，但茎细、秆细最后产量不高；而稀播大苗，每穴插 5 株苗的，初期好像不如密插的，但茎粗开张型生长，无效蘖少，最后产量高。要通过对水稻的一生认真观察，对外表好看的苗和真好的苗，从分蘖期到幼穗形成期，观察其生长量和生长态势，了解出穗期到成熟期的生育状况，不为外观好看所欺骗，按真好的水稻做好管理。

二、坑洼不平的青田难以诊断

（一）计算机也难通用

农户对水稻的生育诊断容易错误的主要原因是坑洼不平的青田。高桥保一将坑洼不平的青田概分为倾斜型、山脉型、松岛型，在现场指导仍很头痛，以什么地方为标准进行诊断，是不清楚的。假如提出追肥的时期和用量的标准，对这样坑洼不平的青田也难以调整施好。用高度发达的计算机也难以处理好。

（二）学者、指导者看到这种情况了吗

对水稻全生育期自始至终对田圃各个地方管理到整齐一致的理想型，这样的种田能手是很少的。所以大部分农田出现坑洼不平的青田是可以理解的。在测产中，经常出现 1 000 m² 产量 800 kg、900 kg 的成绩而不可信，就是这个原因。简单地从理论计算出可 1 000 m² 产 1 t，而忽略秋光品种是秆强穗重型，笹锦、越光是秆弱的，农家的稻田有的是坑洼不平的。这样坑洼不平的青田，是高产的最大限制因素，必须充分认识和改进。

（三）青田的三种类型——倾斜型、山脉型、松岛型

为什么出现这三种类型，分析其原因及应采取的对策如下。

倾斜型：基肥氮素在全田各处虽施得很匀，但水稻长势却不同。由于地力氮素和灌水的流动，易使水稻生育（图 6-1-1）出现倾斜。在一块地进水侧水稻生育易小，水尾侧长势易旺，其原因是水流易使肥料流向水尾方面。改善倾斜型的生育，要提高保水性的同时，注意增减基肥氮素量来调整，其增减方法要依据面积大小及水流方向而变化。另外，例如东边池埂附近的水稻小，西边池埂附近的水稻大，这种倾斜型水稻也有。这是由于耕土深度或干土效果不同造成的，临时可用增减基肥氮量来调整，从根本上对长势差的地方，宜采取深耕、设暗渠排水来解决。

山脉型：这种坑洼不平的青田类型较多，因肥效不匀使水稻生育像山峰一样呈波状高低不齐（图 6-1-1）。其原因列举如下：

（1）由于用康拜因（联合收割机）撒施稻秸而产生的：用康拜因撒施的稻秸成条状时，稻秸多的地方因稻秸分解耗用氮素，使根系生长不良，水稻生育矮小，没有稻秸的部分水稻长得较大。这样的肥效不匀，割 4 条的比割 3 条的更为严重。对此的改进对策是，针对康拜因撒布秸秆的性能，与制造者研究对康拜因进行改造。

（2）由于拖拉机对土壤耕作而产生的：稻田机械耕翻时，铧高呈山形纵向条状的肥效不匀。翻耕后全面撒施基肥氮素，耙耢整平，高处的肥料推向低处，这样的肥效不匀，与拖拉机耕翻的作业幅相同，注意观察即可看清。改进这种情况，要使耕翻尽量形成平面型。一般机耕作业的犁刃，最外侧一回要内向耕翻，从第二回开始内向和外向交互进行即可。但如第二回仍内向耕翻，田面即成山型。将犁刃方向明确后，即可形成平面耕作。由于拖拉机作业形成的山脉型肥效不匀，还有耙地时的链轨、车轮痕迹以及表层施肥后平地

等作业引起的，应予以注意。

（3）由于撒施肥料往返次数的结合处出现肥效不匀：这是大家都知道的，施多、施少按规定要求反复进行，注意反复结合处不重不漏。

松岛型：在一块田中，出现大小山形、长得较高的不规则的岛状长势，见图6-1-1。出现这种情况的原因，是用叉子一块一块地抛施粗杂的堆厩肥，或肥料撒施不匀而造成的，这种低级的坑洼长势不平的青田，只要注意将肥施匀即可改正过来。

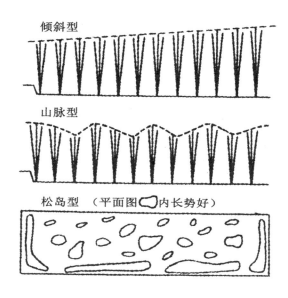

图6-1-1　坑洼不平青田的种类

以上各种坑洼不平的青田，如何将水稻的生育调整匀平，在时间上要在生育中期用接力肥对肥效不匀处进行调整，过早肥效不匀尚未充分显现，过晚即使多用肥料也难调匀。用肥调整田间肥效不匀，如做得不认真，反而使肥效不匀加重，所以在时期和用量上必须针对田间整体的生长量（茎数、株高）和叶色，对生育过大的即使肥效不匀也不再施肥。要根据叶色和生育状况，控制用肥数量（如每 1 000 m² 施氮 0.3 ～ 0.5 kg），以后再看长相。过 10 d 以上（或叶龄 1 叶以上），如肥效不匀处仍未调整好，到施穗肥仍有 1 周以上的时间时可再进行一次施肥（1 000 m² 施氮素 0.5 ～ 1.0 kg）。

三、各生育诊断法的有效性和界限

过去的水稻生育诊断法，多是老农民的经验技术，因人而异，一般农民不易理解。将其形成具体技术并可推广应用，是靠现代的科学技术和稻作技术的进步。

（一）按叶鞘和叶片色调的诊断法

这是过去一直使用的诊断法。

（1）叶片和叶鞘均为浓绿色的水稻，表示氮肥肥效充足。

（2）叶片和叶鞘色均淡，表示肥力不足。

（3）叶鞘色浓、叶片色淡的水稻，肥料开始见效，相反是开始缺肥的标志。

（4）健康的水稻叶尖色淡，叶片基部和叶鞘色浓，下叶仍有生机。

（1）、（2）、（3）类型的，在较瘦土壤下易出现，（4）类型的在地力较好处易稳定。以个体观察水稻生育状况，这种方法到现在还是常用的。但现在的水稻观察重视群体的生育状况，这种诊断方法的应用范围和准确性受到一定的局限。

（二）碘反应诊断法

这是 20 世纪 40 年代后开始应用的诊断方法，将叶或叶鞘浸于碘化钾溶液中，观察淀粉蓄积状况。叶尖色淡，叶基部和叶鞘色浓的水稻，淀粉蓄积多。这种做法也是对水稻个体一时的诊断，可作为生育状况的参考，但仍不能作为调整群体的切实诊断材料。过去曾对穗肥做过这种诊断，结果对穗肥的施用时期和用量不能正确确定，只能供参考。虽曾做过大力宣传，但农民使用得不多，原因就在这里。但在研究中使用是可以的。

（三）用叶片长及其伸长率的诊断法

这是 20 世纪 40 年代以后使用的诊断方法，现在仍在采用。相信这种诊断的农民，其盲点是以自己水稻生育为基准，套用在其他水稻上。水稻栽培者各有个性，所以其叶片长、伸长率等也必有差异。因此，在某一时期 A 农民栽培的水稻叶片长和伸长率，只能代表 A 农民的水稻，难以适用于栽培方法不同的 B 农民的水稻。而且即使是品种、株高相同的水稻，也有叶鞘长、叶片短的类型或叶鞘短、叶片长的类型。哪个类型好，应属后者。在这种情况下，叶片短好或长不好的区分关键在于茎数和稻株长势。另外，现在出生叶片长比前叶片长或短，其株高亦随之伸长或缩短。对长成的水稻，分析调查叶片长和叶长顺序，可作为当年水稻栽培经历的反省材料。在本田调查叶片长，量大并难测准。不如调查株高，代表叶片长和叶鞘长的总和更为准确。一块地里的株高，有高的、有矮的，一看就很清楚。再注意株高的伸长率即可。

（四）生长量指数诊断法

对这种诊断方法，高桥保一有不同的看法。例如笹锦为 13 叶品种，10 叶期时每 3.3 m^2 茎数（2 600 个）× 株高（50 cm）= 生长量指数（13 万）为理想型时，3.3 m^2 茎数 3 000 个的水稻，株高就得达到 43 cm，2 000 个茎的水稻，株高得达 65 cm 才行。但在田间实际是 10 叶期的笹锦水稻，不存在 43 cm 或 65 cm 的株高。因此，用何叶期、茎数多少、株高多大作为生长量是可行的，作为生育量指数就难以符合实际情况。

（五）增加叶色识别的生育诊断法

水稻生育诊断最难最大的盲点，对叶龄、茎数、株高等通过调查即可了解，而氮肥的肥效，按共通标准简单调查的方法还没有。高桥保一在1974年研究开发出"叶色诊断板"，与调查的叶龄、茎数、株高等，可对水稻生育及其经过进行综合诊断。通过普及应用及改进，使水稻生育诊断简易化，精度有所提高，至今农民比较爱用。用"叶色诊断板"观察叶色的方法，后面有详述。

四、改正粗糙的生育调查错误

农民每年都希望生产出一等米而稳定增收，首先对自己的水稻生育是好是坏，必须随时清楚，为此要做生育调查。但是，从一般生育调查的做法来看，多是不可靠的，不能正确反映水稻生育的数值，只是收集大量数据，以平均值反映其倾向的程度。自家水稻的生育诊断，是为建立栽培目标而进行的，必须正确调查，接近实际。对其做法叙述如下。

（一）叶龄的调查方法

叶的生长有一定的规律性，要以叶龄为基准进行生育诊断，做好水稻栽培。也就是一片一片叶的出生日数，按生育阶段大体上是决定了的，所以只要知道叶龄，可大体明确生育阶段和出穗前日数。

叶龄又称"主秆出叶期"，是对主秆进行调查。调查叶龄，要在插秧后尽早进行，在育苗期第1完全叶尚能看清的时期，例如小苗移栽后到4叶期不开始调查，以后就判断不清了，必须注意。

调查株要离池埂两行以上，选栽插苗数中等的3穴以上、主茎10个以上，注意最初叶龄不要记错，要与点外植株反复校正，调查的主茎全部用色油做上记号，水稻叶幅窄时，用 ○ 、× 标记，叶幅宽时可写上叶龄号。

叶龄的观察方法如图 6-1-2 所示，前出叶与现出叶的叶耳伸长到一致位置时，现出叶为定型（满）叶。现出叶的叶耳在前出叶叶耳以下时为 −，在前出叶叶耳以上时为＋，这种情况用□、△叶期以小数点表明。正确的叶龄以全部主茎调查叶龄的平均数为准。

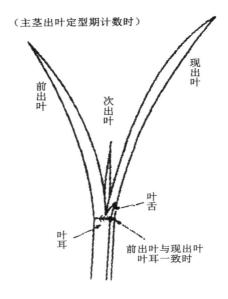

图 6-1-2　叶龄调查方法

（二）茎数调查方法

茎数调查时，最小的分蘖由主秆叶耳露出的全部计数。调查地点，一般纵向取几个点进行。这种方法只调查几个点，也难掌握全田平均茎数，机械插秧的行间及穴间均有差异，而有些田块坑洼不平的青田，特别是山脉型的青田较多，还有山型和谷型等的变化，所以茎数调查难以十分准确。

如图 6-1-3 所列，1 000 m² 的面积左右横向调查两个点，3 000 m² 左右的大田块可调查 3 个点（左、中、右 3 点），约可掌握全田茎数情况。另外，在调查时，不要在调查株穴边上走，以免茎数增加，要离开调查株穴一穴以上的距离进行调查。

离池埂两行以上，横向每隔1穴调查1穴，共调查10穴（●），平均为每穴茎数。每次都在同点调查，所以要做出标志，以免差错。

图 6-1-3　茎数和穗数的调查方法

（三）测定株高的方法

首先对调查田块的整体进行观察，对株高的高、中、矮的处所选点测定，求其平均值。高桥保一的测定方法是：由植株基部立尺，量至第2长叶的叶尖（或穗尖），如图6-1-4所示。出穗后田间站秆测定时，量至穗顶的全长，其他如上述做法。

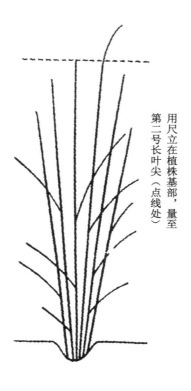

用尺立在植株基部，量至第二号长叶尖（点线处）

图6-1-4　株高测定方法

（四）叶色诊断

茎数和株高掌握了，对叶色不清楚，仍难正确做出生育诊断。肥料的吸收状况，也就是叶色的表现情况，对水稻生育明显不同。水稻生育诊断技术应用延迟，与此亦有关系。现以高桥保一开发的"叶色诊断板"为主，介绍叶色诊断。

水稻上3叶中，最上展开中的叶片，叶绿素形成还不充分，叶色偏淡。第2和第3叶的叶色较浓，光合作用旺盛，称之为活动中心叶。但这两叶到剑叶展开完了，叶色基本相近。从出穗开始，随成熟的进展，活动中心叶的功能移向剑叶，剑叶叶色最浓，越下叶越淡。

用"叶色诊断板"诊断的叶片，如图6-1-5所示，尚未展开的筒状叶除外，最上部展开一半以上的叶为第1叶，用第2叶进行比色（但在育苗期的小苗用第2完全叶）。对标准叶的选定，首先要对全田的叶色注意观察，对叶色浓的或淡的做试验，再选出标准叶。水稻小的时期可将叶摘下，水稻大时可以站秆比色。

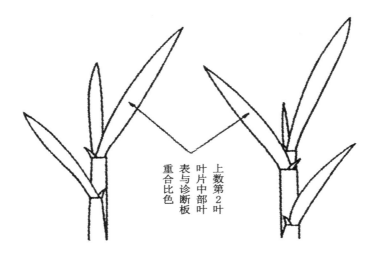

图 6-1-5　用叶色诊断板比色的叶片

　　叶色的对照方法和读法叶色的诊断方法如图 6-1-6 所示，将诊断的叶片平摆在手上，将"叶色诊断板"放在叶片中央的叶表上，进行比较观察。叶色板和叶色界限一致，可做到 0.25 个号单位的范围。不要看叶中央的主脉叶色，而看其两侧的叶色。应注意的是：不论晴天或阴天，要背向阳光，用身体或帽子遮光，从上向下观察即可。用"叶色诊断板"诊断叶色，有时常出现在两个色号的中间，如在 3 号和 4 号中间，应细微观察定为 0.2 或 0.3，倾向另侧时可定为 0.7 或 0.8 等。

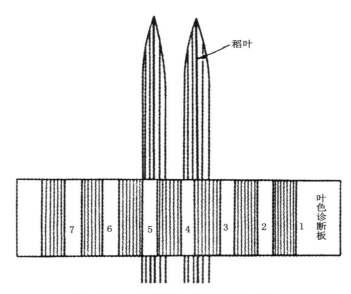

背向太阳光，形成遮阴，在其下比色，用展
开的上数二叶的中部叶表，对准诊断板比色

图 6-1-6　诊断板和叶色比较方法

（五）叶色番号和氮素浓度

水稻的叶色与氮素浓度的关系，学者或技术指导人员做过各种调查，不是完全正确，仅能明确大概的倾向。由于品种、气候、栽培条件的影响，诊断的叶色和氮素浓度的关系是不同的，特别是随生育阶段的不同差异更大。

在水稻幼嫩时期，与叶色相比，氮素浓度高。随生育进展，组织硬化，与叶色比氮素浓度偏低。即分蘖期和出穗期的叶色同为 4 号，但氮素浓度不同，出穗期的低些。

农民栽培水稻，不要过分拘泥于氮素浓度，掌握"叶色诊断板"诊断叶色番号就可以了。

第二节　产量的分歧点——中期生育诊断

从育苗到收获，稻作全生育期间各重要时期是连续的，而在本田的中期就更显重要。在这期间的生育状况和栽培管理是决定产量的。

一、什么是生育中期

（一）营养生长和生殖生长的分界

水稻一生的生育，可分为营养生长和生殖生长（图 6-1-7），这虽然已经成为常识，但对其意义农民还不甚清楚。

所谓营养生长，就是水稻为形成自身必要的茎和分蘖，使其繁茂生长。在这时期，以强化分蘖为显著特征，其间生长的叶为营养生长叶。到剑叶分化期，停止新叶分化出生，营养生长停止，不久进入生殖生长。

所谓生殖生长，是为繁殖后代而育穗、结实进行的生育，为此而生长的叶，即上位 4 叶是生殖生长叶。

营养生长和生殖生长的界限为"生育转换期"，其间一般为 10 d 左右，但因品种特性、温度、日长、栽培条件等，有或长或短的变化。

幼穗分化期为生殖生长的开始，约为出穗前 32 d，生育转换期约为 10 d，出穗前 42 d 为剑叶分化期，呈比较稳定的生育历程。

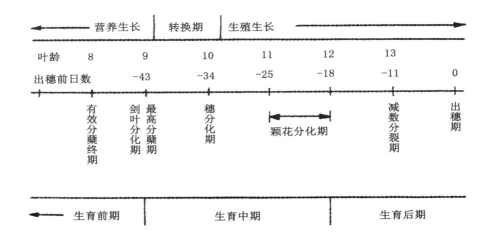

注：上段为生态的划分，下段为栽培上的划分，主茎总叶数13叶。

图 6-1-7　水稻生育期间的区分

因栽培条件使剑叶分化期和幼穗分化期提早或延迟，将使生育紊乱，影响稳产高产。另外，出叶日数也因温度、日长、栽培条件而有所不同，营养生长叶为 5 ~ 7 d，生殖生长叶为 7 ~ 10 d，由营养生长叶变为生殖生长叶的转折点称为"出叶转换点"，时期是剑叶分化期和幼穗分化期的中间。

（二）从栽培上看水稻生育中期

从栽培上看水稻生育中期，即从栽培管理方面抓住一些重点来进行考虑。在剑叶分化期以前为生育前期，至幼穗分化期开始进入生殖生长，并将进入幼穗形成期，这时重点是管理氮肥肥效，加强根系的健康管理和生长量的调整，使多施穗肥也可减轻倒伏的危险，持续到出穗前 18 d 左右。

栽培上的生育中期，从剑叶分化期即出穗前 42 d，到幼穗形成期即出穗前 18 d 约 24 d。在这期间，对寒地感温性品种，剑叶分化期延迟，影响产量稳定。对暖地感光性品种，剑叶分化期越早，后期越易形成早衰。

二、剑叶节高度取决于生育中期

水稻生育中期有其重要意义，怎样做才好？首先对成熟的水稻形态进行诊断，再看中期生育。

（一）水稻完熟期长相的三种类型

从图 6-1-8、6-1-9 可以看出收割前的水稻姿态及株高全长和剑叶节高度的关系。

1. 风车型（直立型）

这种类型的水稻，穗颈节以下几乎为直立型，穗短略倾斜，随风向转动穗的方向，称之为"风车型"。剑叶节高，上数第1节间和穗短而轻是其特征。这种类型的水稻，将剑叶节折曲一看，为图6-1-9中的右侧类型。其中期生育的茎数和株高有过剩生育，下位节间徒长，有倒伏危险。从幼穗形成中期到出穗期，控制了氮素肥效，即使结实良好，粒数不足绝对产量不高。

2. 倒伏型

从植株基部附近弯倒，第4节间是弓形平伏，穗部几乎接近地面。在生育中期，株高、茎数均呈过剩生长，下位节间徒长，与"风车型"相似，幼穗形成期抑制生育未见效果，剑叶节折曲仍如图6-1-9中右侧类型。

3. 中腰型

到剑叶节的高度，略倾近于直立（图6-1-8中腰型），第1节间和穗呈弓状，植株基部与穗茎节连线，与垂直间呈40°的姿态，称"中腰型"。下位节间短、剑叶节低是其特征，因而第一节间和穗比较长。下位节间短，表明中期生育未出现过剩；第一节间和穗较长，表明穗肥追施充足。这种类型水稻从剑叶节折曲，如图6-1-9左侧所示，怎样的风雨也影响不大，可以稳产高产。

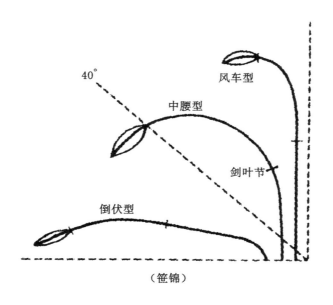

（笹锦）

图6-1-8 完熟期水稻的形态

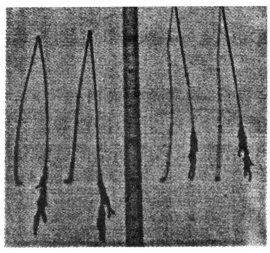

注：剑叶节低的水稻（左）和剑叶节高的水稻的差异在于第4、第5节间的长度。

图 6-1-9 中期决定剑叶节高度

（二）支配剑叶节高度的条件

从前面的叙述中看出，减产的水稻、增产的水稻、倒伏的水稻，起决定作用的是剑叶节高度与株高全长的关系。支配剑叶高度的条件有以下几项。

1. 节间伸长初期的气候

第4、5节间伸长时，例如主茎总叶数13叶品种，在10~11叶期如日照不足或连雨高温，第4、5节间徒长，剑叶节增高。相反，日照多而干燥或低温时，第4、5节间变短，剑叶节降低。

2. 节间伸长初期的氮素肥效

第4、5节间伸长时，氮素过剩的水稻，这些节间徒长，剑叶节提高。

3. 倒3、4叶的长度和姿态

第4、5节间伸长时，虽然没有多湿天气或氮素过剩，也有第4、5节间徒长，使剑叶节增长的。在农民的稻田里这样的例子还不少。如图6-1-10，从剑叶下数第4叶短而直立的水稻，第5节间短；第3叶短而直立的水稻，第4节间短；相反第4叶徒长，第5节间伸长；第3叶徒长，第4节间伸长。

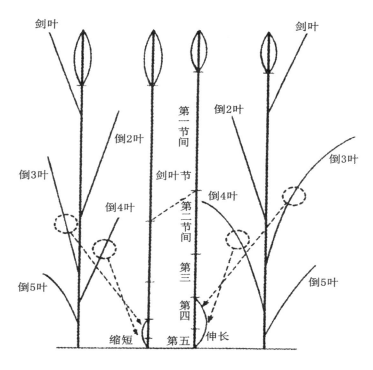

注：倒4叶和倒3叶叶片伸长，第5/第4节间伸长。

图 6-1-10　叶片长和节间长的关系

　　这种场合，与某叶或某节间因追肥而同时伸长的所谓同伸理论是矛盾的。即按理论说，第 5 节间与倒数 3 叶有同伸关系，第 4 节间与倒数 2 叶为同伸关系，这样为什么比倒 3 叶提早 10 d 左右先伸长的第 4 叶徒长而第 5 节间伸长，比倒 2 叶早 10 d 左右的第 3 叶徒长而第 4 节间伸长，似乎不可理解，其原因从水稻生育状态可以得到解答。即比第 5 节间先伸长的第 4 叶和比第 4 节间先伸长的第 3 叶，为软弱徒长型的水稻，无效分蘖猛发，最高茎数增加，形成过繁茂的青田，株间通风受光不良，使伸长中的第 4、5 节间徒长。所以，从实际问题出发，从第 5 节间伸长始期提早一个叶期，即第 5 叶展开期（出穗前 42 d），控制氮素肥效是必要的。

三、上位 4 片叶的姿态及其意义

（一）受光态势和通风取决于生育中期

　　控制剑叶下数第 4 叶和第 3 叶的徒长，不仅是控制下位节间的徒长，也是为了调整上位 4 个叶片的直立姿态，使从幼穗形成到出穗、成熟，保持良好的受光态势和通风条件，只要第 4 叶和第 3 叶是直立的，第 2 叶和第 1 叶将自然成为直立的，但要考虑避免过短。

松岛博士的"V字形"理论，强调上位3个叶片要短而直立，但下位节间不能过短。在密播密植培育多穗、短秆时，易形成"风车型"水稻，中期株高稍有伸长，容易倒伏。高桥保一认为培育第4叶和第3叶短而直立的姿态，第2叶和第1叶自然形成直立叶，但该叶短穗也变小，在出穗到成熟期间，作为功能中心叶，也不宜太短。

（二）上位4叶的长度与总和的意义

上位4叶的长度达到怎样程度为理想，主要因当地的品种、气候和栽培条件中相应的叶面积及其容纳的叶片长等来确定，简述如下。

一片一片的叶长，分别代表其栽培历程，具有重要意义，但从叶长看其全体生育时，观察各叶长的总和是个简单的方法。

松岛博士强调上位3叶要短且为直立型以来，一般用上位3叶长的总和来表示，但这仅是一般的栽培，为积极实现高产，把上数第4叶除外是可惜的。这是因为上数第4叶的长度和态势，左右着下位节间伸长与否，是重要的标准。高桥保一重视上位4叶的长度和姿态，叶片长的总和也主张上位4片叶的总和。

上位4叶长度由当地品种和栽培条件决定，高桥保一栽培的笹锦如图6-1-11所示。

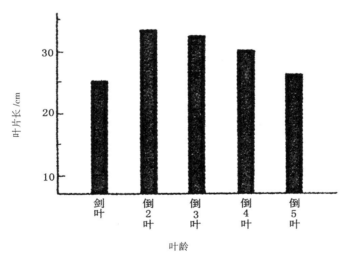

注：笹锦全茎平均值，产量780 kg，3.3 m² 穗数1 900个，倒2叶
长因含分蘖茎减叶的长叶。

图6-1-11 叶片长和叶长顺序

1984年栽培的3.3 m² 穗数2 000个，4叶总长119 cm，田间站秆角度40°；1985年3.3 m² 穗数1 900个，4叶总长120 cm，田间站秆角度因9月连续降雨呈50°。

（三）叶长顺序的理想型

只知道上位4叶总长，还不能判定水稻是否增产，知道叶长顺序才能区分水稻产量高低。将上位 4 片叶再分为两份，下两叶即第 4 叶和第 3 叶伸长过长，上两叶即第 2 叶和剑叶伸长过短，即使长度总和适当，下位节间徒长，剑叶节增高，第 1 节间和穗变小。相反，下位两叶即第 4、第 3 叶过短，第 2 叶和第 1 叶伸长过长，第 1 节间和穗增长，出穗后秆、穗易倾斜，结实不良。

理想型的叶长顺序，主秆叶无增减时，上数第 3 叶达最长，呈山形为好。但如将减叶的分蘖茎计算在内全茎平均时，在 4 叶中倒 2 叶长为好。

（四）上位叶的姿态

与上位叶长有关的另一问题是叶的姿态。叶直立态势好的水稻，受光态势和通风好，可长 1 ~ 2 cm；垂叶型的水稻，受光态势和通风不良就会短 1 ~ 2 cm。如上所述，关注上位叶片的长度总和、叶长顺序及姿态，不仅是为了提高抗倒能力，更是为了最好地发挥光合作用和碳水化合物的生产力。所以水稻中期的生育状态要形成标准的长势类型，是左右产量的关键时期。

四、使肥效线按"皿形"经过

（一）方向按"Ｖ字形"和"水平形"的中间型

按前面水稻生育中期的叙述，为培育理想型水稻，发挥氮素肥效的方式是主要问题。过去用叶色曲线来表示，称之为"肥效线"。

肥效线因品种、气候、栽培条件及人为作用，有其若干特点，但在日本广泛应用的是松岛博士的"Ｖ字形"肥效线形，如图 6-1-12 所示。

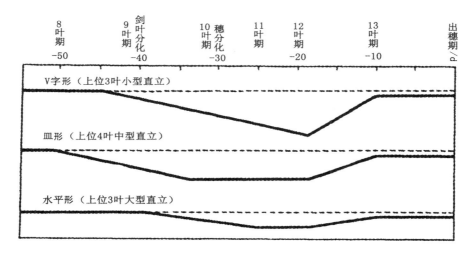

注：主秆总叶数 13 叶的情况。

图 6-1-12 氮素肥效线和上位叶的形态（模式图）

V 字形以多穗、短秆、短穗的稻作为目标，培育上位 3 叶小型、直立型水稻，用这种方法使不稳定的稻作变为稳定，具有重要意义。

但之前由于用密播苗密植，V 字的底深时短穗加重，上数第 4 叶和第 3 叶伸长导致倒伏，产量遇到障碍。在这种情况下，出现稀播育壮苗，每穴苗数减到 2 ~ 3 株，分蘖缓慢进行，到幼穗分化期出现最高分蘖期，强调最高分蘖为有效分蘖，这样肥效线则为图 6–1–12 中水平形那样。

高桥保一主张，剑叶节的高度低，抗倒力增强，要培育倒数第 4 叶、第 3 叶短而直立的株形，第一节间和穗长些，结实好些，倒 2 叶和剑叶不宜太短，其肥效线如图 6–1–11 中皿形为好。

关于皿形肥效线皿底的期间，对寒地总叶数少、感温性强的品种，最高分蘖期和幼穗分化期重叠，产量易不稳定，要有生育调节的期间，为早期确保茎数，注意栽植苗数和茎肥用量。相反，对暖地种植总叶数多、感光性强的品种，有效分蘖终期和穗分化期之间如有延长将加重后期凋落，注意适当延迟确保茎数的栽植时期和栽植的苗数。

皿形肥效线的皿底深度，对抗倒的品种用浅型，弱的品种用深型。与气候的关系，日照多、湿度低、温度低的用浅型，相反日照少、湿度高、温度高时用深型。栽培方法，茎数不足时浅型，茎数过多时深型。

（二）最高分蘖期和有蘖效分蘖终期的安排

从出穗前 42 d 左右的剑叶分化期到抽穗前 32 d 左右的幼穗分化期之间，即营养生长向生殖生长转换期间进入最高分蘖期，使营养生长和生殖生长不重叠，顺利完成体质转换，约有 10 d 的余裕。这样，气候和地力氮素对水稻生育的影响，或因肥效出现坑洼不平的青田，需要进行生育调整，使产量稳定，力争高产。

有效分蘖终期如果过早，基肥氮素过多，成为过繁茂型；过少则中期生育停滞期延长，使生育凋落。相反，有效分蘖终期晚，接近最高分蘖期，有效分蘖率提高而调节生育的余裕没有了，产量不稳定。

总之，从品种、气候、栽培条件来看，有效分蘖终期以稳定水稻产量的时期最好。从有效分蘖率方面看，有效分蘖终期要考虑插秧时期和栽植的苗数。有效茎率穗重型品种 80% 以下，穗数型品种 75% 以下时为反省对象。

五、从稻株生长姿态知其前因后果

水稻生育中期，重要的是茎粗度、整齐度和稻株的姿态。这对产量高低起决定作用。根据水稻的长势和经过的历程，也可获得栽培上的经验与教训。

（一）茎细凌乱型的稻株

每穴茎数多，茎细凌乱，有效茎和无效茎不易区分。每穴稻株外侧见光通风，内侧很满，白天也少光。在这种状态下，下位节间易伸长，根系也差。到成熟期，茎细穗小，出穗后

30 d 左右秆软出现倒伏。这种水稻栽植的苗数，用徒长弱苗每穴 7 ~ 8 株，随处可见这种类型。

（二）茎粗开张型的稻株

高桥保一的稻田，每盘播干种 140 g，3.3 m² 插 80 穴，每穴 5 株，笹锦品种（13 叶品种）平均每穴 28 个茎，横看稻株散开，各茎分散，受光、通风内外接近均等。

另外，每盘播干种 100 g，育 3.4 叶中苗，3.3 m² 80 穴，每穴 3 ~ 4 株，笹锦品种，每穴 27 个茎，茎粗而整齐，开张角度大。

因此，密播、密植和稀播适当栽植，其差别在生育中期显现十分清楚，其产量结果更可想象了。所以单纯考虑茎数和穗数是不恰当的，更要重视稻株的姿态和质的方面是必要的。

六、水稻生育好坏与根系

（一）还原的土壤能高产吗

到出穗前 42 d 左右进入剑叶分化期，在这以前横或斜向生长的根系，渐次纵向伸长。以 13 叶品种为例，纵向伸长的根系中伸长最长的第 6 节位根在 8 叶期长出，之后到 9 叶期第 7 节位纵向伸长的根系也长出来。所以在 9 叶期左右做沟、晒田，以后从节水灌溉转入间歇灌溉。

这样，对根系的健康管理，如做沟、晒田、间歇灌溉等，对水稻生育到底如何？据高桥保一的调查，在日本庄内地区透水好、江川沿岸、地下水位低的酸化土壤，没有较高产的事例，地区的平均产量也较低。相反，地下水位高、还原的土壤，高产的事例多，地区平均产量也高。

（二）用茎粗和碳水化合物生产的活力培育根系

首先要提高"不是根育稻，而是稻育根"的认识。

水稻的发根力、伸长力、持久力，靠地上部茎叶制造的碳水化合物来养育。所以，水稻的光合作用越旺盛，新根的发生、伸长、持久力等才越强。而且冠根的发生数量，约为节部进入叶鞘大维管束数 2/3 的比例。茎粗的水稻，粗的冠根数多；茎细的水稻，细根出得也少。

因此，密播、密植、茎细的水稻，仅做沟、晒田或间歇灌溉是不能培育根系的。稻株的受光态势差和通风不良，阻碍光合作用，碳水化合物生产量少，加之很多无效分蘖消耗，不仅每穴稻株根系少，每茎的根系也少，为细而贫弱的根系。相反，粗茎散落类型的稻株，各茎受光充足，碳水化合物生产多，根粗数量也多。

酸化的土壤，根系应该好，产量上不去的原因，土壤瘠薄，中期以后叶上部生育凋落，根系活力亦随之衰退。而还原的土壤产量高的原因，是土壤较肥，为秋优型生育，加上做沟、晒田及间歇灌溉等人为措施，其效果就更好。

中期是水稻根系向纵深发展的重要时期，要重视根系，就要重视地上部的水稻生育。

七、生育调节的要点

水稻生育中期的状态对产量的影响很大，要随时进行诊断，按理想型进行调整。理想型不是一蹴而就的，由于育苗的差异、天气的变化、地力对生育的影响，随时采取各种调控技术，使之接近理想型。

水稻生育调节技术，虽然各个时期都需要，但最需要的是生育中期，是不是种稻能手，看生育中期的生育调节是不是能手，这项技术不是一朝一夕能记住的，为了高产要突破困难学好这项技术。

（一）使田间各个角落生育整齐

1985 年在日本历史上是最好的丰收年，在庄内地方测产，笹锦 1 000 m² 获得 800 ~ 900 kg 的产量，部落的平均产量在 720 kg 以上。测产和实产是有差异的。田间各个角落均生育整齐的水稻，测产也不会产生很大的差异；对坑洼不平的青田，测产与实收会差别很大。

种田能手，即获得平均产量高的人，一定是对田间各个角落栽培管理整齐一致的，但这不是简单的事，耕土深要均匀，田面匀平，苗整齐，穴苗整齐，施肥方法等要恰当，并须坚持到底，特别是中期肥效的调节，即深浅不匀色势的调整，对接力肥的诊断和施用方法更需认真对待。

（二）以产量为目标的粒数调节

稻谷产量由单位面积的穗数、每穗粒数、结实率和粒重共同来决定。其中，穗数和每穗粒数的乘积——总粒数，是构成要素；结实率和粒重，是决定要素。最终的产量，虽受决定要素的左右，但高产的界限是由构成要素决定的。

构成要素的穗数、每穗粒数，受中期生育的影响。就穗数来说，中期的肥效对有效茎率的高低起决定作用。每穗粒数虽由生育前期的茎粗来保证，但最终也受中期肥效的影响。所以，穗数和每穗粒数的多或少，中期肥效的调节至关重要。即当穗数少时，使株高略长，用增加每穗粒数来弥补；穗数多时，使株高矮些，控制每穗粒数不再增加，做好肥效的调节。以产量为目标和与之相应的产量构成，必须在田间生育过程中保证，如表 6-1-1 所示，供参考。

（三）向最适叶面积调节生育

这是较难的问题，作为常识介绍一些。

表 6-1-1 机械插秧水稻的产量构成和田间的期待生育

	品种	笹锦	炬锦	丰锦	越光
	产量目标 /kg	750	780	780	720
产量构成	穗数 /(个 /3.3 m²)	2 000	1 600	1 650	1 600
	穗平均粒数	65	82	78	80
	结实率 /%	85	90	90	85
	千粒重 /g	21.5	22.0	22.5	22.0
田间收割稻型	到穗顶的全长 /cm	97	98	102	105
	剑叶节高 /cm	42	43	44	45
	有效茎率 /%	75	77	77	75
	站秆角度	40°	35°	45°	50°

注：站秆角度是指稻株基部与穗颈节连线与垂直间的角度。

正确诊断水稻生长量的方法，就是叶面积指数法（LAI）。叶面积指数，即叶的总面积占栽培土地面积的倍数，最具体的应用是出穗前后上位 5 片叶面积指数。高桥保一在 20 世纪 50 年代用手插秧的品种和小苗移栽时的笹锦品种，将标准叶用绘图纸描绘叶形进行计算，调查叶面积指数，工作量是很大的。当时在日本庄内地区，平年的孕穗期到乳熟期，一日全天平均日照量为 400 ~ 450 cal（1 cal ≈ 4.19 J）时，叶面积指数为 9.0，同化量减去呼吸量，纯同化量最大。这种大型水稻，不耐强风暴雨，容易倒伏。出穗前后进行"倒伏界限叶面积指数"调查，东北 71 号和大鸟约为 6.5，小苗移栽的笹锦约为 6.5。在此基础上，对上位 4 叶的长度总和、叶长顺序及姿态做了进一步的描述。现在从秧苗开始，利用笹锦品种做茎粗栽培，出穗前后上位 5 叶的倒伏界限叶面积指数约为 7.0。但密播密植的笹锦在 6.0 以上就危险了，种稻能手可种到 6.5。目前虽能做到生育调节，但生育中期更需注意。

第三节 秧苗素质和育苗技术的诊断

在农民中有的认为育苗差点，栽到本田后不久就能赶上，产量和别人一样。这样的情况也确实存在，但产量水平低，想在当地达一般以上水平还是有些困难。秧好半年粮，苗的好坏对产量影响很大。

下面不是对育苗全过程加以叙述，而是对好苗和坏苗提出思考和看法，并提出对本田生育有什么影响及其有关诊断。

一、密播苗和稀播苗的差异

秧苗素质好坏，不管什么育苗方法，和各项措施都有关系，但其中具有决定性影响的是播种量，所以先从这个问题来说明。

（一）小苗、中苗的播种量及其变迁

小苗、中苗的提法，是机械插秧以后，对手插大苗而提出来的。其划分因人、因地区有些不同。高桥保一将 2 ~ 3 叶以内定为小苗，3 ~ 5 叶以内为中苗，5 叶以上为大苗。

日本机械插秧开始在 1970—1975 年，当时小苗每盘播干种 200 ~ 250 g，育成 2 ~ 2.2 叶移栽。其后倾向稀播，200 g 以上密播的很少，在日本庄内地区，1985 年以后大力推广稀播苗，小苗播量为 150 ~ 200 g，1985 年当地大丰收，除高温的影响外，与密播、密植的减少也有关系。

中苗的播种量，在机插开始时期，每盘干种 100 ~ 150 g，育成 3 ~ 4 叶苗。但从实际来看，有的农户育的苗未等到中苗就开插秧，多数为小苗和中苗的中间类型。中苗的播种量在 150 g 左右时是属于小苗和中苗的中间苗（2.5 ~ 3 叶），3 叶以上的完全中苗，以 120 g 以下为好。

（二）播种量和秧苗体格、素质的差异

小苗和中苗哪个好，大部分农民认为中苗好，这是不对的。哪种好，要根据当地的品种、气象条件，哪种苗适应就选用哪种苗。

为育好苗，在整个育苗期间要运用各项技术，但影响最大的仍然是播种量。密播苗和稀播苗的培育环境和方法不同，所得到的结果也不同。

密播苗和稀播苗的好坏，从体格和素质方面的诊断方法如下：

1. 叶龄进程

到第 2 叶展开前，密播苗和稀播苗无任何区别。但在第 2 叶展开时，叶面积迅速扩大，密播苗播量大，处于过密状态下，其后叶龄进程变慢。干种 200 g 左右的密播苗，经过 1 周叶龄相同，而稀播的个体间有余裕，出叶将顺利进行。

2. 株高的伸长

到第 2 叶展开，密播苗或稀播苗无大差异。但在生长管理中，苗间竞争激烈，密播苗即成软弱徒长型。所以，在第 2 叶展开时，密播苗处于过密状态，株高生长迟钝，而越稀播的，个体间有余地，株高顺利伸长。

3. 叶面积的扩大

密播的秧苗，叶龄进程慢、株高伸长缓；稀播苗叶龄和株高生长进程受苗间空隙多少的影响小。小苗和中苗的中间类型的干种 150 g 播量从第 3 叶展开时，或 100g 播量的中苗

在第 4 叶展开时，可以看到这种现象。

苗个体间没有余裕时为何出现这种情况，是伴随出叶叶面积扩大的缘故。例如，干种 200 g 以上的密播时，当第 2 完全叶展开时，其叶面积指数一举上升到 7.0 左右。关于叶面积指数这里指的是一盘面积的几倍，仅 12 cm 左右的株高，长有 7 倍左右的叶片，在这种过密状态下，内部茎和下部叶光照少，同化量低，而呼吸量增大，剩余碳水化合物量降低，致使密播苗叶龄进程慢，株高伸长停滞。

4. 根的长法

碳水化合物生产受制约的密播苗，当然茎也很细，这样营养失调的细弱苗，长的根系数量少而细。

苗的根系，一般种子根 1 条，鞘叶节根 5 条，共 6 条根是正常的，无论密播或稀播一般不变，但这些根的长势良否，因育苗初期（到本叶第 1 叶时）的管理而不同，从而决定根系长势好坏。

影响返青良否的根系，小苗是从不完全叶节长出的根，中苗是从第 1 完全叶节长出的根系。返青根长出的数量，密播苗少，粗度也细。所以密播苗返青不良，稀播苗返青好。

5. 分蘖的出生

密播苗和稀播苗的不同更突出的是分蘖的出生。水稻某叶由叶耳抽出时，其下 3 片叶从叶节长出分蘖，是有规律性的。但盘育苗较密，插秧时有植伤，不能像同伸叶同伸分蘖理论那样，整齐长出分蘖。

从本叶第 1 叶节长的 1 号分蘖，在 4 叶期长出，但在密播干种 200 g 时，因过密而休眠。稀播 150 g 以下时能有 20% 以上长出分蘖。2 号分蘖在密播的小苗条件下，休眠不能长出，但在 150 g 以下稀播时，只有一部分休眠其余能长出来。

结果，200 g 程度的密播苗，到 2 号分蘖休眠，插秧后直到 6 叶期开始长出 3 号分蘖。返青不良的秧苗，更晚从 4 号分蘖开始，从分蘖的出生也可看出密播苗和稀播苗的优劣差距。

（三）插秧适期为生育滞长期前

所谓好苗，在过密状态下放在苗床里，秧苗素质变坏，返青不良，影响本田生育，要略早一点进行插秧。这样，茎粗、叶直立，下叶绿色较浓，根系伸长良好，可谓满分的秧苗。

由此看来，日本东北大学的星川教授指出：所谓插秧适期，就是生育滞长期略前（图 6-1-13），高桥保一对此有相同看法。

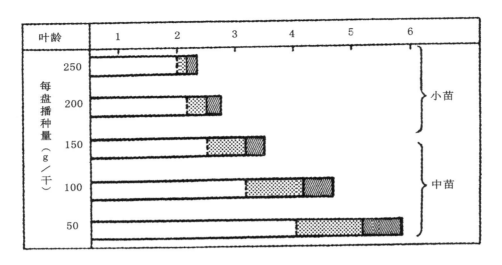

注：▨ 插秧适应期 ▨ 生育滞长期。

图 6-1-13　按播种量的插秧适期和生育滞长期

二、小苗的生育和本田生育的特征

怎样培育好小苗，小苗移栽的水稻在本田生育表现如何，其相关的叙述如下。

（一）小苗的理想生育型

育苗时为随时诊断壮苗或弱苗，插秧时要达理想型，必须了解理想的生育过程，并按理想型进行管理。图 6-1-14 是高桥保一用大棚平置育苗，用插秧前的实物描绘的。用此对比，可区分壮苗或弱苗。

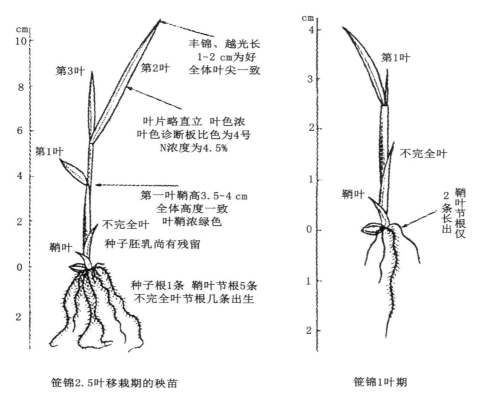

图 6-1-14 理想型小苗

1. 苗高与第1叶鞘高

苗高因品种而不同，笹锦、炬锦为 11 ～ 12 cm，过长为软弱徒长型，过短栽后易被泥水淹没。第 1 叶鞘高度过高，系育苗前期徒长；相反过短的育苗后期易徒长。不完全叶和第 1 叶鞘高度矮，是不加温出芽并早撤地膜的结果。

2. 茎粗和叶形

从外观上看秧苗体格，与播种量有很大关系。密播苗茎细、叶窄、叶薄。稀播苗茎粗、叶宽、叶肉厚。叶片不缺肥，必须呈直立型。

3. 茎叶绿色度

插秧时绿色的浓度，表现当时氮素含量的多少，色浓的秧苗发根力强、返青快；色淡的秧苗发根力弱、返青慢。

4. 根的生长

从出芽期开始顺利生长的苗根，从种子长出 1 条种子根和从鞘叶节长出 5 条冠根共 6 条根，不论密播或稀播基本不变。但在出芽期受异常障碍，根数减少，到 1 叶期处在过湿状态时略长出而不伸长，根发育不良。不完全叶节根在 2 叶期长出，此根对小苗的壮弱和返青有很大影响。

（二）育苗管理上的诊断

1. 温度和出芽整齐

加温出芽的目的，是为出芽整齐。出芽整齐与种子水分、催芽均一程度有关，最有关系的是温度。其适温初期为 32 ℃，中期为 30 ℃，后期为 28 ℃。比此温度越高，出芽时间快而不整齐，温度越低出芽时间延长且不整齐。前期低温、后期高温时，不仅出芽不整齐，且易造成徒长软弱，应予以注意。无加温出芽，容易不整齐。出芽不齐，秧苗生育不齐，本田生育也不整齐。所以无加温出芽，必须注意设法使出芽整齐，采取最佳措施。

2. 出芽长度

无加温出芽抗低温性强，这种说法无根据。加温出芽的缺点是出芽长。在高温状态下出芽长时，鞘叶中伸长的不完全叶和依次分化的第 1 完全叶容易伸长，随之第 2 叶也受影响，易成为低温成活性弱的秧苗。加温出芽如出芽短，没有使第 2 叶徒长的可能，可以育成抗低温成活性强的稻苗。

所谓出芽短，是在 0.5 ~ 1.0 cm。苗盘叠积加温出芽时，开始抬起苗盘为 1 cm 左右，5 mm 左右时苗盘不抬起。所以上部苗盘将开始抬起，即可停止加温。

3. 绿化期的温度

绿化期（出芽至 1 叶期），对秧苗生育影响最大的仍是温度。比适温低，立苗不良，发根不良，出现立枯病。相反，过于高温，软弱徒长，甚者烧苗。其适温是白天 20 ~ 25 ℃，夜间 15 ~ 20 ℃，这是有加温设备时。一般农民用的幌式的平床，白天最高 30 ℃以内，夜间最低 10 ℃以上为宜。

一般说烧苗（高温障害），43 ℃ 20 min，使生长点死亡，40 ℃时间长也有危险。异常高温天气，43 ℃或 40 ℃都不能麻痹。40 ℃以内虽不至烧苗，但 35 ℃左右也使秧苗软弱徒长。

4. 硬化期的温度

硬化期是指第 1 叶展开到插秧的时期。这期间管理的目的，是培育移栽时能适应自然状态下的强光和风、健壮的秧苗。由绿化转入硬化，是逐渐适应光和低温的过程。

硬化期的适温，白天为 20 ℃以内，夜间 10 ℃以上，有温度差为好。在实际育苗中，夜间没有人工加温，白天最高 25 ℃以内，夜间最低 10 ℃左右即可。高温软弱徒长，呼吸作用增强，消耗碳水化合物，对成活不良；相反低温则易感青枯病。

5. 水分过多的危险

据日本东北农业试验场报告，硬化期的前期（1 ~ 2 叶期），床土水分以 80% 为好。而高桥保一的经验，2 叶期 80% 的水分，青枯病多，以 70% 左右为好，50% 以下时叶片凋萎。短时间凋萎灌水可以恢复，白天两日以上凋萎，苗形变小。在硬化期水的管理，白天不卷叶的情况下尽量不浇水，发现卷叶立即浇水。在下午的浇水，易使秧苗徒长，对整体来说尽量在上午进行，只对卷叶部分在下午补水。

6. 基肥和追肥的氮素用量

氮素对秧苗素质有很大影响的是基肥量和追肥的时期与数量。首先基肥量过少时，从 1.5 叶时茎细、叶窄、色淡，形成"枪苗"。相反过多时，第 2 叶伸长披垂，成软弱徒长苗，所以用稻田土做床土时，以每盘纯氮 1.5 g 为标准，比之略瘦的山土或旱田下层土，增加 2 ~ 3 成为好。

第一次追肥，比 1.5 叶期再早，与基肥多施相同，肥效后移，助长 2 叶以后到移栽前秧苗的软弱徒长，尽量不过早施用。用量氮素（硫酸铵）每盘 1 g 左右。第二次追肥一般用根带肥，在特殊情况下施用。

（三）小苗移栽对本田生育的影响

1. 低温成活性

小苗比中苗的低温成活性强，叶龄小而能早栽是其特征。但从秧苗素质来看，早栽也有界限，2 叶期前，苗还软弱，棵高过矮。而且从根系来看，种子根和鞘叶节根 5 条，合起来只有 6 条根，这些根在移栽时有所损伤，失去返青成活根系的作用。用其次长出的不完全叶节根作为成活根系，但此根系在 2 叶期前还处在根原基阶段，尚不具备发根条件。所以，2 叶期前插秧是无理的。

到 2 叶期，随第 2 叶展开，株高也长到可以机插的程度，光合成的碳水化合物也不断增加，作为成活根的不完全叶节根到 2 叶期也将开始伸长，而且胚乳养分还有 10% 左右的残留。从以上可知，小苗所以抗低温成活性强，是指过 2 叶期的秧苗。其成活温度为平均气温 12.5 ℃以上，但实际是相同气温因水温、地温使其成活好坏有很大差异，所以在移栽前后，做好以水保温的管理是很重要的。

2. 初发分蘖的长出

干种 200 g 的密播小苗，1 号分蘖在过密状态下而休眠，2 号分蘖也因过密和植伤而不能长出。所以在本田的初发分蘖，在 5 叶期的次叶第 6 叶的同伸分蘖 3 号蘖开始出生。但在移栽后返青不良时，3 号分蘖也休眠不出，一齐长出的分蘖，便是其次的 4 号分蘖了。

小苗和中苗之间的秧苗，例如干种 150 g 左右的 2.8 ~ 3.0 叶插植的秧苗，1 号分蘖和 2 号分蘖有相当程度的发生，而 3 号分蘖却奇妙地减少，如表 6–1–2 所示。

表 6-1-2　移栽植伤和分蘖发生率

播种量（干）/g	100	140
插秧时叶龄	3.2	2.8
每穴苗数（本）	4.0	5.3
1 号分蘖	约 25%	约 20%
2 号分蘖	约 75%	约 70%
3 号分蘖	约 30%	约 25%
4 号分蘖	约 100%	约 95%

注：笹锦品种，6 叶期调查（1984 年，高桥保一）。

从表 6-1-2 看出，3 号分蘖比 2 号分蘖明显减少，原因与植伤有关。因此可知，无论哪种苗，植伤对分蘖的影响要在密度设计中考虑进去。

3. 易出现过剩分蘖

小苗移栽，苗小，本田初发分蘖节位低，易出二次分蘖，最终的分蘖结束时间晚。不仅如此，苗小茎细密植，最高分茎数多，有效茎率低。

4. 多穗、矮秆、短穗的错觉

笹锦品种为穗数型，易倒伏，所以培育成多穗、矮秆、短穗较好。为此，趋向小苗移栽易取得茎数、穗数，这种想法是不对的。为端正这种想法，不仅限于笹锦品种，对偏穗重型的越光或强秆穗重型的秋光等取得穗数较难的品种也适用。无论什么品种，只以茎数、穗数为目的，栽植中苗并将移栽时期提早或进行密植也可以。但想要产量有所突破，仅靠茎数、穗数不行，而是要保证茎粗、穗大。要舍弃小苗移栽易多穗、矮秆、短穗的想法，即或用小苗移栽，要用壮苗适密栽植，提高有效茎率，从秧田到本田，必须变为以培育茎粗为目的的栽培体系。

三、中苗的生育和本田生育特征

怎样培育中苗的壮苗，中苗移栽后在本田的生育进程怎样，以下对此进行一些叙述。

（一）中苗的理想生育型

中苗的生育从外观上看，比小苗多一片叶左右，体格略大些，没有太大的变化。但是，根的生长、分蘖的出生、干物质重和氮素浓度等秧苗素质的特征及本田生育的特征等还有一定差异。

理想的中苗生育型如图 6-1-15 所示。这也是高桥保一根据从秧田取出的秧苗写生绘出的。

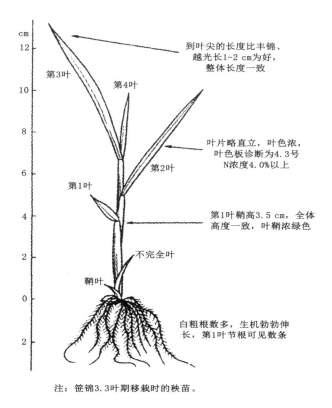

到叶尖的长度比丰锦、
越光长1~2 cm为好，
整体长度一致

第3叶

第4叶

叶片略直立，叶色浓，
叶色板诊断为4.3号
N浓度4.0%以上

第2叶

第1叶

第1叶鞘高3.5 cm，全体
高度一致，叶鞘浓绿色

不完全叶

鞘叶

白粗根数多，生机勃勃伸
长，第1叶节根可见数条

注：笹锦3.3叶期移栽时的秧苗。

图 6-1-15　理想型的中苗

秧苗优劣的区分参照小苗部分，下面仅就与小苗不同的特征加以叙述。

1. 第1叶鞘高和株高

作为壮苗的条件首先是第1叶鞘高。第1叶鞘高达4 cm左右，第2叶徒长呈过密状态，影响第3叶抽出，难以形成中苗的壮苗。对中苗首先要使第1叶叶鞘矮，第2叶叶片近于直立。

秧苗株高因品种和叶龄而不同，如在 3 ~ 4.0 叶秧苗株高 13 ~ 15 cm，4 叶以上的秧苗株高 15 cm 以上，注意不要育成徒长苗。

出芽条件与第1叶鞘高的关系是无加温出芽的矮，加温出芽的易长高；与揭除地膜时间的关系，出齐芽的同时揭除的矮，本叶第1叶展开时揭除的长。所以，无加温出芽，出芽齐时除去地膜，第1叶鞘高 3 cm 左右，比较短；加温出芽到第1叶展开后除地膜的，第1叶鞘长到 4 cm 左右。高桥保一在第1叶略展开前揭除地膜，第1叶鞘高 3.5 cm 左右。

2. 根的生长和移栽适期

中苗在 3 叶期移栽，第1叶节出生的根为成活根。4 叶期移栽，第2叶节长出的根系为成活根。在此以前出生的根移栽时被断伤，起不到成活的作用。发根的原基数，稀播的比小苗略多，但在 3 ~ 4 叶期进入过密状态，插秧后长出成活根数反比小苗的少。

中苗的成活温度，一般为平均气温 13.5 ℃以上，成活温度之所以比小苗高 1 ℃左右，是因为中苗胚乳养分用尽，移栽后靠自力生长，同时干物质、氮素浓度易低。即中苗比小苗的体格大，干物重高，而另一方面氮素浓度易下降。成活根数少，氮素浓度若低，当然成活不良。相反，氮素过剩或软弱徒长型秧苗，体格较大，移栽后植伤比小苗更重。

3. 移栽时天气比叶龄更重要

高桥保一认为，中苗移栽不宜机械地等到适龄。移栽晚了又遇到天气不良，成活更不好。所以若天气不良，再等适期移栽，不如抓住好天气适当早插。例如干种 120 g 左右播量，3.5 叶期为移栽适期，若天气好提前 0.2 ~ 0.3 叶移栽为好。

（二）育苗管理上的诊断

1. 苗床的做法

置床，旱式比折中式能育出壮苗。过去人工插大苗的时代，旱秧田的秧苗比水育苗和折中育苗的成活好。从水的管理方面看，折中式秧田省力。从做置床方面，折中式比旱式费工，培育成活好的壮苗，费点管水劳力也值得。

育苗秧盘从机械移栽开始，为使根系扎入置床，盘底设 5 mm 直径的小孔，使扎入置床的根系在 10%以上。对此高桥保一认为 4 叶以内的秧苗没有必要使根系从苗盘底部穿过。与小苗一样，苗盘床土多装 3 mm，与小苗同样在置床上进行管理，也能育出整齐壮苗。但 4 叶以上的中苗，用有底的苗盘是不合理的，可用无底框式钵苗来进行。

2. 无加温出芽的注意事项

中苗育苗，如 1 ~ 2 叶不短，其次的 3 ~ 4 叶抽出困难，以无加温出芽为好。但是，初期低温，不仅秧苗生育慢，而且容易出现霉类、出芽不齐、立枯病、根系不良等障碍，必须注意以下问题。

（1）种子的出芽均一整齐。

（2）播种和覆土要均匀。

（3）在寒地早播时要加温出芽，出芽长度 1 cm 以内。

（4）为使棚内温度均匀，棚的方向南北长，呈"馒头"形，棚裙与苗盘间隔 15 cm 以上。

（5）设防风障防寒。

（6）地膜覆盖好、压严。

（7）到出芽前，除暴风雨天以外，早晨除去保温被，使棚内见光。棚内温度达 35 ℃左右，可盖上保温被，如此反复管理。

（8）除去地膜覆盖以后，要调换苗盘位置。

3. 肥料以分施为重点

中苗比小苗播量少，盘土施用的基肥量多易失败。初期每苗吸氮量多易使第 2 叶伸长，助长过密状态，有碍第 3、4 叶抽出，易成软弱徒长苗。所以每盘床土施用的基肥氮素与小苗用量相同，第一次追肥晚到 2 叶期稍前，以后可增加追肥次数。详细参阅"成活的好苗、坏苗"项中叙述。

（三）中苗移栽对本田生育的影响

中苗移栽的低位分蘖，3 ~ 4 叶期在过密状态下加上移栽的影响，比小苗更易处于休眠。例如 3 叶期移栽，1 号分蘖易休眠，2 号分蘖休眠或不休眠，3 号分蘖受移栽影响休眠或不休眠，一齐进入分蘖从 4 号分蘖开始。

4 叶期移栽，到 2 号分蘖容易休眠，3 号分蘖休眠或不休眠，4 号分蘖受移栽影响休眠或不休眠，一齐出现分蘖从 5 号分蘖开始。注意茎数、穗数不足：中苗移栽初发分蘖的节位比小苗提高 1 ~ 2 个节位，主要有效分蘖为 5、6、7 几个节位。与此同时二次分蘖也少，茎粗整齐穗也易大。茎数少茎才粗，穗数少穗才大而整齐，相反如弄不好，穗数不足也有负面影响。按产量目标要求确保相应穗数，中苗移栽的茎数不足而造成的穗数不足，必须在栽植苗数上加以注意。

四、成活的好苗、坏苗

（一）离乳期的秧苗也能很好地成活

稻种的胚乳养分完全用尽是在 3 叶期，这时进行移栽成活不良，所以小苗在 2.5 叶期、中苗在 3.5 叶期移栽，尽量避免在 3 叶期移栽。但在农民的实践中，虽然计划育的是 3.5 叶的中苗，一到插秧时，未等到期大部分栽的是 3 叶期左右的秧苗，只要天气好，很少成活不良的。等到 3.5 叶期，有时天气不好，反而成活不良。所以 3 叶期前后的秧苗，如何能使其成活良好，要注意天气变化，向前思考。成活的好苗与坏苗的差异，在移栽后 14 d 的发根状况可以看出来。

（二）干物质重和氮素浓度的平衡

3 叶苗也能成活良好的条件有二：一是播种量，例如 3 叶期移栽的干种在 150 g 以内，3.5 叶期移栽的在 120 g 以内，是秧苗生育滞长之前移栽的播量；另一个是移栽时的干物质重和氮素浓度的平衡。

从图 6-1-16 看出，3 叶期胚乳养分完全用尽，干物质反而增加。表明这样的秧苗体格大而坚挺。但成活良好的秧苗不仅仅是干物质多，粗、硬看健壮的老化苗，反而成活不良。所以秧苗也要有青春活力才能成活良好。秧苗的青春主要表现为叶色的浓淡，从化学上是指氮素浓度高低。3 叶期移栽的中苗之所以成活不良，是因为与干物质相称的氮素浓度未能同时平衡的缘故。

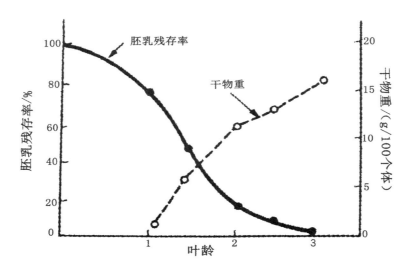

图 6-1-16　叶龄和胚乳及干物质重（木根渊）

（三）使成活良好的施肥方法

干物质重的秧苗，为使移栽时提高氮素浓度而易于成活，高桥保一提出施用扎根肥和"饭盒肥"。提高氮素浓度不宜使 2 叶或 3 叶徒长，必须从开始做好计划施用。

1. 扎根肥施用方法

施扎根肥的目的，是为在插秧前增加叶色浓度，提高氮素浓度，强化发根力，使成活良好。首先是基肥，小苗一次追肥，中苗二次追肥，按当地条件进行指导。其后，小苗从 2 叶期、中苗 2.5 叶期以后的追肥作为扎根肥施用（表 6-1-3）。

表 6-1-3 机械移栽育苗的施肥体系

苗别	肥料	基肥	1.5叶期	2叶期	2.5叶期	3叶期	3.5叶期
小苗	N	1.5	1	1.5（扎根肥）	1	5（饭盒肥）	
小苗	P	1.5	—	—			
小苗	K	1.5	—	—			
中苗	N	1.5	1		1	1.5（扎根肥）	1　5（饭盒肥）
中苗	P	2.0	—		—	—	—
中苗	K	2.0	—		—	—	—

注：每盘 N 成分量，追肥为硫酸铵，"饭盒肥"为尿素。

施肥适期，为使叶色变浓且不使苗软弱徒长的时期。用硫酸铵时，在插秧前 5 ~ 7 d，每盘施氮素 1 g 左右可维持叶色，不能提高氮素浓度。施 2 ~ 2.5 g，一次施入易引起浓度障害危险，可在 7 d 前施 1 ~ 1.5 g，4 d 前施 1 g，分两次施用。施用方法，将硫酸铵配成水溶液，浓度为 20 倍以上，成分 100 倍以上，在追施后立即在溶液未干前进行洗水。

施扎根肥以前一次施用尿素，因成本高、用量少，操作粗糙易于失败而停用。施用扎根肥时应注意以下几点：

（1）氮素过剩苗不施。徒长软弱型的叶色淡的秧苗，施半量左右。

（2）施肥当日到傍晚，不能使床土干成卷叶的程度。但当天和次日连续床土过湿，易出现青枯（根腐），应予以注意。

（3）施肥后不宜遇到极端的高温或低温。

2. "饭盒肥"的施用方法

为进一步使成活良好，使苗的叶色不褪，保持本田成活良好，就得有"饭盒肥"。所谓"饭盒肥"，使床土带着氮素养分进行移栽，插秧后根周围的氮素浓度高，使新根在用到本田肥料前叶色不褪淡，像人们带着饭盒一样。

其做法为，在向插秧机放置秧苗前，每盘用氮素成分量 5 ~ 7 g（商品量 11 ~ 16 g），用手均匀撒施，叶或叶鞘沾上的尿素用棒拂落，浇水湿到苗盘底部，进行栽植。其注意事项有以下几点：

（1）叶披严重的软弱徒长苗或障害苗禁用。

（2）勿使尿素成团，在干燥状态下均匀撒施。

（3）一定在装入插秧机前施用，最晚在 1 h 内插栽田间。施肥后延长时间，易出现浓度障碍及分解的副作用，是危险的。假如施肥后必须长时间保存时，要不使床土变干再一次浇透水。

（4）为使插栽后每穴都有水以稀释尿素浓度，应在田面有花达水条件下栽植。若田面无水，在移栽前预先灌水，栽植前适当撤水即可。

（5）保水不良的田块，氮素成分不宜超过 5 g 以上。避免与杀虫剂并用。

五、怎样选择用小苗或中苗

（一）小苗和中苗哪个好

在没有生育阻害的条件下，用充分发挥水稻本身特性的栽培方法，用小苗或中苗，不存在好坏差别。小苗有小苗的优点和缺点，中苗也有中苗的优点和缺点，人们要发挥其优点，控制其缺点。

（二）从栽培条件来看

首先从品种的关系来考虑，小苗移栽易于取得茎数、穗数倾向穗数型，中苗易育大穗倾向穗重型，如此单纯地思考是不行的，不逆向思考是不行的。穗数型的不易穗重，产量难以突破，穗重型的难以取得穗数而容易减产，这样栽植小苗或中苗的品种适应关系不大，要以栽培方法来协调。

其次是与土壤条件的关系，栽培小苗茎数、穗数多，易秋衰，倾向地力较高土壤；栽植中苗，多余的茎数和穗数少，倾向秋衰土壤，有这种想法也是不对的。秋衰土壤栽植小苗，勿过早栽植，缓慢取得茎数和穗数即可。地力高的田块用中苗移栽，为获得足够茎数、穗数，可适当早栽或增加栽插苗数，以适应和土壤条件的关系。

（三）根据气候和经营情况进行选择

小苗和中苗哪个好，由气候和经营条件来决定。

所谓气候条件，就是安全作期问题，例如，在日本庄内的地方，笹锦品种小苗移栽到出穗必需积温 1 800 ℃；出穗后到完全成熟必需积温，1 000 m² 产量 600 kg 为 1 000 ℃，750 kg 时为 1 100 ℃。这两期间的积温都能满足的出穗期为 8 月 8 日。即从 8 月 8 日向前推算 1 800 ℃的时期为小苗移栽期，平年气温（酒田测候所调查）为 13.5 ℃可确保成活。从 8 月 8 日的出穗期到完全成熟所需积温 1 000 ℃，平年为 9 月 24 日，1 100 ℃为 9 月 30 日，对成熟没有影响。所以，在庄内地方平原区用笹锦品种小苗移栽是可以满足的。但同为庄内地方而海拔高的山间地区，春迟秋早，用小苗移栽出穗期延迟，成熟所需积温难以确保，所以采用即使晚栽也不太延迟出穗的中苗就比较合适。以上虽以庄内地方为例说明的，但对其他地区来说也是适用的。总之，先根据气象条件决定品种，再选择相适应的小苗或中苗。根据经营条件去选择就不必说了。

六、育苗期的生育障碍和诊断

育苗期间的病害按指导部门的要求进行，这里不再叙述，仅对生育障碍或生理障碍简要叙述。

（一）抬根和顶覆土

1. 抬根

出芽过程中长出的根系不能扎入床土，将稻谷抬起的现象，俗称"章鱼足"，一般在叠积加温出芽时较少发生，棚式加温出芽或无加温出芽发生较多。其原因如下：

（1）密播：播量越大，种子重叠，越上面的种子越易抬根，越稀播的发生少。

（2）出芽温度过高：30 ℃以上根比芽伸长快，30 ℃以下芽比根先长。所以 30 ℃以上出芽时，根向土中扎入速度没有根伸长快，所以出现抬根现象。

（3）床土固实：床土坚实，根系不易扎入，结果形成抬根。沙土吸水后坚实，黏土过碎易坚硬，所以床土以壤土或黏壤土为好。

（4）床土过干：棚式加温出芽和无加温出芽比叠积加温出芽多，床土水分少，根比芽伸长早，易出现抬根现象。床土水分多时没有抬根现象。

2. 顶抬覆土

顶抬程度有大小的差别，严重时顶出包状。有的是根系扎入床土，只将覆土顶高，有的是根未扎入床土，种子和覆土同时抬高。只覆土抬高，浇水可以沉落。种谷和覆土一起抬高的原因如下：

（1）播种越密，种谷不易下落而抬起。

（2）覆土呈板状固结时易抬起，所以覆土用土，不宜用黏土成分多的，覆土厚度不超过 5 mm，播种时浇水在覆土前进行。

（3）无加温出芽时，覆土不宜固结或干燥，可覆以地膜。

此外，根不能扎入床土，与覆土一起抬起，与前述抬根现象的原因相同，可综合分析采取对策。

（二）黄白化症

这种障碍是从出芽到转入绿化在不完全叶或第 1 叶未形成绿色，出现黄斑或白色。黄斑经一段时间可以恢复，呈白色的恢复需时较长，形成生育不良或苗不整齐，严重时枯死。

这种障碍在出芽期高温，特别是 35 ℃出芽时容易发生。在绿化期，低温、强光时容易发生。实际上光强温度也上升，光强时温度越高越危险。为了防止此种现象出现，加温出芽摆盘时，或无加温出芽顶抬覆土浇水沉落时，避免 2 万 lx 以上强光长时间照射，尽快操作的同时用遮光材料覆盖。

绿化时，半日左右弱光也可变为淡绿色，所以要避开强光时间，绿化开始在当日和次日的上午，为育好壮苗从第二天即可充分见光。

（三）根伸长不良

其原因大致可分为如下几点：

由于床土的原因：黏土成分多、通气不良的土，腐殖质过多有机酸类或有害气体出现的土，使用陈腐的土、旱田的耕层土、火山灰土、红黏土或白黏土多的土、pH 值高的土等。所以对使用的床土是否有上述不良土壤，要认真调查处理。

由于管理的原因：鞘叶节长出的 5 条冠根，伸长良好是在 1 叶期，2 叶期已伸卷到盘底（图 6-1-17）。所以根系伸长的良否，从出芽到 1.5 叶期几乎已经决定，而在此期间水分过多和低温，根系生长不良。所以根系生长，无加温出芽的根系伸长不良，有加温出芽的伸长良好。

置床与秧盘之间，渗水条件好的根系伸长好，反之生长不良，若加上低温生长就更差，因此要管好秧盘的水分和温度。

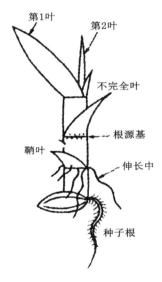

注：到不完全叶节位间引伸画出。

图 6-1-17　1 叶期根系生长模式图

（四）徒长软弱苗

特别是在小苗情况下的第 2 叶、中苗的第 2 叶和第 3 叶呈软弱徒长型时，成为过繁茂状态，影响下一叶的抽出，发育滞长，严重影响成活，成为劣苗，所以要注意以下各项进行管理。

基肥氮素要适量：基肥氮素对第 2 叶影响最大，要注意适量，勿多勿少。

加温出芽的长度：无加温出芽，易使 2 叶直立，加温出芽越长第 2 叶易于伸长，所以出芽长以 1 cm 以内为好。

除去地膜时期：撤除时期越晚，第 2 叶越易伸长，小苗在第 1 叶展开期，中苗在第 1 叶展开前进行撤除。

从 2 叶期之前进行拂露：第 2 叶展开前，小苗为 10 cm，中苗达 8 cm，展开后必然成为软弱徒长型，所以要立即开始拂露。拂露抑制徒长的原理是促进蒸散作用，使叶态良好，通过接触与振动作用，产生生理作用。

高桥保一的拂露方法，用较粗而轻直的竹竿在苗上拉擦，于棚内往复进行。每天早晨一次，在浇水后进行，亦可用动力散布机吹风处理。

（五）青枯苗（根腐）

青枯苗在病因尚未弄清的时代，高桥保一认为是根腐。

病状和原因：从 2 叶期到移栽前，连续低温两三天随后急遇高温时，局部出现卷叶、叶色青黑，次日渐次萎枯。将根拔出观察呈半透明腐坏，将这种苗栽植田间，将造成大量枯苗。其原因是：盘土水分过多（80% 以上）是前提，连续低温 2 d 以上就危险。低温过后急遇高温之所以卷叶，是因为根腐体弱吸水少，蒸散作用使叶失水。有的认为青枯的原因是盘土内有某种菌侵犯了根系，但这不是发病的前提条件，这种菌是腐败菌，随根系障害而繁殖的。

预防对策：青枯苗的发生条件是床土 pH 值高，应予以注意。从管理方面对此预防，在 2 叶期开始秧盘床土水分控制干些，特别是低温时床土表面不干白不浇水。将床土水分控制在 70% 左右，即使低温也不发病。

不幸发生时，立即施用立枯灵液剂，床土过湿时，用药略浓些（400 倍液），散布量每盘减少到 400 mL。这种药不仅抑制菌的繁殖且可增强根的活力。

此外，要防止强光和干风，高温的白天向叶面少量喷雾（不向床土浇水），闭棚或覆盖遮光材料，防止卷叶，待发新根。

第四节　分蘖期的诊断

经过育苗及插秧的紧张劳动，插秧后都想休息一下，但是还惦记着田间的稻苗和邻近的稻苗比叶色如何，如何保证茎数。

下面就分蘖期如何培育水稻高产、茎数取得方法、生育状况、田间管理等问题加以叙述。

一、确保有效茎的时期

（一）因穗数不足使产量不稳定

农民对插植后的水稻希望很快全面进入旺盛生长。经验丰富的农民，也常因穗数不足遭致产量不稳的教训。

首先用 1981 年水稻茎数不足减产的事例加以说明。该年的水稻从育苗到插秧比较顺利，插秧后一段时间天气不良，到 6 月中旬约 40 d 时间气温低，水稻生育到 9 叶期比正常年晚 1 个叶期，茎数也较正常年少 1 个叶期，茎数多的在 9 叶期、少的在 10 叶期才确保有效茎数，比正常年穗数约减少 10%。在株高方面，从 7 月中旬到 8 月上旬约 1 个月的连续高温，地力氮素显现，生育中期到出穗期，叶色浓绿，株高猛长。抽穗期虽与常年相平，穗数少，株高 1 m 左右（笹锦品种），呈少穗长秆型，割前几乎全部倾伏，结实不良。加之成熟期低温和两次台风，与常年比产量指数降到 90（庄内地方）。

自机械移栽以来，经验较少，据高桥保一长期累积的经验体会，如初期生育不良，叶龄和茎数的生长比常年晚，而中后期天气情况若好，还可以挽回，如其后的天气仍然不好就更失利了。这是寒地稻作的特别之处。

（二）密播密植是高产的阻碍

日本的密播密植已是个问题，特别是日本东北地区在 1981 年更深受其苦。机械插秧初期（20 世纪 70 年时代），每盘播干种 200 g 以上，每 3.3 m² 约植栽 300 株苗为起点。茎数不足插 400 株苗，庄内地区插 500 株苗（1974 年）。当时每盘播干种 200 g 以上的密播苗，3 号分蘖很少，多数的分蘖是 4 号分蘖开始。所以在 8 叶期为确保有效茎数，每苗平均难以取得 4 个穗，只能增加栽植苗数。在 1981 年尝到穗数不足减产的教训，1982 年大部分农户每 3.3 m² 插 600 株苗，有的甚至插 700 株苗。密播密植的稻苗，茎细，光照和通风不良，株高易伸长，基部节间伸长，易形成后期倒伏。有的为防止倒伏，省去接力肥，施一次穗肥，控制株高伸长，结果穗短，小穗增加。

所以，密播、密植增加每穴苗数，必然穗小或倒伏，绝对不能培育出理想型水稻，产量难以提高。

每穴栽 5 株时根长而伸展良好，栽 7 株时根短而不振，呈过密状态。也就是每穴过密栽植，不但地上部呈现过密状态，地下部根系也呈过密状态，对分蘖期根系伸展是不利的。

（三）从稳定性看确保有效茎的时期

高桥保一认为"早期确保茎数"一语是不恰当的，所谓早期是没期限的。例如移栽，茎数确保，怎样算早是难确定的，指导者用不确切的语言，实际是助长每穴多插苗数。这样，稀植也危险，密植也不行，为取得茎数怎样算好，根据水稻的生态来看，出穗前 32 d 的穗分化期为最高分蘖期，出穗前 42 d 的剑叶分化期为有效分蘖终止期，即约 10 d 期间为营养生长向生殖生长转换的无效分蘖期是合理的。从实际来看，由于肥效不匀，生育调节难以形成理想整齐的长相，使产量不能稳定。

为了水稻生产稳定，日本全国各地常用的获取茎数的方法如图 6-1-18 所示，将最高分蘖期安排在剑叶分化期终了时。例如小苗移栽总叶数 13 叶的笹锦或越光品种，一穴全部叶龄越过 8 叶期时确保有效茎数，过 9 叶期达到最高分蘖期，其最高茎数不增不减持续到 10 叶期，是确保茎数的有效方式。

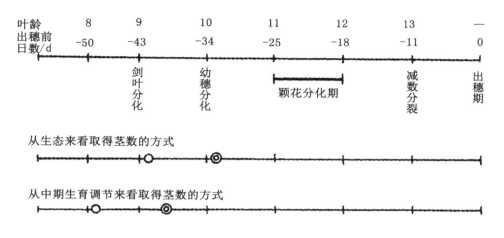

注：○确保有效茎，◎最高分蘖期，总叶数13叶时，出穗前日数因品种、温度有1 d
左右的差异。

图 6-1-18　有效茎和最高茎数取得的两种方式

（四）必须促进、扩大初期生育

既不是稀植，又未早期取得茎数时，初期生育怎样算好，高桥保一认为使中期生育调节有余地，不极端用"Ⅴ字形"抑制氮素肥效，使水稻最大限度地发挥其一生的碳水化合物生产能力，初期生育也应遵循这种目的。

鸟取大学津野教授认为，干物质生产速度理想的水稻和现实水稻比较，强调提高理想稻与现实水稻前半和后半落差的栽培方法是正确的。

初期生育早期确保茎数，不使茎数过多，促进每株水稻的体格和营养良好。使茎粗、叶宽、株高伸长，生育初期通风透光，到剑分化期生育良好，精力充沛，提高碳水化合物的生产，确保茎粗整齐抗倒，做好育大穗的基础。这样的初期生育，称之为促进扩大初期生育。

不久，进入幼穗分化期，从剑叶下数第 4 叶长出，进入下位节间伸长期。为使上位 4 片叶直立、受光态势好，从剑叶分化期使氮素肥效下降，从幼穗分化期达皿底肥效线为好。

二、明确分蘖的出生方式

分蘖的出生，受品种、秧苗素质、穴数和每穴苗数等影响很大，不能一概而论。所以不用分蘖体系图，举几个例子加以叙述。

（一）小苗和中苗的分蘖出生方式

1. 小苗的情况

通过对笹锦品种小苗移栽分蘖出生情况调查，虽然因品种、秧苗素质、穴数和每穴栽植苗数等有所不同，经调查整理，可明确如下事项：每盘播干种 200 g 的密播苗，1 号分蘖因过密、2 号分蘖因过密加植伤，基本不能出生，所以在本田的初发分蘖，是 5 叶后期 6 叶的同伸 3 号分蘖。但如植伤重，软弱徒长苗成活不良时，多数休眠，其次的 4 号分蘖才为始蘖。在这种情况下，为在 8 叶期确保有效茎数，每苗平均达不到 4 个，只能每穴增加苗数。

但是，每盘播 150 ~ 160 g 的稀播苗，2.5 叶期移栽，成活良好时，2 号分蘖可出生部分，3 号分蘖可出生 50% 以上，其次的 4 号分蘖可一齐开始长出。在 8 叶期确保有效茎数，栽植苗数少的情况下，一穴 6 株或平均 5 株，每穴不用过分密植即可。如每平方米 24 穴、每穴 5 ~ 6 株或每平方米 21 穴、每穴 6 ~ 7 株就足够了。

2. 中苗的情况

中苗移栽，本田初发分蘖一齐开始长出，3 叶期栽植从 4 号分蘖开始，4 叶期栽植从 5 号分蘖开始。也就是与小苗移栽比较，随移栽叶龄前进，分蘖节位上升。所以一般中苗不出下位分蘖，用强势的中位分蘖获取茎数，所以穗大而整齐。高桥保一用每盘干种 100 g 育苗，3 ~ 3.5 叶移栽，3 年调查结果显示，下位分蘖发生率与小苗比反而增多。原因是，苗在过密状态下移栽，下位分蘖休眠，进入过密状态前移栽，下位分蘖可以生出。所以高桥保一认为，中苗移栽所以穗大不是中位分蘖确保茎数，而是用体格健壮的秧苗移栽，栽植苗数少的结果。其证据是：如用中苗或大苗每穴多苗栽植时，茎变细而穗变小。

（二）密播苗密植的分蘖紊乱

每盘用干种 160 g 不能说是密播，秧苗素质应该是良好的，但如过分密植时，将形成小穗或倒伏，而抵消了好的秧苗素质。所以稀播密植是没道理的。

密播苗每穴密植的水稻，其分蘖的出生调查如图 6-1-19 所示。

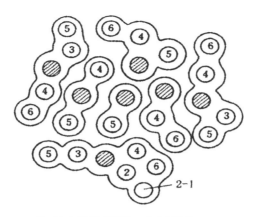

注：◉ 主茎 ○ 数字为一次分蘖号数。
品种笹锦，小苗移栽，8 叶期将过。

图 6-1-19　不同位置秧苗分蘖的分布

从图 6-1-19 看出，穴株外侧苗的分蘖多些，中间紧闭的苗分蘖少。原因是：中间的秧苗通风透光不良，受到机械和生理的抑制作用。特别是过分密植，株间紧闭，伤害秧苗素质，使分蘖的差幅增大。

总的说来，关于分蘖的出生情况归纳起来，每穴插 6 株以内的分蘖差幅小，插 7 株苗以上分蘖差幅增加。

三、注意稻株的长相

观察分蘖期生育的良否，一直认为叶色浓绿、茎数多的为好。结果穗小、倒伏、产量不高，要改变看法，注意稻株的姿态。

（一）密播苗呈束状圆筒形

图 6-1-20 左图为每盘播干种 200 g 密播苗，每穴植 8 株苗，右图为每盘稀播 150 g，每穴栽 5 株苗。左侧的稻株蘖细呈束状，叶鞘伸长，叶片较短，虽为典型的圆筒形，但这样的长相是密播软弱徒长细苗密植的，成活不良，本田初发分蘖上移，强势的中位分蘖形成茎数，结果不理想。右侧的稻株，茎粗散落，扇形张开，叶鞘短叶片长。这样的长相是稀播壮苗少本植，而且是成活好的本田生育表现，当然下位分蘖随之长出，二次分蘖也能长出。

注：笹锦、小苗移栽、8.3叶期左右。左：密植每穴8苗，右：稀植每穴5苗。

图 6-1-20　密播苗和稀播苗的稻株

（二）每穴密植茎细紊乱

每穴密植，如每盘播180 g的软弱苗，每平方米栽24穴，每穴插8株苗，到9叶前还分蘖不止，最高分蘖期平方米茎数达900以上，苗间呈密植状态，通风透光不良，茎细、下位节间伸长，中期株高伸长而倒伏，穗头短小。

（三）苗和成活良好的呈茎粗开张型

高桥保一用3.4叶龄（每盘播100 g）的中苗栽植（平方米穴数24，每穴3～4株苗），平均每穴穗数24个，穴间叶片交差，通风透光良好。用3.0叶（每盘播140 g）小中苗移植的，平方米24穴，每穴5株苗，平均每穴穗数也达24个，与播量100 g的比略感密些，但与一般农户密播比有很大差异，主要是株形开张，茎粗强劲。使参观者惊奇的是大型水稻不倒，是从育苗到本田一贯培育茎粗的结果。

四、灌水管理

（一）保温的灌水管理

分蘖的适温为白天32 ℃、夜间16 ℃，日温有差较好。白天2～3 cm浅水，夜间深水等作为技术指导，但实际田间不是如此。

田面不平，高低差2～3 cm是普遍的，大的田块更是如此。所以灌2～3 cm浅水，高的部分就露出来。

夜间深水的问题，对保水不良的田块，每天晚间灌深水，形成每早深水、每晚浅水，如灌冷水还以早晨灌水为好，所以完全昼间浅水、夜间深水，是做不到的。

高桥保一的灌水管理，一般灌 3 ~ 4 cm，使保水良好，补水时间选择冷水危害最轻的时间进行。并用 100 m 长温水管，置于埂上增温补水。水稻生育 7 叶以后进入深水灌溉。

（二）中耕、晒田、水的交换

成活后土壤开始还原，应尽早进行中耕，随后晾晒两日，是技术指导的要求。地下水位高的还原型土壤，带水耙地，土壤中进氧困难，氧化还原电位急速下降。在降到最低线前，即土壤还原急速进行中，中耕效果最好，其时间在耙整地后，暖地为 3 周左右，寒地为 4 周左右。

1. 中耕、晒田也有反效果

实际在田间氧化还原电位急速下降时，进行中耕的农户只是一部分，大部分农户是在还原状态稳定时进行的。这样时期延迟，中耕已无多大效果，相反还会影响水稻生育。造成反效果的寒地地区，地下水位低的酸化土壤和冷水灌溉地带，中耕供氧的效果还不如温水变为冷水的害处大。

另外，中耕之后晒田两日的说法也无意义。水稻本来是沼泽植物，具有适应氧不足的还原土壤能力。已经习惯了还原状态环境，对急激的氧化是不适应的。两日晒田，处于低温下，复水后再次进入土壤还原状态，对根系生育也是不利的。在日本庄内地区，1965年手插秧时代白叶枯病发生蔓延，特别是地下水位低的氧化土壤，分蘖期热心除草、晒田的地块被害多，地下水位高的还原型土壤，未很好除草、晒田的懒怠田被害少，这也说明惯于还原状态是水稻的本性，随意给予氧化、还原的波动处理是不适应的。

2. 按透水性换水

向土壤中供氧已如前述，在氧化还原电位急速下降时，中耕效果好。一旦还原状态稳定，不必再改变状态，根据透水性留意换水即可。

分蘖期换水的标准，在寒地每天 1 cm 以内减水（含漏水和蒸发）的隔 7 d，1 ~ 2 cm 减水的隔 10 d，2 cm 以上减水的就不必要换水了。水温高的暖地，日减水 1 cm 以内的隔 5 d，日减水 1 ~ 2 cm 的隔 7 d，日减水 2 cm 以上的不需换水，水严重污浊时换水为好。

五、基肥氮素适量的诊断法

（一）基肥氮素支配产量的命运

农民对穗肥比较关注，但穗肥施用时期早一天或晚一天，氮素多 0.5 kg 或少点，产量无大差异。基肥氮素是决定增产或减产大局的基础，仅 0.5 kg 的过量或不足，对产量影响很大，施用后到施接力肥期间放任处之，这是不能突破产量的原因之一。

由于气候条件和地力氮素显现，年份间有所不同，怎样的能手也难将每年基肥氮素施到适量，遗憾的是没有好的诊断方法。高桥保一开发出叶色诊断板，可做基肥氮素的适量诊断。高桥保一将基肥氮素计划用量的 90% ~ 95% 施入，剩余的 5% ~ 10% 看分蘖盛期的叶色诊断决定，自 1974 年叶色诊断板开发以来，用这种方法基肥氮素的适量未出现错误。

（二）分蘖最盛期是基肥氮素的诊断适期

表 6-1-4 的水稻生育是笹锦、炬锦、丰锦，按高桥保一的栽培经验，在日本庄内地区设定的标准，可适用于日本秋田、岩手、山形、宫城、福岛、新潟各县，越光是根据高桥保一的经验参考新潟、福岛的资料设定的，表 6-1-4 中分蘖的调控未采取深水管理，按一般农户的做法进行。结合表 6-1-4，在第五节的中期管理和第六节的后期管理，均列出理想型水稻的生育，3 个图连接起来，是本田生育的理想型水稻生育的经过图。

表 6-1-4　初期生育的理想型经过（小苗移栽）

	叶龄	2.5	4	5	6	7	8
	月/日	5/10	5/25	5/31	6/6	6/12	6/19
叶色番号	5 4 3			丰锦 炬锦 笹锦 越光			
笹锦	茎数（每 3.3 m²）	450	500	700	1 100	1 600	2 200
	株高/cm	12	17	20	24	29	34
炬锦	茎数（每 3.3 m²）	450	450	550	700	1 150	1 700
	株高/cm	11	16	21	25	30	35
丰锦	茎数（每 3.3 m²）	450	450	550	700	1 150	1 700
	株高/cm	13	18	22	26	31	36
越光	茎数（每 3.3 m²）	400	450	600	750	1 200	1 750
	株高/cm	13	19	23	28	33	39

注：每 3.3 m² 穗数和 1 000 m² 产量目标笹锦 2 000 个、750 kg，炬锦 1 600 个、780 kg，丰锦 1 650 个、780 kg，越光 1 600 个、720 kg，越光是栽培北限标准。叶色番号按叶色诊断板比对。产量目标约低 10% 的茎数，按本图约少 10%。

基肥氮素的肥效，在分蘖最盛期出现最高的叶号。例如，小苗移栽本田生育正常的笹锦品种，5 叶期叶色为 4 号，一齐进入分蘖，6 ~ 7 叶期到分蘖最盛期，黏壤土、稻草还田、氯化铵系肥料施用的为 4.4 号；沙壤土、优质堆肥、硫酸铵肥料施用的为 4.6 号，平均 4.5

号左右的叶色比较理想。所以在 8 叶期以此叶色取得有效茎数, 基肥氮素是适量或略多,
绝对不能追肥。

到 6 ~ 7 叶期, 叶色比表 6-1-4 差 0.2 ~ 0.3 号表现较淡时, 可看作基肥氮素不足。
茎数充分的水稻, 每 1 000 m² 用氮素 0.5 kg, 茎数不足的水稻追施 0.8 kg 左右。追肥时期
以 6.5 ~ 7 叶期为好。

（三）叶色诊断必须考虑的几点

如上所述在分蘖最盛期可做氮素适量的叶色诊断, 但要注意以下问题。
（1）土壤还原较重、根系伸展不良, 叶色略淡;
（2）中期除草剂在高温下施用, 2 ~ 3 d 后会使叶色一时较淡;
（3）异常的低温或强风使叶色一时较淡;
（4）叶色诊断板能不出差错地熟练使用。

六、不同生育类型的诊断

（一）正常生育的水稻

这种类型的水稻, 一般如前列初期生育理想型的经过, 高桥保一用每盘播 140 g, 3.0
叶龄栽植, 茎数每 3.3 m² 80 穴, 每穴 20 个茎, 株高 30 cm（二级株高量至最长叶尖）,
叶色 4.4 号。

（二）生育延迟的水稻

本田生育开始晚, 或育苗、插秧晚的, 成活不良生育延迟的, 初发分蘖也上升一个节位,
例如小苗移栽, 在 6 叶期次叶 7 叶的同伸 4 号分蘖开始长出, 6 叶期最高叶色未出现, 施
用预定量以上的追肥是危险的。这样的水稻, 肥效的显现也晚一个叶期, 不到 7 叶最高叶
色不能显现。要努力做好灌水的保温, 促进生育进展。到 7 叶期叶色仍未出现时, 基肥氮
素可能不足, 茎数充足的每 1 000 m² 用 0.5 kg 左右, 茎数不足的用 0.8 kg, 但容易造成倒伏。

育苗和插秧延迟, 其他无异常时, 随叶龄略晚, 掌握生育进程, 产量目标可略下降,
不能随意施用肥料。

（三）茎数不足的水稻

茎数比目标少 10% 左右, 可不必着急, 在中期提高有效茎数或用每穗粒数来弥补,
不需无理施肥。但茎数少 20% 以上有茎数不足的危险, 要注意基肥氮素的适量问题。茎
数不足时再缺肥, 以后不能挽回, 而无理追肥时, 又易形成中期软弱徒长型的贪青田。茎
数不足的水稻叶色, 分蘖最盛期的叶色比理想型（表 6-1-4）叶色, 约延迟 1 个叶期, 确
保有效茎数无奈也将延到 9 叶期（总叶数 13 叶水稻, 剑叶分化期）。所以, 基肥氮素的
适量诊断也要考虑进来, 按理想型的标准是好的, 但要结合实际情况。这样的水稻, 主要

是插植的基本苗数过少，在穴数和栽植苗数等方面，增加 10% ~ 20% 是必要的。

（四）株苗不整齐的水稻

这种类型的水稻，从返青期到分蘖期外观不太好看，农民心中不安。其原因是：播种不匀、秧苗生育不整齐、本田不均平、插秧机不规整、插秧机的整备和操作不良、未进行补苗等，这些原因要改进。

虽说应改善，但现状已无法改变，用施肥亦难调整。只能按平均茎数用理想型水稻标准进行管理。

（五）茎数过多的水稻

密播苗密植或稀播密植，容易出现这种情况，改进密播苗密植，要将稀播苗减少每穴栽植苗数，才能将稀播苗的优良素质在本田充分发挥出来，如将其密植，杀去优点，就白费力了。每穴密植，穗小易倒伏，加上基肥氮素过多，更无办法。茎细、下位节间和株高伸长，必然倒伏。所以茎数过多的水稻，分蘖最盛期的叶色，要比理想叶色淡 0.1 ~ 0.2 号，早期控制无效分蘖，早期抑制株高徒长，相应地施用好接力肥。

第五节　中期管理技术相关的诊断

一、甲基环丙烯使用的诊断

最近对甲基环丙烯（MCP）有很多反映，如对根有害、使穗头变小等，另一方面也有认为能防止倒伏的意见。是好是坏，要看最后产量，下面稍加叙述。

（一）MCP 药害的诊断

MCP 的药害，从地上部看，比分蘖最盛期使用时期越早，越易出现筒状畸形叶，或表现类似黄化萎缩病的症状，严重抑制分蘖。另外，进入幼穗形成期到孕穗期使用越晚，穗形变小。所以减少药害，不大影响产量的时期，为确保有效茎数后到幼穗分化期之间。

对地下部根系的药害，易出现鸡爪根，对 MCP 用量大、撒施量多或撒施时遇高温，发根后不久的冠根形成杵状根，伸长停止，根粗扭曲，这时必然下位叶黄化或枯萎。MCP 撒施后，下叶未现异常时，鸡爪根也不易见到。所以 MCP 的药害判断，观察下位叶的黄化程度或向上枯萎程度即可。

（二）MCP 的效果和使用时期

新除草剂不断开发出来，MCP 已不是非用不可的。现在有为调节生育使用的，其目的简要如下：

（1）确保有效茎数后使用时，不减少穗数，控制无效分蘖。

（2）控制株高徒长，使叶态良好，稻株开张，受光态势好。

（3）在下位节间开始伸长前施用，使下位节间短、硬、抗倒性增强。

为达上述目的，减少药害不使减产的使用时期是：从确保有效茎数到幼穗分化期（第5节间伸长开始）之间。

$1\ 000\ m^2$ 的使用量，MCP 水剂 $200 \sim 250\ g$，粒剂 $3.0 \sim 3.5\ kg$，备好水，注意使用方法。

二、从根系伸展和下位节间看水的管理

（一）中期的根系伸展

水稻的根系，在主茎总叶数 13 叶的情况下，第 5 节间生长的根相当第 9 节位和第 8 节位长的根，主要是上位根，第 7、第 6、第 5 节位长出的根，纵向伸长，伸向土壤深层，其中第 6 节位根最长，第 6 节位根发根时期为 8 叶期，9 叶期快速生长。所以，中期晒田在 9 叶期时（剑叶节分化期前）进行是合理的。

每日减水深 3 cm 左右的纵向渗透，对根系生长最好，但就田间实际来说，这样保水不良的土壤也长不出好的水稻。育根的基础如前所述，是靠地上部的茎粗和碳水化合物的生产活力，密播密植的中期断肥或过分繁茂形成青田，根系发育就难以弄清了。归根结底，中期晒田、做沟、间歇灌溉，不是育根的基本，只是起些辅助作用。

（二）从下位节间伸长来看

根据高桥保一在 7 月 6 日即水稻出穗前 32 d 开始间间伸长时（13 叶品种），恰为幼穗分化期，下位节间伸长首先是第 5 节间和幼穗分化期同时和其略前开始伸长，第 4 节间的伸长约晚 1 个叶期，在出穗前 25 d 前的颖花分化始期开始伸长。所以，做沟、中期晒田或中期节水管理，目的不仅为了育根，也是为了不使第 5、第 4 节间在水中徒长。

（三）做沟的效果和做法

做沟对以后的水管理即间歇灌水容易进行，且对田间各处可均匀晒田，表 6-1-5 是其效果的一个例子。表 6-1-5 中所谓做沟 5 条，即 $1\ 000\ m^2$ 的田块，间隔 3 m 做一条。没有暗沟排水的，最少要做到这种程度。特别是没有暗渠排水的大地块，每隔 2 m 做一条，即使排水良好的，为灌排方便、晒田均匀，也应这样做。

表 6-1-5　做沟对生育产量的影响（1970 年）

做沟条数	7 月 15 日		成熟期		第 4 节间长 /cm	糙米重 /（kg/a）	出糙率 /%	1 穗重 /g	倒伏程度
	株高 /cm	茎数 / 个	秆长 /cm	穗数 / 个					
5	58	23.4	81	21.3	7.6	61.0	82.2	1.94	2
3	61	24.5	80	22.0	7.8	58.3	79.7	1.79	3
0	61	24.2	83	22.8	8.2	58.1	79.5	1.75	3

（四）晒田的效果和做法

中期晒田的效果有以下几项：

（1）向土壤中输氧，除去有害气体和有机酸类物质，促进根系生长。

（2）根系活力好，吸收水分和蒸散作用提高，细胞膨压高，叶片直立，受光态势和通风也好。

（3）土中铵态氮氧化遗失，抑制氮肥肥效过高。

（4）第5、4节间短而坚挺，抗倒力强。

（5）提高土地耐力，利于农机具作业。

早期、中期晒田是对应技术。例如氮素过剩时，可早期晒烤成大裂强干田。另如茎数过多，尽快晒成裂纹，可以抑制分蘖，但步行泥泞不彻底的晒田，反而助长无效分蘖大量出生。所以高桥保一不用早期晒田而用深水管理控制无效分蘖。日本全国适应的中期晒田开始时期标准，第5节间伸长开始前1个叶期，即从剑叶分化期开始。

中期晒田的程度，因土壤条件而不同，黏壤土、地下水位高的还原型土壤，为使纵向渗透良好，可晒成小裂程度，其后不再增裂，达步行地面有脚印的程度。

沙壤土、地下水位低的氧化型土壤，要经常保持做沟或脚窝有水的状态（土壤水分90%～100%），绝对不许裂纹。根系能长好的氧化型土壤，产量之所以上不去是土壤瘠薄，过分晒田易助长秋衰。

（五）节水管理和间歇灌溉

所谓间歇灌溉，高桥保一（图6-1-21）在时间上对节水管理进行区分。中期晒田开始到出穗前15 d间为节水管理。其理由是：为使与倒伏有关的第5、第4节间不在水中徒长，必须注意田面长时间不保水层。

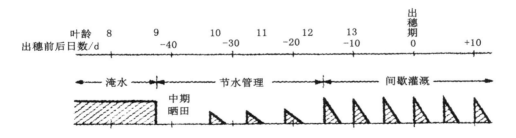

图6-1-21　灌水管理的时间区分

第4节间开始定长的时期，约在出穗前15 d，第5、第4节间合计长度为8～10 cm。这时一时水深些也不影响第3节间的伸长。所以，从出穗前15 d以后的灌水可采取间歇灌溉。

三、接力肥和防止倒伏的诊断

（一）目的是调整生长量

接力肥和防止倒伏的诊断，如前所述，将千差万别的各种长势长相的水稻，用中期的追肥调整到接近理想型的长相。

作为调整的对象，第一，田圃全体的平均生长量要适当地诊断和调整；第二，对农户田圃中坑洼不平的青田情况，不失时机地使用接力肥进行调匀，使田圃各处生育整齐。要注意的是，调整肥效时，不能再出现肥效不匀的斑块，注意施肥的增减。

将"中期生育的理想型经过"列如表 6-1-6，供做参考。

表 6-1-6　中期生育的理想型经过（小苗移栽）

	叶龄	7	8	9	10	11	12
	月/日	6/12	6/19	6/26	7/5	7/14	7/22
叶色番号	5 4 3						
笹锦	茎数（每3.3 m²）	1 600	2 200	2 650	2 600	2 400	2 250
	株高/cm	29	34	41	49	58	64
炬锦	茎数（每3.3 m²）	1 150	1 700	2 100	2 100	1 950	1 800
	株高/cm	30	35	41	49	58	65
丰锦	茎数（每3.3 m²）	1 150	1 700	2 100	2 150	2 000	1 850
	株高/cm	31	36	42	50	59	66
越光	茎数（每3.3 m²）	1 200	1 750	2 150	2 150	2 000	1 850
	株高/cm	33	39	46	54	63	71

注：每3.3 m² 穗数和1 000 m² 产量目标笹锦为2 000 个，750 kg；炬锦1 600 个、丰锦1 650 个，780 kg；越光1 600 个，720 kg。叶色番号以叶色诊断板测定，株高为2 号长叶量至叶尖。越光为栽培北限标准。产量目标减少10%时茎数较图中约减10%。

（二）不同生育类型的诊断

下面就接力肥和防止倒伏的诊断，介绍如表 6-1-7，并加以说明。现仅就笹锦小苗移栽的做以简要叙述，其他如炬锦、丰锦、越光等参照表中所列品种特性，合理进行应用。

1. 理想型（株形①）

这种类型的水稻，基肥氮素、栽植苗数比较适宜，顺利生长，田圃各处比较整齐，到最后顺利生育时，1 000 m² 750 kg，穗肥分两次用亦可。

表 6-1-7　接力肥和防止倒伏的诊断

叶色番号		3.7 号	3.7 号	3.5 号以下	3.7 号	4 号以上	4 号以上
9.5 叶 期	茎数（每3.3 m²） 株高 株形	2 650 个左右 45 cm 左右 ①理想型	2 300 个左右 45 cm 左右 ②茎数不足	2 300 个以下 43 cm 以下 ③缺肥茎数不足	2 900 个左右 45 cm 左右 ④茎数过多	2 300 个以下 47 cm 以上 ⑤N 过剩，茎数不足	2 900 个以上 47 cm 以上 ⑥过繁茂型
黏壤土	9.5~10 叶期 10.5~11 叶期	NK0.3 kg 左右 NK0.7 kg 左右	NK0.6 kg 左右 NK0.6 kg 左右	NK0.9 kg 左右 NK0.6 kg 左右	— NK0.5 kg 左右	— NK0.5 kg 左右	9~9.5 叶期 MCP 增 2 成
沙壤土	9.5~10 叶期 10.5~11 叶期	NPK0.4 kg 左右 NPK0.8 kg 左右	NPK0.7 kg 左右 NPK0.7 kg 左右	NPK1 .0 kg 左右 NPK0.7 kg 左右	— NPK0.7 kg 左右	— NPK0.5 kg 左右	9~9.5 叶期 MCP 增 2 成

注：笹锦，小苗移栽，9.5 叶期，出穗前 38 d，叶色番号按叶色板测定。株高为第 2 号长叶量到叶尖，未深水管理，追肥量 1 000 m² 成分量，根据色深淡适当增减调节肥。

2. 茎数不足（株形②）

这种类型的水稻，株形接近理想型，而茎数偏少。基肥氮素和栽植苗数略多点便好。接力肥可提早略多施用，中期叶色稍浓，3.5 号左右为好。

3. 缺肥茎数不足（株形③）

这种类型的水稻，基肥氮素和栽植数均偏少，接力肥施用时期也已较晚。此时，以确保穗数和增加每穗粒数为重点，尽快增施接力肥。但施用过多还容易倒伏，所以要按表 6-1-7 所列用量施用，不足部分再施穗肥。

4. 茎数过多（株形④）

这种类型是过去所谓密植的典型，不施用接力肥，穗头很小，略多施用易倒伏。所以省去早期接力肥，迟施也不宜过晚。下叶黄化、根系衰疲避免不了。

5. 氮素过剩茎数不足（株形⑤）

这种水稻是成活不良或栽植苗数偏少，为挽救而盲目施肥造成的。再多施肥有倒伏危险，要进一步观察水稻的生育健康状况。

6.过繁茂型（株形⑥）

这样的水稻是偏多造成的，发展下去有倒伏危险，要强化晒田措施，控制土中氮素养分，增用 MCP （基肥氮素和栽植苗数较规定量增加 20%）。但沙壤土特别是保肥力差的，不增加 MCP 用量。

（三）接力肥要看每个叶片的长相

日本庄内地区近年产量的提高，与叶色诊断板的普及和水稻生育调整技术的运用是分不开的，过去对接力肥不愿使用，现在提高了认识成为常规技术。

自从接力肥开始应用，不久穗肥、粒肥也被认为非用不可。这时必须明确的是，追肥效果何时和怎样显现出来的问题。如不了解这种情况，接力肥、穗肥都变成无计划的行动。图 6-1-22 是哪个叶期追肥，与哪个叶期稻叶增大的关系，形成叶长模式化。

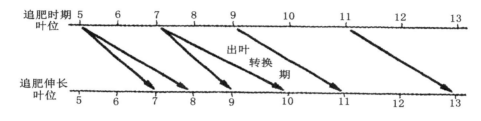

注：叶数13叶品种。

图 6-1-22　氮素追肥的伸长叶

在分蘖期营养生长叶的出叶间隔快，每 5 ~ 7 d 长一片叶，肥效显现因温度低、发根少而略晚。例如 5 叶期追肥，6 ~ 7 叶显现叶色，7 ~ 8 叶期叶片伸长，株高增高，肥效跨两个叶期显现出来。

进入生育中期，生殖生长叶出叶慢，每 7 ~ 10 d 长一叶，温度高，发根好，肥效显现早。例如 9 叶期追肥时，10 叶期呈现叶色，11 叶期叶长、株高伸长，肥效主要在一个叶期显现出来。

所以，中期的接力肥或后期的穗肥，必须做好追肥计划。根据接力肥的施用时期（参照图 6-1-22），在一叶间隔分两回施用的，追肥后出现一片新叶时显现最高叶色，以后叶色褪淡，看到露出叶尖再进行判断避免错误。

（四）滞长期过长的改善对策

最近，暖地水稻滞长期过长成为问题。这是插秧时密植造成的，例如在暖地剑叶分化期（出穗前 42 d 左右）如能确保有效茎数，就不会有残留问题。而且在出穗前 40 d 到前 20 d 的约 20 d 间，进行生育调整即可。

四、减叶和增叶的诊断

水稻生育中期，出穗前42 d开始为剑叶分化期，32 d前开始为穗分化期，但到穗肥施用时期有时比预期日数提早或延迟，使穗肥失时而常遭失败，其原因是温度的影响较大，另外是幼穗形成因减叶而提早或增叶而延迟。所以要掌握其诊断方法。

增叶是幼穗分化期在寒地由于低温和氮素过剩的双重影响，在暖地感光性强的品种（晚熟种）在生育进程中茎数不足和氮素过剩时易出现。如出现增叶时，剑叶和穗变小，不是增产样相。另一方面出现减叶时，小苗移栽时易出现，由于穗肥延迟，减产问题较大。

（一）正常的叶数和减叶、增叶的差异

品种固有的总叶数，因气候和栽培条件而变化。例如笹锦从12叶到14叶，越光从13叶到15叶。所以几叶是正常或异常，没有规定的说法，高桥保一做如下规定：

主秆第5节间呈痕迹状态（2 ~ 3 mm），从第4节间急激伸长时为减叶；第6节间为痕迹状态，第5节间急激伸长时呈增叶。正常稻和减叶稻的差异如图6-1-23所示。

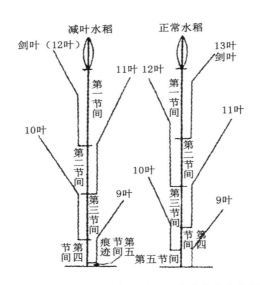

图6-1-23　减叶水稻的节间伸长和出叶方式（主秆）

正常的水稻例如总叶数13片叶时，从第9叶的9节位伸出第5节间1 ~ 3 cm。而减叶的水稻，从第8叶的8节位长出第5节间的痕迹2 ~ 3 mm，从第9叶的第9节位长出第4节间5 ~ 8 cm很快伸长，第12叶成为剑叶，比较长大是其特征。

减叶水稻，幼穗形成和出穗都早，所以穗肥不相应提早将减产。因此，自己种的水稻，不清楚是否减叶是不科学的，必须提早明确。

例如笹锦水稻，3叶期移栽，出穗前32 d近幼穗分化期，第5节间正常开始伸长的样子如图6-1-24（左）所示。当叶龄10.0叶期，第4节间已经伸长，用放大镜观察，不见13叶，12叶为剑叶时明显诊断为减叶。叶龄未达10.6叶而最下位节间已开始伸长，可以

预计第 6 节间的痕迹已形成，主秆增叶的可能很大（图 6-1-24）。

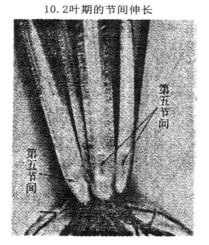

图 6-1-24　节间伸长与叶期

（二）出穗前 25 d 左右确定减叶

如上所述，用放大镜在出穗前 32 d 就可诊断是减叶或增叶，但由于较复杂对于一般农民难以实行。可是到出穗前 25 d 左右时，谁都能简单地确认。所以对自家的水稻要明确减叶或增叶。

方法是：如对总叶数 13 叶的水稻，在 11 叶期时，每穴取主茎 2～3 个，全田各处取样 10 个以上，剥去叶鞘进行观察，如伸长节间长出的叶预计为 9 叶，11 叶的次叶叶尖伸出的为 12 叶，细心地将其剥露出来，在 12 叶中有 13 叶小叶的为正常，没有的即为减叶。另外，再注意节间长和幼穗发育。出穗前 25 d 的正常水稻（图 6-1-25）第 5 节间长 1 cm 左右，幼穗 1～2 mm；减叶的水稻，第 4 节间伸长 3 cm 以上，颖花粒用肉眼也能观察出来。

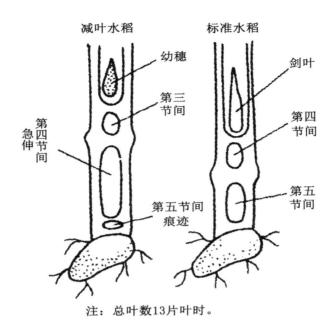

注：总叶数13片叶时。

图 6-1-25　减叶水稻的判别方法（主秆 11 叶期）

（三）易形成减叶的条件

容易形成减叶的条件是：密播、弱苗、老化苗、密植、晚栽、成活不良等各种条件，还有一个影响最大的是剑叶分化期的条件，即水稻成活后本田生育遭遇的影响。剑叶分化期（出穗前 42 d）和其稍前时的温度、光照、氮素浓度，特别是这时的高温、光照不足和缺肥等几乎多为减叶，低温、多照和氮肥过剩（或适当）时不出现减叶。所以上述条件互相重叠时，氮素浓度是主要的。归结起来，缺肥易出减叶，氮素充足时不易出现减叶。

（四）减叶水稻的对策

1. 与产量之间的关系

主秆减叶时，分蘖茎的减叶率也高。相反，主秆增叶时，分蘖茎不增叶或减叶率也低。减叶的水稻穗大、着粒数不多、颖花大、结实率高、千粒重也重，并且出穗期也早，齐穗快，进而有结实好等优点。

主秆减叶后，第 5 节间只是痕迹，第 4 节间急伸 6 cm 左右，第 3 节间也相对伸长，是否对抗倒转弱呢？减叶的水稻不是贪青田，对全株高来说剑叶节较低，减叶对倒伏并未减弱。对产量的影响，不是单纯由减叶所决定的，问题是不使穗数不足和水稻矮小，注意使用接力肥和穗肥是重要的。

2．减叶的水稻早用穗肥的方法

水稻减叶而过早施用穗肥，易使下位节间伸长，有倒伏的危险。减叶主要是主秆的减叶，按主秆减叶率提早穗肥施用时期即可。例如主秆 100% 减叶时，出穗期提早 3 d 左右，穗肥也提早 3 d（叶龄 0.4 左右）；50% 左右的减叶，提早 2 d，10% ~ 20% 减叶的没有提早施穗肥的必要。

第六节　从幼穗形成期到出穗期的诊断

一、从幼穗形成和节间伸长看穗肥施用

幼穗形成期，决定穗数的同时也决定了上位叶的长度和姿态，同时幼穗的发育和节间伸长并列进行，是决定稻株的形态、构成产量的粒数、抗倒伏能力、结实良否的重要时期。可是要想穗大，节间徒长，增加倒伏的危险；缩短节间，防止倒伏，穗可能变小，是相杀关系不易处理的时期。

所以务必使节间不过分伸长，且能形成大穗的穗肥施用方法，要认真思考。

（一）从幼穗的发育经过来看

幼穗发育经过，不论品种和秧苗种类，从幼穗分化期，用倒数叶龄或出穗前日数，可以大概地推定出来。

到出穗前 32 d 左右为幼穗分化期，这时如没有增叶现象，其后将进入幼穗形成期，即完全进入生殖生长。用叶龄来说，主秆总叶数 13 片时，相当于 10.2 叶期。其后到出穗期将幼穗形成的经过，列出栽培上必要的项目如表 6-1-8 所示。

表 6-1-8　实用的幼穗发育阶段的区分

幼穗发育阶段	幼穗长	出穗前日数 /d	叶龄
幼穗分化期	—	-32	10.2
一次枝梗分化期	—	-28	10.6
二次枝梗分化期	0.5~1.0 mm	-25	11.0
颖花分化前期	1.0~1.5 mm	-23	11.2
颖花分化后期	3.5~15 mm	-18（-17）	12.0
减数分裂期	4.0~18 cm	-12（-11）	13.0

注：出穗前日数的 ( ) 内为夏季高温地带，叶龄为主秆总叶数 13 叶。

在日本的日本海侧，梅雨过后（7 月 20 日以后，平年），进入高温多照时期，表 6-1-8 中 12 叶期为出穗前 18 d 变为出穗前 17 d，13 叶期（剑叶）为出穗前 12 d 变为出穗

前 11 d，约提前 1 d。

（二）从节间伸长经过来看

节间伸长也和幼穗同样，不论品种和秧苗种类，第 5 节间的伸长，用剑叶的倒数叶龄和出穗前日数，可大约推算。

用肉眼看出第 5 节间开始伸长，约为出穗前 32 d，和幼穗分化期几乎同时出现，伸长完了约在出穗前 20 d，长度为 2 cm 左右。第 4 节间开始伸长在出穗前 24 d，伸长完了约在出穗前 14 d，长度为 6 ~ 7 cm，其上各节间的伸长经过也类似，如图 6-1-26 所示。

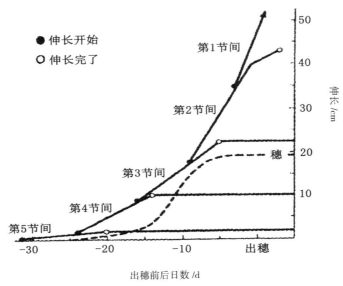

图 6-1-26　节间和穗的伸长方式（笹锦小苗移栽）

由图 6-1-26 可以看出，为抑制节间徒长防止倒伏，又能形成大穗，要控制第 5、第 4 节间伸长，以防止倒伏，这时幼穗将开始伸长，而在第 3、第 2 节间伸长时，使幼穗很快伸长，当幼穗长度定型，第 1 节间继续伸长。要抓准时期，用好穗肥，使下位节间不过分伸长而育出大穗，是可以做到的。

（三）追施氮肥和正负效果

施用穗肥和粒肥之前，必须明确追施氮肥后，稻体哪个部位显出效果的问题（图 6-1-27）。

氮素追肥和穗数的关系，图 6-1-27 未表现出来，分蘖最盛期的追肥，增多穗数，以后效果逐渐下降，超过出穗前 25 d 后几乎没有效果。对每穗粒数、成熟率、千粒重、秆长、倒伏等，与〇印记号相近的时期追肥效果好，离〇印时期前后远的效果差，超过矢印的全无效果。值得注意的是，以出穗前 30 d 为界，追肥时期越早，总粒数虽有增加，叶片长和下位节间伸长，有倒伏危险；追肥时期越晚，粒数减少，对倒伏安全，结实良好；超过出穗 10 d 后几乎没有效果。

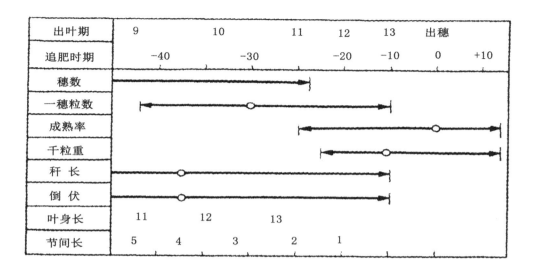

注：总叶数13叶，○靠近这一时期肥效大。叶片长和节间长的数字，为追肥最易伸长部位。

图 6-1-27　氮肥追施时期及肥效显现

二、从生育阶段看穗肥的效果和用量

下面就各生育阶段穗肥的正负效果方面加以叙述，表 6-1-9 是继第四节生育前期和第五节生育中期之后继续列出的后期生育的理想型经过。这三个连接起来，成为本田生育的全过程。

（一）出穗前 25 d 左右的穗肥效果

这个时期，总叶数 13 片的水稻为 11 叶期，14 片叶的水稻为 12 叶期，第 5 节间伸长约 1 cm，其上第 4 节间开始伸长，再上为剑叶，剑叶中的幼穗可见苞毛。图 6-1-28 右侧为当时出叶及节间伸长状态。

表 6-1-9　水稻后期生育的理想型经过（小苗移栽）

叶龄		11	12	13	出穗	出穗后 10 d	20 d
月 / 日		7/14	7/22	7/29	8/8	8/18	8/28
叶色番号	5 4 3	丰锦 炬锦 笹锦 越光					
笹锦	茎数（每 3.3 m²）	2 400	2 250	2 100	2 000	—	2 000
	株高 /cm	58	64	71	89	98	97
炬锦	茎数（每 3.3 m²）	1 950	1 800	1 700	1 600	—	1 600
	株高 /cm	58	65	73	91	99	98
丰锦	茎数（每 3.3 m²）	2 000	1 850	1 750	1 650	—	1 650
	株高 /cm	59	66	74	92	102	101
越光	茎数（每 3.3 m²）	2 000	1 850	1 700	1 600	—	1 600
	株高 /cm	63	71	79	97	106	105

注：每 1 000 m² 产量指标笹锦 750 kg，炬锦、丰锦 780 kg，越光 720 kg。叶色番号按叶色板测定，株高按 2 号株高，越光栽培北限标准。产量目标约低 10%，茎数较图少 10%。

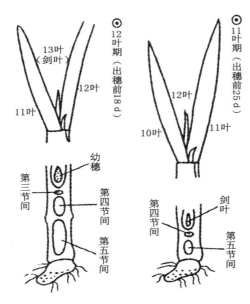

图 6-1-28　出穗前 25 d 施用穗肥的叶龄和节间伸长（总叶数 13 片）

出穗前 25 d 左右施用的穗肥，可提高有效茎率，增加穗数效果好，但易使剑叶伸长，第 2、3 节间伸长，助长倒伏。施用与否，要看当时水稻的生育状态而定。秆强的品种，1 000 m² 可施 1 kg，秆弱的如越光、笹锦等，只对肥效不匀处调整即可。

决定穗肥施用时期，单看叶龄有时会失败。水稻主秆总叶数由品种和苗的种类而决定，但由于气候和栽培条件不同，有 0.5 ~ 1.0 叶的增减，对幼穗形成和出穗产生一定变化，要参考第五节中"减叶和增叶"的诊断，注意勿将穗肥施用时期弄错。

（二）出穗前 18 d 左右的穗肥效果

这个时期，总叶数 13 叶的水稻为 12 叶期，14 叶的水稻为 13 叶期，第 5 节间的长度已经定型，第 4 节间在伸长中，其上第 3 节间也开始伸长。幼穗长 1 ~ 1.5 cm，颖花用肉眼也能看清，图 6-1-28 左图为该时叶的出生、节间伸长和幼穗的状态。

这时施用的穗肥，增加穗数已来不及，对第 4 节间的伸长已无危险，对剑叶的伸长也无影响，对倒伏是安全时期。特别是对防止枝梗、颖花退化，防止粒数减少，增大颖壳容积，提高千粒重的效果很大。所以称这时的穗肥为"正式穗肥"时期，茎数和株高正常的水稻，重点施穗肥全量的约 2/3（粒肥除外），其理想型生育经过参照图 6-1-28。

在枝梗和颖花分化期形成过程中，由于氮素和碳水化合物等营养不足，使其退化成为小穗。退化的部位不是"顶芽优先"，而在穗的基部。基部的枝梗、颖花，最终决定是否退化，是在出穗前 11 d 左右。所以，出穗前 18 d 左右的穗肥，其肥效要反映在需肥时期内是很重要的。但正确的时期和分量，是由生育状态决定的，请参照前列"理想型的生育经过图"。

假如在出穗前 18 d 茎数比理想型少 10% ~ 20% 时，叶色略浓 0.25 号，株高也高 1 ~ 2 cm，是恰好的。而茎数少、叶色也淡的，必须尽快增量施用穗肥。相反，茎数多 10% ~ 20%，叶色淡 0.25 号左右，株高矮 1 ~ 2 cm 是好的。所以，茎数多、叶色也浓、株高也高的，有倒伏危险，应停止这时的穗肥，待出穗前 11 d 左右再施为好。

（三）出穗前 11 d 左右的穗肥效果

这个时期一般为孕穗盛期，不管品种和秧苗类型如何，均为剑叶出叶期，幼穗伸长 10 cm 左右，穗的中部处于花粉母细胞减数分裂的中期。同时，是决定靠近穗茎节的枝梗、颖花是否退化的时期，也是决定颖壳大小的时期。这时施用的穗肥，对防止枝梗及颖花退化已来不及。但对增加穗长、使着粒间隔变稀、增大颖壳容积、提高成熟率和粒重的效果很好，具有一定的粒肥作用。

另一方面，从节间伸长和倒伏的关系来看，第 2 节间正在伸长中，这时的穗肥只能伸长第 1 节间，与倒伏基本没有关系，但与穗稻瘟病有关，这时追肥正好使出穗前叶色变浓，有穗稻瘟病的危险时必须注意。

高桥保一对这次穗肥，强调只补上次施肥不足部分，将高矮和叶色不匀的地方进行调匀，所以称为"调色穗肥"，不做无理的施用，其后不足时用粒肥追补。

这时期的理想型发育如表 6-1-9 所列，施肥用量根据倒伏和穗稻瘟病情况而定。茎数和株高有所控制，没有倒伏危险的，叶色以略浓 0.25 号为好，穗稻瘟病在安全范围内，可正常施用。相反，茎数、株高较理想型超过较多、有倒伏危险时，叶色以淡 0.25 号为好，这时的穗肥不施，待出穗始期再施粒肥。在有穗稻瘟病危险时也同样，对其后施用粒肥时，在齐穗后穗稻瘟病安全性高时判断施用。

另外一个要注意的问题，出穗前 18 d 施一次穗肥，出穗前 11 d 施一次穗肥，其间 7 d 左右，要根据温度情况而不同，在常年气温下施后 5 d 叶色变浓，下次穗肥在持续高温时 6 d 后、连续低温时 7 d 后施用，以保证穗肥的适时。

三、不同生育类型穗肥的施用时期和用量

关于穗肥施用时期和用量的诊断，要在现场正确进行，但自叶色诊断板应用以来，如有生育调查数据和土壤条件，谁都能进行诊断。表 6-1-10 为不同生育类型穗肥诊断，用前面列出的"后期生育的理想型经过"和"不同生育类型穗肥诊断"，即可确定穗肥的施用。

另外，炬锦、丰锦、越光等要结合品种特性，适当应用。

表 6-1-10 水稻不同生育类型穗肥的诊断

	叶色番号	3.25 号	3.25 号	3.0 号以下	3.25 号	3.5 号以上	3.5 号以上
11叶期的生育	茎数（每 3.3 m²）	2 400 个左右	2 100 个左右	2 100 个以下	2 700 个左右	2 100 个以下	2 700 个以上
	株高	58 cm 左右	58 cm 左右	56 cm 以下	58 cm 左右	60 cm 以上	60 cm 以上
	株形	①理想型	②茎数不足	③缺肥茎数不足	④茎数过多	⑤N 过剩茎数不足	⑥过繁茂型
黏壤土	出穗前 25 d	NK0.5 kg 左右	NK1.0 kg 左右	NK1.5 kg 左右	—	—	防止倒伏
	出穗前 18 d	NK2.0 kg 左右	NK1.5 kg 左右	NK1.0 kg 左右	NK2.0 kg 左右	NK1.5 kg 左右	—
	出穗前 11 d	NK1.0 kg 左右	NK1.0 kg 左右	NK1.0 kg 左右	NK1.0 kg 左右	NK1.0 kg 左右	NK1.5 kg 左右
沙壤土	出穗前 25 d	NPK0.7 kg 左右	NPK1.2 kg 左右	NPK1.7 kg 左右	—	—	防止倒伏
	出穗前 18 d	NK2.0 kg 左右	NK1.5 kg 左右	NK1.0 kg 左右	NK2.0 kg 左右	NK1.5 kg 左右	—
	出穗前 11 d	NK1.0 kg 左右	NK1.0 kg 左右	NK1.0 kg 左右	NK2.0 kg 左右	NK1.0 kg 左右	NK1.5 kg 左右

注：笹锦，小苗移栽，11 叶期出穗前 25 d。叶色番号按叶色板测定。株高为 2 号株量至长叶尖，未深水灌溉，追肥量为 1 000 m² 成分量，调整长势按面积增减，以后的粒肥除外。

（一）理想型（株形①）

这种类型水稻叶态良好，基肥氮素和栽植苗数也适当，生育经过顺利。田间各处生育整齐，如到最后顺利生育，1 000 m² 产量可达 750 kg 左右。穗肥可分三次施入，10.5 ~ 11 叶期用少量肥调整长势不匀处，12 叶期可多量施正式穗肥，13 叶期施少量匀色肥。

（二）茎数不足（株形②）

叶色、株高、叶态等接近理想型，只是茎数偏少。基肥氮素每 1 000 m² 增加 0.5 kg 左右，栽植苗数略增些即可。或者用接力肥不使叶色下降，保持到后期亦可。这种类型的水稻没有倒伏危险，穗肥可略早在 10.5 ~ 11 叶期适量施用，以提高有效茎率和增加一穗粒数。但早用穗肥，中位节间伸长成弓形，穗易下垂，不宜过分施用，按不同生育类型和穗肥诊断，分三次施用为好。

（三）缺肥茎数不足（株形③）

这种类型的水稻，是基肥氮素极端偏少的。可能的话，基肥氮素每 1 000 ㎡ 增加 1 kg 左右即可。在生育途中，在分蘖期进行追肥，或多施接力肥。到后期为提高有效茎率和每穗粒数，要以 10.5 ~ 11 叶期的早期穗肥为重点，但用量过多，仍有中位节间伸长的危险，以三次分施为好。

（四）茎数过多（株形④）

叶色、株高、叶态等接近理想型，而茎数偏多，是基肥氮素略多、栽植苗数略密的结果。例如氮素虽不过多，茎细、下位节间伸长，早施穗肥有倒伏危险，不能使用。但茎虽细而吸肥茎数多，出穗前 18 d 左右适当增施穗肥也行。

（五）氮素过剩，茎数不足（株形⑤）

这种类型的水稻，基肥氮素多，栽植的苗数偏少，或者因秧苗返青不良，初期生育差，中期急用氮肥偏多而造成的。茎数虽少，而节间、株高伸长，有倒伏危险。所以，在叶色转浓和株高伸长期间，观察长相，晚施穗肥并须控制用量。

（六）过繁茂型（株形⑥）

这种类型，基肥氮素偏多，栽植偏密，发展下去避免不了倒伏的命运，并有感染稻瘟病的危险。要加强中期晒田，使土壤中氮素流失，若出现稻瘟病，注意防止过干。为防止倒伏，可增施 MCP。对穗肥施用，到孕穗期看长势长相，当时没有倒伏危险时可大胆施用。

（七）土壤条件和肥料种类

做穗肥使用的肥料种类，一般以 N、K 为主，P 肥从生理学或土壤学上看，原则上是全做基肥使用。沙壤土早期穗肥 N、P、K 可以并用。出穗前 18 d 左右开始的穗肥，由于幼穗形成生长很快，肥效必须与之配合，所以使用的肥料必须是速效的，即使是沙壤土系也不必使用有 P 的合成肥料。

接力肥和穗肥，必须 N、K 并用，单施 N 肥消化不良时，体内 N 素过剩不利健康。K 肥虽不是形成稻体的材料，但有助于肥料的吸收和光合成糖分的运转，N 也容易变为蛋白质，所以到出穗前的追肥以 N 与 K 并用为好。

四、根系诊断与水的管理

到幼穗形成初期，上位根开始发根伸长。例如总叶数 13 叶的水稻，到第 7 节位的根系纵向伸长，第 8 节位和第 9 节位的根系主要为上位根横向伸长。即 11 叶期时第 9 节位的上位根发根，第 8 节位的上位根和到第 7 节位的纵向伸长的根系正旺盛伸长中。所以，在幼穗形成期，纵向伸长根在旺盛伸长中，上位根处在发根或伸长时期。为使地上部的生育和地下部根系发育好，水的管理十分重要。

高桥保一认为，育根的基本是培育地上部的茎粗和提高碳水化合物生产的活力，做沟、中期晒田、间歇灌水，只是补给氧气，对促进根系伸长起辅助作用。

幼穗形成期的健康根系，纵向伸长的根系淡赤褐色，粗而分枝多；上位根白色网目状横向伸长。不健康的根系，纵向伸长的根浓赤褐色，细而分枝少；上位根数少，伸长不良。放出异臭、还原严重的田块、有机酸或硫化氢等中毒，根呈半透明状腐烂，被硫化铁染黑的根数不少。这种不健康的根系，发生在纵向渗水不良的地方，黏壤土或生稻秆等未腐熟有机物多量还田的，或换水、中期晒田未做到位的容易发生。日本庄内地区过去曾出现水稻成熟期因秆软严重而倒伏的情况，经认真调查得知，在出穗期前后，被干成裂纹的田块被害多，未裂纹的被害少，这是因为干燥使上位根切断，吸水不足，稻秆软倒。

从上述事例中看出，在中期为使根系纵向伸展良好，做好中期晒田，提高透水性；后期重视上位根，绝对不使土壤干裂，努力做好间歇灌溉。

五、从穗整齐良否看栽培经历

（一）穗整齐的水稻和不整齐的水稻

穗整齐象征高产，穗整齐与否与栽培条件有关。

表 6-1-11 左侧是育成整齐大穗的栽培条件，右侧为出现不整齐小穗的栽培条件。值得注意的是，左侧条件中某一项变为右侧条，就不能培育成完全整齐的大穗。例如稀播壮苗进行密植或中期如左侧生长顺利，而在幼穗形成期缺肥，将成为穗小、不整齐的水稻了。所以要按上表左侧的条件全面执行，其中令人头痛的条件有两个，就是带〇印的确保有效茎时期晚和中期不缺肥。要按每年天气变化及地力显现情况随时进行对照。但农民的地块，坑洼不平，色调不一，全田达到理想型的确是很难的。要按表 6-1-11 左侧的条件全面实施，为穗大整齐，努力改善栽培方法。

表 6-1-11　穗整齐良否与栽培条件

成为好穗的条件	成为不良穗的条件
稀播育壮苗	密播细苗
稀植	密植

续表

成为好穗的条件	成为不良穗的条件
成活良好	成活不良
分蘖后期深水管理	分蘖后期浅水管理
○确保有效茎晚	○确保有效茎早
○中期不缺肥	○中期缺肥
幼穗形成期营养好	幼穗形成期营养不良

注：○是有问题项目。

（二）叶和穗繁茂度的平衡

观察各处的水稻，怎样一看就能判断水稻的好坏，这是常被讨论的问题。实际一接触水稻，就可以分清好的水稻或不好的水稻，这是叶的繁茂度和穗的繁茂度的平衡问题，高桥保一将其分为如下四个类型。

1.叶不繁茂，穗也不繁茂型

这种类型是过小而减产的水稻。在生育初期、中期、后期一贯过小的，或者初期较好，从中期到后期变为前好后差型。改善方法：从初期就小的应增加基肥氮量，从中期变差的增加接力肥量，后期变差的增加穗肥量。

2.叶繁茂，穗不繁茂型

这种类型可再分两种。一种是穗数少而穗大，叶的繁茂程度覆盖全田，穗稀稀拉拉的。第二种是穗数偏多，叶较繁茂，屑穗多，贪青型，有倒伏危险，省去接力肥，控制一次穗肥的类型。改进对策是：第一种类型穗数越少，越易长叶，栽植苗数每穴可增加1株，用适量基肥氮素，防止上位4叶徒长，施用适量接力肥和穗。第二种类型水稻，降低密度，并适当施用基肥、接力肥和穗肥。

3.叶、穗均繁茂型

这种类型的水稻，叶、穗均繁茂，田间长得满满的，表面看都认为不错。但实际常出现倒伏，不耐风雨，产品等级不高。改进的对策就是一句话：不做无理的事。

4.叶不繁茂，穗繁茂型

这种类型的水稻，上位4片叶直立，穴内株间受光态势和通风好，下位节间短，剑叶节低，抗风雨。另一方面穗部繁茂，穗数充足，穗大整齐，小穗少。高桥保一的水稻，每年以此为目标进行栽培。

六、粒肥的诊断

（一）出穗期和到成熟中期的叶色

从出穗期到成熟期的叶色过淡，不仅成熟率和千粒重下降，高温年呼吸作用大消耗多，乳白米增加，米质变劣。

所以，粒肥使叶色变浓，旺盛光合作用形成淀粉，防止下叶枯萎，保持秆的活力，促进成熟。但叶色过浓，易受穗稻瘟病危害。如到成熟后期叶色持续较浓，因呼吸作用的亢进消耗与养分流转滞进的双重影响，出现腹白米，反使成熟不良。因此，从出穗期到成熟中期保持适度叶色，如前面指出的叶色标准是很重要的。假如有倒伏或穗稻瘟病危险时，可比标准叶色淡 0.25 号，相反各方均较安全时，比标准浓 0.25 号亦可。

（二）粒肥的肥效时期

1. 出穗始期最好

图 6-1-29 是穗肥不施或少量施或几乎不施时的实验，从图中可以看出，水稻在齐穗期土壤氮素减少，稻体内氮素下降，光合能力降低。另一方面，稻体处在最大时期，是呼吸作用消耗碳水化合物最多的时期。即水稻一生中同化量减去呼吸量之差的纯同化量，为淀粉蓄积最少的乳熟期。所以，粒肥在出穗始期施用，齐穗期见到肥效，是效果最好的。

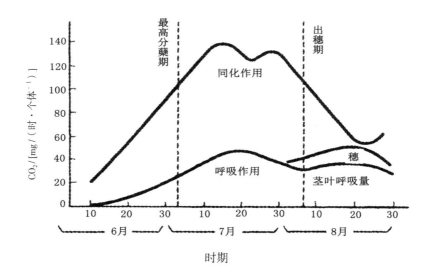

图 6-1-29 水稻的同化量和呼吸量的推移（山田）

由图 6-1-30 看出，水稻一生光照深度最深的时期，由上位叶到下位叶立体的光照时期为齐穗期，齐穗期叶色浓些，对提高乳熟期的光合作用是有益的。

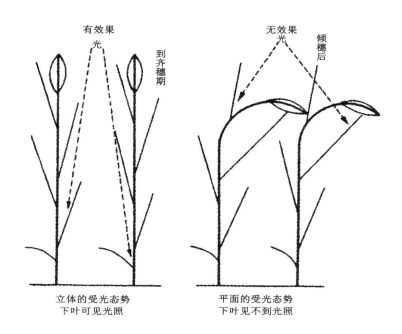

图 6-1-30　从叶的受光态势看粒肥的效果

有人提出在齐穗期追肥，从出穗期到齐穗期叶色较淡，到齐穗期追肥叶色变浓，但时期已晚，效果不良。齐穗期的追肥是在叶色较浓情况下进行，防止叶色褪淡，使之持续而施用的。

有趣的是，粒肥在出穗始期用量大（1 000 m² 用氮素 2 ~ 3 kg）时，到穗尖的全长约缩短 1 cm，抗倒力增强。认真观察时发现，施用氮肥的未纵向伸长，而向横粗增长。但齐穗期追肥的未见此种现象。

2.齐穗期追肥也有效果好的

齐穗期施粒肥也有效果好的。如在开始出穗时适量施用粒肥，齐穗后为使叶色不落立即再次施肥。高桥保一曾用这种做法。特别在高温容易秋衰的日本西南暖地、寒地的浅耕地、沙壤土等，齐穗期追肥是必要的。或者有发生穗稻瘟病危险时，在始穗期多量施肥有危险，分两次少量施用，或在始穗期省略粒肥；判断无穗稻瘟病危险时，在出穗后施用亦可。

3.倾穗后不宜施用

齐穗后 10 d 以上，穗已全部倾弯，穗肥已无效果，肥量多时反而有害。穗全部压圈，受光态势变劣（如图 6-1-30），仅上位叶和穗部受光，水稻从生理上已进入不需要更多氮素的时期，施肥使其强制吸收，未消化的剩余氮素在稻体内存留，易形成腹白米或成熟不良，除对浅耕地或在下层有沙、砾的秋衰土壤等还有必要外，一般土壤以不施为好。

（三）粒肥效果的诊断

不是什么样的水稻施用粒肥都有效，有比较有效的，有无效的，可做如下区分。

1. 出穗期早的水稻

出穗期晚，不能完全成熟的水稻，施用粒肥有害无益。所以要注意地区成熟期的温度和光照，确定是否施用。

2. 上位 4 叶直立的水稻

施用粒肥，以光合作用形成淀粉，灌入稻粒，如粒数少，效果低。如贪青田未施穗肥的小穗水稻，穗数过多、穗形很小的水稻，生育量偏小的水稻等，粒肥效果均低。

3. 适宜穗数，粒数多的水稻

这样的水稻受光态势好，抗倒性强，粒肥效果好。相反，叶系繁茂，光合作用虽高，呼吸作用消耗亦大，粒肥效果低。

4. 叶色过浓的水稻

前面已列出叶色标准，在其以上呈浓色的水稻，以不施粒肥为好。

5. 不担心穗稻瘟病的水稻

能否发生穗稻瘟病的判断，根据出穗前剑叶和其下叶的病斑可以预测。如用眼睛一看便是病斑，粒肥不用为好。如寻找才见病斑，药剂防治与粒肥并用即可。

6. 没有倒伏危险的水稻

出穗开始施的粒肥，如前面所述，有增强抗倒效果，但已具备倒伏条件的水稻，难有使其不倒的效果，所以有倒伏危险的仍以不施粒肥为好。

（四）粒肥的种类和用量

具有粒肥效果的只有氮素。部分老农民认为氮、磷、钾三要素配合的肥料好，这是不对的。磷做粒肥基本无效。钾对水稻有生理"润滑"作用，在出穗始期施用粒肥，可预先加入钾肥。

粒肥在出穗始期用氮、钾肥，齐穗后以尿素为最好。尿素对土壤性质的恶化及根系的损伤，比硫酸铵、氯化铵少。

粒肥用量因水稻生育和气候、土壤条件而不同，按前面列出 1 000 m^2 氮素 1 ~ 1.5 kg，合计 2.5 kg，炬锦和丰锦同为 1.5 kg，合计 3 kg。

第七节　成熟期的诊断和栽培法的反省

一、倒伏的诊断和对策

水稻的倒伏一般发生很广，不仅使产量降低，也是产量突破的限制因素。下面对水稻倒伏的决定因素加以叙述。

（一）剑叶节高度对株高的比是决定依据

从图 6-1-31 看到剑叶节的高度对全长的比率，以及抗倒伏增产的好水稻和不抗倒伏减产的不良水稻的区别。

1. 抗倒伏的水稻

好的水稻每穴全部茎的剑叶节高度对全长的比率在 40%～45% 之间，平均 42%～43%。这样的水稻下位节间短而硬，经风雨抗倒伏，穗大整齐，能稳定增产，完熟期的姿态为中腰型。

2. 不抗倒的水稻

抗倒性弱、减产的水稻，剑叶节高度对全长的比率，一穴全茎在 45%～50% 之间，平均为 47%～48%。这类水稻下位节间长而软，穗小不整齐。株高矮、小穗多，株高大易倒伏，不能保证稳定增产。这样的水稻完熟期的姿态，不是"风车型"就是"倒伏型"。

3. 剑叶节高度差 1 cm，1 000 ㎡产量约差 60 kg

高桥保一将穗数和全长相同的水稻，考察其剑叶节高度，高 1 cm 或低 1 cm，其产量差 60 kg。例如剑叶节高度占全长 43% 的产量为 780 kg（1 000 m²），44% 为 720 kg，45% 为 660 kg，46% 为 600 kg，47% 为 540 kg，48% 为 480 kg，所以剑叶节高度可反映产量是不足为奇的。

4. 与剑叶节高度有关的条件

由上看出，倒伏的与不倒伏的，好的与不好的，其决定因素是剑叶节高度占全长的比率。对支配剑叶节高度的相关条件，请参照本章第二节。

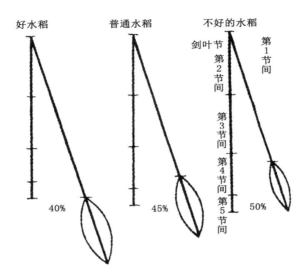

图 6-1-31　剑叶节对全长的高度

（二）茎的粗度和硬度

其次重要的是茎的粗度和硬度。不仅剑叶节低，还要茎粗、整齐、茎的硬度（器质构造发达）好。即中期氮素要适度，防止过剩，使碳水化合物蓄积增多，提高茎的硬度。

秆软和茎的硬度有关，秆软也易倒伏，下面还有叙述。

（三）从倒伏中检讨栽培技术

根据上面所述，对倒伏的机制有所了解，为防止水稻倒伏，在栽培上应抓哪些重点，提出以下几项：

1.停止密播、密植

密播密植，茎秆变细，第5、4节间伸长，剑叶节提高。秆长变短穗变小，秆长又难免倒伏。所以，必须稀播育壮苗，稀密适度栽植。

2.成活好是本田的出发点

苗不好或成活不好，初期生育不良，中期氮肥略多，成为长草型的少蘖青田而容易倒伏。栽植苗数过少也同样出现这种结果。所以在剑叶分化期前，确保有效茎数、成活良好是本田的出发点。

3.注意基肥氮素要适量

如图 6-1-32 所示，展示了 A 施肥法（1 000 m^2 氮素基肥 6 kg 加穗肥 1 kg 加粒肥

1 kg）和 B 施肥法（1 000 m² 基肥氮素 5 kg 加接力肥 1 kg 加穗肥 3 kg 加粒肥 2 kg）的叶片长和节间长的关系。

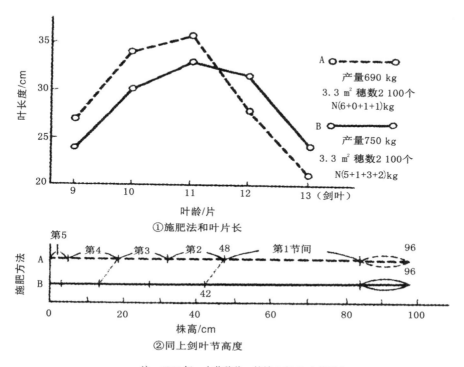

①施肥法和叶片长

②同上剑叶节高度

注：1974 年，小苗移栽，笹锦 2 穴 50 个体平均

图 6-1-32　施肥法和叶片长及节间长（高桥）

从图 6-1-32 之①施肥法与叶片长来看，A 的施法是基肥氮素多 1 kg，10 叶和 11 叶徒长，为防止倒伏，接力肥未用，穗肥进行控制，12 叶和剑叶（13 叶）反而变短。而 B 施肥法，控制基肥氮素，10 叶和 11 叶变短，增施接力肥和穗肥，12 叶和 13 叶伸长。图 6-1-32 之②剑叶节的高度，A 施肥法，只是第 5、4 节间伸长使剑叶节提高，第 1 节间和穗因接力肥及穗肥的控制反而变短。而 B 施肥法，第 5、4 节间短，剑叶节也低，第 1 节间和穗因接力肥和多量的穗肥使其伸长。所以，基肥氮素过多，形成贪青的水稻，下位节间伸长，形成穗小或倒伏是很明显的。

基肥氮素肥效，到剑叶分化期前，确保有效茎数的同时叶色下降，中期用接力肥调节生育是最合适的。

4. 抑制无效分蘖的深水管理

从分蘖盛期到终期浅水灌溉，中途一般进行晒田，无效分蘖猛生，造成细茎增加。所以从分蘖盛期到终期进行深水管理，抑制无效分蘖，茎粗整齐，可确保有效茎数。

二、秆疲软和栽培法的诊断

（一）过繁茂青田的形成

由于密植，茎数过剩，不仅茎细贫弱，下叶也零乱密生，株间受光态势和通风不良。即使未过分密植，剑叶下数第 4、第 3 叶过长，也是同样不良。

过分繁茂状态的水稻，受光通风不良，光合成受阻，而呼吸作用亢进，C / N 值下降，水稻不能坚挺，成熟期稻秆疲软。

（二）纹枯病

纹枯病一般是普遍发生的病害，从地区看寒地少、暖地多，山间部少、平原部多。从气候方面看中后期高温多湿年份易发生。

随药剂研究的进步，只要很好地适时防治，可完全扑灭。即在出穗前 20 d 左右，对在稻株水面部分发生的第一次病斑进行防治，第二次对在出穗前随叶鞘上升的第二次病斑进行防治即可。有的说两次防治效果也不大，这是对药剂用量和施药方法不当造成的，要注意有效地进行防除。

（三） 成熟期的营养失调

由于无机成分缺乏而出现的秆软，与钾、钙、硅、铁等有关，一般栽培在出穗期前和出穗后保持氮素营养的平衡，特别是后期与氮素不足营养失调关系很大。初期和中期氮素不足植株矮小，到最后还能维持自己的体格，而贪青体格大的，为防止倒伏从孕穗期就控制穗肥和粒肥的水稻，出穗成熟期叶色褪淡，光合成下降，同化量减少而呼吸量增加，使茎秆疲软趋重。这种秆软暖地较多，寒地秋衰土壤也重。

（四）根系不健康

根不健康造成的秆软，主要有以下几点：

1. 纵向伸长的根浅

透水性不良的土壤，纵向伸展根系的最伸长时期，即从中期到幼穗形成期未进行中期晒田或未做好间歇灌溉。

2. 上位根伸长不良

其原因有二：一是透水性不良的土壤，在上位根伸长的幼穗形成期到出穗期田间积水；二是从孕穗期到成熟中期出现旱害，切断上位根促进秆软。

3. 根腐

不用说就是透水不良土壤积水的结果。

总之，提高根系伸长和活力的管水三大原则是：①中期晒田认真施行；②不长期淹水；③孕穗期以后不强干裂纹。

三、 看稻型反省栽培方法

随着水稻出穗后逐渐进入成熟，稻农最关心的事是今年水稻能产多少，是比预想的多或少，心理没主意。假如是不好，就想"今年是没办法了，明年好好干"，自我安慰。到明年有些事都忘了，还重复失败的方法。为不使失败重演，要对田间水稻的生育型认真进行观察，栽培上应改进的地方要牢牢记住才好。

（一）从全长和节间长来看

成熟期观察水稻株高伸长情况时，一般普通进行的是测量秆长和穗长。这种方法可明确穗长对全长的比率，每个阶段的栽培经历反映不出来。即穗数和全长相同的水稻，因剑叶节的高度不同，$1\,000\,m^2$ 产量可有 $120\,kg$ 以上的差异。

要正确地对各节间长进行分别调查，但这是很麻烦的，一般农家必须简单而正确地判断各生育阶段经历的方法：①全长对剑叶节高度。②内容的着眼点为第5、4节间长度和减叶的有无和穗长，对这两点进行调查。调查结果的反省，参照本章所述各项（特别是第二节和第七节）进行即可。

选择调查株点时应注意的问题是：限定在预先生育调查过的地点，不一定是正确的。要对全田平均穗查清，其次要掌握平均株高，并注意站秆的角度（倒伏程度），选生育平均的代表点两个，再选出能代表全田平均穗数和平均株高的稻株，一个点取一穴，两个点采两穴进行调查。

（二）从叶长顺序看

这项调查，如对上位5片叶进行时，在齐穗期最晚在乳熟期进行时，上数第5叶枯折无法调查。除调查叶面积指数以外，调查第5叶长也没必要。与下位节间伸长或碳水化合物生产能力对产量直接相关的是上位4片叶，仅为此调查时，成熟中期调查即可。高桥保一在完全成熟期还对上4片叶枯萎程度进行调查。

调查株要与前述调查全长和剑叶节高度（或节间长）和穗长等的稻株相同。调查的顺序，要先调查叶长，再调查节间长，以免损伤叶片。调查结果对栽培技术的反省，请参考本书前面所述（特别是本章第二节）。

（三）从收获期的青叶数看

高产水稻在收获当时有4片左右青叶，也有这样简单描述的，这在看法上有些不对。

当然上4叶是青的水稻产量不能低，但不一定是高产的。提高产量，必须保证生长量和产量构成要素共同增长，越是高产水稻，其受光态势和通风受制约的下叶不能早枯。从现实来看，高产水稻在收割当时有3片左右青叶应是正常的。一般农家的水稻有2片左右青叶是普遍的，应努力再增1片青叶。有的仅剩剑叶1片青叶，就必须从根本上进行大的改善。

其次是活叶的叶色问题。叶色浓的水稻下叶不枯；叶色过浓，不仅对产量有影响，米质和食味也随之恶化。过去所说"收割场地的水稻黄金色"，是真实的描述。活叶用叶色板比色时（现场的剑叶），越光为2.5号、笹锦和炬锦3号、丰锦3.5号。

防止下叶枯萎的对策，在本节"二、秆软和栽培法的诊断"中已有叙述，供做参考。越是秋衰的土壤，越易叶枯，土壤改良是根本的先决条件。

四、从产量构成因素来反省栽培方法

水稻稻谷产量由穗数、每穗颖花数、结实率、千粒重四个因素组成，当年的天气和栽培法使水稻生育有所变化，四要素中有的增产，有的反而因生育不良而减产，几乎是不完全相同的。所以为使稻谷增产，比较难的是使四个因素平衡协调发展，减少相杀关系，是高产技术的关键。因此，在收获时必须对产量构成要素很好地进行调查，反省栽培上的缺点，作为下年以后的改进问题。

（一）穗数

最大的反省点是穗数。产量到某种程度内与穗数成比例。但穗数达某种程度后，再增加穗数其他因素随之降低，相互抵消，产量再不能提高。将穗数控制在适度范围内，使其他因素提高，可进一步增产（表6-1-12）。

表6-1-12　日本庄内米三作栽培运动实践田的成绩（第二次700 kg以上）

产量水平/kg	年份	平均产量/（kg/1 000 m²）	每平方米穗数/个	每穗粒数	成熟率/%	千粒重/克	点次
740以上	1984	768	599	68.1	84.6	21.3	3
	1983	780	635	62.5	77.0	21.0	1
739~720	1984	726	599	68.0	84.8	21.4	9
	1983	732	654	69.2	76.3	20.2	4
719~700	1984	710	594	59.1	89.9	21.7	10
	1983	703	682	59.8	81.0	21.3	4
	1982	704	763	57.6	82.2	20.2	5
※619~600	1984	606	509	76.9	76.1	20.6	2
	1983	612	653	56.5	81.9	20.6	7
	1982	609	686	57.2	83.9	20.3	9

注：※产量最低的例子。

表6-1-12是日本"庄内米"1 000 m²产量800 kg为标，在庄内68个点设置的笹锦"庄

内米三作栽培运动实践田"三年的试验结果，将 700 kg 以上的产量抽出整理的结果。与产量最低的例子（※印）比，穗数均较多，但产量水平越高的，穗数相同或略少。这样的穗数，在日本全国各地有其最适宜的标准，按此标准可判穗数过少或偏多。例如庄内地方的笹锦用小苗，3.3 m² 2 000 个，完全中苗 1 800 个左右为穗数标准。

（二）每穗颖花数

1. 诊断的时期有三回

每穗颖花数要调查全田的平均值。其结果作为反省要点的时期有三个。

第一个在有效分蘖终止期，调查这时茎的粗度和整齐度。高桥保一在 1957 年进行了各节间维管束数的研究，第 5 节间维管束数多的一次枝梗数也多，反之维管束数少的一次枝梗数也少，明确其间有一定比率关系。但第 5 节间维管束的决定时期，主秆在分蘖最盛期，最终有效分蘖茎在有效分蘖终止期。所以穗小的水稻，首先是密播密植的，必须反省秧苗质量和成活的好坏。

第二个在出穗前 32 d 的幼穗分化期到出穗前 28 d 的一次枝梗分化期，这时决定了一次枝梗分化数。

第三个的要点是出穗前 11 d 左右的花粉母细胞减数分裂期，这时是决定穗颈节附近的枝梗和颖花是否退化的最后命运时期。

2. 按穗的类型诊断（图 6-1-33）

A 型是从穗颈节长出的枝梗无退化，着生粒数多，苗好，无效分蘖也少，幼穗分化期到孕穗期氮素营养充足，稻株受光和通风也好。这种穗相的水稻，一穗粒数已达"满杯"，再少增加栽植苗数以增加穗数，株高穗长再短点更可增产。

B 型穗，到幼穗分化期的条件与 A 相同，比较好，孕穗期由于过分繁茂稻株受光和通风不良，使氮素营养不良。这种穗相的水稻，防止贪青，使受光和通风良好，施接力肥，增施穗肥，使孕穗期氮素营养增强，防止穗基部枝梗、颖花退化。

C 型穗，主要是密播苗或稀播密插的，基肥氮素过多，无效分蘖多的易出现，特别是最高分蘖期时茎细凌乱，幼穗分化期和孕穗期生育过繁，植株受光、通风不良、氮素营养不良造成的，是最不好的穗形。改善方法是用成活好的稀播苗，栽植苗数适度，基肥氮素抑制无效分蘖，使稻株受光、通风良好，在幼穗分化期和孕穗期必须保证氮素营养。

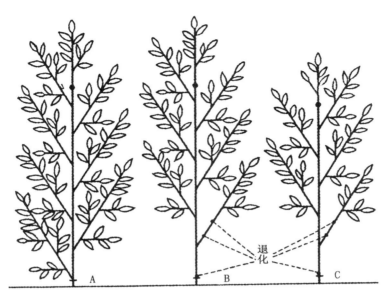

注：环境是指茎数、受光态势、通风等。

图 6-1-33　氮素营养和环境支配的穗相

（三）结实率

使结实率降低的原因很多，错综复杂，不易简单整理。现简单整理如表 6-1-13。

表 6-1-13　结实率下降的原因

气象灾害	茎数过剩	一穗粒数过多	倒伏	秆病
①晚植 ②低温障碍 ③出穗晚 ④台风	①植入苗数过多 ②基肥 N 过多	①植入苗数不足 ②基肥 N 素过多 ③中期追肥过多	①植入苗数过多 ②植入苗数不足 ③基肥 N 过多 ④中期追肥过多 ⑤下位节间伸长期深水 ⑥根腐	①植入苗数过多 ②基肥 N 过多 ③成熟前期 N 不足 ④纹枯病 ⑤根腐

（四）千粒重

千粒重是在产量构成要素中对产量影响最小的因子，是品种特征，其大小一般是决定了的。但如相差 1 g，1 000 m² 600 kg 时差 30 kg，不容忽视。从表 6-1-12 中的千粒重可看出，产量低于 600 kg 或 700 kg 以上的千粒重差 0.5 ~ 1.0 g。

与千粒重有关的时期有两个。第一个是决定颖壳大小的孕穗期，这时氮素营养好，稻壳变大，贮藏淀粉能力增加。第二个为出穗成熟期的同化力，与结实率相关，结实率高，千粒重也重。

总之，提高千粒重，要使孕穗期氮素营养充足，保证出穗后成熟良好。

第八节 抑制无效分蘖增产的深水灌溉

一、向茎粗而秆强、穗重的方向努力

多穗、短秆、短穗栽培，容易出现密播、密植，造成穗小、倒伏，使产量很难提高。为了改进首先稀播和适度栽植是先决条件，为了稳定增产，要在 8 叶期（总叶数 13 叶）确保有效分蘖。其后出现的无效分蘖，以深水灌溉抑制为好。高桥保一自 1980 年开始用深水管理的方法。

不仅是笹锦，其他品种也同样，在适当控制茎数和穗数的同时，要向茎粗、秆强、穗重的体质方向转化是最好的方法，下面做以介绍。

二、开始深水从目标穗数达 70% 左右时

首先确保目标穗数是前提，在预见可以达到确保有效茎数时，开始深水灌溉。例如总叶数 13 叶的水稻，在 8 叶期能确保有效茎数时，其目标为有效茎数（穗数）的约 70% 时开始深水灌溉，几乎没有穗数不足的危险。

茎数过多的从 60% 开始。有的栽植过密，较早可能达到穗数的水稻，为避免穗小或倒伏，达到目标穗数约 60% 时即可开始深水灌溉。这比前述的标准时期约提早 1 个叶期。

植株整齐度差的从平均达 70% 开始。茎数有多的部分和少的部分，生育不整齐的水稻，取其平均达到 70% 时开始深水灌溉。另外，在冷水灌溉的同一田块里，水头和水尾的生育差也很明显，水头处目标茎数还未达一半、而大部分面积已达 70% 时，亦可开始深水灌溉，对这样地方应提高保水能力和增温设施是先决条件。

茎数不足的从 80% 开始。例如确保有效茎数要到剑叶分化期（出穗前 42 d）的，目标穗数约为 80% 时开始深水。所以深水时间短些。

极端稀植的不用深水管理。例如确保有效茎数要到幼穗分化期（出穗前 32 d）的，不用深水有效茎率也高，不易形成小穗，而晚期深水使下位节间和株高伸长易造成反效果，所以不用深水为好。

三、水深是株高的 1/4 左右

深水抑制分蘖的理由：一是白天最高温度低，夜间最低温度高，温度差较小；另一个是水压的物理作用。但过分深水损伤叶片，易软弱徒长，妨碍地温上升，生育不良，所以用株高 1/4 左右的水深维护即可。这时恰好为上数第 3 叶的叶耳临近水面，第 4 叶的叶片浮于水面，第 5 片叶完全淹在水中的状态。有的人用深水和浅水反复进行，称之为间断深

水，不用这种方法为好。如因水利问题不这样不行时当然没有办法，比不做好些。

四、换水的标准按保水程度进行

深水灌溉，水温的日较差小，地温也较低，土壤还原稳定。由于水的重力加倍，也有助于水的纵向渗透。注意不使水中缺氧，留意水的交换，不必担心伤根问题。作为换水的标准，对保持深水状态，每日需补水 2 cm 以上的保水不良田没有换水必要。但隔 1 d 左右补水的 10 d 换 1 回；隔 2 d 左右补水的 7 d 换 1 回水。

五、深灌终了在出穗前 45 d

1955 年日本庄内地方深水灌溉曾流行一时，高桥保一也做了相关试验，结果是倒伏而失败。当时由于确保有效茎时期晚，在剑叶分化期到幼穗分化期灌的深水，结果使下位节间和株高徒长。

剑叶分化期灌深水，使剑叶下数第 4 叶伸长，幼穗分化期灌深水，第 3 叶伸长，不久第 5、第 4 节间伸长。所以，深水灌溉在剑叶分化期前，即在第 4 叶开始伸出前必须结束，那就是出穗前 45 d。所以深水灌溉，早开始的早结束，晚开始的不能晚结束。

深灌水结束后立即晒田，使根系纵向伸张良好，抑制下位节间徒长，晒田要在第 5 节间开始伸长的一叶期前即剑叶分化期开始。为使晒田和以后的间歇灌溉有效地进行，要在深水期做一次田沟，落水后再做一次，保持深度。

如在深水管理中，为预防稻瘟病施用药剂时，要按防除标准进行，水的交换按持水程度进行。

用 MCP 时，深水灌溉提早结束，保水 3 ~ 4 cm 水层散布，隔 2 d 到第 3 天落水进入晒田。

六、增强抗倒伏能力

深水灌溉的水稻抗倒性增强，是因为抑制了无效分蘖，茎粗整齐，并抑制了土壤还原，根系活力提高。

穗肥和粒肥 1 000 m² 要增施 1 ~ 2 kg。首先，基肥氮素由于在深水中叶片长和株高易于伸长，所以一般不宜增加。接力肥亦可按一般用量，但在必要时 N、K 每 1 000 m² 可增施 0.2 ~ 0.3 kg。穗肥要比一般早施 1 ~ 2 d，用量 1 次和 2 次共增 1 kg 左右。粒肥如无倒伏及稻瘟病的危险，氮素比一般 1 000 m² 可增施 0.5 ~ 1.0 kg。关于深水灌溉的生育过程及水管理见图 6-1-34。

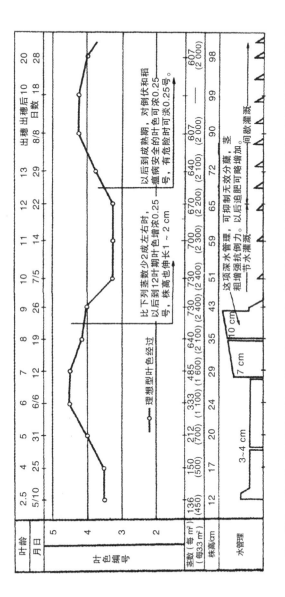

图 6-1-34 深水灌灌穗齐高产的生育过程和水管理

注：笹锦、小苗移栽，产量目标780 kg。产量目标减1成左右时，从插秧开始到出穗，其茎数和穗数可减1成，叶色和株高可按此标准应用。例如按此图产量目标减1成左右时，从插秧开始到出穗，其茎数和穗数可减1成，叶色和株高可按此标准应用。

343

第二章　水稻茎粗栽培法

第一节　现在稻作的问题

从一般的水稻生育过程来看，移栽后长势略差，茎数增加缓慢，移栽 1 个月后开始急剧上升，到最高分蘖期远远超过计划茎数，每坪（3.3 m²）达 3 500 ~ 4 000 个茎，以后逐渐降到勉强保留的穗数。不使较多无效分蘖发生，仍是现在稻作的课题。为此，要使前期生育好，提早增加茎数，早期确保茎数。其后抑制生育，减少无效分蘖，生育平稳前进。最后有效分蘖穗增加，结实良好。这样对氮肥的肥效管理成为关键问题。为促进前半生育要充分发挥肥效，达到计划茎数开始断肥，到幼穗形成期肥效下降，以后再次上升。也就是基肥不能过量，表层施肥，防止过多，做好灌水和晒田，做好生育转换，以后节水灌溉。

如此看来，现在的稻作是前半促进生育，后半抑制生育。

稻作有三个伤脑筋的问题，而且是在前半期。

第一，在气温变化情况下育苗。早春育苗时，每天寒暖气温变化激烈，必须认真管理。问题是高温秧苗徒长软弱。在早晨太阳升起，由于一瞬间的疏忽，温度急剧上升，水分供给失调，引起秧苗异常伸长、卷叶、叶枯。外气温的少许上升，使棚内温度大幅变化，以致伤苗。

第二，担心移栽后的返青，过去移栽后 3 d 返青，5 d 是晚的。现在一般 7 ~ 10 d 的不在少数。都想快返青，以致想多施氮肥。

第三，难以判断分蘖后期的生育，6 月下旬到 7 月，有的农民对叶色褪淡、有效茎确保、气候变化、施肥多少、晒田等一些问题，很难判断。生育正常还担心能否脱肥、怎样接力。

努力的结果是获得计划穗数。穗小是机械插秧的特征。关于穗小的问题近来成为热门话题，原因有：一是穗进一步变小，一般一穗 50 ~ 60 粒，现在为 30 ~ 50 粒，平均 40 粒。这减少的 10 粒左右，相当于全部产量的二成左右，为补上这二成，就得增加茎数，致使生育中期过密。二是成熟问题，颖花有了，结实困难，也就是成熟率下降，千粒重降低。千粒重少 1 g，1 000 m² 就少约 60 kg 粮，实粒数明显减少。

这是由于生育后半的活力下降而出现的"秋衰"现象，必须引起重视。为什么出现这样的问题，农民、研究人员多数认为直接原因是根系活力衰退，进一步老化的结果。幼穗形成期过后接近出穗时，根系必须深长土中。脚踩有咔咔声，表层根满密，一拔容易拔出，根扎得不深，会老化或根腐。

再一个担心的问题是茎细，茎细是无效分蘖过多，这些都是需要注意的。

培育健壮水稻的基本要点：

防止脆弱的骨架。细茎、根系老化的原因，是前半生育促进、后半生育抑制的二分法栽培的结果。一般在生育转换期，茎叶有些褪淡是自然的生理现象，而另一方面淀粉生产急速增加，茎的骨架渐次形成，这些都需相应的氮素，过分抑制氮肥是不对的。

培育坚实的骨架。技术要点：茎数即分蘖的育成方法，早期获得茎数，以后不抑制生育，使平缓度过，形成楔形结构为好。壮秆期间的要点：促进淀粉（碳水化合物）生产，创造能施氮肥的条件。茎的生育粗壮，体内淀粉充足，分蘖发生力强，无效分蘖减少，而且茎的充实是大穗的条件，避免出现成熟不好或千粒重下降。形成细茎的条件，向根输送的淀粉也少，而且氮素不足，即使供给氧气，根的活力也不高。这时重要的问题是使茎的受光条件好，过密是不行的，适量的氮肥是必要的。

要注意出叶的速度。细茎的原因是想早期达到茎数，为此增加栽植苗数，最低 1 穴 5 苗，一般 7 ～ 8 苗，多的 10 苗以上。栽得密，育苗播得密，秧苗素质软弱徒长，活力衰退。结果移栽后返青慢，早则 7 d 有的 10 ～ 15 d，叶的出生速度渐次后移，表明体内营养循环不畅，与叶同伸的分蘖也随之变慢。茎数不足就增加栽植苗数，形成恶性循环。为确保茎数，要以壮苗消解返青延迟，确保出叶速度，以期确保茎数。

稳速培养茎粗。为培养茎粗，重点关注以下几点：

一是基本在出穗前 40 d。出穗前 40 d 是幼穗将要分化的 1 叶之前，是确立穗的生长、成熟的时期，也是茎充实的中心期，其姿态是，各茎张开，叶直立，采光通风好，直到下叶生机勃勃；体内营养方面，一般不必落黄，淀粉生产多且氮素继续发挥肥效，一般叶色略浓。

二是生育进程宜平缓。在出穗前 40 d 要达到以上状态的第一要点是茎数的增加，使增加曲线平缓，株间环境良好，使茎充实。出穗前 40 d 的茎数目标达到 7 ～ 8 成，过 5 ～ 10 d 后达到足数即可。稻体淀粉生产顺调并有剩余，到一定时间自然进入体质转换。茎粗、有活力的水稻，分蘖自然结束，长出的分蘖几乎是有效的，无效分蘖少，可以确保茎数。

三是生育初期注意出叶速度。出穗前 40 d 的长势定了以后，着眼点是生育初期的出叶速度，最初叶的伸出期间，目标是 7 d，最晚在 10 d 以内，其后 5 ～ 6 d 出一叶，不再拖晚。为此必须具备两个条件，一个是用内容充实、返青快、素质好的秧苗移栽；另一个是环境问题，要具备能开始光合作用的温度环境，重点是水的管理。

四是 6 ～ 7 叶期重点育根。着眼点是在 6 ～ 7 叶期做好育根。这时展开叶能高速运转，向根供给充足淀粉，使根系生育良好，出穗前 40 d 的生育体制就能确立。在此以后，株间不要过密，土中氮素表层不过浓。每穴苗数以 3 株为目标，并力求减少。这样进入茎的充实期，根系良好，氮素无过与不足，出穗前 30 d 不必追肥是其特征。确立茎充实的栽培体制，从生育中期到后期充满活力，以后注意养分调整即可。

五是最大的要点是苗。这种栽培方法要注意最大要点是每穴株数必须要少。目标是 5 株以内，理想为 2 ～ 3 株。如能做到可保证年成的一半或2/3。为此在育苗时稀播是最重要的作业，注意播匀不缺苗。

六是施肥的设计。基肥的肥效（特别是氮肥），原则上到出穗前 20 d。所以没有增加施肥的必要，耕土尽可能加深，全层施肥，用现在的施肥量即可。即使缺肥也在出穗前30 d以后，如有这种情况可施接力肥，以后积极施用穗肥和粒肥。以上是这种栽培方式的施肥体系。

七是灌水管理。近来有不灌水干管的倾向，为了向根供氧使其健壮，但容易使其生育紊乱，应尽量减少变化。水的管理以出穗前40 d为基点，在此以前为稳定出叶速度，保持壮根，原则上以淹水管理为主，以后转入饱和水管理。稻根不是靠氧增加活力，而是靠地上部供给淀粉和氮素，使根活力下降的培育方法，供给多少氧气也是无用的，甚至是有害的。

第二节　培育茎粗的栽培法

一、育苗

（一）育苗方法及两个问题

每年育苗，都会看到各种姿态的秧苗，有徒长苗，有障害苗，有原因不明的异常苗。育苗所以不稳定，是苗的体质受环境变化敏感反应的结果，稍有疏忽或某一作业粗糙，其影响直接反映到秧苗素质。盘育苗所以对环境敏感，是根和地上部的平衡容易破坏，密播使地上部容易伸长，在少量土中生长的根系难以支撑，很难取得平衡。

1. 失败的原因是密播

育苗失败的原因很多，有单纯的原因，也有2~3个原因混在一起的。特别是pH值的矫正，床土调整的好坏，对秧苗素质影响很大。床土pH值调整到5左右是安全的。

育苗的基本是播种量，培育壮苗的基本是稀薄，育苗失败的主要原因是密播。密播苗腰高、茎细、消耗大，胚乳养分和肥料被地上部伸长所利用，地上部伸长和地下部伸长不平衡，软弱徒长，发根力弱。也就是密播苗营养消费快，地上部优先生长，老化现象易早发。密播易出现各种障害，形成恶性循环。所以育壮苗的基本是稀播。

2. 另一个问题是高温管理

盘育苗对温度环境极为敏感。温度管理和播种量同样是育苗的根本。苗对温度所以敏感，密播是根本原因。缓和温度影响，稀播是必需条件，秧苗体质弱，对温度更加敏感。从绿化期到硬化期温度过低，容易发生青枯病。青枯苗是pH值矫正不当，或骤遇低温，在低温下时间过长，较容易发生，而且高温下徒长的秧苗感病更甚。

高温首先要考虑用育苗器出芽。用育苗器出芽，温度32 ℃经48 h，鞘叶伸长1 cm左右是标准。胚乳养分消耗加快，下叶伸长，呈高腰苗，密播时更为显著。育苗器出芽破坏地上部、地下部的平衡。高温下育的秧苗，软弱徒长，充实度低，栽后返青慢。

（二）育苗的根本是稀播

1. 不能稀播的原因探索

问密播的人，为什么不愿稀播，理由有：不易盘根，插秧精度下降，因田面不平易淹苗，增加缺苗，栽插苗数不够等。

关于根系问题。 盘根不是播量问题而是培养健壮根系问题。稀播苗根系活力强。不用担心根盘不好，相反密播的苗弱根系活力差，盘根较弱，机插质量下降，缺株和返青延迟。

栽插精度问题。苗矮担心插秧机秧爪取苗困难，苗高一些栽植流畅。实际苗高 10 cm 就不用担心会影响插秧精度。

缺株问题。 稀播的第一个担心的就是缺苗，播匀一些，不会缺多少，试试便清楚。

栽插的苗数问题。 每穴苗数少是好事，是重视茎的质量的关键。

以上对稀播的担心是不必要的，改变观念，积极采用稀播壮秧技术。

2. 稀播是时代的潮流

用插秧机插秧以来，开始时用小苗，出芽的稻种每盘标准播量为 200 g，最多为 230 g，最少为 180 g，小苗播量的标准到现在也没有变。以后改为中苗或中成苗，播种量每盘降到 150 g 以内，各地有的已达 100 ~ 120 g。其中有的用播种板，播量降到 70 g、40 g，提高了苗龄和素质。茎粗，每穴苗数减少。每盘播 40 g，每穴苗数 1 ~ 3 株，缺穴的很少。降低播量，提高秧苗素质，增强水稻体质，是今后的必然趋向。

3. 为什么推荐稀播

减少每穴苗数，使丛内环境良好，这是稳产稻作的首要条件。每穴栽植苗数减少，<u>丛</u>内光照环境好，茎一定能充实。要使每穴苗数少，就必须稀播。稀播苗素质好，返青快，丛内环境好，生育健壮。播种<u>量应</u>以每穴插 3 苗为目标计算，把每盘播量降到 100 ~ 120 g，进而降至 40 ~ 70 g。

4. 能延长育苗期间

稀播的第一个目标是提高秧苗素质，减少每穴苗数。另外，在育苗期间上，稀播可扩大插秧时间，缓和作业紧张。每盘播 200 g 稻种，在出芽育苗器内 32 ℃经 48 h 出芽，以后在棚内绿化，硬化的秧苗，到 2.2 ~ 2.5 叶，苗间拥挤，引起生育滞长，超过时期，苗质下降，延迟插秧，继续徒长，苗质下降。稀播就有时间余裕，延长插秧时间，苗质不降。

（三）今后的方向是折中方式

今后的方向是折中方式，其利点是：稀播、低温管理育出的秧苗，才能保证茎粗。能提供这种条件的育苗方式就是折中方式。所谓折中方式，基本是与手插时保温折中秧田相同。覆膜有拱式或平铺两种形式，基本以水调节秧苗生育。育成 3.5 叶的中苗今后将越来越大。其优点是：第一，秧苗素质好。播种的秧盘摆在苗床上，随后覆盖。与育苗器出芽比，发芽不整齐，随时间而消解，到 1.5 叶期用覆盖保护，以后用水调节生育，冷时用深水，暖时灌浅水，按叶数比例看，株高略矮。折中方式的秧苗，地上部与地下部均衡，根也充实，返青很快。

第二，对苗的生育没有波动。引起秧苗障害的基本原因是高温环境温度的急剧变化。青枯苗在低温时发生，其以前是在高温下培育的，生理机能易遭损伤。遇到低温，折中式秧苗叶尖受害，但地温不降，具有恢复能力，而旱秧田地温下降，使苗的活性降低，折中方式的灌水时间长些，秧苗素质未见弱化。而在大棚中温度可达 40 ~ 50 ℃，不能疏忽。

第三，管理非常轻松，育苗费事的是温度管理和换气、灌水，旱秧田判断麻烦。折中方式灌排水是总体调整，非常省事。

第四，对病害抵抗力强。折中方式育苗没有立枯病、青枯病，对其他病害的抵抗力也强。对水的作用不能忽视，水有土壤消毒的作用，水中有硅酸可以吸收，使苗壮抗病力强。

第五，经费低。

二、插秧

（一）栽培法

增茎不如增叶。谁都希望初期生育好，但培育的目标放在哪里，有两个途径：一个是增加每穴苗数，以确保茎数为目标的途径。这种想法将引发很多问题，水稻生育紊乱，结果茎细，已如前述。

另一种是减少每穴苗数，由着眼茎数转入茎的粗度的途径。以确保茎数为重点的栽培，不顾个体的出叶速度，只要取得茎数就行。而培育茎粗的稻作，特别重视插秧后 1 个月的出叶速度。因为在这期间，水稻是否正常生育，表现在出叶速度上，也就是出叶速度顺调，叶、茎、根的关系才能圆滑进展，插秧后叶能顺利展开，茎数随之增长。

关于出叶速度问题，以后还有叙述，移栽后到 6 ~ 7 叶期的一个月期间，每 5 ~ 6 d 长出一叶。生育初期如能这样经过，培育茎粗的水稻，首先能得到保证。

1. 插秧后几天出叶

到 6 ~ 7 叶期之间，每 5 ~ 6 d 长 1 叶，由插秧后的叶展开期来决定。即插秧后经几天叶展开，可以看作是否顺利出发。插秧后 1 周间新叶展开，首先可以判断为顺利。插秧前后天气温暖的年份，苗的素质差点也返青好。天气不好时，10 d 以上甚至半月也不足奇。天气稍差点，栽后 7 d 左右叶要长出。苗的素质及成活条件具备，插后次日即发新根，3 ~ 4 d 随根长出新叶，这样 7 d 左右长出新叶。再晚 10 d 内也该长出。

最初的出叶用 15 ~ 20 d，其后的成活条件非常不良，生育也很不正常。出发开始就晚了，以后如何努力也难恢复正常生育。以充实为基础的水稻栽培，必须在 6 ~ 7 叶期优先培育根系，为此要重视出叶速度。

2. 成活的条件

影响成活的因素很多，影响最大的是秧苗素质，苗不好肯定成活差。稀播低温管理，育出结实的壮苗。本田耙地过细也影响成活。

除草剂的药害，也是成活滞长的主要原因。必须选用初期无药害的除草剂。

在寒地 5 月中旬天气还不稳定。要尽可能选择好天、温暖时移栽。坏天气下移栽，不如晚 5 d 选好天气移栽。插秧不应着急。为使插秧期充裕，就必须稀播、低温管理育苗。

插秧后水的管理，对成活影响也很大。为防止秧苗消耗，提早成活，插后要立即灌水，努力保温，为防植伤和叶片水分蒸发，用深水进行保护。为使移栽水稻恢复，提高地温、抑制叶片呼吸消耗，水的管理是决定条件。不能因返青晚等原因而进行追肥。因为生育滞长，根未长好，施肥效果不好。

插秧后 7 ~ 10 d 新叶仍未展开，是由某种原因的植伤引起生育滞长，只有等待叶的长出。不能因返青慢点而进行追肥。

（二）栽植

1. 降低栽植密度

移栽时的重要问题是密度。现在水稻栽过密是个问题。所以首先要降低密度。考虑茎的充实，稀植的茎粗，密植的茎细。

稀播苗株矮、叶龄大、茎粗；密播的个子高，叶龄晚、线香状。育苗时密播的危害到本田继续存在。

降低栽植密度有两种方法。一是减少每穴苗数，另一个是降低单位面积穴数。前者主要改善丛内环境，后者改善穴间环境。

2. 基本是改善丛内环境

茎细的根本原因是每穴苗数过多，为了茎粗，必须降低每穴苗数，改善穴内环境，为此要进行稀播。现在的目标是每穴平均 3 苗。为减少每穴苗数，要调整好插秧机。

另一个是改善丛间环境。改善丛间环境的方法有多种。行距 30 cm 是固定的，扩大穴距就减少单位面积穴数。改换插秧机齿轮，即可减少穴数。

但每穴栽植苗数多时，和栽植苗数少的比分蘖数增加，茎的整齐度变差，穴的外侧茎粗，内侧茎细，无效分蘖容易增加。

3. 栽植时的要领

有关栽植精度的问题整理如下：

田间硬度为羹状。过硬、过软不好。

使秧片易于下滑。旱秧苗可前一天晚上浇水，栽插当时再调整水分。但盘根不好的给水过多易使秧片碎裂，降低作业效率，并增加缺穴。

使秧片紧缩，插秧前将秧盘立起，向地面蹾蹾，使秧片紧实，插秧机取苗量更加标准。

（三）栽植后的水肥管理

1. 栽植后的灌水

现在水稻栽植时间提前。在寒地和手插秧时比，早 10 ~ 15 d。所以插秧最盛期的水温、地温也低，是在天气条件容易变化时栽植的，根系伸长条件差，容易卷叶或蔫萎。

机械插秧，育苗过密，一般地上部生长较快，栽植的秧苗地上、地下部不平衡。为此要在栽植后 7 d 间长出新叶是管理的中心，要以水促根，抑制叶面蒸发，尽快使体内平衡。要灌温水、深水、不使水流动，是栽后灌水的原则。

2. 返青肥

一般将返青肥作为基肥的一部分施用。返青肥可提高根周围的氮素浓度，有助于增加分蘖。但认真思考，不管苗好、苗坏，返青肥是不必要的。如果秧苗好，返青就快，以后顺利出叶。分蘖所需养分，不是土壤中的氮素浓度，是秧苗素质（发根力）、是容易长根的地温，从发根来说无肥料也行，所以基肥氮素全层施用就可以了。如苗较差，更不需要返青肥，吸收养分能力很弱，有基肥氮素即可，不施返青肥是有利的。如用返青肥，在育苗时施用效果较好。灌水可用塑料管增温。

（四）缺苗和补栽

缺苗的允许程度。移栽后的田圃，有的只有 1 株苗，有的 1 穴有 10 株左右的苗，有的缺穴。一般连续缺两穴时，补栽 1 穴（2 ~ 3 苗）即可。只缺一穴的可以不补，只有 1 株苗的也不必加补。小苗、大苗间，不宜用大苗补在小苗上。补栽时，将附近苗多的减下来，补在缺苗处，使苗调匀即可。补栽用的秧苗够用即可，未用完的不宜长期在田内放置，防止成为茶色苗或稻瘟病苗。

三、插秧后到 1 个月间

（一）栽培方法

1. 这时的着眼点是出叶速度

插秧后 7 d 左右展开 1 叶的水稻，其后的速度比较顺利，约经 20 d 间达到 6 叶期。但是，一般水稻最初出叶大幅度延迟，恢复稻体时间延长，其后出叶速度也受影响，推迟以后出叶。结果，到 6 叶期需要 1 个月时间（图 6-2-1）。

顺利出叶的水稻，根、茎、叶的活动配合正常。到 6 叶期发生 1 ~ 2 个分蘖，而返青晚的水稻，只达 4 叶半的阶段。

叶和分蘖的关系有一定规律性，在 5 叶期其下 3 叶的 2 叶节出生分蘖（2 号分蘖）。

所以如到 6 叶期，3 号分蘖就能长出，以后每长 1 叶，增加 1 个分蘖。

一般水稻插秧后，经过体力的消耗，到能长出分蘖需用较长时间，体内养分为维持、恢复稻体所使用，没有长出 2 号、3 号分蘖的能力，直到 4 号分蘖才能正常长出来。

这样看来，初期生育与体内的营养状态关系很大。

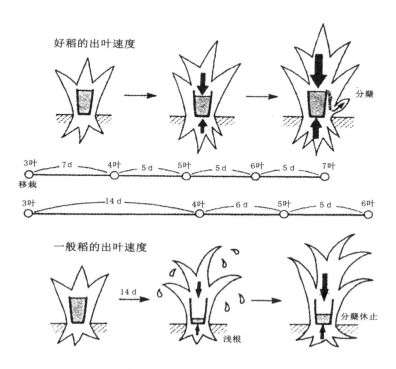

图 6-2-1　水稻的出叶速度

2. 茎数与出叶速度

水稻生育晚为获得相应茎数，有的采取增加每穴插的苗数。例如每穴插 8 苗，晚到 8 ~ 9 叶期，一旦开始分蘖，长两叶的期间，每穴茎数很容易超过 20 个。这样忽视前期生育，不重视早期出叶速度，茎数在晚期虽保证了，但茎的充实程度很差，茎细穗小。

3. 根比茎数重要

能否早期取得茎数，作为判断水稻生育好坏的指标时，水稻的生育是否正常是不清楚的。如以出叶速度来衡量，水稻生育好坏就容易明白。

一直以出叶速度来看水稻，可以判断叶、茎、根——水稻总体的关系。

每穴多苗的，由于丛内环境不良，每株的叶、茎、根的关系不协调，出叶晚、发根慢，结果出蘖的方式不畅。

图 6-2-2 是 8 叶期水稻生产淀粉的分配方式，6 叶为活动叶中心时，各叶生产淀粉的分工与流向。6 叶为活动中心叶时，其生产的淀粉有两个功能，一是供上两叶（7、8 叶）

的伸长、上 3 叶（9 叶）的分化伸长，另一个是供下 5 叶节的分蘖（5 号分蘖）发生所需的养分。

活动中心叶为 6 叶时，5 叶、4 叶亦在活动，其生产的淀粉，除分配给叶以外，主要是供给根系。根的活力能源，受 5 叶、4 叶生产的淀粉供给能力所左右。6 叶的生产力不良，8 叶的养分不充分，到 8 叶成为活动中心叶时即出现问题。

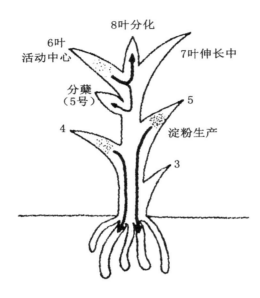

图 6-2-2　8 叶期水稻养分分配

4. 进入根系快速生长是 6 ~ 7 叶期

初期生育的重要关键是优先培育根系。移栽后，叶顺利展开，叶生产的淀粉及时运送给根系，从 6 ~ 7 叶期起，根系先行，茎叶随之生长，进入根系快速生长期。

这时如施氮管理，成为地上部优先生长的态势。进入这种机制的水稻，其劣势可延续到生育中期。

从中期到后期，再为提高根系活力努力，为时已晚。地上部和根的良好组配，在 6 ~ 7 叶期就已决定。

5. 肥料的位置和优先根系生育

现在每穴苗数减少，出叶速度正常，丛内环境条件好，自然茎会变粗。与此有直接关系的是施肥。施肥要考虑确保茎数和全体生育。

基肥用量对水稻生育是很重要的，但更重要的是使基肥肥效保持到什么时间。基肥全层施，肥效要保持到出穗前 20 d。

基肥主要考虑健全根系。为使根系向深处伸长而施肥。初期生育水稻能否顺利生长，秧苗素质和移栽后的管理起决定作用。

到 6 叶期由于基肥全层施,不致使出叶速度受到影响或分蘖拖晚。即使少施基肥,也能顺利生长,分蘖也能充分获得,生育初期所需肥料少量即可。基肥全层施浓度低些也没关系。即使肥料不足,水稻为维持稻体生长,根向深处伸长,耕作层深更易助长根系深扎。

为不使水稻生育波动,要使肥效缓稳,尽量不用追肥为好。

与此相反,表层施肥的水稻,由于肥料浅施,浓度增高,稻根吸肥,体内氮素增加,叶片伸长,分蘖增加。如一时肥料吸收偏多,叶及分蘖软弱;而根系周围有肥,不向深处伸长,形成浅根,易受外界影响或损伤。

（二）此期的肥、水管理

1. 想施追肥的心情

插秧后生育不好,有的人想立即施肥。“水稻生育滞长,用肥料来矫正”有这种想法的人不少。但是,生育滞长的水稻,施用分蘖肥是危险的。施了基肥、返青肥,再施分蘖肥,以后肥效发挥出来将难以承受。假如施了分蘖肥,也只能促进无效分蘖的发生,恶化了水稻环境。而且表层施肥,走的是浅根的路。生育滞长时间长,田间施用的基肥消耗少,还残留在土壤中。转入生育正常即可顺利吸收。生育滞长是水稻根系吸收力弱,连基肥都难以吸收,追肥更是多余的了。

2. 要紧的是水比肥重要

追肥带来害处,这里只需耐心,把管理的重点放在出叶速度比茎数重要上。基本是水的管理使出叶速度在任何天气情况下都能稳定是十分重要的。插秧后尽快使出叶速度进入正常,只有靠水的管理。移栽后为促进返青要尽量减少消耗,使稻体内营养分配流畅,必须做好水的管理。

出叶速度与水的关联,主要是水深和水温、地温。水略深些,尽量提高水温。插秧后必须水温、地温提到 15 ℃以上,否则将生育滞长。有时不注意出叶速度,管水目的不明确。有的人在插秧后灌浅水,这样助长养分消耗,影响出叶速度。有的担心出现有毒气体,向土壤中输送氧气,早期进行节水管理等都是不必要的,到出穗前 40 d 继续水层管理。

种稻能手说:“习惯于水中生长的根系,在淹水下也能健壮生长。有时有水、有时无水,会逐渐出现上位根。”

3. 分蘖时灌深水引人注目

月刊杂志《现代农业》（农文协刊）积极介绍的“水稻深水栽培”非常引人注目。各地产生反响,已将其成果全部发表。

过去提倡节水栽培,现又提出完全相反的深水栽培,到底是怎么回事呢?

现将深水栽培的重点介绍如下:

第一,是水的力量。在水田里才能栽水稻。深水期间因地区差异,基本是以充分的水保持水稻生育。

第二，灌深水，插秧后出叶速度非常顺利，茎变粗。由于深水，分蘖自然受抑制，慢慢吸收肥料，茎逐渐变粗，在水中叶片伸长，过深水期后叶直立，之后与节水栽培比并不长。

第三，深水栽培的水稻，活力保持期间长，到收获期是健康的。

根有氧化力，水田氧气少。水稻有通气组织，从地上部向地下部输送氧气。所以根系可在氧气少的水田中进行有氧呼吸，继续吸收养分、水分（图6-2-3）。从茎叶输送来的氧气，可使水田中有害物质氧化变为无害。这种使环境良化的功能为"氧化力"。当水田有害物质积累过多，即成为根腐的原因。不能进行有氧呼吸，根系活力衰退，功能下降。其对策就是排水，所以要充分利用水田的优点，提高根的氧化力，以提高对抗还原状态的能力。越健壮的根系氧化力越强。生育初期吸氮较多的水稻，如氮素不足，茎叶生育明显感到缺肥，氧化力减弱，易引起根腐。

提高氧化力，要提高淀粉生产和氮素吸收，提高营养状态，但不要使营养状态产生急剧的变化。

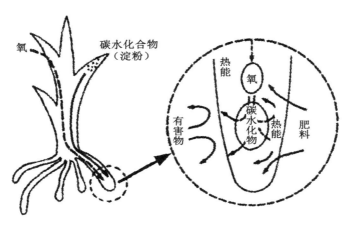

图6-2-3　根的活动与呼吸

有害气体时的发生：生稻草还田，易产生有害气体，而且发生时间比堆肥早。稻草翻埋越浅越甚。中耕是缓解的主要方法。

四、从插秧 1 个月后到出穗前 40 d

（一）栽培方法

水稻长相转变时期：插秧 1 个月到出穗前 40 d 间是水稻栽培的重要时期，用叶龄表示为 6 ~ 9 叶期的 20 d 间（全生育期主茎叶数 14 叶）。进入育根和茎充实时期。按出叶速度的轨道，伸长根系，增加分蘖。

每穴插栽苗数少、栽后出叶速度正常的水稻，在这期间增加分蘖。每穴插 3 苗的到 9 叶期，每穴茎数增到 15 ~ 20 个，不用担心茎数不足。丛内环境好，根、叶均衡生长，分蘖一个一个增加。茎粗壮，行间和穴间很宽松。

在这期间，每穴茎数可达 20 个，丛内增密。若是每穴 7 ~ 8 苗，只增加 1 叶，每穴茎数可达 14 ~ 16 个。

机械插秧的水稻，叶不是很长，总体个子较小，分蘖增加快些，行间仍有空间，所以不觉过繁，如吸氮旺盛，丛内环境向不良方向转化，形成过密状态。

1. 这时期问题不少

这 20 天间是促进分蘖、抑制分蘖并存的复杂时期，因此在出穗前 40 d 左右时判断是否施肥（9 叶期左右）比较麻烦。一般来说，出穗前 40 d 左右或在其以前，进入抑制阶段，而分蘖还在增加，叶色开始褪淡，是否应施肥成为问题。其中有不缺的、有看起来像缺的，比较难判断。特别是机械插秧的水稻，总体叶色偏淡，判断追肥更困难。假如认为追肥可以，追多少还是问题。

由此看来，现在水稻栽培，在出穗前 40 d 左右，常苦于判断不清，每年环境在变化，照搬以往做法是不对的。

2. 丛内郁蔽之害

这期间丛内容易郁蔽。郁蔽之害，首先是水稻自体调整机制能不能发挥。如丛内茎数过多，对气候变化的适应能力降低，天气好进一步过密，天气不良推迟过密出现时间，均避免不了过密的危害。

每平方米 20 穴左右，每穴 3 苗，每穴 20 ~ 25 个茎，是比较标准的结构。

3. 体内淀粉和氮素

手插秧时代，氮肥肥效过大，叶色浓绿（紫黑），叶片下垂，一穴茎数 30 个左右，行间郁蔽，假如夏季气候不良，将产生倒伏。但现在的水稻样相与那时不同，现在水稻个子小、叶色淡是其特征，浓绿的很少。

稻体营养状态的标志是碳氮比。出叶速度正常，分蘖稳健、茎粗，这样的水稻淀粉生产和氮素吸收旺盛（而且水平高）、协调，水稻生育理想。体内营养水平高，分配流畅，叶、茎、根的功能活力高，当然茎秆粗壮。

过去的手插稻，稻体过繁，淀粉少、氮素多，茎叶繁茂，而成熟不良。

现在的机插水稻，淀粉和氮素水平低，栽植苗数多，分蘖茎数多，叶色淡，淀粉、氮素少，根也纤弱，总体活力弱。

理想的水稻，淀粉和氮素水平高且协调。健壮的水稻，保持良好的平衡，无不合理生长，调整稻体由营养生长转入生殖生长，即使天气有些变化，有一定调整能力，也不致动摇生育的前进（图 6-2-4）。

提高水稻活力，必须提高淀粉生产和氮素吸收能力，特别是要减少栽植苗数。

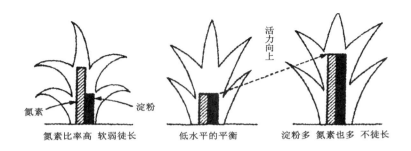

图 6-2-4　氮素和淀粉的平衡关系

4. 让茎长粗

水稻栽培，取决于茎粗。为使茎粗，必须改善丛内环境。能充分利用光照、各器官均衡发育的体制是十分必要的（图 6-2-5）。

不以氮素为先导，在淀粉与氮素的平衡中出生的分蘖，组织充实，茎粗有活力。这样生长的水稻，茎粗而整齐，二次分蘖也壮。

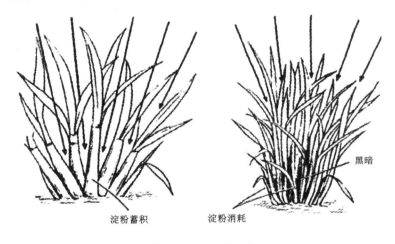

图 6-2-5　光照环境

5. 积极的对策是改善茎的环境

看看每穴插 2 ~ 4 苗和插 6 ~ 8 苗的水稻，栽后经 40 d，稀植的每穴 23 ~ 25 个茎，密植的已经超过 35 个，也有超过 40 个的，看看茎粗就更清楚了。

6. 茎数虽少而粒数不减的理由

能否发挥水稻的调整机能，是能否稳定水稻产量的分水岭。每穴栽培苗数少，使分蘖期间丛内环境良好，才能有调整的余地。相反，每穴插的苗数多，丛内很快呈过密状态，不能发挥调整能力。

大家都知道，茎数和每穗粒数有密切关系（图6-2-6）。在生育初期，天气好，分蘖数过多，改善水稻养分分配，"扶养的家族"增加，丛内环境变化，抑制茎粗生长，每穗粒数减少。但每穴栽插苗数少，就不能出现过密状态，分蘖增加少，也能顺利调整使茎整齐，不致粒数很少。

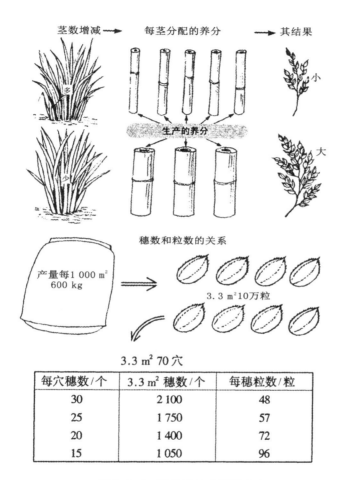

每穴穗数/个	3.3 m² 穗数/个	每穗粒数/粒
30	2 100	48
25	1 750	57
20	1 400	72
15	1 050	96

图6-2-6　穗茎数决定穗的大小

栽植过密的水稻，如天气好分蘖增加，环境愈加恶化，不仅茎细，无效分蘖比例增加，根系活力下降，营养分配混乱，营养水平大幅降低，每穗粒数明显降低。

假如茎数不足，只要插植苗数少，营养分配有余，即向茎粗分配，使一穗粒数增加。活力高的水稻，一穗粒数多也有成熟的能力。栽密了，即使茎数少，也没有调整每穗粒数的能力。

争取适当茎数，是栽培的关键问题。

7. 目标是出穗前40 d 的姿态

出穗前40 d，水稻是经过什么体制生育过来的，是非常重要的，是水稻栽培的关键。

那么，出穗前 40 d 是什么时期，综合如下：

①是水稻体制将要确立的时期，是生育出现差异的时期；是可以衡量初期生育状况，进而诊断预测生育中期以至后期生育的时期。

②插秧后经 1 个月，开始进入根系优先体制。为进入体制，对秧苗素质、栽插苗数、出叶速度等重点问题做了管理。以根系优先培育水稻，是在出穗前 40 d（9 叶期），采取对与叶同伸的根系，向深伸长，有力地支撑地上部茎叶的一种体制。

这时出生的根系有向深处伸长的性质，所以在 6 叶期向根系供给养分是非常重要的。

③分蘖也随着出叶陆续发生，6 ~ 7 叶期以后，出叶和分蘖的关系顺利展开，出穗前 40 d，淀粉生产、氮素吸收全面展开，下叶活力强，使茎充实。

④为使经过这样的过程，叶色浓些（不是氮素过多），达到计划茎数的 70% ~ 80% 即可。从内光照良好，每穴有 15 个茎即可。生育正常。叶、茎、根的关系良性循环，确保茎秆粗壮。

出穗前 30 d 左右以幼穗分化为中心，其前后 10 d 间的受光态势、营养状态，决定稻穗质量。充实的稻茎，淀粉生产旺盛，氮素供应充足。出穗前 40 d 后氮素适当，生育无波动。每穴 3 苗，3 号分蘖开始，到 9 叶期，长出 3、4、5、6 号分蘖，从 3 号分蘖长出二次分蘖，主茎在内每穴可达 18 个茎。

（二）此期的管理是生育调整作业

1. 晒田的三个着眼点

现在水稻栽培，出穗前 40 d 是个限界时期。栽插苗数多的水稻，单靠基肥调整是不够的，另外的对策是晒田。有时晒田时间较长。晒田的着眼点有三个：首先是控制氮素，抑制分蘖；其次向土中供氧，增强根系；最后形成固结层，利于收割机下地。但这些都不像想的那样理想。

2. 晒田的是与非

强力或较长时间晒田，水稻和土必然有所变化。本来在出穗前 40 d 是水稻生育活跃时期。由于施氮素和促蘖，茎数达计划的 100%，使根系活力相对转弱。彻底晒田，向土中供氧，也不能使根向深处下扎，达不到预期的目的。在活动旺盛时期，抑制氮素吸收和活动，茎的充实受到抑制，易使水稻营养失调。而且磷酸在还原状态下水稻才能利用。而在氧化状态下，追施磷肥效果也不好。晒田复水后，土壤急剧还原，水稻生理异常，根系衰弱，甚至出现根腐。土壤微生物也不能有效利用。因此晒田没有积极作用，在栽培上应尽量采取不晒田（水稻和土壤不急剧变化）的方式是重要的。

3. 生育抑制剂的危害

用晒田方法还不能完全抑制时，作为生育调整的第二个办法，是施用分蘖抑制、防止倒伏的药剂。名牌米特别易倒。考虑收获作业，尽量避免倒伏。要采取强制措施，主要使用激素类药物如 MCP 和 2，4-D 及防稻瘟病药物。

生育抑制剂确实有效，一般常用，但也有不利方面。MCP 和 2，4–D 效果很好，使茎坚实及抑制下位节间伸长。但也有副作用，使体内出现生理异常，施用的影响不是在散布时伸长的节间，而是在其次、再次节间上反映出来。如在第 5 节间伸长始期施用（出穗前 35～30 d），第 4、第 3 节间受到抑制。第 3 节间伸长时是穗增大时期，施用错误使穗变小、颖花异常。不仅是穗，根也变形，一时出现牛蒡根，以后不能伸长。水稻受药害的机理涉及气候的变化等，有些尚不清楚。

（三）培育茎粗的管理

1. 认真不使断肥

在出穗前 40 d 左右不使断肥是重要的。基肥氮素量少也要延续到出穗前 20 d。如前所述，生育初期水稻需氮不多。在全层施肥条件下，根系生育顺调，吸肥能力很强，而且不出无效分蘖，比表层施肥要好。实践证明，只要生育健壮，不施基肥或追肥，也能充分生育，取得茎数。不用担心茎数不足。生育前期氮素过剩才是问题。要相信水稻的生育。

2. 到出穗前 40 d 进行水层灌溉

到出穗前 40 d 进行水层灌溉。返青后没有必要进行浅水或节水灌溉，基本不使其有何变化。

翻入生稻草出现危害，多认为应早期节水灌溉，但生稻草深翻土中形成薄层，灌水也分解不多，是安全的。集中翻埋在浅层才是问题。

一般进行挖沟作业，晒田降雨时田间有水，水滞流、存积，影响根系，挖沟能很快排出积水。

五、从出穗前 40 d 到出穗

（一）栽培方法

从出穗前 40 d 到出穗前 30 d 的 10 d 间，是茎长粗的时间（图 6–2–7）。出穗前 40 d，茎数达计划的 70%～80%，受光态势好，精力充分，茎增粗，茎数到出穗前 30 d 达 100%，这样的生育不必抑制。但有些水稻，在出穗前 40 d 将过，即表现过密，不得不强行抑制防止无效分蘖增长。

出穗前 40 d 到出穗前 20 d 的 20 d 间，是"低谷"时期，是各种矛盾集中的时期。从出穗前 30 d 左右穗的器官陆续分化形成，取得足够穗数，顺利转入穗的形成是理想的。为此，提高淀粉生产和氮素吸收，而具有良好的受光态势和营养分配，是确保茎充实和穗大的前提。

所以产量不稳的根本原因，是生育中期混乱、营养失调造成的。要使水稻丛内光照好，开张。而过密、光合效率降低的，难以高产。

1. 幼穗形成期的营养状态

目前水稻的穗一般偏小，主要是每穴有的茎数过多，达 40 ~ 50 个，使一穗粒数减少。过密→过剩分蘖→丛内环境恶化→生育抑制→营养不良→能力低下→茎细→穗贫弱→产量低。在幼穗形成的重要时期，强行抑制生育，使稻体营养不良，难以确保穗的充实发育。受光态势好，到出穗前 30 d，也未封行，营养正常，根、叶有活力，茎粗健壮，每穗粒数多，仍以不进行抑制为好。

2. 穗小不是退化而是未分化

出穗前 32 d 幼穗分化，以后陆续分化枝梗等形成幼穗。出穗前 29 d 左右分化出一次枝梗，出穗前 27 d 左右为二次枝梗分化期，出穗前 25 d 左右颖花分化开始，一般出穗前 25 d 为幼穗形成期，到颖花分化期，决定了一穗的颖花数。在颖花增长的同时，也有部分退化，到减数分裂期，过多的颖花退化，剩下的颖花将成为稻粒。在减数分裂期，氮素营养不足或天气不良，晚分化生长的一次、二次枝梗（特别是下部的）的颖花分化也晚，生长停止而退化。现在的水稻栽培，与其说在减数分裂期枝梗、颖花退化使穗变小，不如说是在枝梗、颖花分化时营养失调而未分化造成的。说未分化比退化好，因为剩下的也很脆弱。所以栽培的根本仍是要提高中期营养。

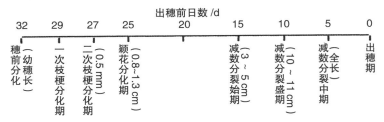

图 6-2-7 从穗的形成到出穗的生育经过

3. 节间伸长和倒伏

水稻栽培都很关心倒伏，防御倒伏已有相应对策。倒伏影响收割，降低品质，自古受到倒伏的困扰。

调查水稻倒伏，其下位节间特别是第 5、4、3 节间有所伸长。第 5 节间在出穗前 30 ~ 20 d，第 4 节间在出穗前 25 ~ 5 d，第 3 节间在出穗 20 ~ 5 d 前伸长（图 6-2-8）。有的认为，在伸长期间抑制氮素，使稻体内氮浓度降低，可以防止节间伸长。实践中也有这样取得效果的。但也有因栽的苗数多，每穴 40 多个茎，出现不少倒伏的，其原因是营养不良、失调。下位节间伸长时，也是幼穗形成伸长时。如抑制生育、营养不良，下位节间虽能抑制，但也使穗的素质变劣，倒伏避免了，穗也变小了。

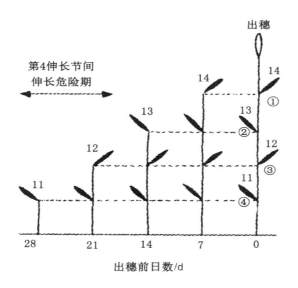

图 6-2-8　倒伏与节间伸长的关系

过密的水稻，丛内见光少，底叶很快老化、枯死，如再营养不良，穗头更小。

增产的根本是茎粗。光能照到丛内，使底叶能进行光合作用。叶、茎、根如不能充分发挥机能，难以育成茎粗而穗大的水稻。生育健壮、环境良好、生长充实的水稻，节间也不会徒长，有较强的抗倒能力。即使体内氮素浓度高，由于淀粉生产能力也高，不致因氮而徒长。

在考虑水稻倒伏时，不能忘掉叶鞘的作用。叶鞘有防护节间的功能，叶鞘早枯的水稻，根系活力也弱。水稻正常生长，上 3 叶经常是最活跃的，其与倒伏的关系是：14 叶品种，成熟期最少有 14、13、12 三个活叶。影响它们的因素是 3 叶各自分化、伸长时的营养状态。例如，12 叶伸长时，第 4 伸长节间伸长。如想抑制 4 节间伸长，12 叶的活力也受到影响。

再向前看，12 叶分化时，是从下三叶 9 叶期展开过程开始，12 叶的功能受 9 叶期的营养状况所决定。如 12 叶素质软弱，第 4 节间的素质也易徒长。

茎细难以解决倒伏问题。茎粗才能使水稻增加抗力。

（二）此时期的作业

1. 积极施用穗肥

到出穗前 20 d，积极施用穗肥。叶色开始褪淡，与倒伏关系最大的第 5、4 节间的伸长已无影响，可以放心施用。

出穗前 20 d 到出穗期施用的穗肥，可防止稻体内分化、生长中幼穗的退化。特别是出穗前 20 d 的穗肥，对预防在减数分裂期最易出现的穗退化效果最好，应积极施用。

水稻生育正常，而且穗肥施用适量，在出穗前 5 d 的孕穗期，叶色有时褪淡。

假如叶色不褪淡，表明氮肥用多了。孕穗期叶色褪淡，在出穗前再施一次穗肥，使其停止褪淡。第二次施用量要比第一次少。对氮素敏感或下位节间易伸长的品种，出穗 15 d

前施用为好。

2. 接力肥什么时期施用好

施肥的原则是基肥全层施，肥效维持到出穗前 20 d 的穗肥施用时。但因气候等影响，基肥量感到不足、叶色褪淡时，用接力肥来进行补充到出穗前 20 d（图 6-2-9）。

但是即使施用了接力肥，到出穗前 20 d 仍按计划施用穗肥。接力肥只是补充肥料，施用量是很少的。

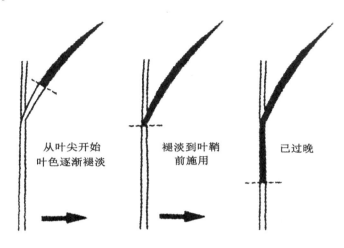

从叶尖开始   褪淡到叶鞘   已过晚
叶色逐渐褪淡   前施用

图 6-2-9   接力肥的判断方法

3. 饱和水状态——绝不许土干

生长顺利，到出穗前 40 d 左右，开始改变灌水方法，由生育初期的水层灌溉改为脚窝有水状态的饱和水灌溉（图 6-2-10）。也就是去掉田面上的水，脚窝没水再行灌溉。以后按此反复进行。所以土中水分充足，维持还原状态。极力避免还原→氧化→还原的变化。饱和水状态，去掉水的覆盖，使土中有害气体散发，同时使氧气进入土中。但从田面向空中蒸发的水分，因天气情况有很大差异，水稻吸收水分量也有不同，土中水分也是不一样的。尤其是土壤质地和下层构造不同，田土水分更有很大差异。

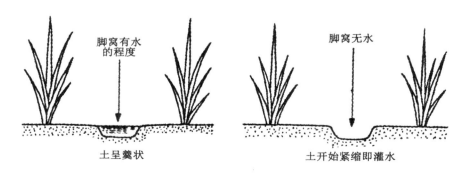

脚窝有水   脚窝无水
的程度

土呈羹状   土开始紧缩即灌水

图 6-2-10   饱和水灌溉的水管理

所以，每几天灌一次水很难确定，在田间看，在不过干的情况下，随时补水。生育健全的水稻，到收获都需要水分。

4.茎粗水稻在出穗期的长相

茎粗、叶片有活力，穗也大。一看很健壮，这样的水稻维持到收获期，结实好，一定能高产。

六、出穗以后到收获

（一）栽培方法

根据出穗期的长相，可以判断水稻素质，决定结实期间的管理。每穗粒数多的水稻，一次枝梗粒数多，二次枝梗着粒数也多，而且颖壳也大。因此，结实需要时间长。这样的水稻，根系活力好，活叶多，光合能力高，生产能力高，成熟速度快。粒数多、颖壳大，成熟时间长，必须配之以相应管理，淀粉向穗部流转，可充分灌浆结实。

相对穗小（粒数少、颖壳容积小）的，活力低下，出穗以后将茎叶贮存的淀粉尽全力向穗中输送。一次枝梗粒和二次枝梗粒的灌浆方式如图6-2-11所示。

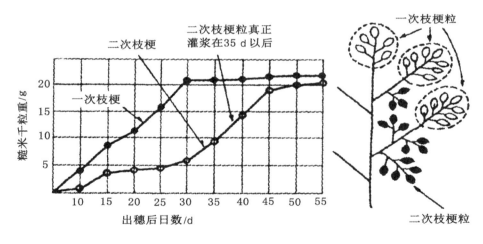

图6-2-11　各枝梗粒的灌浆方式

小穗、小粒是赤信号　现在的水稻是"后期低落型"的。小穗、小粒是其结果的体现。1982年的水稻更是如此。粒数少，千粒重也比平常少1～2 g，为预想不到的减产。千粒重变轻，是减数分裂期形成稻壳过程中遇到低温，使稻壳变小，特别是营养失调状态下再遇低温，更使其严重，其根本原因是营养不良。1982年生育初期天气好，很快形成过密，叶色褪淡，直到减数分裂期，遇到难使稻壳变大的营养状态，低温助长其影响。表6-2-1是1982年的一个例子。粒数少，结实率又低，千粒重一定也轻。营养不良的水稻，更易受天气不良的影响。

表 6-2-1　某示范田的粒数和结实率

组别	全粒	完全粒	结实率 /%
A	63.9	39.8	62.2
B	63.9	47.6	75.6
C	46.4	39.6	85.4
D	57.6	43.7	75.9
E	56.8	43.4	76.3
F	50.0	43.0	86.0

（二）此期的作业

1. 能施用粒肥的水稻目标

　　最近对施用粒肥非常消极。施用粒肥也无效果，反而成熟不良。现在对出穗前的穗肥也表现消极。这是目前水稻栽培的特征，也就是生育后半期不能积极施肥的水稻，这样的水稻一般是产量偏低的。粒肥效果差的原因，是水稻不需要肥而施用的结果。直接来说，这样的水稻穗小。叶在出穗后急速变黄，失去光合成能力，根的活力也下降。在出穗前贮存在茎叶中的淀汾，也无力向穗中输送。粒肥效果好的水稻，一次枝梗粒和二次枝梗粒多，出穗前的营养状态好，叶、根生产能力强，淀粉生产能力和氮素吸收能力高，茎和枝梗也有活力，叶鞘青青有力（图 6-2-12）。有活力的水稻，是最大的本钱。如果天气好，施两次穗肥并在齐穗期也必须施粒肥。叶色以孕穗期的叶色为基准，如比其色淡即可施用粒肥。能施三次粒肥的水稻，粒数多些也能充分成熟。茎粗的水稻成熟能力强，有底力，如延长成熟期，二次枝梗粒的结实率和千粒重也高。

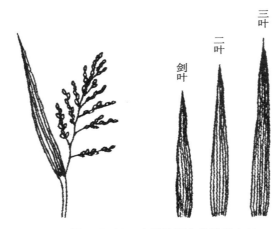

图 6-2-12　水稻粒肥有效的叶身长

2. 不要着急撤水

成熟期间水稻吸水旺盛。叶的功能活跃，蒸散当然旺盛。出穗期的叶、根特别敏感，为维持活力，水分要供给到最后。到最后还需要水的水稻是健康的。手插秧的水稻，完全撤水在收割前 10 ~ 15 d。机械收割的参照这个时间适当调整。

七、收获后——从冬到春

（一）生稻草的害处

生稻草与堆肥不同，是在土中分解，其有害作用有各种表现，使水稻生育受到影响，出现害处的时期和程度是不同的，所以在处置上比较复杂和困难。

生稻草的害处主要是有毒气体易使根腐。生稻草与堆肥不同，是在土中全部分解，有毒气体产生得多，其抑制对策为中耕除草。

抑制有害气体的产生，积极的对策是晒田，但其弊害已如前述。总之，设法减少生稻草的害处是先决条件。

随着生稻草的分解，水稻一时出现氮素不足的饥饿状态，使初期生育滞长也是问题。

施生稻草后立即插秧，稻草所含碳水化合物被微生物繁殖利用，消耗土中氧气（生稻草碳水化合物比氮素含量多）。因此，土壤呈还原状态，产生有机酸，影响水稻返青。另外，微生物繁殖时消耗土壤中氮素，水稻氮素不足，初期生育滞后。

一般的对策是基肥氮素预先增加 1 ~ 2 成。如增加过多，后期氮素释放出来影响水稻生育。特别是表层施肥易受天气左右，氮肥肥效难以预测。即使全层施肥也要注意氮素饥饿使水稻生育变慢。

从作业上看，生稻草处理的好坏，与耙地、插秧的效率和质量有直接关系。如处理不好，耙地埋得不全，相反将草又耙出来，很难埋入土中，结果耙过劲了。

水面漂浮的稻草，风吹到埂边，出现很厚一层，经常看到。而且稻草在地面上影响插秧精度，成为缺苗的原因。所以要认真处理好，防止其有害作用。

（二）生稻草翻埋方法

地区不同，插秧时期、收获时期不同。并且有干田、湿田，农田建设好的稻田，有去土处和填土处。所以生稻草的翻埋必须根据条件进行，特别在施用量问题上。

在生稻草进行翻埋时，都必须考虑的问题是使其分解的方法。生稻草翻埋后，如何不使水稻出现极端生育滞长和障碍是重要的。为此，必须使稻草在水稻生育期间稳步分解、腐熟（图 6-2-13）。

使生稻草慢慢地分解，秋季翻埋是理想的。在水稻收割后，稻草未干燥前进行翻埋。栽培早熟和中熟品种时，中熟的在收割前，将早熟的生稻草进行翻埋。微生物活动使生稻草分解，需要水分和温度，浅翻埋使稻草扎入土中即可。深埋氧气不足，腐解不良。秋季早期翻埋，到春季可腐解变黑色。收获早的地区，早翻埋早腐烂。

到春季土干时要深翻埋。为使生稻草缓慢分解，尽量向深广层扩散。如灌水管理，不能很快分解。在表层积集生稻草，开始分解时，问题反映明显。采取这样的方法时，不必施用石灰氮。

春季翻埋时，在秋季将生稻草薄铺在田面，使之全面与土接触，仍然要深翻埋入。稻草重叠放置，上面的不能腐烂，到春季田土不易干，耕作时期拖晚，也是耙地时漂浮稻草的原因。

春季翻埋生稻草时，为促进分解和防止氮素饥饿，在秋季可施用石灰氮，一般每1 000 m² 施石灰氮 10 ~ 20 kg（氮成分 2.1 ~ 4.2 kg）。具体效果如何不能一概而论，要关注氮素是否有余。另外，如秋季施用石灰氮，就不再增加基肥氮素。

积雪地带早春的翻埋，适时是重要的。雪消地露出来，这时稻草边干边分解。干到风能使其飘飞时，稻草分解停止。温度上升，水分不足，稻草不能分解。干的稻草翻埋后在土中吸水需要时间，分解拖晚。稻草翻埋有其适期，其条件是水分、温度、氧气三要素，这些条件具备时为适期。

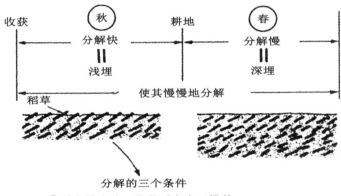

图 6-2-13　稻草翻埋方法

（三）均平土地，大幅提高稳产性

通过农田建设的稻田，填土部分田面下降，低处土软水难排，管理困难，特别是坑洼不平的更令人烦恼。土地均平化是很难做的事。

稻田是否均平，涉及不少问题。一块地高低差 10 cm 以上，就更困难。首先是移栽后的水管理，高的地方插栽的秧苗水深合适，低处水已淹苗；若低处合适，高处没有水。淹在水中的秧苗，变成茶褐色枯死；或徒长，分蘖变晚；或受除草剂危害；或遭潜叶蝇虫害。相反未灌上水露在外面的，秧苗消耗严重，地温被夺走、返青变慢，杂草生长旺盛。株高13 cm 左右的秧苗，田面高低差的限界为 4 cm 左右，土地均平是项艰巨的工作，除去高填洼方法外，利用客土均平效果亦好。

（四）要耕深、土块大

一般耕作有六点意义：①形成深的耕土层；②对堆肥或稻草进行翻埋；③埋没残渣、杂草；④上层土与下层土混合；⑤促进未分化有机物分解；⑥使碎土作业容易进行。①是深耕，②③④翻转，⑤⑥耕翻的土壤为耙地提供条件，再具体地说，深耕向土壤中通气，稻草与土壤更好混合，使稻根伸展容积增大，基肥等肥料在全层均匀混入。

深耕很早以前就已提出，最近浅耕引起根发育不良。深耕是根系优先水稻栽培的出发点。为满足上述条件，拖拉机要低速、低回转运行，尽可能深些，翻成大土块，2～3速前进，用最慢的旋转耕翻。

为耕翻作业有效进行，要等待田土干燥，干后作业，耕深能保持一定深度，插秧机不会倾斜或沉滞，作业方便。

耕翻时期受条件及插秧时期的制约，什么时期开始不能一概而论，要根据当年的条件具体确定。但耕作时期的基本原则是：从耕翻到插秧的时间尽可能长些为好。

（五）耙地要很快做完

耙地和耕翻同样有几个目的：①形成易于插秧的土壤状态（硬度）；②土和肥料混合，防止肥料流失，持续发挥肥效；③防止漏水；④将堆肥、稻草、稻楂、杂草等埋入土中，使田面清洁，并将出生的杂草消灭；⑤均平土地，容易灌水，并使田内耕层均一，水稻生育整齐。

为顺利返青，最后一次耙地以快为好。好容易将作土的下层形成粗块状态，耙过劲了就变成稀溜溜的了。下层形成粗块状态，土壤环境良好，所以耕翻时要成大块。耙地要分初耙和最后完成两次进行，先初耙，其顺序见图6-2-14。

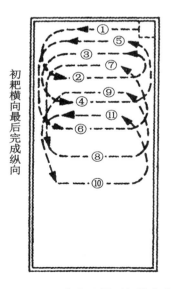

图6-2-14　初耙和最后耙的方法

（1）为取得干土效果，耕翻到灌水要间隔 1 周以上。

（2）泡田 4 ~ 5 d，使风化的土块充分吸水，这时是初耙适期。

（3）土壤要露出水面两成左右，按图 6-2-14 耕翻方向（长边方向）成直角（短边方向）进行耙地。不使稻草或杂草漂浮，埋耙土中。根据从水中露出土壤的程度，可以明确田面的高低差，进一步均平土地。

（4）初耙后，要调查埂子是否漏水，由于耙后水混，流到水路中容易看出来，把漏水的埂子修补好。

此外，完成最后一次耙地（插秧前 4 ~ 5 d 为标准），按初耙的直角方向（与耕翻同一方向），只耙土壤表层，防止稻草漂浮是关键。这时兼顾均平作业，在拖拉机后牵引 4 m 左右的长板，只使表层碎平、下层粗松为理想。从初耙灌水，水温增高，利于返青。从初耙到完成耙地时间越长，其间水温上升，杂草开始出芽，最后一次完成耙地不用担心，以后出生的杂草明显减少。造成过分耙地的原因，主要是为了均平地面，有时超过了耙地范围。过分耙地，返青拖后，以后水稻的生育也晚。

（六）基肥全层施，肥效到出穗前 20 d

基肥的肥效保持到什么时期，现在多数人回答是到确保茎数。这充分表现出现在稻作的特征。对基肥期待的期间，和以前比大为缩短。手插秧时，基肥要基本保持到出穗前 20 d。机械插秧以来，小苗移栽，表层施肥，进入中苗移栽也未基本改变。结果，基肥的作用，以取得茎数后，肥效下降、叶色褪淡为出发点，对基肥用量和施法进行安排。亦即确保茎数的肥效早期发挥出来，茎数取得后不再有肥效。为早期取得茎数，每穴插的苗数多，肥料进行表施，不考虑根系活力的施肥是不行的。

基肥的肥效越短，就必然要进行追肥。结果，肥效的波动引起水稻生育的变化，对每次施肥的判断，增加了新的麻烦。水稻的生育，用追肥进行调整不是容易的事，这早已有经验。不是非常明白的人，难以做好。用基肥进行调节，生育稳定，容易做到。

水稻栽培中，不使生育产生波动是很重要的。为此，必须延长基肥的肥效。基本上要使基肥肥效延续到出穗前 20 d 左右，时间延长 1 个月。为此，必须考虑延续到穗肥的量和施用方法，这并不是难事。

也有人这样认为，现在水稻移栽提早，像手插秧时肥效延续到出穗前 20 d，反而对基肥不好判断了。其实这不仅是肥效期长短的问题。基肥肥效是否延续到出穗前 20 d，是重视根的水稻栽培与重视茎数栽培的分界线。

为使基肥肥效延续到出穗前 20 d，首先肥料要全层施，使肥料养分慢慢地被水稻吸收。肥施在广范围内，稻根为吸取养分向深广方向伸长。

不施基肥的水稻，根系也长得不错，也能取得足够茎数，道理已如前述。也就是，水稻为了健全生育所需的养分适量即可。只要地上部的环境好，生育健全进展，随之根系活力增加，根系活力强又带动茎叶的活力提高，以致全体均衡生长。这种关系若能很好配合，肥料养分施在广范围内，肥效也能延续到出穗前 20 d 左右。

另外，能延续到出穗前 20 d 的用量，是按天气不好年份设定的。所以，如果生育初期天气好，当然到那时会感肥效不足。在幼穗分化期左右（出穗前 30 d 前后），如需要追肥时，将维持到出穗前 20 d 的肥量，做接力肥施用即可。

　　基肥的施法，由表层改为全层，为延续到出穗前 20 d 左右，水的管理也要改变，不是节水而是以水促长（图 6-2-15）。

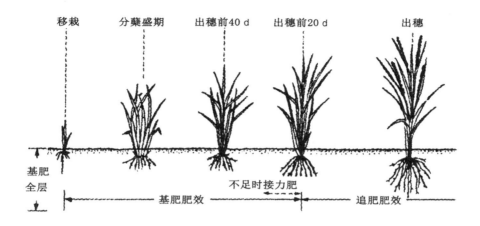

图 6-2-15　基肥的施用方法

（七）移栽从稳定还原后开始

　　耙地后立即插秧的人不少，这样助长返青延迟。稻田灌水耙地后，氧气减少，土壤很快变成还原状态，当土壤由氧化状态变为还原状态时进行插秧，根系受影响，返青变晚。这与水稻生育期间，急干强晒后急灌水出现根腐一样，要认真考虑。

　　所以，耙地后稳定还原状态，再进行移栽的返青好。旱育苗更要在稳定还原后移栽。从地温、水温上升来看，从除草剂的药害方面来看，都以耙后田土稳定后移栽为好。用苗龄小的秧苗，营养蓄积少，根量小，更要重视耙地后的土壤状况。

　　耙地后几天移栽好，应根据土壤状况而不同，有 2 d 后就没有问题的，有 4 d 后才可以的。在土壤沉实好、呈羹状时，插秧为好。

第三章　水稻优质、高产钵育大苗稀植栽培

第一节　1 000 ㎡产 800 kg 的越光生育

一、前半期伸长型，从中期进入分蘖型

前半期深水抑制分蘖，使茎叶伸长，提高叶间间隔，育成通风透光良好的株形。一般小苗水稻前半期为分蘖型，中期以后进入伸长。薄井氏栽培反其道而行之，钵育大苗，每钵播 1 粒种子，每平方米栽 10 穴，不施基肥，移栽后到 6 月下旬深水灌溉，每 1 000 m² 产 820 kg，而一般钵育大苗，每钵播 3 ～ 4 粒，每平方米插 13.6 穴，基肥氮量 3 kg，前半期中等水层，产量 600 kg。

二、每穴播 1 粒，育粗茎壮苗

苗床用水田折中旱育苗，夜间保温，早晨换气，育成分蘖力强的壮苗。每钵播 1 粒，发芽 2 d 后生育略有不齐，25 d 后生育整齐，播 1 粒的，不完全叶发生分蘖，到 5 叶期可有不完全叶、1 叶、2 叶 3 个分蘖，而且比播 2 粒、3 粒的出叶快半叶。

三、深水伸长株高，增加活力，而且茎也较粗

单株插的在抽穗前 45 d 落水，施用茎肥，这时茎数有 1/3 左右即可，通过落水施茎肥，提高其活力。

四、出穗前 20 d，取得足够茎数即可

单株植的水稻，在出穗前 20 d 茎数达 40 个左右，株形开张，通风、受光态势良好。

五、穗大、结实力高，每穗粒多

结实率 87% 左右，一次枝梗粒多是其特征。

六、结实力强来自生命力强的颖花

6 只雄蕊整齐开放，是结实力强的标志。

第二节　为了"好吃"和"高产"同时实现

一、食味、倒伏、病害、冷害，是现在稻作的问题

（一）薄井氏的水稻栽培概要

（1）每穴播 1 粒，带 3 个分蘖的钵育大苗，每平方米栽 10 穴。

（2）无基肥，初期叶色嫩竹色。

（3）移栽后立即灌 10 ～ 25 cm，25 ～ 30 cm 水层，培育茎的充实。

（4）在出穗前 40 ～ 45 d 分三次落水，并施茎肥，促进分蘖，培育大穗。

培育壮苗，前半期以深水育茎，提高中期活力，强化结实力，产量构成是：

每平方米穗数 364 个；

每株穗数 37 ～ 38 个；

有效穗率 95% 以上；

成熟率 80% 以上；

每穗粒数 130 粒以上；

千粒重 23 g。

产量超过 800 kg（1 000 m²），株高 120 cm，叶鞘及叶较长。中期活力好，可栽培成：①好吃的米；②良食味品种不倒伏；③减少农药；④抗御冷害的水稻。

（二）为了食味好，穗肥过多，成熟不好

为了栽培成好吃的大米，选择好吃的品种是前提条件，但还必须培育成结实力很强的水稻。完成水稻的一生，达到完熟的水稻，食味才能好。但是，在生育中期营养下降，在出穗前 10 ～ 20 d 追施穗肥，对成熟将有一定影响。穗肥可增加粒数，但不易完全结实。采取这样措施的水稻，二次枝梗增加，薄井氏栽培的水稻，一次枝梗所占比例为 60%，在出穗前 10 ～ 20 d 追施穗肥的水稻一次枝梗为 40% ～ 50%。说稀植，常意味着大穗、二次枝梗多，难完全成熟，而深水茎粗的水稻则不然，形成一次枝梗为主的高效水稻。一次枝梗数与茎的维管束数成比例。茎粗当然维管束数多，一次枝梗也多。越光是一次枝梗型品种，茎粗是高产的关键。而一般水稻的二次枝梗占一半以上。茎细抑制一次枝梗，用穗肥确保二次枝梗。早期确保茎数，中期营养下降，以为穗小也行，但实际相反。一般水稻重视二次枝梗的增加。少肥低产的水稻，穗虽小，以一次枝梗为主，结实较好。以穗肥增产

的水稻就不太容易。

一般的水稻，成熟期的活力下降，支持成熟的直下根和上位根的主要发生时期，受晒田及间歇灌溉影响，土壤水分变化大，根系变弱。因晒田使氮肥中断，为使用收割机而早晒田，更加速稻体的弱化。这样活力下降的水稻，氮素同化能力减弱，怕倒而抑制株高的水稻，氮素消化能力降低。株高大小与氮素消化能力呈一定比例关系。如多施氮肥穗肥，不仅影响成熟，而且氮在糙米中残留多而降低食味，但过分控氮，产量受到影响。想增产，容易降低食味，食味与增产并举在稻作上是较难的。

为栽培好吃的稻米，用有机栽培法，但对中期控制营养的日本现行稻作技术，有机物或有机质肥料难以充分利用。中期断肥，和基肥使用有机肥的肥效是矛盾的，为发挥有机肥的作用，必须改进栽培方法。

（三）防御倒伏——重视茎粗比防止伸长重要

好吃的品种一般容易倒伏。为防御倒伏，一般采取控制中期营养，不使下位节间伸长。但这种做法是目前水稻栽培的一个"瓶颈"，为控制下位节间伸长，中期控制氮肥，株高变矮，叶间隔变短，下叶受光少，出现早衰，也使根系变弱，对抗倒不利。

防倒伏的对策，不是使株高变矮或努力使下位节间变短，关键的问题是茎的粗度和形状。在成熟期下位第5个节间的直径5 mm以上，第4个节间4 mm以上，节间多少伸长些，也不必担心倒伏。另外，在形状方面，径的直径差（长径与短径）在1 mm以内，接近于圆形，可培育硬秆、充实。

（四）病害——用氮育叶与以水育叶的不同

氮素消化力低的水稻，为了增产施用氮肥，茎叶含氮过多，当然易感稻瘟病等病害，穗肥用量偏多，易感穗颈瘟。叶间过密，互相遮阴，通风透光不良。加之中期晒田，根系转弱，影响硅、磷的吸收，更易导致病害。

要尽可能满足水稻对水的需要，使其健康生长，前半期要深水，随后饱和水管理，使硅素吸收充分，育成健壮叶片。相反用氮伸长的叶片，软弱易感病。

（五）冷害——有活力的水稻自然能回避冷害

对初期的低温危害，由于初期开始即用深水灌溉，当然可以回避。深水灌溉，水温比气温高3 ℃，地温更高1 ℃。6月中旬左右，气温降到15 ℃以下的寒冷天气时，深灌的水稻，水温、地温为19 ~ 20 ℃。而浅水灌溉的，气温和水温相同，气温低，水温、地温亦低。4 ℃的差异是很大的。地温低时，磷的肥效降低，而氮肥独占优势，水稻体质不良，而且水温的较大变化，刺激分蘖的发生，成为弱小过剩分蘖的原因。水稻的活力不同，防御障碍型冷害的能力也不一样，1989年夏季为冷害年，当年薄井氏的水稻，出穗比附近一般水稻晚一周，一般水稻出穗与例年相同，结果穗上1/3不孕、白稃，而薄井氏的水稻因出穗晚，躲过了障碍型冷害，未因出穗晚而影响成熟。

有活力的水稻对天气的变化有自我调控的能力。早期取得计划茎数、施用穗肥的水稻，自己没有调控能力，容易遭致冷害。

有活力的水稻，花也不同，开花时的旺盛程度不同。抽穗结实不良的稻穗，雄蕊多为4～5个，薄井氏的水稻为整齐的6个。这样的花具有很强的生命力。稻花在天气良好时，从开花到闭花为30～40 min。但偶有降雨时，时间更短即闭花。花强授粉快，抗冷害能力强。

二、提高水稻成熟力——薄井氏的稻作经过

（一）以片仓稻作为样板

出穗前30 d为开张型水稻，以后追施穗肥、粒肥，重点是促进稻作成熟。为了株形开张，还做了"挠秧"作业。当时的产量约为600 kg（1 000 m²），每平方米22穴，条栽，平方米穗数484个为目标，为生育整齐，在6月20日到7月10日进行深水灌溉。1970年购入插秧机，为共立式的盘育秧型，基肥氮素4 kg，每平方米18穴，每穴2～3苗，开始用插秧机栽插，当年用品种丰锦，产量达750 kg。

（二）降低计划穗数和穴数

1965年底，夏季气候比较稳定，茎数多些亦能安全成熟，但从1965年后到1975年间，天气变化很大。其间为稳定产量，每平方米穗数485个，二次枝梗颖花成熟不良，碎米增加。同时，附近每平方米插11穴，单本植的人们，其产量未受天气变化的影响，成熟良好，每年获得600 kg左右的好产量。为此，降低计划穗数，使光照达到茎基部，茎粗、每穗粒数多，穗数即可减少。

这样从1975年开始，每平方米穴数降到15穴，计划穗数降到424个，天气差些，水稻也成熟良好。穴数由每平方米18穴降到15穴，产量并未下降，即使产量相同，穴数少的还省了种子、秧盘和秧田面积，降低了成本，也有经济效益。这样在1975年以后，以每平方米424穗为计划目标，基肥氮素2～3 kg，每平方米15穴，每穴2～3苗，有了很大转变。

（三）钵育大苗分蘖力强

共立式钵苗，当初以每平方米21穴的密植为前提，那样特殊的苗箱每1 000 m²需40～50张，一般认为是不经济的。但到1981年都认为钵苗好，在1982年开始育钵苗，用笹锦品种，基肥氮素3 kg，平方米人工摆栽15穴进行试种。稻长得很好，最高分蘖期1穴70～80个茎，出穗10 d前追一次肥，最后成穗每穴40～50个。稻子长得不错，加工成糙米通过筛眼时，出现大量碎米。由于过分繁茂，二次枝梗粒基本未长好，产量仅为660 kg。1983年用新的钵苗移栽机进行试验。从前年的试验中认识到，钵苗分蘖力旺盛，平方米穴数必须在15穴以下。但共立式的负责人认为穴数少、穗数不足，产量上不去，担心再稀植产量下降。由于意见不同，进行了密度试验。在试验中又加上稀植加深水抑制茎数的处理，这样：①每平方米13穴，加深水；②平方米15穴；③平方米18穴；共三

个处理。结果②和③产量为 660 ～ 670 kg，①为 720 kg，以稀植加深水的产量最高。这时最深水为 15 cm 左右，在 10 ～ 11 叶期落水。每穴穗数 35 个左右，成熟良好。

（四）稀植、深水、基肥为零

1984 年购入钵苗移栽机，全面进行钵苗栽培，技术进一步改进：

（1）平方米穴数由 15 穴降为 13 穴；

（2）基肥氮素由 2 kg 降为 1 kg；

（3）全田采取深水灌溉；

（4）计划穗数平方米为 364 个。

进一步发挥苗的潜力来确保穗数，又前进一步。

稀植每穴超过 40 穗，茎变细。成熟度下降，计划穗数平方米 424 个，钵苗每穴容易超过 40 个穗，成熟不良。所以为成熟良好，穗数降到 364 个，减少基肥，深水管理。

但钵苗生长力强，1985 年后再减基肥，直到不施基肥氮素。1986 年平方米 11 穴，1988 年平方米 10 穴，穴距比行距宽。每钵播 1 粒为主，搭配每钵播 2 ～ 3 粒。

三、什么样的水稻形态好

（一）上位叶长，株高大的水稻

在成熟期看水稻受光最好。旺盛进行光合成的叶片是剑叶。剑叶大、厚、宽，到最后能制造养分，是成熟力高的理想姿态。但现行稻作剑叶较短，为防御倒伏，不使下位节间伸长，中期控制养分，剑叶和上位叶不能伸长，水稻各器官是相互关联的，只将剑叶伸长是不可能的，剑叶伸长短，上位叶全短，株高亦矮，各节间亦短；影响各节间的伸长，使下叶受光，以确保光合作用。

稻的株形，剑叶长，穗大，株高超过 100 cm，才能反映水稻的本质。不提高水稻的成熟力，提高产量是不可能的。成熟好的株形如图 6-3-1 所示。

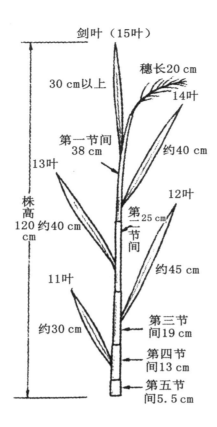

剑叶（15叶）

穗长20 cm

30 cm以上

14叶

约40 cm

第一节间
38 cm

13叶

12叶

第二节间

25 cm

株高
120
cm

约40 cm

约45 cm

11叶

约30 cm

第三节间19 cm

第四节间13 cm

第五节间5.5 cm

图6-3-1　成熟期水稻的标准姿态

这样大个的姿态，叶片必须直立，为此要培育茎粗，茎粗才能长出健叶，节间规律伸长，叶片寿命长，养分合成多。

（二）在前半期伸长株高

以上叙述的粗茎高个长相，是生育前半期形成的。在生育前半，叶鞘和叶片都能充分伸长。

在稻的一生中，具生长一定长度的性质，例如一般前期株高矮的水稻，中期以后充分伸长。而薄井氏的水稻在前半充分伸长，中期开始急速增加分蘖。一般水稻为分蘖→伸长，薄井氏的水稻则是伸长→分蘖，恰好相反。薄井氏水稻的株形，叶和叶之间的间隔大，通风透光态势好，而一般水稻叶间隔短，受光态势不良。

培养前期伸长和茎粗，不可缺少的是深水。水稻被水淹埋有向上伸长的性能。东南亚有称为"浮稻"的，这种稻被水埋淹，茎叶伸长，叶出水面，一日可伸长50 cm，日本水稻有浮稻血缘，所以加深水层水稻伸长。水深时，叶片想出水，叶鞘伸长，叶鞘伸长叶片也伸长。高的烟筒使烟升高，叶也能伸长。

株高伸长与受光条件有关，与植物激素有关，水稻基部受光不良时，株高易伸长，所以中期过密的水稻易于伸长。薄井氏的水稻，前半期深水植株伸长，中期以后基部受光好，株高伸长不多。前半期用深水叶不软弱。用氮素催长的叶较软，而用水催长的叶硬挺强健。深水供硅充分，与根系吸收也有关系，而且在还原状态下硅酸肥效也有增加。

（三）分蘖在体力充实后取得

薄井氏的水稻，前半期为伸长型，中期开始为分蘖型。出穗前 45 d 左右开始落水，同时施用茎肥，分蘖快速增加，这时的茎数约为计划茎数的 1/3 即可，最后茎数在抽穗前 20 d 取得即可。一般水稻在 6 月末将达最高分蘖期，而薄井氏的水稻仅为计划的 1/3，本田还稀稀落落的。

栽培笹锦品种的时代，对分蘖发生时期和着粒数间的关系做过调查，结果是：着粒数最多的分蘖是 6 月下旬发生的第 7 叶分蘖，以此为中心，在此以后的分蘖比其以前的分蘖每穗粒数多。由此表明，水稻体力好，其发生的分蘖也是充实的。

也就是在初期使主茎充实，以充实的主茎获取充实的分蘖，进而使分蘖都成为有效茎是最有利的。这样的水稻，在出穗前 20 d 左右，茎数达到计划的 100% ~ 105%，无效的少，立即转入生殖生长，生育顺利。

必须明确，同是每平方米 364 个茎，是在稻体未充实的前期获得，或在有了体力以后获得，是完全不一样的。

（四）最根本的是要有强的分蘖力

以有效茎率 100% 为目标，幼穗分化期与最高分蘖期相重。与一般稻相比每株茎数增长较慢，与早期确保茎数相比，属于后期确保茎数的稻作。从一株苗的分蘖来看，到 6 月末（出穗前 45 d），从 3 苗到 12 个茎，长出 9 个分蘖，而一般的小苗在此间增加 8 个左右，薄井氏的水稻分蘖速度略好。一般水稻一苗分 8 蘖，每穴 5 苗将达 40 个茎，穴内过密，不少分蘖消亡。

薄井氏的水稻分蘖，在基肥为零的情况下，分蘖速度所以好，是培育了分蘖力强的秧苗，插秧后以水保温的结果。虽说后期确保茎数，也不是初期苗弱好，而是秧苗带蘖及初期分蘖，是确保有效茎数不可缺少的。钵育大苗比手插时的大苗分蘖力强。各钵间独立且有间隔，是钵苗的特点，与无间隔的苗比，分蘖容易伸长。培育后期确保穗数的水稻，苗须具备强的分蘖力，用不施基肥和深水灌溉，逐渐培养分蘖力。如只有分蘖力，给以基肥和浅水，分蘖早期开始，过分繁茂，强的分蘖力即行消失。所以要不施基肥和灌深水。由此看来，稀植水中栽培，苗不是"半年粮"，而是"九成年"。

（五）中苗没有浪费吗

由小苗向中苗转移，是否有浪费，其中有两种情况：

一种情况是秧苗分蘖力变弱，床土量和播种量与小苗相同，结果成为老化苗，为了补救增施了基肥、返青肥，增加栽植苗数，使生育过分繁茂，甚至不如小苗。

另一种情况是，稀播育中苗壮苗，播种量在 100 g 以下，最好 80 g 左右，虽容易缺苗，但可育成中苗壮苗。在这种情况下，如不改变过去的栽培方法，易出过剩分蘖，必要时强制晒田，结果成熟不良。为发挥这种苗的潜力，应减少基肥，采用深水。

无论小苗或中苗，采用深水，稻子长得好。但也有其界限，和钵育大苗不同，移栽后深水时间短，茎粗效果不良，一般在移栽后长出一片新叶时开始深水，出穗前45 d左右落水，看茎数施用基肥，可栽培出比现在成熟力更强的水稻。

（六）灌深水为什么茎可变粗

灌以深水，表面分蘖晚，而茎秆变粗。灌20 cm以上的深水，水稻承受水压，叶与叶间紧实地抱在一起，而叶露出水面（图6-3-2）。

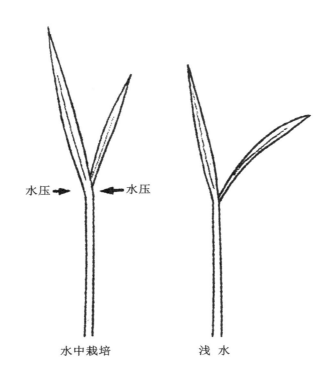

图6-3-2　水中栽培与浅水栽培的差别

植物受激素的作用促进生长或抑制生长。深水时水稻受水压力，促进乙烯类激素产生，抑制伸长生长，这是薄井氏的假说。为什么是这样，在深水中分蘖芽已经发生而不伸长。细胞的分化与浅水时相同，在显微镜下已看到这种情况。但这样的分蘖长出的时间较晚，与浅水分蘖早的比晚1.5 ~ 2.0叶。而将晚的部分，转为长粗。由此可以认为是与乙烯的作用有关的。

因此，在深水中出生的分蘖芽，在落水后，可以很快长出。由于解除了水的压力，加上生长激素的作用和施用氮素茎肥，生长速度明显加快，向最高分蘖充分增加茎数，提高有效茎率，生育整齐发展。

（七）落水时的茎数达计划茎数的 1/3 即可

对于深水栽培，落水的时间是特别重要的。落水过早，茎粗效果降低，晚了也有困难。落水后，不论时间，分蘖芽将一齐长出。因此，落水时间很重要，过晚茎数不足，过早茎数过剩。所以落水时间要认真执行，避免改变水稻体内激素的活动。以后为防御冷害而灌深水时，要 1 次彻底落水是极重要的。

其时间是出穗前 45 ～ 40 d 间。

到解除水压（落水）时，茎数多少好是个重要问题。薄井氏研究了 5 年的记录，认为落水开始时间，在达计划茎数的 30% ～ 35% 时，有效茎率高。这是以有效茎 100% 而定的技术，使用至今。从水稻姿态变化看落水时间，称为"茎数限定期"，这时的茎数为目标茎数的 1/3。在茎数限定期如茎数超过目标，以后要减少茎肥，不使分蘖再增加；相反如茎比目标少，可增加施肥并提早一叶施肥。越光品种为 15 叶，稀植水中栽培其茎数变化特点如表 6-3-1 所示。

表 6-3-1　获得茎数的目标

叶龄	日期	对计划茎数 /%	分蘖数 / 个	增加分蘖数 / 个	每日增加分蘖数 / 个
5.5 ～ 6 叶期（插秧时）	5 月 20 日	—	3 ～ 5	—	—
10 叶期（落水开始时）	6 月 30 日	30 ～ 35	11 ～ 13	8	约 0.2
11	7 月 8 日	40 ～ 50	15 ～ 18	4 ～ 5	约 0.56
12	7 月 16 日	70 ～ 80	26 ～ 30	11 ～ 12	约 1.44
13	7 月 25 日	90 ～ 100	34 ～ 37	7 ～ 8	约 0.83
14	8 月 2 日	100 ～ 105	37 ～ 39	2 ～ 3	约 0.31
15	8 月 9 日	100	37	-2 ～ -1	—
出穗	8 月 16 日	—	37	—	—

注：越光总叶数 15 叶（除不完全叶），1 钵 1 苗。每平方米 10 穴，计划茎数 364 个 /m²。

（八）什么时候是茎数限定期

茎数限定期的时期因主茎总叶数而不同。其标准是总叶数减 5 的叶龄期，如总叶数 15 片的越光，15-5=10，10 叶期为茎数限定期，这时有计划茎数的 1/3 即可。总叶数减 5 的叶龄期，任何品种均为出穗前 45 ～ 40 d 间。

过去认为出穗前 45 ～ 40 d 是水稻栽培的关键时期。要转入穗的生长，是营养生长向生殖生长转换的时期，在 V 字形稻作中，这时要确保茎数，是氮素肥效应下降的时期。

稀植水中栽培，出穗前 45 ～ 40 d 间亦是重要时期。不仅是生育转换期，对以后分蘖的增加和穗的齐整也是重要时期。稀植水中栽培，从出穗前 40 d 到出穗前 20 d 的最高分蘖期，是分蘖增加和育穗准备的重要时期，为两者的实现，要最大限度地增强中期的活力，以中期活力充实分蘖和培育大穗。所以说总叶数减 5 的叶龄期是茎数限定期，是其后 5 叶生长活力提高的时期，是支撑成熟有活力的叶片的时期。

（九）多一片叶增加 60 kg 产量

总叶数因品种和当年气候而变化，茎数限定期也随之变化。总叶数 14 片的笹锦茎数限定为 9 叶期，总叶数 13 叶的秋田小町和花之舞为 8 叶期，比总叶数 15 片的越光时期要早。以多一片叶需 10 d 计算，与 15 片叶的越光比，14 叶品种的茎数限定期早 10 d，13 叶品种早 20 d。

茎数限定期早，灌深水、施茎肥的时间也要相应提前，如插秧时间相同，灌深水时间相对缩短，用深水促茎粗的效果也相对减弱。若延长深水时间，分蘖分散缓慢，茎数不足，分蘖迟发，成熟不良。因此，秋田小町总叶数少的品种，是增产困难的品种（薄井氏认为）。

总叶数因地区气象条件及当年的天气与栽培方式也有些变化。同为秋田小町在秋田县一般为 13 叶，到山形县就成 14 叶片。越光品种，6 月的气温易对其叶数产生变化，薄井氏栽培时为增叶型，单株栽植，深水保温，出叶速度快，除低温年外叶数增加，在 10 年间，有 5 年为 16 叶，以致曾想越光是不是 16 叶的！

到 6 月中旬达 10 叶的年份为增叶型，那样的年份茎数限定期为 11 叶。所以 11 叶期比例年的 10 叶期略晚些，落水及茎肥也要晚些。由于深水管理时间略长，茎也更加充实，增加 1 个叶片，1 000 m² 增产 60 kg 粮食。

与此相反，如减少叶数，较早进入生殖生长，增产就没有希望。叶数减少，当然节数减少，相对根数也减少，一节长 8 条冠根，减叶支持成熟的冠根数少了。

因此，落水和茎肥施用因茎数限定期的叶龄进展情况而变化，叶龄调查是基本的重要诊断项目。落水和施用茎肥比茎数限定期早，茎数易过剩，晚了茎数容易不足。

四、深水能发挥水稻潜力

（一）为什么要称"水中栽培"

如前所述，薄井氏的稻作为适应钵育大苗，有较大的变化，以充分发挥钵苗及其分蘖力强的特点，稀植单本插，采用深灌方式。钵育大苗，稀植、深水是不可缺少的，深水时间早且深，可使茎充实、茎粗。深水可使水稻充分发挥其能力，充分发挥其能力的水层为 20 cm 以上。20 cm 以上或以下，由水产生的压力是不同的，对水稻的茎粗、茎质及生育效果有很大差异。一般所谓深水，是指 10 ~ 15 cm，这不能充分发挥深水的作用。所以，薄井氏不是用深水，而称之为水中栽培，水深 20 cm 以上，充分发挥了水力的作用。改用钵育大苗，分蘖过剩，采用了深水。苗壮才可用深水，如是弱苗，早用深水是困难的。

（二）深水有这些效果

薄井氏注意深水，和很多深水栽培实践者同样，是看到洼地水稻长得好而发现的。在观察中发现，深水下有茎粗的效果。

现在稀植水中栽培的水管理，是按下列超深水管理的。

插秧当时为 5 ~ 6 cm 水，1 ~ 2 d 后灌 10 cm 左右深水。钵育大苗 18 ~ 20 cm 高，仅叶尖漂露水面的程度。其后随水稻伸长灌淹没叶耳的深水，即叶鞘和叶片结合处上 5cm 的水深。6 月末灌 25 ~ 30 cm 深水，为此要修 40 cm 高的埂子。落水后做沟，维持土壤水分 100% 的饱和水管理。

深水灌溉的效果整理如下：

（1）初期保护稻体，防寒、防风，减少消耗。

（2）地温的日差较小，特别是夜间地温稳定。

（3）根系伸长好，吸肥力强。

（4）分蘖缓慢进行，易茎粗。

（5）还原状态稳定，地温高，磷、硅肥效好，特别是可溶性磷的肥效好。

（6）与浅水比，从水中供给的硅量增加。

（7）可提高有效茎率。

（8）能克服障碍型冷害。

（9）提高除草剂效果，抑制杂草。

（10）在水中可充分利用植物伸长激素和抑制激素。

（11）生稻草翻入稻田，无毒气危害。

利用水可改变水稻生育。由于深水，株高伸长，叶长、叶鞘高、叶厚、茎叶变宽，养分制造工场增大，叶直立、粒多、结实好。有人认为水稻 2/3 在水中抑制光合作用，但浅水虽制造养分多，消耗也大，结果为负数。深水光合成虽少，但消耗也少，反而是正值。

水中栽培的水深，最后阶段最低水位定为 20 cm，20 cm 以下很难收到深水效果。

（三）水深影响地温和水温

水深 20 cm 以上，还与水温、地温的动向有关。水的深度和对流方式有关，5 cm 左右的浅水，水的对流快，热得快、凉得也快。水深 10 cm 时，对流变慢，热的速度慢，凉的速度也慢，水温、地温变化小，生育顺调。特别是地温没有昼夜差，对根系伸长有利，有少量氮素，根系即可长粗、伸长。而且磷的肥效也能发挥出来。

水深超过 20 cm，便形成两个对流。上层水温下降，地温也不下降，所以认为分为两层对流，在 7 月中旬遇 17 ℃低温时，测得的水温，上 10 cm 层为 19 ℃，下层为 22 ℃。这样，水中栽培的水温经常稳定，使水稻抗冷害强，生育顺利。而浅水灌溉，昼夜水温、地温变化大，以致引起各种问题。浅水昼间水温上升，微生物活动旺盛，引起水中缺氧；地温也很快上升，有机物腐解，引起氮素饥饿，产生毒气危害。使初期生育恶化，以致初期施氮，分蘖增加，遭致过繁。有人提出昼间浅水、夜间深水，但现场执行的人很少，甚至没有，操作不便。夜间浅水，地温下降，影响根的活力和磷的吸收，导致吸收偏氮，促使植株软弱过繁。另从生理方面看，夜间茎基部变冷，易促进分蘖发生，寒地比暖地更易增加分蘖，低水温更使过繁加剧（图6-3-3）。

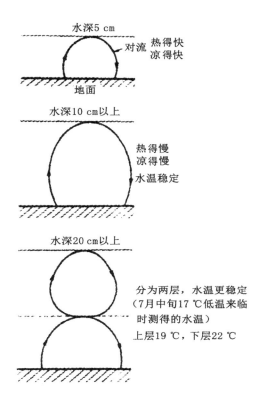

图 6-3-3　不同水深的对流与水温的关系

（四）深水是寒地技术吗

深水栽培被认为是寒地技术，暖地稀植水中栽培是否可行，人们还不知道。实际暖地也用深水栽培。暖地水温容易上升，根的消耗增加，易引起根腐，所以一般采用间歇灌溉。水深加到 30 cm 时，上层水温增加，下层水温增加很少，不致引起根腐。寒地 20 cm 以上、暖地 30 cm 以上尽早达到最高水位，是基本的课题。

（五）加深的同时也要提早

深水在加深的同时，也要提早，其威力才能充分发挥。

最近提出中期深水的话题。早期取得分蘖，其后为抑制分蘖，在出穗前 40 d 的 10 ~ 15 d 间用深水灌溉，与晒田相反，用灌水来抑制分蘖，也就是不用 V 字形断氮的做法，用灌水来代替，效果确实很好，茎秆粗些，出穗齐些，比中期断氮好很多。

但遗憾的是茎粗的效果比早期深水灌溉的小。薄井氏以前也用过这种方法，为了茎粗提早了深水时间，结果形成从初期开始深水的方法。为了早期深水，首先要有成活力强、苗高的秧苗。如株高矮深水被淹，苗弱返青慢，早期深水茎数不足。钵育大苗成活力强。钵苗带土，比过去手插大苗着根好，栽后一日即可发根，不缓苗，而且株高接近 25 cm，所以适于早期深水灌溉。薄井氏在移栽时水层 5 ~ 6 cm。移栽前田间的温水原样利用，移栽后第 3 天开始深水。有的人为移栽方便或防止秧苗水淹，排出田间温水，移栽后再灌冷水，使返青推迟，为灌深水增加困难。所以为早灌深水，培育大壮苗是最重要的。

深水对防御冷害也能发挥很大作用。

与冷害斗争的东北稻作，用水防冷害已是传统技术。但在冷害年没有灌深水的准备，想灌深水而灌不上去。薄井氏的水中栽培，首先筑高池埂 40 cm，保证能灌深水，以此培育茎粗和防御冷害，才能保护水稻。

（六）以水中根培育根的活力

以上对深水灌溉做了叙述，落水后要进行饱和水管理。要做沟，沟内蓄水，保持土壤水分的 100%，以土壤水分的稳定保护好根系。

从茎数限定期的 10 叶期起，直下根开始发生，以后斜直下根、上根、上根分枝根相继发生，这些根均为支撑成熟的根系（表 6-3-2）。

茎粗根系也粗，在水中生长的为水中根，在晒田或间歇灌溉中生长的为空中根，其构造是不同的。水中根的通水管粗、通气管细、叶背面气孔大，使水大量蒸发。空中根通气管粗、空气多，通水管细，气孔小，蒸发强。结果，水中根在旱田状态时，通水管粗而水不足，根、叶变弱，而另一方面，增加根系，吸收土壤水分的细根增加。这种细根为空中根，以后灌水时，通气管因氧气不足而变弱。在一般灌水管理情况下，在有水层灌溉状态下伸长的水中根，因晒田而变弱；晒田期间伸长的空中根，以后因间断灌水而变弱。这样看来，在全生育期间，维持水中根系是最自然的方法。落水后，由粗茎长出粗的直下根，以后用饱和水灌溉，斜向直下根、上根等陆续发生，由上根再长分枝根，这些根有强的成熟力。做沟利于排水，康拜因作业障碍也没有了。

表 6-3-2　落水后根系伸长状况

叶期	水管理	根发生情况
10 叶期	落水开始	发生直下根
11 叶期	落水完了	直下根伸长 斜向直下根发生
12 叶期	做沟	直下根伸长最大 斜向直下根伸长 上根发根
13 叶期	—	斜直下根伸长最大 上根伸长
14 叶期	—	上根伸长最大
15 叶期	—	上根分枝根发生 以后续生

五、中期重点施肥，强化成熟力

（一）水稻对氮素需要多少

改善稻作的中心问题是施肥。薄井氏对此也做过努力，但结果常不理想而失败。究其原因，水稻有它的生育生理，无视其生理是不行的。施肥必须与其生理相配合。水稻有其按生理要求的需肥期，在该时施肥才是适期施肥，特别是氮肥是左右水稻生育的要素，过多使水稻软弱、过繁；过少绝对生长量小，产量不能提高。

与生理相配合进行施肥，首先是基肥问题。

一般为急于确保茎数，常多施基肥氮素，成为分蘖过剩的主要原因。

水稻初期是否需要那么多氮素，对此应该有疑问。薄井氏与东北稀植研究会的顾问、宫城教育大学的本田强先生（农学博士），曾进行相关的调查研究。

从秧田开始，对各个时期水稻需要多少氮素进行计测，结果如表 6-3-3，这些数据可作为有力的参考。

从秧田到移栽后一个月间，氮素吸收量为 1.2 kg，仅为一生吸收量的 6.7%，按每天计算，量是很少的。氮的吸收量在出穗前 30 d 左右和出穗开花期为多，形成两个高峰。也就是与"两个高峰"相配合，亦即在两个高峰出现前 7 ~ 10 d 施肥，肥效在出现高峰时能反映出来为好。

从生理上看，第一个高峰是最高分蘖期需要氮素的时期。这个时期是支持成熟的直下根根群发生、伸长的时期，是节间伸长、育秆的时期，也是第一苞分化、枝梗分化、上位叶分化伸长的时期。更是稻体猛长、面向开花、结实各个器官形成的重要时期。对这个时期施用氮素肥料，其重要性是可以理解的。

第二个高峰为出穗开花期，是繁殖后代、一生需热量最大的时期，需要的氮素也多。

表 6-3-3　水稻对氮素各期吸收量

期间	生育时期	日数 /d	每 1 000 m² 氮素吸收量 /kg	占比 /%	每日平均氮素吸收量 /kg
4 月 25 日—6 月 25 日	从秧田到移栽后 30 d	65	1.20	6.7	0.018 5
6 月 25 日—7 月 10 日	从出穗前 45 d 到幼穗分化期	15	3.49	19.5	0.233
7 月 10 日—7 月 24 日	从出穗前 30 d 到幼穗形成	14	5.71	31.8	0.409
7 月 24 日—8 月 7 日	从幼穗形成到出穗前	13	2.07	11.5	0.159
8 月 7 日—8 月 23 日	从出穗开花前到倾穗期	16	5.02	28.0	0.314
8 月 23 日—9 月 1 日	从倾穗期到成熟前期	9	0.08	0.4	0.009
9 月 1 日—9 月 30 日	从成熟前期到成熟后期	30	0.36	2.0	0.012

注：来自本田强先生的数据。生育时期为薄井氏的越光。▢内为氮素吸收两个高峰。产量每 1 000 m² 800 kg，吸收全氮是 18 kg（糙米 13 kg，稻草 5 kg）。

从上述看来，多施基肥、中期控氮的稻作，是与稻的生理相反的。尽量减基肥、中期形成肥效高峰的做法，与水稻生理是相符的，这样的肥效对水稻生育的作用明显，是水稻栽培的应有选择。

（二）茎肥是什么肥

使中期出现肥效高峰的稻作，前期生育必须缓慢。过急确保茎数，早期形成过密的水稻，中期难以发挥氮素肥效。

稀植深水栽培的苗壮有力、不施基肥的水稻，从中期开始能充分发挥氮素肥效。即在落水同时在茎数限定期（出穗前 40 d）施茎肥，其后在出穗前 30 d 施穗肥。

稀植水中栽培的水稻，茎肥是必需的。茎粗、株高大，生活空间好的水稻，对氮素消化能力强，多施氮肥也不致影响生育。

茎肥和现行稻作的分蘖肥、接力肥（调节肥）、穗肥等不同，有其独自意义与效果。

一般来说，分蘖肥增加分蘖，调节肥使茎匀齐，穗肥控制减数分裂，确保粒数。

茎肥不是其中哪一个而是包括这三种肥的全部。所以茎肥是：

（1）促进落水后分蘖的增加；

（2）使茎粗和整齐；

（3）使一次枝梗分化和粒数增加。

从时间上说，茎肥与调节肥相近，也算晚分蘖肥或早期穗肥。茎肥确实有增大穗粒的作用，不施茎肥，只施出穗前 30 d 的穗肥，穗就不大。茎肥在稀植栽培中早被重视。在深水条件下，茎肥更有作用和价值。

（三）一般穗肥与薄井氏的穗肥不同

出穗前 40 d 施用茎肥，在落水后很快长出分蘖的水稻，于 10 d 后施用穗肥。这次穗肥，不管叶色如何，是不可缺少的。实际这时的叶色为第一高峰，钵育大苗的叶色偏浓，从远处即可看出。叶色较浓，也施穗肥，对穗的分化发育是有利的。在其以后不施穗肥，在第二高峰出现的出穗期施用粒肥。一般在出穗前 20 ～ 10 d 的穗肥，原则上是不施的，这也是稀植水中栽培的重要技术。表 6-3-4 是片仓时代改为稀植时和现在追肥的变化。从出穗前 20 ～ 10 d 间的追肥，到现在这一施肥已经停止。这是由于该时的穗肥虽能增加粒数，但成熟是较难的。

表 6-3-4　薄井氏追肥的变化（每 1 000 m² 氮素量）　　　　单位：kg

时期	片仓时代	改为稀植时	现在
出穗前 40 d	0	3	3
出穗前 30 d	0	2	3
出穗前 20 d	2	1	0

续表

时期	片仓时代	改为稀植时	现在
出穗前 10 d	2	1	0
出穗时	0	2	2
出穗后	1，分两次	0	0
基肥	3 ~ 4	0	0
调节肥	1	0	0

增加粒数的根本，应从茎粗着手。茎粗维管束数增加，一次枝梗粒数增加。晚施穗肥二次枝梗粒数增加，过分增加二次枝梗粒数，难以充分成熟，食味下降。

钵育大苗在茎数限定期茎数多，叶色浓，茎肥和早期穗肥不施，而施晚期穗肥，仍然成熟不良，所以要及时用好茎肥。

六、 插单株和 2 ~ 3 株的差异

薄井氏在 2 hm² 稻田中，一半播 1 粒插单株，另一半播 2 ~ 3 粒插 2 ~ 3 苗。均为每平方米 10 穴稀植，产量几乎没有差异。为了便于播种，做些 2 ~ 3 粒的，但还是单株的比较理想，能充分发挥稻的能力。

观察单株栽植，发现书上没有的问题，生育环境变了，水稻生育产生变化。

从苗开始看到不完全叶分蘖。参考书中写到不完全叶分蘖不能成穗，而单株稀植的完全形成大穗，还有 3 ~ 4 个分蘖。播 2 ~ 3 粒的分蘖力下降，不完全叶未见分蘖，还有些徒长。

从叶龄来看，苗期与播 2 ~ 3 粒的比，可早 0.5 叶，由于光的环境好，最终达 15 ~ 16 片叶。1990 年有 17 叶出穗的，地上部有 6 个节，而且茎粗。插 2 ~ 3 苗的，栽后观察，茎粗比单株的窄 1 ~ 1.3 mm，最后穗数相差不多，有效茎率略低。

参考书中写到，水稻叶片左右交互展开，但水稻自身有对光环境适应的能力，在成熟期，为追求光照，在同一方向有 3 ~ 4 叶，特别在植株外侧较多。另外，剑叶和第二叶略长，亦很常见。这些都是水稻自身能力调节的反映。

单株植，生命力强。过去认为弱和不好种的越光、笹锦，也变为强者，而且用少量氮肥即可增产。

栽插苗数越多，茎秆越细，离培育茎粗相距越远。

第三节 栽培的基本技术和生育诊断

一、钵育大苗稻作成本高吗

（一）从增收效果来考虑收益

钵育大苗，移栽机价高，育苗盘也价高，与一般稻作比成本是高的。如产量相同，栽插株数也相同，当然钵育大苗成本高。但从一般盘育苗转为钵育大苗，只要不失败都能增收，苗壮可以稀植，成本可降低。具体如下：

从钵育大苗的增产效果来看，须贺川市平均差 120 kg（每 1 000 m²）。一般盘育苗为 480 kg，一般钵育大苗为 600 kg。和一般盘育的好苗比，钵育大苗差的也比它好，一般增产 120 kg。如用钵育大苗，发挥其生长潜力，进行平方米 10 穴稀植，还能增产 120 kg。薄井氏的产量即在 720 kg 以上。经营 2 hm² 的规模，每 1 000 m² 一般钵育大苗比一般盘育苗多收 1.5 万日元，稀植钵育大苗比一般盘育苗多收 7.9 万日元。按 2 hm² 算，同为钵育大苗，密植的产 600 kg，稀植的产 720 kg，效益差 126 万日元。若与一般盘育苗比，相差 157 万日元。增产和稀植结合，降低成本效果更好，两者同时实现，更能反映钵育大苗的魅力。

（二）是否费工费事

钵育大苗比一般盘育苗约延长 10 d 育苗期，这将很费事吧，但从浇水来看，一般盘育苗到育苗后期容易萎蔫，一天要上午和下午浇两次水，而钵苗一次即可，也不易发生病害，管理是省事的。

而且移栽后不用补苗，受到经营面积较大的农家的称赞。在灌深水方面，薄井氏用筑埂机修成高 40 cm 的田埂，在 3 月空闲时认真修好，2 hm² 三天修完。维持水深防止埂子漏水，用覆腹机将埂子进行覆盖处理，水的管理 4 ~ 5 d 补一次即可。

二、从育苗到移栽

（一）育成带 3 个分蘖的壮苗

作为壮苗的姿态需茎粗，有三个分蘖以上，叶龄 5.5 叶以上。5.5 叶以内移栽后不耐深水，难以发挥钵育大苗的能力（图 6-3-4）。现将育苗要点列下：

1. 基本要 1 穴播 1 粒

1 穴播 1 粒是原则，可结合播 2 ~ 3 粒。现在播 1 粒使用播种板，只能手动作业，播 2 ~ 3 粒使用自动播种机。一粒播不允许有发芽不良粒，要用比重 1.15 ~ 1.17 的高浓度盐水筛选，注意选用饱满的种子，用这浓度可将准备的种子选出 1～2 成，用作单粒播；漂浮的种子用一般 1.13 比重盐水选，选出的种子做 2～3 粒播种用。

播单粒和 2～3 粒，秧苗素质有很大差别。叶龄进程每增加 1 粒，晚 0.5 叶，茎的粗度、冠根粗度、出生速度均有一定差异。

2. 用低温春化处理是茎粗的第一步

培育茎粗耐低温的壮苗，用低温春化处理效果很好。即用催芽稻谷放冷藏库 15～20 d，使之习惯低温，用 5 ℃的生育限界低温，育出对低温适应、生育速度快的秧苗，并可用低温的作用使发芽粗壮。薄井氏认为这是培育茎粗的第一步。

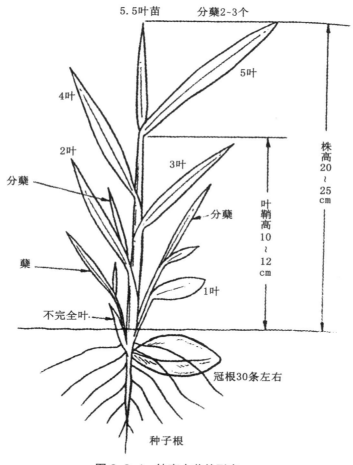

图 6-3-4　钵育大苗的形态

3. 注意保温和早期换气

育秧管理，灌水量尽量减少，注意早期换气，育成腰强的矮壮苗。换气的标准是，使棚内气温和外气温的差不超过 5 ℃以上。夜间要注意保温，特别是对低温较敏感的离乳期（2.2 ~ 2.5 叶期）的保温是重要的，保温不良，地温下降，出叶速度变慢，根发育不良，延迟难以挽回。

一般夜间保温不足，昼间换气不足，根系不良，多成徒长苗。

4. 注意断肥

关于养分，每叶展开随灌水施用液肥。初期不要多肥，随苗的生长增加施肥量。钵育大苗与一般盘育苗比，床土量不到一半，由于特别稀播，每苗土量相对较多，但随苗的生长容易出现缺肥。钵育大苗生育好，长势健壮，稍不注意容易养分不足。如氮素不足，一旦褪色不易恢复，为了恢复而多施氮素，又易使生育氮素过多。特别是从一般盘育苗改为钵育大苗开始，容易出现这样的失败，必须注意。

（二）栽植密度和移栽

（1）稀植的威力从每平方米 12 穴以内开始。只要能育出壮苗，栽植穴数用移栽机的最低穴数即可。薄井氏用行距 33 cm，穴距 30 cm，每平方米 10 穴，单株栽植。越是分蘖强的壮苗，越要稀植；弱苗可略密些，充分发挥稀植的威力，每平方米 12 穴以内。比如每平方米 11 穴和 14 穴比，茎的粗度就明显不同。

栽植株数因地力而不同。稀植是在地力高、施入厩肥的肥沃地采取的方法。相反在瘦田水稻生育力弱，不能培育出更多的株数。所以应用稀植，如茎数不足，可施用基肥，或提早 10 d 施用茎肥。认为地力差而密植的想法，更减弱了水稻生育能力。

培育茎粗，基本是减少穴数、株数，例如每平方米 9 穴，每穴 5 苗，和每平方米 15 穴，每穴 3 苗，每平方米茎数相同，平方米 9 穴的茎粗，长势长相好，穴数多分蘖受限制。当然每穴苗数也以少为好，大苗要 3 苗以内。

（2）利用田内温水进行移栽。一般在移栽时要撤出田水。在耙地后灌入田间的水，已被太阳晒热，将其撤出是不合算的。移栽后再灌新的低温水，对返青是不利的。对此，钵育大苗是带土移栽，可以在有水条件下移栽。在水温、地温较温条件下移栽，次日即可发出新根成活。这样移栽后可以早日深水灌溉。深水可保护水稻，防止因风消耗体力，增加淀粉蓄积，利于长根、长叶。移栽要选好天气，必须避开大风雨。即使壮苗，返青延迟，对以后生育影响很大。天气不好，应中止作业。另外起早进行移栽作业，要避免地温、水温还未上升，等温暖一些再开始作业，晚上可以做到能看见手时为止。

移栽后何时开始灌深水，按苗的返青和秧苗大小而定，首先要考虑返青。钵育大苗不断肥、不老化，选择好时机进行移栽即可。

（3）不换水。钵育大苗栽后很快成活。插栽时水深 5 ~ 6 cm，成活后水深 10 cm，开始深水。

由于不施基肥，叶色为淡竹绿色。周围施用基肥的田块，叶浓绿色，与薄井氏的田块明显不同。水稻生育不在叶色而在出叶速度。深水可以水保温，地温也稳定，所以可按一定速度出叶。

随着新叶的展开，按叶片和叶鞘分界处上 5 cm 为指标，逐次上升水位。注意绝对不能换水。因为用太阳热晒温的水，保护地温、水稻，如更换，水稻要受很大影响。

不换水是否会引起氧气不足或水腐、根腐呢？答案是不会的。换水失去热量的损失比不换的损失更大。在栽插的初期保护水分和提高地温是最明智的办法。

三、怎样做施肥判断

（一）茎数、茎粗、株高的诊断

深水可活跃养分供给，水中茎变粗，株高伸长，生育强健。秧田期出生的分蘖，可长到与主茎同样大小，苗期发生的分蘖芽伸长，到深水最终期分蘖有 8 ～ 10 个。这些分蘖是以后发生分蘖的主茎，这些茎如充实粗壮，以后的分蘖也会发育良好（图 6-3-5）。

前半期的茎还是椭圆形的，说茎粗还不如说茎宽更切实些。一般的稻茎，从开始到最后，细而略圆，近椭圆形，而稀植水中栽培的水稻，开始横幅宽，以后成为粗圆茎。叶鞘厚，茎幅宽，到深水的茎数限定期，茎数达计划的 30% ～ 35%，茎宽达目标 8 mm 以上。

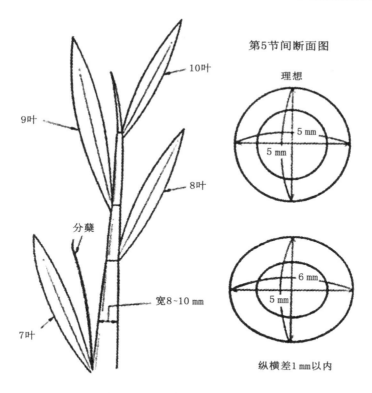

图 6-3-5　茎数限定期的姿态

稻的健壮用茎粗来表示，用游标尺对茎粗进行测定，越光在茎数限定期的 10 叶龄时，其下 2 叶即 8 叶的叶鞘宽为 10 mm 以上是理想的，8 mm 以上算合格，但水中栽培时可达 10 mm 以上。这个宽度与第 5 节间的直径有密切关系，据目前的多数测定来看，这时期茎宽度的 1/2 是第 5 节间直径长度。此时茎的粗度和茎数是施用茎肥的重要指标。如果宽度不够，氮素营养不足，这样的稻田必须施用基肥 1 ~ 1.5 kg 氮素。又如分蘖达不到 30% ~ 35% 时，也可考虑磷肥不足，在基肥中增施磷肥或在追肥中施用可溶性磷肥。

茎宽和茎数都合格，充分施用茎肥，氮、磷、钾配合均衡施用，迎接最高分蘖。

薄井氏在这时期对株高也很重视。因为叶和叶鞘是制造养分的工场，工场规模大才能育成大穗。茎数限定期的株高以 60 cm 为目标，最低也得 50 cm，60 cm 以上是理想的。越光的株高容易伸长，容易达到 70 cm。一般叶鞘为株高的 1/3，株高 70 cm，叶鞘为 23 ~ 24 cm，长宽肉厚，是淀粉的贮藏库。

（二）叶色不作为施肥的指标

叶鞘淀粉的蓄积量，用碘反应可测出来。用上数第三个展开叶的叶鞘加上碘溶液，看叶鞘变成黑色的比例，薄井氏的水稻在茎数限定期（出穗前 40 d），占 8% 以上，出穗前 30 d 占 90% ~ 100%。东北同行的水稻也都在 80% 以上。一般占 50% 就可施用穗肥，按此标准染色程度很高。而且叶鞘比一般稻长近二倍，幅宽、肉厚，淀粉蓄积量比一般稻多几倍。

另外，这时的叶色比色板为 7 左右，是比较浓的。从常识来说，绝不是可以追肥的叶色。但是，受光态势好，淀粉充分，可积极施用茎肥、早期穗肥。相反，因叶色浓而控制追肥，相对形成氮素不足，这就是稀植水中栽培不用叶色作为判断施肥指标的原因。叶色下降，淀粉比例增加，是消极的做法，产量增加不多；叶色浓、淀粉多是高产的目标。

（三）茎肥增减的方法

茎肥在落水同时施用。出穗前 45 ~ 40 d，越光在 10 叶期左右。落水如后所述，每次落 1/3，分三段进行，在落 1/3 水时，施用三要素平衡配好的肥料。茎数按预定目标（目标茎数 1/3），氮素成分 3 ~ 4 kg 标准。茎数和茎肥氮素量的关系如表 6-3-5 所示，茎数多氮量减少。

表 6-3-5　茎数限定期（出穗前 45 ~ 40 d）茎数和茎肥氮素量标准

对目标茎数的百分比 /%	茎数 / 个	茎肥氮量 / (kg/1 000 m²)
20 ~ 25（不足）	7.3 ~ 9	4 ~ 4.5
30 ~ 35（理想）	11 ~ 13	3 ~ 4
40 ~ 50	14.5 ~ 18	2 ~ 1
50 ~ 70	18 ~ 25.5	1.5 ~ 1

茎肥氮素用量，要按茎粗及株高做必要的调整。茎数与计划差不多、茎幅略细时，淀粉蓄积量少，氮量可减少 1 ~ 1.5 kg，水溶性磷增加，磷可以保证茎粗。

株高低于 50 cm 以下时，氮素减少 1 kg，株高矮对氮素消化能力小，如多施氮肥，分蘖异常，弱小分蘖增加。在茎数少、株高矮时，如不控制氮肥，会使水稻生育不整齐。

施肥要适应稻的生理，也就是要与淀粉生产能力相适应，株高矮而多施肥，是本末倒置。

（四）早期穗肥不可缺少

出穗前 30 d 左右，越光品种 11 叶期时进行第二次追肥——穗肥。使三要素配合好的肥料，氮素成分 2 ～ 3 kg 为标准。出穗前 30 d 的穗肥，是稀植水中栽培不可缺少的肥料。出穗前 40 d 落水施用茎肥，水稻迅速生长，叶色变浓，再施氮素有些担心。但如不施氮素，招致粒数不足。大穗、每穗粒数多，是稀植增产的特征。这时氮素营养水平下降，难以发挥稀植增产的威力。

按计划施用茎肥的水稻，其后分蘖、根系、一次枝梗等相继活泼生长，为维持这种势头必须施用穗肥，茎肥少施的也同样。未用茎肥的穗肥按计划施用。

在成熟期有稻壳裂开的，有的认为是丰年的象征，其实是颖壳形成期营养不足，颖壳变小的结果，出穗前 30 d 施肥的没有这样的问题。

（五）晚施穗肥是成熟不良的根源

在出穗前 30 d 施用穗肥之后，到出穗期的粒肥间不再施肥。即使施也是在剑叶期叶色褪淡，施氮素 1 kg 左右。瘦地在出穗前 15 d 可补施氮素 1 kg 左右，但一般不施。出穗前 20 ～ 10 d 间为减数分裂期，是分化的枝梗、颖花退化的时期，这是水稻自身调整枝梗和颖花数的时期，不是人为干预的。这时施用穗肥虽可增加颖花数，但不是水稻自身力量增加的部分，给成熟带来难度。稀植栽培增加每穗粒数，在出穗前 20 ～ 10 d 施用穗肥是不恰当的。

茎数比计划多，叶色也浓，未施茎肥；再过 10 d 叶色仍未褪，穗肥也未施，结果叶色很快下降，在出穗前 20 ～ 10 d 可施用穗肥。减数分裂期氮素增加的水稻，成为二次枝梗型，成熟容易不良。这样的水稻也在抽穗前 30 d 施穗肥，以后到出穗不施，生育是好的。

在第二个需氮高峰抽穗之前做粒肥施氮素 2 ～ 3 kg。开花结实期需氮量增加，不管叶色如何，不可缺少。以后原则上不再施肥，可按剑叶叶色进行判断。

施用粒肥开花期叶色变浓，立即反映在剑叶上，并要保持开花后 30 d 间。其间如叶色褪淡，到开花后 25 d 补施氮素 1 ～ 1.5 kg。以后再施肥对食味有不良影响。

开花后 30 d 间保持剑叶叶色，应该依靠地力支持，施第二次粒肥是地力不足的补充措施。开花后 30 d 开始，叶色自然下降，是成熟良好的表现。

四、落水的做法和收获前的管理

（一）落水分三阶段

深水培育的水稻，从茎数限定期开始落水。随着抑制分蘖的水压力的解除和稻体增长的需要，施用茎肥使生长激素活化，促进细胞增殖。深水栽培最重要的是落水方法。从移栽后用深水培育的水稻，未曾露出水外，对风不习惯，暴露在空气中，消耗激增。因此要分三段落水。先落 1/3，经 3 d 后再落 1/3，再经 3 d 后落最后 1/3。一气落水，稻体消耗大，叶色急速褪淡，分蘖发生停止，白进行深水栽培了。特别是在强风时落水更易失败。一般在梅雨期落水最好（图 6-3-6）。

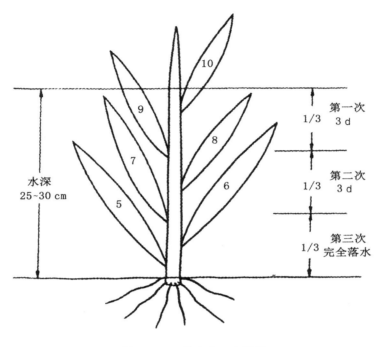

图 6-3-6　落水分三个阶段

（二）为灌水和排水要做好沟

落水后田土成羹状时每 5 行用开沟机做一深 15 cm、宽 20 cm 的沟，用之灌水和排水。沟中保水，供饱和水管理；不用水时做排水沟用。一般每隔 5 行做一沟，保水性差的可密些。做沟时间为不损伤成熟期根系，以早为好。在上位根伸长期前 11 ～ 12 叶期要完成。

为保住上位根，以后不再进田，薄井氏在施穗肥和粒肥时不进入田间，在埂上用肥料撒播机进行。

（三）用饱和水管理保护根系

从落水、施茎肥到出穗之间，水稻生育变化很大。完全落水的 12 叶期，分蘖茎数为 10 叶期的 2 倍多，13 叶期达最高分蘖期，一般茎数达 80%，其后分蘖继续增加，到 14 叶期茎数达计划的 100%。出穗前 20 d 出生的分蘖，分化的同时带幼穗生出。

在施茎肥后叶色变浓，株高在最高分蘖期长势很快，其后下位节间伸长，株高长势略慢，不久到出穗期猛长，秆长达 120 cm 左右。

从茎肥到穗肥，每施一次肥，氮素肥效使上位叶伸长、增厚、叶色渐浓、叶片直立，株高健壮。根也同样，直下根、斜直下根、上根粗壮有力，形成健壮根群。沟中保水，防止土干，保持根系充分生长的土壤状态。在出穗期施用粒肥，以保障开花、受精。

（四）延迟收获促进最后充分成熟

出穗与现行稻作比，不太整齐一致。由于有后期出生的分蘖，使出穗期间延长。

出穗期的分散，对冷害时的危害有分散受害程度的作用。分散期从出穗开始到终了为10 ~ 15 d。

浓绿而长的剑叶展开不久，进入出穗。株高穗大，颖花大，开花时花粉量也多，雄蕊数几乎全为6个。授粉后淀粉大量向粒中运送，到倾穗期剑叶在其上直立，剑叶叶色在抽穗后一个月期间，要保持出穗时叶色。

随着成熟进展，从下叶开始脱氮，并向上叶进展，到收获期是金黄的红色。为提高食味，使水稻安全成熟，其间施用的肥料要全部消化，收获时叶呈红色。为使安全成熟，在成熟过程中要防除病虫为害，避免生育滞长。

薄井氏的水稻从出穗到收获需60 d。一次枝梗的成熟需30 ~ 35 d，二次枝梗成熟需40 ~ 45 d，出穗分散期15 d，所以要保持60 d健壮生育。经60 d不能收获，品质下降，或易出现裂纹米，这是由于水稻死亡后出现的问题。为使水稻安全成熟，要做好光的环境管理、营养管理、土壤管理是最重要的。

五、如何选择肥料

（一）怎样发挥氮肥肥效

施肥不仅是氮肥，也要考虑磷肥和钾肥。氮肥还有用什么样肥的问题，薄井氏对茎肥、穗肥、粒肥使用的有机合成肥料。施用茎肥时磷、钾、镁同时使用。有机合成肥的成分是氮10%、磷8%、钾10%，氮成分中6成为铵态氮、4成为有机态氮，磷为水溶性磷。使用有机态氮的原因，考虑肥效持续问题，茎肥从铵态氮的肥效开始，以后有机态氮接续，直至接上穗肥。落水后快速增加分蘖，不使肥效中断是很重要的，如全用有机态氮，就必须在抽穗前50 d施用茎肥。

（二）充分使用磷肥以确保分蘖

氮、磷、钾三要素的平衡也很重要。特别是分蘖的增加和充实，磷的作用很重要。分蘖一般用氮肥，而薄井氏重视磷肥，磷肥对细胞的分化、充实和健壮有很大作用。以氮取得的分蘖容易无效，而施磷取得的分蘖不易无效，有其差异。分蘖发生不快的水稻，多是秧苗素质差，或是磷肥肥效不足。中期分蘖不足时，追施水溶性磷肥，促进细胞分化，增加根的活力，以根引用土壤氮素，分蘖随之增加，这种做法是有效的。

磷肥要在初期就见肥效。薄井氏将磷肥的2/3做基肥，1/3做追肥。以基肥为中心，以溶磷为主体，加些水溶性磷酸肥料。除磷以外同时可补硅、铁等，价格便宜，做基肥最合适。可溶性磷酸在氧化状态时不易发挥肥效，而在还原状态时肥效易于发挥。特别是在水中栽培时，土壤为还原状态，地温稳定，溶磷的肥效可充分发挥。

落水后土壤表层呈氧化状态，溶磷肥效变差，所以茎肥以后的追肥，全部使用有机合成的水溶性磷酸肥料。这时，土壤下层处在饱和水条件下，维持着还原状态，溶磷的肥效继续起作用；在深水中以溶磷为主；落水后，上位根利用水溶性磷，下位根吸收溶磷，以促进和充实分蘖生长。

关于钾肥，全量的 2/3 做基肥，其余 1/3 以有机合成的做追肥施用。三要素的比例以氮 1 ∶磷 3 ∶钾 1.5 为标准，力求生育健壮。薄井氏使用的有机合成肥料，一袋 20 kg，1 700 日元左右。虽然贵些，但三要素比例合适且还是有机肥。

（三）深水灌溉硅肥效果好

为了健壮生育，还有一种肥是硅肥。稻体表面不光滑，是缺硅的反应，特别是枝梗、颖壳含有大量硅酸。硅在水稻作物里含量最多，生产 100 kg 大米，需要 22 kg 硅酸。但现实生产未施那么多，2/3 从自然界中供给，其中大半从水中供给，另外由稻秆、稻株等补给。其余 1/3 以肥料施用，硅酸与磷酸同样，均在还原状态下肥效最好，全量做基肥施用。补给硅酸曾长期使用硅酸石灰，但易使土壤中性化，最近使用从自然界开采的黏土矿物，既能补给硅酸，又能增加盐基代换量（保肥力），还能补给微量元素。没有使土壤中性化的危险，是可被利用的资材。

深水和浅水比，由于经常有大量水，从水中可补给大量硅酸。同时深水比饱和水土壤还原状态稳定，促进施用的硅酸有效化。硅酸供给充分，水稻生长坚挺，用手摸有扎手感，这样的稻体抗病力强，可减少农药施用。到成熟期从剑叶开始的各上位叶，长、宽、厚而直立，这也是大量吸收硅酸的结果，下位节间伸长而不倒伏，同样是充分补硅的作用。

另外，影响食味的镁肥，在溶磷中可补给一些，可在茎肥中施用磷、钾、镁肥。

有活力的水稻吸肥力强，能吸收所有微量元素，可产出好吃的大米。

六、稀植水中栽培可充分发挥有机活力

（一）以中期为重点也可能生产完全有机米

稀植水中栽培是走向有机栽培的稻作。不变革栽培方法，只宣传有机栽培，是不能解决问题的。以中期为重点的稻作，有机肥效可完全有效地利用，钵育大苗移栽的伙伴们，也有不少同样的实践。比茎肥、穗肥略早施用有机肥料，可以生产"完全有机米"。

（二）用深水可使生稻秸无害

生稻草是重要的有机物质，在稀植水中栽培下变害为利。生稻秸的利用，一般要求秋季翻入，促进腐熟，但在东北秋冬地温低，稻草腐熟困难。为使稻秸在土中堆肥化，必须

有地温保持微生物活动，在冬季是不可能的。薄井氏认为利用夏季高温是最好的。腐朽菌在生稻秸里不繁殖，在春耕前使稻秸干燥，在春耕时与土壤改良剂、基肥的磷、钾一起翻入土中，不用氮素补给促进腐熟，采取深水管理，初期稻秸腐烂很慢，稻秸开始腐烂从落水后的 7 月开始。梅雨过后高温来临，地温上升，微生物活跃，并充分施了茎肥氮素，促进腐熟。由于已经落水，不出现毒气为害，而且这时的根系抗毒气能力亦有增强。

这样随水稻生育使稻秸腐烂，其肥效供明年利用。

现实一般不是这样做的。秋季与氮素肥料一起翻入，浅水灌溉，插秧后开始腐烂，这时稻根活力弱，引起毒气为害，影响生育。

薄井氏采用秋施，稻秸未腐熟，4 ~ 5 年施用 1 次。若每年秋耕，易使土壤变瘦，应加注意。

第四节　作业的程序和实际管理

一、筑埂

水中栽培，要打好埂子。埂高 40 cm，顶宽 60 cm，底宽 80 ~ 100 cm，用筑埂机 3 d 可筑 2 hm²。筑成这样的田埂，还可防御障碍型冷害。在幼穗、颖花分化期，早晨气温最低 18 ℃将会有一定影响，注意在气温达 20 ℃时灌以深水，可确保水温，降差变小。防御冷害必须筑大埂。小埂变大，要用人工，增加数倍的劳力。

二、做床

（一）钵盘和床面密结是关键

秧田为拱式折中旱秧田，原则上利用水田，从保水来说，水田最好，灌溉方便。选择用水方便、背风向阳的地方，如风大可建防风障。

和一般盘育苗不同，钵和床面密结的良否是关键。密结不好，床面毛管水上不来，干燥使发芽不良。为使密结良好，均平作业要分两次进行，第一次均平作业要使床面彻底整平，第二次在进一步整平的同时使表面软和。摆盘作业的 4 ~ 5 d 前第一次均平作业完了，第二次均平作业完了的同时进行摆盘。床面要软硬适度，过硬结合不好，过软钵埋过深，氧气不足，易使鞘叶伸长过长。

（二）做床的程序

（1）第一次耕翻，浅耕 5 ~ 6 cm，使土干燥。

（2）土干后施肥（表 6-3-6）。

（3）施肥后第二次耕翻，碎土。

（4）土干后，耪出稻株。以后不要脚踩床面，使土干燥。

（5）土干后挖沟，挖出的土放在未翻地上。

（6）挖沟后，灌水到花达水程度，用整地辊整成泥浆状。

（7）用平地板进行第一次均平作业。

（8）放置 3 ~ 4 d。

（9）撤水，床面干燥，有微裂。床面呈羹状略干。

（10）这种状态下，灌浅水，用小竹扫帚轻扫，使表面呈泥浆状。

（11）其后用抹平板进行第二次均平，进行摆放钵盘。

（12）均平作业必须进行两次，第一次均平作业后 3 ~ 4 d 出现的坑洼不平，在第二次修正均平，避免再有不平。

表 6-3-6　苗床施肥（3.3 m^2 基肥）　　　　　　　　　单位：g

所施肥	施肥量
硫铵	300（氮 60）
过石	700（磷 120）
硫酸钾	160（钾 80）

三、稻种准备和播种

（一）必须脱芒

稻种不易被水浸透，因为有芒。而且低转数脱谷，易带枝梗。为除去这些，使稻谷吸水均匀，提高播种精度，要用脱芒机脱芒。

（二）用较浓的盐水选

培育生长旺盛的壮苗，必须选好充实饱满的种子。播 1 粒时，用比重 1.15 ~ 1.17 浓度的盐水选。从 20 kg 稻种中能选出 2 ~ 3 kg，发芽率 100%。其余的用比重 1.13 普通浓度的盐水选种，做每钵 2 ~ 3 粒时使用。盐水选后必须用清水洗种，除去种皮上的盐分。

（三）浸种方法

干的稻种为发芽，要吸收自重 25% 的水分。浸种时间，积算温度为 100 ℃。越光、羽光等发芽抑制物质较多的品种，浸种时间要长，13 ℃浸种 6 d，第 7 天催芽。催芽使用破胸自动催芽器。

（四）防除恶苗病

最近恶苗病发生较多，这与某些种子粉衣的做法有关。由农协来的种子已消毒完了。种子粉衣经盐水选药剂脱落，或内部病菌未杀死，残菌继续发病。

薄井氏用福尔马林处理，做到100%防除。特别是单粒播不允许失败，彻底防除很重要，其程序是：

（1）先水浸24 ~ 48 h，用破胸催芽器时长为12 ~ 24 h。

（2）随后捞出稻种、沥水。

（3）用福尔马林50倍液，水温30 ℃，在50倍液中浸2 h。容器用薄膜完全盖好，防止气体散发。

稻谷在水中浸渍时间过长，水分渗入稻谷深层内部，药液成分与稻种淀粉反应，淀粉变硬，发芽不良，所以要严守时间。

（4）在福尔马林液中浸2 h后，捞出稻种，用薄膜盖好，再放置2 h。

（5）随后用水洗一次，继续浸种。

（五）催芽的好坏和方法

育苗的出发点是出芽，其好坏对秧苗素质有很大影响，出芽的类型见图6-3-7。

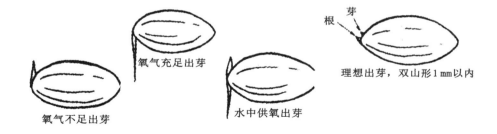

图6-3-7　出芽的好坏

过去用洗澡水催芽，或用稻草床催芽。洗澡水催芽先长芽（缺氧），用草床催芽先长根（氧足），两者均不理想。先长芽的根发育不好，先长根的芽长得慢。理想的出芽是芽、根齐长，各长1 mm以内，呈双山形最好。用破胸催芽器最理想，其程序是：

（1）用自动催芽机时，越光在13 ℃水温浸种6 d后，进行加温。

（2）催芽温度用水稻生育适温的最高温度32 ℃，20 ~ 24 h出芽。

（3）为保证播种精度，要出芽1 mm以内均匀长出。

（4）出芽完了后，放入生育最低温度的10 ℃水中停止发芽，使稻种完全在10 ℃水中约浸2 h。

（5）止芽后，阴干转入低温春化处理。

（6）止芽后，注意不使干燥。

（六）低温春化处理

用生育界限温度 5 ℃对出芽稻谷进行处理，使其成为耐低温的强苗，并使生育速度变快，进而在各种压力作用下，出芽变粗。芽粗是茎粗的出发点。其程序是：

（1）不使出芽的稻种干燥，用薄膜盖好，进行生育界限温度 5 ℃的低温贮藏。

（2）期间为 15 ~ 20 d。

（3）处理期间，注意稻种水分，勿使干燥，如干了可沾一次水。

（4）处理后将稻种在 15 ℃水中浸 6 ~ 12 h。

（5）沥水阴干后待播。

（6）包括处理期间，催芽在播种 30 ~ 40 d 前开始。

四、制配床土

（一）床土用黏土比例大的

用钵苗移栽机时，是从钵穴中用棒将苗捅出来进行移栽，这时钵土不要破碎，所以钵苗床土要黏土多些是关键。一般盘育苗黏土多时易出现根腐，钵育苗不用担心。

薄井氏利用杂木林的山土，为壤土和殖壤土，市场贩卖的床土为三井大苗床土（黏壤土 6 成，砂 4 成）。钵育苗的床土另一重要问题是水分的调节，这涉及钵内装土的适宜程度。水分少时，钵内装土过多不好。

（二）床土调制程序

（1）对山土用简易酸度测定器测 pH 值进行调整。调整方法如下（图 6-3-8）：

※ 降 1 个 pH 值时：

壤土 100 kg，浓硫酸 240 g；

砂土 100 kg，浓硫酸 160 g。

※ 称好浓硫酸倒入 30 ~ 40 L 水中，配成稀硫酸水，喷拌在土中，同时兼做水分调整。

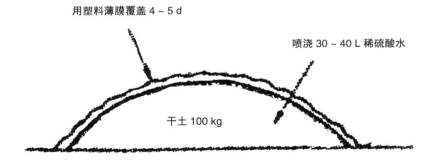

图 6-3-8　用浓硫酸调整床土 pH 值的方法

※ 注意事项：

①浓硫酸为危险品，使用时须注意。

②向水中慢慢倒入。

③用器使用聚乙烯制品。

④稀硫酸水无危险。

酸度调整到 4 ~ 5（pH 值），调整范围 1% 以内，不用中性土，要用酸性土。杂木林土 pH 值为 5 ~ 5.5，长艾蒿、问荆的为酸性土。

（2）覆土用砂土。

（3）肥料、农药全不使用。

（4）土干燥粉碎，过 5 mm 筛，使土均一。

（5）床土适当加水，钵中装适量土，水分约为 50%，100 kg 土加水 30 ~ 40 L。

（6）加水与调酸同时进行，使用低价的浓硫酸。

（7）给水调酸后，用薄膜覆盖 4 ~ 5 d，使水分均匀。

（8）水分调整后，要反复捣匀。

（9）之后再用 5 mm 筛过一遍。

（10）水分多少与装土效率关系很大，与钵体装土量也有很大关系。用手握土，从高 30 cm 处落下，能分成 2 ~ 3 个块即可，这时的水分约为 50%（图 6-3-9）。

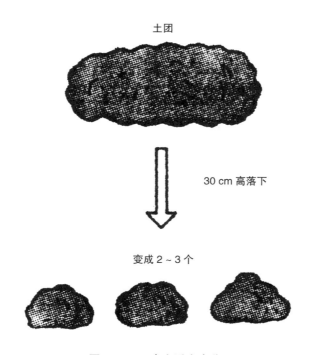

图 6-3-9　床土适宜水分

五、播种和摆盘

（一）播种的程序

单粒播种，当时还没有机械，用播种板进行手动播种。1个盘448个穴，播448个粒，1人1天播250盘，其余用自动播种机播1～2粒，程序如下：

（1）装土、覆土用播种机。

（2）用充分时间播匀勿缺穴。

（3）播种完了覆土，不灌水。

（4）播种完了，将钵盘堆积放好，为防干燥，用薄膜覆盖。

（5）这种状态直到摆盘，这个作业在摆盘1周前完成，摆盘要选好天气，等待时机。

（二）摆盘作业

要使钵盘与床面密切结合是最重要的。

（1）摆盘选风小的晴天进行。

（2）随床面第二次整平同时摆盘。

（3）苗盘纵向摆三列，离边空15 cm。行间留3～5 cm空隙，利于秧苗通风。

（4）摆完一列用板压平使钵体与床面密接。

摆盘完了盖地膜保温、保湿。

六、秧苗管理

（一）从摆盘到发芽

温度管理标准：昼间25～32 ℃，夜间15～20 ℃。

生育适温是最高32 ℃，最低10 ℃，在此范围内进行温度管理，昼间注意高温，夜间注意保温。并要注意不使地温下降，特别是钵育苗，床面和钵盘间有空隙，地温易高、易低，在育苗初期还在寒冷时期，要浇温水不使地温下降。基本上要用比地温高的水浇水，冷水容易伤根。薄井氏用洗澡水在秧田用水调好使用。程序是：

（1）沟水为落水状态。

（2）发芽同时去掉地膜，摆盘后4～5 d有拱土现象时即去地膜，揭晚了徒长，生育不良。

（3）发芽后即用30 ℃温水，溶解酸性苗用液肥，结合灌水浇入，每100盘30～40 L。

（4）发芽时看到白芽时，是氧气不足，不能灌肥水。这是水分过多氧气不足，鞘叶追求氧气伸长呈白色。正常生长芽为青色。

（5）一周以上还未出芽，要检查床土，如系水分不足，可浇40 ℃温水。

（6）温度计的感温部要与水稻生长点相一致。

（二）从不完全叶到 1 叶

温度管理标准：昼间 25 ~ 28 ℃，夜间 10 ~ 15 ℃。

特别要注意的关键是夜间的保温和早晨的换气不能晚。早晨的换气，在棚内外温度差 5 ℃左右以内进行。晴天 4 月在 7:30—8:00 时，5 月在 6:30 左右进行换气。关闭的棚内温度一般为外气温的二倍加 5 ℃左右，所以早晨换气很重要。这样可以防止保温过劲徒长，做好在适温内低温育苗。注意夜间保温，保持地温，促进根系生长。一般是夜间保温不足，昼间保温过头，形成根弱的徒长苗。这些对以后的管理也是同样，其程序是：

（1）沟中保持落水状态。

（2）1 叶展开时，灌 25 ℃的温水，施肥，100 盘灌浇 40 L。

（3）为使根系生长良好，避免过湿。

（4）注意夜间保温和早晨提早换气。

（5）温度计的感温部随生育上提。

（三）从 1 叶到 2 叶

温度管理标准：昼间 20 ~ 25 ℃，夜间 10℃ ~ 15 ℃。

继续注意换气，低温育苗，育出矮壮茎粗的秧苗。

另外，不使床土过湿。灌水的标准，对全育苗期间来说，均以傍晚叶尖水珠比大头针头小时，次日需要灌水，4 月中没有这样情况，进入 5 月，也是 5 d 左右灌一次水。

特别是由盘育苗转入钵育苗，由于钵表面易干，灌水容易偏多。床土发白就灌水，水分蒸发带走土温，地温下降根系变弱，不要看床土干否，用叶尖吐水判断灌水是关键。

（1）沟水继续保持落水。

（2）2 叶展开，随灌水施液肥。温度 20 ℃，每百盘用 40 L。

（3）从 2 叶开始，长出较大叶片（图 6-3-10）。

（4）注意温度急剧变化，特别是注意高温。

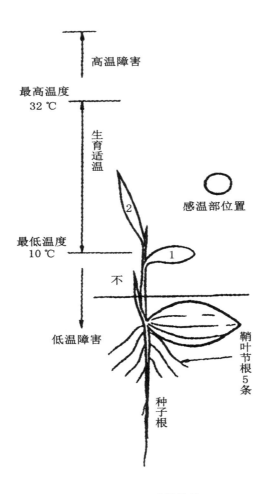

图 6-3-10 二叶期秧苗

（四）从2叶到3叶

温度管理标准：昼间 20 ~ 23 ℃，夜间 15 ~ 18 ℃。

2.2 ~ 2.5 叶期，是稻种营养用尽的离乳期，是秧苗最弱的时期。遭遇低温，生长出叶速度变慢，这种延迟难以挽回，特别要注意夜间的保温，促进生育，使之尽快度过弱的离乳期（图 6-3-11）。

（1）沟中依然落水。

（2）3叶展开时，用液肥灌水施肥。水温 20 ℃，每百盘灌浇 40 L。

（3）进入自活营养必须施肥。

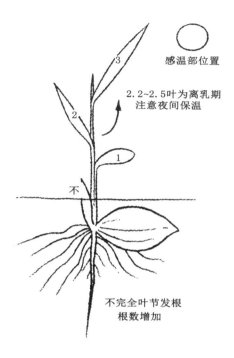

感温部位置

2.2~2.5叶为离乳期
注意夜间保温

不

不完全叶节发根
根数增加

图 6-3-11　2～3 叶期

（五）从 3 叶到 4 叶

温度管理标准：昼间 18 ～ 20 ℃，夜间 10 ～ 15 ℃。

昼间用外气温度管理，夜间只要没有霜害，不必覆盖。这时单粒播种的第一叶的分蘖和与之同时或略晚的不完全叶分蘖开始露出（图 6-3-12）。

（1）沟中依然保持落水状态。

（2）4 叶展开用液肥灌水施肥。水用流动的河水，每百盘 50 L。

（3）通风时间长，注意干燥，并节水管理，促根生长。

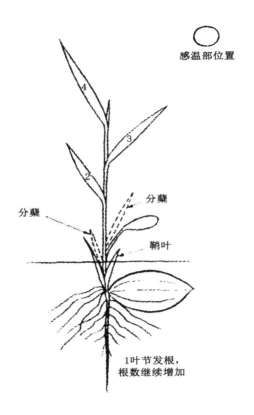

感温部位置

4

3

2

分蘖

分蘖

鞘叶

1叶节发根，
根数继续增加

图 6-3-12　4 叶期秧苗

（六）从 4 叶到 5 叶到移栽

（1）温度管理标准：昼间 18 ～ 20 ℃，夜间 10 ℃。

（2）沟水仍为落水。

（3）5 叶展开用液肥灌水浇施，每百盘用 50 ～ 60 L。

（4）几乎为外气温度管理，灌水施肥时如水分不足，水可灌到钵表面。

（5）灌水后立即落水。

（6）夜间亦按外气温度管理，用外气炼苗随时可以移栽。

（7）移栽前一日到移栽前，结合施液肥用水 20 L 溶硫铵 100 ～ 200 g 进行施肥。

（8）使用硫铵时，施肥后必须用水洗苗。

七、本田的准备与移栽

（一）耕、耙地的程序

（1）本田耕翻的原则，春翻一次。秋耕 4 ～ 5 年一次。秋耕的目的是将还原层（犁底层）

的养分翻到上面使其有效化，如每年进行田土变瘦。而且从这个目的来说，秋耕必须用犁翻耕土壤。

（2）耕翻前将溶磷、过石、氯化钾改良剂等撒施地表。

（3）耕作在田干时进行，生稻秸（干稻秸）全量翻入。

（4）耕深 15 ~ 17 cm，用旋转犁低速翻土。

（5）耙地要将表面尽量耙成泥浆状，用驱动耙一次作业。

（6）耙地后保持深水，使水温、地温上升。

（7）土壤稳定还原后开始移栽，耙地 7 ~ 10 d 后移栽。土未沉实移栽，成活不良，7 d 以后土壤沉好再行移栽。

（二）移栽的方法

（1）取苗运搬，避免光直射和大风，用罩盖好。

（2）尽可能深水移栽，水深 8 ~ 10 cm。

（3）为利用水温、地温的温度，在气温上升时开始移栽。

（4）在移栽前将苗盘带土部分浸湿，以便于拔苗，由于叶上可能带药，仅对带土部分用水浸一下。

（5）负泥虫等，用药剂防治。

（6）行距 33 cm，穴距 30 cm，平方米 10 穴。

（三）移栽后的灌水管理

（1）移栽后防止埂子侵蚀和漏水，埂子要用塑料薄膜覆盖。用覆膜机进行。

（2）1 ~ 2 d 后返青完成。

（3）返青后深水灌溉，灌水深到最上叶叶枕上 3 ~ 5 cm。

（4）开始深水，在返青后尽早进行，促进茎粗。

（5）移栽后 10 ~ 15 d 间施用除草剂。

（6）深水一直在营养生长期间进行，但在低温来临时不在此限。

（7）不进行换水，只补下降的部分水。

（8）随着生长要加深水层（上叶叶枕上 3 ~ 5 cm)。

（9）水稻生育为伸长型，株高伸长，分蘖变慢。

（10）越光品种深水时间到 10 叶期。

八、落水及其以后的灌水管理

（一）从落水到开沟

（1）撤水分三个阶段。从移栽后，水稻2/3在水中生长，未受风的影响。为适应风的影响，每三日撤水深1/3。深水失败的都是一次撤水。一次撤水，水稻消耗太大，分蘖停止，恢复需要时间，影响以后生育。

（2）第一回撒水后，施用茎肥。茎肥三要素配合好，防止脱肥，使用有机合成肥料。

（3）撒水完了时施用有机合成的穗肥。

（4）撒水后5～7d，用开沟机做沟，每5行开一沟，以沟内水横向浸透，保持土壤水分，做沟深15cm、宽20cm。

（二）撒水后的水管理

（1）沟内经常有水，保持土壤水分均匀，不影响水稻生育。

（2）田面干到微裂程度，4～5d灌一次水。

（3）以后沟水管理灌到收割前15～20d。

（4）随土壤逐渐干实，根也随之对应发生。

（5）为了收获，必须避免使田土过分干燥。

九、茎肥、穗肥、粒肥的诊断

（一）茎肥（出穗前45～40d）

（1）茎肥的施肥时期，看茎数和茎粗、株高来判断。

（2）主茎叶鞘宽8mm以上为条件。

（3）这时茎宽的1/2为第5节间直径的粗度。

（4）不够粗的要注意倒伏。

（5）目标茎数多的，茎细。

（6）株高最低要60cm以上。

（二）穗肥（出穗前30d）

（1）按计划施用茎肥的水稻，叶色变浓，这时分蘖已达目标的50%～70%，叶色浓也不控施肥，因为这时水稻对氮的消化能力最大。

（2）施用氮、磷、钾平衡的有机合成肥，氮成分量3～4kg。

（三）粒肥（抽穗之前）

（1）施用茎肥、穗肥两次肥料的水稻，浓绿直立的上位叶长出。对氮素消化能力第二个高峰的开花结实期，要进行施肥。

（2）施用氮、磷、钾平衡好的有机合成肥料，氮成分量为2～3kg。

（3）其后不施粒肥，利用土壤氮素即可。

（4）培肥地力不足的水田，出穗后15～20d施氮成分量1～1.5kg。

（5）为提高食味，对没有消化能力的水稻不能多施氮肥。粒肥也要考虑生理肥料的需要来施用。

出穗后 30 d 间，剑叶叶色保持出穗时叶色，是理想的水田土壤，也是合理的施肥量。

（6）30 d 以后氮素浓度逐渐下降，收割时叶呈黄色是理想的生育。

十、收获、干燥、调制的要点

（一）收割适期

（1）一般收割在出穗后 50 ~ 60 d。完熟的米食味和品质均好。

（2）用康拜因收割，在充分成熟后，稻谷水分低时收割。

（3）站秆水分达 20% 时为收割期。

（4）水稻活到最后，收割晚点也不影响米质和食味。

（5）由于出穗期间长，即使这样也不免有些青米。

（二）干燥、调制

（1）干燥是最后的作业，必须充分注意做好。

（2）每小时降水 0.5% 以下，需要一定时间。

（3）认真测好水分，要防止过干或降低食味、米质。

（4）干燥后立即砻谷去壳，过筛、调制装袋。

（5）检查米时，有的认为粒大说不是越光米。薄井氏的越光千粒重 23 g 以上，有的是 20 g 左右，有其差别。

十一、病虫害的防除

（一）育苗期

（1）完全防除秧田期恶苗病。

（2）对立枯病，土壤 pH 值调到 4.0，不见发病。

（二）本田的防除

对本田发生的病虫草害及时防除。

十二、越光以外的品种栽培要点

品种不同，栽培法没有很大的不同，对笹锦和绢光的情况略加说明。

（一）笹锦

也用稀植深水栽培，茎也变粗，容易栽培。不同点是越光第一伸长节间容易伸长，而且着粒属一次枝梗型，茎不粗粒数难多，这些与笹锦不同。笹锦为二次枝梗型，着粒数多，根比越光弱，结实率易降低。所以笹锦在出穗后水分管理要以饱和水，努力保持根系生长，才能优质高产。

（二）绢光

绢光是高产型品种，与越光、笹锦比，稻的活力强、耐肥性强、矮秆着粒数也多，成熟力强，是容易栽培的品种。到成熟期根的活力强，多粒成熟力大。

在栽培上与越光不同的是要适当增肥。基肥氮素 1.5 kg，各期追肥比越光多 1 ～ 2 kg。其余与越光相同。

无论哪个品种，努力培育茎粗，没有更大的差别。

第七篇

水稻增产新理论与稀植栽培

随着黑龙江垦区经济体制改革的深入发展、种植业结构的调整和水稻旱育稀植技术的推广，垦区水稻种植面积迅速扩大，单产大幅度提高，亩产超 500 kg 的面积大量涌现，不少农场由于种植水稻摆脱了贫困，职工成了"万元户"。为了进一步推动垦区高产、优质、高效益农业的发展，使水稻高产再高产，提高稻米质量，降低生产成本，获取更高效益，在国内外开始推广以稀植为中心的新的高产技术，目前这些先进技术在垦区也得到了示范应用，取得了良好效果。水稻稀植栽培（也称超稀植栽培），是综合现代水稻栽培理论与高产技术的新栽培体系，也是旱育稀植技术的进一步提高和发展。希望垦区广大水稻科技人员、生产干部和家庭农场职工掌握这些先进的理论和技术，结合垦区实际进行运用，推进垦区水稻生产的发展，并总结经验，形成具有垦区特色的水稻高产栽培技术。

第一章　水稻增产新理论

第一节　对日本今后稻作的思考

一、对 20 世纪 60 年代后期日本稻作增产技术的再认识

（一）20 世纪 60 年代后期稻作技术的评价

20 世纪 60 年代后期稻作技术的基本成就是：①摆脱了长期官制技术的束缚，开创了农民自力增产的道路；②重视培养地力，突破亩产 400 kg 大关，确立安全增产体系；③对农民的增产经验进行了科学的总结。

（二）从官制技术中摆脱出来

日本在 20 世纪 50 年代中期是所谓的官制技术时代。其后随着农民的创造，由以基肥为重点向 60 年代后期以追肥为重点的技术转移，这是具有根本性的改变（表 7-1-1）。到 50 年代中期的主要技术改进是：低产田土壤改良、改进育苗方法与早插、依据土壤调查结果改进施肥、用堆肥提高地力等。这些技术的应用，使寒冷地区的稻作产量有相当的提高，但是没有形成更高产的理论。

从"日本稻作第一"的成果中看出：有超过亩产 600 kg 和 700 kg 的事例，但未能推广。究其原因是未能将农民的高产经验提高到理论上来认识。

作为基础科学的生理学告诉我们：水稻以幼穗分化为中心，分为营养生长期和生殖生长期。

表 7-1-1　20 世纪 50 年代中期和 60 年代后期的技术比较

技术	50 年代中期（基肥为重点）	60 年代后期（追肥为重点）
对水稻生育期的划分	营养生长和生殖生长两期	分前、中、后三期，重视中期态势
增产途径	以建造营养体为重点，防倒、结实。粒数和成熟矛盾	目标以提高结实为方向。粒数和结实的矛盾以中期受光态势来解决
发挥肥效的方法	氮肥以基肥为重点，对后期氮肥肥效不太重视	基施氮肥用最小限量，重视后期氮肥肥效
地力、堆肥	"一寸土一石粮"的思想。期待堆肥氮肥肥效，充实后期	地力是使受光态势良好的基础，堆肥氮素肥效有干扰
水管理	除中期晒田以外，其余以水层管理	以管根为中心，尽量处于节水状态

实践证明，穗数、粒数增加，结实率、千粒重反而下降。为解决这一矛盾，将水稻一生分为三期（图7-1-1），决定产量的关键时期是生育中期的受光态势，以这时的受光态势为前提进行技术组装设想。以生育中期为轴心，前期应如何培育，后期应如何维持，抓住主要方向组成肥水管理技术体系。使所有的人既是研究者又是生产者，才能摆脱官制技术。

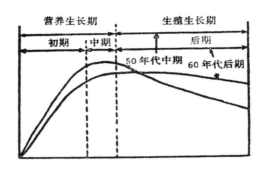

图7-1-1　水稻的一生分期

（三）从地力神秘主义中解放出来

20世纪50年代中期的稻作，可以说是与倒伏做斗争的稻作。前期生长稍过，即发生倒伏。当时说"高产水稻，似倒非倒"。由此可以看出氮肥肥效是个主要问题，去年高产，今年低产是各地常见的现象。

以基肥为重点，避免水稻早衰且结实良好是和后期肥效的表现程度与地力有关联的。但大量施用堆肥，效果也不一定好。为充分发挥堆肥的作用，须有相当的经验和技术水平。地力和土壤氮素不能混同，地力越高越好，但土壤氮过多反而起负作用。如调整不好，增施堆肥也不一定增产。前提是要明确稻的长相，以之来调控地力。

进入60年代后期的稻作，当时流传的说法是"没有地力也能收500 kg"，这是对地力神秘主义的批判，是稻作现代技术与理论对官制技术的批判。适当施用堆肥，不完全依靠堆肥而重视新的技术与理论，推动了稻作技术的改进。

二、错了的稻作方向

（一）省力稻作的错误

稻作受天气影响较大。天气好收成好谁都能做，天气不好也能稳产才是农民的本领。农民会在自然的舞台上种好水稻。随着稻作的舞台复杂化，对年内生产无把握的人越来越多。以省力为名的小苗移栽、中苗移栽、直播等各种栽培方法出现了，腐熟堆肥—壮苗—手插的稳定稻作开始崩溃，全新类型的稻作正在涌现。其最有代表性的是插秧机稻作。机插要早栽，早栽农时紧张，耕作要机械化，机插收获晚，收获时间短，需要收割机和干燥设备，这些都需要资金，结果使收入降低。

（二）真正的省力是什么

农业本来是有乐趣的，以生物的生命力和自然力为基础的农业就是这样。例如山形县S氏的农业，亩产达520 kg以上，经营18亩水田，产稻9 000 kg，养两头牛，18亩的稻草全部做堆肥还田。在自然中育苗——水育苗，人工手插，夏季劳动100 d，使农机具投入压到最少，或两三户共同购买，利用太阳干燥。

三、忽视地力，多用化学材料的必然性

（一）农业的本来面貌

爱媛大学津野幸人认为：从古代到明治维新单产增长很少，地力降低缓慢，有机物还田（堆肥）是培肥地力的第一步。明治初到大正末期的40年间，单产迅速发展，这主要是用畜力深耕和堆肥、化肥结合，土壤深耕是第二步。灌排水自由调节是第三步。农业的永久性舍此便难以实现。1926—1945年的20年间是水稻单产停滞时期，1953年以后单产迅速增长，这是增施农药、化肥及推广耐肥、耐冷的品种所致。

农业是通过作物栽培将太阳能转化为食物，供人畜热能。输入土地的热能要大于收获的热能。靠地下石油农业（化肥）维持地力不会长久，为实现永久农业，维持地力、深耕、灌排水是缺一不可的。

（二）现在稻作的趋向

发展永久性农业生产，要使水稻自身的生产能力、地力和环境等更好结合。现在水稻产量的提高主要靠提高茎数密度。为使这样的密度能够成熟，要掌握调整中期不致过分繁茂的技术和后期不早衰的追肥技术，这种技术随产量的提高，要求越来越高，而对地力和堆肥的使用却感到不便。为此，研究稻作的增产技术是本篇的目的。

第二节　水稻增产的新理论

一、由抑制向发挥水稻自身生长力方向发展

（一）确保茎数的两个方向

现在的手插稻、机插稻和直播稻，总的倾向是增加茎数，也就是增加密度。为确保茎数，要早期低位分蘖，不要高位晚生分蘖。为防止过分繁茂，极力抑制二、三次分蘖，其根据是尽量使茎齐、强健、成熟度好、穗间差距小、比较均匀，这是20世纪60年代以片

仓为代表的技术，从确保茎数和穗形上大体可分两个方向（图 7-1-2）：

一个是确保茎数的时间要早，以出穗前 30 d 确保有效茎数为好，这是 60 年代后期稻作的一般方法。为更早在抽穗前 40 d 确保有效茎数，主要利用一次分蘖，只有增加每穴苗数，才能趋向密植化。

另一个是将确保茎数的时间向后推延 10 d 左右，即延长分蘖时间。单株插分蘖多，可用一、二、三次分蘖，因而每穴栽插株数由三而二进而插单株，向稀植方向发展。

（二）密植的方向是抑制技术

曾经的稻作可以说是趋向密植的稻作。机插稻作和直播稻作都是以提高栽植密度来确保产量的。

20 世纪 60 年代后期标准栽培的个体密度，每平方米 21 穴，每穴 2 苗，以亩产 500 kg 为目标的稻作的个体数为 42 苗，收 360 ~ 390 穗，稳产 500 kg。从亩产 300 kg 向 400 kg，400 kg 向 500 kg 的道路，是以提高每穗完熟粒数为方向的，比茎数更重要的是以穗重为重点。而现在机插水稻，每平方米 24 穴，每穴最少 4 苗，一般 6 ~ 8 苗，多达 10 余苗，即以中等 6 苗计算，每平方米 144 苗，为一般插秧稻的 2 ~ 3 倍，而成穗数为 450 ~ 540 个，单株分蘖数为一般稻的 1/3 ~ 1/2。也就是依靠主穗，确保必要的茎数，以后抑制分蘖，防止过分繁茂。直播稻每平方米成苗 90 株左右，近似机插密度，最高分蘖期每平方米茎数增到 757 ~ 910 个，成穗 390 ~ 480 个，有效率 50% ~ 60%，这种方法就是早期确保茎数，达到预定茎数后即控制氮肥，抑制分蘖发生。控氮不是不要氮，氮过少粒少，过多易繁茂，这种调整技术较难掌握，且随产量的提高越来越难。稻作有抑制的一面，不是任其生长，但也不是强行抑制。充分发挥作物、土地、天气等的潜力，才是正确的技术方向。

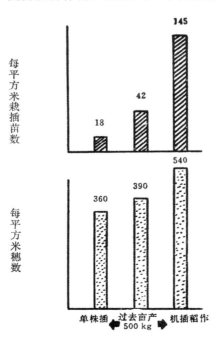

图 7-1-2　稻作的两个方向

（三）一棵苗 211 个穗的事实

这是广岛县双三郡吉舍町敷地小学校三年级学生国定理江实验观察的结果。这株水稻 5 月 6 日播种 1 粒，分蘖穗比主穗抽穗早且大，与一般想象不同。

这一单株从 6 月 11 日分蘖，到 10 月 5 日出穗 211 个。每穗着粒数为：小穗平均 67 粒，中穗平均 111 粒，大穗平均 126 粒，最大穗 139 粒。在 211 个穗中有 30 穗几乎是空秕。其余结实率为 69%。干燥后全谷重 0.475 kg。一般栽培每株分蘖 30 个左右，成穗 20 个左右，而机插或直播每株确保 3 ~ 4 个穗，由此看出，稻的生长能力受到很大的抑制。

从上述调查看出，有些晚生分蘖也能成穗。出穗前 15 d（8 月 14 日）的分蘖为 190 个，出穗前 10 d 的分蘖 202 个，这之间有 9 个分蘖也全部成穗。此外，以多数 17 叶品种为例，以 12 叶期为标准，单株插的分蘖为 19 个（一般主茎 1 个，一次分蘖 7 ~ 8 个，二次分蘖 8 ~ 10 个，三次分蘖 2 ~ 3 个），理论计算分蘖为 41 个（主茎 1 个，一次分蘖 9 个，二次 21 个，三次分蘖 10 个）。而播一粒的在 12 叶期时有分蘖 130 个左右，比计算数多三倍多，这与作物生理学现有的说法不完全一致，是值得研究的。

（四）发挥水稻自身能力的稻作方向

密植化是抑制水稻生长能力的稻作，单株插稀植是充分发挥水稻生长能力的稻作。这种稻作日本很普遍，其中之一是山形县铃木恒雄，他的特点是每穴插一株，亩产 560 ~ 600 kg，每平方米 18 株苗。这样栽培容易顾虑穗少粒数不足，但事实相反，据东北大学本田强氏调查，以分蘖较少的穗重型品种奥羽 275 号为例，一株穗数平均 19 个，每平方米 360 多个，1 穗粒数多的 200 ~ 250 粒，少的 60 ~ 80 粒，平均 120 ~ 130 粒，结实率 90% 以上，千粒重 23 ~ 25 g。铃木"依靠单株插的增产法"可以说是充分发挥了水稻的生命力。这种方法之所以能增产，其理论根据分析如下。

二、产量构成分析

（一）大穗和小穗

单株插的产量构成要素如下：每平方米 18 穴，每穴 1 苗，平方米穗数 330 ~ 360 个，每株（穴）18 ~ 20 穗，每穗 120 ~ 130 粒，结实率 90%，千粒重 23 ~ 25 g，亩产 560 余 kg（图 7-1-3）。

一看便知，虽比一般栽培穗数略少，但粒数能保证，结实好，籽粒饱满，其增产是以大穗为方向的。

一般栽培一穴中的大穗小穗混在一起，有时小穗上不来。而单株插的，各茎独立，依其各自力量结实成熟。而且单株插的比一般插的茎粗，即使小穗其茎也和一般插的主茎相近。一般插的晚穗营养不足，而单株插的则有质上的不同。

一般亩产500 kg株形　　　　　单株插株形

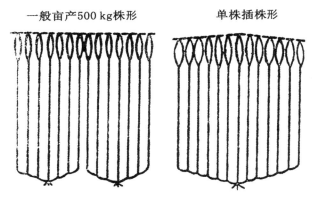

图 7-1-3　单株插的形态

（二）穗的一次枝梗多

另一个引人注目的是，穗的一次枝梗数多。奥羽275号（穗重型），一次枝梗数达15个，并未见倒伏。一次枝梗分化时氮肥充足，一次枝梗数就多。但这时肥多却很容易倒伏。

单株插的，不仅一次枝梗多，不倒伏，而且完全结实。一般高产水稻一次枝梗数12 ~ 13个，普通水稻9 ~ 10个，中期控氮的7 ~ 8个，小苗移栽的7 ~ 8个。一次枝梗着生的粒数5 ~ 7粒（平均6粒），仅一次枝梗着生的粒数就有90粒，相当于一般水稻一穗确保的粒数。

一次枝梗数多，说明穗首分化期（出穗前32 d）到一次枝梗分化期（出穗前29 d）间的营养状态好。大体来说也就是出穗前40 ~ 30 d间营养条件未降低。

一般说在抽穗前40 d调节，降低肥效可不破坏长势，下位节间不伸长，比较安全。出穗前40 ~ 30 d不控制营养，有增加倒伏危险。如果抑制，一次枝梗数少至10个左右。而单株插在出穗前40 ~ 30 d营养好也不致倒伏，所以一次枝梗分化数增多。一次枝梗数与穗主轴的维管束数相同。一次枝梗数多即维管束数多，向穗部输送的养分也多。

为研究今后稻作方向，要进一步明确：为什么大、小穗都能成熟好，为什么一次枝梗多穗大粒多。

三、增产新理论的基础

（一）高产水稻的生育过程

从产量结构上看，单株插的生育过程与一般栽培有所不同，如图7-1-4所示。

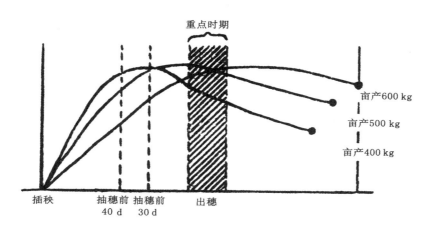

图 7-1-4　不同产量水稻的生长曲线

亩产 400 kg 时初期生育好，早期确保叶面积，光合成量迅速上升，生育中期表现略有过繁，出穗前急速下降而进入成熟，这种类型是 20 世纪 50 年代中期稻作的特征。随着机插稻和直播稻的高密栽培，也类似这种生育曲线。

亩产 500 kg 是 60 年代后期（片仓稻作等）的稻作，生育初期在略有抑制下进行，防止中期过繁，使受光态势保持最佳状态。所以生长曲线缓慢上升，生育中期达高峰，在出穗前略有过繁，因而光合成能力也开始下降，随之进入成熟。

这种以中期受光态势为重点的增产理论，使最重要的穗形成期在碳水化合物（淀粉）丰富状态下进行，收到明显增产效果。但中期以后活力下降，这一问题还未得到解决。

亩产增到 600 kg 时，其关键在出穗前如图 7-1-4 中的斜线时期，如何通过这个时期，使活力上升到出穗期并缓有上升。单株插的生育经过类似这种曲线。这是亩产 500 kg 理论的进一步发展。

（二）保证亩产 600 kg 的技术

由亩产 400 kg、500 kg 进入 600 kg，决定因素从图 7-1-4 中以看出，其差异在出穗以后。也就是出穗以后的活力（光合成能力）有所不同。这从两方面表现出来，一个是能力的高低不同，一个是成熟时间长短不同。能力高、成熟时间长，以相应的活力迎接成熟。

这种能力的差异，与以孕穗期为中心的出穗前的经过有关。这个时期叶面积最大，节间伸长最大，对茎的素质影响最大。加之幼穗迅速生长，经过减数分裂期生理变化复杂，所以必须培育内容充实的、干物量大的水稻体质，这主要是受光态势不同而产生的差异。

亩产 500 kg 水稻的生育过程：生育中期不过繁，受光态势也好。但这时是 11 ~ 12 叶展开的时期（15 叶品种），其后长至 15 叶，叶数增加根系透光度变劣，节间伸长，株高增加，由直立向水平方向发展，垄间光照日趋不良。同时随株形增大呼吸增加，碳水化合物消耗也大。而且这时是水稻一生中气温最高的时期，营养消耗量也很大。

亩产 600 kg 水稻的生育过程：亩产 500 kg 时生育后期面临下降线，而亩产 600 kg 时光合成能力在上升线上，这是因为生育中期不同而产生的结果。亩产 500 kg 的水稻还没脱离过繁状态，叶面积充分扩张，光几乎全被接受，而亩产 600 kg 水稻的叶面积还未全满，还能看到地面，从光的利用看似有浪费，叶面积还有余裕，到孕穗期反而比较理想，到出穗期叶面积增加，株高也伸长，而透光态势持续良好，各叶光合作用旺盛，碳水化合物生产量高，消耗较少，所以蓄积最多。上述生育过程的差异，造成抽穗时稻体素质的差异，因而使成熟期的灌浆结实出现差异。

（三）向结实良好的方向栽培

出穗后向穗部蓄积的碳水化合物，一部分是出穗前秆和叶鞘中蓄积的流转，一部分是出穗后光合产物的流入。出穗前的蓄积与出穗后的合成，其比率在以基肥为重点的亩产 300 ~ 400 kg 的水稻，秆和叶鞘的蓄积量为 50% ~ 60%，蓄积的多少决定了产量的高低，以追肥为重点的亩产 500 kg 的水稻，则与前相反，蓄积量不足 30%，出穗后的光合成量为 70%。所以出穗后如何保持旺盛的受光态势，是近年水稻高产考虑的问题。以亩产 600 kg 为目标，出穗前蓄积碳水化合物的依存率还要降低，几乎全靠出穗后光合产物的流转。

津野幸人认为：为维持水稻出穗后的活力，叶的氮浓度不能下降。叶的氮浓度所以下降，是由于随着成熟，从土壤中吸收的氮素减少，叶中含有的氮素向穗中转移，如在成熟后期水稻仍能吸收氮素，不使叶片氮浓度降低，光合能力也不下降。亩产 500 kg 的水稻，成熟时叶色常青，进一步提高产量仍需保持这种状态。出穗期的叶面积指数，在光照多的年份为 7、一般为 6、少的年份在 5 以下为好。如果任何天气均可发挥高的光合能力，叶面积指数可略少，以利透光良好。不使叶的光合能力下降是今后栽培的方向。

（四）茎充实和穗充实的关系

水稻成熟期的活力与出穗期稻体的素质有关，其素质就是茎的强度，亦即茎粗。茎的强度、草重与穗的充实度、谷重，其关系如下：

20 世纪 60 年代中期亩产 500 kg 稻谷，其谷草比以草少、谷多为方向。一般认为草多不能增产。这就意味着要提高产量，成熟的问题比粒数更重要。高产水稻的株高不是特别高，茎数不是特别多，而是茎叶中蓄积的养分最后能全部转入穗中。所以充实不良的穗没有吸收能力，养分残留在茎叶中。由亩产 500 kg 向稳定 600 kg 发展，其谷草比应该如何，从光合作用来看，将津野幸人的见解介绍如下：从过去增产的事实来看，在低产阶段随草重的增加谷重也增加。但草重在亩产 530 kg 时，产量到顶，草重再增，产量反而降低。这种草重达一定程度后产量停滞的原因，是由于为了确保粒数而增肥，使水稻过于繁茂，结果光合成能力减弱，成熟不良。当叶面积小而产量低时，增氮扩大叶面积（增加草重）可增加产量。而叶面积已充分确保时，增氮则水稻过分繁茂，结果草重增加而产量下降。草重每亩 530 kg 是过繁的临界点。亩产过 500 kg 奔 600 kg，草重增加而不过繁时，谷重可稳定亩产 600 kg。这主要是因为增加秆重，而叶面积不增加，不致过分繁茂，秆的伸长期亦即孕穗期干物质生产量越大秆越重。长茎秆时期光合作用旺盛，碳水化合物充足，形成茎秆所需的养分充足，即可形成秆粗不倒的水稻。所以到出穗期之前，如何培育强健而粗的茎秆是走向亩产 600 kg 的课题。

四、重视出穗期的受光态势

（一）重点由生育中期转向孕穗期

过去以调整生育中期为重点，以提高中期水稻碳水化合物的蓄积，解决增加粒数和良好成熟的矛盾。

为了提高产量必须增加粒数。是增加穗数还是增加每穗粒数，如在生育中期很好发挥肥效，粒数可容易确保。但肥效提高易使水稻过繁，受光能力下降，结果成熟不良。怎样解决粒数和成熟的关系是 60 年代后期亩产 500 kg 的关键课题。

减少基施氮肥，抑制早期生育，使中期有良好的受光态势，蓄积碳水化合物为穗部充实打好基础，同时停止淹灌，注意壮根的水分管理，提高成熟期活力，这是打破亩产 400 kg、稳定亩产 500 kg 的基本技术体系。但拔节以后到叶面积最大的孕穗期，提高受光能力的技术还没有确立。如何在中期生育长势良好的基础上，实现以孕穗期为重点的技术体系，是今后的课题。

（二）出穗前的生育过程

叶面积以孕穗期达最大，超过必要以上的叶面积会使碳水化合物蓄积下降。叶面积指数以 7 左右时碳水化合物生产最旺盛，8 以上时明显下降。以此分析过去亩产 500 kg 的水稻和单株插亩产 600 kg 水稻的生育过程如图 7-1-5 所示。

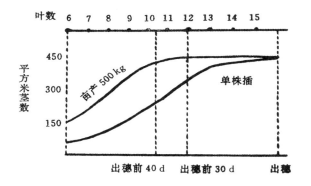

图 7-1-5　不同产量水稻的生育过程

单株插茎数的增加比较缓慢。插后一个月（即出穗前 40 d），双株插肉眼可识别的分蘖已达必要茎数的 70% ~ 80%，而单株插的仅为必要茎数的 50% 左右。进而到插秧后 40 d，双株插的达必要茎数的 100%，而单株插的为 70% ~ 80%，要达到必要的茎数还得晚 10 d 左右。

进入伸长期，节间伸长，叶数增加，孕穗期叶面积最高时的受光态势如何，要看叶的增长情况。叶的大小、下叶受光程度、叶的开张角度等对受光都有影响。

双株插植和单株插植可以看出以下三点不同：

一是叶数相差 2 ～ 3 叶，日数相差 10 ～ 15 d。双株插的出穗前 40 ～ 30 d（图 7-1-6 A 部分）叶位为 10 ～ 12 叶期，单株插的晚 2 叶左右，差别很大。

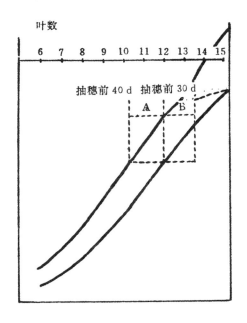

图 7-1-6　每平方米叶数变化模式

二是出穗前 20 ～ 15 d，双株插的已达到必要的茎数，最后出生的分蘖已有 2 ～ 3 叶，群体已进入伸长期。而单株插的尚未达要求茎数，以后还要出生分蘖，最后的分蘖茎还要长 2 ～ 3 叶，到独立还需 10 ～ 15 d。以此比较即可看出：在出穗前一个月间，最少是在前半时期，单株插的形态是比较利落的。

三是出穗前 15 d 到出穗这段时期的形态不同，双株插的群体茎秆伸长整齐、抽穗一致，单株插的分蘖晚、伸长不齐、光可透入根际。实际到抽穗时，晚生分蘖晚的部分很快赶上，差距缩小。这样，光向根际照射的差异就是问题所在。

总结以上三点，将出穗前一个月分为前期、后期，可以概括如下：从双株插的繁茂状态来看，前期叶的繁茂程度已使阳光不能照到地面，下叶光合能力开始下降，进入后期更加繁茂，下叶活力下降，有的枯死。单株插的前期还有余裕，光可以照到根际，到后期叶面积达最大。也就是孕穗期受光态势的不同，对成熟期的成熟程度有决定作用。还有一点要明确，即在出穗期双株插的总叶数可能多 2 ～ 3 成，叶多是否生产的碳水化合物也多，对依靠出穗前的碳水化合物积累的水稻还可以，若依靠成熟期生产的就另当别论。更重要的是，过繁茂的叶数越多，光合成量反而成负值，这是必须考虑的。

五、确保出穗后光合能力的诸因素

（一）成熟期持续活力的基础

进入成熟期光合作用的条件变劣，其一是出穗后稻穗遮光，使光合能力下降。据津野测定，剪穗不遮光时和不剪穗的比，在强光照下，光合效率提高 10%，弱光照下光合效率提高 30% ~ 40%。说明在成熟期间少量的遮阴对光合能力的影响很大。由此可知，出穗期叶片配置状态的差异，引起的后果是值得注意的。出穗时的活力对以后的影响可看图 7-1-7。

剑叶　10月9日　数字是 10 cm^2 的 CO_2 吸收量

图 7-1-7　从叶尖开始光合成能力下降

在成熟期过半以后，叶各部的光合能力出现差异。在出穗期叶各部的光合能力一样，以后如图 7-1-7 所示，叶尖约比叶基部低 1/2。

另外，出穗期上层叶氮浓度高，所以光合能力也高，到成熟中期（出穗后 25 d 左右）上层叶氮浓度降低，上层叶比下层叶光合能力还低。因此在成熟中后期，就一片叶来说，叶基部光合能力高。就上下层叶片来说，下层叶光合能力较高。整体光合能力急速下降。所以在这期间日光能照到内部很重要。即或是少量的光也影响很大。防止上层叶片和叶尖老化，最重要的是不使叶片含氮浓度下降。其关键不是施肥，而是提高根的活力，这是过去亩产 500 kg 的重要技术。

（二）进一步提高根的活力

亩产 500 kg 的养根和亩产 600 kg 时的养根虽无本质区别，而后者更要重视根的活力。其要点有二：

一是提高根的活力，取决于下叶活力。根的伸长和战胜高温下供氧不足的困难，其能源碳水化合物需由地上部供给，担当这一功能的是地上部的下层叶片，如果下叶得不到光照，根的活力就很难维持。特别是在孕穗期，多处在盛夏的高温季节，茎叶的呼吸量大，消耗能量多，根系因高温易发生根腐。下叶受光量多少是非常重要的，没有这个基本条件，怎样进行水的管理也无济于事。

二是和分蘖期的关系。过去亩产 500 kg 水稻的分蘖期，一般在插后 30 d 之间。单株插亩产 600 kg 的水稻，最少为 40 d，有时长达 45 d。分蘖期的长短对根的活力产生影响。

任何作物都一样，根的发育和地上部的发育是同步的。分蘖期 30 d 以后，若人为控制氮素停止分蘖，根的生长也受抑制。而继续分蘖的水稻，根的生育旺盛，活力也不下降。总之，分蘖期延长根也旺盛生长，到孕穗期根系损伤少，旺盛地进入结实期。可以说延长分蘖期是"提高根系活力"的方法之一。

六、以培育茎粗为中心的设想

高产新理论的中心是分蘖的利用方式。现就分蘖和根的生育关系、和茎充实的关系、和氮肥肥效的关系等三个问题加以讨论。

（一）分蘖方式

从分蘖的实态来看，过去亩产 500 kg 的标准产量构成：每平方米 360 ~ 390 穗，每平方米确保 21 穴，每穴 16 ~ 18 以至 20 穗，每穴插 2 株时每株穗数 8 ~ 10 个。这约为 10 个有效穗茎，在正常条件下，主茎 9 叶时发生的分蘖即可确保。9 叶时的分蘖——主茎 1 个、一次分蘖 6 个、二次分蘖 3 个，合计 10 个。到 10 叶期茎数为 13 个，即主茎 1 个、一次分蘖 7 个、二次分蘖 4 个，三次分蘖 1 个。将要发生的分蘖从外观还看不清楚，在出穗前 40 d（10 ~ 11 叶期），可确认计划穗数的 7 ~ 8 成，到出穗前 30 d 可完全确保。从上述经过可知，每苗穗数在 10 个以下时，其分蘖由一次、二次分蘖确保，三次分蘖没有利用。在出穗前 40 d 控制分蘖，即抑制氮肥肥效，使三次分蘖不成为有效茎。从栽培方式来看，分蘖旺盛发生，容易造成群体过分繁茂，应极力避免。这里要明确的是，要确保的分蘖在抽穗前 30 d 还在出生，其分蘖芽的发生，早则 9 叶，晚则到 10 ~ 11 叶。假如以后再发生分蘖，则破坏了中期的长势，实现不了 500 kg 产量。这样看来，出穗前 40 d 以后的分蘖以停止为好，这是高产栽培的中心环节。

单株插每株确保 20 个穗，约为双株插每苗穗数的 2 倍，其分蘖利用是 9 叶期达 10 个茎，10 叶期 13 个茎，11 叶期 16 个茎，12 叶期 19 个茎，其中主茎 1、一次分蘖 9、二次分蘖 6、三次分蘖 3。到 13 叶期主茎 1，一次分蘖 10，二次分蘖 7，三次分蘖 4，四次分蘖 1，合计 23 个。

单株插确保 20 个茎的特点是：一是确保分蘖时期晚 2 ~ 3 个叶，从 11 叶到 13 叶，时间晚 10 ~ 15 d，二是利用了三次分蘖，这两条是和过去的栽培根本不同的。

以上是过去亩产 500 kg 和单株插亩产 600 kg 的不同分蘖方式，这是按理论计算的，但三次以上的高次分蘖还有很多不明确的地方，不一定和上述顺序相同，还有些疑问未得到解决。据本田强的调查报告，与事实对照相差并不太大。

（二）分蘖和根的关系

根按发生节位其伸长方式不同。主茎节位的发根由下位节开始逐次向上位节伸展。返青期发生的根向深层伸展。随着生育进展，从上位节发生的根系趋向水平分布于浅层。地上长出新蘖，地下长出强劲的新根向下方伸长（图 7-1-8）。利用分蘖到二次为止，不其使发生三次分蘖，要相应地控制氮素肥效，使稻体蓄积较多的碳水化合物，控制生育中期过于繁茂。

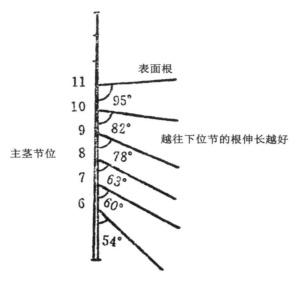

图 7-1-8　节位和根的伸长角度

　　根和地上部的生育关系密切。根的功能一是吸收养分水分并将其输送到地上部；另一个就是有适于在水田中生育的能力，即在无氧的稻田中生长，使水田产生的有害物质转为无害。一般新根吸收养分水分较多，但在新根老根混生的根群里，是新根吸收量少。长支根多的老根吸收面积大，作为能源的碳水化合物也多，所以老根吸收养分水分多。茎叶生长所需养分大半是由这样的老根补给的。

　　稻根有补给茎叶养分的功能和氧化根际有害物两大作用，这两个作用由新根和老根共同分担。这种新老根系配合的关系，在营养充足时配合很好，若氮素停止，由茎叶供给的碳水化合物不足，而产生影响。因此要创造良好条件，以不断促发新根生长。生育中期到孕穗期气温高，土壤还原强，易于根腐。所以促发氧化力强的新根，对水稻生育是有利的。水田地温高，微生物活动使还原加剧。这时一般水稻恰好开始繁茂，下叶向根系补给的碳水化合物减少，根在水田不良环境中没有发生新根的能力。通过管水补氧，防止生育过繁，使下叶有充分的光照，生产碳水化合物，作为能源供给根系是非常重要的。能源少，根系无力战胜不良环境，不久即到出穗期，就已变成不起作用的根了。

（三）分蘖与氮素肥效和堆肥的关系

　　分蘖时间和氮肥肥效及地力都有关系。一般在进入生育中期确保有效茎后，氮肥肥效以不使生育过繁为原则。如何使氮肥不多也不少，在接力肥、灌水及诊断等方面要下功夫。有时因没有相应的调整技术，对堆肥等有机质肥料感到不会使用。

　　水稻在分蘖过程中，氮肥肥效的强弱，水稻自身可以调节，在停止分蘖时难以调节。

从施肥上看，重要的是充分利用堆肥培养地力。

（四）分蘖与茎充实的关系

单株插的水稻，茎明显变粗，这是实践所证明的。

过去的栽培，在出穗前40 d（机插的更早些）开始控氮管理，一直持续到出穗前20 d。单株栽培没有这种限制，氮素是较丰富的。图7-1-9中黑点（·）是分蘖发生时期，以后出3片叶而独立，到3叶期间用黑实线，以后生长用虚线。为了茎粗和培育叶片同样不能控氮。

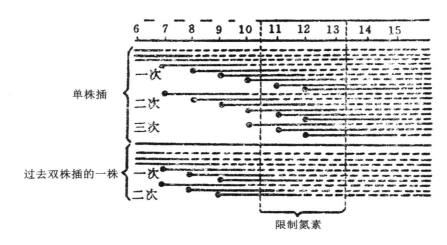

图7-1-9　分蘖期间茎的充实设想图

过去水稻的分蘖，一般从一次生长二次，从二次生长三次分蘖，越是高次分蘖茎越细弱、穗越小。但是也有人观察认为，苗床发生的分蘖不如7、8叶期发生的分蘖茎粗。

在出穗前40 d控制氮素的栽培方法，7叶发生的分蘖在出穗前40 d已出三个叶可以独立生活；8、9叶期出生的分蘖还未独立即进入控氮时期；以后再生的分蘖即在控氮状态下生长，所以越是高次分蘖茎越贫弱。另外7、8叶期发生的分蘖最健壮，是因为返青后营养丰富，而秧田分蘖时间虽早，但在独立前的幼小时期受移栽等不良环境的影响不能顺利生长。

单株插的分蘖期间长，如将分蘖至3叶期间合在一起，几乎全期都在分蘖长茎的生育过程中，既有营养生长又有生殖生长，无所谓生殖生长与营养生长的转换。因此，在全分蘖期都要供给氮肥，以保证茎粗。另外单株插的受光环境好，这也是茎粗的重要条件。由于受光条件好，即使氮肥多些也不致徒长。在氮肥施用上是安全的，而且堆肥也可以充分利用。

七、对分蘖的疑问

（一）分蘖的理论对否

分蘖与主茎叶同时伸长，分蘖与主茎出叶速度相同，主茎长出剑叶时各分蘖也长出剑叶，这是片山博士的同伸叶理论。松岛博士的研究认为，这种规律性只有生育正常的水稻在最高分蘖期前可以适用，最高分蘖期过后，某些分蘖可按同伸理论出叶，某些分蘖出叶速度紊乱，明显开始停滞。按此理论看，过去亩产 500 kg 水稻的分蘖，从 1 号到 8 号中间没有缺位分蘖时，总共应有 14 个分蘖，而实际只有 8 ～ 10 个，其中有几个未出，基本符合规律性。但对单株插的分蘖情况就不好解释，表 7–1–2 是千叶县浅野总一郎调查的 30 cm×30 cm 的单株插的分蘖情况。

表 7–1–2　30 cm×30 cm 单株插的茎数增加方式

月 / 日	5/1	5/7	5/15	5/22	5/29	6/7	6/14
叶龄	6.1	6.7	7.0	8.0	9.0	10.0	11.0
茎数 / 个	6	8	14	19	22	30	35

正常情况在 11 叶时（按同伸叶计算）出 8 号分蘖，应共有茎数 15 个（包括主茎），而上述调查为 35 个茎，相差很大。

一个节长一个叶，一个节出一个分蘖，所有分蘖节各出现一个分蘖。调查 12 叶期主茎 1、一次分蘖 9，二次分蘖 21、三次分蘖 10，合计 41 个。

从图 7–1–10、图 7–1–11 可以看出，10 叶以后分蘖迅速增加，考虑分蘖时应掌握这点。

（二）高次分蘖并不弱小

以 9、10 叶期为界，分蘖增加速度有很大不同。过去不重视主茎 10 叶以后的分蘖，所以当时高产的水稻，到 9 叶期以保证主茎 6 号分蘖即可。而单株插的 10 和 11 叶期的分蘖都要利用起来。这样到 11 叶期的全部分蘖为 28 个，12 叶期为 41 个，其中可确保 18 ～ 20 个，是因为这个期间未采取限制氮素等抑制措施，靠自身调节得到的茎数。

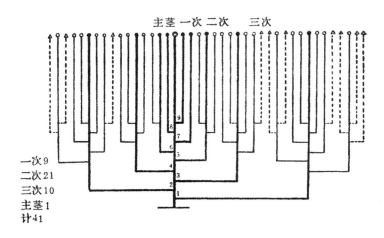

图 7–1–10　主茎 9 号分蘖发生时间（按 1 节 1 个分蘖的设想）

叶龄	4	5	6	7	8	9	10	11	12
1次	○	○	○	○	○	○	○	○	○
2次				○	○○	○○○	○○○○	○○○○○	○○○○○○
3次1号							○	○○	○○○
3次2号								○	○○
3次3号									○
	1	1	1	2	3	4	6	9	13
累计（包括主茎数）	2	3	4	6	9	13	19	28	41

图 7-1-11　一节发生一分蘖的茎数增加方式

从表 7-1-3 中看出，过去一穴 2 苗栽培，一次分蘖占的比例大，单株插的二～三次分蘖占的比例大。

表 7-1-3　分蘖的差异

分蘖	过去一穴 2 苗	一穴一苗
主茎	2	1
一次分蘖	12	7～8
二次分蘖	6	8～10
三次分蘖	—	2～3
总计	20	约 20

八、秧苗素质

每平方米栽插的苗数是一般栽培的一半，而穗数要确保 360 ～ 390 个，秧苗素质是个重要问题。山形县铃木氏以旱育苗利用低位分蘖，因为旱育苗比保温湿润育苗、水育苗发根力强、成活好、栽后分蘖也早，适于单株栽插。另外，千叶县押掘地区的稀植栽培，也用旱育苗。关键是在确保茎数后如何使茎充实，也就是提高茎的质量。

九、稀植稻作的探讨

（一）由密植向稀植

千叶县押掘地区开始的稀植栽培，每平方米 11 穴（30 cm × 30 cm）亩产 500 kg。过去这个地区一般每平方米栽插 21 穴，减少一半现在为 11 穴。

由密植变稀植，减少茎数增大穗形的稻作方法和单株插是有共性的。下面以千叶县为例，对这项技术加以探讨。

从产量构成因素来看：每平方米 11 穴、每穴穗数 35 个（每平方米穗数 380 个），每穗粒数 110 粒，结实率 75%，千粒重 23 g，亩产 500 kg。

稀植前稻作的问题是叶和节间易伸长、细弱，减氮也难控制伸长。密植时在出穗前 30 d 断肥，叶、节间仍伸长，下叶早枯，根系活力下降，到成熟期活力最低，产量不高。稀植后生育状况改变。4 月下旬—5 月上旬插秧，插后 30 ~ 50 d 为梅雨期，稀植时呈扇形开张而不过繁，通风良好，根际可见光照，壮蘖陆续出生。因不过分繁茂，无叶垂或节间过长现象，成熟亦好。

（二）确保茎数的过程

稀植时确保的茎数是：每平方米 11 穴，每穴 35 穗，每平方米 380 穗。从每平方米穗数看比一般密植的少，和单株插的差不多。

稀植栽培 1 穴 2 苗，每苗分蘖 17 ~ 18 个，而单株插每平方米 18 穴，1 穴 1 苗，计 18 苗，每苗分蘖 19 个，确保穗数两者相差不大。稀植和单株插一样可以确保茎数，而且避免过繁和株间竞争之害，可使茎秆充实，穗强健，无倒伏之忧。关于氮肥肥效与单株插类似，稀植稻比一般稻叶色青、肥效长。由于光照条件好，下部节间也不伸长。氮素充分也不过繁、徒长、倒伏。这对暖地水稻栽培有重要意义。

（三）是稀植还是插单株

稀植和单株插做法不同，但技术组成基本是一致的。无论是哪种都是使分蘖自由发生，经历的分蘖期长。从初期到后期根际光照好，茎粗充实。对堆肥等氮肥肥效的不稳定性也无问题，相反充分施用堆肥，提高地力效果更好。从产量构成看，可以说是同质的技术，只是栽培方式不同。

每平方米苗数二者无大差别，都是一般栽培密度的一半以下。用密度相同的苗只是双株插或是单株插的区别，具体要根据条件、苗的素质、插秧劳力等综合起来选择。

稀植时在 30 cm 见方处有两苗，空间大，生长自由。在生育初期或中期，由于受光条件好，差异不明显，到后期插双株和插单株之间光照及下叶生育状态，明显出现差异。

肥料施用过多，双株插的节间伸长，叶易下垂，在光照条件不良时，氮肥稍有过量即徒长。单株插的分蘖多。浅野氏曾做每平方米 11 穴，每穴一苗，一穴长出 35 个分蘖都能成穗，亩产 480 kg 左右。如图 7-1-12，双株和单株比，每穴成穗数差不多，但单株的生长更为自由。

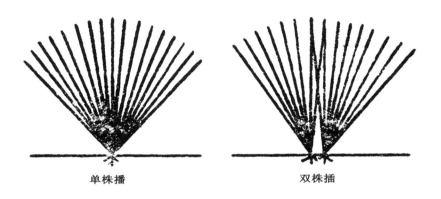

单株播　　　　　　　　　　双株插

图 7-1-12　单株插和双株插

十、与过去的单株插有哪些不同

（一）过去单株插的背景

20 世纪 40 年代中期，在各地也用过"好苗单株插"的增产技术。其中有每平方米 10 穴单株插的方法。因此，知道那时情况的人们常说："单株插我也干过，但未干好。"这确是事实。现在为什么又将过去的技术当成新技术，经过下列分析即可明了。过去单株插以培育大穗为目标，有的想获得 400 ~ 500 粒的大穗，既要大穗又要空秕粒少，为此必须有良好的株形，由此形成了育好苗、培好土两大支柱技术。当时为了培育壮苗，下的功夫很大，每平方米播量少到 45 g 以下，有的超稀播到 23 g，有的搞假植试验，还有的垄作育苗。当时整个稻作技术中，育苗技术占 7 ~ 8 成的比重。在本田主要技术是培肥土壤，培育防倒的健壮株形。用当时的话说"稻作米、土作稻、人作土"。除培肥土壤以外，再无更突出的技术。在施肥方面，以基肥为重点，追肥也以初期为重点。认为幼穗形成期（出穗前 25 d）以后不能追肥，后期追肥生育延迟，贪青成熟不良，还成为倒伏的原因。而且认为氮肥是长稻草的，结实要靠磷、钾和地力的补给。在水的管理方面也和现在大为不同，当时几乎以淹灌为中心，只在中期晒田和成熟后撤水。因此，肥效靠天气，气温的变化直接影响土壤养分的分解，左右水稻的生育。没有重视靠水的管理来调整水稻生育和根系的生长。过去就是在这样的背景下进行单株插的。

（二）根本的区别

育苗和育土这两项支柱，是易被现在水稻栽培忽视的，对此应再学习。过去和现在单株插的基本差异，在于对本田的管理，亦即肥效的利用和水的管理与过去完全不同。

过去培育水稻，重视建造营养体，并着眼后期生育。现在对初期生育大小不看成是大问题，而重视全生育期的受光态势。由此出现基肥重点和追肥重点的不同是根本差异。灌水管理，过去重视根系，认为"过了中期晒田不准入田"，认为进入幼穗形成期，一条根也不能伤。另外认为"出穗前 20 d 特别不能断水"，认为穗形成期需要充足的供水。这是否真的有助于根的生育，已不必多言。

综上所述，由于对水稻本田管理认识的提高，以及由此产生的生育调整技术，对全生育过程的关系基本明确了。也就是经过了 20 世纪 60 年代初期的技术革新，才有了今天的单株插的重演。

第三节　机插稻作的评价

一、机插稻作的技术

（一）机插稻作的主体

机插稻作以 2.5 叶的小苗为中心，是建立在 20 世纪 60 年代后期以生育调整为中心的早期确保茎数、重视追肥的基础之上的。其技术特征是盘育苗机插，每穴 5 ~ 6 苗，每平方米 24 ~ 27 穴。8 ~ 9 叶时达到必要的茎数，以后防止过繁进入穗形成期。施肥以分蘖肥和接力肥来接续，既防止过繁又不使断肥，生育后期追施穗肥、粒肥。

小苗机插用主茎和部分一次分蘖即可保证穗数。穴数多，每穴苗数多，比手插的几乎多三倍。机插稻作形成的穗数与手插的相比，结实好、等级高。这是因为基肥少，用分蘖肥和接力肥连接，控制氮素进行生育转换，亦即限制一穗粒数，不使超过自身能力而着生更多的粒数。

总之，小苗机插是以主茎和部分一次分蘖建起较多穗数，以自身能力着生相应粒数，提高结实的一种稻作方式。

（二）实际生产者的栽培技术

A 氏在寒地机插亩产 500 kg，其产量构成如下（图 7-1-13）：

每穴 6 苗、每平方米 27 穴；

每平方米最高茎数 780 余个；

每平方米穗数 600 余个；

每穴穗数 25 个；

平均每穗 60 粒；

成熟率 86%；

千粒重 22 g。

他的增产主要靠穗数，每增加 100 个穗，增产 2.4 kg，少 200 个穗即减产 4.8 kg。

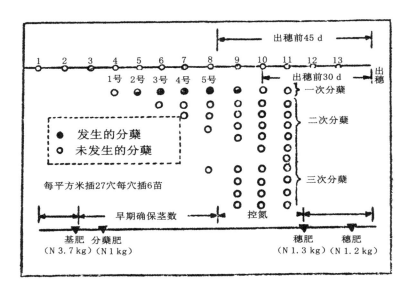

图 7-1-13　A 氏利用分蘖的方式

调整生育，控制秆长，使水稻受光态势良好。为此，在有效茎数保证后，到 11 叶期进行中期生育调整，使水稻处于既不增加无效分蘖，也不使有效茎下降的营养状态。以基肥、蘖肥确保有效茎数，以后控制氮肥，适时施用穗肥。为不使二次枝梗增加，二次枝梗分化期控制氮素不使过多，叶态良好，降低剑叶节位置，抑制秆长，防止倒伏。

下面是在暖地 B 氏的机插稻作，亩产为 566 kg，其产量构成是（图 7-1-14）：

每平方米 24 穴；

每穴 5 苗；

每平方米最高茎数 696 个；

每平方米穗数 545 个；

每穴穗数 23 个；

每穗平均 100 粒；

成熟率 92%；

千粒重 23.5 g。

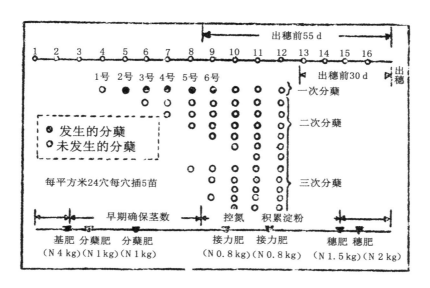

图 7-1-14　B 氏利用分蘖的方式

为使手插稻增产，如穗、粒数过多，结实率下降，千粒重降低反而减产。因此，随着产量提高与其增加穗、粒数，不如重点放在提高结实率上。机插稻作方面，现阶段与其提高结实率不如提高粒数重要。亦即穗数增加后，粒数不增加就不能增产。机插稻作的稻穗比手插稻穗短，且二次枝梗几乎很少，一次枝梗着生的粒数也少。造成穗短和一次枝梗着粒少，是由于根和茎的充实程度的差异所致。所以 B 氏在 8 ~ 9 叶后到抽穗前 30 d 的重要期间，采取尽量延长蓄积淀粉时间，用接力肥防止根系老化、充实茎秆的方法，这是 B 氏稻作的主要手段。接力肥的作用是在基、蘖肥到穗肥之间，不使肥力过于不足而起衔接作用的。但在生育转换不良、氮肥略过时不用接力肥。一般不施接力肥的水稻难以获得增产，如施两次接力肥，二次枝梗也可增加着生粒数。

以上 A 、 B 二人在寒暖不同的地区进行小苗机插，在技术组成上，均在早期确保茎数，以后控制过分繁茂调整株形。 B 氏不使分蘖过多，以接力肥充实根、茎，提高粒数； A 氏分蘖过多，极力控制，穗形变短。

二、降低稻株活力的调整技术

（一）抑制分蘖力的栽插苗数

机插水稻中期不能过繁，如过繁即影响产量。所以要早期确保茎数。另外机插 2.5 叶弱苗，每穴 4 ~ 6 株，只能用主茎及一次分蘖，不易利用下位 1 ~ 3 号分蘖。盘育秧每盘播量多，在 60 cm × 30 cm 盘中出 6 500 ~ 7 600 苗，每平方厘米中有 4 ~ 5 苗，机插千平方米需 20 盘，小苗机插，低位分蘖少，后期分蘖晚，机插每穴难以插 1 ~ 2 株，每穴插 4 ~ 6 苗，不能用二、三次分蘖。

（二）穴内生育环境不良

每穴水稻分蘖的发生由外侧向内侧，晚生分蘖在内侧。从图 7-1-15 中看出，每穴苗数越多，越难发生分蘖。

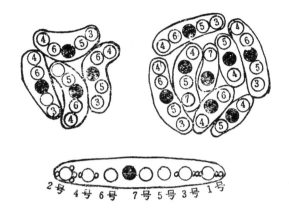

注：上图左右为星川氏原图，黑点为主茎，数字为一次分蘖号数

图 7-1-15　机插稻作分蘖方式

从内侧长出的分蘖，将已出生的分蘖茎向外侧推开，使小苗之间产生竞争，分蘖自然受到抑制，如与手插的秧苗比，小苗更欠活力，分蘖更加困难。

（三）抑制分蘖使穗部变小

小苗机插确保必要的茎数后，即抑制分蘖。为不使分蘖再发生，就需控制氮素。机插稻作的增产技术，是以增加粒数为方向，这是以小苗结实率高为前提的。但超过一定穗数粒数，再增加总粒数，担心中期过繁，可通过增加每穗粒数来增加总粒数。要增加粒数在穗分化期间就要适当供氮。小苗机插条件下，密度较高，供氮稍多即易过繁。在这种关系中，增加每穗粒数有一定的难度。暖地农户 B 氏是以二次接力肥，在确保茎数后即抑制分蘖，又不使断肥，防止根系老化，使茎充实，从而增加每穗粒数。手插的水稻虽然亦苦于过繁之害，但不如小苗机插增加每穗粒数困难。

从生理条件上看，正常进行分蘖，功能叶含氮量必须在 3.5％ 以上，2.5％ 以下时分蘖停止，1.5％ 时茎数减少。所以抑制分蘖就必使叶的活力下降。一穗粒数和出穗前 1 ～ 4 周间的叶片氮浓度有关，叶的氮浓度高，粒数也多。控制氮素，根的活力亦受影响，氮素极端不足促使根系老化。保持根的活力靠根的蛋白质含量。氮素不足根的蛋白质含量急剧减少，根寿命短。抑制分蘖亦即抑制新根生长。所以早期确保茎数，以后不使分蘖发生，则使根系活力下降，叶功能降低，茎秆充实不良，每穗粒数不易增加。但也有人认为，早期确保茎数，到幼穗形成的时间延长，茎充实而穗大，但目前所见不多。

三、对机插稻作的疑问

（一）机械种稻

大苗不适机插，只能插 2.5 叶小苗。栽 2.5 叶小苗，要解决两个问题：一是耕作方式，二是堆肥施用。土壤要耕耘好，要有一定深度和通气性，要施腐熟堆肥或切碎的生稻草。堆肥对机插水稻影响很大，堆肥肥效受当年气候影响，对小苗机插稻作很难掌握，特别在气温上升的生育中期，难以调整生育。另外在暖地还有前茬作物对机插的影响问题。因为机插比手插要提前半月左右，而且前茬残株也影响机插效率。

（二）机插稻作是超保护的稻作

小苗机插比手插要求的精度还高，小苗增产，首先要插足苗数，以确保粒数，其次要培育能从下位长出整齐分蘖的秧苗；最后要尽量长好早生分蘖，便于后期生育调整。

为使小苗长出 1 号分蘖，每盘播种量必须降到 0.15 kg 以内，提高播种精度，做好"盘根"，利于机插。

（三）真是省力吗

机插比手插省力吗，插秧是省力些，但从育苗和插秧合计来看，手插和机插没多大差异。手插时可选苗，机插容易缺苗。从床土准备到育成秧苗都要劳力，而且本田准备要求高，2.5 叶小苗易淹没，小苗的栽插期短，一般在 10 ~ 15 d（栽插适期）。手插稻移栽后按其生长能力任其分蘖，达到所需茎数。小苗机插要看稻的颜色施肥，过多过少都不行，而靠壮苗和地力自行调节的稻作就没有这种麻烦。

（四）是一种费钱的做法

插秧用机械省力，但增加了机械费用的开支，五年插秧费用可购一台插秧机，而插秧机按三年折旧，每年还要增补零件，要花费想象不到的钱，产量却比一般手插减产一到二成。

（五）未提高耕地的生产力

农业的生产力不只是提高作物产量，而是提高单位面积的综合生产力。小苗机插比手插稻要在田间多 20 d 左右。本田占有时间长，对前茬作物有一定影响。

第四节　直播稻的评价

一、直播稻作的技术

（一）与机插小苗稻作的差异

除播种育秧外，栽培技术基本相同，以调整生育为主体，早期确保茎数，中期控制氮素，防止生育中期过繁，以穗数保证产量，基本是一致的。和机插小苗不同的是下位一号分蘖出生多。现在的水稻直播栽培，下位一号分蘖常是造成过繁的原因。省工和利用下位分蘖是直播的特点。

（二）未充分发挥水稻的生产潜力

水稻直播栽培，基本是由早期确保茎数和控制中期过繁组合而成。撒播每亩 2.6 ~ 3.3 kg 种子，成苗率 5 ~ 6 成，每平方米 100 苗，有的达 180 苗，每苗 5 个茎，形成 480 余个穗，这是手插亩产 500 kg 的标准穗数，下位分蘖达 5 ~ 6 节，最高分蘖达 600 ~ 900 个，成穗率为 5 ~ 6 成，穗小结实率较高。穗小的原因是中期控氮防止过繁，因而抑制了水稻生长。

（三）未能发挥水稻生长能力的原因

直播栽培追求的是省力。成苗不稳定，播量偏大，因而依靠主茎和一次下位分蘖成穗，早期确保茎数，以后进行控制，这种播种方法播种虽然省工，但整地要费些力气。

二、直播新方向的设想

（一）从一事例中体会

从表 7-1-4 看出，E 农户每平方米苗数少、有效穗少，但产量最高。E 农户在管理上因保苗少，以确保穗数为最大目标，第一次追肥比计划增倍，并在 7 月 13 日追肥，在间歇灌水和中期晒田等方面，稍加控制以助长生育，结果未出现断肥，生育旺盛，晒田后移，穗肥在抽穗前 2 周进行，上位叶和节间未伸长，无过繁倒伏现象。

D 农户为了防止分蘖过剩和过分繁茂，在苗期晒田后即投入间歇灌溉以控制初期生育。第一次追肥只给计划数的半量，因前期控得过分，中期略施追肥，正常灌水，确保了茎数和穗数，但茎叶的充实略差。D 农户虽在前期进行了抑制，但间歇灌水未能控制住分蘖，茎数过多，茎细、粒数少。

E 农户和 D 农户的差异是苗数没有 D 农户多，但每株穗数 D 农户少，结果形成两条曲线，E 农户的曲线不过繁，苗数少，结果每穗粒多而增产（图 7-1-16）。

（二）走降低苗数的方向

从 E 农户的实践中看出，降低苗数，利用分蘖，甚至二次分蘖成穗，中期不过繁也不过分控制，根好、茎粗、穗大、粒多、产量高，这是今后的方向，但苗数降到多少为好，有待今后研究。

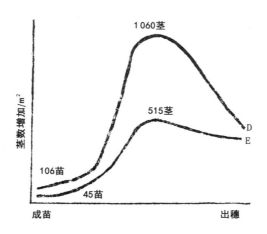

图 7-1-16 灌水撒播茎数的消长

表 7-1-4 灌水撒播栽培的调查（《现代农业》，1974 年）

项目		农民		
		C	D	E
播量 /（kg / 1 000 m²）		3.5	3.5	3.5
每平方米	播种粒数 / 粒	90.7	110.2	—
	有效穗数 / 株	77.7	75.2	46.0
	病虫株数 / 株	7.7	19.5	1.0
	合计 / 株	85.5	94.7	47.0
出芽成苗率 /%		94.2	85.9	—
平均单株有效穗数 / 个		6.1	5.5	8.4
每平方米	有效穗数 / 个	478.3	424.5	389.4
	干谷重 /g	717	644	728
	谷粒数 / 粒	30 960	30 781	29 809

续表

项目		农民		
		C	D	E
平均穗干谷重 /g		1.50	1.57	1.89
平均穗粒数 / 粒		64.6	72.7	76.6
成熟率 /%		90.7	88.5	90.0
杆长 /cm		68.9	71.4	69.0
穗长 /cm		16.6	16.1	17.9
一次枝梗数 / 个		7.9	8.2	9.1
二次枝梗数 / 个		7.2	8.7	9.4
平方米茎数	7 月 6 日	165.7	277.2	—
	7 月 16 日	663.5	677.0	—
	7 月 24 日	1 022	1 111	—
有效茎率 /%		44.2	39.5	—
产量 / (kg /1 000 m²)		595	534	604

第五节　插单株栽培的实践

下面介绍日本山形县南阳市漆山的铃木恒雄氏插单株栽培亩产600 kg的情况。铃木从1967—1972年连续六年单株手插，获平均亩产560 kg的惊人产量。最高达615 kg。铃木自信："旱育壮苗，单株插，谁都能增产"。单株插节省育秧面积，最少可省一半秧田。每穴插2 ~ 3株时一人一天能插500 m²，若插单株可插1 000 m²。所以单株插是增产、省工的稻作。

一、插单株稻作的特色

（一）可育大穗的稻作

靠大穗增产。铃木氏每平方米18苗，可亩产600 kg，大穗可结250粒，这在每穴插2 ~ 3株的稻作是很难实现的。亩产600 kg的产量结构，穗数较少而结实粒多。

每穴1苗；

每平方米18穴；

每穴穗数20个；

每平方米穗数330 ~ 360个；

穗平均粒数120 ~ 130粒，最大穗粒数250粒；

成熟率90%；

千粒重23 ~ 24 g；

亩产量560 kg。

穗数每平方米360个即够用，330个也可以。单株插具有2 ~ 3个分蘖的苗，插后继续分蘖，分蘖可到出穗前30 d，茎粗穗大，所以穗数少些也可以，主茎穗有着粒300个以上的。单株插茎粗如卷烟，粒数自然能多，而且结实好。

1. 充分确保茎数

铃木氏和一般农户种法的差异，主要是在保证茎数的方式上有所不同。据东北大学本田强对铃木氏稻田水稻分蘖的调查：主秆1个、一次分蘖7个、二次分蘖9个、三次分蘖2 ~ 3个，这是目前稻作难以想象的（图7-1-17）。目前的栽培一般每穴插2株以上，到出穗前40 d用一次和二次分蘖保证茎数，以后的分蘖加以控制。如果过繁，节间伸长，容易倒伏，和铃木确保茎数的方法是不同的。

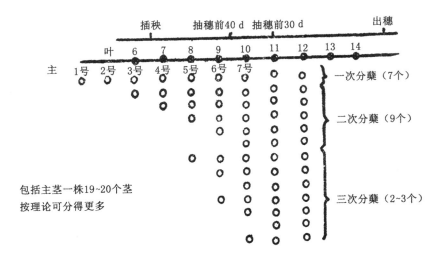

图 7-1-17　按时间确保茎数

　　单株浅插，用 6 ~ 7 叶的秧苗，有 2 ~ 3 个分蘖，到出穗前 30 d 可达 18 ~ 20 个茎。从插后到幼穗形成之间较长的中熟品种，茎数还可增加。只要不损伤苗的分蘖力，可以确保所需茎数，相反还担心过剩。这是因为单株插能充分利用稻的活力。出穗前 40 ~ 30 d，单株插的株形开张好，阳光直射到茎基部，与每穴插 2 ~ 3 株的明显不同。这样单株插的茎粗、穗大，营养条件好，确保所需茎数，生育中期也不必控制。

　　相反，分蘖数过多，易遭失败，特别是用中、晚熟品种，移栽到幼穗形成（出穗前 30 d）的时间长，比早熟的叶数多、茎数也多（图 7-1-18）。生育中期叶数多 1 ~ 2 片，分蘖数可多 10 ~ 20 个。所以在抽穗前 40 ~ 30 d，保证每穴 30 个以上的茎数是不难的。但茎数增多使茎变细，着粒数减少，1 株 18 ~ 20 个穗比 30 个以上的茎粗。

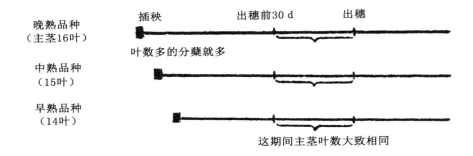

图 7-1-18　中晚熟品种易获茎数

　　茎数可按目标达到，但能否是个迟穗倒也不必担心。在出穗前 30 d 有一片叶的分蘖，一定能有 80 ~ 100 个粒。单株插的只有两片叶的迟穗，也长 50 ~ 60 粒，而且成熟很好。但是靠这样的迟穗产量不能超过亩产 600 kg。还是在幼穗分化始期达到预期茎数为好。虽早期获得茎数，但在幼穗分化期控制氮素不可取。

2. 充分发挥水稻的生长潜力

抑制水稻的生长能力，不能形成大穗。一般移栽的作物都是单株，苹果、茄子、黄瓜没有栽两株的。只有水稻一穴栽 5 ～ 6 株，这是不能充分发挥水稻生长能力的。

单株插的水稻，在抽穗前 25 d 可用穗肥，以充分发挥其生长能力。

（二）育茎和育根是基础

1. 注意水稻的长相

以前亩产 500 kg 的水稻，在出穗前 40 ～ 30 d 的长相是技术目标，这时的长相可左右产量。氮肥发挥肥力，叶片易徒长，氮素不足茎数也难确保。亩产 600 kg 的水稻长相应该是：在出穗前 30 d 叶片张开，各茎基部都能接受到阳光。单株插出穗前 40 d 的长相是充分张开，茎、根粗壮，必将穗大粒多。下位节间要短，茎要粗。单株插的稻叶和节间不能过分伸长，没有必要控制氮肥，也不必早期抑制分蘖。

插大苗和单株插，在抽穗前 40 ～ 30 d 的长相，明显不同的是叶面积。插大苗每平方米 454 个茎以上，单株插的为 300 ～ 360 个茎，而且还有只长 1 个叶的分蘖，叶数少，叶面积也小。

2. 利用低位分产生的三次分蘖

充实的主茎长出的分蘖，茎粗且穗大。早生分蘖靠自力充实，4、5、6 号分蘖是在茎充实时发生的分蘖，所以也比较充实。主茎的幼穗形成期在抽穗前 30 d 左右开始，其他茎比主茎略晚开始形成幼穗。早生分蘖和晚生分蘖出穗时期大致相同。晚生分蘖成穗期间略短，茎的生育时间也短。所以晚生分蘖仅长二叶即到出穗。这样的分蘖在形成叶的同时形成穗，着生 50 粒左右而成熟。但一穗 50 粒是不能向亩产 600 kg 挑战的。还要确保下位分蘖，依靠幼穗形成期前的分蘖成穗。为了保证下位分蘖，秧苗的作用是很大的。

3. 壮苗是育茎的出发点

到幼穗形成期取得必要的茎数，并使之充实，虽与本田分蘖期的管理有关，但首先是要壮苗。壮苗可充分利用低位 1、2 号分蘖。铃木氏用早熟穗重型品种育旱苗，返青很好，插后 2 d 发出新根，5 ～ 7 d 返青，分蘖不死，顺利出现新的分蘖。不像水苗换新根和成活慢。

使用不带低位分蘖的秧苗，成活晚，开始分蘖也晚，从 4 号分蘖开始，到出穗即或有同样穗数，每穗粒数也达不到亩产 600 kg 的要求。从 1 号分蘖开始有规则地保证分蘖，是取得亩产 600 kg 的保证。分蘖利用如果推迟，则分蘖到幼穗形成的时间短，出叶数少，茎也不能粗壮。

4. 培育壮根

单株插的水稻，从出穗前 40 d 开始晒田，以后节水管理。晒田期间，根为找水努力向下伸长，而且继续分蘖，营养状态好，不断长出新根。晒田和节水栽培，长出的根毛多和旱育苗的根一样。根系发达，下叶不枯，直到收获都采用节水栽培，不必淹水饱水。

（三）叶对培育大穗的作用

结 200 粒大穗，靠叶、根、茎的力量，从稻体来说是靠光和土。

1. 需要有 4 片叶

每平方米插 18 株苗，每株 18 ~ 20 个穗，每平方米穗数 330 ~ 360 个，比一般栽培的穗数少，每穗粒数当然要多。靠穗数增产，每穗平均 80 粒，有 1 ~ 2 片叶即能成熟。单株插平均每穗 130 ~ 150 粒，主茎达 250 粒，三次蘖穗也有 100 粒，靠 1 ~ 2 片叶的活力是难以成熟的。要使 200 粒以上的穗成熟，要有 4 片青叶活动 60 d，100 粒以上的穗也需要 3 片青叶。也就是说，在成熟期间上位要有 4 片青叶，最坏在成熟时要剩 3 片青叶才能成熟良好。因病剩 2 片叶时则成熟不良。最后保持 3 ~ 4 片青叶是不容易的。如果枯死一片叶，长 200 粒的穗将有 50 粒不能结实，结实率降低到 70%，碎米明显增加，失去粒多的意义。

保 4 片活叶，根系很重要。必须使与 4 片叶同伸的根系健全。因此在上位 4 片叶中，若有一片枯死，其根的功能也将丧失。为使 200 粒的穗成熟，仅靠粒肥不行，要靠深根吸取地下养分，因此培肥地力是必要的。

2. 培育桶槽叶

从受光态势看，桶槽叶最好。所谓桶槽叶，即叶表面向内卷成桶槽而不下垂的叶。披垂叶是因氮肥过多，易感稻瘟病。

桶槽叶与磷肥肥效有关。稻体活力弱，根系吸收磷的能力也弱，便不能形成桶槽叶，这是根的活力问题。如为桶槽叶，叶略长些也不影响受光态势。过去的稻作一般第四、五节间均短且粗壮。

（四）发挥生育中期稻的生长力

插单株一般要用有低位分蘖的秧苗，但也不尽然。用未带低位分蘖的秧苗，即使得不到预期茎数，如发挥生育中期生长能力，也容易获得亩产 400 ~ 500 kg。理由是：苗虽不好，但在抽穗前 40 d 积蓄了力量，肥力、环境好，分蘖茎将陆续长出。经 10 ~ 15 d 可以赶上所需茎数。单株插的穗数少，仅有 2 叶的分蘖也可成熟，这和晚生无效分蘖的大苗栽培是不同的，但不要断肥，在抽穗前 40 d 早施穗肥。

二、栽培要点

（一）穗数的构成

亩产 600 kg 的穗数构成是：每平方米 18 株，每株 18 ~ 20 个穗，每平方米 330 ~ 360 穗，主茎穗 250 粒，最小穗 100 粒左右。用早熟穗重型品种，一株长出 20 个以上的分蘖，不如一株 10 ~ 20 个穗的粒数多。每平方米 23 株，每株 20 茎就有些过密，低位节间伸长容易倒伏。在出穗前 15 d 左右，如根际和各茎受光不良将影响成熟。而比每平方来 18 株再稀，则粒数不够，亩产 600 kg 困难，用现有品种只能亩产 500 kg。每平方米单株稀插 9 株，也可省力地取得亩产 500 kg，但对品种及秧苗须很好掌握。

产量构成因素：每平方米穴数 18 穴；每平方米穗数 330 ~ 360 个（单株插 1 株 18 ~ 20 个）；每穗粒数 110 ~ 130 粒；成熟率 90%；千粒重 23 ~ 24 g。

每千平方米施肥量：基肥：堆厩肥 3 拖车、溶磷 60 kg。蘖肥：插秧后立即施 N、P、K 各 1.5 ~ 2.0 kg；穗肥：出穗前 30 d N、P、K 各 2.0 ~ 4.0 kg；出穗前 10 ~ 15 d N、P、K 各 2.0 ~ 4.0 kg。粒肥：齐穗期 N 4.0 ~ 5.0 kg；施后 10 d N 4.0 ~ 5.0 kg。

（二）稻作的概要

铃木氏稻作的概要是：将水稻生育概括分为育苗、插秧到抽穗前 30 d 间的确保穗数期间，出穗前 40 d 到抽穗的育穗期间和为成熟而育叶、育根期间，其后是向穗部快速蓄积淀粉的期间（图 7-1-19）。

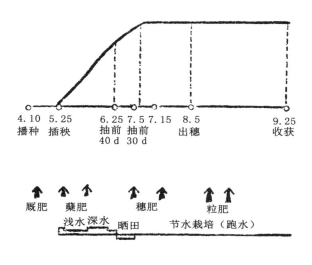

图 7-1-19　铃木氏的稻作概要

这种稻作的基础是从育苗开始到抽穗前 30 d 间育成有低位分蘖、苗壮有活力的秧苗，移栽后以苗的活力确保分蘖数。基肥为猪圈肥 3 车和溶磷 60 kg（千平方米），移栽后表施返青肥和分蘖肥以确保茎数。这些表肥肥效，以到抽穗前 40 d 为好。单株插开始很稀，到抽穗前 40 d 左右很快达所需茎数。如化肥过量分蘖过多，茎细粒少，环境恶化。铃木氏用早熟穗重型品种奥羽 275，每株有 18 个茎即可。从出穗前 40 d 开始晒田以后进入节水栽培。拙劣的间断灌水易引起根腐，用晒田和节水栽培使根系下扎，深根对成熟有利。

出穗前 30 ~ 25 d 施穗肥确保粒数，不然难以保证粒数。但如因茎数不足在抽穗前 40 d 早施穗肥或分蘖茎较多难以控制时，也有不施穗肥的。

第二次穗肥也很重要，可使颖壳增大。但施过量易使第一节间伸长，对稻体不利。出穗后应节水栽培，用地力、粒肥维持灌满浆，到收获时上位仍有 4 片青叶为好。

（三）技术结构

1. 使茎秆充实

首先要育成有低位分蘖、返青快的秧苗，才能在抽穗前 30 d 确保茎数使茎充实。不然分蘖推迟，茎不充实，穗小粒少。插秧后育茎的方法是肥水管理。浅插双行，表施化肥，肥效到出穗前 40 d 左右，肥过多无效分蘖增加，环境恶化，第一次穗肥就不能用。基施化肥易延迟肥效。要浅水灌溉，浅水可使分蘖增多，随分蘖数增多，可以深水调整茎数。秧苗不好，水深易使茎数不足。

2. 培育大穗的方法

形成大穗或小穗，取决于在抽穗前 30 d 达到必要的茎数并使其充实。茎数够而茎不充实，不能形成大穗。如每穴插 2 ~ 3 株，茎多而细，不能形成大穗。重要的是确保低位分蘖，保证分蘖数后，不要中断氮肥。早期中断氮肥，分蘖停止，茎、叶、根活力下降，不能形成大穗。确保分蘖茎数和育穗连续起来，才能充实茎秆，培育大穗。

到出穗前 30 d 确保穗数后，施用穗肥确保粒数。单株插的水稻需肥较多，第一次穗肥保粒数，第二次穗肥增加颖壳容积。

3. 养叶壮根，保证成熟

单株插的水稻主穗要结 250 粒，对根的培育开始于出穗前 40 d 的晒田和以后的节水栽培。成熟期最活跃的根，出生在出穗前 40 d 到出穗前 10 ~ 15 d 之间，约 30 d 时间。同时出生成熟期的功能叶片。

出穗前 40 d 晒田产生的根是表根，不是活力很强的根，和出穗前 40 d 以后出生的根作用不同。出穗前 40 d 发生的根对成熟的作用与苗期的生育方式有关，如低位分蘖生长顺利，其所生根系也必有活力。为使这些根系深扎，并在成熟期具有活力，就要晒田，使根伸到 30 cm 以下。晒田使土壤中水、气比例合适，根系下扎，根毛深入土中。晒田后节水栽培，灌一昼夜即行排出，无水时间逐渐延长，到出穗后灌水 3 d 即将引起根腐。亩产 400 kg 的水稻，出穗后不灌也可成熟。亩产 600 kg 的水稻，晒田以后节水栽培，设排水沟，不使雨后田间有积水。出穗后的灌水，也只淹一昼夜即放出。

根的管理以晒田及节水栽培为手段，根的素质与出穗前 30 d 出生的分蘖多少和茎粗有关。茎数过多或过细，根的活力下降。另外还与叶的功能有关。出穗前 30 d 以后，靠叶给根输送养分，根向深处生长。单株插在出穗前 30 d 施穗肥，增强叶的活力，向穗及地下部供给养分，以育穗育根。为使主穗结实 250 粒，到收获时须有 3 ~ 4 片青叶，这些叶和育根同样，从出穗前 40 d 左右开始，这期间要注意营养和环境状态。中、晚熟品种，上数第四叶比第三叶长，茎数过多，剑叶过长，第一节间伸长，长势恶化。在抽穗前 30 d

顺利取得茎数，取决于叶长和叶的素质（含氮量、叶绿素、受光态势）。

左右成熟期叶片活力的是根。只要不发生根腐，可以保持 3 ~ 4 叶的最后活力。

（四）关于品种和秧苗

1. 选择穗重型品种

亩产 600 kg 水稻，品种作用很大。选择根系好、粒数多的中间型到穗重型的品种为好。铃木氏用早熟穗重型，如藤稔、黎明、奥羽 275 等均可稳产 600 kg。奥羽 275 一次枝梗多，二次枝梗少，粒数多，结实好。在出穗前 40 ~ 30 d 取得低位分蘖，分蘖茎粗，易结大穗。

2. 育苗问题

亩产 600 kg 宜用旱育苗。用早熟穗重型品种与旱育苗结合可实现亩产 600 kg。但如不能育出有低位分蘖的秧苗，用早熟穗重型品种，常因茎数不足而用晚生分蘖，则只能亩产 400 ~ 500 kg。

旱苗径粗，水分少，易成活。旱苗插后根系好，出新根快，返青早、分蘖不受波动，而水苗和湿润苗在秧田期形成的根系作用不大，移栽后需经一定时间长出新根才能返青，所以分蘖开始晚，不易取得计划茎数。小苗、湿润苗比旱苗茎细，成活晚，同为 18 ~ 20 个茎，茎粗不同，穗大小也有差异。

单株插要壮苗，有低位分蘖，及时保证茎数、茎粗，才能穗大粒多。

（五）关于地力问题

铃木氏每千平方米施猪圈肥 3 拖车，亩产 600 kg，说明地力很重要。

铃木氏认为，没有地力的土壤使用化学肥料，次数要多，费工操心。瘦地用化肥一次不能过多，单株插只用化肥调整生育是困难的。

以化肥为主亩产 600 kg 的稻作，中期晒田后，要每天进行田间观察，根据稻色决定施肥与否，天气好可三天施一次。单株插的施肥一次用量可多些，不必过分施。施用有机肥效果更好（图 7-1-20）。

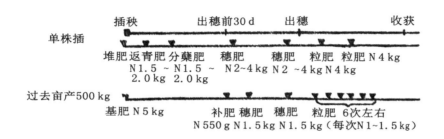

图 7-1-20 肥料用法比较

三、茎充实期的管理

（一）插秧

亩产 600 kg 对本田的准备无特殊要求。施猪圈肥，基肥用溶磷 60 kg（1 000 m²），氮素化肥不做基肥施用。单株插为 1.1 尺和 5.5 寸的宽窄行，每平方米 18 株，浅插以不浮苗为准，各茎张开。深插抑制分蘖，单株浅插每株可确保 20 个茎，在寒地的中熟品种也可达 25 个茎。

1. 障碍苗要早插

障碍苗可早插，插 4.5 叶苗也可取得必要茎数。旱育的稻瘟病苗、高温障碍苗，插 4.5 叶秧可很快恢复。另外像根腐苗，早栽到本田也可恢复。早插分蘖时期相对长些，容易保证所需茎数。小苗更不能深插，深插分蘖少。

2. 按苗管水

栽后旱苗浅水管理。有时可灌 2 d 深水，秧苗恢复快、返青早，2 d 后灌浅水。气温冷时宜深水。

湿润苗和水苗要灌 5 ~ 7 d 深水保温，促进成活。

（二）茎充实期的施肥方法

1. 不用基肥

在基肥中不用氮素化肥。一般栽培在基肥中用 4 ~ 5 kg 氮肥，这个量在水稻中后期个体大时 5 d 内可全部被吸收。但在水稻幼小时基肥肥效不甚清楚，且当时地温低，根未下扎，难以吸收利用。成活后施肥可使表根吸收。所以在基肥中只用堆肥和磷肥。

从出穗前 40 d 开始进入中期晒田，晒田使根系下扎，吸收下层氮素，在此以前仅施必需的肥量。

2. 返青肥和分蘖肥的作用

插秧后到出穗前 40 d，施用肥料有返青肥和分蘖肥，到抽穗前 30 d 确保茎数。在抽穗前 30 ~ 25 d 间施第一次穗肥。插秧后到抽穗前 30 d 之间，为结大穗，使分蘖规则地出生和蘖茎充实，要靠秧苗的能力。单株插环境条件好，分蘖易多。茎数过多，则茎充实差，每穗粒数减少。

肥料的施用分返青肥和分蘖肥两次，一次施也可以。第一次全面施，第二次看苗找一找。返青肥、分蘖肥合计用氮量为 4 kg（1 000 m²），只能补助分蘖，主要靠壮苗的力量。单株插在本田初期很稀，依靠稻的生活力逐渐好转。

插后 5 d 施返青肥，千平方米用纯氮 1.87 kg。中熟和晚熟品种用量相同，有分蘖过多的可能时，可适当减量。返青肥施后 10 d 施分蘖肥，用量与返青肥相同。中、晚熟品种用量略减，使叶色略淡，否则茎数容易过多。

3. 秧苗素质差时

秧苗不好或地力较差时，为获得分蘖也不必立即施用氮肥。素质差的秧苗插后由黄色变绿后再施。总之，营养失调的秧苗不必施肥。施肥偏多，到出穗前 40 d 还不断肥，影响穗肥施用。如抽穗前 40 d 茎数不足可早施穗肥。在插单株条件下，早施穗肥，于出穗前 30 d 左右可取得必要的茎数。这是单株插的特点，苗不太好也不必担心茎数不足。

需要注意的是，因分蘖不足乱施肥料，会使弱小分蘖过分发生。另外在抽穗前 40 d 茎数不足，也不能用过去的方法早期重施穗肥。

从苗的素质来说，苗越不好，肥量越要减少，等到出穗前 40 d。开始分蘖少，秧苗逐渐好转，分蘖不断增加，不用为此担心。恪守浅插原则，以水保温，促早返青，以壮苗为基础促进分蘖。

（三）确保分蘖与水的管理

1. 水的管理

插单株栽培的灌水管理，要在确保规则的分蘖和茎充实的同时注意与肥料配合。用水调整分蘖茎的出生。单株插的水管理与现行的水管理是不同的。栽插同样的秧苗，水的深浅不同，分蘖茎数也不同。秧苗素质差分蘖少时不能灌深水。浅水或晒田可很快增加分蘖。但分蘖过多，茎充实差，并使环境恶化。为抑制分蘖，灌以深水或中期晒田时间过晚，对成熟起主要作用的根系伸长不良。

所谓深水即 5 cm 左右。一直灌深水，分蘖茎少，而分蘖茎粗。这可能是在深水下新生分蘖减少，其营养转入已生分蘖的缘故。但长期深水灌溉只是主茎叶在水外，光合生产力降低，分蘖受抑制。

2. 按品种和苗情进行灌水管理

水稻灌水方法，因品种和苗的素质有所不同。栽有低位分蘖的旱苗时，为返青用深水，以后浅水，以后再深水，以免分蘖过多。主茎叶数 14 片的早熟穗重型品种，从 1 号分蘖开始有规则地进行分蘖，到出穗前 30 d 可确保所需茎数。但在这种情况下，如不用抑制分蘖的深水管理，将提前确保预期的分蘖数，易使分蘖过多。

育的秧苗不好，深水管理时茎数难保。品种早、中、晚熟不同，分蘖的方式各异，从出穗前 30 d 到幼穗形成为止，出生的叶数不同，中熟的比早熟的叶数多，分蘖的生出与叶数成比例关系。

每平方米插 18 株，以 1 株 20 穗为目标，中、晚熟品种，分蘖如从低位开始规则地出生，分蘖一定过多。这就必须用水对分蘖进行调整，而且返青、分蘖等表肥要在出穗前 40 d 断效才好。

育的秧苗不好，出现休止分蘗，到出穗前 40 d 茎数不足。但如在出穗前 40 d 穗数不足，中期晒田后早施穗肥，还可取得必要的茎数。苗不好时要设法提早返青，然后灌浅水促进分蘗，确保一定分蘗后，排水进入中期晒田。

（四）施用除草剂

尽量不使用除草剂，特别是在插秧前不用。在 6 月 10—15 日将杀草丹 S 剂一次施用。施药时最好随之灌深水，如茎数不足必须灌浅水时则较困难。对这种茎数不足，等到出穗前 40 d，早施穗肥即可。如过 6 月 10 日，水稻抗药力增强，特别是旱苗成活早，此时可放心深水施除草剂。在稗草二叶期，水深灌到稗叶尖将露水面为好（图 7-1-21）。

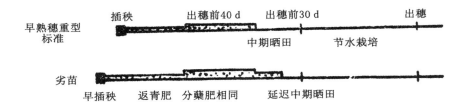

图 7-1-21　灌水管理和确保分蘗茎数

杀草丹 S 除草剂，千方米用 4 kg，水口多施，水尾少施。施用不好，水口灭草无效，水尾水稻反受药害。杀草丹 S 剂在水温高时有药害，30 ℃以上有危险。施药后 4 d 保持水层不流动，每日可少补水。

用水苗或湿润苗，栽后灌深水，随后浅水促蘗，深水时期拖晚，施用除草剂也晚，这样只用杀草丹 S 剂效果不良。先要在耙地或插后施用除草醚除草，第二次再用杀草丹 S 剂（图 7-1-22）。

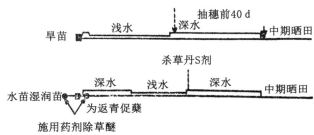

图 7-1-22　秧苗与灌水管理和除草剂施用

以上是早熟穗重型品种的除草体系。

四、出穗前 40 d 以后的管理

（一）中期晒田促进扎根

1. 开张的水稻姿态

单株插的水稻在出穗前 40 ~ 30 d，株内外环境良好，株形开张，阳光普照。因光照充足，茎粗而不徒长，到出穗前 30 d 左右一株达 18 ~ 20 个茎，过多不好。

到抽穗前 30 d 左右，底叶尽可能不下垂，叶片以宽厚为好。叶徒长下垂，说明氮肥过多。但是因品种不同也有下垂的。穗数型品种叶多直立，这样品种的叶如表现下垂说明分蘖过多，地上部培育得好，地下根系也好。

在出穗前 40 ~ 30 d 进行生育调整。看已有茎数和茎的受光程度以及是否还在分蘖等情况。根据分蘖茎情况酌情施用穗肥。

2. 中期晒田促扎根

单株插的水稻，在出穗前 40 d，植株开张叶盖全田，可开始中期晒田。晒田不一定在抽穗前 40 d，只要稻叶遮蔽田面即可进行。这样即或稍有旱象，因有遮阴，温度变化也小。不要机械地按出穗前 40 d 开始晒田。达到遮阴状态即可进入中期晒田。用大苗插栽时，稻株张开较差，行穴间阳光直射，这样中期晒田，环境变化急激，根系生长不良。

在出穗前 40 d，每株茎数达 10 ~ 12 个，如早晒田，担心会使茎数不足。单株插的水稻在中期晒田，分蘖也不立即停止，由于晒田还可增加细根，多吸养分，可促早分蘖。

晒田的方法：要全田都晒，要加排水小沟引导排水，株株晒好，根深茎粗。晒到什么程度不能用天数决定，雨少可短，雨多则长，有的年份 10 d 晒完，也有连续晒 20 d 的。要点是地面无水，土壤变硬，地面黑干还可继续晒，地面白干已晒过劲。

晒田完了绝对不要淹水。灌水也是在全田有水后从下水口流出，用流水补充土壤水分，采取节水栽培直到落水。

灌水要尽量少，茎数不足时可早灌浅水，使之繁茂。稻叶遮田，开始晒田。以后水的管理，过去是采取淹水或饱和水，而铃木氏采用旱田状态的节水栽培，控水增气，以气壮根，以根保叶。

（二）穗肥的施用

穗肥在出穗前 30 ~ 25 d 和孕穗期施用。在出穗前 30 d 达到理想茎数可施第一次穗肥，增加每穗粒数。

其余的穗肥是在孕穗期（出穗前 15 ~ 10 d）即减数分裂期的后期，这时粒数已定，为增大颖花容积而施用。但因品种不同，这时的肥效会使第一节间伸长过长，这样的品种不能施增加颖壳容积的第二次穗肥。笹锦、越光第一节间长易得稻瘟病，黎明、藤稔、奥羽 275 等可施用二次穗肥。

第一次穗肥后，到孕穗期生理叶色转淡。如施用过量，叶色变黑，易感穗颈稻瘟病，且易使成熟不良。第一次穗肥（每千平方米）施氮 3 kg，第二次施氮 3 kg 左右。

1. 可施第一次穗肥的水稻

为取得正常分蘖，在抽穗前 30 d 达到必要的茎数，即每平方米 18 株，每株 18 ~ 20 茎，从出穗前 40 d 进入中期晒田，晒田 3 d 后长势发生变化，这是由于晒田使水稻根系下扎，吸收了肥料。晒田除地力较差的土壤外，不能立即断肥，出穗前 40 ~ 30 d 依靠地力度过，出穗前 30 ~ 25 d 施第一次穗肥（图 7-1-23）。

在出穗前 30 ~ 25 d 间能否施用穗肥，要看田间茎数及透光程度来确定。在出穗前 40 d 茎数明显不足时，要早施穗肥。

到田里主要看茎叶的受光程度和根际受光程度。光照不足，肥料要控制。有时出现披垂叶，要对天气和品种情况做具体分析。如果第一次穗肥量效果比较理想，第二次也可用同样肥量。

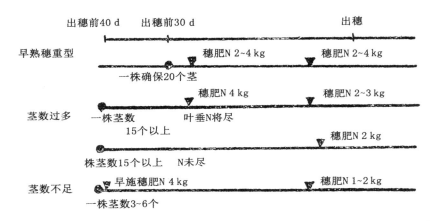

图 7-1-23　按确保的穗数施用穗肥

2. 不能施第一次穗肥的水稻

不能施用第一次穗肥的水稻可只在孕穗期施穗肥。对堆肥过量、氮肥过量、叶片过分披垂、茎数已足的水稻，可等到孕穗期施穗肥。

3. 茎数不足早施第一次穗肥

在出穗前 40 d，不能确保预定的茎数，1 株只有 4 ~ 5 个分蘖的瘠薄田，可早施穗肥。用氮素 4 ~ 5 kg（千平方米），不用担心倒伏和穗颈稻瘟病，可取得亩产 500 kg 产量。所以在抽穗前 40 d 通过调整可以获得茎数，是单株插的优点。单株插即或用无蘖秧苗，只要浅插，不怕茎数不足，而怕茎数过多。

五、成熟期的管理

（一）成熟期的长相

从出穗前开始株形长大，开张的水稻在孕穗期叶向中央集中，到出穗时垄间很清晰。孕穗形状如蛇吞鸡蛋，茎粗如卷烟，叶桶槽状。

单株插的水稻，只要苗好，分蘖正常，出穗时无论大穗、小穗都是整齐一致的。一般是主穗早出。品种奥羽275，主、子、孙穗齐长出，穗较整齐，一周左右就可出完，而品种丰锦则出穗不齐。

秧苗不良时出穗不齐，孙蘖出穗晚，晚穗未等株高伸长即行抽穗。虽然出穗不齐但成熟是良好的。出穗早的穗下垂也早，穗的整齐程度因品种而异，穗齐的成熟也好，丰锦虽出穗不齐，但结实还好。

不出穗后40 d可完全成熟。这时虽可收割，但放置20 ~ 30 d还能上些。这是因为水稻还有活力，生育没有停止。8月1日出穗，10月8日收割，经过近70 d。特别是大穗，时间越长结实越好。几乎没有秕子，亩产可达600 kg。收获时期在枝梗上部1/3变枯时开始收割。

（二）节水管理和粒肥施用

1. 节水管理保持根的活力

亩产600 kg到成熟末期，要有3 ~ 4片青片，支持活叶的是根系。出穗以后几乎无新根生长，只是逐渐老化。节水管理时，在抽穗前淹灌3 d左右不出现根腐，而在出穗后淹灌3 d即出现根腐。一出现根腐，剑叶叶尖发红或在下叶表现出来，只要叶枯即影响成熟。

实际的灌水管理。亩产400 kg的出穗后即使无水，靠雨水亦可足够。亩产600 kg的一般年份从中期晒田到停灌，有3 ~ 4次进行一昼夜的保水灌溉即可。这样的节水管理成熟很好，积水对根系不利。

2. 保持叶片活力的粒肥

不施粒肥叶色易褪，施用粒肥籽粒饱满。所施的肥料虽然只能吸收1/3左右，但只要根有活力还是要施。上位有3 ~ 4片活叶时要达到亩产500 ~ 600 kg必须施粒肥。若亩产400 kg左右的稻田，不管活叶多少，都不必施用粒肥。

亩产达到600 kg时，仅维持叶的现状也需施20 kg尿素。将其分两次施用，一次用10 kg。这10 kg中，水稻只能吸收2 kg左右，折合氮素800 g左右。

剑叶或下叶枯萎，根已受伤，粒肥不能吸收，停施粒肥。这样的水稻施用粒肥也无效。主要靠茎秆蓄积的养分供给长粒。剑叶、下叶枯萎，结实下降，秕粒增多。穗尖好些，基部成熟不良。不论一、二次枝梗，基部的秕粒是较多的。

六、育苗技术

（一）培育返青快的秧苗

1. 培育壮苗

单株插不一定都用旱苗，用现在的育苗方法认真培育，也可进行单株插。但不管用什么方法，要育出带低位分蘖的秧苗。

铃木氏用 45 d 秧龄的旱苗。为使移栽后根系立即生长和取苗时不伤根，育苗时可多用稻壳。

2. 充分利用稻壳

秧田多掺稻壳，易于取苗，少伤根，易成活。铃木氏在 10 cm 厚的床土中，稻壳约为土的 1/4，掺和好。注意不用带病稻壳，消毒后使用（图 7-1-24）。

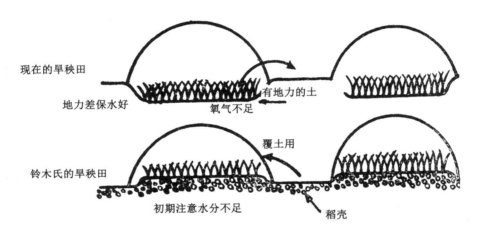

图 7-1-24　铃木氏旱秧田的特征

（二）秧田的准备

1. 注意选择秧田地

秧田育秧后，种茄子、豇豆、玉米等吸肥高的作物，吸去微量元素，再育稻苗易出障碍。所以秧田的后作要选择需肥不多的作物。秧田基肥可冬施，也可用液肥。

2. 做秧床

在拟做秧床的土地上，全部撒施稻壳后，横竖交叉耕耘 2 ~ 3 遍，搅拌均匀，防止灌水稻壳漂浮或稻壳集堆影响保苗。这时亦可施用化肥（固体）做基肥。耕耘完了做床反复抄平。播种前往旱床土上浇足液肥，液肥中氮 15%，磷、钾各 6%，20 kg 液肥稀释 300 ~ 400 倍，施 160 ~ 200 m²。基肥使用固体化肥时要浇水。

　　3．播种和覆土

　　播种量为每平方米 0.09 kg，育苗 45 d。多于 0.09 kg 即显过密，难以育到 45 d，每亩本田需苗床面积为 11 m²，约用种 1.0 kg。覆土用床间过道土，覆种子厚度的 2 倍半左右。播种后施除草剂，盖不织布（无纺布）和 0.05 mm 的薄膜。

（三）秧田管理

1. 最初的管理决定发芽

　　播后 4 d 间用薄膜和不织布覆盖保温，促进发芽。第 4 天苗床表层如干可浇水，不浇水出芽不齐。播种后 4 d 开始出芽出根。

2. 其后的管理

　　播种后 15 d 左右，施一次液肥。液肥 10 kg，稀释 300 ~ 400 倍，施 160 ~ 200 m²。播种后 4 ~ 15 d 间以保温为重点，使出苗整齐。此间地温 30 ℃ 以上时，要全部揭开薄膜。播后 4 ~ 15 d 原则上不浇水。根粗、根毛多的根系向下伸张，不浇水也没问题，但高温揭开塑料薄膜时要适当浇水。

　　2.5 叶期过后，去掉薄膜只用不织布即可。开始只白天揭下薄膜，逐渐夜间也可不盖，但预见有霜时还要盖上。

　　2.5 叶期后经 4 ~ 5 d，只用不织布即可。2.5 叶过后尽量不浇水才能育出壮苗，但因气候和土壤条件，也有 5 d 不浇水就不行的。

　　4 叶时出 1 号分蘖，这时再施液肥，与 2.5 叶期相同。以后剩下浇水管理，到 45 d 育成 6 ~ 7 叶、连主茎在内有 2 ~ 3 个分蘖、茎粗、叶短厚、根毛多、苗坚挺的壮苗。

第六节　稀植栽培的实际

一、省力、高产稻作的诞生

　　暖地型的省力、稳产、高产的划时代稻作诞生了，它的特征就是稀植。行、穴距都是 30 cm，即插 1 尺正方形。每平方米插 11 穴，为普通稻作的一半。

　　栽的穴数少了，插秧的劳力只需过去的一半，连拔秧在内，一个劳力很容易完成 1.5 亩的插秧任务，甚至比插秧机效率还高，产量也高，有两、三年经验的农民亩产可达 500 kg，就是初做也能亩产 400 kg 以上，有很高的稳产性。

这种独创的稻作是千叶县东金市押掘的浅野总一朗小组研究成功的。

这种稻作的创始人浅野氏，1968 年在 700 m² 面积上实验。1965—1967 年学习片仓的栽培法亩产达到 440 kg，但无论如何也未达到山形县那样的产量。偶然发现苗少的地块，稻株开张、个子不高、穗大粒多，和水沟中的水稻差不多，由此想起走稀植路，搞 1 尺正方形插栽。

一尺一穴，每穴插 2 株，分蘖呈扇形，6 月下旬 1 穴茎数 35 个。出穗不齐，主穗下垂，孙蘖才出穗。每穗粒数也不一致，主穗 200 粒，也有 50 粒的小穗，平均 110 粒，粒数充足。

割时稻秆粗如芦苇，过去一般 8 穴 1 捆，稀植稻 4 穴即割 1 捆。谷粒中约有 30% 青粒，但这种青粒不降等级。亩产达到 440 kg 以上。在 1968 年的基础上，1969 年 5 人参加试验，1970 年有 20 人参加，成为 80 户农村的共同话题。稀植手插，省力又高产，比机插还强。

二、稀植栽培的特色

（一）是充分利用分蘖的稻作

1. 强大的分蘖力

每平方米 11 穴，一穴插 2 株的稻作，最惊人之处是 35 个分蘖全部成穗。用押掘小组的话说：稀植各穴间的环境好，出生的分蘖一定能成穗。

一穴插一株浅野氏也试验过，一穴分蘖 35 个，也都能成穗，亩产 430 kg 左右。

通风好，阳光照到根际，分蘖可自由奔放地长出。稀植稻作的分蘖不是靠肥料，分蘖力的大小靠的是光照。

2. 不是壮苗亦可

用旱育壮苗能生低位分蘖，可成为理想稻。秧苗不良可适当增加苗数。

3. 充分发挥水稻生长能力

押掘小组认为：密植是抑制型稻作，稀植是自由奔放式的稻作。要想每穴取得 20 个茎，每平方米 21 穴即 420 个茎，这是按 1 穴 20 个茎计算的。密植时必须人为控制，在暖地有时控制不住。若每平方米 11 穴即可让水稻自由生长，1 穴长出 35 个茎，必要时中止分蘖，开始结穗。

（二）省工省钱

押掘地区有农户约 80 户，其中机插的仅 2 户，一般密植的平方米 21 穴一户，其余全部稀植。各地还都叫嚷插秧机，而押掘地区对插秧机不感兴趣，曾一时进了 5 台插秧机，不知不觉间只剩下两台，说明稀植稻作在当地已经扎根。

稀植靠自家劳力，可省工省雇人。稀植用苗少，秧田面积少，省种子、省管理、省防除病虫费用，插秧机用三年就不行了，还要有育苗器、大棚、育苗箱等配套设备。插秧机成本高。

三、稀植栽培的实践

（一）稀植稻作的要点

播种期是 3 月下旬。薄膜小栅旱育，每平方米播种 0.09 kg。插秧期 4 月末到 5 月初，气温到 13 ℃以上插秧。密度为 30 cm×30 cm，每平方米 11 穴，1 穴 2～3 苗，品种多为穗重型轰鸣早生、藤稔、丰锦等（图 7-1-25）。

基肥根据土地条件、前茬作物有无而不同。一般基肥氮素少，磷钾肥多。例如：千平方米的基肥用量氮 2.4 kg、磷 16 kg、钾 12 kg。

追肥：分蘖肥于插完后 1 周施用，千平方米用氮、磷、钾各 3 kg。穗肥在出穗前 15～10 d 间，千平方米用氮、磷、钾各 3 kg。粒肥根据水稻和天气状况追施尿素。化肥氮素合计 9 kg 左右。

在 6 月 20 日前后确保所需要的茎数，一穴达 35 个茎左右，3 月 5 日出穗，从确保必要茎数到出穗为 45 d，出穗后 30 d 收割。高温下成熟较快，在 9 月上旬收割。

轰鸣早生产量构成：每平方米 11 穴，每穴 35 个穗，每平方米穗数 380 个，每平方米粒数 42 100 个，成熟率 75%，千粒重 23 g，亩产量 478 kg。

稀植的水稻和每平方米插 18～21 穴的比，1 穴穗数和每穗平均粒数多，单位面积上的穗数少。

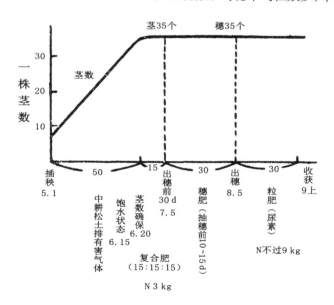

（1）每平方米11穴（30 cm×30 cm）；
（2）早插4下一5上（薄膜旱育苗1穴2-3苗）；
（3）品种：越光；
（4）基肥：磷肥80 kg，氯化钾20 kg，鸡粪肥10草袋；
　　　蘖肥（插后一周）；
　　　复合肥（15∶15∶15）20 kg；
　　　（基肥+蘖肥）N 5.4 kg。

图 7-1-25　浅野等人的稻作概要

（二）发挥旱苗、早插的特性

稀植是以单株的生产力为重点的稻作。要选粒数多的品种。

自由发展是稀植稻作的特色。光照充分，能出生的分蘖都能长出来，并能着生一定的粒数，通风、透光好，节间不伸长，下叶不枯死，成熟期不用担心倒伏。一株的穗向四方弯垂，茎基部坚实。

但这种稻作需有充分的分蘖期间。"气温到 13 ℃就可以插秧"这是千叶县的早插栽培，用薄膜旱育苗，在 4 月下旬到 5 月上旬就可以插秧。这种早插栽培和稀植稻作结合起来，从插秧到确保必要的茎数约有 50 d，早熟品种也有 40 d。到 6 月 20 日前后，单株达 30 ~ 35 个茎。浅野氏认为：茎数以壮苗和光照来取得。用氮肥取得的分蘖，虽能达到 30 ~ 35 个茎，但无效分蘖增加，不能增产。总之，这种稻作要有足够的分蘖期间，要早插，要用旱苗。每平方米播 0.09 kg，育成 6.5 叶有 2 个分蘖的壮苗，每穴插 2 ~ 3 苗，经一定时间自然出现分蘖。

（三）控制机施氮肥

每平方米插 11 穴，基施氮肥可以减少，用当地常规用量的 2/3 左右即可。分蘖不是靠氮肥，而是靠苗的活力和光照。磷、钾肥可多些。

稀植生育初期很稀，易想追肥，但要有耐心。基肥减少后，追肥在插后一周内施用即可，不宜晚施。另外，对叶色略淡也不要担心，因分蘖期间是较长的。

（四）生育中期不必限制氮素

到 6 月下旬一株茎数达 35 个左右，分蘖即停止，叶色不匀时，施肥调整找匀。出穗前 40 d 到出穗前 20 d 间，像越光易倒品种也不使叶色明显下降。中断氮素则穗小，粒数不足，不能增产。因为穴距宽，通风透光好，叶色浓些下位节间和叶也不易徒长，不用担心倒伏。

穗肥一般在出穗前 10 ~ 15 d 间施用。根据叶色褪淡情况，可随时酌用粒肥。

四、提高成熟率是最大的问题

这种稻作的最大问题是成熟率低，浅野氏的成熟率只为 75%，而实产只有 500 kg。其原因之一是成熟期用水不足，以致地裂，使根、叶损伤，产量上不去，如改进措施，产量可大为提高。

第二章　水稻稀植栽培

第一节　对稀植稻作疑问的解答

一、是否会穗数不足

（一）与机插稻的差异

每平方米 11 ~ 12 穴的稀植栽培，最令人担心的是穗数不足而减产。之所以担心，是因为机插水稻以穗数多为目标。因此对稀植水稻总怕穗数不足，比较机插稻与稀植稻的差异即可清楚（表 7-2-1）。

表 7-2-1　稀植稻与机插稻的差异

项目	稀植稻	机插稻
每平方米穴数	11 ~ 12	24 ~ 27
每穴苗数	2 ~ 3	5 ~ 10
每平方米穗数	300 ~ 360	450 ~ 510
每穗粒数	100 ~ 120	60 ~ 80

通过比较看出，稀植不像机插靠穗数增产，相反是靠每穗粒数增产。稀植是用少数苗使环境条件改善、充分利用光照的栽培方法。直到穗的形成期间，每个茎都能充分接受光照，下叶健壮有力。不仅能培育大穗，而且茎中贮藏养分对出穗结实也有一定作用。而机插稻以穗数为目标，不仅增加穴数，而且每穴插 5 ~ 10 苗，各苗再增加 1 ~ 2 个分蘖，便形成过密状态，使之不能再行分蘖。早期过密，茎细穗小。所以不能用机插稻看稀植栽培。

（二）能否获得相应穗数

稀植的穗数能否够用，观察单株栽培的分蘖动态就可清楚。每苗长出 30~50 个分蘖是可能的。在开始时分蘖少，到抽穗前 30 d 左右，可达到最多分蘖。主茎 4 叶出生，1 叶节分蘖同时伸出，分蘖也同样在具备 4 叶时开始。

只要秧苗无故障，环境条件适宜，到第12叶（15片叶的品种）长出，连3次分蘖在内，一般可获得30个茎。

据农民用机插小苗所做稀植试验，30 cm见方单株插，5月3日插秧，20 d后7个茎，出穗前40 d最高达42个茎。小苗稀植也能取得如此蘖数，可不必担心蘖数不足，而且各茎的素质和手插的高产水稻无任何差异。

（三）分蘖过多的问题

穗数不足不是分蘖少，而是生育中期由于过密、过繁使分蘖中途死亡，成穗蘖数减少。在基肥氮素过多时，分蘖过多过密，使成穗率降低。稀植田横竖均能见光，如分蘖过多过密、中间少光，叶下垂而早枯，茎弱，穗变小，与稀植大穗相差很大，结实率低，因而减产。调查穗的状态，和机插稻一样，每穗60~80粒，一次枝梗也只有8个左右，表现贫弱。这是基施氮素过多所致（千平方米基肥纯氮10 kg、插秧后蘖肥4 kg）。

二、担心结实不良

即或茎数、穗数都能确保，但仍在担心结实情况。根据手插水稻的经验，晚生分蘖或大穗容易结实不良，过去依靠分蘖的稻作或培育大穗的稻作，给人的印象是结实不良。

（一）稀植稻穗的长相

稀植的稻穗大，而且大小间差异也大；机插和手插的各穗间较平衡。稀植与机插稻比，穗大、枝梗数多，特别是二次枝梗数多（图7-2-1）。有人认为，二次枝梗多，成熟率降低，尽量不使其增加。如不使二次枝梗增加，就要在二次枝梗分化时控制营养，这样对成熟将有不良影响。稀植以充分着生一次和二次枝梗为着眼点，二次枝梗多是出穗前30 d到结实期营养状态良好的标志。丰收年常是二次枝梗多且成熟良好的长相。

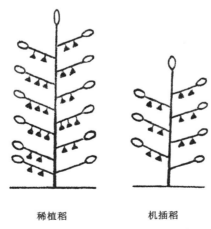

稀植稻　　　　机插稻

○—— 一次枝梗着粒数　稀植稻6-8粒　　机插稻5-6粒

▷—— 二次枝梗着粒数2-4粒

图7-2-1　稀植稻与机插稻穗部比较

（二）形成大穗的机制

一般来说，在穗原基分化即抽穗前 30 d 左右发生的分蘖，出穗时为迟穗，虽然成为一个穗，但因贫弱而结实率低。为防止出现这种弱小分蘖，采取确保早期有效分蘖，用限制氮素和晒田等方法抑制晚生分蘖，但在稀植的情况下就不同了。一般在抽穗前 25 d 出生的分蘖也能成熟。主要看分蘖当时的环境条件，如果根际的环境条件不好，其分蘖亦难成穗。

另一个特点是，晚生分蘖穗虽小，但结实好。茎的发育过程中环境条件好，各茎占有的空间多、有活力，所以成熟率高。

稀植田每平方米 9 ~ 12 穴，每穴 2 苗，比机插和手插稻少，光照一直充足，到抽穗前 20 d 株间开始有些交叉。而机插和普通手插稻，在抽穗前 30 d 各茎叶即相互交叉，株间光照少，弱小分蘖死亡，达不到预期穗数。稀植的根际受光时间长，叶开始交叉在孕穗期，所以大小穗都很健壮，到结实期间环境仍然很好。

1. 靠根的活力完熟

为使根系生育健全，必须由地上部供给碳水化合物，担负这一使命的是下叶。为保持下叶的活力，必须经常保持通风透光的条件。稀植栽培完全具备这种条件。所以能保持根系健壮，在出穗后也有旺盛的养分吸收能力。稀植水稻根系健壮的另一原因，是在生育中期没受控氮的影响。一般栽培在中期控氮控蘖，使根的活力下降，对根腐的抵抗力减弱。

2. 穗的素质不同

稀植的水稻不仅穗大，穗的素质也不同。穗颈粗、枝梗粗，输送养分的通道畅通。这是由于在出穗前 30 d 左右淀粉蓄积充分，光照条件好，养分供给也未受到限制。有健壮的茎秆，穗大也能充分成熟。当然，稀植时氮肥过多，生育中期过繁，将成为成熟不良的贪青田，对此应十分注意。

三、能否生育延迟

（一）在寒地的生育

稀植在寒地如何，据在日本东北、北海道和长野等高寒地区的实践，其经验是：

作业顺序和一般手插一样，只是栽得稀些，其中虽有出穗晚 3 ~ 4 d 的，但几乎和手插的生育一样。其所以生育不晚，除确保分蘖的时期晚些以外，出穗时期并未晚。

稀植和密植在同一气候情况下，由于出叶速度相同，分蘖速度也相同。不同的是分蘖结束日期。稀植有时利用第三次分蘖，所以比一般稻有效分蘖期晚 7 ~ 10 d，但这不能说是生育延迟，因为幼穗形成期与之无关，是同一时期的。幼穗形成期相同，出穗也相同，所以总的生育期不晚。这里不可思议的是，晚生分蘖虽然多少晚点，几乎同时出穗。这在生理上虽还不清楚其机制，但与稀植的晚生分蘖光照好、营养条件好、具有成穗能力有关。

在寒地与一般水稻相比，也是出穗不够整齐，早、晚之间有几天差距。

但这种现象和穗有大小一样，可能是稀植栽培的特征，还没有因之而影响成熟的例子。

（二）确保茎数问题

在寒地比生育延迟还重要的是茎数，也就是穗数能否保证的问题（图 7–2–2）。如前所述，要依靠二、三次晚生分蘖成穗，当然过晚的也不能成穗。寒地生育期间短，对此要特别注意，以增加穴苗数（如由每平方米 11 穴增为 12 穴）进行调整。

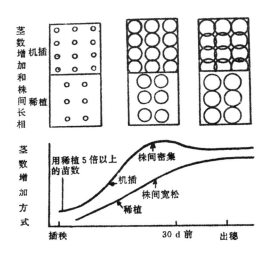

图 7–2–2　茎数增加方式的不同

（三）晚插时的生育

稀植晚插，生育期变短。在寒地要根据晚插的程度，调整穴数和每穴苗数。有时稀植晚插，前作是蔬菜的肥茬，更可发挥稀植的潜力。

第二节　基本栽培方法

一、从稀植入手

稀植稻作，首先是减少穴数，用过去的手插苗即可。如果不减少穴数，稀植的特点如茎粗、大穗就难以表现出来。一般每平方米插 11 穴（30 cm×30 cm），也有插 9、12、14 穴的。单株插每平方米也有插 18 穴、21 穴的。虽然密些，每穴只插一苗，一苗可分蘖 20 个，茎粗、穗大、结实好，和每平方米 11 穴稀植的生育相同。

稀植一般每穴 2 ～ 3 苗，这样的环境条件可充分分蘖，一棵苗可分蘖 10 ～ 20 个。

一棵苗分 10 ~ 20 个分蘖，株内外均有余裕空间，茎粗、穗大、结实力强。

稀植时每穴插 5 苗以上，每苗可分蘖 5 ~ 6 个，株内过密，茎也不能长粗，稀植大穗的特征也表现不出来。由一棵苗分出多个分蘖，是稀植栽培的生命。

二、稀植栽培的施肥

同机插稻的施肥不同，同过去手插稻的施肥法基本相同，即减少基肥，以后期施肥为重点。这种做法，在充分施用堆肥、土壤肥沃的地上表现更好。这是以堆肥为基肥，保持了地力的缘故。

化学肥料的用法是：基肥氮素 5 kg / 0.1 hm² 以下，多施有危险，不足可随时追补，以少肥出发是其关键。这个基肥量，在肥地其肥效可维持到出穗前 20 d 左右，一般来说可维持到出穗前 40 d，在这期间以前不进行追肥。

从出穗前 40 d 到出穗前 20 d，一般不追肥。但如出现缺肥长相，可施接力肥，每次施氮 1.5 ~ 2 kg。

穗肥在出穗前 20 d 左右施氮素 2 kg。如果生育顺利，穗肥在将要抽穗时再施一次。

为成熟施用的粒肥，按生育状况而定。过去手插稻的做法是，出穗后施用数次。但如保持肥效不断时，也可不施。

以上和过去手插稻的施肥标准几乎没有变化，但应注意不能延用机械插秧的施肥方法。

三、生育阶段

过去的稻作特征是：每平方米插 21 穴的密植，苗数多，开始田间即较挤。其施肥的特点是，基肥少施，追肥为重点，对生育的掌握以生育转换期（出穗前 40 ~ 20 d）为中心进行区分。在出穗前 40 d 确保茎数，以后进入由营养生长向生殖生长的生育转换期。其后分蘖停止，使淀粉蓄积，不宜断肥。理论上的生育转换，一般很难做好，抑制分蘖也很难。要早期确保茎数，不使以后继续发生分蘖，就要控制氮素。

稀植稻作没有明显的生育转换的界限，幼穗开始形成还有分蘖出生。稀植稻大体分为两段，即确保茎数的前段和形成穗及结实的后段，两者之间有重叠，重叠是稀植的特征。到穗形成还继续分蘖，说明营养状态好，穗也能长大（图 7-2-3）。

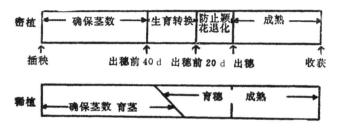

图 7-2-3　生育的划分

四、确保茎数和培育茎粗

生育的前段是确保茎数和培育茎粗的时期。稀植栽培容易担心茎数不足，但即使取得茎数而茎的质量不好，也不能形成大穗。如分蘖茎徒长，不但穗不能大，成熟也不好。所以茎必须粗而充实。为使茎数足和茎的质量好，就必须有充实的秧苗，争取低位分蘖，减少二、三次分蘖的比重。

如为徒长苗，1～3号分蘖休止，分蘖推迟。即使是徒长苗，只要肥效高，也能使二、三次分蘖提早。一般一次分蘖，叶蘖的出生比较规律，每增加一叶，出生一个一次分蘖，而二、三次分蘖即不甚规律。徒长苗在较高肥力下促发的二、三次分蘖，一般难以形成大穗，即或结出大穗，其结实也较困难（图7-2-4）。

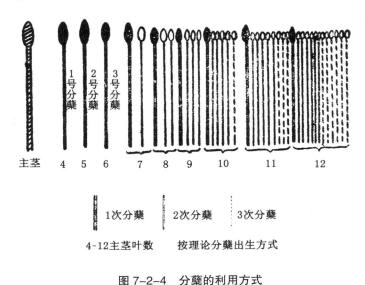

图 7-2-4　分蘖的利用方式

总之，依靠水稻自身能力进行分蘖是个原则。基肥肥效以在幼穗开始形成前确保蘖数，其后达到抑制分蘖发生的程度为好。

五、幼穗形成期前后的管理

过去的稻作，在幼穗形成期前后的生育转换时期，一般采取控肥的方法。而稀植栽培没有抑制分蘖的必要，营养状态比较好。但基肥肥效将断，叶色渐次转淡。这时的关键是每穗着花数和根的伸长。如肥效过高，颖花数过多、分蘖过剩，破坏稻体营养平衡。最好以地力适应稻的生育，按水稻自身能力，长出适宜的颖花和根系，既不过多、又无不足。这时过肥，不仅使二次枝梗和颖花增加，降低结实率，而且影响根向深处伸长（根在穗分化前横向生长）和结实能力。随着根的伸长，在出穗前40 d左右，由淹水灌溉改为饱和水状态或节水灌溉，将根引向深层。但若化肥过多，根难以伸向下层。

六、为了结成大穗

确保茎数以后，由于培育茎粗和穗分化重叠在一起，营养状态好，茎粗、穗大。大穗能否灌浆好，要看到出穗前的管理方法。即或稀植，如果茎数过多过繁，下叶枯萎，根系活力下降，也将成熟不良。这样的水稻，着粒的枝梗无活力，顶端早枯。营养不平衡的水稻，首先根系活力衰退，二次枝梗上的稻粒结实不良。

稀植稻在出穗期，每平方米有 300 ～ 360 个穗，株间宽裕，各叶均能透光，制造淀粉活力强，各叶按其分工向穗或根输送养分。

出穗后要保持叶、根的活力。粒肥对维持叶的活力是重要的，但如根系不良，效果减半。

七、用传统方法培育秧苗

秧苗，只要是普通手插苗，旱苗、水苗、湿润苗均可，小苗育大点亦可。

现在的手插苗，一般是未带分蘖的徒长苗，只要稍加努力，育成带有 1 ～ 2 个分蘖的苗，则效果更好。播量大，多为无分蘖苗，所以关键是稀播。

稀植稻作必须是穗数少而穗大。要想穗大结实好，在幼穗形成前要培育茎粗。而培育茎粗的出发点在于秧苗的好坏。分蘖顺利不一定是好苗，徒长苗也能长出分蘖，真正有分蘖能力的秧苗，分蘖苗壮而且充实。

秧田每平方米播 0.09 kg，比播 0.13 ～ 0.18 kg 的分蘖多。密播空间少，光照不足，分蘖休止，几乎无分蘖，秧苗高而软弱。

插秧每穴苗数一般为 2 ～ 3 株，每平方米稀播 0.09 kg，经 40 d 可育成有 2 ～ 3 个分蘖的壮苗，这样的秧苗每穴只能插 2 ～ 3 株，不宜插 5 ～ 6 株。

秧田面积的计算：

稀植稻作亩用秧田 11 ～ 15 m²，密植稻作需 26 m²。稀植稻秧田面积可节省一半。

每平方米 11 穴，每穴 2 苗，每平方米 22 苗，每亩 14 600 苗。

1 穴插 3 苗，每平方米 33 苗，每亩 21 900 苗。

1 穴插 2 苗，每平方米播 0.09 kg，亩用苗床面积 8.8 m²。

1 穴插 3 苗，每平方米播 0.09 kg，亩用苗床面积 13.2 m²。

插 30 d 左右的小苗，每平方米播 0.13 kg 亦可。

即或是稀播壮苗，在拔苗、插秧时，注意不使根、蘖损伤。如根、蘖损伤过多，在本田分蘖晚发。稀播苗比密播苗易受损伤，所以对床土要采取措施（加稻壳灰、堆肥），以便于拔苗。

第三章　稀植栽培应用的事例

第一节　是这样开始应用的

一、在苗床迹地上的应用

面积小养分多，秧苗多数过期，在这样的土地上稀植，并且也是晚插试验。一般每平方米 11 穴，每穴 2 ~ 3 苗，秧苗带蘖可浅插 1 ~ 2 苗。地肥可不施基肥和追肥。分蘖旺盛、株形开张，穗大粒多。苗床和过道肥力不同，表现了明显的差异。

二、利用前作迹地或大棚迹地

前作是小麦、蔬菜等，若插秧时期拖晚，不能机插可以稀植。蔬菜地肥多，稀植不必担心倒伏或根腐。初期要控，重点放在穗肥和粒肥上，这是成功的秘诀。大棚迹地也是同样，如化肥过多可浇遍水。

三、施用粪尿的肥沃田

家畜多的农户，多将粪尿施于田间，这样的水田不施基肥，插后 10 d 追施蘖肥，用氮 1 ~ 2 kg / 0.1 hm^2。穗肥也可减少。只要不施过劲，有地力保证，一定成熟很好。

四、手插、机插的秧苗不足时

在普通手插或机插的秧苗不足时，可用原来的苗进行稀植栽培。密播的贫弱小苗也可以，插秧后都看不到绿色，进入分蘖后茎数很快增加，呈扇状张开。结果 1 苗可有 30 ~ 40 个茎，平均 32 个，每穗可得 130 粒左右。

机插稻虽然迅速推广，但由于茎数多，控氮及水的管理都很麻烦。有没有大穗增产的道路，于是关心稀植单株插的人开始出现了。

机插每盘稀播 0.22 kg，2.5 叶龄时稀插单株，基肥氮素 2.0 kg，返青后 1 ~ 2 kg。每株可达 30 个分蘖，充分表现其生命力。如每平方米插 11 穴感到不足，每平方米插 15 ~ 18 穴，每穴插一株亦可。施肥按原来手插稻的数量，一半在插前施，其余一半插后施用，看苗分次追施。即使是小苗，长到 5 ~ 8 叶时分蘖也大量出现。

第二节　确定穴数和每穴苗数的方法

一、到幼穗分化时确保穗数

平方米穴数由苗的分蘖力和分蘖期间来决定。稀植稻不像机插稻 1 穴只分 3 ~ 5 个蘖，全靠一次分蘖，而是靠二、三次分蘖来确保茎数。只靠一、二次分蘖，不密植当然不行。

稀植稻和过去早期确保茎数的方法不同，要利用晚生分蘖。密植稻在出穗前 40 d 甚至 50 d 要确保茎数。这是因为，在出穗前 30 d 幼穗将出现时要确保有效茎数，不使晚生分蘖引起过分繁茂。

稀植稻确保茎数就不必那样早。在暖地生育期长的地方，即或稀植也在出穗前 40 d 左右取得必要的茎数；在寒地约晚 10 d，在出穗前 30 d 达到目标茎数。因此，延长分蘖期是稀植栽培的特征。以此为指导来设计单位面积穴数和每穴苗数，并要看秧苗的素质。要根据秧苗能出生几个分蘖，若以 1 号分蘖开始利用，1 株苗能长出 40 个分蘖。而且秧苗的叶龄，肥、水管理等也都影响分蘖。

二、寒地、暖地的穴数

寒地和暖地比较，插秧到幼穗分化的期间短，最多时可差一半，一般为 2/3。所以在确保茎数方面，必须认真考虑（图 7-3-1）。

在寒冷地区：寒地最晚 5 月末插秧，8 月初出穗，分蘖期约为 30 d，插小苗也只有 40 d。每平方米茎数以 300 ~ 360 个为目标，每平方米插 11 穴时，1 穴要有 30 ~ 35 个穗。1 穴 2 苗时每苗须分蘖 14 ~ 17 个；插 3 苗时，1 苗须分 9 ~ 10 个。在手插密植时代，出穗前 30 d，1 苗可有 7 ~ 11 个分蘖。稀植时，确保茎数时间可延长 10 d 左右，考虑后期可用的分蘖，每平方米插 11 穴可以充分确保茎数。如认为每平方米 11 穴偏稀，可试插 12 或 14 穴，但每平方米不宜增到 15、18 穴，过多就失去稀植的意义。

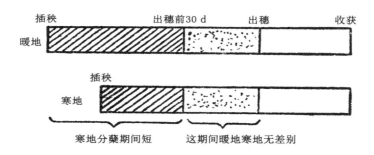

图 7-3-1　暖地寒地分蘖期间的差异

在温暖地区：暖地水稻分蘖时间长，有 50 ~ 60 d。如何控住分蘖，是暖地的特点。每平方米插 11 穴，也可取得 300 ~ 360 个分蘖。因此，要控制分蘖，基肥、追肥不宜过量，防止蘖多、茎细、穗的素质变劣、成熟不良。

三、一穴插 2 ~ 3 苗

稀植栽培是充分利用分蘖成穗。用带蘖秧苗每穴插 2 ~ 3 株，苗略弱时可插 3 株。

在寒地，根据秧苗素质，决定 1 穴插 2 苗或 3 苗。无分蘖苗插 3 株。带 1 个分蘖的苗 1 穴插 2 苗，插 3 个苗以上就失去稀植的意义。

在暖地，因为有两个月的分蘖期间，1 穴插 2 苗即可，好苗或小苗可插 1 苗，就可达到计划茎数。

四、穴数和插植苗数的关系

稀植栽培，分蘖期延长 10 d 左右，到穗分化确保茎数即可。如对确保茎数无把握，不增加每穴苗数，而应增加每平方米穴数。若增加每穴苗数，相反抑制每苗的分蘖能力，插 5 ~ 6 苗出生的分蘖细弱、穗小粒少。

第三节　插秧时的注意事项

一、插秧作业要细致

稀植水稻不比一般插秧更麻烦，只是要仔细一些。其中，重要的是不要插老苗。另一点是要浅插。插深了和插老苗一样，抑制初期分蘖。稀植是靠分蘖的栽培方式，如何使水稻易于分蘖，是栽插时要注意的关键。

二、注意秧苗的状态

稀植最困难的是密播苗。密播的细苗连在一起，很难数清插 2 株或 3 株，稍一放松就成 5 ~ 6 株，按每穴统一苗数插，很费工夫。所以必须育稀播苗。用小苗稀插时，初期分蘖旺盛，注意不能插多，特别是用机插苗时更要注意。

另外，要注意的是带蘖秧和不带蘖秧的生育不齐问题。带蘖的苗插 2 株，无蘖的苗插 3 ~ 4 株，其分蘖的形式很不一致。如插 2 苗，以都插 2 苗为好。

三、要浅插

稀植时要以不漂苗为原则进行浅插。深插地温低、返青慢、分蘖晚、株高矮。每穴插2 ~ 3 苗，不要紧靠在一起，插时适当分开为好。

四、插后深水护苗

无论机插或稀植，插后均应以水保温，促进返青。机插稻初期生育不良原因之一，是插秧后 10 ~ 20 d 还未灌好水。稀植稻叶龄数多，插期晚，插后不灌深水，返青延迟，所以同样需以深水保温。

第四节 施肥方法与生育

一、少用基肥比较安全

稀植稻作，其生育可分两大阶段进行施肥。在生育的前半期，重点是促进分蘖，取得茎数，并培育茎粗（图 7-3-2）。

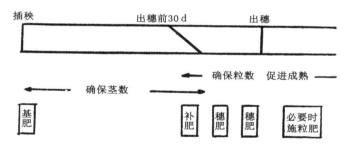

图 7-3-2　稀植的施肥

认为插的株数少、分蘖期间长、施肥量要多的想法是不对的。不管如何稀植，必须防止氮素过多、生育过繁。穴数少，每穴分蘖数多，每穴确实需要较多的养分。但单位面积茎数并不多，与密植稻比反而有所减少。

由于分蘖期间长，根系生长好，有充分利用土壤养分和肥效的能力，能充分提高肥料利用率。一般机插稻到生育中期，地力氮素成为麻烦因素，须采取相应的控氮措施。而稀植稻却可利用这些地力氮素，继续进行分蘖生长。

因此，要以稀植稻的生育特点为前提，考虑其施肥原则。基肥肥效，以在出穗前 20 d 确保必要茎数，并在幼穗形成时用完，是比较安全的。到出穗前 20 d，如基肥肥效不足时，以基施堆肥提高地力是最好的办法。既可补足氮素供给，又不易氮素过剩。增施化肥基肥，易使水稻生育软弱。如地力不足可适当追施化肥。以基肥少施、不足时中间追补为原则。为节省施肥人力及施肥诊断的困难，施用有机质肥料更能发挥稀植的特点。

二、多施基肥危险

基施化肥增多，分蘖旺盛，即或稀植，到最高分蘖期每穴茎数可达 50 ~ 60 个，以致穗小、成熟不良。

稀植和密植相比，分蘖缓慢、分蘖数不足，但分蘖是有规律的，不是施氮就分蘖多。机插水稻苗小，气温低，吸收能力小，提高田间肥料浓度易于吸收。而稀植稻就没有必要。稀植稻分蘖期间和机插稻比，约多一倍的时间，所以稀植稻分蘖晚些是正常的。分蘖缓慢，不要很快增加生长量，施肥不宜过分集中，基肥量按常规即可满足。

三、生育中期的营养状态

一般手插稻到出穗前 40 ~ 30 d，要达到理想长相状态。这时如氮肥过多，易破坏株形，氮少又影响茎数。要保持叶片直立的良好受光态势。也就是到生育中期，过繁茂易遮光，穴内叶的活力下降。而稀植稻在生育中期，各穴株间仍较宽裕，株形开张，保持良好受光态势。

稀植稻受光态势好，不必控制氮素，在生育中期仍缓慢进行分蘖，为培育壮秆形成大穗，仍要正常吸收氮素。稀植稻在生育中期所以叶还青绿，是由于未中断氮肥，而不是氮素过多。这种青叶状态，是因为受光充足。像育苗一样，同样的肥料，稀播苗不徒长，而密播苗则易伸长。氮素、光照和其他营养充分，使淀粉的生产和积累增多，茎秆才能充实粗壮。稀植稻生育的要点就在这里。

为使氮肥既不过多，又充分供应，最好是培肥地力，利用地力氮素。它与化肥不同，可按水稻吸收能力供给。如果生育中期氮肥不足，要适当补施接力肥，一次施量不能过多，最多每千平方米施纯氮 2 kg 以内。如果不足，看生育状况分数次施用。

四、生育后期的施肥

稀植稻穗大，一次枝梗和二次枝梗多。一般稻特别是机插稻穗头小、枝梗数也少，主要是生育中途茎发育期的环境不良造成的。另一个原因是幼穗分化到出穗期间的环境，特别是光照对根的活力有很大关系。稀植稻到出穗时株间仍有空隙，光不仅照到下叶，还能照到根际，各叶均处于活动状态，吸收的氮素能完全消化，淀粉生产不断进行。具有活力的根系也不断吸收补给养分，因而形成大穗。

从穗形成到出穗的生育过程见图 7-3-3。

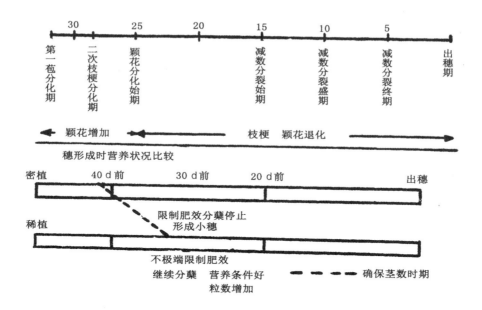

图 7-3-3　穗的形成与营养状况

从出穗前 20 d 到抽穗期间的追肥，属于穗肥，一般用氮量不宜过多，在这期间施 1 ~ 2 次，一次施氮量 2 ~ 3 kg / 0.1 hm²。在施肥上要考虑的另一问题，是出穗前 30 d 以后、茎数已经定型、节间伸长到出穗前这一期间。一般水稻株间开始交叉，中期过繁的水稻，株间荫蔽，以致下位间节伸长、倒伏和下叶早枯。在这个时期，光照仍能照到根际，是稀植水稻的特点，也是稀植水稻成功的关键。因此，这时施肥要考虑防止过于繁茂，到出穗前仍要保留一定空间。

五、培肥地力是基础

为了稀植高产，培养地力仍很重要。肥力好的稻田，在稀植条件下，生育中期无需追肥调整生育。穗肥的次数和用量少，亦可获得增产。可以说在稀植条件下，能充分发挥水稻生长能力的最好条件是地力。在地力好的稻田上进行稀植，不用追肥而用水稻自身的吸收能力来调整，无过量与不足。

六、从经验看施肥与生育调整

有关稀植栽培施肥的经验介绍几例如下。

（一）在肥沃土地上亦可无肥栽培

这是在秧田迹地上的例子。秧田迹地肥料多，平方米插 11 穴，每穴 3 苗，施一次除草剂。全生育期叶色青青，一穴茎数 30 ~ 35 个。用的是早熟品种、秧龄 9 叶、具有 3 个分蘖的大苗，收获时无倒伏，成熟率88%。

（二）肥料不足时怎么办

这是寒地的例子。稀植栽培确保茎数的时间以出穗前25 d的幼穗形成期为目标。按以往的经验，基施氮素4～5 kg。由于长势的原因未在中途追肥，到出穗前45 d开始缺肥，在出穗前20 d施了穗肥。结果小穗90粒，大穗120粒，穗的大小差别很小，与密植稻相差不大，穗头比较齐整，结实率达95%，根系伸展好、茎秆健壮。秧田为一般的保温湿润秧田，插时秧龄为7～7.5叶，一穴2苗，平方米11穴，插秧略晚，插后到出穗前30 d之间，有40 d左右。

在生育过程中，插后30 d左右，很早就呈现断肥状态，开张的植株转为直立型，在出穗前30 d，分蘖也完全结束。在这种情况下，依然没有追肥。在基肥以后，追肥在出穗前20 d进行，从外观上看，比密植稻的叶色还淡，长得也小。在这种情况下，对出穗前20 d施用的穗肥，将计划施氮量2 kg减为1 kg，在开始出穗时已发挥出肥效。

生育中期在肥料不足条件下度过，在出穗前30 d左右看到的具有1～2叶的分蘖几乎无效，中途枯死。结果株间并不繁茂，以良好的结构迎接出穗，茎秆所处环境较好，穗的成熟度也好。

一般认为，稀植栽培时大穗和小穗混杂不齐。其实，齐穗期在1～2 d短期间内完成，穗子非常整齐。

灌水管理：在出穗前40 d以前为水层灌溉，其后为饱和水灌溉，但比一般所谓的饱和水少些，以促进根系向深层伸长。但在肥料不足条件下，接近于干的程度是不可取的。结实期多雨，可逐渐发挥出肥效。

收获时每穴穗数20～25个，其中有的也达30穗左右。但与每平方米计划257个穗比，尚少很多。成熟率和着粒数很好，收到亩产400 kg的好产量。

茎数不足，最后又能取得好收成，这是稀植的结果。首先是根系健壮，其次明显的特征是直到出穗后50～60 d，穗的枝梗始终保持绿色。

（三）在暖地防止施肥过量

在暖地施肥过量，招致分蘖过盛、结实不良或病虫危害。

暖地与寒地相比，分蘖期长1倍，容易多施基肥。在稀植情况下，每穴可得50～60个穗，出现茎数过多。每平方米插11穴，每穴30～35个茎即可。

暖地昼夜温差小，消耗较大，病虫害也比寒地多。由于稀植，环境较好。如叶色过浓，易遭病虫侵染。

在暖地如施肥过多，穗不干净，黑穗增加。而且施肥使茎秆软弱，易受风害。在出穗前叶色过浓也易受伤，易使米粒变小。

在结实期如施粒肥2～3次，比周围的稻田肥效高、叶色也浓，体内氮素增加，易遭虫害。出穗后虽然穗颈稻瘟病减少，但也不能粗心。

（四）穗肥施用过量的实例

插秧后若有一个月的好天气，初期生育顺利，株形长势也好。基施氮肥 5 kg / 0.1 hm²，返青后浅水灌溉，生育中期视叶色转淡，再补施氮肥 2 kg。

出穗前 30 d 左右的长相，每平方米插 11 穴，每穴茎数 35 个左右，各茎苗壮开张，可确保必要的茎数。

有时由于穗肥施用不当而造成失败。例如，穗肥一般在出穗前 25 d 和出穗前 15 d 分两次施用，每次施氮肥 1.5 kg。由于水稻长势较好，两次各追施氮肥 2.6 kg，结果出穗后叶色继续青绿，加之天气不良，遭致白叶枯病和稻瘟病大发生。

第五节　灌水技术

一、生育初期以保温为主

灌水管理与一般水稻栽培相同即可，但是在寒地特别要注意返青期的管理（图 7-3-4）。

生育前半期即在出穗前 40 d 以前，采取以保温为主的水层灌溉。特别在初期，更要注意保温。

插秧后 7 ~ 10 d，为提早发根可深水保温，这也是为了分蘖的顺利进行。如移栽后生育停滞，在本田初期分蘖休止，对稀植栽培的分蘖是不利的。

有人认为，天气好，光直接照到地面，地温容易升高，即或在这种情况下，还是有浅水覆盖地面的增温好。何时灌水好，因地而异，按已往的经验，努力保温是关键环节。返青后仍要继续注意保温管理。生育初期不理想，大多不是由于肥料不足，而是管水不当造成的。

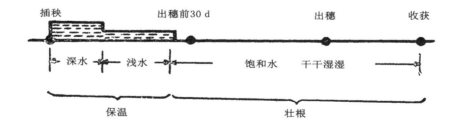

图 7-3-4　水稻稀植栽培的水管理

移栽后如生育不良出现叶色减褪，就要施肥。认为叶色变黄就施肥是不对的。叶色变黄的原因，多数是秧苗不良或浅水管理。移栽后如浅水灌溉，返青将需 10 d 左右。

只要苗好，即或卷叶，只要灌上水，卷叶即可张开，生机盎然，这样的秧苗立即返青，

3 d 后根系下扎，不易拔出。

苗不好或以水保温不当，不长根、不返青、叶色变黄、无生长活力，施肥亦无力吸收，肥料残留在土壤中。当稻体恢复吸收后，容易出现氮素过剩，其后的生育出现疯长。

因水稻生育不良而施肥是不对的，生育不良吸收困难，要在治本上下功夫。首先要管好水，使水稻尽快恢复吸收能力。

二、水稻生育中期的管理

稀植水稻，从生育中期到后期，由于地上部环境条件好，与之相应的根系发育也好，这是稀植的特征。

一般说来，从出穗前 40 d 左右开始，根系向下伸长。为使地下部环境良好，从这时起停止水层灌溉，转为湿润或节水灌溉。设法向地下部输送丰富的氧气。

出穗后也要保持湿润（饱和水）或略干的状态。但如过干，根系功能变弱。灌串皮水，如果降雨就不灌水。就是在孕穗期和开花期，也没有水层灌溉的必要，只要保证有根系吸收的水分即可。

第六节　做好生育诊断

一、对初期的稀疏，不要着急

稀植水稻每平方米插 11 穴，多的也就 13 穴左右。每穴苗数 2 ~ 3 株。从远处看，不知是否插了秧，而且灌有深水，叶在水上漂浮，担心这样是否能行。

但是，返青后开始分蘖，茎数虽少而开张有力。稀植与密植相比，一般叶色较浓，各株穴生长领域较宽。根系从较宽领域内吸取养分，所以叶色不易减褪。与此相比，机插水稻缺肥早，易褪色。

到幼穗分化前，叶色较浓，开始分蘖时较缓慢，经一定时间即陆续发生分蘖，所以不用着急。若进一步促进分蘖，而追施肥料提高肥效，虽然分蘖数有所增加，但分蘖茎变细。母茎充实时出生的分蘖茎也充实。所以先使茎充实再增加分蘖。

单纯追求茎数，细茎增加。所以增加茎数不能只靠肥力，而要依靠壮苗自身的能力。

就水稻本身来说，一棵苗有分蘖 100 个左右的能力，但由于育苗、移栽方式、栽插株数、灌水深浅等抑制了分蘖能力。壮苗具有分蘖能力，提高肥效即可发出。所以对分蘖较少的穗重型品种，培养壮苗，促进分蘖，使分蘖粗壮，也易于调整分蘖。分蘖较多的穗数型品种，虽易取得茎数，但即或降低肥效也难控制分蘖。

进入生育中期，要经常了解分蘖及叶色变化，诊断肥效情况。判断不清时，应观察 2 ~ 3 d，不宜着急。施肥过量不能挽回。即或缺肥，只要叶鞘无明显褪色，则无大碍。

二、不增加分蘖的水稻

插秧后经 10 ~ 20 d 还无分蘖时，其株形不开张，呈矮粗形，原因是插得深。由于插得深而抑制分蘖的情况是常有的。即使一穴插 2 苗，插深了水稻也不开张。若一穴插 5 ~ 8 苗，因苗间竞争更难分蘖。

三、从开张转为直立

稀植水稻到出穗前 30 d 生长充裕，不仅能确保茎数，茎也苗壮充实，比一般水稻叶色浓，叶形大，生育旺盛。

但是，用老苗或插深时，株高矮小伸长不良。以茎、叶较大而开展的株形为理想。

密植的水稻，一般从出穗前 40 d 左右肥效不足，分蘖停止，呈直立株形，而稀植的水稻，晚 7 ~ 10 d 转变态势是其特征。

稀植水稻在出穗前 30 d 以后，由开张形向直立形转变，过出穗前 30 d 仍有持续肥效，叶片披垂也不必担心。一般比密植水稻晚 10 d 左右，注意以此进行诊断即可。真正达到直立形是在出穗前 20 d 左右。

四、注意长穗期的生育

稀植水稻的分蘖期间比一般水稻的分蘖期间长，所以在出穗前 30 d 左右完全确保茎数，就不能培育健壮的茎秆。因为是稀植，要从早期陆续分蘖，经过较长时期确保分蘖数，而不使出生更多的晚生分蘖。

后期分蘖猛增的水稻，分蘖不易停止。在植株开张状态下进入长穗期，逐渐转为直立形的水稻是比较理想的，分蘖也自然停止。

这时易认为：茎数再多点、叶色再浓点、花数再多点才好。稻株形态好，田间也不过满，常多用肥料。为增加叶色，分蘖整齐，增加颖花数，往往穗子大了，而结实率却不高。

所以，这时继续分蘖是过繁的表现。由于营养状态好，茎数和颖花数虽然能够增加，但因为过分繁茂，下叶枯死，根系衰弱。增加无效分蘖，浪费养分，而且通风透光不良，影响穗部发育。

五、从出穗到成熟

到孕穗期，叶数增加，植株增高，行间变满，但仍有余裕。到出穗期几乎不比一般手插田晚，由于穗有大小，齐穗时间较长是其特征，但不必担心。

看到出穗后健壮长相，还有一些担忧。因为这阶段虽不担心倒伏，但看到大穗，对其能否完全成熟还不托底。有经验的人看到健壮大穗，进一步加强管理。要注意粒肥不要过量，多量施肥不仅有害根系，而且容易发生病害。

在结实期不能忘记根的管理。即或一直采用理想的湿润灌溉，如因降雨而继续淹水，很快会伤害根系。所以要做好排水口等准备工作。

第七节　各地农民的经验

一、妇女搞稀植

A 妇女在暖地搞水稻生产，其丈夫与儿子均外出工作，几乎全部农事作业都由她承担。下面将 A 的自身体验介绍如下：

（一）费钱的机械插秧

稻作是有竞争的。最近稻作搞机械化，农民要大量投资。我们地区小、农户多，无论男女，年轻的都去上班，所以岁数大的农民多、星期天农民多。一个妇女一个月也能赚 240 ~ 300 kg 的稻谷钱。所以即或是小小的农户，也有插秧机、割捆机。

农机具商来劝购，买一套要 50 万日元，把收入全部用掉，是值得思考的。而且看了机插小苗的小穗及田间整地情况，即或插秧不弯腰也不合算。从这种想法出发，只用自家力量也可以完成插秧，决定采用稀植栽培。

据已有经验，插单株 1 株可得 15 个穗，获得了增产。这是在麦茬地上，一般 1 穴应插 3 苗，由于秧苗不足，不得已将部分插了单株。由于是麦茬稻，秧苗已大，已长出 3 个分蘖，以此每平方米插 24 穴，每穴 1 株。每穴有效茎 13 ~ 15 个，亩产量 440 kg。有了这个经验，对稀植栽培就容易接受了。

（二）尝到了稀植的甜头

一下子从每平方米 14 穴入手。育苗每平方米稀播 90 g，苗非常好，具有 3 个分蘖。以此每平方米插 14 穴，每穴 3 苗，基施氮肥 4 kg / 0.1 hm^2，分蘖肥 2 kg，分蘖肥略多些。

稀植水稻，茎粗似芦苇，相邻的小苗机插水稻是不能相比的。从群体长势上看，机插水稻有些活力不足，而稀植水稻则生机盎然。

机插水稻的大穗也就 90 ~ 100 粒，稀植的每穗粒数幅度为 60 ~ 200 粒，平均 100 粒以上。由于穗大，成熟要费力气的。第一年的产量与往年相同。

从中的体会是：与过去密植易倒伏的水稻相比，可不必担心倒伏了；分蘖期间叶开张良好，生育健壮；到收割时活叶多 1 ~ 2 片，这些都为增产提供了可能。

从实际栽培上看，与密植相比，在施肥诊断上比较容易，多施些肥也无大影响。叶色较浓，从远处即可认出自家的地块。这是肥料充分吸收的结果。过去施肥要看叶鞘褪色的程度，须做各种复杂的诊断，现在容易实施了。

稀植水稻不易过分褪色，所以不必特别担心。容易进行各项管理是稀植的特征，株间生育各得其所，无论施药或除草，可迅速进行。

二、每平方米插 12 穴的试验

将东北地方 B 农户的实例介绍如下：这个农户是在当地经营少量蔬菜的稻农。对采用机械插秧持慎重态度，未用插秧机。现在栽培 6 ~ 7 个品种，进行稀植试验，是对水稻热心研究的农户。

（一）因人手不足而想稀植

由于人手不足，所以在小面积上试验稀植，每平方米插 9 穴，比一般穴数减半，收到预想不到的好结果。大穗 200 粒，小穗 60 粒，每穴穗数 35 个，结实率为 70%，产量达一般水平。穴数减半还能取得同样的产量，增加了稀植的信心。

（二）增产还不倒伏

稀植栽培最明显的是不用担心倒伏，而且确实每亩可增加 40 kg 产量。如果进一步提高秧苗素质，研究施肥和灌水技术，深信还有很大增产潜力。

现在的栽培方法，由于追求高产，施肥过量，在 9 月的风雨中倒伏。调查其原因是无效分蘖多，节间过分伸长，必然遭到倒伏，这也是生育中期调整失败的结果。

在分蘖进程中，到分蘖盛期每穴有 27 个茎，中途消失 7 个，最后成熟 20 个。株间渐暗，表明生育过分繁茂，稀植栽培就没有这种情况。与一般栽培比，稀植的最高分蘖期晚 5 ~ 7 d。到抽穗前 30 d 左右，具有 2 片叶以上的分蘖是一定能够成穗的。

株形也有变化，在分蘖期间呈扇形张开，还能看到地面，茎生育粗壮，到出穗前 30 d 左右开始直立，比一般栽培略晚。

B 农户做的并非完全成功。在稀植的第二年，前期天气好，生育顺利。为了进一步获得高产，追施了穗肥和粒肥，而在出穗后连续天气不良，结果成熟不好，未获高产。

（三）我的做法是每平方米 12 穴

B 农户每平方米插 11 穴的试验后，又做了各种试验，认为寒地稀植必须考虑秧苗素质、分蘖利用程度和地力等条件。以现在秧苗素质来看，每平方米插 12 穴为好。

根据 B 农户的经验，无论插 11 穴或 12 穴，每穴茎数基本相同，这样可多得一成的茎数，所以，12 穴的表现增产。但是到 14 穴时，在生育中期略显过分繁茂，接近危险边缘。

另外，每平方米插 12 穴，在插秧劳动上也恰到好处。两人一天可插 2 000 m^2，若增加 5 穴，田间插秧作业延长，对插秧的人是过累的。全面考虑以每平方米 12 穴为好，但插期过晚的地方，为获得茎数可插 14 穴。今后如能育成壮苗，穴数还可减少。

插秧以外的各项作业，也以稀植比较省工易做。施除草剂仅用一天，以后用除草机穴间除草。用航空防除病虫害 3 次，自家以纹枯病和穗瘟病为中心防除 2 次，比附近的农户少一半的次数。

三、利用家属劳力进行稀植

（一）不称心的机械插秧

由于循回灌水，插秧期推迟 10 d 左右，一些机插的水稻因出穗晚而减产。

特别使人注意的是育苗，在很少的床土上育很密的苗，对习惯在宽敞地方充分利用阳光进行育苗的来说，小苗是没有吸引力的。播种后上面要盖两层薄膜，时时注意水分、温度等的管理，在多层保护下必然影响秧苗素质，离开秧田也难顺利生长。而且在本田防止浮苗进行浅水灌溉等，都不堪设想。据说确有亩产达 520 kg 的事例，但只能是特别认真能干的人。

本田的补秧也是麻烦事。驾驶机械的人很轻松，在其后补苗的人很吃力，补苗需 5 ~ 6 人，反而不如手插的。而且在补苗时，各穴都要注意，浮漂的要插稳，株数少的要补加。机插当时似乎省工，补插是比较费事的，结果是干了多花钱的事。

（二）一个妇女即可育手插苗

育机插秧苗是比较费事的，要运床土、粉碎、装盘、播种，以每千平方米用 25 盘苗计算，2 hm² 稻田需要 500 盘。发芽后还要注意水分、通气和光照等管理，很麻烦。而且插秧时期很紧，其他作业也必须跟上。一次灌水失误，即影响秧苗生育。所以插秧虽然省工，而育苗的负担太重。从这点来看，育手插苗，只要做床、播种完了，以后一个妇女即可管理。

（三）只用家属即可插秧

过去插秧，求附近人帮忙，10 ~ 20 人一起做。现在依靠外人困难了，插秧只能由家里人来做。用家属来做，采取稀植栽培是轻松易做的。连拔苗在内，用一般手插的一半人工即可完成。

手插密植时，一人一天能插 1 000 m²，连拔苗在内，一般用两个工。稀植时，一人一天可插 1 500 m²。我家插秧用 3 ~ 4 人，由于插的苗数少，老太太一人拔秧，还供不上插。早 7 时开始，午休 11 时半到 1 时，下午到 5 ~ 6 时，劳动 8 h。不仅节省劳力，而且不用花钱。

（四）稀植用的资材少

除草一般用除草剂。机械插秧后，除草几乎全用除草剂。除草剂如使用不当，对水稻生育有抑制，特别是在将要幼穗分化时施用更要注意。这时正值水稻根下扎的出穗前 40 d 左右。为了扎根，停止水层而进行节水管理，施用除草剂又需 7 ~ 10 d 的灌溉，两者何去何从很难决断。如看叶尖飘然无力，是根系损伤的象征，撤水晒田数日即可恢复，但正处在施药后 3 d，考虑药效只好继续保持水层，这也必将影响成熟。是为水稻，还是为药效，难以两全其美。减少除草剂，使用除草机，像过去那样行间纵横除草，还有利于根系，在稀植条件下是完全可行的。

（五）今后的希望

根据手插密植时的经验，从出穗前 40 ~ 30 d 的 10 d 间，是决定水稻栽培成败的时期。在这期间使水稻形成理想的长相是很重要的。在这期间水稻的长相、颜色，参照书本及他人的经验，自己努力去做。但有时因施肥、管水失误而受影响。现在采取稀植栽培，和过去密植的理想型不同，要经常进行细致的观察，以明确新的理想型。

四、实现稀植亩产 400 kg

（一）稀植的理想长相

介绍一下日本关东地区 F 农户的情况。

稀植的稻株，从根际开张挺伸，每平方米插 11 穴，穴间完全覆盖，横向看不见垄沟。但若从上看，各穴还有充分的空间，通风良好。叶有坚挺感，受光态势良好。在产量方面至少可达亩产 400 kg。

一部分地块实现了稀植亩产 400 kg。其余由于穗肥氮量过多，加上出穗后天气不良，受到白叶枯及稻瘟病危害，但亩产仍达 360 kg，受害是较轻的。周围的密植田遭纹枯病及稻瘟病的严重危害，亩产仅收 160 ~ 200 kg。

（二）妇女最喜欢

稀植栽培受妇女欢迎。过去的插秧很辛苦，而且多由妇女来做。稀植栽培就轻松多了，稀植用工少，一般密植每平方米 21 ~ 23 穴，稀植恰好省一半工。采用稀植栽培后，附近农户插秧劳力可以保证，一公顷半稻田，拔苗 2 人，插秧 6 人，合计 8 人，3 d 即可做完。

稀植栽培的穴数少，插秧人的感受也不一样。过去插秧开始几天，妇女腰痛得厉害，现在稀植就好多了。腰痛所以能够缓和，是由于插的穴数减少，插秧时移动加快，腰部得到运动。

除减轻腰痛外，还可省管理伙食的劳动和费用。按习惯，插秧开始和完了要准备饭菜伙食，妇女要 4 时起床，插秧时还要一起下地。插秧时间越长，妇女越劳累，稀植可以缩短插秧时间。因此，深受妇女欢迎。

（三）由妇女扩大了稀植

在稀植栽培的初期，听到推广人员的介绍，很感兴趣，回到家遭到妇女的反对。理由是改为稀植怕产量降低。可是到秋天稀植迎来丰收，下一年妇女也有了兴趣，所以稀植的伙伴逐年增加。

（四）机械插秧的人逐渐减少

稻作研究会的会员 N 某，看到稀植栽培的优越性，在 1.4 hm² 稻田中，将 0.5 hm² 面积改为手插，次年又增加 0.9 hm² 为手插稀植。他过去一直追求"理想稻"，看稀植栽培不习惯。可结果比机插稻增产，取得亩产 360 kg 的成绩，增收 4 万日元。从稀植中进一步看出机插栽培的不足。例如育机插秧苗，管水、通风都比较费事，整地也费工，补苗工约为手插的 1/3。发挥除草剂的药效也较难，而且分蘖过多使穗变小，所以 N 某认为插秧不能靠机械，人工手插是如意的。

五、使用插秧机稀植的试验

（一）机械插秧的烦恼

随着机械插秧的扩大，现在手插秧的农户很少。虽然机械插秧省些劳力，但栽培方法与过去手插有些不同。比如后半期的生育不易掌握，生育调整比较困难，施肥不易掌握，容易感病等。究其原因，主要是由于高度密植，每盘播 300 多 g 种子，一穴插 5 苗以上，多的插到 10 苗。这就很难达到理想的生育。另外，机插时间比手插早 10 ~ 20 d，特别是在寒地，由于低温而引起生育停滞，为促进生育的追肥，容易助长后期过分繁茂，使措施产生相反的效果。这主要是插秧当时穴内过密，抑制顺利生育。低温时插小苗更影响其生育。

进入 6 月，随气温上升，分蘖开始猛发，茎叶迅速生长，很难控制。这期间用除草剂，抑制生育，防止倒伏。这完全是无视水稻生理的做法，对后期生育，尤其对根的发育是不利的，当然也影响穗肥的效果。

尽管对这种稻作持有疑问，而努力谋求稳产高产的农户还是有的。这样的农户，想改进的共同点是减少每穴插植苗数，改善穴内植株环境，最终就是稀播，改善育苗环境，培育壮苗。每盘稀播 300 g 以内，每穴插 2 ~ 3 苗，接近手插状态，育苗方式也不使用育苗室，采取露地摆盘、拱式盖膜，在接近自然状态下培育壮苗。像手插那样，提高插秧素质，减少插植株数，使其初期生育良好。同时，基肥用量可以减少，使生育中期不致过繁。从而形成以追肥为重点的秋盛型水稻。

另一方面，在寒地已出现由小苗向中苗发展的趋向，有的地方已全改为中苗，这是稳定初期生育的对策，努力接近手插方式。总之，机械插秧出现了试验稀植栽培的农户，介绍一例如下。

（二）机插稀植

这是关东地区 E 农户的例子。E 农户开始机械插秧，前两年用人力插秧机，后四年用动力插秧机。机插以后每年多少有些增产。为有新的突破，开始采取机插稀植。

E 农户引入人力插秧机的第一年，超过手插的产量，获得亩产 320 kg。第四年在排水良好的水田获得亩产 400 kg 的产量，但未能突破亩产 400 kg 的纪录。

在不能机插的枕地，手插小苗每穴 2 ~ 3 株，其稻穗比机插的大。过去认为小苗插秧茎细穗小。实践证明，只要给以良好的环境条件，栽插小苗也能增产。因此，产生了稀植的动机（图 7-3-5）。

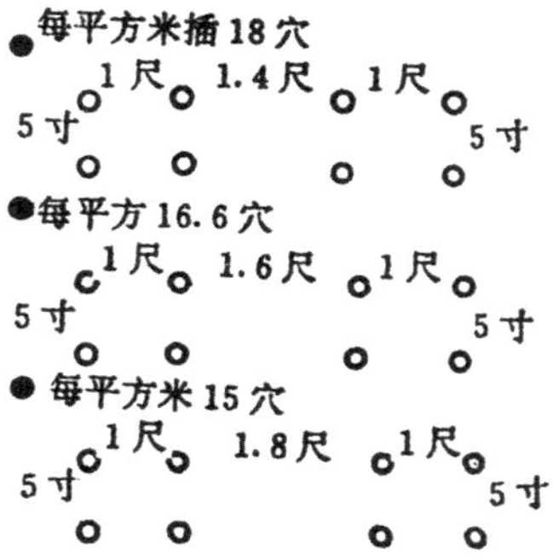

图 7-3-5　机插宽垄双行

改善环境，要减少穴数和每穴苗数。为此，要育出每穴可插 2 ～ 3 株的秧苗，每盘播量 225 g。

栽植方法，按每平方米 18 穴、17 穴、15 穴三种密度进行。

当年试验结果失败了。穗没有预想那样大，穴间有空隙，结果减产。

为能找到增产的途径。听说山形县有单株插获亩产 600 kg 的，随即前往考察，结果明确减少每穴苗数可以提高穗重。

（三）小苗单株插的试验

第二年以大穗为目标，采取小苗单株手插，结果一株苗得 35 个穗，每穗一次枝梗 11 个，平均每穗 120 粒。

E 农户小苗单株插，生育中期的情况如下：

用每盘 225 g 播量的秧苗进行稀植，前 50 d 心里是不安的，尤其最初 20 d 更没底，以后生育正常，表现出惊人的长势，但没看到出穗，还不能放心。栽植后 25 d 的长势与一般手插的水稻不分上下，无论叶宽、叶厚、叶长等发育都正常。到出穗后，过路人都感到吃惊。

机插水稻上位三叶短，1 穗 60 粒，每平方米 600 余穗。而单株稀植的茎秆粗壮，穗大粒多。

以上是手插的试验，E 农户用机械进行单株插试验。每平方米机插 18 穴或 15 穴的单株。由于是机械插，缺株增加。

具有小苗单株插经验的不只是 E 农户，还有手插亩产 520 ～ 560 kg 的 S 农户。播种量减少了，每穴栽插 3 ～ 4 苗是界限。从每平方米 22 穴单株插的试验来看，分蘖力和穗的大小是可喜的，还长出 1 号分蘖，有的分蘖达 40 个。S 农户准备在下年以育手插秧进行挑战。

以上是不满足于机插水稻，按手插时代的理想稻所做的试验。这些人用小苗手插、单株稀植，可喜地看到水稻长相的变化。所以认清了不是小苗就穗小，根源在于密植。

E 农户的实例中，机插稀植的试验初期虽然失败，但稀植每平方米 15 穴是否可以，假如进一步减少穴数，穴距不变，行距扩大，进行超宽行种植是否可以，有待研究。

用机械插单株，是比较困难的。在秧盘中即或等距播种，也难很好完成。如此费工的事降低了使用机械的意义。

所以在自然风雨中育的大苗，从素质上比小苗要好，深感机械插秧有其局限性。但是，小苗稀植机插试验是可贵的，从这个经验中可以研究出更好的水稻栽培技术。

第八节　稀植水稻的特征

一、分蘖规律

过去的水稻栽培，对一棵苗可分出 50 ～ 100 个甚至更多的分蘖，是难以想象的，一般认识的分蘖方式和稀植的分蘖方式是不同的。

过去对分蘖的认识：水稻密植栽培时，分蘖和主茎叶同时伸长。已出生的分蘖，与主茎叶按相同速度长叶，当主茎出生剑叶时，各分蘖几乎也同时出剑叶，也就是各个分蘖以主茎为标准进行生长（图 7-3-6）。

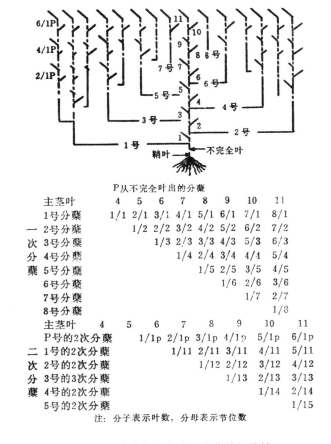

图 7-3-6　水稻叶的出生方式与分蘖的规律性

例如主茎第 8 叶伸出时，长出 5 号分蘖，其后主茎每长一叶，5 号分蘖也长一叶，最后主茎出生剑叶，5 号分蘖也同时出生剑叶，这就是叶蘖同伸理论的重要部分，其关系表示如图 7-3-6。

这是以 1 号分蘖开始有规则地出生分蘖的情况。如此，分蘖的生长是井然有序的，与主茎生长的步调一致。据松岛博士的研究认为，这种规律在正常生长情况下，只到最高分蘖期左右。也就是过最高分蘖期后，有些分蘖按叶叶同伸理论进行出叶，有些分蘖出叶速度紊乱，明显开始停滞。

根据以上理论，分蘖出生（图 7-3-6），在密植的情况下，约从 1 号分蘖开始，即或中间没有休止分蘖，也只长 14 个分蘖。但在实际生产中，中间必然有休止分蘖，可生 8 ~ 10 个分蘖，这样每穴插 2 苗，可保 18 ~ 20 个茎数。

这种分蘖规律的理论，与实际茎数调查的结果是一致的，过去是以图 7-3-6 为基础对分蘖进行考虑的。

（一）稀植水稻的分蘖方式

稀植的水稻其分蘖方式用图 7-3-6 来解释就不通了。表 7-3-1 是从某农户调查所得的数据。穴距 30 cm×30 cm，每穴插 1 苗，到 11 叶时茎数已达 35 个。

在 11 叶期从主茎长出 8 号（第一次分蘖）分蘖时，与图 7-3-6 几乎是同时的，但图 7-3-6 的全部分蘖为 15 个，而稀植为 35 个，相差很大。

表 7-3-1　稀植 1 穴 1 苗茎数增加情况

月 / 日	5/1	5/7	5/15	5/22	5/29	6/7	6/14
叶龄	6.1	6.7	7.0	8.0	9.0	10.0	11.0
茎数 / 个	6	8	14	19	22	30	35

1 片叶有 1 个节，1 个节出生一个分蘖，所有的节都可长出 1 个分蘖。在 11 叶期，主茎 1 个，一次分蘖 8 个，二次分蘖 15 个，三次分蘖 4 个，合计为 28 个。在理论上是不能超过上数的。可能是调查人数错 1 叶，实际可能是 12 叶，进而分蘖可大幅度增加，主茎 1 个，一次分蘖 9 个，二次分蘖 21 个，三次分蘖 10 个，合计 41 个，这才合理。

从这个事实来看，只要条件具备，可以获得相当多的分蘖茎数。此外，在 10 叶期后，可以迅速增加分蘖。因此，在考虑稀植水稻分蘖时，要充分理解这点，掌握水稻的特性。

（二）高次分蘖弱小吗

以 9 叶和 10 叶为界限，分蘖的增加速度有很大不同。另外，10 叶以后蕴藏很大出生分蘖的可能性，这是有重要意义的。

一般密植高产水稻栽培，到 9 叶期主茎长出 6 号分蘖，可确保计划茎数，而稀植时可考虑用到 10 叶和 11 叶的分蘖。例如从单株插的茎数组成来看，一次分蘖 7 ~ 8 个，二次分蘖 8 ~ 10 个，三次分蘖 2 ~ 3 个，合计 18 ~ 20 个。这与表 7-3-1 对照即可明白，至少分蘖可用到 11 叶期，对稀植栽培也是这样。

分蘖利用到 11 叶期，1 苗可出生 28 个茎，到 12 叶期即为 41 个茎，其中确保数只为 18 ~ 20 个，在这期间由于没有控氮等管理，按水稻自身的能力确定茎数。

使用分蘖少的穗重型品种，陆续给予营养，作为品种特性，只要营养条件好，即为穗大和穗的充实服务而不继续增加分蘖。相反，若在 10 ~ 12 叶期采取抑制分蘖的管理，对水稻来说其所受抑制是可以想象的。

和密植水稻比，最大的差异是用不用三次分蘖，其意义也很重要。从过去密植水稻的分蘖看，1 穴插 2 苗，得 20 个茎，一次分蘖比率较大；单株稀植的，二次、三次等高次分蘖的比率较高。以过去的观点看，弱小分蘖多了。但从另一方面看，水稻不断出生有活力的分蘖，由活力旺盛的茎组成的群体，在营养条件良好环境下，高次分蘖也不会弱小。

二、分蘖与根系活力的关系

观察分蘖发生与根活力的关系，分析稀植水稻所以能长期维持根系活力的原因。可通过根的发生节位来说明。

由于根的发生节位不同，伸长方式亦异。根从下位节向上位节依次发生，返青时发生的根向深层伸长。随生育进展，从上位发生的根接近水平方向伸长，分布在浅层。由此可知，分蘖依次发生，不断出生新的分蘖，并从下位节长出强有力的根系向下伸长。

稀植水稻分蘖不断发生，从新的分蘖茎长出的不是表根，而是向下层伸长的根。

为停止二次分蘖，不使三次分蘖发生，必须在某种程度上控制氮素，抑制氮素肥效，使稻体增加碳水化合物的蓄积。这就是密植水稻生育中期的长相。

根和地上部的关系密切，根系有吸收养分、水分并向地上部输送的功能。而且具有使水田发生的有害物质无害化、能在缺氧的水田中生活的功能。

一般新根吸收水分、养分多。但陆续发生新根，新根与老根形成混合根群，新根吸收养分相对较少，具有较长支根的老根，不但吸收面积大，作为能源的碳水化合物含量也多，所以吸收养分、水分量也大。茎叶生育所必需的养分，大半是由这些老根补给的。另一方面，从地上部获得养分而开始生长的新根，碳水化合物丰富而有活力，氧化力也强，使有害物质无害化。

也就是说，水稻根系具有向地上部茎叶补给养分和氧化根际周围有害物质的两大功能。这两项任务由新根和老根分担。这种新、老根系的共济关系，在营养状况良好时能很好配合，当迅速脱氧或断绝由茎、叶送来的碳水化合物时，就困难了。

如上所述，在经常发生新根的状态下，稻田里的环境条件可以得到改善。从生育中期到孕穗期，是气温最高的时期，土壤还原加剧，易出现根腐。所以出生有活力的氧化力强的新根，是水稻生育所期望的。

在水稻伸长期，稻田地温高，微生物活动加剧了还原程度，这时一般水田恰值开始封行时期，由下叶补给的碳水化合物短缺，根在水中苦斗。出现新根以其仅有的氧化力改善环境，其能源是不足的。

在这种情况下，通过水的管理补给氧气，帮助根系消除有害物质，是很重要的。而且要防止地上部过繁，使供给根系养分的下叶充分接受光照，生产碳水化合物向根系输送能源。

三、分蘖与茎的充实

稀植水稻的特征是茎粗而充实。为什么这样，以分蘖为主与密植水稻比较一下即可明了。

分蘖期间，茎的充实程度与氮肥肥效有关。过去的做法，从出穗前 40 d 左右（机插水稻更早）即进行控氮管理，继续到抽穗前 20 d 左右。在稀植的情况下（单株插），由于不进行控氮，氮素是较丰富的。图 7-1-9 中黑圆符号表示分蘖发生时期，其后出生 3 片叶的分蘖可成为独立茎，到长出 3 片叶的时期以黑线表示，再其后的生长以点线表示。这样看出每个茎的生育经过，即可明了培育茎粗的情况，茎与叶同样，在限制氮肥的情况下是不能粗壮的。

观察以往水稻分蘖生长的经过即可明了，一般二次分蘖不如一次分蘖，越是高位分蘖茎越贫弱，穗也小。另据观察，7 ~ 8 叶期出生的分蘖，比在秧田发生的分蘖还壮实。

在出穗前 40 d 左右控制氮素的栽培条件下，7 叶期发生的分蘖到出穗前 30 d 长出 3 片叶，达到独立的程度；而其后 8 ~ 9 叶期的分蘖，还未达到独立便进入控氮时期；再晚出生的分蘖，开始即处在控氮条件下生育。因此，越是高位分蘖，茎越贫弱。

另外，密植的水稻在 7 ~ 8 叶时期的分蘖较为健壮，也是容易理解的。理由是具有秧田分蘖的秧苗，虽有充分生长的时间，但在独立前的幼小时期进行移栽，恰遇不良环境条件，难以顺利生育。所以初期体质的建成，在返青后才真正开始，到营养丰富时完成。由此可知 7 ~ 8 叶时期出生的分蘖是比较壮实的。

稀植的水稻，发生分蘖的时间长，加上长出 3 片叶的时间，几乎全生育期均在培育分蘖幼茎。所以难以明显区分某一时期为营养生长或生殖生长，也没有必要考虑体质转换。也可以说，营养生长和生殖生长两者经常是并行的。不在全生育期供给氮素，就不能成为稀植水稻了。在这种营养状态下，从始至终均培养着粗壮的分蘖茎。

另外，单株栽插受光环境良好。密植水稻虽努力改善受光条件，明确密植界限。但如何使各株根际受光良好，并延长时间，才是培养茎粗的重要因素。需补充说明的是，稀植受光充足，施氮肥略多也不致徒长。由于不徒长，也易于施用氮肥。更重要的是可以利用堆肥。

四、出穗后的受光态势和叶面积

出穗后穗部积累的碳水化合物由两部分组成。一部分是出穗前在茎叶中蓄积的碳水化合物向穗部流入，另一部分是出穗后光合作用形成的。稀植水稻出穗前积累转移的比重较少，主要靠出穗后的合成输入。

保持结实期水稻的活力，首先要不使叶片氮浓度下降。但是，结实期过分繁茂而出现遮阴，使下层叶片早枯。出穗期的叶面积指数，日照好的年分为7，一般年分为6，日照少的年份5以下。为在不同天气条件下均能发挥较高的能力，以叶面积略小、受光态势好为宜。

一般叶面积在孕穗期达到最高。这时如叶面积过大，碳水化合物的积累呈负值。对此，必须留意。

（一）茎数的变化

稀植水稻茎数的增加非常缓慢，插秧当时约为密植的1/2，插秧后一个月到出穗前40 d左右时，密植稻肉眼确认的分蘖为计划茎数的7 ~ 8成，而稀植水稻这时能确认的分蘖只为计划茎数的一半左右。到插后40 d时，密植稻已达到计划茎数，而稀植稻只有7 ~ 8成。这时从茎数形成经过来看，密植、稀植都不过繁，光合态势良好。以后进入伸长期，节间伸长，叶数增加，到孕穗期叶面积达到最高。

（二）叶面积的变化

图7-1-6是表示叶数变化的。判断叶的繁茂程度，首先要看叶数多少，其次是一叶的大小。另外，光是否照到下叶，叶的开张角度，是披垂或直立，都影响受光态势。图7-1-6虽只是叶数的变化，不能做出结论，但可从中看出一些倾向。

看图7-1-6即可明了，叶和茎数增加方式不同。叶到生育中期以后还陆续迅速增长。这个数字虽然没有包括枯叶，但到长出剑叶仍有规则地继续增加。密植和稀植的叶，出生相差一个阶段（从A到B）。出穗当时的叶数二者均无差别，密植的叶数可能像点线那样。出穗当时残留的叶数虽然相同，多余的叶数已经枯死。因此，密植和稀植有差异，认为有以下三点：

第一，叶数密度差2 ~ 3个叶期，以日数计，最少10 d，有的晚到15 d。也就是密植的在出穗前40 ~ 30 d（图7-1-6 A的部分），从叶位看，在10叶到12叶期的繁茂状态，在稀植时达到同样程度约晚2个叶期（图7-1-6 B所示）。

第二，出穗前20 ~ 15 d间，密植的已达到确保计划茎数的时期，最后出生的分蘖也长出2 ~ 3片叶，群体已进入伸长期，而稀植的还未达到计划茎数，还在出分蘖，最后分蘖长出2 ~ 3叶还需10 ~ 15 d。因此看出，出穗前一个月内，至少在前半期稀植的长相是宽松利落的。

第三，在出穗前15 d到出穗的长相是不同的，这时密植稻全株伸长整齐，出穗齐一。而稀植稻由于分蘖晚，伸长进展不一，为光照可达根际提供可能。实际上晚出的分蘖，不是以同样时差拖晚伸长，进入伸长期后，晚生的分蘖以较快的速度追赶，差距缩小。但根际受光优势是不容忽视的。

从以上三点概括起来看，将出穗前一个月分为前期和后期，其情况如下。

从密植稻的繁茂状况来看，在前期叶的繁茂程度已经使光照达不到地面，下叶光合成量下降，叶面积达到最大状态。进入后期即开始过分繁茂，下叶活力开始下降，枯叶开始出现。

稀植水稻在前期还有余裕，光照可达各茎的根际。进入后期叶面积才达最大状态。

也就是孕穗期的受光有所不同，这种受光态势的差异，决定结实期成熟的良否，是值得注意的。

最后还要明确一点，密植与稀植的总叶数是不同的。如图7-1-6所示，出穗期（15叶期）密植的总出叶数比稀植的多2 ~ 3成，似乎对碳水化合物的生产有利，但叶数过繁反而呈负值，对结实期的生产不利。

五、出穗后叶的功能

关于结实期的长相，分析比较一下稀植和密植水稻叶的活力情况。

密植稻进入结实期，光合作用条件变劣。原因之一是，出穗遮光，使光合成下降，据津野氏的测定，剪穗不使遮阴，在强光下其光合作用比不剪穗的高10%左右，在弱光下高30% ~ 40%，由此可知，在结实期少许的遮阴对光合能力影响是很大的。穗数多的密植稻与稀植稻相比就可想而知了。

从一片叶的光合能力变化来看，从结实期过半开始，叶片各部光合能力出现差异。在出穗期叶片各部的光合能力一样，结实期过半以后，叶尖比叶基部光合能力下降约1/2。从上下层叶片来看，出穗期上层叶片氮浓度高，越是上层叶片光合能力越高，到成熟中期（出穗后25 d左右），上层叶氮浓度下降，比下层叶的光合能力还低。

如上所述，到结实的中后期，就1片叶来说，以基部的光合能力为高，从上下层叶片来看，下层叶片光合能力较高；就全体来说，一般是光合能力急速下降。所以在这个时期，使光照能透进内部是很重要的，这时即使很少的光，影响也很大。另外，防止叶尖和上层叶片老化也有重要意义，更重要的是不使叶片的氮浓度下降。不使叶的氮浓度下降，措施不在施肥而在保根。

六、维持出穗后根的活力

维持出穗后根的活力，才能保证成熟。

根的活力是否强，以下叶是否有活力来决定。根系为了伸长和抵抗高温、缺氧等不良环境，必须由地上部供给碳水化合物，担当这个功能的是地上部的下叶。下叶不能充分受光，就不能维持根的活力。特别在孕穗期，各地均值盛夏高温季节，茎叶呼吸量大，消耗能量多，土壤高温易生根腐。在过密条件下，底叶是否能受到光照是个关键，如无这个基本条件，只从灌溉上做文章是解决不了的。

另一点是与分蘖期间的关系。过去密植水稻的分蘖期间，是插秧后的30 d内（暖地还稍长）。而稀植水稻至少是40 d，有时长达45 d，可以说是延长水稻分蘖期的稻作。从这种差异可以看出对根系活动的影响。任何作物都一样，根的发育和地上部生长密切相关。地上部旺盛地生叶、长分蘖，支持地上部的根系也旺盛生长，这是自然的。

密植稻分蘖期间30 d，是对其后的分蘖采取了人为的抑制。从稻体来说，抑制分蘖也抑制了根的生长，控制氮素对根的发育是有影响的。

也就是说继续分蘖，水稻保持青春活力，根也旺盛生长。那么是否过分旺盛分蘖的水稻，根的活力也旺盛呢，在这种情况下，由于过分繁茂，到后来下叶枯死，根随之失去活力。

总之，稀植分蘖期间长，根系生长旺盛，到孕穗期根系损伤少，以旺盛的根活力进入结实期。

第八篇
水稻直播栽培

第一章　直播水稻发展概况

直播水稻栽培,多分布在地多人少的垦区,为充分利用垦区资源、合理调整种植业结构、增加粮食产量发挥了积极作用。据不完全统计,北方农垦直播水稻面积约占水稻总面积的37%,其中新疆垦区48万亩,宁夏垦区12万亩,北京垦区7万亩,黑龙江垦区55万亩,其余省、市、自治区农垦系统亦有零星分布。

现在,从直播栽培规模、劳动生产率到单产水平,以及机械化、飞机作业等方面,均处国内同类栽培的先进水平。新疆生产建设兵团水稻直播栽培始于20世纪50年代初期,通过农田灌排工程配套、土壤改良、水稻优良品种的引入更新、化学除草技术的普及、施肥技术的改进、生产机械化水平的提高,特别是农业航空播种、施肥、施药及叶龄模式、高产技术模式等新技术的推广应用,使新疆垦区直播水稻生产由1950年的9万余亩,亩产90 kg左右的水平,提高到1990年的48万亩,亩产456 kg,面积、单产均增长4倍多。同时亦出现大面积高产单位和地块:1989年有3个团场亩产超过500 kg。1990年全兵团亩产500 kg以上的有25.45万亩,占水稻总面积的53%,亩产500 kg以上的团场10个,亩产600 kg的连队40个,共8.5万亩,超过750 kg的地块59个,共9 336.5亩,农一师二团372-2号地130亩,亩产836.1 kg。反映出直播水稻的高产水平与增产潜力。宁夏垦区经过40来年的开垦种稻,在低洼盐碱地上改造了大面积农田。1990年水稻面积发展到12万亩,其中机械旱直播11.1万亩,机械水点播9 000亩。由于不断改进和完善旱直播高产栽培技术,形成了旱直播亩产500 kg的长相指标和栽培技术,以及机械水点播的栽培技术,单位面积产量不断增长。1989年,连湖农场7 500亩水稻,平均亩产达501.5 kg;灵武农场在推广亩产500 kg的栽培技术后,1987年有4 681亩亩产达529.7 kg,有922亩亩产605.3 kg,有384.2亩亩产653.1 kg。这些数据充分展示出宁夏垦区直播水稻的高产潜力与增产前景。黑龙江垦区是我国最北部稻作区,无霜期105~130 d,≥10 ℃活动积温2 100~2 600 ℃,水稻生产由1982年的18万亩,到1990年已达87.6万亩,其中直播栽培约占70%。直播栽培类型主要为水直播和机械旱直播。过去由于生产基本条件不完善,3~5年出现一次低温冷害,在50—60年代亩产水平停留在130 kg左右,70年代为143 kg左右。进入80年代以来,随着农田基本建设水平的提高、高产品种的更新、化学除草的普及,加之稻田少耕法的推广、寒地直播亩产500 kg栽培模式的示范,以及计划栽培防御冷害研究成果、全层施肥技术的推广应用,使寒地直播水稻亩产水平明显提高。1989年黑龙江垦区直播亩产达400 kg以上的面积有2.3万余亩;1990年八五七农场有1.02万亩直播水稻亩产达510 kg。1989—1990年间,全垦区直播亩产水平达到250 kg左右,表明高寒地区直播水稻产量亦有明显提高。吉林垦区直播水稻面积较小,1989—1990年只有 7 000 亩，占水稻总面积的 2.2% 左右。1985 年由意大利引入全套直播机械，在农田工程、翻耙平地、机械收获等方面作业效果很好。莲花泡农场在沼泽泥炭土稻田里播种、施药作业陷车严重的条件下，每个劳力尚可负担稻田 60～120 亩，亩产水平 430 kg 左右，效益较好。在垦区内开展了直播种子用过氧化钙加 A 剂包衣的示范，提高了成苗率，减少了用种量，控制了苗期病虫危害。

北方农垦直播水稻栽培技术的发展，是科技进步的结果，是科学技术转化为生产力的具体体现。回顾其发展历程，可以进一步明确：直播水稻高产必须不断提高农田建设水平，改良培肥土壤，选用和更新高产良种，以提高水稻的光能利用率为前提，适时栽培，以肥、水、植保等为手段，做好保苗、壮苗、灭草、防倒和防御冷害，运用叶龄模式做好田间诊断、预测、调控，按高产水稻的长势长相实行计划栽培，以实现稳产高产。同时要不断提高机械化和农航作业水平，使地面机械与农业航空相结合，提高直播水稻现代化生产水平。

第二章　水稻直播栽培的生育特点及对品种的要求

水稻直播栽培与移栽水稻相比有很多不同之处，在生长发育上有其相应的特点，明确其生育特点，对掌握直播栽培技术有重要意义。

第一节　苗期生育特点

直播栽培的水稻，除深覆土苗期旱长的旱直播外，其余各种直播方式稻种均在有水层条件下萌发出苗。影响发芽、出苗的主要环境因素是温度和氧气。稻种在淹水条件下，虽然可以依靠无氧呼吸进行发芽，但芽长根短难以正常立苗。如遭遇低温，发芽速度缓慢，容易感病烂种，或形成漂苗、弱苗，严重影响保苗率。直播水稻幼苗和移栽稻苗相比，出叶速度慢，根系生长差，含氮量及干重均低。所以直播水稻必须在气温稳定在 10 ℃以上适期播种。播种后浅水保温，促进及早萌发出苗，并在现青后第一完全叶将露的立针期撤水晒田（盐碱地晾田），供给氧气，扎根壮苗，促进鞘叶节冠根伸长入土，利于定苗保苗，随后灌浅水层，进入离乳和成苗。

深覆土苗期旱长的旱直播与水直播比，可适当提早播种，以利于依靠土壤水分出苗。要适时整地，镇压保墒，播深一致，以保证及时整齐出苗，苗匀苗壮。直播水稻苗期生长受自然环境的影响很大，保苗和壮苗是直播高产栽培的关键技术环节，所以必须在灌排渠系建设、土地培肥整平、提高种子和播种质量、适期播种和保温、供氧等保苗、壮苗上下功夫。

第二节　直播稻分蘖的利用

直播栽培的水稻，生育期比当地移栽水稻短，一般少 1～2 个叶片，所以分蘖节位比移栽稻少。直播稻除深覆土旱直播外，一般种子播在地表，始蘖节位低，从 2 或 3 节位开始分蘖，下节位分蘖多，高次分蘖相对增加。但由于直播稻比移栽稻密度大，分蘖终止节位比移栽稻低，总分蘖数易多，有效茎率低，最高分蘖期比移栽稻出现早。针对这些特点，直播稻必须壮苗促蘖，搞好肥、水等田间管理，使分蘖早生快发，并加强中后期管理，防止生育早衰，以提高分蘖的利用率和蘖穗经济性状。

第三节　株高、茎、叶的伸长

深覆土旱直播的水稻，由于苗期旱长，灌水前比移栽稻矮，灌水后株高伸长较快，以后与移栽稻相差不大。水直播和浅覆土、种子附泥地面旱播播后灌水的水稻，前期因水层的影响，株高伸长较快，随茎数增加株高增长转慢，到成熟期一般矮于移栽稻。直播稻基部第一节间多长于移栽稻，而顶部第一节间又常短于移栽稻，反映出直播稻中前期生长较旺盛，而后期常出现脱力现象。因无断根移栽的影响，直播稻营养生长前期总的出叶速度略快，而移栽稻育苗期出叶速度较快，移栽返青期出叶速度明显变慢。总的看来，直播稻除苗期旱长的以外，前期茎叶长势略强于移栽稻，而后期比移栽稻略差。因此直播稻栽培在进一步做好前期管理、保持良好的营养生长的基础上，要加强中后期的栽培管理，以提高直播稻的产量。

第四节　直播稻的根系

直播稻在生育前期根系生长比移栽稻略好，到出穗前后两者相差虽然不大，移栽稻常略好于直播稻。直播稻的根系在土壤中的分布，由上层渐次向全层分布，而浅层的比重较大；移栽稻则由中层向上下伸展，分布领域比直播稻略窄。直播稻低节位分蘖较多，前期根数比移栽稻略多，以后移栽稻分蘖多于密植的直播稻，根数相差无几。苗期旱长的直播稻，在旱长期间根系分枝多，根毛发达，灌水后氧气不足，部分根系衰亡，分枝根少的水生根迅速增加。深覆土旱直播的根系，比水直播稻的根系略深，且有较好的氧化能力，所以与水直播稻的根系比不易早衰，因而其后期生育也较好。掌握直播稻根系的特点，在肥水管理上可采取相应的改进措施。

第五节　出穗成熟与产量构成因素

直播稻的不同播种方式，深覆土苗期旱长的一般生育延迟，出穗成熟比水直播稻略晚。北方稻作区因气温较低，直播稻的播种期晚于移栽稻的播种期，因而成熟易晚于移栽稻。从产量构成因素上看，直播稻密度较大，低节位分蘖多，茎数常比移栽稻多，因而平均穗重比移栽稻低。直播水稻确保足够穗数是增产的重要条件，所以要使群体穗数达到有利增产的程度。千粒重与结实率和移栽稻无大差别，因此在一定穗数的基础上，提高穗重是获取高产的重要途径之一。

第六节　直播栽培对品种的要求

根据水稻直播栽培所处环境条件与生育特点，选择品种要注意以下各项：

熟期方面，要根据当地直播栽培水稻生育期间的活动积温，选择确保安全成熟的品种，一般以当地直播中熟品种为主，早、中、晚合理搭配，既要安全成熟，又要充分利用当地光热资源。如以主茎叶龄计算，可选用比当地移栽稻至少要少 1 个叶龄的品种。苗期旱长的旱直播，易使生育延迟，选用品种更宜早些，并注意选择鞘叶顶土能力强的品种。

在株形方面，要选择适于密植、分蘖力较强、在密植条件下每穗粒减少小、叶片直立、受光态势好、秆长中等、抗倒性强的中间型或穗重型品种。

根据直播栽培及北方的气候特点，要选用低温发芽性好、初期生长性强、长穗期耐冷性强及在淹水下立苗伸长好的品种。盐碱地还应选用耐盐碱的品种。同时也要注意选用对当地直播栽培易发病虫害抗耐能力较强的品种。总之，按上列要求，不断提高、更新适于当地条件的高产优质良种，是获取高产高效益的根本措施。

第三章 水稻直播栽培的类型及特征

水稻直播栽培，根据整地、播种及播种后水分管理等的不同，主要可分为水直播、旱直播和旱种等三种类型。本章只就水直播与旱直播加以叙述。

第一节 水直播

水直播是在田间有浅水层或土壤湿润条件下播种，播种以后保持浅水层促进增温出苗。所以根据播种当时田间水层的有无，又可分为浅水直播和湿润直播两种。前者适于人工播种和飞机航播，播后保持原有水层；后者适于机械水直播，避免因有水层机械拥水拥泥，冲毁种行或埋没种子，但播种后要及时灌以浅水层，以利出苗。水直播田的整地方法，一般先旱整地，充分发挥机械效率，然后再进行水整平，易于田面整平。水直播的种子，应浸种催芽，可争得积温，出苗齐壮。播种后有浅水覆盖，可保温、抑草、促进出苗。在浅水覆盖下，地表增温、散热缓慢，昼夜温差小，土壤养分释放较慢，铵态氮不易流失，铁被还原，磷及硅呈易于吸收状态。经水整地后，田间渗漏量减少，保水性相对增强。水直播的种子，在 15 ℃以下特别是 10 ℃以下的低温时间较长，易发生绵腐病，水温低时保留较难。充分认识水直播的特点，在栽培上要协调环境条件与水稻生育之间的关系，发挥水直播的长处，克服其缺点，以提高水直播的产量。

水稻飞机航播，属水直播类型。1969 年黑龙江垦区八五七农场首次试验。黑龙江省农垦总局农航站用引进澳大利亚生产的"农夫"飞机，在八五三农场、七星农场、洪河农场、云山农场等处多点示范。在新疆垦区，飞机航播始于 1978 年，解决了过去旱直播存在的一些弊端，由于有独特的优越性使航播面积逐年扩大，并进一步发展到水稻航空施肥、化学除草等作业，使水稻栽培进一步现代化。以新疆生产建设兵团农二师三十团场为例，1986年水稻面积 2.47 万亩，航播面积占 47.5%，平均亩产 410 kg；到 1990 年水稻面积发展到2.75 万亩，航播面积占 97%，平均亩产 554 kg。5 年期间航播面积增长 1 倍，单产提高35%。生产实践证明，水稻飞机航播的优点主要是：第一，可以调节水情，适时优质播种。南疆垦区各个灌区，每年 4、5 月份用水紧张，飞机航播可在其他作物灌溉前先行灌溉水稻地，当气温稳定在 12 ~ 14 ℃时，及时进行飞机播种，进度快，下种匀，出苗一致。一架"运五"飞机每天可播 2 000 亩，为机械旱播的 10 倍、人工旱播的 100 倍。第二，航播可提高田间出苗率，减少用种量。航播前灌浅水验平地面，地平水层均匀，可以一次保全苗，每亩用种 15 kg，比机械旱直播减少 5 ~ 7.5 kg，田间出苗率提高 10% 左右。由于航播下种均匀，利于单株发育，苗齐苗壮。第三，航播可提高土地利用率。稻田灌水后航播前，用人工削修田埂、渠堤及边角，使边成线、角成方，能获得最大的土地利用面积，与机械旱直播相比，航播土地利用率可提高 5% 以上。

水稻飞机航播，首先要做好播前准备：

土地准备：稻田整平，是水稻保苗的基础。一般上年耕翻或耙地越冬，利于土壤风化，当年春季表土化冻 15 ~ 20 cm 深时，浅耕翻耙，对角粗平，做埂后细平。格田 3 ~ 5 亩，搞好整平作业，用水平仪测量验平，确保格田内高低差不超过 5 cm。整平后机械施种肥，施深 10 cm 左右，磨平灌浅水待播。

种子准备：稻种经复式选种机和重力选种机精选后，种子净度达 98%，发芽率达 95% 以上，纯度 99% 以上。并用种子重量 0.2% 的硫酸铜和 3% 的呋喃丹拌种，加适量水附泥，防止漂浮。

飞机场准备：必备一个长 800 m、宽 40 m 的平整简易机场，机场两头外 100 m 内无障碍物，以确保安全。主跑道可用砂石铺筑，厚 30 ~ 40 cm，压实整平，跑道两边每隔 50 m 插固定红、白相间的讯号旗。

通讯工具准备：首先须备有短波电台两部，手持式无线对讲机 4 部（功率大小根据通讯距离确定），使机组、机场、地面讯号队组成一个通讯网络。其次是人员组织，机场配加种员 10 人、昼夜警卫 4 人，田间讯号队 6 ~ 8 人。备有一定的交通工具（汽车、摩托车各 1 辆），以便及时转移地块。最后是地面讯号修正技术：播种地块两头和中间，须有 3 名讯号员同时修正。其中一名总指挥，既指挥飞机航向、高度、报告风向风速，又指挥其他两名讯号员的修正距离。播种时讯号员须做到：迅速准确测出地面风向风速与所播地块夹角的大小，确定修正方案（飞行高度和修正距离），要求接幅良好，不重播和漏播。飞行中的驾驶员须听从地面指挥，两头开、关掌握无误，飞机空中转向呈灯泡形，力求缩短距离，减少空飞时间。选择无风晴天播种，一般三级风以下均可作业（风向不稳，风速每秒 7.5 m 以上不宜播种）。机场、机组和讯号队三方须密切配合，协调一致。水稻航播修正距离见表 8-3-1。

表 8-3-1　水稻航播修正距离表

风速	修正数 /m			
	测风角 20°	测风角 30°	测风角 45°	测风角 70°
1	1.5	2.0	3.0	3.7
2	3.0	4.0	5.6	7.5
3	4.0	6.0	8.4	11.0
4	6.0	9.0	11.0	15.0
5	8.0	10.0	14.0	19.0

注：1. 此表按 30° 正测风 (m/s) 4 m 最大风速计算。
　　2. 计算公式：4 m× 风向正弦（sin α）函数 × 风速。

从表 8-3-2 可以看出，航播比机械旱直播，每亩费用可降低 1.89 元。从经济效益和社会效益上看，飞机航播是在地多、人少地区发展水稻生产和实现水稻生产现代化的重要途径之一。

表 8-3-2　水稻航播每亩费用表（新疆生产建设兵团，1989—1990）

对照	作业费 / 元	种子费			人工费 / 元	亩合计 / 元
		播量 /kg	单价 /（元 /kg）	金额 / 元		
飞机航播	1.45	15.00	0.51	7.65	0.07	9.17
机力	0.40	20.00	0.51	10.20	0.45	11.05
旱直播差异	+1.05	−5.00	0.00	−2.55	−0.38	−1.89

此外，吉林省前郭灌区莲花泡农场，在全国农垦系统第一个引进意大利菲亚特公司机械，于 1985 年开始水稻机械化直播栽培示范。引进的水稻中型农业机械 42 台件，配套机具 96 台件，从机械性能分为四种，即工程机械、运输机械、耕作机械和收割机械。机型体积小、重量轻、附着力强、发动机转数高、通用性能好，其配套农具基本能满足水田直播作业的要求。目前还存在直播栽培产量低而不稳的问题，需采取综合技术措施，全面抓好管理，充分发挥机械化水直播栽培的综合效益。

第二节　旱直播

水稻旱直播、整地、播种均在旱地条件下进行。根据播种深度、覆土深浅及播种后灌水早晚，可分为三种方式：种子附泥地面旱直播，播后立即灌浅水层；种子浅覆土旱直播（覆土 1 cm 左右），播后灌浅水层，稻种发芽后排水供氧扎根立苗；种子深播覆土 2~3 cm，苗期旱长，3 叶后开始灌水管理。

旱直播是在旱地条件下整地和播种，所以能充分发挥机具效率，减轻劳动强度，苗期旱长的还可以缓和初灌期的用水紧张。同时，由于种子有不同厚度的覆土，节根处于不同深度土层内，抗倒伏性好于水直播。苗期旱长的旱直播，地表无水层保护，地温日差较大，出苗比水直播晚。处在旱田状态下，有机物分解快，铵态氮氧化为硝酸态氮，不易被土壤吸附而流失；磷、硅易与铁化合，水稻一时难以吸收；杂草种类比水直播田多，而且发生早；蝼蛄等害虫也比水直播多。在上述三种旱直播方式中，种子附泥地面旱直播和浅覆土旱直播，均在播后立即灌水，与水直播的差异不大；而深覆土旱直播苗期旱长，比水直播生育明显偏晚。三种旱直播的共同难点是旱整地不易平、碎，影响播种质量和保苗，而且未经泡田水整地，土壤渗漏量大，初灌需水多，初期田间杂草也比水直播田多。在北方农垦系统中，水稻旱直播主要采取种子附泥地面旱直播和深覆土苗期旱长的旱直播两种。

机械旱直播：是北方农垦系统水稻栽培主要直播方式之一，可充分利用现有旱田耕、播机械，作业效率高，因而省钱、省力、保农时，适于人少地多的农场大规模水稻生产采用。

机械旱直播，整平土地是基础条件，一般要进行秋翻、套耕，减少开闭垄，提高翻地效率和质量。黑龙江省八五七农场将牵引五铧犁改为悬挂犁，在犁架左前方安装防陷轮，对减少犁堡埂沟有一定作用。犁后带耙片合墒器，可碎土保墒。翻地和耙地要掌握适宜土壤水分，以免影响翻耙质量。耙地一般为对角耙，耙后带刮板耢子，边耙边耢，土块大的地再用梯形木耢子或钢轨耢子，做到地平土碎。旱直播在播种前应进行镇压，以压碎土块，力求地面平整，但要防止过湿镇压造成板结。黑龙江省八五七农场采用播种机连接器上串联镇压器，一次完成镇压播种。连接方法有两种：一种是在播前镇压，即将镇压器小滚片串在一轴上，直接安装在播种机拉杆下面；另一种是在连接器上用长短连接"延卡板"，两边 30 cm，中间为 50 cm，串联一台镇压器，防止拐弯时与播种机大轮碰撞。播种机利用 24 行或 48 行的，改主动齿轮为 28 齿，改下排种为上排种，种子附泥地面旱直播时改开沟器窄播幅为拖板式播幅。1 台播种机用 3 cm×30 cm×180 cm 木板两块，按要求的行距、播幅，用薄铁皮做成要求宽度的苗带，固定在拖板上，拖板离地面 1 cm，拖板与地面角度为 70°。这种改装的地面旱直播机具，有可以加大播量、任意调整行距和播幅的优点，故障少，简便易行。深覆土旱直播苗期旱长的，用 24 行或 48 行播种机，改上排种方式，播深 2～3 cm。为了控制播种深度，可去掉开沟器伸缩杆弹簧销，并进行播前镇压。播种后筑埂。该场研制出双铧犁悬挂筑埂机，采取单面取土留沟的方法，取土沟兼做灌排水用，既利于灌排，又便于割前平埂回土，为机械收割创造良好条件。取土沟位置在埂子上方，作业时将筑埂机拉到头，拖拉机倒退用链轨将翻上的土压成埂子雏形，再人工辅助修成。水稻机械旱直播，机械化程度较高，必须创造适于机械化作业的规模和生产条件，如选用适于机械播种和收割的水稻品种（如秆强不倒、低温发芽性好、无芒、脱粒性中等、霜后不折穗等），要有适于机械作业的条田，灌排方便的水利设施，发挥现有旱田机械设备作用，按水稻生产需要配套完善，以加速水稻生产机械化进程。

第三节　直播播种方式

水稻直播的播种方式主要有撒播、条播和点播三种。目前应用最广的是撒播和条播，但点播在宁夏垦区仍有一定面积。宁夏巴浪湖农场从 1977 年研制成功水稻点播机，经 3 年试验示范，到 1980 年在场内推广，1982 年场内外已推广 6 万余亩。1981 年全场点播水稻平均亩产 500 kg，其中二队 500 亩，亩产达 646.5 kg，发挥出机械水点播的增产优势与良好的经济效益。飞机撒播好于人工撒播，但田间管理有些不便，通风透光条件不如条播或点播。

条播是目前直播栽培中主要播种方式之一，按播幅和行距的大小播种。条播又分为窄幅（如播幅 5 cm、空带 20 cm）、宽幅（播幅 15～20 cm、空带 30 cm）、带状（播幅 80～120 cm、空带 25～30 cm）及宽窄行（7.5 cm 双条播，空带 22.5 cm）等。其中，宽幅及带状条幅可扩大绿色面积，相应地增加穗数，但在宽幅或带状内通风透光较差，易出槽形长势，适于中产水平地块采用。窄幅及宽窄行播种，植株空间配置较为合理，利于生育中后期产量形成过程通风透光，因而适于高产栽培。

第四章 直播水稻高产栽培技术

第一节 直播水稻栽培的特点与基本要求

水稻直播栽培与育苗移栽的主要差异在于苗期的栽培管理及分蘖的利用水平。由于活动积温比南方少，北方水稻生育有效期间短，品种为早熟粳稻类型，因而北方直播水稻栽培具有其自身特点。

北方水稻直播栽培，影响水稻生育的主要因素是低温。在7、8月份，水稻抽穗前15 d和抽穗后25 d的40 d时间是影响产量的重要时期。因此，直播栽培要根据当地气温变化特点，选用活动积温及生育期间恰当、熟期适宜的品种，并以安全抽穗期为中心，确定安全播种期和安全成熟期。明确水稻栽培界限时期，树立严格的农时观念，实行计划栽培，既充分利用当地的光热资源，又要保证安全成熟，才能实现稳产高产。土壤是水稻生长所需营养的供给基地，特别是土壤氮素的转化释放与水稻生育更为密切。据黑龙江省农垦科学院水稻研究所的分析观测，土壤氮素的释放与气温变化呈明显相关，即春季泡田播种后随气温的升高，速效氮量渐次增加，到7月中下旬全年高温时期形成高峰，以后随气温降低，氮素释放量又趋下降。这与水稻一生需氮相比，前期明显不足，中期相差不大，后期略感短缺。所以，在氮肥施用上形成"前重、中轻、后补"的原则，根据气温变化及生育表现，正确掌握施肥技术。北方直播水稻品种与南方比，感温性强，主茎叶数少，有效分蘖期短，为重叠生长类型，灌浆物质主要来自抽穗后的光合产物，为非蓄积型。因此在栽培上要以水调温增温，壮苗促蘖，适时进入生育转换，培育良好的群体结构与受光态势，保证后期光合产物的积累，是高产栽培的重要环节。从上述北方直播水稻栽培的环境与品种特点可以看出：在栽培技术上要努力促进生育，不使生育延迟，确保适时出穗、成熟，是高产栽培的根本；其次要保证生育健壮，及时防治病虫草害，合理供给养分，使营养生长与生殖生长协调，提高谷草比，促进结实；最后要增加生长量，在保证适宜群体的同时，促进个体发育，提高穗重。各项栽培技术应保证获得较高经济效益，并要以高产高效益为目标进行优化组合和选择。

目前北方农垦直播水稻的产量水平，一般可分为由低产变中产（由亩产200～300 kg左右向400 kg左右转变）、中产变高产（由亩产400 kg向500 kg转变）、高产再高产（由亩产500 kg向700 kg转变）等3个层次。产量水平不同，影响产量提高的因素也不同，其增产途径随之亦异。生产实践证明，低产变中产的技术途径，应以完善水稻生产基本条件和全面掌握生产基本技术、贯彻标准作业为前提，以保证足够的基本苗数、确保相应的穗数为中心，以灭草、防倒、防治病虫为保证来实现。各地直播水稻亩产 400 kg 以上的生产经验证明了这一点。由亩产 400 kg 到亩产 500 kg 左右，在栽培技术上除进一步完善生产基本条件与基本技术外，要针对选定的高产品种的生理生态特点，协调环境条件与生长发育的要求，及时进行田间诊断，调整生育进程与长势长相，使之按高产群体的模式进行计划栽培，对产量构成因素，要在一定穗数的基础上保证相应的粒数，通过穗粒并重或穗重为主的途径来实现。高产再高产，亩产达到 700 kg 以上，目前在直播栽培中已屡有出现，且面积逐年扩大，但其技术的重演性尚不稳定，多以培肥地力、选用高产多抗良种为前提，以提高单位面积实粒数（穗重）为中心，采取诊断、预测、调控相结合的方式，加强中期冠层叶片的调整，提高出穗后的光能利用率，增加谷草比，作为主攻方向。

第二节　水稻直播高产栽培技术要点

根据北方水稻直播栽培的特点，结合农垦多年生产经验，直播高产栽培技术要点如下：

一、不断完善提高稻田基本建设水平

稻田建设包括灌排配套的水利建设、条田方田建设、稻田土壤改良、培肥与土地整平等。要求达到田、渠、路、林综合配套，灌排畅通、地平土肥、作业方便、保证生产良性循环的标准。这是保全苗、促苗壮、综合运用栽培技术、确保丰产的基本条件。要按当地地形条件、土壤改良内容、机械作业要求，做好稻田建设规划，确定稻田灌排水渠的设置，选择灌排相邻或灌排相间的方式。条田宽度一般 50～120 m，按改土要求确定农排深度，务使灌排自如，畅通无阻。新疆垦区为改良盐碱地、降低地下水位，采取"深、密、通"的排水系统，有效地改善了土壤环境，提高了单位面积产量。格田大小要根据条田坡降大小，以便于平地和水层管理为原则，一般以 2～5 亩为宜。每隔 2～3 个条田，在排水渠侧设田间农道，并根据需要栽设林带。要采取积极措施，不断培肥地力，施用有机肥，种植绿肥或秸秆还田。稻田整平要求沿灌渠流水方向无倒坡，格田内高差不超过 3～5 cm。整平方法是旱直播田以旱整为主，水直播田旱整与水整相结合。新疆垦区采取水平仪测量与机械整平相结合，整平效果好。黑龙江垦区对取填土多的地块，采取"秋抽条、冬搬家、春找平"的方法，即秋季对高处挖条取土，冬季运填洼处，春季耙耢整平。先用大型拖拉机旱整平再用水田耙及拖板进行水整平，可移高填洼，效率高，质量好，成本低。手扶拖拉机水整地，在格田内作业方便灵活，地角埂边均能整到。因此，大小型拖拉机配合，人畜机结合，是目前稻田整平普遍采用的方法。稻田耕作，一般秋耕好于春耕，根据可耕土层厚度，逐渐加深耕层，一般耕深 20～25 cm，结合深耕施用有机肥。土壤水分过大，可在冻前抢翻，翻后结冻，开春解冻后土壤疏松，易于平碎。耕翻机具，窄幅多铧犁的耕翻质量好于五铧犁。黑龙江省八五七农场在五铧犁架前安防陷轮，犁后带合墒器，可减少堑沟，平碎保墒。辽宁省盐碱地利用研究所及黑龙江省农垦科学院水稻研究所先后研究的稻田少耕法及松旋耕法等,以少耕为主,以松耕代替翻耕,以旋耕代替耙地,以少耕、翻耕组成轮耕体系代替年年翻耕,可保持稻田原有肥力层次和平整程度,提高作业效率,缓和农时紧张,降低生产成本,已大面积推广应用。旱直播田播前应进行镇压,以提高土壤平、碎程度,提高播种质量和保苗率。

二、选用适于直播栽培的高产品种

优良品种是增产的内因。根据直播栽培的特点,按当地直播水稻有效生长期间的总热量,选定相应熟期的品种,以中熟品种为主,早、中、晚熟合理搭配,既充分利用光热资源,又合理安排农时。不同直播方式,品种熟期亦略有差异,如深覆土旱直播苗期旱长的,生育期易延迟,品种熟期宜早些,水直播的可浸种催芽,可争得活动积温 100 ℃左右,品种熟期可长些。并按不同直播方式,选用出苗顶土力强、耐旱、耐低温、抗倒伏、抗当地主要病虫害、分蘖力较强的中间型或穗数型品种。北方农垦系统直播水稻品种,在 40 余年的生产历程中,更新 3~5 代,每次优良品种的更替,均使生产水平明显提高。目前新疆垦区直播品种主要是矮丰 2 号、沙交 5 号及巴粳 1 号、秋光等;宁夏垦区主要是宁粳 3 号、宁粳 8 号;北京垦区主要是喜峰、丰锦、中作 180 等;黑龙江垦区主要有垦稻 5 号、合江19 号、合江 21 号、黑粳 5 号、查稻 1 号等;吉林垦区直播面积较小,主要品种为合江 19号及合江 23 号。

三、做好种子处理,适期播种,提高保苗率

直播栽培的保苗率与种子质量关系很大。生产用种应达到一级种子标准,一般需经过晒种、机械清选和泥水选种,确保发芽势在90%以上,发芽率95%以上。地面旱直播的种子,一般经泥水选种以及种子消毒(多菌灵拌种或 402 浸种),再用过筛的黏土拌种附泥,晾干待播。水直播的种子还要进行浸种催芽,达到露白程度,晾芽后再行播种。直播水稻一般日平均气温稳定通过 10 ℃时即可播种,深覆土旱直播还可早些。适期早播,可延长水稻营养生长时期,利于分蘖成穗和调节群体结构,可使水稻生育提前,保证安全抽穗和成熟。根据大面积丰产经验,新疆垦区直播播种适期为 4 月中、下旬,宁夏垦区直播适期为4 月下旬到 5 月初,黑龙江垦区深覆土旱直播适期为 4 月 25 日—5 月 10 日,地面旱直播为5 月 5—15 日,水直播为 5 月 10—25 日。

直播栽培保住基本苗是丰产群体发育的基础。大量中、低产稻田主要是由于保苗少、苗不匀不壮造成的。所以,除了做好播种后的灌水管理外,还必须做好苗期病虫草害的防治和补种、补栽,切实保证苗全苗壮。种植密度因品种、地力及生产水平而不同。据研究,亩产 500 kg 以下的稻田,产量与穗数呈显著的正相关,适当增穗是增产的主要途径;500 kg以上的稻田,产量与每穗粒数呈显著正相关,其增产途径是在足够穗数基础上,增加每穗粒数。而所有稻田的产量,都与每亩总粒数呈显著正相关,表明增加每亩总粒数是水稻增产的最直接的综合指标。因此,栽培密度要根据生产水平及产量指标,确定主攻方向,并要根据水稻生育的动态发展,调整栽培措施,以最终增加每亩总粒数为目标。由于生态条件、

栽培品种的不同，北方垦区直播水稻每亩基本苗数差异较大，新疆垦区亩产 500 kg 左右水平的每亩基本苗数为 25 万～30 万苗，宁夏垦区为 35 万～40 万苗，黑龙江垦区为 37 万～43 万苗。在保证种子质量的前提下，一般按田间出苗率 45%～55%，结合每亩计划苗数，确定播种量。播种时要检查和调整播种机具，保证播量准、下籽匀、不重不漏、边角播满播齐、随时检查、随时补种，力争全苗。

四、合理使用肥水

要促进水稻个体与群体按高产要求协调发展，即在保苗、壮苗的基础上，促分蘖早生快发，适时达到计划茎数；使秆壮、穗大、粒多，及时安全抽穗；提高出穗后的光合作用，增加结实率和粒重，确保安全成熟。合理使用肥、水，是主要的调控手段。

（一）施肥技术

水稻高产栽培的施肥原则是，在培肥地力的基础上，有机肥与无机肥配合，氮、磷、钾与微量元素配合，基肥与追肥配合，追肥与水稻生育阶段配合，按高产要求，合理运筹施用。北方农垦亩产 500 kg 稻谷的施肥水平，氮、磷比多为 2∶1，氮、磷、钾比多为 2∶1∶0.5，施用纯氮为 6～13 kg、磷 4～7 kg、钾 2～4 kg。基肥一般全层施或机械条深施，可提高肥料利用率。追肥在不同生育期，以主茎叶龄为指标适时施用。有机肥、全部磷肥、部分氮钾肥混合做基肥施用，其余氮、钾化肥做追肥施用。追肥以氮肥为主，穗肥为提高后期光合作用可氮、钾配合施用。追肥多采取"一追一找"的办法，即在普遍施用的基础上，对长势较差的再行补找，以调平长相。追肥以蘖肥、穗肥为重点，根据条件施用苗肥、接力肥和粒肥。一般常用的为"基蘖穗"或"基蘖穗粒"型施肥法；地力好、栽培水平高，亦可采用"基穗"型施肥法，将蘖肥做基肥施用，进一步提高肥料利用率。追肥时期，一般苗肥在 2 叶 1 心期；蘖肥在盛蘖叶位前（主茎总叶数 1/2 叶位前），最晚在有效分蘖临界叶位前（主茎总叶数减去伸长节间数为有效分蘖临界叶位）施完；穗肥以保花为主，在倒 2 叶长出一半和剑叶露尖期，根据拔节黄落色早晚、轻重施用；粒肥在粒穗期到齐穗期按长相施用。

（二）灌溉技术

直播田的水层管理，除应满足不同生育时期的生理需水外，还应因时因地制宜满足调温、调气、调肥和压碱等生态需水。在保苗期即播种后到分蘖前，灌水要以促进种子吸水萌发、扎根立苗为主要目标。播种后尽快保持水层，保水增温，促进种子吸水萌发，如遇低温，适当加深水层，待不完全叶伸出，进入立针期撤水晒田，促进与第一完全叶同伸的鞘叶节冠根伸长入土，扎根立苗。以后恢复浅水层进入分蘖。宁夏回族自治区灵武农场盐碱地旱直播水稻保苗期的水层管理经验是"大水浸种，浅水催芽，干干湿湿扎根"。即播种初灌水层深些，大水洗盐压碱，种子破胸露白，转入寸水灌溉，加速种子发芽；不完全叶露出，撤水晒田，干干湿湿，待次生根长出入土，再灌浅水。切忌在第二片真叶出生前深水闷灌。有效分蘖期保持浅水促蘖，分蘖末期加深水层控制无效分蘖，旺长田可撤水晾田、晒田，蹲苗稳长，抑制无效分蘖，紧泥促根，壮秆防倒；花粉母细胞减数分裂期如有低温宜加深水层，防御障碍型冷害；抽穗扬花期保持浅水层；齐穗以后进行间歇灌溉，干湿交替，通气养根，以根保叶；蜡熟期停灌，黄熟初排干，切忌过早停水落干。

五、及时消灭杂草，防治病虫等危害

直播水稻初期草苗齐长，杂草危害较重，必须采取以化学除草为主、耕作栽培措施为辅的综合防治措施，才能抑制和根除草害。对水生杂草严重或芦苇等宿根性杂草多的稻田，可采取水旱轮作、伏秋深耕或播前浅耕灭草等措施，并严格清选种子、清除埝埂渠道杂草，实行稻田中耕和人工除草、拔除稗穗等。化学除草要针对杂草种类选用适宜的除草剂，采取播种前或出苗前药剂封闭或苗期施药。要掌握施药适期，用量准确，施用均匀，并与灌水配合好，以充分发挥药效。直播水稻的病害主要有绵腐病、恶苗病、稻瘟病、胡麻斑病等，虫害主要有稻摇蚊、潜叶蝇、负泥虫等。直播水稻种子播于地表，比插秧稻和覆土旱播稻易于倒伏，特别是根际倒伏较多，因此在栽培上宜在拔节期前后注意撤水紧泥、促根壮秆，使泥土紧实，根系下扎，控制基部1、2节间及其同伸的上部叶片伸长过长，是防倒的有效措施。北方直播水稻易遭低温冷害，据黑龙江垦区统计，3～5年出现一次，以延迟型冷害较多，障碍型冷害次之，亦间有混合型冷害。防御对策主要是选用适于当地条件的中早熟耐冷性较强的品种，严格掌握播种、出穗、成熟等主要生育期的农时界限，以叶龄进程为指标，利用可变营养生长期，以水增温为手段，缩短生育期间，促进安全抽穗、安全成熟。并及时发现生育迟早，采取肥水促控措施，使在安全时间内完成各生育阶段，防御抽穗及成熟的延迟。同时以叶龄为指标，诊断低温敏感期的出现时间（如穗芽一苞分化为倒4叶后半期，花粉母细胞减数分裂期为剑叶抽出一半以后到剑叶再抽出5～10 cm），有预见地结合天气预报，采取加深水层防御障碍型冷害。按当地农时界限、水稻生育的叶龄进程，实行计划栽培，是防御冷害的有效途径。

第五章　水稻旱种

第一节　水稻旱种的起源与发展

水稻旱种同样是在旱田状态下直播，播种后不灌水，一般靠底墒发芽、出苗。土壤墒情不足时，灌底墒水后播种。出苗后经过一个旱长阶段，再开始像小麦、玉米等旱作物那样灌溉。旱种稻的整个生育期间均不淹灌。这项栽培技术，是中国农业科学院根据春季干旱稻田用水不足、夏季雨多灌溉方便稻区的生态特点，结合原始旱直播的栽培方法，在20世纪70年代中期研究成功的水稻旱种栽培技术，在北方有灌溉条件的旱粮地区和春季用水不足稻作区，逐年有所发展。以北京市垦区为例，1977年在南郊、东郊农场试种30亩，平均亩产267 kg。以后不断总结经验，改善提高，面积逐年扩大。1982年垦区6个农场面积发展到3.29万亩，其中南郊农场2.05万亩，平均亩产391 kg，该场杨庄子192亩，平均亩产高达646.6 kg，积累了大面积高产技术经验。特别是在永乐店低洼碱薄的柴厂屯分场试种465亩，获得平均亩产305.4 kg的好收成，初步摸索出内陆盐碱地水稻旱种的高产经验。在春旱种的启发下，南郊农场在1982年试种了3 027亩麦茬水稻，平均亩产207.5 kg，其中有307亩平均亩产307.5 kg。说明只要品种对，管理跟上，麦茬旱种水稻也有很大增产潜力。1983年，北京垦区10个农场水稻旱种6.55万亩，占水稻面积的32%，通过了技术改进成果鉴定。1986—1987年水稻旱种面积7.5万～8.0万亩，占全垦区水稻面积的49%，亩产水平稳定在400 kg左右。北京垦区水稻旱种面积占全市旱种面积的40%，平均亩产比当地农村高40～50 kg，起到了示范作用。据北京南郊农场1983年水稻旱种与插秧栽培的亩成本比较，旱种比插秧省12.83元，1988年旱种比插秧亩省46.06元。北京垦区在1977—1987年间累计旱种面积43.6万亩，从省工、省电、省水3方面粗算，累计节约1 515.3万元，并保证了水稻种植面积，增加了粮食产量，其经济效益和社会效益十分明显。

第二节　水稻旱种的特点及生育表现

水稻旱种的整地、播种基本不用水，出苗后的旱长阶段也不灌水，因此可以节约大量灌溉用水。据北京市农业科学院作物育种栽培研究所测定（1973年），旱种每亩用水量为 200 ~ 300 m³，仅为移栽稻的 1/4 ~ 1/3。由于旱整地、旱播种、苗期旱长，稻种靠底墒水出苗，对整地质量要求高，稻苗在好气状态下生长，先扎根后出苗，支根及根毛发达，耐旱及抗倒能力较强。土壤通透性好，生长中、后期土壤氧化还原电位较高，水稻根系活力保持时间长，有利灌浆结实，千粒重较高。因此，水稻旱种既便于机械化生产，又节省灌溉水量，特别适于春季缺水、夏秋雨水丰足的地区采用。但是，在栽培技术上也必须注意：水稻旱种的整地比较费工，重黏土地区整地难度更大；土壤未经水耙，渗漏量较大；播前无法拉荒洗盐，重盐碱地不宜旱种；水稻旱种是前旱后湿，多种杂草易滋生；旱长期间生育迟缓，旱长时间愈长，全生育日数延长愈多。要针对这些特点，采取相应的措施。水稻旱种的关键时期是"苗期旱长"，技术措施的重点是保苗、壮苗。灌水以后的促控技术与一般水稻近似。根据试验研究与生产实践，要重点解决以下方面的问题。

一、保全苗

是水稻旱种增产的第一关。要做到苗全、苗齐、苗壮，一般品种每亩保苗 20 万左右，才有可靠增产基础。

二、防草害

是水稻旱种增产又一重要环节。水稻旱种生育过程，经历旱长、湿长和水长等不同环境条件，因而旱生、湿生、水生等多种杂草齐长，如防除不及时，容易草荒减产。

三、防死苗

是水稻旱种幼苗旱长阶段的重要内容。常见的死苗原因有：水旱田插花干扰，土壤阴湿、返盐，或初灌过早（如在 2 叶 1 心期），均易死苗。

四、依靠主茎穗，争取分蘖穗

是实现丰产的穗粒结构。发挥直播苗数较多的优势，抓穗数增产。北京市垦区水稻春旱种亩产 400 ~ 500 kg 的穗粒结构指标见表 8-5-1。

表 8-5-1　水稻春旱种亩产 400 ~ 500 kg 穗粒结构指标（北京地区）

品种类型	基本苗 /（万 / 亩）	最高茎数（万 / 亩）	穗数 /（万 / 亩）	每穗实粒数 / 个	千粒重 /g
多穗型	20 ~ 25	40 ~ 45	22 ~ 28	80 ~ 85	24 ~ 25
大穗型	14 ~ 17	30 ~ 35	21 ~ 23	100 ~ 110	26 ~ 27

第三节　水稻旱种的主要技术措施

针对水稻旱种的生育与栽培特点，其主要增产技术是：

一、选地、整地与施用基肥

水稻旱种对整地质量要求较高，一般不适于沙土或黏壤土。旱种地块要灌排水配套，水源方便，盐碱较轻，不致因盐碱死苗。秋耕用重耙深耕或进行旋耕，为减轻春季用水不足，可冬灌酥碎坷垃。为增加土壤有机质含量可实行秸秆还田、种绿肥或亩施有机肥 3 m^3 以上，并掺入适量的氮、磷化肥做基肥施用。播种前平地筑埂，在格田内细平，高差不超过 5 cm。土壤底墒不足时，播前半月浇足底水，播种时土壤含水量达到 18% ~ 20%，播种前 1 周内浅旋耕、碎土灭坷垃，播前镇压提墒，并保证播种深度。

二、种子处理及播种

用于旱种的种子除需具备一般良种特性外，还应为出苗顶土力强、千粒重较大、耐旱能力强的中早熟品种，在旱长生育延迟下，确保安全抽穗成熟。种子处理除常规的晒种、选种、除芒等外，发芽率最低要在 90% 以上，用 50% 代森铵 500 倍液浸 24 h，或用 500 倍 50% 托布津加 500 倍 50% 福美双加 1 000 倍的 50% 杀螟松乳油混合液，浸 24 h，冲净后，浸种 6 d。晾干发白，按种子量 0.2% 的 3911 或 0.2% 的锌硫磷拌种。5 月上、中旬播种，保证安全抽穗期出穗，用靴式开沟器限深宽播，播深 3 cm，行距 20 ~ 25 cm，随播随覆土，播后镇压，提墒保苗。

三、除草

以化学除草剂封闭灭草为主，结合茎叶处理和人工拔草。播后 2 ~ 3 d 亩用除草醚乳剂 0.4 ~ 0.5 kg 加 50% 杀草丹乳油 0.3 ~ 0.4 kg，混合喷雾封闭。如封闭效果不理想，在稻苗 2 叶期亩用杀草丹（50%）0.3 ~ 0.4 kg 加敌稗 0.5 ~ 0.75 kg 喷雾，再次灭草。灌水前对残留杂草辅以人工拔除。

四、适期灌水与施肥

水源好并后继有水的地块，一般在 4 叶期适时初灌，如无水源保证可继续旱长，最迟在 6 ~ 7 叶期要进行初灌。旱长期间遇小雨后应及时松土防止土壤板结。如遇大雨积水要及时排出，防止长出水生根降低耐旱能力。初灌时期不宜过早，以免稻苗尚未离乳，难以适应环境骤变；也不宜灌水过晚，使营养生长不足和抽穗成熟延迟，结果穗小粒少减产。旱长稻的初灌系适应性灌水，使旱生的根系逐渐适应多水环境，以湿润灌溉为宜，以后可采取间歇灌溉方式。初灌前要除净田间杂草，结合灌水施一次追肥，促进旱长水稻迅速生长。当水稻进入幼穗分化期前后，根据苗情适时施用穗肥，弱苗在幼穗分化期前施用，旺苗在适当蹲苗后施用穗肥。根据苗情、土质及天气情况，调整施肥用量，一般先施计划用量的 2/3，过 5~7 d 后再以 1/3 调整长势长相，力求全田生育一致。抽穗后水分见湿见干，养根保叶，黄熟初期适时停灌。

此外，要随时防治各种病虫害，以保证健壮生育，丰产丰收。

第九篇

科技成果凝练篇

第一章　科技论文摘选

第一节　直播水稻计划栽培防御冷害的研究

冷害是黑龙江省水稻生产中主要灾害之一，1949 年以来每 3 ~ 5 年发生一次，不仅当年产量受到严重影响，而且稻种质量降低波及来年生产。经过七年的试验研究和验证，初步完成了计划栽培防御冷害的栽培体系，取得如下主要结果。

一、明确了本地直播水稻栽培的界限时期与适宜熟期品种

用本地 20 年气温观测资料，对 5—9 月逐日平均气温进行统计，绘出平均平滑曲线，以代表本地常年气温值。以此查定在本地春季日平均气温稳定通过 10 ℃的始日为 5 月 4 日，即本地直播水稻播种早限为 5 月 4 日，入秋后日平均气温稳定降到 13 ℃的终日为 9 月 18 日，即本地水稻最晚成熟界限期为 9 月 18 日（历年平均霜期为 9 月 22 日），自 5 月 4 日到 9 月 18 日共 138 d，积温为 2 490 ℃，为本地直播水稻最大可能生育期间和可用积算温度。以直播安全播种早限（日平均气温稳定 12 ℃的始日）5 月 11 日，到安全成熟晚限（日平均气温下降到 15 ℃的终日）9 月 11 日计算，本地直播水稻安全生育期间为 123 d，积温为 2 320 ℃。而在生产中不可能在 5 月 11 日播完，所以实际水稻生育日数只能小于 123 d，可用积温少于 2 320 ℃。这是本地直播水稻生育期间和可用温度的限量。

本地水稻结实期所需活动积温，经多年统计为 750 ~ 800 ℃，水稻抽穗期前后需要较高温度，本地一年中高温时期很短，日平均气温高于 22 ℃的时间只有 20 d 左右（7 月 14 日—8 月 4 日间）。从 9 月 18 日最晚成熟界限期往回推算积温 750 ~ 800 ℃的时期为 8 月 8 日和 8 月 5 日，前者为抽穗最晚限期，后者为安全抽穗晚限期。水稻花粉母细胞减数分裂期对低温非常敏感，低于 17 ℃即易受害，本地日最低气温稳定通过 17 ℃的始日为 7 月 14 日，减数分裂到抽穗一般经 13 ~ 14 d，因此本地水稻抽穗早限期为 7 月 28 日，过早抽穗易遇 17 ℃以下低温。这样，本地水稻抽穗适期为 7 月 28 日—8 月 5 日，最晚不宜超过 8 月 8 日。

根据本地直播水稻安全生育期及可用积温数量，决定了本地直播水稻品种的熟期类型，即晚熟品种生育期所需活动积温为 2 300 ℃左右（主茎叶 11 片），中熟品种需活动积温为 2 200 ℃左右（主茎叶 10 片叶），早熟品种需活动积温 2 100 ℃左右（主茎叶 9 片叶）。所需活动积温再多的晚熟品种，本地直播难以安全成熟，需用积温再少的早熟品种，在本

地一季栽培条件下，浪费热能资源，不易高产。

按品种所需积温及抽穗适期的要求，直播播种时期，晚熟品种宜在 5 月 21 日前、中熟品种在 5 月 27 日前、早熟品种在 6 月 2 日前必须播完，否则积温不足，抽穗推迟，不易安全高产。另据连续 4 年播期试验结果，本地 5 月中旬播种为高产期，上旬为平产期，下旬随播期推迟产量渐减。早熟品种虽可晚播，但早播的产量常比晚播高。

二、明确了本地稻田一年中氮素释放特点及主要品种耐肥能力与氮肥适宜用量

水稻生育既受气温影响，又受土壤肥力左右，连续 3 年肥料三要素试验证明，水稻生育对氮素营养的反应最为明显。我们对当地稻田土壤的年中氮素释放过程做了定期多点取样分析，结果是：播种前土壤速效氮略高（因冬春土壤风化），播种后随灌水及幼苗生育，氮素养分下降，进入 6 月中旬后随气温升高，土壤有机质逐渐分解释放氮素，速效氮含量逐渐增加，到小暑、大暑之间形成高峰，以后随气温降低又趋下降。有机质含量高、排水良好的土壤，这种变化更为明显。按此特点及水稻需肥规律，本地水稻的氮肥施用应是"前重、中轻、后补"，并根据土壤有机质含量、当年气温高低、排水良否、稻苗长势及生育进程迟早，确定氮肥用量。据对本地主要水稻品种，在现有土壤肥力条件下，不同氮肥用量试验中看出：现有品种的氮肥用量，亩用尿素一般在 20 斤左右，超过 26 斤以上多数感病、倒伏而减产。

三、研究了本地直播水稻的生长发育规律

几年来对本地主要水稻品种，连续 4 年进行生理生态观察，明确了各类型品种各生育阶段所需日数与积温指数：直播水稻从播种到幼穗分化，生育日数为 43 ~ 50 d，活动积温为 759 ~ 853 ℃，积温指数为 35 ~ 37；幼穗分化到出穗生育日数为 29 ~ 33 d，活动积温 637 ~ 746 ℃，积温指数为 30 ~ 32；出穗到成熟所需日数为 36 ~ 44 d，活动积温为 716 ~ 738 ℃，积温指数为 31 ~ 35。水稻三个发育阶段中，早熟品种所需日数、积温略少，随熟期延长，所需日数、积温增多，而积温指数相近。

水稻生长就地上部而言，是茎叶和穗的生长发育过程，同一品种主茎叶数正常年份间基本稳定，某些叶片代表一定生育阶段。经多年观察，合江 11 号主茎叶数 11 片（少数 10 片），营养生长期 7 叶，生殖生长期 4 叶；合江 14 号、奋斗 6 号等主茎叶数 10 片（少数 11 片和 9 片），营养生长期 6 叶，生殖生长期 4 叶；七棵穗、合良 73 ~ 44 等主茎叶数 9 片（少数 10 片和 8 片），营养生长期 5 叶，生殖生长期 4 叶。熟期不同，主茎叶数不同，品种间生殖生长期叶数近似，生育期长的品种营养生长期叶数略多。营养生长期各叶平均每 4 ~ 5 d 长出一叶，需活动积温 75 ~ 85 ℃，其中 1、2、5 各叶生长略快，3、4 叶生长略慢；生殖生长期各叶平均每 6~7 d 生出一叶，需活动积温 130 ~ 145 ℃，其中剑叶及其下二叶的生长时间略长。掌握各品种主茎叶的生长规律及其反映的发育阶段，便可有计划、有预

见地看苗管理。

水稻由营养生长转入生殖生长，生长中心进入幼穗分化。掌握幼穗分化进程，对防御低温敏感期的冷害十分必要。据我们对本地主要品种多年观察，中、晚熟品种，一般自7叶伸出到全部展开时进入幼穗第一苞原始体分化，早熟品种早些，晚熟品种迟些，9叶伸出到展开分别进入颖花分化，剑叶与下一叶的叶耳间距为 −13 ～ +5 cm 时为花粉母细胞减数分裂期。根据对幼穗发育各阶段镜检观察，统计幼穗发育各阶段所需时间及活动积温，各品种间差异不大，概括起来：第一苞分化到一次枝梗分化，经 2 ～ 3 d，活动积温 55 ℃左右；一次枝梗分化到二次枝梗分化为 3 ～ 5 d，需积温 80 ℃上下；二次枝梗到雌雄蕊形成为 5 ～ 7 d，需积温 150 ℃左右；雌雄蕊形成到减数分裂为 7 ～ 9 d，需积温 180 ℃左右；减数分裂到出穗为 9 ～ 12 d（早熟品种 9 d 左右，晚熟品种 11 ～ 12 d），需积温 260 ℃左右。从第一苞分化到抽穗，所需日数为 29 ～ 33 d。据此，可根据营养生长进程，预见幼穗发育各阶段的出现时期，对长穗期的田间管理很有用处。

四、研制出本地直播水稻生育期测报方法

我们用本地 20 年气温观测资料，计算出水稻生育期间逐日综合平均值，以代表本地常年日平均气温变化及活动积温值。并以不同类型品种主茎各叶及幼穗分化各阶段所需活动积温，求出各叶及发育阶段的积温指数。用以上数据按坐标法，绘成本地直播水稻生育期测报表。该表由四部分组成，纵坐标为主茎各叶及生育期的积温指数，横坐标上列为水稻生育期间活动积温数，横坐标下列为与活动积温相对应的日期，上下列之间按纵坐标标定的积温指数划出各时及发育期的位置线。使用时，从横坐标下列的日期中，确定播种日期（旱直播为初灌日），再以品种全生育期所需积温加上表中播种前所经积温，加得之和确定上列积温线中位置，从播种日起至所需积温点间划一直线，与各叶及生育期位置线相交，从交点向下做垂线，与横坐标下列日期相交，求出各自出现时期。如此预报的生育时期为本地正常年份可能出现的时期，以此与当年实际生育时期对照，即可明确当年生育的迟早，并可预知当年水稻低温敏感期出现时间，对调整水稻生育、预见地防御冷害有重要作用。

五、总结出本地直播水稻高产长相指标及生育进程模式

以本地主栽的中熟类型品种（垦稻 1 号、合良 77 ～ 382 号）为材料，通过高产栽培及播期、密度、施氮水平、生理生态观察等多项辅助试验，调查分析了亩产千斤的高产群体的长相指标及生育进程，经过几年验证，在标准栽培条件下，可做看苗诊断、计划栽培的依据。中熟类型品种在本地现有土壤肥力和正常播期条件下，施肥水平亩用尿素 25 斤，三料磷肥 25 斤，平方米保苗 550 株的群体，其生育进程与长势长相指标是：①株高的增长。以品种的正常株高为 100，营养生长阶段生长量为定型株高的 55% ～ 58%，生殖生长期株高增长是定型株高的 42% ～ 45%，各节气间的增长速度，播种到芒种较慢，芒种到夏至略快，夏至到小暑增长最快，小暑到大暑转慢，大暑到立秋又略变快。②叶的增长与长相。叶龄

增长快慢，反映生育进程迟早。主茎叶数 10 片的中熟品种，在本地标准栽培下，到芒种为 1～2 叶，夏至达 4～5 叶，小暑 7～8 叶，大暑剑叶抽出。在高产群体条件下，叶长自下而上依次增长，8 叶达最长，以后又依次缩短，剑叶长一般 20 cm 左右。叶宽由下向上依次增宽，到剑叶达最宽值（1.3～1.5 cm）。叶面积系数夏至为 0.68，小暑时为 3.5、大暑为 5.3、立秋时为 3.9。③根数增长。亩产千斤的群体，单株平均根数芒种时 6 条左右，夏至达 19 条左右，小暑达 46 条左右，大暑 51 条左右，立秋为 43 条左右。④地上部干重。亩产千斤的群体，以成熟时的干重为 100，芒种时为 0.21%，夏至时为 2.8%，小暑为 19%，大暑为 56%，立秋时达 86%，各节气间的增长量在小暑和大暑间为高峰期，其次为大暑到立秋间。掌握上述长相指标与进程模式，即可以随时进行田间诊断，明确差距，调整管理措施，沿着高产群体生育的轨道，达到稳产高产。

六、研究了调整水稻生育的措施

本地水稻冷害以延迟型为主，水稻营养生长期随温度条件变化较大，调整水稻生育期，主要须在营养生长阶段下功夫。调整的手段主要是肥、水、密、保四个方面，其中肥、水的效应较为明显。据观察，病、虫、草的为害，可延迟水稻生育 3～7 d，在同一肥力不同密度（平方米保苗 300～600 株）栽培下，稀密间生育期（抽穗期）可差 1～3 d，冷害年份适当增加密度可以提早生育，直播水稻密度取决于整地、播种质量和分蘖期管理情况，在基本苗数确定后，稀密的调整主要抓住增蘖期 10 d 左右的时间。据不同水层深度灌溉试验，苗期 5～6 cm 水层比 10 cm 水层，平均水温高 0.3～0.7 ℃，苗壮干重大；分蘖期 5～6 cm 水层比 10 cm 水层及湿润灌溉增蘖快；长穗期 15 cm 水层较 20 cm 水层好，基部节间短，对幼穗的防护作用近似，说明苗期到分蘖期宜浅水，幼穗分化及减数分裂期防御冷害以 15 cm 水层为好，20 cm 深水时间过长易造成后期倒伏。氮肥用量及施用时期对生育期影响明显，在现有土壤肥力条件下，不施肥较常规施氮区（亩施尿素 20～26 斤）抽穗期可提早 1～3 d；氮肥全量一次基深施或一次苗期追施，均较基肥分施和追肥分次施延迟生育。在前期追肥与中期追肥间比较，中期追肥促进抽穗的作用明显。肥水为主要手段的肥、水、密、保相配合的调整生育措施，防御低温冷害，实现稳产高产。

几年来在黑龙江省农垦科学院水稻研究所直播水稻高产试验田中，运用计划栽培、生育预报、掌握进程、合理促控、调整生育、防御冷害的综合措施，连续三年取得平均亩产千斤左右的产量，长相指标及进程模式基本得到验证，生育期测报与实际差异为 1～3 d，生育期调整可达 2～4 d。1981 年在春涝播期偏晚(5 月 24 日)结实期低温的延迟型冷害年份，高产试验田平均亩产仍达 708 斤的较好收成。在所内生产田中应用，通过 1976 及 1981 年两个冷害年，亦取得良好效果，在 1976 年的延迟型冷害年中，1 800 余亩直播水稻平均亩产超过了 500 斤，40 多亩高产田平均亩产达 703 斤；在 1981 年的冷害年中，1 290 余亩直播田平均亩产仍为 418 斤，比附近场队增产 40% 多。

第二节　寒地直播水稻计划栽培防御冷害

水稻冷害是黑龙江省水稻生产中的主要灾害之一。据统计，自 1949 年以来每 3～5 年出现一次，不仅使当年水稻产量受严重影响，而且因稻种质量下降，殃及以后生产。1972年以来，我们从摸清当地自然规律入手，经 7 年的连续试验研究，初步形成了以计划栽培为主体的防御冷害的水稻栽培体系，经反复生产验证，生产效果较好，到 1983 年底已累计推广面积 70 余万亩，增产幅度为 17%～40%，并获农牧渔业部 1982 年度技术改进二等奖。其主要技术包括如下几项。

一、明确本地直播水稻栽培的界限时期，选用熟期适宜的品种

我们用本地 20 年气温观测资料，对 5—9 月逐日平均气温进行统计，绘出平均气温平滑曲线，以之代表本地常年气温值。以此查定，本地春季日平均气温稳定通过 10 ℃的始日为 5 月 4 日，即直播水稻的最早播种限期为 5 月 4 日，入秋后日平均气温稳定降到 13 ℃的终日为 9 月 18 日，即最晚成熟限期为 9 月 18 日，历年平均霜期为 9 月 20 日。自 5 月4 日到 9 月 18 日共 138 d，积温为 2 490 ℃，这是直播水稻的最大可能生育期间和可用积温。但一般安全的播种早限（日平均气温稳定 12 ℃的始日）为 5 月 11 日，成熟晚限（日平均气温下降到 15 ℃的终日）为 9 月 11 日，间隔为 123 d，积温为 2 320 ℃。因此确定：需积温 2 300 ℃左右、主茎叶片数为 11 的品种，可作为本地的晚熟品种；需积温 2 200 ℃左右、主茎 10 片叶的，可作中熟品种；需积温 2 100 ℃左右、主茎 9 片叶的，可作早熟品种。

据多年统计，本地水稻结实期间所需的活动积温为 750～800 ℃，从成熟晚限 9 月 18日推回积温 750～800 ℃的日期，水稻抽穗的晚限应为 8 月 5 日—8 月 8 日。但由于水稻花粉母细胞减数分裂时期对低温非常敏感，遇低于 17 ℃的低温易受害，水稻抽穗也不宜过早。本地日最低气温稳定通过 17 ℃的始日为 7 月 14 日，减数分裂到抽穗一般需 13～14 d，因此抽穗早限以 7 月 28 日为好。按不同熟期品种所需积温和适期抽穗的要求，晚熟品种宜在 5 月 21 日前，中熟品种在 5 月 27 日前，早熟品种在 6 月 2 日前必须播完，否则积温不足，抽穗推迟，不易稳产高产。另据多年播期试验结果，本地 5 月中旬播种为高产期，上旬播种为平产期，下旬随播期推迟产量渐减。早熟品种虽可适当晚播，但早播的产量常比晚播的高。

二、明确本地稻田中氮肥释放特点与氮肥适宜用量

连续 3 年肥料三要素试验表明，水稻生育对氮素营养的反应最为明显。我们对当地稻田土壤的氮素年中释放过程，做了定期多点取样分析，结果是：播种前土壤速效氮略高（因冬春土壤风化）；播种后随灌水和幼苗生育而下降；进入 6 月中旬后，随气温升高，土壤有机质逐渐分解释放氮素，速效氮含量又逐渐增加，到小暑、大暑之间形成高峰，以后随气温降低又趋下降，大致呈"V"形曲线。有机质含量高、排水良好的土壤，这种变化更

为明显。按此特点及水稻一生需肥规律，本地水稻的氮肥施用应是前重、中轻、后补，并根据土壤有机质含量、当年气温高低、排水良否、稻苗长势与生育进程迟早，确定氮肥用量。据试验，本地现有水稻品种的氮肥用量，尿素一般在每亩 10 kg 左右，超过 13 kg 多数因感病、倒伏而减产。氮肥施用时期以叶龄为指标，较过去按生育期或日历的施肥方法，更能调整水稻生育状况。

三、掌握直播水稻生长发育规律为计划栽培提供依据

几年来，对本地主要水稻品种连续 4 年进行生理生态观察结果：从播种到幼穗分化，生育日数为 43 ~ 50 d，活动积温为 759 ~ 853 ℃，积温指数为 35 ~ 37；幼穗分化到出穗，生育日数为 29 ~ 33 d，活动积温为 637 ~ 746 ℃，积温指数为 30 ~ 32；出穗到成熟所需日数为 36 ~ 44 d，活动积温为 716 ~ 738 ℃，积温指数为 31 ~ 35。

同一品种主茎叶数在正常栽培条件下基本稳定，某些叶片代表一定生育阶段。经多年观察，合江 11 主茎叶数 11 片，营养生长期 7 叶，生殖生长期 4 叶；合江 14、奋斗 6 号、垦稻 1 号、垦稻 3 号等主茎叶数 10 片左右，营养生长期 6 叶，生殖生长期 4 叶；七棵穗、合良 73、合良 44 等主茎叶数 9 片左右，营养生长期 5 叶，生殖生长期 4 叶。熟期不同的品种间，生殖生长期叶数近似，营养生长期生育期长的品种叶数略多。营养生长期平均每 4 ~ 5 d 长出一叶，需活动积温 75 ~ 85 ℃，其中 1、2、5 各叶生长略快；生殖生长期平均每 6 ~ 7 d 长出一叶，需活动积温 130 ~ 145 ℃，其中剑叶及其下两叶的生长时间略长。掌握各品种主茎叶的生长规律及其反映的发育阶段，便可有计划、有预见地看苗管理。

水稻由营养生长转入生殖生长，生长中心即进入幼穗分化。掌握幼穗分化进程，对防御水稻低温敏感期的冷害十分必要。根据我们对本地主要水稻品种的多年观察，中晚熟品种一般自 7 叶伸出到全部展开时进入第一苞原始体分化，熟期早的早些，熟期晚的迟些，9 叶伸出到展开进入颖花分化，剑叶与下一叶的叶枕距为 −13 ~ +5 cm 时，为花粉母细胞减数分裂期。据对幼穗发育各阶段的镜检观察：第一苞分化到一次枝梗分化，经 2 ~ 3 d，需活动积温 55 ℃左右；一次枝梗分化到二次枝梗分化 3 ~ 5 d，需活动积温 80 ℃上下；二次枝梗到雌雄蕊形成 5 ~ 7 d，需活动积温 150 ℃左右；雌雄蕊形成到减数分裂 7 ~ 9 d，需活动积温 180 ℃左右；减数分裂到出穗 9 ~ 12 d（早熟品种 9 d 左右，晚熟品种 11 ~ 12 d），需活动积温 260 ℃左右。

从第一苞分化到抽穗，所需日数为 29 ~ 33 d 之间。据此，可预见幼穗发育各阶段的出现时期，对低温敏感期可做好防御冷害的准备，对长穗期的田间管理很有用处。

四、搞好生育期预测预报

我们用本地 20 年气温观察资料，计算出水稻生育期间逐日气温综合平均值，反映常年日平均气温变化及活动积温值。并以不同类型品种主茎各叶及幼穗分化各阶段所需活动积温，求出各叶及幼穗发育各阶段的积温指数。用以上数据按坐标法绘成本地直播水稻生育期测报表。该表由四部分组成，纵坐标为主茎各叶及各生育期、幼穗发育主要阶段的积

温指数，横坐标上列为本地水稻生育期间活动积温数，横坐标下列为与活动积温相对应的日期，上下列之间按纵坐标标定的积温指数划出各叶及发育期的位置线。使用时，从横坐标的下列日期中确定播种日期（地面早直播为初灌日），再以所用品种全生育期所需活动积温加上表中播种前所经积温之和，确定横坐标上列积温线上的位置，随后从播种日起至确定的积温点之间划一直线与各叶及生育期积温指数位置线相交，从各交点向下做垂线，与横坐标下列日期相交，求出各自出现时期。如此预报的生育期为本地正常年份可能出现的时期，以此与当年实际生育期对照，即可明确当年水稻生育的迟早，并可预知当年水稻低温敏感期出现时间，为调整水稻生育、有预见地防御冷害提供重要依据。

五、按高产长相指标及生育进程模式进行计划栽培

我们以本地主栽的中熟类型品种（垦稻 1 号、垦稻 3 号）为供试材料，通过高产栽培及播种、密度、施氮水平、生理生态观察等多项辅助试验，调查分析了亩产千斤的高产群体的长相指标及生育进程，经过几年验证，在标准栽培条件下，可作为看苗诊断、计划栽培的依据。中熟类型品种在本地现有的土壤肥力和正常播期条件下，施肥水平亩用尿素12.5 kg、三料磷 12.5 kg，每平方米保留 550 株的群体，其生育进程与长势长相指标是：①株高的增长：营养生长阶段的生长量为定型株高的 55% ~ 58%，生殖生长期为 42% ~ 45%。播种到芒种增长较慢，芒种到夏至增长略快，夏至到小暑增长最快，小暑到大暑增长转慢，大暑到立秋株高增长又略变快。这种快、慢的变化，反映出一定生育时期营养体正常生长的规律。②叶的增长与长相：叶龄增长的快慢，反映生育进程的迟早。主茎叶数10 叶的中熟品种，在本地标准栽培下，到芒种为 1 ~ 2 叶，夏至达 4 ~ 5 叶，小暑 7 ~ 8 叶，大暑剑叶抽出。在高产群体条件下，叶长自下而上依次增长，8 叶达最长，以后又依次缩短，剑叶长一般 20 cm 左右。叶宽由下而上依次增宽，到剑叶达最宽值 1.3 ~ 1.5 cm。叶面积系数夏至为 0.68，小暑时为 3.5，大暑时为 5.3，立秋时为 3.9。③根数的增长：亩产千斤的群体，平均单株根数芒种时 6 条左右，夏至达 19 条左右，小暑达 46 条左右，大暑51 条左右，立秋 43 条左右。④地上部干重：亩产千斤的群体，以成熟时的干重为 100，芒种时为 0.21%，夏至时为 2.8%，小暑时为 19%，大暑时为 56%，立秋时达 86%，各节气间的增长量在小暑和大暑间为高峰期，其次为大暑到立秋之间，掌握上述长相指标与进程模式，即可以随时进行田间诊断，明确差距，调整管理措施。

六、调整水稻生育期

本地水稻冷害以延迟型为主，生育延迟是助长冷害的重要因素。寒地水稻营养生长期随温度条件变化较大，调整水稻生育期，主要须在营养生长阶段下功夫。调整的技术手段主要是肥、水、密、保四个方面，其中肥、水的效应较为明显。据我所几年试验观察，病、虫、草的为害，可延迟水稻生育 3 ~ 7 d，及时防治，可防止生育延迟。同一肥力不同密度，生育期（抽穗期）可差 1 ~ 3 d。冷害年份可适当增加种植密度，以促进早熟。直播水稻的田间密度，多取决于整地、播种质量和分蘖期管理情况，在基本苗数确定后，稀密

的调整主要须抓住增蘖期 10 d 左右的时间。据不同水层灌溉试验，苗期 5 ~ 6 cm 水层比 10 cm 水层，平均水温高 0.3 ~ 0.7 ℃，苗壮干重大；分蘖期 5 ~ 6 cm 水层比 10 cm 水层及湿润灌溉增蘖快；长穗期 15 cm 水层比 20 cm 水层的基部节间短，对幼穗的防护作用近似。说明苗期到分蘖期宜浅水，幼穗分化及减数分裂期防御冷害以 15 cm 水层为好，20 cm 深水时间过长易造成后期倒伏。据试验，氮肥用量及施用时期，对生育期影响明显，无肥区较常规施氮区（亩施尿素 10 ~ 13 kg）抽穗期早 1 ~ 3 d；氮肥全量一次基深施或一次苗期追施，均较基追分施和追肥分次施延迟生育。在前期追施与中期追施间比较，中期追肥促进抽穗的作用明显。因此为调整水稻生育，应根据营养生长期主茎各叶生育进程的迟早、长势长相指标及当时气温状况，调整氮肥施用时期和用量。在氮肥用量较高和高产栽培条件下，氮肥全量不宜一次施用。

第三节　寒地直播水稻以主茎叶龄为指标的氮肥施用技术

1980 年以来，我们利用直播水稻主茎叶龄为施肥指标，研究其最佳施用氮肥时期，并组合成全生育期的氮肥施用技术体系，为直播水稻施用氮肥提供科学的方法，达到经济施肥、稳产高产、提高效益的目的。现将试验结果整理如下。

一、试验材料与方法

试验按筛选、组合两步进行。1980—1981 年进行筛选试验，供试品种垦稻 3 号，主茎 10 片叶，以每一叶片为施肥处理期，同时设基肥、齐穗肥和无肥共十三个处理。1 ~ 7 叶各处理，肥料于各处理叶龄期一次施用；8 ~ 10 叶及齐穗肥各处理，先将一半肥料于 4 叶期施用，其余一半肥料于各处理期施。经两年试验，筛选出三个施肥效果较好的时期，即肥料基施，4 叶期追施，剑叶下一叶期追施。

1982—1984 年，将上述三个时期进行组合试验，进一步探索按叶龄施肥的技术体系。共组合六种施肥方式，以无肥为对照（见表 9–1–1）。

表 9–1–1　试验处理（1982—1984 年）

项目	氮肥施用比例 /%		
	基肥	四叶期追肥	剑叶下一叶期追肥
全基	100	0	0
全四叶	0	100	0
基$_{50}$+ 四$_{50}$	50	50	0
基$_{50}$+ 剑下叶$_{50}$	50	0	50

续表

项目	氮肥施用比例/%		
	基肥	四叶期追肥	剑叶下一叶期追肥
四$_{50}$+ 剑下叶$_{50}$	0	50	50
基$_{50}$+ 四$_{20}$+ 剑下叶$_{30}$	50	20	30
无肥	0	0	0

试验以盆栽、小区、大面积生产示范相结合，以扩大试验范围和验证试验结果。供试土壤 pH5.9，全氮 0.152 8%、全磷 0.104 7%、有机质 3.018%、速效磷 40.9 ppm（1 ppm 为一百万分之一）、速效钾 38.2 ppm、水解氮 2.8 mg/100 g 土。氮肥用量按垦区目前稻田施肥水平，亩用尿素 10 kg，基肥于土地基本整平后将肥料撒施地表，耙入耕层 5 ～ 8 cm 土壤中，按叶龄施肥各处理，当施肥叶龄伸出一半时灌浅水层撒施地表，例如，4 叶期追肥，要在叶龄为 3.5 时施肥。

田间小区三次重复，盆栽四次重复，均为随机排列。田间小区面积 20 m^2，各小区间筑埂相隔，单独排灌，人工地面旱播，行距 20 cm+5 cm，平方米保苗 550 株。盆栽取稻田试验地土壤，等量装盆，每盆播 5 穴，每穴 5 株苗。

二、研究结果

为明确直播水稻一生中哪一叶龄期施用氮肥增产效果最好，经 1980—1981 两年按主茎叶龄施肥筛选试验，明确看出，在本地水稻直播栽培条件下，在不同生育阶段中，有三个比较佳的氮肥施用时期，即基施、4 叶期施和剑叶下一叶期施，均表现出明显的增产效果。

氮肥基施，肥料为耕层土壤吸附，减少肥料损失，供肥时间长，提高了肥料利用率。据计算分析，基施氮肥利用率 60.5%，比其他各叶期施肥利用率高 10% ～ 20%。氮肥基施对水稻供肥早，出苗扎根即可借力，使营养生长明显好于和早于其他处理，为生殖生长打下了良好的物质基础。据分蘖期测定，氮肥基施区比其他各叶施肥区叶龄增长速度快 0.4 龄以上，株高高 5 cm 左右，根数多 3 ～ 4 条，10 株地上部干重多 0.6 ～ 0.8 g，因而在产量构成因素上平方米收获穗数比各叶期施肥的多 16 ～ 40 个，每穗结实粒数多 4.9 ～ 7.2 粒，产量较高，占十三个试验处理的首位。

在营养生长各叶龄的施氮处理中，以 4 叶期施氮处理（即 3.5 叶期）增产效果较好。直播水稻幼苗期(1 ～ 3 叶) 根数少，叶片短，植株矮，大部分株体淹在水中，氮肥施于地表，吸收利用率低，田间损失大。因此，1 ～ 3 叶施肥处理区增产均不明显。4 叶期施用氮肥，对增加早期分蘖成穗具有重要作用。两年试验看出，4 叶期施肥对产量构成因素的作用，主要表现早期地上部干重增长快，分蘖早生快发，分蘖成穗率高，每平方米收获穗数仅次于基肥区，较其他叶龄施肥处理多 8 ～ 24 个，因而表现增产，在十三个处理中占第三位。

在生殖生长各叶施氮处理中，以剑叶下一叶施肥处理增产较高，在十三个处理中占第二位。剑叶下一叶期施用氮肥，主要是保证分蘖成穗，防止颖花退化，增大谷壳容积，提高后期叶片光合能力，增加粒重，从而提高产量。考种分析看出：剑叶下一叶施肥处理区，穗数较其他叶龄施肥区略高，而突出的是每穗结实粒数多 2 ~ 11 粒，千粒重高 0.5 ~ 1.0 g。

在筛选出最佳用氮叶龄期的基础上，1982—1984 三年进行了组合试验。通过三年试验，年份间气温条件略有差异，但所得结果趋势一致，各组合产量因素分析见表 9-1-2。

从表 9-1-2 看出，在供试组合中以基$_{50}$+四$_{20}$+剑下叶$_{30}$增产效果最好；全量氮肥基施，因系小区试验，地力较均，产量较高，但在大面积生产中土壤肥力不匀，一次全量基施难以调平地力和长势，不易促控管理，难以稳产高产。氮肥基施对增加穗粒数作用明显，具有基肥的组合，穗粒数有所增加，而组合中有剑叶下一叶施肥的，千粒重明显提高。

因此，根据寒地直播水稻生育时期短、营养生长期需氮量较高、营养生长和生殖生长重叠的特点，为使产量构成因素协调增长、适时生育转换、保证安全成熟，全生育期氮肥施用体系以基肥与追肥相结合，追肥以主茎叶龄为指标，蘖肥在 4 叶期施，穗肥在剑叶下一叶期施，氮肥分配比例以基$_{50}$+四$_{20}$+剑下叶$_{30}$的组合为好，符合本地直播水稻生长发育的需要，因而形成较高产量。

三年试验证明：部分（全量的 50%）氮肥全层基施，肥料被土壤吸附，减少损失，肥效稳长，早期供肥，为壮苗、增蘖、保证足够穗数、增加每穗粒数打下良好基础（见表 9-1-3）。

表 9-1-2 不同叶龄期施用氮肥组合试验产量因素分析（1982—1984 年，莲江口）

项目	穗数 /m²	粒数 / 穗	千粒重 /g	亩产量 /kg	与无肥区比增产 /%	与四叶期追肥比增产 /%	与四$_{50}$+剑下叶$_{50}$比增产 /%
全基	563.2	52.1	29.9	404.2	75.9	7.5	6.3
全四叶	538.4	44.1	30.7	376.1	63.6	—	−1.1
基$_{50}$+四$_{50}$	545.6	50.6	30.2	392.1	70.6	4.3	3.1
基$_{50}$+剑下叶$_{50}$	562.4	47.0	31.3	400.4	74.2	6.5	5.3
四$_{50}$+剑下叶$_{50}$	576.0	45.8	32.4	380.3	65.5	1.1	—
基$_{50}$+四$_{20}$+剑下叶$_{30}$	544.0	51.9	31.9	407.5	77.3	8.4	7.2
无肥	453.6	33.3	32.3	229.8	—	—	—

表9-1-3 不同时期施肥对直播水稻长势、生育进程的影响 (1983—1984 年)

项目	分蘖期				穗分化期			孕穗期		
	叶龄	株高 /cm	根数	10 株地上部干重 /g	叶龄	株高 /cm	10 株地上部干重 /g	叶龄	株高 /cm	10 株地上部干重 /g
全基施	5.4	26.5	24	1.500	7.3	38.0	4.562	9.4	55.6	12.63
全四叶期施	4.7	20.7	18	0.675	6.8	33.0	3.276	9.3	51.6	8.92
基 $_{50}$+ 四 $_{50}$	5.3	26.5	23	1.305	7.2	36.0	4.242	9.5	53.4	11.08
基 $_{50}$+ 剑下叶 $_{50}$	5.1	24.9	23	1.175	7.2	35.4	3.929	9.4	54.3	9.96
四 $_{50}$+ 剑下叶 $_{50}$	5.2	25.8	22	1.300	7.1	34.8	4.010	9.2	54.8	10.79
基 $_{50}$+ 四 $_{20}$+ 剑下叶 $_{30}$	4.6	20.3	19	0.630	6.7	30.7	2.750	9.1	51.8	8.12
无肥	4.4	18.7	17	0.555	6.1	26.3	1.500	8.4	43.2	5.74

从表9-1-3 看出，直播水稻氮肥全层基施对水稻生长发育有明显的促进作用，施用基肥较不施用基肥的叶龄进程快、植株高、根多、地上部干重积累多，这种差异到孕穗期仍较明显，对壮苗促蘖增粒有积极作用。

在部分氮肥全层基施的基础上，在4叶期早施蘖肥，调平群体长势长相，保证足够穗数，建成稳产高产的营养基础。寒地直播水稻主茎叶数少，营养生长与生殖生长为重叠型，可利用分蘖叶位仅 3 ~ 5 个。4叶的同伸分蘖靠当时功能叶的2叶供给养分，而2叶常淹在水中，光合能力差。所以，大田中 4 叶同伸分蘖很难利用。为利用好 5 ~ 7 叶同伸分蘖，在 4 叶期（3.5 叶龄）施肥，提高 3 ~ 5 叶期的光合能力，为分蘖的早生快发提供必要的营养。并看苗补肥，采取绿中有黄、黄中补，高中有矮、矮中施的措施，借以调平群体长势长相。氮肥对叶片的伸长作用明显。

施好穗肥，保花增粒，提高粒重。在基肥和 4 叶期蘖肥的基础上，在剑叶下一叶期施用穗肥，可明显提高产量。剑叶下一叶期穗部发育处于颖花分化后期，此时追施氮肥可防止颖花退化，增大谷壳容积，促进花粉良好发育，增加冠层叶片氮素含量，延长叶片功能时期，增强光合作用能力，保花增粒，提高粒重 1 ~ 2 g（见表9-1-2），并可提早抽穗 1 ~ 2 d，促进早熟，提高产量。据测定，剑叶下一叶期施用氮肥的组合，水稻生育后期含氮量高，反映出肥料利用率高。

自 1982 年结合组合试验，开始边试验边扩大示范，在垦区几个主要水田农场先后设置了开发示范点，通过对基、蘖、糖以主茎叶龄为指标的氮肥施用技术的示范，普遍获得增产，开发应用面积逐年扩大，据不完全统计，仅垦区六个示范点（友谊农场、二九〇农场、莲江口农场，八五〇农场、八五三农场、合江良种场）1982—1985 年的四年累计应用面积就达 144 500 亩，据各农场总结应用本法与一般施肥方法增产5% ~ 10%。所内三年（1982—1984 年）试验统计，比 4 叶期一次追肥增产 8.4%，经变量分析增产极显著。肥料利用率比 4 叶期一次施用提高 20.9%，每斤尿素多增产粮食 1.6 kg。使用单位反映，这种施肥方法简便可靠，早熟增产，便于掌握，便于计划栽培。

第四节　寒地水稻种子的收获、干燥与贮藏

水稻种子是水稻生产中最基本的生产资料，提高水稻种子质量，是保证水稻稳产高产的基础措施之一。寒地水稻生产，生育期短，霜冻来得早，冬季气温很低，给水稻种子的收获、干燥和贮藏保管增加不少困难，技术措施或管理稍有不当，即遭受冻害而坏种。

自 20 世纪 50 年代以来，黑龙江省水稻严重坏种的年份已有 12 个，一般每 3 ~ 5 年就伴随低温冷害造成大量坏种，造成水稻生产很不稳定。一年遭灾，二三年受害，几年难以恢复元气。因此，在寒地水稻生产中，重视水稻种子收获、干燥与贮藏具有特殊重要的意义。

一、水稻种子收贮保管的生理特点

水稻种子的生命力与种子成熟度、收割期、脱谷方法、种子含水量及贮藏中的温湿条件等有密切关系，其中影响最大的是种子含水量和贮藏时期的温度。

稻种中的水分以两种状态存在，一种是与蛋白质、糖类等物质结合在一起的原生质化合水，也叫束缚水，其性质稳定，常温不散失，零度不结冻，不在细胞间移动；另一种是在细胞间呈游离状态的游离水，也叫自由水，这种水随外界温度变化而变化。种子含水量增多，就是自由水增加，致使各种酶和基质呈水解状态，呼吸作用和其他生命活动增强。呼吸作用的强弱是影响种子衰老、变化的重要因素。保管贮藏种子，要创造条件把种子的呼吸作用控制在最低水平。呼吸作用急剧增强的临界水分含量为 14.5% ~ 15.5%。水稻种子的理想水分含量约为 12%，既利于控制呼吸作用，又可避免冻害。

据资料介绍，种子含水量为 10% ~ 15% 时，能忍耐零下 15 ℃的低温，贮藏种子较安全的低温是零下 5 ℃；种子含水量为 18% 时，零下 10 ℃对种子开始有影响，零下 20 ℃经 125 d 种子全部丧失发芽力；种子含水量为 20% 时，零下 20 ℃经 85 d 就全部丧失发芽力。

此外，种子发育健全与否也是重要条件，未成熟的种子比成熟种子寿命短。乳熟期收获的种子，经零下 0.2 ℃的低温就完全不发芽；蜡熟初期收获的种子，经初霜后发芽率仅为 52%。而过分成熟的种子，其生命力也会降低。因为在种子达生理成熟后，因水分大、高温、冻害等均会使种子的生活力迅速衰退。所以，适时收割，防止种子伤镰或过熟，对提高种子质量也很重要。

二、水稻种子的收割适期

水稻开花授粉 1 周以后就具有发芽能力，到蜡熟期即具有完全的发芽力。但如前所述，成熟不良的种子发芽率低。据试验，水稻种子的收割适期，是穗上 1/3 枝梗变黄，中部谷粒变硬呈本品种固有色泽，进入黄熟期，在霜前晴天及时收割。如收割过晚，种子过分成

熟，种子容易破皮，易受病菌感染，反而降低发芽率。如遇低温早霜年份，稻子有贪青晚熟、遭霜受冻的危险时，应坚决在霜前收割并及时干燥，可保持一定的发芽率。如错过收割时机，遭受霜冻，便很难作种。此外，对低洼、水口、贪青、感病等不能作种的部分，应单收另放，以保证种子质量。

三、水稻种子的脱谷与干燥

为便于水稻种子脱水干燥，机械割晒的要及时拾禾脱粒；人工收割的，平铺摊晒，半干后捆小捆立马干燥，选晴天翻码晾晒 1 ~ 2 次，及时归堆码小垛，封好垛顶防雨雪，在降雪前拉进场院堆大垛，上冻前脱完谷入库保管。

脱谷时除防止品种混杂外，脱谷机转数不宜过大，以每分钟不超过 400 转为宜，一般为 250 ~ 300 转。转速越大，机械损伤越多，发芽率降低。

如遇种子含水量大、阴雨连绵室外脱谷干燥有困难时，应利用库房或住房及早脱谷，用火炕炕种干燥。具体做法：将稻种平铺在火炕上，厚 7 ~ 10 cm，炕温 40 ~ 50 ℃，不宜超过 50 ℃，随时翻倒使种子干燥均匀，炕到种子水分降到 14% 左右即可入库贮藏。炕种时，要按品种、质量分别处理。有条件的地方，可采用气流烘干室或机械烘干塔烘干，效率高，质量好。

四、水稻种子主要贮藏保管方法

寒地水稻种子要根据种子含水量，在防冻害前提下，选择相应的贮藏方法。目前生产上常用的方法有以下几种。

1. 室外大囤保管法

种子含水量较低（14% 左右）、又无室内保管条件时可采用此法。选择背风向阳、地势高爽的地方立囤，囤底用木头垫起，上铺 15 ~ 30 cm 厚干稻草，再铺草帘或席子，用苫子围成大囤，囤高 2 ~ 3 m，上面用稻草封严，苫好囤顶，囤子迎风面用稻草加强保温。除特殊情况外，此法不宜采用。

2. 冷库保管法

稻种水分不超过 14% 的可采用此法。该法比室外大囤安全些，做囤方法同室外大囤，囤顶及四周同样须用稻草做保温防护层。

3. 暖库保管法

暖库就是在库内增设取暖设备（火炉、火墙等）。稻种含水量为 15% ~ 16% 时，宜在暖库保管。库温保持在 0 ~ 5 ℃，在最冷季节和每天黎明前后要注意适当增温。

4. 窖藏保管法

这是一种成本低、效果好的保管方法，对含水量较大（15% ~ 17%）的稻种可采取这种方法。据试验，窖深 1 m，最低窖温为零下 12 ℃；窖深 1.5 m，最低窖温为零下 9 ℃；窖深 2 m，最低窖温为零下 6 ℃。具体做法：选择背风向阳、地势略高、地下水位低处挖窖，窖大小依贮种量、地势、土质等而定。窖深一般 1.5 ~ 2.0 m，宽 2 m 左右，长度依条件而定。窖挖好后晾晒几天，四周用草帘围好，窖底铺 15 ~ 30 cm 厚稻草，上铺草帘或苇席，然后装八成满的稻种，种子上盖草帘，再用同品种稻草盖 15 cm 厚，其上压 70 cm 厚的土，培成屋脊形。窖四周挖小排水沟，防止雨雪水侵入窖内。窖顶留设排气孔和检查取样孔。在黑龙江省，一般在立冬（11 月 7—8 日）之后、小雪（11 月 22—23 日）之前入窖，出窖时间一般在清明（4 月 5—6 日）前后，最晚不超过谷雨（4 月 21—22 日）。种子出窖后应逐渐风干，不要立即暴晒并注意夜间苫盖防寒。

黑龙江省海林市在长期生产实践中，总结出寒地水稻种子要收在霜前、晒在拉前、脱在雪前、贮在冻前的"四前"经验，概括了寒地稻种收贮的基本要点，其经验值得推广。

第五节　黑龙江省垦区水稻生产成本调查分析

近几年来[①]，垦区水稻生产出现徘徊局面，其原因是多方面的，其中由于物价上涨，生产成本提高，经济效益下降，是主要原因之一。为了解垦区水稻生产成本近年变化情况，分析其增长因素，研究其降低的可能与途径，收集了垦区 13 个农场的有关资料，并对新华农场的几个水稻家庭农场做了剖析，为便于比较，又了解了佳木斯地区 3 个市县 2 个乡的水稻生产成本。由于生产方式、生产水平、技术措施、生产管理、物资来源等不同，因而水稻成本各有不同，但在同一种植方式间，亦有其共同趋势。现就资料统计分析结果，将几点主要内容分述如下。

一、水稻不同栽培方式的生产成本

目前垦区内水稻栽培主要有直播和插秧两种方式。插秧栽培，一般是通过塑料薄膜保温旱育苗，可延长水稻生长期 1 个多月，是适于寒地的、保证水稻稳产高产的栽培方式。直播栽培是将种子直接播在本田，稳产高产性不强，因无育苗插秧过程，比较省工、省力。这两种栽培方式虽在本田的管理上也有差异，但主要仍是有无育苗过程的差异，其成本差异也主要在育苗费用上。

[①]本节内容涉及时间为 20 世纪 80 年代。

1. 农场近年插秧栽培的生产成本

从表 9-1-4 可看出，同年度各农场水稻插秧栽培亩成本变幅不大，只有 5 ~ 8 元。平均亩成本 3 年来增长较大。

表 9-1-4　农场插秧栽培生产成本

年度	1986	1987	1988
亩成本范围 / 元	108.60~113.50	120.60~128.10	139.40~145.10
平均亩成本 / 元	111.80	123.30	139.50
与 1986 年比 / %	—	110.30	124.80

农场插秧栽培亩成本与当地市县比基本无大差异。汤原、桦南、富锦 3 个市县 1988 年亩成本分别为 136.40 元、129.90 元、149.30 元，平均为 138.30 元，与农场平均亩成本 139.50 元很接近。但从同年亩产量来看，13 个农场插秧的平均亩产为 327 kg，而 3 个市县的插秧平均亩产为 418 kg，相差 91 kg。成本近似，产量不同，效益出现明显差异。

2. 农场近年直播栽培的生产成本

从表 9-1-5 可看出，农场直播的亩成本，在同一年的各农场间差幅较大，说明各场间的投入有显著的差距。1986—1988 年亩成本平均每年增长 17% 左右。

表 9-1-5　农场直播栽培生产成本

年度	1986	1987	1988
亩成本范围 / 元	87.40~111.30	98.20~117.83	116.70~143.70
平均亩成本 / 元	88.80	106.40	118.80
与 1986 年比 / %	—	119.80	134.90

农场直播亩成本比地方上高些。1988 年汤原、桦南、富锦 3 个市县直播平均亩成本为 111.40 元，同年农场平均为 119.80 元，相差 8 元多。直播亩产量 13 个农场平均为 226 kg，3 个市县平均为 280 kg，所以农场直播栽培的效益也比地方低。其原因主要是作业质量的差异。

3. 两种栽培方式生产成本比较

从上述材料中可以看出，各年插秧亩成本均高于直播，但产量高，因此插秧的投入产出率明显好于直播。以 1988 年为例，插秧与直播相比，亩成本多 19.70 元，亩产多 101 kg，去掉亩成本增加部分，亩效益高 30.70 元。插秧栽培稻谷生产成本为 0.426 元 /kg，生产成本可生产稻谷 2.34 kg/ 元；直播栽培稻谷生产成本为 0.53 元 /kg，生产成本生产稻谷 1.88 kg/ 元。

上述 3 个市县 1988 年插秧栽培的稻谷成本为 0.33 元 /kg，生产成本产出稻谷 3.01 kg/ 元；直播栽培稻谷成本为 0.398 元 /kg，生产成本产出稻谷 2.51 kg/ 元，与农场相比，千克稻谷成本低，每元生产成本产出高。其原因主要在于地方亩成本低，亩产高。

二、不同栽培方式生产成本组成因素

1. 直播与插秧生产成本组成因素比较

13 个农场 1988 年水稻生产成本的统计分析，以亩成本为 100%，其主要因素各占比率如表 9-1-6 所示。

表 9-1-6　农场水稻生产成本组成因素分析　　　　单位：%

项目	耕整地	种苗	农药	肥料	水费	收割脱谷	利费税
直播顺位	9.1	17.2	12.9	9.1	8.3	17.4	25.7
排名	5	3	4	6	7	2	1
插秧顺位	7.6	32.4	10.5	7.4	6.7	14.2	20.9
排名	5	1	4	6	7	3	2

注：利费税包括上缴的贷款利息、管理费、土地税。

从表 9-1-6 中看出，直播与插秧在成本组成因素中，主要差异在种苗成本上，其次直播稻易倒伏，收割脱谷较插秧稻费工。两种栽培方式中，占前 4 位的成本因素，均为利费税、种苗、收割脱谷和农药费。

1988 年桦南县水稻生产成本组成因素各占比率如表 9-1-7 所示。

表 9-1-7　桦南水稻生产成本组成分析　　　　单位：%

项目	耕整地	种苗	农药	肥料	水费	收割脱谷	利费税
插秧顺位	9.8	19.4	7.5	14.4	5.4	31.4	11.8
排名	5	2	6	3	7	1	4
直播顺位	13.1	19.3	12.8	9.6	7.2	22.0	13.8
排名	4	2	5	6	7	1	3

从表 9-1-7 看出，在成本中占比率较大的前 4 个因素，与农场基本相似，但顺位不同，

反映出农场与地方在生产管理、机械化程度、物质供应等方面有所不同。

2. 不同栽培方式生产成本中直接生产成本与间接生产成本的比率

生产成本包括直接成本与间接成本。直接成本是对生产的直接投入，产量效益对其反应最为敏感。因此，应增加投入和提高直接成本占总成本的比率。对 1988 年 13 个农场和 2 个县的生产成本资料整理分析如表 9–1–8。

表 9–1–8　直接、间接生产成本所占比率

单位	栽培方式	直接成本 /%	间接成本 /%
农场	直播	74.3	25.7
	插秧	79.1	20.9
汤原县	直播	84.6	15.4
	插秧	88.1	11.9
桦南县	直播	84.2	15.8
	插秧	88.2	11.8

从表 9–1–8 可看出，插秧的直接成本高于直播的，表明插秧的成本结构好于直播栽培，从而插秧易于获得好的效益。地方的间接成本明显比农场低，而直接成本明显比农场高，因而地方的投入产出效益比农场好。

三、近年水稻主要生产资料价格及费用变化概况

调查几种主要的生产物质价格及作业费用情况，涨价幅度大的是农用薄膜、除草剂及收割脱谷费用。可在物资流通及加强机械化代替人工作业等方面设法缓解（表 9–1–9）。

四、运用先进技术，优化生产投入，提高单产，增加生产效益

生产效益主要是由投入和产出两个基本因素决定的。充分发挥生产投入的增产潜力，以获得较高的产量，是取得最佳效益的基本途径。根据对近几年水稻生产成本的研究，提出以下几点认识。

表 9-1-9　主要生产物资价格及作业费用　　　　　　　　　　　　　　单位：元

项目	1986 年	1987 年	1988 年	1988 年比 1986 年上涨 /%
种子 /kg	0.60~0.90	0.90~1.00	0.90~1.00	11~16
尿素 /kg	0.48~0.60	0.59~0.65	0.59~0.73	13~35
磷二铵 /kg	0.47~0.82	0.52~0.85	0.78~1.10	10~46
禾大壮 /L	18.15~24.00	21.34~37.00	28.00~39.00	59~117
苯达松 /kg	9.00~15.60	21.00~27.00	25.00~30.00	57~99
农膜 /kg	4.50~6.30	8.00~10.10	8.36~10.75	32~138
翻地 / 亩	2.00~2.20	2.40~2.60	2.50~3.00	25~30
耙地 / 亩	1.00~1.20	1.20~1.40	1.11~1.80	11~50
水整地 / 亩	3.30~4.00	3.60~5.60	3.80~8.00	15~100
旋耕 / 亩	2.60~3.00	3.30~5.30	3.60~5.30	20~53
收割 / 亩	4.00~8.00	7.00~10.00	10.00~15.00	87~200
脱谷 / 亩	4.00~8.00	6.00~10.00	8.00~14.00	42~200

1. 积极推广以旱育稀植为主的插秧、抛秧栽培，提高水稻生产效益

黑龙江省垦区位处寒地，低温冷害频繁，水稻采取育苗移栽的方式，是争取稳产高产的最佳选择，这已是被各地生产实践反复验证了的。近几年来，在一些农场水稻插秧栽培已迅速发展，并已收到以稻治涝、改变直播低产和脱贫致富的明显效果。水稻是技术性较强的高产作物，需要较高的投入，才能稳定地取得高产出和高效益。生产成本分析表明，亩成本插秧虽比直播高 20 元左右，但亩产至少可高 100 kg，插秧比直播可以稳定增产盈利，遇低温年份更能显出其优越性。通过成本分析看出，每元投入生产的稻谷插秧栽培比直播栽培多，千克稻谷成本插秧明显比直播低。因此，只要选用适于当地的高产良种，正确运用旱育稀植技术，一定取得比直播更好的生产效益。抛秧栽培适于垦区地多人少、劳力不足的情况，在插秧机不足或劳力紧张的场队应积极推广。

2. 以先进技术改革传统技术，充分挖掘投入的增产效益

成本分析表明，目前水稻生产某些费用不尽合理，如以先进技术改革传统技术，仍有很大潜力。在种苗费用上，如果改直播为插秧，用种量可节省 80% 左右；认真按旱育稀植技术育苗，秧田播种量比目前可降低 10% 左右；直播栽培如果做好整地、种子处理和播后水层管理，播种量比目前至少可节省 1/6。在稻田耕作方面，推广松旋耕法，代替传

统的翻耙，不仅减少田间作业次数，缓和耕作农时，保持土壤肥力层次，而且每亩作业成本可省 1～3 元。在施肥方面，采取全层基施氮肥，可提高氮肥利用率 20% 左右；秧苗带磷移栽，可节省本田磷肥用量一半左右；氮磷配合施用，既可节省氮肥，又可促进水稻生育健壮早熟；采取以叶龄为指标的氮肥施用技术，可充分发挥氮肥肥效，改只在生育前期施肥为重视后期穗肥，可提高施肥增产效果。在除草剂方面，以国产的去草胺代替进口的禾大壮、苯达松，每亩可省药费 4 元左右，并节约了外汇。在灌溉方面，改目前的深水串灌方法为间歇灌溉，浅水增温，不仅水稻生育健壮，节约用水降低成本，而且还可用现有水源扩大水田面积。因此，运用先进技术可以降低生产成本，同时正确执行技术措施，又可以同样的投入，取得较高的产量和效益。

3. 积极添补水稻生产配套机具，推行水稻生产机械化

从成本分析中看出，水稻的收割、脱谷、插秧等项作业，由于用工量多，成本比率大，年际间上涨率高，因此以机械代替或减少人工，是发展水稻、提高生产效益的必由之路。在插秧栽培方面，应大力推广盘育苗机械插秧和节省移栽用工的抛秧方法。以机械割晒、拾禾脱谷代替人工收脱，是降低成本、减少损失、保证农时的好方法。

4. 改善生产管理，强化生产技术指导

降低生产成本，减少无效投入，提高投入产出率，关键在于管理和技术指导。在间接成本中，农场的管理费用偏高。改善经营管理，有计划地做好适量生产物资的储备，保证供应及时，减少内部流通环节和自我涨价因素。各级生产组织，特别是生产队在改善管理的同时，要强化技术指导，推广普及先进技术，严格贯彻各项作业标准，使投入发挥应有的效益。

第六节　推广水稻优质米生产技术提高质量效益水平

随着水稻生产的迅猛发展，稻米品质对水稻生产效益的影响越来越突出。市场的竞争实质是产品质量的竞争。优质大米在市场上现已展露出抢手、效宏的势头，因此一定要尽快提高质量效益观念，积极推广优质米生产技术，这不仅是生产者的需求，更是市场的需求。

综合我国水稻生产可持续发展的趋势及全国人多地少的矛盾，不断提高水稻品质和单产、保证农民增收、保障供需平衡，将是长期的任务和主攻方向。水稻品质和单产的提高离不开新的优质高产品种的应用，而充分挖掘品种的优势，使品种的增产潜力变为现实的高质量的产量，又要靠栽培技术的进步。纵观黑龙江省垦区水稻发展过程，无不证明先进的理论与技术为水稻优质、高产提供了强有力的科技支撑体系。

农业是生命之本，发展之基，农业经济始终在垦区经济发展中占主导地位。1998 年由于优化种植结构，依靠科技进步，实现了全垦区农业持续跨越式发展，在大灾之年仍获得粮豆总产 86.85 亿 kg，再超历史令人瞩目的新成就，比历史最高的 1997 年增产 1.65 亿 kg，

增产 1.9％。其中水稻生产持续快速发展，种植面积达 65.82 万 hm²，比 1997 年增加
12.74 万 hm²，平均公顷产量 7 230 kg，总产 47.6 亿 kg，占粮食总产量的 54.8％。1999 年
超"双千"指标已成定局，水稻已经成为拉动垦区粮食增长的主要因素和支柱产业。

在水稻生产中，最有成效的措施是水稻优质品种结构的调整。据农垦总局种子处统计
资料表明，1999 年垦区优质米品种种植面积达到 95.3％，仅黑龙江省农垦科学院水稻研
究所品种在垦区主栽面积就达 62.27 万 hm²，覆盖率为 92.22％

1998 年 5 月黑龙江省农垦总局提出了实施水稻"六化"基础建设的重点和目标，使
垦区秧田建设规范化有了突破性进展，推进了水稻种子的产业化，水稻生产机械化步伐明
显加快，高新技术普及有了突出的进展，涌现出大量条田建设标准化以及家庭经营规模化
的先进典型，进而推进垦区水稻生产迈向新阶段。其中以旱育稀植"三化"栽培为基础的
水稻优质高产栽培技术的推广功不可没。

为保证水稻生产的可持续性发展，从发展质量效益型农业，实行无公害、产业化生产
的观点出发，必须看到目前仍存在认识上和实践中容易出现的一些偏差或失误，有些问题
还具有一定的普遍性，如片面追求高产而忽视稻米品质的倾向，结果优质品种生产出劣质
米，致使目前的水稻栽培技术距离优质米生产技术规范要求还有不少差距。因此今后必须
加大水稻优质米生产技术的推广力度，最终达到良种良法配套。

水稻优质米生产技术规范是紧密结合当地气候、资源等生态条件，以选用水稻优质米
品种为前提，以"三化栽培"旱育壮苗为基础，以肥、水、植保为调控手段，以全生育期
群体质量和数量性状同步发展为目标，以安全抽穗成熟为中心，以适期收获、干燥、贮藏、
加工为保证，实施"降本、节能、增效"措施，实现提质、增值、高产、高效产业化之目的。

一、选用优质品种做好合理搭配

优质高产的品种是水稻优质米生产的前提，只有选用适于当地生态条件的优质高产
品种，配合有针对性的栽培措施，才能保持和发挥其品种特性，生产出优质高产稻米。在
寒地井灌稻作区，低温、冷害、贪青、晚熟对米质影响最大，为确保水稻稳产、高产、优
质，必须以安全抽穗、安全成熟为中心，选择中早熟类型品种为主，搭配少量晚熟品种，
确保稻谷成熟度和成熟质量。目前垦区应用面积较大的有垦稻 8 号（12 片叶品种）、空
育 131、绥粳 3 号、垦 94-202（11 片叶品种）和垦 94-227（10 片叶品种）等品种。另外
应选用二级以上原种，运用配套的栽培技术，充分发挥优质高产品种特性。

二、耕土改良提高稻谷产量和米质

垦区的稻田多数是由低洼易涝地改造而成，地下水位高，有机质含量较高，地温较低。
水稻前期发苗慢、中期高温速长，易贪青晚熟，导致成熟度不足，米质和产量下降。据调
查，低洼稻田的产量比平地的低 25％ 左右。因此应强化排水和深耕改土，以提高水稻产量，
改善稻米品质。实践表明，经深耕改土，土壤速效氮、磷养分的含量明显提高，活化了土
壤肥力、提高了地温，使水稻返青快、分蘖早，抽穗期和成熟期提前。

另外，耕作时期的早晚、深浅和适耕条件的优劣以及耕作的方式与质量，都不同程度地影响土壤理化性状的好坏、耕层养分分布的变化、杂草群落的消长，而且耕作效应直接牵涉耕整成本、本田管理及其他作业质量的难易程度，最终造成稻谷产量与质量上的差异。因此应注意生态条件的改善，合理用地养地，年度间采取轮耕的方式，深、浅交替进行养护。任何单一的耕作方式只能使耕作效应下降，弊端增加，不利于可持续生产。

三、以旱育稀植"三化"栽培为基础，强化旱育壮苗

"好苗八成粮"，在优质米生产技术中更为重要。弱质苗、徒长苗、病苗、药害苗及缺龄苗等都会不同程度地影响产量和品质。由于弱质苗根系发育不良，充实度低，抗逆性差，移栽后返青慢，分蘖延迟，分蘖整齐度差，中期易滞长，抽穗和成熟期延迟，使制米品质、外观品质、营养品质有所下降。因此必须坚持旱育稀植"三化"栽培标准，按旱育壮苗模式培育壮苗。

四、以安全抽穗为中心，安排播种期、插秧期

寒地水稻生育期短，为保证安全抽穗，适期成熟，育苗播种期和插秧期必须安排在适宜时期范围内。在当地气温稳定通过 5 ℃以后适期早播，有利于育成足龄壮秧。适宜播种期为 4 月 15—25 日（扣棚增温播期可提前 5 ~ 10 d），插秧期为 5 月 15—25 日，最晚不超过 5 月末。适期早插可高产、优质，插秧期推迟，垩白增多，糙米率、精米率降低，直链淀粉含量相对提高，明显影响稻米的外观品质、制米品质和食味品质。

五、为提高穗部质量应少苗稀植

群体素质主要表现在群体数量和群体质量上，单位面积收获穗数相同，基本苗数少的产量高、品质好。

以密植保收获穗数的栽培方式，株形多呈束状，根系发育不良、易早衰、茎细、穗小产量低、品质变差。

以提高穗部质量为主的少本插栽培，是构建高光效群体素质、稳定适宜茎数的基础上提高成穗率、结实率和千粒重的重要措施。壮苗稀植栽培每穴插 2 ~ 3 苗，减少苗间竞争，确保发根、受光和茎粗，争取优势分蘖达到计划穗数，群体生长态势好，株形开张活叶多，生育中期无滞长，成熟好、产量高、品质优。

在目前水稻大面积栽培品种、育苗水平和管理措施条件下，从产量和品质两方面考虑，栽培规格以 30.0 cm × 13.3 cm 或 30.0 cm × 20.0 cm，每穴 2 ~ 3 株为宜。

六、"三膜覆盖"早期育苗能提高水稻产量和品质

"三膜覆盖"技术是寒地水稻保质、增产的有效途径和成功经验。提早扣大棚（3月中下旬），加快土壤解冻、增温，提早播种（4月初），棚内设开闭式小棚，加盖地膜，育苗35～45 d，叶龄4.1～4.5叶，5月中旬开始少本插。"三膜覆盖"可提早育苗播种5～7 d，增加育苗期积温122 ℃左右，日均提高地温1 ℃，且昼夜温差小，秧苗素质提高，可育带蘗大苗，延长了营养生长期。"三膜覆盖"早育的秧苗壮、分蘗早生快发，利于早期达到计划穗数，确保安全抽穗，从而提高了结实率、千粒重和经济系数，增加了产量。同时垩白度、直链淀粉含量有所下降，品质明显改善。

七、改进施肥方式

施肥尤其是施用氮肥，是被生产者特别重视的、增产效果最明显的措施之一，甚至有的生产者片面认为要高产必须多施氮肥。因此科学、合理、经济施肥是广大科技工作者孜孜以求的重要研究课题。施肥方式要针对栽培目的和自然规律，否则自然惩罚和教训也会最大。

优质米生产技术施肥体系，是建立在早期确立根系优势的健康稻体基础上，构建高光效群体素质，从而提高穗部经济质量。形成根系生长优势的水稻，根系扩张，根活力增强，养分、水分吸收增加，代谢循环旺盛，有利于稻体营养平衡的健壮生育。

前期多氮的施肥方式则不利于根系优势的形成，因为氮多茎叶增大，而根的活力减弱，水分循环不良，易破坏生长态势。栽培过密而偏重于早期多施氮肥，结果是株形繁茂、穗数过多，造成软弱体质，穗质量变差，促使食味、米质下降。

水稻栽培不是为了多生产稻草，而是为了增加籽实形成米——即多生产淀粉。分析形成稻体的养分，其干物质的大部分（85%左右）原料是淀粉，其余的才是肥料养分，其中氮素只不过占1%～3%。绿色叶片接受光照，以水分和二氧化碳合成淀粉（碳水化合物）。因此叶片直立、株形开张的受光态势，才是施肥管理的目标。

前期多氮或每穴多苗很容易形成束状过密繁茂，株高大，茎细弱，叶披垂，底叶衰，淀粉生产量明显下降。这是由于氮素吸收多，淀粉营养被优先消耗，向根分配的淀粉量减少，使根的发育不良。

基于上述道理，必须转变重氮轻磷钾的错误认识，氮肥施用应由前期为重点向中后期转移，由以穗数为主，向穗粒并重提高穗的质量方向发展。氮肥施用时期适当后移，可较均衡地适应水稻营养生长和生殖生长的需要，及时进入生育转换期，可以提早抽穗，防止后期脱肥早衰，对优质高产有明显改进作用。调整N、P、K比例，调整施肥次数及用量。N、P、K的比例为2：1：（0.5～0.8），N肥按基穗粒5次施用，各期比例为3：3：1：2：1，P肥全部基施，K肥基施50%～60%，穗肥施40%～50%。机械插秧的，应实行机械侧深施肥，可提高肥料利用率20%~30%，节肥15%以上。氮肥全生育期用量的50%侧深施，除去节肥部分余者做穗肥和粒肥，并按长势诊断合理调整施肥量。积极采用长穗期健身、促熟、防病、提质的叶面追肥措施。

八、运用节水、增温、壮根的浅湿间歇灌溉技术

目前寒地稻作节水、增温有效成功经验很多。灌溉技术是解决水稻壮根、增温、防倒伏、防病害等问题的重要措施，同时在满足水稻生态需水和生理需水的同时，又要考虑保护水资源，降低成本。所以寒地水稻生育期水层管理应以保温、增温、壮根、保蘖为主，即遇低温天气时夜间灌水保温，晴好天气昼间浅水增温，目的为建立根系优势，促进分蘖早生快发。到了中后期（幼穗分化到腊熟末期），采用浅湿间歇灌溉，每次灌 3 ~ 5 cm 水层，渗至地表无水、脚窝有水时再灌 3 ~ 5 cm 水层，如此反复（只有在花粉母细胞减数分裂期如遇 17 ℃以下低温时，应及时灌 17 cm 以上水层，以防御障碍型冷害）。解决通气、养根、壮秆，使土壤供氧充分，有效养分增加，根系活力增强，叶片光合能力提高，使穗粒数、结实率、粒重稳定增长；并可使基部节间缩短，为壮秆、大穗、抗倒伏奠定基础。

九、以黄化完熟率为指标适期收割

以黄化完熟率判定收割适期的方法，是保证水稻优质高产的科学标准。寒地水稻在安全抽穗期内安全成熟，以黄化完熟率 95% 为收割适期，此期收割的完全米率为 84.8%（占糙米率的百分比），90% 收割的为 54.8%，相差较大。同时减少青米、垩白，从而改善制米品质、外观米质及食味。

黄化完熟率的判定计算方法：取稻田中生育正常、有代表性地点的穴株，每穴水稻除去迟穗，背光观察小穗轴和副护颖，计算其变浅黄绿色的稻粒所占的比例。以多点统计分析，黄化完熟率达 95% 时（约为出穗后 45 d）进行收割。

十、用自然干燥与机械干燥结合的方法，保证稻谷标准水分

稻谷水分含量过高、过低都不易加工出优质大米。加工稻谷适宜水分含量为 14%~16%，含水量过高糙米易裂纹，从而碎米增加，过低精白米压力大，肌伤米多，精白率低，因此水分含量是优质米加工的基础。所以要根据收割方式采取相应的尽快干燥的方法，及时翻晒，含水量达到 15% ~ 16% 时及时脱谷或上垛防雨雪淋湿。当自然干燥无法保障安全水分时要辅之机械加工干燥降低水分，否则将给贮藏、加工带来很多后患。

十一、实行按品种、分级别，进行收、贮、加工

选用生产率高、能加工高档次精制米的大型制米设备，按优质米创绿色食品名牌销售。应摒弃传统的"优劣一仓装、好坏一机碾"的错误做法，增强质量效益观念。

黑龙江垦区属寒地稻作区，土地肥沃，雨热同季，日照时间长，生态环境污染少，灌溉水清洁，生产无污染、无公害的优质米，创绿色品牌产品，具有得天独厚的条件。因此在实施优质米生产的同时，必须搞好环境监控保护，使生态环境持续优化，为寒地水稻优质、高产技术的集成应用和质量效益型产业化建设的实现提供保障。

第七节　对黑龙江垦区推进优质稻生产技术的思考与建议

随着市场经济的发展，黑龙江垦区的水稻生产，由产量型积极向质量效益型方向发展。自 1996 年开始黑龙江省农垦总局推广垦区研究的成果"寒地优质稻生产技术"，并制定了《垦区优质稻生产技术规范》，几年来取得了显著的成效。到 2003 年，水稻品种熟期普遍提早，优质品种覆盖率基本普及，垦区选育的水稻优质品种占92%以上，水稻的出糙率、整精率及食味品质均创历史新高，稻农效益普遍增加。

一、进一步提高寒地优质稻生产技术的认识

1. 面向市场，尽快向质量效益型生产转变

过去很长时间在计划经济体制下，水稻生产主要追求产量，当时主要推广高产栽培技术，只要提高产量，就能增加效益。对品质、食味未予相应的重视。随着市场经济的发展，水稻进入市场以后，品质、食味问题开始突出起来，没有好的品质、食味，就难争得市场，就难卖上好价钱，甚至出现卖粮难，以致形成质量效益型的生产要求。但人们的认识难以一下转变过来，有的认为用优质稻品种，就可以生产出优质稻米来；也有的认为用晚熟的优质稻品种，既能高产又能优质，未能充分认识在寒地高产栽培和优质栽培的基本差别，因此常出现用优质品种未生产出优质稻来，出米率低，米饭不好吃，未卖出好价钱，没有收到应有的效益。

2. 从寒地水稻生态特点出发，认识优质稻生产技术

黑龙江省属寒地稻作区，其生态特点是：水稻生育期短，活动积温少；水稻生育期间的气温变化，前期升温慢，中期高温时间短，后期降温快，低温冷害时有发生。栽培的水稻属早熟粳稻类型，对温度敏感，为感温性品种。有些对高温极敏感型品种，遇高温主茎叶数减少、生育期缩短；遇低温主茎叶数增加，生育延迟。垦区水稻开发时期较晚，低湿土壤类型面积较大，地下水位偏高，部分排水不畅，土壤冷浆，升温较慢；加之井水灌溉面积较大，增温设施不完善，灌水温度偏低。在气温、土温、水温三低条件下，栽培喜温的水稻，极易生育延迟，使结实期处在低温条件下，稻粒灌浆不足，粒厚降低，粒重下降，直链淀粉含量提高，蛋白质含量增加，出糙率和整精率下降，导致产量低，品质、食味差。有的说是"种瞎了"或称为"哑巴灾"，实际是采用的品种熟期偏晚，氮肥用量偏多，生育延迟，结实期温度不足的结果。

3. 进一步认识寒地水稻生产技术的特点

从寒地水稻生态特点出发，面向市场需求，以质量效益为目标，结合当地具体条件，以选用当地中早熟优质稻品种为前提，以旱育壮苗为基础，以足够穴数保证基本苗数，以有效分蘖保证计划穗数，以肥、水、植保为调控手段，以适时早播、早插确保安全出穗期

为中心。以安全完熟、适时收割、充分干燥、及时脱谷、雪前收藏、精细加工为保证，按国家优质粳稻标准，生产出 3 等以上优质粳稻。这是包括产前、产中、产后的系统工程技术，特别是有效分蘖期、生育转换期、产量决定期（出穗前 15 d 到出穗后 25 d）、产量生产期（出穗到成熟），以及收割、脱谷、干燥、加工等产后管理，对品质和产量影响很大，要按技术标准认真管理，才能获得优质、高产、高效益。

4．积极普及水稻生育叶龄诊断技术

在栽培技术相对稳定的条件下，同一品种主茎叶数基本稳定。按主茎叶龄进行栽培管理，可以随时掌握水稻生育进程的早晚和长势长相的好坏，为调控技术提供科学依据。因此，现代水稻栽培技术已由过去的种管收流程式技术，进入以主茎叶龄为手段的诊断、预测、调控技术的新阶段。垦区自推广寒地水稻"三化"栽培技术以来，在育苗及本田管理方面，开始应用叶龄诊断技术。自 2001 年开始，总局在寒地水稻"三化"栽培、优质稻生产技术推广的基础上，大力推进水稻生育叶龄诊断技术，已举办多次专业培训班，2003 年又开展多个农场参加的叶龄跟踪调查布点，并以此指导生产，收到明显效果，推动了垦区优质稻生产技术的应用发展。研究资料表明，水稻产量的 90% 以上是叶片进行光合作用生产出来的，特别是由出穗后叶片光合作用制造积累的。抽穗后主茎叶 4 片叶片对产量的贡献度，剑叶为 52%，倒 2 叶为 22%，倒 3 叶为 7.7%，倒 4 叶为 17.7%，穗部为 0.6%。这充分说明，水稻优质高产栽培要管理好各生育期的叶片，特别是要管理好抽穗后的叶片，才能确保优质高产。

二、对垦区当前推进优质稻生产技术的建议

1．有计划地加速稻田基本建设和培肥地力

这是垦区水稻可持续发展和尽快实现水稻生产机械化、现代化的必需。要认真查清灌排工程不规范、条田建设不标准、土地整平不到位、土壤肥力明显降低等的面积，有计划地按生产机械化要求，加速改建和完善田、渠、路、林配套的条田建设；充分利用激光平地机和大型机具逐步完成稻田土地整平，使一个格田内高低差不超过 3 cm，为节水灌溉和水稻生育整齐提供土壤条件。同时要加速低产田改造，对漏水田、囊水田、瘠薄田，分别采取机械水耙地、加强排水渠建设、增施有机肥等措施，加快土壤改良进程，以提高土地生产力。要大力推广保护性耕作，积极实施稻秸还田和稻秸堆腐还田，禁止稻秸田间焚烧，制定相应的培肥地力政策，尽快改善稻田地力。井水温度低是加剧寒地水稻生育延迟根本原因之一，必须尽快完善晒水池、灌水渠系、涵闸等工程增温；采用渠道扣膜、"小白龙"、散水板等设施增温和灌溉技术增温（夜灌、晨灌、不串灌等）等综合增温技术，确保进田水温，返青、分蘖期水温 16 ℃以上，长穗期水温 18 ℃以上，抽穗开花期水温 20 ℃以上。

2．要以安全抽穗期为中心，严格掌握农时标准

寒地水稻生育期短，前期气温升温慢，如秧苗弱，返青延迟，有效分蘖期缩短；而生

育后期降温快，如抽穗期延迟，结实期处在低温条件下，优质稻的米质如直链淀粉将会提高，蛋白质含量将会增加，胶稠度将会降低，品质、食味必将变差。为确保优质稻的品质不降低，必须使结实期的活动积温最低要保证 850 ℃以上，一般要求 900 ℃左右，才能安全成熟，保证品质。垦区目前栽培的品种，结实期为 45 d 左右，安全抽穗期 11 叶品种为 7 月 25 日左右，12 叶品种为 8 月 1 日左右，13 叶品种为 8 月 8 日前，才能保证 9 月中旬末前安全成熟。因此，在品种选择上要以当地中早熟品种为主；在农时上要以适期早播、早插为前提，以壮苗为基础，确保在安全抽穗期出穗，为结实期留有足够活动积温，才能提高结实率，保证粒重，实现优质高产。如果抽穗期延迟、结实期活动积温不足，则结实率低、粒重下降、品质变劣，优质品种也难以生产出优质稻来。

3．优质稻品种的选择与结构的调整

根据市场需要，选择在当地能安全抽穗成熟，且是已审定推广的优质稻品种。从目前垦区生产水平及井水灌溉条件看，品种以确保在当地安全抽穗成熟的中早熟品种为主，少量搭配晚熟品种。具体说来，大面积种植以 11 叶品种为主，温度较高地区搭配 12 叶优质品种，肇源、泰来等高温地区可选用 13 叶品种，温度较低的井灌区可搭配部分 10 叶优质品种。为适应市场需要，可选种部分糯稻、香稻等特用品种。积极引入试验 11 叶熟期的优质稻品种，尽快解决空育 131 品种种植过分单一的局面。

4．合理调整水稻群体结构

随着优质稻品种熟期的调早，有效分蘖节位有所减少，晚生分蘖的利用要尽量降低，栽植的基本苗数必须相应提高。增加基本苗数，应以增加单位面积穴数为主，不宜增加每穴苗数，以免降低穗部质量。以 11 叶品种空育 131 为例，为实现公顷产 9 000 kg 优质稻，根据秧苗的壮弱、土壤肥力高低以及生产水平等条件，平方米穴数 30 穴左右（28～33 穴），平均每穴 4 株苗，平方米基本苗数 120 株左右，收获穗数 550 穗左右比较理想。过稀或过密，都较难大面积实现优质高产。

5．提高旱育秧苗素质和移栽质量，缩短返青期，促进分蘖早生快发

寒地优质稻生产，须以旱育壮苗为基础，苗床地要确保旱育，控制浇水，培育旱生根系（须根多、根毛多），按标准播量播匀（机插盘育苗每盘播芽谷 100～125 g，人工插秧每平方米播 200～250 g）。旱育中苗的秧田管理，要抓好种子根伸长期、第 1 叶伸展期、离乳期、移栽前准备期等 4 个关键时期的调温控水管理，按中苗壮苗模式育出地下旱生根系好、地上叶挺不弯、充实度高的健壮秧苗。为提高插秧质量，要整平土地，全层施足基肥，泥浆沉降适度，确保插深 2 cm 左右，插后立即复水到新展叶的叶枕，以水保温，促进返青。

6．做好优质稻施肥的运筹

总的要求是氮、磷、钾肥配合施用，控氮肥，增磷、钾肥。所谓控氮肥，是控制氮肥总量不合理的增加，控制生育中后期施氮比例偏高；增磷、钾肥是适当增加钾肥比例，比过去增加磷酸二氢钾叶面追肥。在技术人员协助下，为稻农制订全年施肥计划。垦区目前氮、

磷、钾的配比一般是 2 ∶ 1 ∶（0.8 ~ 1），分基肥、蘖肥、调节肥、穗肥、粒肥等 5 次施用。磷肥 100% 做基肥；钾肥 50% ~ 60% 做基肥，40% ~ 50% 做穗肥；氮肥 30% 做基肥，30% 做蘖肥，10% 做调节肥，20% 做穗肥，10% 做粒肥。基肥在最后一遍水耙地前均匀撒施，全层耙入 8 ~ 10 cm 耕层内；蘖肥在返青后立即撒施用量的 80%，在 6 叶期按长势长相酌施余下的 20%；调节肥在幼穗分化前按功能叶褪淡程度酌施；穗肥在倒 2 叶露尖到长出一半时施用；粒肥在抽穗始期到齐穗期按剑叶褪淡程度酌施。稻秸还田地块，增加基、蘖肥氮肥用量，减少穗、粒肥氮肥用量。随着对稻谷品质要求的提高，建议科研单位与示范园区开展硅肥的试验示范，以增强水稻抗逆性，提高光能利用率，提高品质与产量。

7．改进稻田灌溉技术，寒地水稻灌溉要以增温、壮根、节水为基本要求

长期水层灌溉，影响根系健壮和地上部生育。水稻移栽后应立即以水扶苗，水深灌至新展开叶的叶枕，保温促进返青；返青后要浅水增温促蘖，分蘖达计划穗数 80% 时，晾田控制晚生无效分蘖；长穗期要间歇灌溉，壮根防倒伏；小孢子初期（剑叶叶耳间距 ±5 cm 时）如有 17 ℃以下低温，灌水深 17 cm，以防障碍型冷害；抽穗始期到齐穗期灌 3 ~ 5 cm 浅水，促进出穗整齐；齐穗后转入间歇灌溉，养根保叶促进成熟；停灌须在抽穗后 30 d 以上、黄熟初期排干。水稻生育中后期养根保叶，才能优质高产，其关键措施是间歇灌溉，对此必须加深认识。

8．收割、干燥、脱谷、加工

做好收割、干燥、脱谷、加工，是优质稻米生产提质增效的最终保证。因此，要在黄化完熟率达 95% 时（穗轴 2/3 变黄，颖壳、小穗轴、护颖 95% 变黄）适期收割，收割期延迟，着色粒、裂纹米率增加，收割后加速翻码干燥，使稻谷水分降至 14.5%，水分大或过分干燥均影响稻谷品质和制米品质；水稻不干码垛，易出现捂霉，使稻谷品质降低；脱谷作业防止品种混杂，脱谷机转速控制在 500 r/min 以内，防止谷外糙增加；要选用先进的制米机械加工，以提高出糙率、整精率。加强水稻产后各项作业的管理，才能确保提质增效。

第二章　部分传承与创新成果

第一节　寒地水稻经济施肥技术研究

黑龙江垦区在"八五"期间广泛吸收了国内外、省内外先进的稻田施肥经验和成果，但这些技术在黑龙江垦区直接应用较困难，不能完全适应垦区的需要。为寻找科学、经济有效的施肥体系，我们进行了一系列的调查研究，总结出了适宜黑龙江垦区稻田的施肥技术，具体叙述如下。

一、材料与方法

试验采用盆栽试验、小区试验、大面积试验与示范相结合的方法。

（1）盆栽试验选择不同养分含量、类型的稻田土壤进行养分与施肥量关系试验。试验采用无底铁盆，在田间进行，每盆栽 21 株共计 72 盆次，栽培管理按旱育稀植进行。

（2）小区试验以氮、磷、钾 3 要素进行肥料试验，试验采用 3 因子、5 水平回归旋转组合设计，并按常规方法进行水稻需肥规律试验、土壤供肥特性试验、3 要素长期定位试验。

（3）大区对比试验主要进行不同施肥方法与不同施肥量试验。1994—1995 年进行了大面积生产示范。

二、研究结果

1. 土壤类型

黑龙江垦区稻田土壤可分为水稻土、白浆土、草甸土、黑土、盐碱土、泛滥地土壤、暗棕壤、黑钙土和沼泽土（见表 9-2-1）。其中最有开发前途的是白浆土、草甸土和沼泽土。

表 9-2-1　1993 年黑龙江垦区稻田土壤类型及肥力状况统计

土壤类型	面积 / 万 hm²	比例 / %	有机质 / %	全氮 / %	全磷 / %	水解氮 / %	五氧化二 / （mg/kg）	氧化钾 / （mg/kg）	pH 值
水稻土	2.333	1.8	3.23	0.191	0.128	48.6	18.5	112.8	6.75
草甸土	3.613	27.1	5.39	0.247	0.231	58.0	36.5	205.5	6.44
白浆土	5.613	42.1	4.07	0.206	0.153	43.9	27.3	139.7	5.88
黑土	1.220	9.2	5.24	0.258	0.175	58.0	35.4	187.9	6.42
沼泽土	0.207	1.5	8.15	0.544	0.240	59.0	31.5	175.6	6.10
盐碱土	0.347	2.6	3.10	0.144	0.120	38.8	35.7	150.5	7.70 ~ 8.20

2. 土壤供肥特性

通过调查认为：影响寒地稻田土壤供肥特性的因素有水稻根系的活动和地温，土壤基础肥力的化验值只是土壤供肥性能的一个相对指标，因此寒地稻田必须在测土的基础上结合水稻对施肥的内在反应来进行。土壤有效养分含量受水稻根系活动影响，根系活动能够活化土壤微生物，从而使土壤养分有效化。在不施肥的条件下产量与土壤的基础肥力密切相关，土壤化验值越高产量越高，而在正常施肥的条件下产量反应不规律，这说明土壤养分的化验值仅能代表土壤的可利用养分量，不能作为产量的决定因子（见表 9-2-2）。

表 9-2-2　土壤化验值与产量关系

处理	全氮 / %	全磷 / %	有机质 / %	速效磷 / （mg/kg）	速效钾 / （mg/kg）	速效氮 / （mg/kg）	无肥产量 / （kg/hm²）	施肥后产量 / （kg/hm²）
1	0.127	0.069	2.796	67.8	63	60	6 249	7 250
2	0.150	0.052	2.569	39.3	53	43	5 587	8 750
3	0.149	0.051	2.505	38.4	40	40	5 576	7 400
4	0.159	0.041	2.386	25.0	40	56	5 083	8 000

3. 经济施肥量的确定

确定某地区的经济施肥量首先应考虑该地区的土壤类型、肥力水平及土壤的供肥特性，并制定一个切实可行的目标产量。

（1）磷、钾肥经济施肥量的确定。在一定条件下土壤有效磷、有效钾较为稳定，其土壤化验值可作为土壤养分丰缺的指标。即土壤肥力高，有效磷、有效钾的化验值也高。通过 1992—1993 年进行的磷、钾肥定肥量盆栽试验和并将其结果进行回归分析得到了磷、钾肥的定肥方程。

磷肥的定肥方程为：

$$\hat{y_2}=184.635-1.911x \quad （1）$$

其中，y_2 表示磷肥（磷酸二铵）施用量（kg/hm²），x 表示土壤速效磷的化验值。$r=-0.985\,0$ 达到显著水平，可用来施肥预测。

钾肥的定肥方程为：

$$\hat{y_3}=186.75-1.29x \quad （2）$$

其中，$\hat{y_3}$ 表示钾肥（氯化钾）施用量（kg/hm²），x 表示土壤有效钾的化验值，$r=-0.988\,3$ 达到显著水平，可用来施肥预测。

（2）氮肥经济施肥量的确定。根据以土壤养分定磷、钾肥和以磷、钾肥定氮肥的原则，于 1992—1993 年进行了氮、磷、钾肥料 3 要素的 3 因子、5 水平回归旋转组合设计试验，通过试验建立了氮、磷、钾 3 要素施肥方程。将方程（1）、（2）所得到的磷、钾肥施肥量化作施肥水平编码 x_2、x_3，设定为 x_2、$x_3=(\hat{y}_{2、3}-90)/45$；设定氮肥（尿素）施肥水平编码为 x_1，$x_1=(\hat{y_1}-165)/60$。其中，$\hat{y_1}$ 为氮肥施肥量（kg/hm²）；设定目标产量为 y（kg/hm²），得到了目标产量与施肥水平编码的方程：

$$\begin{aligned}y=&7\,527.6+270.6x_1-34.2x_2+119.025x_3\\&-298.75x_1x_2-60.375x_1x_3-151.425x_1^2-\\&102.45x_2^2-5.475x_3^2-44.25x_2x_3\end{aligned} \quad （3）$$

对方程进行 F 测验：

$$F_1=\frac{DLf/fLF}{D误/F误}=3.302<F_{0.05}$$

说明该方程与实际情况拟合很好，可以用来预测。

$$F_2=\frac{D回/f回}{D剩/f剩}=5.07>F_{0.01}$$

说明本试验误差较小，预测值可靠。这样根据土壤的化验值确定磷、钾肥施用量，再将其结果代入方程（3），在确定目标产量的情况下，氮肥施用量也就确定了。

4. 经济施肥方法

按照施肥时期可分为基肥、分蘖肥、接力肥、穗肥和粒肥。基肥和分蘖肥又称作前期施肥，接力肥、穗肥和粒肥称作中、后期施肥。通过几种施肥体系对比试验证明：前期施氮量过大，肥效不能充分发挥，虽然分蘖较多，但中期肥料供应不足而使得穗粒数较少、结实率不高，因此基肥应达到保证前期土壤养分含量、使水稻返青后旺盛生长、肥效持续到生长中期即可，其施用量约占总氮肥量的 30% 较为经济；在水稻 4 叶期追施分蘖肥来保证水稻盛期产生大量的分蘖，保证足够的收获穗数，分蘖肥占总施氮量的 30% 为宜；生育中期（水稻倒数 3～5 叶期）是寒地水稻营养生长和生殖生长重叠时期，水稻需肥量最大、养分消耗最多，在此期施肥可增加穗粒数，但此期施肥过多会引起贪青晚熟，此期施肥应占总施氮量的 10% 左右；穗肥应施在倒 2 叶抽出一半时期，此期施肥的肥效发挥在拔节之后、颖花分化期，可防止颖花退化，增加结实率，防止倒伏和稻瘟病，穗肥应占总施氮量的 20% 左右为宜；粒肥应在始穗期至齐穗期施加，以保证充足的养分供应、增加粒重，施肥量占总氮量的 10% 左右较适宜；钾肥在土壤中释放和移动性及水稻吸收、利用速度较氮肥慢，而比磷肥快，经济施钾肥方法是基肥施总量的 50% ~ 60%，结合穗肥追施 40%~50%。

5. 应用效果

1994—1995 年以云山农场的白浆土稻田、水稻所的水稻土稻田、梧桐河农场的草甸土稻田进行了 4 种肥力水平的水稻经济施肥技术应用和反馈试验。施肥方法：基肥为尿素 30%＋磷肥 100%＋钾肥 60%；蘖肥为尿素 30%；接力肥为尿素 10%；穗肥为尿素 20%＋钾肥 40%；粒肥为尿素 10%（详见表 9-2-3）。施肥量按前文方法计算，目标产量为 8 000 ~ 8 500 kg/hm^2。

表 9-2-3　经济施肥技术示范结果

项目	白浆土				水稻土				草甸土			
	1	2	3	4	1	2	3	4	1	2	3	4
速效磷 /（mg/kg）	57	46	28	17	49	36	18	14	60	44	33	28
速效钾 /（mg/kg）	98	79	57	49	87	73	46	37	110	96	65	59
磷酸二铵用 /（kg/hm^2）	80	100	130	140	90	110	150	150	70	100	120	140
硫酸钾用量 /（kg/hm^2）	45	70	90	100	60	70	110	120	40	60	90	90
尿素用量 /（kg/hm^2）	240	210	170	180	230	200	190	190	260	220	210	120
产量 /（kg/hm^2）	8 676	8 521	8 561	7 743	8 351	8 303	7 456	7 511	9 019	8 415	8 531	8 029

三、结论

寒地水稻土壤的速效养分变化规律是随地温升高而升高，在 6 月 20—30 日出现高峰，以后随养分消耗而减少，与水稻中期需肥较多的规律相一致。在一定条件下土壤的磷、钾含量较为稳定，其化验值可作为养分丰缺的指标，因此在寒地条件下测土施磷、钾肥是可靠的。定肥方程在试验数的区间内可以用来计算施肥量，在区间外预测性较差，其目标产量应在 9 500 kg/hm^2 以下，超过 9 500 kg/hm^2 方程无解。

第二节　水稻侧深施肥技术

侧深施肥（亦称侧条施肥或机插深施肥）技术是在水稻插秧同时，将肥料施于秧苗一侧土壤中的施肥方法，并与培肥地力、培育壮秧、肥料类型、水层管理、栽培密度、病虫防治、农业机械、气象等综合因素相结合，成为一项可促进水稻生育、增强抗性、省工、省费用、减轻水质污染、低成本的稳产高产技术。

一、侧深施肥技术发展概况

侧深施肥技术是在全层施基肥、表施追肥的基础上发展而来的。我国 20 世纪 60 年代在研究基肥全层施肥技术后，开展球肥深施试验，由于不能与机械配套而未能大面积推广。1994 年黑龙江省水田机械化研究所引入水稻侧深施肥机并试验成功，开始在省内大面积示范应用。1996 年全省运用侧深施肥技术达 33.3 万 hm²，增产稻谷 6 000 万 kg，节肥6 000 多 t。黑龙江垦区于 1996 年在部分农场进行试验示范，1997 年已配插秧机侧深施肥装置 2 000 多台，推广面积 3.33 万 hm²，目前，黑龙江农垦总局已把侧深施肥技术作为水稻生产的重点推广项目。

二、　侧深施肥的作用

侧深施肥与传统的基肥全层施加表施追肥相比，表现出明显的增产效果。

据日本 1975—1986 年各地侧深施肥的产量结果（表 9-2-4）表明，侧深施肥在高寒地区和山脊地的肥效较高，全量侧深施肥好于部分侧深施肥，部分侧深施肥好于全层施肥，低温年比一般年效果好。

自 1995 年黑龙江垦区引入侧深施肥技术以来，各农场通过大量生产实践，也证明侧深施肥技术的明显增产效果（见表 9-2-5），一般年份增产 5% ~ 10%，低温年可增产10% ~ 13%。

表 9-2-4　侧深施肥的增产效果　　　　　　　　　　　单位：kg/10 公亩

地带	施肥方法		
	全层施（标准区）	全层 + 侧深	全量侧深施
离冷地	518（100）	549(106)	—
山脊地	460（100）	—	514(110)
平坦地	649（100） 604（100）	677(104） —	— 640(106)

表 9-2-5　侧深施肥与水稻产量　　　　　　　　　　　　　　　　单位：kg/hm²

单位	施肥方式	施用量	产量
农垦水稻所	A	140	6 966
	CK	170	6 522
查哈阳农场	A	150	8 150
	CK	150	7 650
军川农场	A	150	8 287
	CK	150	7 607
红卫农场	B	130	8 830
	CK	130	8 238
莲江口农场	A	150	7 773
	CK	230	7 562

注：A 为侧深施肥加追肥，B 为一次侧深施肥。表中数字为 1996 — 1997 年平均值。

1. 可提高肥料利用率

侧深施肥在插秧的同时将肥料施于稻苗一侧 3 ~ 5 cm、深 5 cm 的土壤中并加覆盖。肥料呈条状集中施于耕层苗侧，与水稻根系分布较近，利于根系吸收利用，同时因条施集中，使土壤中肥料浓度较高，增加了吸收压力，使得水稻吸收速度加快。从氮素的变化来看，侧深施肥在插秧 2 周后 0 ~ 7.5 cm 耕层的氮素浓度为施入总量的 80%，氮素利用率从 30% 提高到 50%。从磷的施用来看，如磷肥表施于氧化层则与高价铁、锰等化合，生成难溶性物质而被土壤固定。侧深施肥可将肥料施于还原层，减少了磷素的损失，从而提高肥料的利用率。因此侧深施肥可节省速效化肥 20% ~ 30%，是一种经济有效的施肥方法。

2. 促进早期生育

寒地水稻的高产稳产，重要的是促进前期营养生长，确保充实的茎数。用侧深施肥的方法，可使水稻根际氮素浓度较全层施肥方法提高 5 倍左右。因此侧深施肥可以解决因低温、地凉、冷水灌溉、早期栽培、稻草还田等所造成的初期生育的营养供应不足问题，是常规施肥难以做到的。实践表明侧深施肥初期生育好，在插秧 30 d 后较常规施肥茎数多 30% 左右，且低位分蘖明显增多，为确保茎数和有效穗数打下基础。

3. 生育期和熟期提早

用侧深施肥的方法可提高前期生长量，即使在不良条件下也能（比常规施肥）促进肥料吸收，最高分蘖期出现较早。实践证明出穗期（50% 出穗）可略有提早，可保安全成熟，提高稻米品质，食味值比一般施肥增加 10 个百分点。在低温年份和三冷田（寒地、井水、山间）表现尤为突出。

4. 无效分蘖少抗倒伏

倒伏的因素主要是生长过盛、氮素过多、长期深水、病虫危害等。侧深施肥用速效肥料，在插秧后 30 d 左右氮素浓度降低，叶色褪淡。由于早期确保茎数和生长量，可以及时晒田，并能相应控制氮素，所以易于控制倒伏。

5. 减轻环境污染

由于侧深施肥是将肥料埋于土中，肥料流失减少。实践表明：采用侧深施肥的稻田由于行间地表氮、磷营养元素少，藻类等杂草危害明显减轻，同时随排水流入江、河的肥料也少，可防止湖、河水质污染。

三、侧深施肥应注意的几个问题

1. 施肥量

施肥量确定，与水稻品种、土地条件、气候因素和施肥方法有关，若采用侧深施肥，在同样目标产量下，施肥量应适当降低。据研究表明，侧深施肥可以提高肥料利用率15 ~ 20个百分点，这样要达到相似的目标产量一般可节约基肥和蘖肥总用量的20% ~ 30%。

2. 施肥方法

如前所述，多点试验资料表明全量侧深施肥比全层施肥加侧深施肥效果好，而全层施肥加侧深施肥效果比全层施肥效果好（见表9-2-4）。所以可用侧深施代替基肥、返青分蘖肥两次分施的方法。一般磷肥和钾肥在土壤中的移动性比氮肥小，磷肥可比常规施肥减少20% ~ 30%，一次侧深施；钾肥侧深施80%，追肥20%；氮肥施用上应采用侧深施和中后期追肥相结合的方法。据垦区多点试验，侧深施肥增产的原因主要是穗数增加，而穗数增加主要是因为氮肥侧深施使肥料集中于稻苗附近，可以提高利用率，减少脱氮和流失，氮素利用率可达50%。侧深施肥氮素在土壤中的移动，通常在施肥2周内，可横向和纵向移动5 ~ 10 cm，30 d后土壤中不同部位的铵态氮大体一致，因此侧深施肥在生育中、后期还须进行追肥，以防止中后期脱肥而减产，一般60%左右的氮肥侧深施入，其余40%用作中后期追肥。根据水稻生长情况，在水稻倒4叶时以全年施氮量的10% ~ 15%来调整水稻长势长相，以后再施用穗肥和粒肥。

3. 肥料类型

不同种类的肥料直接影响施肥效果，侧深施肥对肥料的种类、颗粒的大小都有较高的要求。目前垦区侧深施肥是将尿素、磷酸氢二铵、硫酸钾或氯化钾混合后，随机械插秧同时施用。很多农场在具体操作中发现，由于各种肥料的粒形和比重的差异，如硫酸钾为粉剂而尿素、二铵则是较大的颗粒，混合施用时往往钾肥下沉造成施肥不匀而直接影响水稻生育和产量。需要预先按着一定的氮、磷、钾比例制成颗粒肥，才能达到施肥均匀的程度。如在制造颗粒肥的同时，加入一些激素类物质，制成专用肥，效果将更理想。另据研究表明，水稻侧深施肥采用缓效性氮肥较好。

4. 深施肥器及施肥位置

目前侧深施肥一般采用深施肥器安装在插秧机上，利用插秧机的动力完成开沟、排肥、覆泥等项作业，将肥料施于稻苗侧 3 ~ 5 cm、深 5 cm 的位置。目前垦区推广的侧深施肥器主要有黑龙江省水田机械化研究所研制的侧深施肥器、延吉插秧机制造厂生产的 2FS-6 型水田施肥器、黑龙江军川机械厂生产的施肥器和日本引进的施肥器等。这几种产品各有优缺点，但基本上都能达到一次完成开沟、排肥、覆泥等作业，把化肥均匀、连续、定量、等深度、等距离地埋在水稻根系侧深部位的泥中。

关于水稻深施肥的位置，黑龙江省农垦科学院水稻所 1996 年和 1997 年进行了两年试验。结果表明：要实现一次性侧深施肥以侧 3 cm、深 5 cm 加侧 15 cm、深 10 cm 的效果最好，但这种方法目前尚没有国产机械设备，有待配套设计生产。

5. 稻田耕作

侧深施肥技术对寒地稻作区已显示出明显的优越性，但对于不同的土壤类型、不同的肥力水平、不同的耕作方式都有着不同的效果。如在黑龙江省西部盐碱土地机械侧深施肥，由于泥脚过深阻力加大，机械难以行走，推广面积不大。侧深施肥的栽培技术，在稻田耕作上，要创造适合于深施肥的土壤条件。一般要求土壤耕作要精细整平，耕层松软适宜，尤其是水整地后泥浆的沉降程度要求严格，泥过软易推苗影响插秧质量，过硬阻力大而行走困难。整地后的沉降时间以 3 ~ 5 d 为宜，以用手划沟，泥分开后自然合拢为好，在基本耕作上以松旋和松耙为宜。

四、侧深施肥稻作技术要点

侧深施肥技术不仅是在施肥体系上的变革，而且是以侧深施肥为前提的稻作体系，要和其他栽培技术进行综合组装配套，才能发挥其高产、稳产、优质的效益。

1. 培育壮秧

壮秧是侧深施肥技术的基本保证。侧深施肥又是在机械插秧的同时进行施肥作业，因此秧苗必须满足机插苗的要求。要保证苗的均匀度以确保机械插秧质量，同时要注意正确执行旱育壮秧的各种操作规范，按照旱育秧田规范化和旱育壮苗模式化的要求严格操作，培育出具有旱生根系、株高标准、叶片不披、充实度高、早期超重、苗质均一的标准壮苗。

2. 做好土壤耕作

侧深施肥对土壤耕作的基本要求是要有适宜的耕深。耕深受土壤、犁底层、有机质的多少影响，但最少要在 12 cm 以上，耕层过浅，中后期易脱肥。稻田基本耕作以松旋耕、松耙耕及轮耕为好。水整地要求土壤要松软适度，以手划沟后自然合拢为宜，否则过软、过硬都将影响插秧质量和侧深施肥的效果。

3. 插秧

为了确保水稻安全抽穗、成熟，就必须合理调整插秧时期，按盘育中苗要求，移栽时最低温度应为 13 ℃以上。要因地力和品种熟期合理确定插秧期，黑龙江垦区移栽高产期在 5 月 15—25 日。

栽培密度的要求：低产地块或稻草还田地、排水不良地、冷水灌溉地等初期生育不良，密度与常规施肥一致，一般地块应比常规施肥减少10%。插秧时苗要均匀一致，每穴株数少。

4. 做好施肥管理

确定施肥量：根据地力情况，按照基肥和分蘖肥用作侧深施肥的方法，较常规施肥的基肥加蘖肥量减少 20% ~ 30% 用作侧深施用。在施肥方法上，磷肥一次侧深施入；钾肥侧深施入 80%，追肥 20%；氮肥 60% 用作侧深施，其余 40% 做调节肥、穗肥、粒肥施用。

在作业前调整好排肥量，保证各条间排肥量均匀一致，否则以后无法补正。用速效肥料氮、磷、钾配合施用时应做到混拌均匀、现混现用，以免造成施肥不匀。在田间作业时施肥器、肥料种类、速度等均影响排肥量，要及时检查调整。

5. 做好水层管理

整地后以水调整泥的硬度，插秧后保持水层促进返青，分蘖期灌水 5 cm 左右，生育中期根据分蘖、长势及时晒田。晒田后采用浅湿为主的间歇灌溉法，腊熟末期停灌，黄熟初期排干。

6. 适时收获

按优质米生产的要求在黄化完熟率达 95% 时适时收获。

第三节　寒地水稻侧深施肥技术

自 1995 年水稻侧深施肥技术在黑龙江垦区大面积推广应用以来，面积不断扩大，相应的农艺配套栽培技术也日趋完善，水稻侧深施肥技术已不仅是在施肥体系上的变革，而且是一项以侧深施肥为前提，与培肥地力、培育壮苗、灌水管理、肥料选用、病虫害防治、农业机械选用等单项技术综合组装配套的栽培体系，只有这样才能发挥水稻侧深施肥技术的增产作用。

实践证明，水稻侧深施肥技术具有节肥、增产的作用，可促进水稻前期生育，防御冷害，降低成本，减轻水质污染，是一项适于寒地水稻高产、稳产、降低成本的栽培技术。1998 年垦区在推广水稻侧深施肥技术过程中出现许多高产典型，如军川农场 4 000 hm² 水稻平均产量达 8 055 kg/hm²。与此同时水稻侧深施肥技术在实践中还存在一些技术问题：①施肥方法不当，采用一次性侧深施肥，中后期没有补充施肥，致使水稻中后期脱肥，造成倒伏和稻瘟病的发生；②施肥量不精确，有的以为侧深施肥省肥而施肥量过少，也有的因未注意施肥量应减少而造成施肥量过大；③施肥作业不规范，造成施肥不匀，覆泥不好；④肥料混拌不匀，造成氮、磷、钾比例失调。为使水稻侧深施肥技术在垦区更好地推广，发挥其应有作用，今后需进一步完善侧深施肥稻作体系。

一、水稻侧深施肥技术应用效果

水稻侧深施肥可提高肥料利用率、促进水稻早期生育、促进水稻生育期和成熟期提早、促使无效分蘖少、抗倒伏、减轻环境污染（具体效果参见上节）。

侧深施肥可促进水稻早期生育，低位分蘖多，早期确保分蘖茎数，穗数增多，倒伏减轻，结实率高，因此一般年份可比常规施肥增产 5%～10%，低温年可达 10%～13%。另外侧深施肥水稻病虫害轻，可提早抽穗成熟，使水稻结实期积温相对较高，品质较好。据测定，食味值比常规施肥增加 10 个点数，在低温和条件较差地块更明显。1998 年调查表明，空育 131 垩白率比常规施肥下降 3 个百分点，糙米率和精米率分别提高 3.2 和 2.5 个百分点。

二、水稻侧深施肥专用肥

肥料种类直接影响水稻侧深施肥效果，由于肥料颗粒大小、密度不同而造成的施肥不匀是生产中存在的主要问题之一。利用氮、磷、钾三要素混配后加入缓释剂而制成的水稻侧深施肥专用肥，在该技术中应用效果较好，在日本已有较好的按不同土壤肥力和土壤类型配制的水稻侧深施肥专用肥。黑龙江省农垦科学院水稻所在研究水稻侧深施肥农艺技术的同时研制了一种含氮 15%、磷 20%、钾 15%，以树脂胶为缓释剂的水稻侧深施肥专用肥，该肥料在黑龙江省农垦科学院水稻所和黑龙江省新华、胜利、梧桐河等农场进行试验，平均增产 7.3%，但目前该专用肥存在的问题是加工质量差、颗粒大小不一、强度不够。

水稻侧深施肥量和施肥方法参照上节。

三、水稻侧深施肥与人工插秧、钵育摆栽

用人力侧深施肥器或插秧机带侧深施肥器进行施肥作业，再按施肥器划的印进行人工插秧或钵育摆栽是 1997 年以来兴起的一种栽培方式，增产效果明显，应用面积不断扩大。据调查，这种栽培方式是水稻侧深施肥技术的延伸。

第四节　寒地水稻优质高产攻关总结

水稻生产向着高产、优质、高效、生态、安全的方向发展，如何使寒地水稻生产再上一个新台阶，为国家粮食生产做出更大贡献，是水稻生产进一步发展的重大课题。按照全

面协调和可持续发展的要求，在确保优质的前提下，进行高产攻关，为黑龙江垦区水稻生产能力的持续提高和农业科技水平的不断进步奠定坚实基础。黑龙江垦区在水稻研究上近年来取得了一大批新成果，培育了一批早熟、优质、高产新品种；旱育稀植"三化"栽培、优质米生产、叶龄诊断等栽培新技术；病害生物防治、健身防病等植保新技术；稻草还田等可持续发展新技术，这些都为高产攻关奠定了技术基础。

一、攻关目标

在黑龙江省第一积温带小面积（1 hm^2 以上）攻关目标为 11.25 t/hm^2，在 40 ~ 60 hm^2 的面积上实现 10.50 t/hm^2；第二、三、四积温带小面积（1 hm^2 以上）攻关目标为 10.50 t/hm^2，在 40 ~ 60 hm^2 的面积上实现 9.75 t/hm^2。同时品质要达到国标（GB/T 17891—1999，现已更新为 2017 版本）规定的三级以上标准。

二、攻关的方案与方法

1. 实施地点

本项目根据黑龙江垦区农场所分布的生态区域，在各分局水稻优势农场选定实施点，按照水稻生产情况，共选定 11 个示范点作为垦区水稻示范的样板。各示范点安排如下：宝泉岭分局示范点设在普阳、江滨农场；绥化分局示范点设在铁力、肇源农场；红兴隆分局示范点设在八五二、五九七、八五三农场；齐齐哈尔分局示范点设在查哈阳农场；建三江分局示范点设在大兴、七星农场；牡丹江分局示范点设在八五六农场。

2. 测产和验收方法

（1）测产方法。在测产地块按照对角线式随机取 3 ~ 5 点。每点取 1 m^2 调查穴数，取 10 穴调查每穴穗数，取与平均穗数相近的穴调查全部穗粒数，计算平均每穗粒数，按品种应有千粒重进行产量估算，并折合成公顷产量。

（2）验收方法。攻关田于秋后农场自测，认为产量可基本达标的，分局组织测产，对测产结果能达标的地块，总局组织专家组进行实测，实测面积为有代表性的一个池子（1 334 ~ 2 000 m^2），进行机械实收计产，扣到标准水分为最后验收结果。

3. 主导品种和主推技术

（1）主导品种。普阳农场：空育 131、垦鉴稻 10 号；江滨农场：垦鉴稻 6 号；八五二农场：空育 131、金选 1 号；五九七农场：空育 131；大兴农场：空育 131；七星农场：空育 131、垦鉴稻 6 号；八五六农场：空育 131、垦鉴稻 5 号；查哈阳农场：空育 131；铁力农场：空育 131、垦鉴稻 10 号；肇源农场：松粳 9 号。

（2）主推技术。均为寒地水稻叶龄诊断栽培技术。

4. 主要措施

（1）管理模式。在农垦总局和农垦总局农业局的直接领导下，由专家牵头，组织垦区内农业科研单位和基层农业技术骨干，组成项目执行的专业技术队伍。以技术研发、成果推广、人员培训为主线，建立起总局首席专家、分局专家、示范区技术负责人为一体的高效农业技术推广渠道。首席专家巡回指导，其他各级技术人员蹲点服务，搞好优质高产中心示范样板田建设，做到以点带面，充分发挥辐射带动作用，让群众看有样板，学有榜样，使职工的科技水平在潜移默化中不断得到提高，达到核心技术一听就懂、一学就会、一干就成的预期目标。

（2）示范点遴选条件。必须是大棚育秧，能实施全程机械化，生产队对科技种田有积极性。小面积攻关最好结合科技园区的建设。交通方便。

三、攻关技术执行与落实情况

农垦总局高产攻关就是要充分利用垦区内外的最新科研成果，进行全程的组装配套，通过科技示范户落实各项技术，做到农机和农艺相结合，良种和良法相结合，使技术在生产中发挥作用，培育出高产典型，进而推而广之，达到全面均衡增产。首先，各项目农场根据总局高产攻关方案，制定了各自的较为详细的实施方案，根据示范户的具体情况设计了育秧、插秧及抽穗期等关键的农时标准，设计了施肥方案、植保措施、灌溉技术等栽培技术要点。其次，对示范户进行全面的技术培训，深入讲解了总局推广的"三化一管"技术体系，使示范户不仅知道技术措施要点，而且知道为什么按技术标准操作能够实现高产、稳产。再次，在水稻生育期间总局专家组、分局专家组及农场领导、技术人员，多次深入示范户田间地头，进行现场指导，及时发现问题及时解决。总局专家组进行了三次全面考查指导。最后，秋季进行了全面的测产验收，按年初方案农场先进行测产，对达到产量指标的分局进行核实，总局聘请省级专家进行了验收。

四、攻关结果与分析

1. 高产攻关品种结构

从表 9-2-6 看出，各项目农场申报的测产结果达到较大面积 9.75 t/hm^2 以上、小面积 10.5 t/hm^2 以上攻关标准的品种有：空育 131、垦鉴稻 6 号、垦鉴稻 10 号、松粳 9 号、金选 1 号 5 个品种（系）。其中空育 131 主茎 11 叶，适于第二、三积温带种植，有 7 个项目点应用；垦鉴稻 10 号主茎 11 叶，适于第二、三积温带种植，有 2 个项目点应用；金选 1 号主茎 11 叶，适于第二、三积温带种植，有 1 个项目点应用；垦鉴稻 6 号主茎 12 叶，适于第二积温带种植，有 1 个项目点应用；松粳 9 号主茎 13 叶，适于第一积温带种植，有 1 个项目点应用。

表 9-2-6　寒地水稻优质高产攻关测产结果（农场上报结果）

地点	品种（系）	平方米穗数	穗粒数	结实率 / %	千粒重 / g	产量 /（t/hm²）
七星农场	空育 131	513.0	69.0	94.0	26.0	9.27
五九七农场	空育 131	590.0	73.1	88.7	26.0	9.65
八五二农场	空育 131、金选 1 号	627.9	77.1	71.3	26.0	8.63
大兴农场	空育 131	530.0	84.7	94.0	26.3	11.12
江滨农场	垦鉴稻 6 号	613.4	77.8	74.2	27.0	9.40
查哈阳农场	空育 131	628.4	75.1	80.9	26.0	9.61
铁力农场	垦鉴稻 10 号	604.6	77.6	80.2	24.5	9.57
肇源农场	松粳 9 号	591.9	83.1	85.0	25.0	10.45
八五六农场	空育 131	580.4	83.4	81.0	26.0	10.21

2. 垦区水稻高产攻关产量结果分析

从各项目农场自测结果看（见表 9-2-6），平均产量最低为 8.63 t/hm²，最高为 11.12 t/hm²；平均产量 10.50 t/hm² 以上有 1 个点，平均产量 9.75 ~ 10.50 t/hm² 有 2 个点，平均产量 9.00 ~ 9.75 t/hm² 有 5 个点，平均产量 9.00 t/hm² 以下有 1 个点。从以上分析可知，将来要实现垦区全面产量 9.75 t/hm² 的目标，就要把垦区的水稻低产田的产量提升至 7.50 t/hm² 以上，而且产量 7.50 ~ 9.00 t/hm² 的面积要小于 20%，产量 9.00 ~ 9.75 t/hm² 的面积应占 30%，产量 9.75 ~ 10.50 t/hm² 的面积应占 30%，产量 10.50 t/hm² 以上的面积应占 20%。从高产地的产量构成看：对于空育 131 这一品种来讲，其适宜的收获穗数应在 550 ~ 620 穗 /m²，每穗粒数在 85 粒左右，结实率在 90% 以上，才能实现产量 10.50 t/hm² 以上。也就是说今后进一步提高产量要在稳定足够穗数、提高穗的质量、增加每穗粒数、提高结实率上下功夫。

2005 年 9 月 28—30 日，农垦总局组织由东北农业大学、黑龙江省农业科学院、黑龙江省农垦科学院、黑龙江八一农垦大学等单位组成的专家组对部分项目点进行实收，其中有 3 个点产量超过 10.50 t/hm²，1 个点产量 9.82 t/hm²，结果见表 9-2-7。

表 9-2-7　省专家组对水稻高产攻关项目验收结果

地点	产量 /（t/hm²）	地点	产量 /（t/hm²）
红卫农场	11.00	七星农场	9.82
大兴农场	10.52	查哈阳农场	11.30

五、攻关取得的基本经验

通过 1 年时间，在垦区不同积温带的 11 个农场进行的水稻高产攻关项目，其运行顺利，取得了较好的效果，为垦区进一步全面提升水稻产量积累了丰富经验。

（1）在第一、二、三积温带，利用现有优质、高产品种，配套先进实用的栽培技术，实现产量超过 9.75、10.50 t/hm² 的超级稻产量指标是完全可行的。

（2）优质高产品种是实现高产的前提，2005 年在攻关中达到和超过产量指标的品种（系）有空育 131、垦鉴稻 6 号、垦鉴稻 10 号、松粳 9 号、金选 1 号。

（3）以旱育稀植"三化"栽培为基础的叶龄诊断栽培技术是实现高产的关键技术。寒地水稻叶龄诊断栽培技术是利用寒地水稻最新研究成果，在寒地早熟粳稻类型品种主茎叶龄及生长发育规律研究的基础上，重点研究了各叶龄时期的生长发育标准及抽穗期的高产长势标准。按此标准进行肥、水、植保调控。同时总结了近年来的高产、优质、高效的生产经验，运用稻作新理论和科研成果进行组装配套，形成技术体系，使传统的种、管、收流程式栽培技术，发展成为按叶龄诊断、预测、调控的栽培技术体系。在高产攻关中显示了该技术的先进性。

（4）高度的组织化和强化技术管理是高产攻关的重要保障。从总局到农场均成立了领导小组，并精心组织使实施方案落到实处。各级技术指导组积极工作，及时解决各种问题，做到各技术环节准确及时。

（5）全程机械化是实现高产的重要手段。垦区水稻育苗、播种、插秧、植保、收获等方面实现了全程机械化，高产攻关的实践证明，只有机械化才能保证标准化，只有机械化才能使水稻均衡增产。

六、存在的问题与讨论

（1）品种结构。高产攻关应是新品种试验示范和大比武的平台，经试验示范后进入大面积推广。但 2005 年高产攻关品种选择时就存在着无种可选的问题，攻关的结果表明，大多数高产点仍以空育 131 这一种植 10 多年的品种为主。2005 年个别农场个别地块稻瘟病大发生，出现了绝产地块，品种单一是主要原因，与靠品种多样性防病的理论相悖。

（2）栽培技术创新的连续性与稳定性。以往的高产攻关往往不具备稳定性，相同的种植户、同样的地块、同样的品种今年产量高，而明年又明显下降，这就是栽培技术的不稳定性，高产攻关户不能灵活掌握栽培技术的实质，在气候条件、栽培环境发生变化的情况下，不会调整技术措施所造成的。可持续的高产要靠技术的不断创新来做保证，从全省的农业科技创新体系来看，搞知识创新和技术创新的人越来越少，在水稻栽培上应进一步加强创新能力建设。

（3）科研和服务体系建设。目前垦区的科研技术服务体系相对于地方是比较健全和稳定的，但是在科研上没有充分发挥资源优势，没能集中力量搞重点项目，大成果少，出成果慢。在技术推广上，也存在着人员少、素质差、不稳定等问题。

七、建议

垦区 2005 年的水稻高产攻关项目，充分证明了垦区水稻生产上的产量潜力是很大的，如何充分发挥垦区的水稻科研资源、人才资源、技术推广资源，在研究上多出成果、快出成果，并尽快转化为现实生产力，实现用 5 年时间使全垦区水稻产量达到 9.75 t/hm² 的目标，应做好以下工作。

（1）集中力量争取在超级稻育种上取得突破。农业部自 1996 年提出中国超级稻项目，规定了在全国范围内按不同生态区域完成相应高产产量指标。在育种方面要培育出优质超高产品种，黑龙江垦区地处寒地，困难较多，总局应向水稻育种重点投入，创造条件尽快培育出超级稻水稻新品种。

（2）下大力气在水稻栽培技术上取得突破。在目前水稻没有或缺少超级稻品种的前提下，靠栽培技术充分挖掘品种的增产潜力，达到国家超级稻标准。

（3）完善推广体系建设。在新形势下，国家正在探索新的推广体制，垦区应在现有的走在全国前列的基础上，进一步深化改革，建立一套完善、高效的推广体系，确保各项技术落实到位。

第五节　依当地气温条件做好水稻计划栽培

作物栽培受环境条件所制约，尤以气象条件对作物生产的丰歉起主导作用。在气象诸因素中，气温的影响就更为突出。

水稻是喜温作物，寒地水稻品种感温性强，在栽培中气温是影响其产量和品质的主要因素之一。因此，认真分析研究当地气温的变化，选育和栽培适宜的品种，便可主动地充分利用当地的热能资源，有计划地栽培管理水稻，这是寒地稻作防御低温冷害、获取水稻稳产高产的有效途径之一。

我们曾把佳木斯市 1958—1976 年共 19 年的每年 4—10 月水稻生育期的气温条件进行了统计分析，制定了佳木斯地区水稻直播栽培的适宜界限期与安全栽培期间。明确了本地区水稻直播栽培可能利用的活动积温及适宜的直播品种。这为当时水稻直播生产阶段的直接应用，乃至其后水稻旱育移植栽培生产的参照应用都起到了重大作用。

随着时代的发展，一是全球气候逐年趋于变暖，年活动积温有所升高，对栽培水稻提供了更多的热能资源；二是寒地水稻栽培方式的改变，以旱育苗机械移栽替代了直播栽培；三是种植品种的更新换代，并注重了寒地水稻优质米的生产。因此，我们有必要将 20 年来的气温实测资料再做一统计分析，以之与 35 年前所做的气温资料的分析进行比较，找出变化的差异，再以寒地水稻旱育移栽的特点为主，制定佳木斯地区水稻栽培的适宜界限期，并提出了适宜种植品种，供生产参考应用。

一、根据本地近期多年气温，绘制水稻计划栽培图

用佳木斯市气象局 1990—2009 年共 20 年水稻生育期间 3—10 月的实测日平均气温、佳木斯地区栽培的主要水稻品种生育活动积温及水稻主要生育界限温度等资料，绘制水稻计划栽培图（图 9-2-1）。

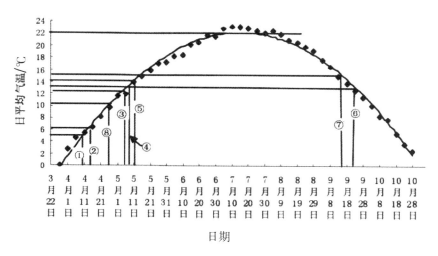

图 9-2-1 寒地水稻计划栽培图

（佳木斯，黑龙江省农垦科学院水稻研究所）

注：①线和②线分别为寒地水稻旱育秧播种最早界限期和安全播种界限期；③和④线分别为寒地水稻旱育中苗移栽早限期和安全移栽早限期；⑤线为寒地水稻旱育大苗安全移栽早限期；⑥线为寒地水稻安全成熟晚限期；⑦线为寒地水稻安全成熟适期界限期；⑧线为春季日平均气温稳定通过 10 ℃的时期。

1. 寒地水稻计划栽培生育界限图

按坐标法，左侧纵轴为日平均气温值（℃），横轴为水稻生育时期（月、日）。用 20 年同日平均气温计算出每 5 d 的平均气温值，以之绘制水稻生育期日平均气温趋势平滑曲线。

从左侧纵轴 13 ℃（水稻茎叶养分停止向穗部传输）起作与横轴的平行线交于日平均气温趋势平滑曲线后段，由交点作垂线交于横轴上，求得本地水稻成熟最晚界限期。按寒地水稻旱育秧播种、移栽成活、成熟所需最低气温，分别查出其相应最早界限期、安全界限期、成熟界限期。

2. 寒地水稻生育期逆算活动积温趋势图

按坐标法，左侧纵轴为水稻生育期积算温度值（℃）、横轴为水稻生育时期（月、日），绘制水稻生育期逆算活动积温曲线图（图 9-2-2）。由本地水稻成熟最晚界限期之日起向回推算活动积温 850 ℃（寒地旱育移栽水稻抽穗至成熟所需最低积温）、900 ℃（寒地旱育移栽水稻抽穗至成熟所需安全成熟最低活动积温，也是优质米生产成熟期所需最低活动积温）的日期，确定抽穗最晚界限期和抽穗适期界限。

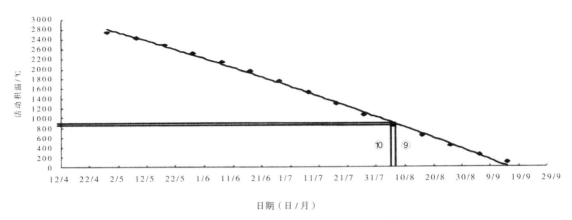

图 9-2-2　寒地水稻生育期逆算活动积温趋势图

（佳木斯，黑龙江省农垦科学院水稻研究所）

注：⑨线为寒地水稻抽穗最晚界限期；⑩线为寒地水稻抽穗适期限期。

3. 寒地水稻生育期的查出

从寒地水稻生育期逆算活动积温趋势图中，按本地主要水稻品种从移栽到成熟、抽穗到成熟所需积温，查出其相应的移栽期和抽穗期。从而由图中可以明确本地水稻适宜的栽培时期。通过查图（图 9-2-1、图 9-2-2）可推算任一生育期的日平均气温及其积算温度，便于掌握水稻生育进程，明确田间管理目标，促进早熟增产。

二、本地气温特点与水稻栽培主要界限期

从佳木斯 1990—2009 年 20 年气温实测资料的统计分析来看，自 4 月末，日平均气温开始稳定在 10 ℃以上，到 9 月下旬初、日平均气温降到 13 ℃时止，这一段时间，为本地水稻最长可能生育期间。据本地气温实测资料的统计分析，自 4 月 28 日起，日平均气温开始稳定在 10 ℃以上，到 9 月 21 日日平均气温开始降到 13 ℃以下时止，共 146 d，共计活动积温 2 748 ℃。这是本地水稻平均最长可能生育期间和可能利用的最大积温。在这生育期限中，自 4 月末气温逐渐上升，7 月下旬气温升到全年最高峰，以后逐渐下降。日平均气温达到 22 ℃（标准夏季气温）以上的时期为 7 月 4 日—8 月 4 日共约一个月。

三、近 20 年的气温特点与 1958—1976 年气温特点的主要差异

由于全球气候的变暖，通过佳木斯 20 年气温实测资料统计分析结果，明显看出：春季气温回暖早了，日平均气温开始稳定在 10 ℃以上的日期较 1958—1976 年气温分析结果前提了 6 d，为 4 月 28 日（原为 5 月 4 日）；秋季日平均气温开始降到 13 ℃时的时间延后了 3 d，为 9 月 21 日（原为 9 月 18 日）；这样从春季日平均气温开始稳定在 10 ℃以上到秋季日平均气温开始降到 13 ℃以下的时日，共 146 d，共计活动积温 2 748 ℃（原为

2 490 ℃）。较之增加了 9 d，其活动积温增加了 258 ℃。在这所增加的积温里减去增加了这 9 d 的积温外，较之日平均气温，平均每日升高了 1 ℃。同时，这期间日平均气温达到 22 ℃（标准夏季气温）以上的日子也多了 6 d 左右。

四、根据近二十年水稻生育期间日平均气温的变化及其在各生育阶段所需起点温度与积算温度，算定本地水稻主要几项界限时期

1. 寒地标准大棚旱育秧播种最早界限期、安全播种界限期

标准大棚旱育秧，棚内气温一般较外界提高 5 ~ 7 ℃。当气温稳定通过 5 ℃时，晴天棚内气温即可达到 10 ℃以上，水稻种子就能较快吸水、萌动发芽，这时可开始播种育苗。本地日平均气温开始稳定在 5 ℃以上的始期为 4 月 10 日。因此，4 月 10 日为本地大棚旱育秧播种最早界限期。

当春季日平均最低气温稳定通过 0 ℃以上时，为大棚旱育秧安全播种界限期。本地春季日平均最低气温开始稳定在 0 ℃以上的始期为 4 月 14 日，这时日平均气温已开始稳定在 6 ℃以上。因此，4 月 14 日为本地大棚旱育秧播种安全最早界限期。

2. 寒地水稻旱育秧中苗（3.1 ~ 3.5 叶龄）移栽早限期、安全移栽早限期

寒地水稻旱育秧中苗移栽成活的起点温度为 12.5 ℃。本地日平均气温开始稳定在 12.5 ℃以上的始期为 5 月 6 日。因此，本地中苗移栽最早界限期为 5 月 6 日。恰是本地平均终霜期的次日（据佳木斯近二十年实测终霜期的统计，平均终霜期为 5 月 5 日）。

旱育中苗安全移栽早限期，按其移栽本田安全成活最低温度 13 ℃的要求，在本地安全移栽早限期为 5 月 9 日。

3. 寒地水稻旱育秧大苗（4.1 ~ 4.5 叶龄）安全移栽早限期

旱育大苗移栽安全成活最低气温为 14 ℃以上，本地日平均气温开始稳定在 14 ℃以上的始期为 5 月 12 日。因此，5 月 12 日为本地大苗安全移栽早限期。

4. 寒地水稻安全成熟晚限期、安全成熟适期界限期

入秋以后，当日平均气温降到 13 ℃以下时，水稻茎叶已合成的养分将停止向穗部传输，水稻便不能进一步成熟。因此，成熟末期日平均气温开始出现 13 ℃的日期，为安全成熟晚限期。据近二十年来的气温资料统计，本地区日平均气温开始出现 13 ℃的日期为 9 月 21 日。因此，9 月 21 日为本地水稻安全成熟最晚界限期。为确保水稻安全成熟、促进形成优质大米，在成熟末期日平均气温开始出现 15 ℃（水稻植株茎叶将停止合成生产碳水化合物），为水稻安全成熟适期界限期，本地为 9 月 15 日。

5.寒地旱育移植水稻安全抽穗晚限期、抽穗适期终日

根据本地旱育移栽水稻，从出穗到成熟需要活动积温 850～900 ℃的要求，自本地安全成熟晚限期 9 月 21 日逆算活动积温达到 850 ℃的日期为 8 月 6 日，达到 900 ℃的日期为 8 月 4 日，亦即本地旱育移栽水稻安全齐穗适期终日为 8 月 4 日，安全齐穗晚限期为 8 月 6 日（图 9-2-2）。

五、本地主要旱育移栽水稻品种本田的生育积温及主要生育阶段的积温指数

对本地主栽的几个品种，以主茎 11 片叶的空育 131 和主茎 12 片叶的垦鉴稻 6 号及垦稻 12 号为例，在不同年份旱育苗插秧栽培条件下，分别计算了各该品种在本田生育期所需活动积温及各生育阶段的积温指数（表 9-2-8）。

表 9-2-8　佳木斯地区主栽水稻品种本田生育期所需活动积温

品种	种植年份	本田生育日期幅度 /d	平均本田生育日数 /d	本田生育积温幅度 /℃	平均本田生育积温 /℃
空育 131	2004—2009 共 6 年	104～112	107	2 1884～2 299	2 208
垦鉴稻 6 号	2007—2009 共 3 年	1054～118	112	2 2074～2 308	2 272
垦稻 12 号	2007—2009 共 3 年	1084～122	116	2 3054～2 393	2 344

寒地水稻品种感温性强，年份间气温高低不同，各品种的生育日数及生育期活动积温略有变化，但各品种的成熟期趋势基本是一致的。掌握各品种的生育日数及所需积温，对合理安排育苗插秧期及促进适时出穗成熟，可作为有力依据。

本地主栽各品种本田主要生育阶段所需日数和积温（表 9-2-9）：移栽到幼穗分化，生育日数为 34～40 d，积温 632～732 ℃，积温指数为 28～32；幼穗分化到出穗，生育日数为 30～31 d，积温 690～700 ℃，积温指数为 30～31；出穗到成熟生育日数为 40～43 d，积温 860～890 ℃，积温指数为 38～40。上述三个生育阶段，11 片叶的品种所需日数、积温略少，12 片叶品种所需日数、积温略多。本地旱育移栽水稻品种，按上述生育日数、积温指数，可以推定水稻在本田的生育进程。

表 9-2-9　佳木斯地区主栽各水稻品种主要生育阶段所需日数与积温

品种	移栽—幼穗分化			幼穗分化—出穗			出穗—成熟		
	日数 /d	积温 /℃	积温指数	日数 /d	积温 /℃	积温指数	日数 /d	积温 /℃	积温指数
空育 131	34.4	632.1	28.6	30.6	697.5	31.6	41.0	867.0	39.7
垦鉴稻 6 号	37.0	663.9	29.2	31.0	698.8	30.8	43.0	893.0	39.6

续表

品种	移栽—幼穗分化			幼穗分化—出穗			出穗—成熟		
	日数 /d	积温 /℃	积温指数	日数 /d	积温 /℃	积温指数	日数 /d	积温 /℃	积温指数
垦稻 12 号	40.3	732.4	31.5	31.0	699.3	30.1	43.0	893.3	38.4

注：品种空育 131 为 6 年，垦鉴稻 6 号、垦稻 12 号为 3 年平值。

六、按本地气温条件，选育适宜品种，做好水稻计划栽培

根据近二十年气温资料的统计分析及几个主栽品种各生育阶段所需日数与积温的要求，提出本地旱育移栽水稻的栽培适期。

1. 寒地标准大棚旱育秧安全播种适期

本地日平均最低气温开始稳定在 0 ℃以上的始期为 4 月 14 日，这时日平均气温已开始稳定在 6 ℃以上。因此，4 月 14 日为本地大棚旱育秧安全播种最早界限期。4 月 14—20 日为本地大棚旱育秧播种适期。大苗（4.1 ~ 4.5 叶龄）移栽的，为保证足够的秧龄期应在 4 月 17 日之前播完。

2. 寒地水稻旱育秧中苗（3.1 ~ 3.5 叶龄）安全移栽适期

5 月 9—23 日，为本地中苗移栽适期。

3. 寒地水稻旱育秧大苗（4.1 ~ 4.5 叶龄）安全移栽适期

5 月 12—23 日，为本地大苗移栽适期。

4. 寒地旱育移栽水稻安全抽穗适期

水稻出穗开花阶段需要较高温度。因此，其出穗期应在本地气温最高时为合适。根据本地移栽水稻品种各生育阶段所需活动积温，并保证安全成熟，出穗适期为 7 月 31—8 月 4 日，最晚齐穗期不应超过 8 月 6 日。为了充分利用热能资源，并尽量减少减数分裂期遭遇 17 ℃以下低温危害的概率，在一季栽培条件下，7 月 28 日为出穗早期界限期。

5. 寒地水稻安全成熟适期及最晚界限期

按本地气温条件及品种成熟阶段所需活动积温，水稻安全成熟适期的终日为 9 月 15 日，成熟最晚界限期为 9 月 21 日。超过这一日期，难以保证安全成熟。

6. 适宜本地移栽的水稻品种

本地水稻在育苗插秧栽培条件下，其本田安全生育期间为 128 d（ 5 月 9 日—9 月 15 日），活动积温为 2 520 ℃，这是可能利用的最大数。实际生产上插秧高峰期的 5 月 20 日—9 月 15 日为 118 d，活动积温为 2 370 ℃。因此，本地插秧栽培的适宜品种，其本田生育活动

积温不能超过 2 350 ℃。以目前种植的 12 片叶的垦稻 12 号为例，本田活动积温为 2 344 ℃ 左右，种植品种的熟期与之相近或早才适宜，才能安全成熟、保证品质。

第六节　温光条件与寒地水稻产量和源库特征的关系

黑龙江省已经成为中国乃至世界上最主要的粳稻生产基地之一，2014 年水稻种植面积已经超过 4.00×10^6 hm^2，在保障全国粮食安全中起着十分重要的作用。水稻的生长发育状况除了受遗传因素（汪本福，2006）、播栽期（黄雅丽等，2009）和栽培方式（程建平等，2010）影响外，还受温光条件（杨知建，1990；魏金连等，2008）的影响。据 IPCC（2007）报告显示，全球地面温度在过去的 100 年升高了 0.74 ℃，给农业生产带来诸多影响，如改变种植制度和农业生产布局，增加农业生产成本和投资成本（Olesen 等，2002；周曙东等，2010）。温度和光照是影响水稻产量的重要限制因子，前人就温光条件与水稻产量和生长发育的关系进行了大量研究（Bannayan 等，2009；Mohammed 等，2009；魏金连等，2010；Nagarajan 等，2010），认为温度过高、过低或者光照不足均不利于水稻生长发育和产量形成，二者主要通过影响产量构成因子最终影响产量的高低。在正常抽穗成熟条件下，水稻品种产量水平一般随生育期的延长呈增加的趋势，而生育期作为水稻品种的遗传属性，主要由自身的感温性、感光性、基本营养生长性决定，因此，水稻安全成熟需要一定的温光条件（符冠富等，2009）。太阳辐射是植物生长最主要的能源之一，为植物光合作用提供能量。研究表明，全球每年到达地表的太阳总辐射平均下降 1.3%（Mohammed 等，2009），其中在 25°N ~ 45°N 地区太阳辐射每 10 年减少 1.4% ~ 2.7%（Forster 等，2007）。而在中国，到达地表太阳总辐射每 10 年减少 3.3%（Xu 等，2002），递减率达 6.24 MJ/（m^2·a）（赵东等，2009）。有关太阳辐射变化对农作物生产的影响也已经引起人们的关注，但多是通过遮阴的方法进行的（Cavagnaro 等，2006；Joesting 等，2008；Mu 等，2010）。相关报道表明，太阳辐射减弱会显著影响植物生长发育（冯颖竹等，2007；谭卫锋等，2009），降低玉米和棉花的光合速率（杨兴洪等，2005；李潮海等，2007），减缓植株生长速度，最终导致生物量和产量的降低（贾立平，2004）。因此，深入研究温光条件与水稻生长发育、光合作用以及干物质生产之间的关系具有重大意义。

本节系统比较了 2011—2014 年温光因素变化特征，同时以当地水稻生产上大面积种植的寒地水稻品种为试验材料，在高产栽培条件下，系统分析不同年份间温光条件与寒地水稻产量、库源特征及光合物质之间的关系，挖掘和发挥寒地水稻优良品种的高产潜力、高产温光条件以及对环境的适应能力，为温光变化条件下北方寒地稻作高产、高效栽培提供理论依据。

一、研究地区与研究方法

1. 试验区概况

试验于 2011—2014 年在黑龙江省农垦科学院徐一戎水稻科技园区进行（130.40° E，46.80° N），试验地 0 ~ 20 cm 耕层土壤碱解氮 186.6 mg/kg、有效磷 32.04 mg/kg、速效钾 152.44 mg/kg、有机质 53.59 g/kg、pH 值 6.39。水稻生长期降水量、降雨分布、平均温度等气象数据由美国 Dynamax 小气候监测气象站（型号 InteliMet Advantage）提供，气象站距试验区 7 m。

2. 试验设计

试验选用 8 个寒地水稻品种，分别为垦稻 9、空育 131、垦稻 20、龙粳 31、垦稻 12、龙粳 21、垦鉴稻 6 号和垦稻 10，平均生育期 130 d。采用随机区组设计，3 次重复，每个小区 10 行，行距 30 cm，穴距 12 cm，每穴插 4 株，每处理占地面积为 24 m²（3 m × 8 m）。于 4 月 10 日（4 年同期）播种，旱育中苗，每盘播芽谷 100 g，5 月 15—16 日移栽，移栽叶龄为 3.5 左右。采用间歇灌溉方式，即移栽后 7 d 内田间保持浅水层，返青分蘖期为 0 ~ 3 cm 水层"浅湿干"间歇灌溉；有效分蘖末期晒田；生育转换期为 0 ~ 3 cm 浅湿间歇灌溉；孕穗期、抽穗期以及灌浆成熟期为"浅湿干"间歇灌溉。本田总施尿素（含 46% N）250 kg/hm²，磷酸二铵（含 46% P₂O₅）100 kg/hm²，氯化钾（含 60% K₂O）200 kg/hm²。氮肥（全氮比例）比例按基∶蘖∶调∶穗为 4∶3∶1∶2 施入，磷肥 100% 做基肥，钾肥 50% 做基肥，50% 做穗肥，防病、虫、草同常规。

3. 测定内容及方法

（1）叶面积与干物质积累。在调查穗数的基础上，抽穗期和成熟期每小区取代表性植株 3 穴，方格法测定植株叶面积，并按穗、茎鞘、叶等器官分样，于 105 ℃杀青 30 min，80 ℃烘箱 48 h 烘至恒重后，测定各器官干物质重。

（2）测产与考种。每小区 2 m² 实收，折成标准水分（14.50%）计算产量。每小区调查 1 m² 内植株的穗数，取代表性植株 3 穴，测定每穗粒数、结实率及千粒重等指标。

4. 数据分析

活动积温（Y）和有效积温（A）（刘江等，2002）计算公式：

$$Y = \sum_{i=1}^{n} t_i \qquad (t_i > B；当 t_i \leqslant B 时，t_i = 0) \qquad (1)$$

$$A = \sum_{i=1}^{n} (t_i - B) \qquad (t_i > B；当 t_i \leqslant B 时，(t_i - B) = 0) \qquad (2)$$

式中，B 为生物学下限温度（水稻为 10 ℃），t_i 为生育期内每日平均气温，i=1，2，3，…，n，n 为该生育时段的天数。

日活动积温（℃）：大于生物学下限温度的逐日白天平均温度（t_i）的累加，计算公式同（1）。

日有效积温（℃）：日活动积温与生物学下限温度之差（t_i-B）的累加，计算公式同（2）。

积温利用率（%）= 生育期内积温 / 全年内积温 ×100

粒叶比（mg/cm²）= 籽粒产量 / 抽穗期叶面积

群体生长速率（$g \cdot m^{-2} \cdot d^{-1}$）=（$W_2-W_1$）/（$t_2-t_1$）

净同化率（$g \cdot m^{-2} \cdot d^{-1}$）=［（$\ln LAI_2-\ln LAI_1$）/（$LAI_2-LAI_1$）］×［（$W_2-W_1$）/（$t_2-t_1$）］

式中，LAI_1 和 LAI_2 为前后两次测定的叶面积指数，t_1 和 t_2 为前后两次测定的时间，W_1 和 W_2 为前后两次测定的干物质重。

使用 Microsoft Excel 2003 进行数据处理，DPS 7.05 软件进行统计分析。

二、结果与分析

1. 不同年份间气温与降雨量变化

由图 9-2-3 可知，2011—2014 年气温最高值及出现的时间差异较大，日平均气温最高值（T_{max}）以 2014 年最高且出现最早，T_{max} 为 28.12 ℃，表现在分蘖初期（6 月 2 日）；而 2011—2013 年，T_{max} 值依次在分蘖末期（6 月 30 日）、拔节孕穗期（7 月 18 日）和灌浆盛期（8 月 13 日）出现。生育期内日平均气温以 2012 年最高（18.06 ℃），其次是 2014 年（17.84 ℃），但 2014 年却是 4 年中灌浆期日平均气温最高的年份。从降雨量上看，生育期内降雨量最高的是 2014 年，为 477.90 mm，但该年份的单日最高降雨量却是最低的，为 45.21 mm。日平均降雨量最高和日降雨量最大的年份均是 2012 年，分别为 3.32 mm 和 96.0 mm，成熟期表现最为突出，因此对生产实践造成不良影响，尤其是收获上。

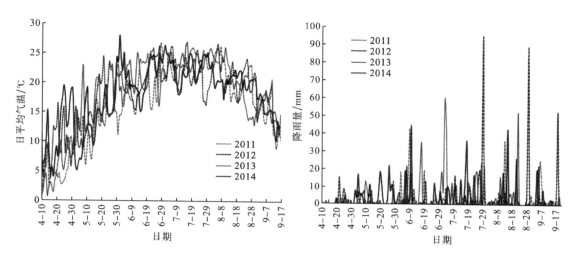

图 9-2-3　水稻生育期间平均气温和降水量

2. 不同年份间积温及利用率变化

由表 9-2-10 可知，2011—2014 年，全年 ≥ 10 ℃活动积温均在 2 800 ℃之上，其中以 2012 年最高，达 3 031.9 ℃，生育期内（平均 130 d）≥ 10 ℃活动积温也以 2012 年最高。而活动积温利用率最高的年份则是 2011 年，其次是 2013 年。全年和生育期内 ≥ 10 ℃有效积温均以 2013 年最高，分别为 1 740.23 ℃和 1 492.04 ℃；但在有效积温利用率上，最高的年份则是 2011 年，其次是 2012 年。从日活动积温和日有效积温上看，均以 2013 年最高，而日活动积温利用率和日有效积温利用率则呈现逐年增加的趋势。上述说明，年、日活动积温或有效积温高, 作物生育期内活动积温、有效积温及其利用率不一定就是最高的。

表 9-2-10　2011—2014 年积温变化特征　　　　　　　　　　　单位：℃

积温与利用率	2011 年	2012 年	2013 年	2014 年
AAT	2 839.43	3 031.90	2 952.60	2 963.72
GPAT	2 519.33	2 601.54	2 586.61	2 569.90
ATUR/%	88.72	85.80	87.64	86.69
AEAT	1 306.43	1 402.01	1 740.17	1 423.72
GPEAT	1 165.25	1 215.49	1 492.03	1 222.91
EATUR/%	89.22	86.74	85.69	85.90
ADAT	3 123.61	3 308.81	3 346.43	3 236.28
GPDAT	2 611.53	2 769.30	2 902.0	2 820.30
DATUR/%	83.62	83.69	86.72	87.10

续表

积温与利用率	2011 年	2012 年	2013 年	2014 年
ADEAT	1 580.61	1 680.49	1 716.40	1 696.33
GPDE-AT	1 407.04	1 498.88	1 554.53	1 546.12
DEATUR/%	89.04	89.18	90.64	91.10

AAT：全年活动积温；GPAT：生育期活动积温；ATUR：活动积温利用率；AEAT：全年有效积温；GPEAT：生育期有效积温；EATUR：有效积温利用率；ADAT：全年日活动积温；GPDAT：生育期日活动积温；DATUR：日活动积温利用率；ADEAT：全年日有效积温；GPDE-AT：生育期日有效积温；DEATUR：日有效积温利用率。下同。

3. 不同年份间太阳辐射变化特征

由图 9-2-4 可知，2011—2014 年 5 月 15 日—9 月 20 日每日上午 5:00 到下午 6:00 太阳辐射均呈单峰曲线变化趋势，且有逐年降低的趋势，表现为 SR2011 ＞ SR2012 ＞ SR2013 ＞ SR2014，以 2011—2012 年降幅最大，平均降幅 9.59%，其次是 2013—2014 年，平均降幅 5.45%。2011—2014 年水稻分蘖期（6 月 1 日—6 月 30 日）日平均太阳辐射以 2011 年和 2012 年居高；拔节孕穗期（7 月 1 日—7 月 20 日）呈现逐年降低的趋势；抽穗期（7 月 22 日—7 月 28 日）以 2011 年最高，其次是 2014 年，其中 2011 年峰值持续时间短，而 2014 年峰值持续时间较长；灌浆期（7 月 29 日—8 月 20 日）日平均太阳辐射最高的年份则是 2014 年。

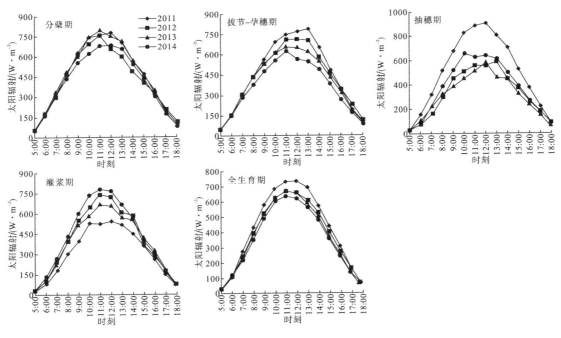

图 9-2-4 2011—2014 年生育期内太阳辐射日平均变化

4. 生育期活动积温与寒地水稻源库特征的关系

从图 9-2-5 可看出，产量与生育期内活动积温呈二次函数关系，即随着活动积温的增加，产量呈先增后降的趋势，可用

$$y_{生物产量}=-0.004\ 9x_{活动积温}^2+24.52x_{活动积温}-29\ 238（R^2=0.69，F=34.12，n=32）$$

进行拟合，最高产量时所需生育期活动积温为 2 502.02 ℃。成熟期生物产量与生育期内活动积温呈二次函数关系，可用

$$y_{平米产量}=-0.004\ 6x_{活动积温}^2+23.78x_{活动积温}-28\ 325（R^2=0.49，F=14.46，n=32）$$

进行拟合，达到最高生物产量时所需生育期活动积温为 2 665.24 ℃。说明成熟期最高生物产量所需活动积温要高于最高籽粒产量所需的。抽穗期叶片干重与生育期内活动积温呈极显著正相关，可用

$$y_{叶片干重}=0.245\ 5x_{活动积温}-383.33（R^2=0.60，F=47.87，n=32）$$

进行拟合。而抽穗期茎鞘干重与生育期内活动积温呈二次函数关系，可用

$$y_{茎鞘干重}=-0.004\ 6x_{活动积温}^2+23.21x_{活动积温}-28\ 504（R^2=0.74，F=43.11，n=32）$$

进行拟合。最高抽穗期茎鞘干重时所需生育期活动积温为 2 665.20 ℃。

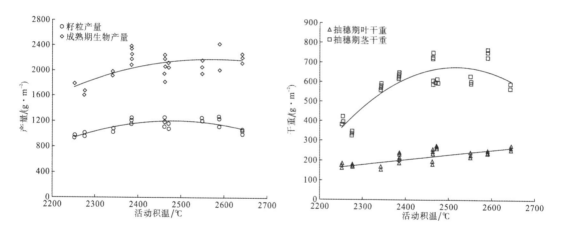

图 9-2-5　活动积温与产量和抽穗期干重的关系

由图 9-2-6 可知，抽穗期粒叶比与生育期内活动积温呈二次函数关系，可用

$$y_{粒叶比}=-1.9\times10^{-5}x_{活动积温}^2+0.424\ 7x_{活动积温}-479.41（R^2=0.34，F=7.77，n=32）$$

进行拟合。最高粒叶比时所需生育期活动积温为 2 359.44 ℃。抽穗期叶面积指数与生育期内活动积温呈极显著正相关，可用

$$y_{叶面积指数}=0.004\ 9x_{活动积温}-6.600\ 4（R^2=0.64，F=56.87，n=32）$$

进行拟合。成熟期收获指数与生育期内活动积温呈二次函数关系，可用

$$y_{收获指数}=-1.8\times10^{-6}x_{活动积温}^2+0.008\ 9x_{活动积温}-10.33（R^2=0.63，F=10.91，n=32）$$

进行拟合。成熟期最高收获指数时所需生育期活动积温为 2 472.22 ℃。

从图 9-2-7 可以看出，群体生长速率随着活动积温的增加而增加，至最大值时开始下降，两者呈二次函数关系，可用

$y_{\text{群体生长速率}} = -0.000\,2x_{\text{活动积温}}^2 + 1.128\,5x_{\text{活动积温}} - 1\,389.8$（$R^2 = 0.78$，$F = 56.29$，$n = 32$）

进行拟合。最高群体生长速率时所需生育期活动积温为 2 564.77 ℃。净同化率与生育期内活动积温呈二次函数关系，可用

$y_{\text{净同化率}} = -3.9 \times 10^{-5} x_{\text{活动积温}}^2 + 0.195\,9x_{\text{活动积温}} - 10.33$（$R^2 = 0.73$，$F = 40.58$，$n = 32$）

进行拟合。净同化率最高时所需生育期活动积温为 2 511.54 ℃。

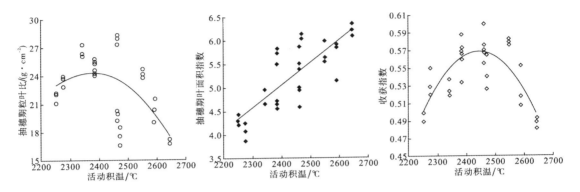

图 9-2-6　活动积温与粒叶比、收获指数和叶面积指数的关系

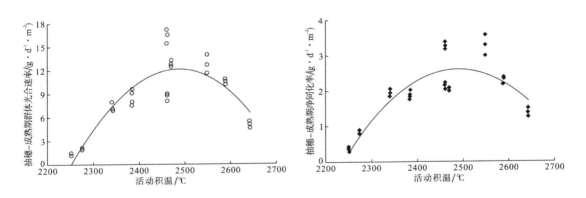

图 9-2-7　活动积温与群体生长速率和净同化率的关系

5. 温光条件与产量性状相关分析

由表 9-2-11 可知，在诸多产量性状中，平米实粒数和结实率与有效积温利用率显著负相关，其中平米实粒数与生育期日活动积温、日活动积温利用率、全年和生育期日有效积温以及日有效积温利用率极显著正相关；结实率与日活动积温利用率和日有效积温利用率极显著正相关，而与全年有效积温、生育期日有效积温以及生育期内日活动积温显著正相关；千粒重、收获指数与日活动积温利用率和日有效积温利用率显著或极显著正相关；产量与生育期内日活动积温、全年有效积温、生育期日有效积温、日活动积温利用率和日有效积温利用率极显著正相关。此外，抽穗后日平均太阳辐射强度与平米实粒数和公顷产

量极显著正相关，与结实率和千粒重显著正相关。上述说明，温光条件主要是通过影响平米实粒数、结实率以及千粒重的大小，最终影响到产量的高低。在众多温光因子中，与产量相关性最大的是日积温利用率，其次是抽穗后日平均太阳辐射强度。

表 9-2-11　温光条件与产量性状相关分析

温光因子	收获指数	平米穗数	平米实粒数	每穗粒数	结实率	千粒重	产量
AAT	0.11	0.11	0.25	0.22	0.21	0.16	0.27
GPAT	0.05	0.09	0.17	0.17	0.16	0.08	0.18
ATUR	−0.21	−0.13	−0.34	−0.35	−0.27	−0.23	−0.28
AEAT	0.11	0.17	0.27	−0.27	0.27	0.09	0.27
GPEAT	0.07	0.15	0.21	−0.34	0.23	0.05	0.21
EATUR	−0.34	−0.22	−0.43*	−0.15	−0.36*	−0.33	−0.34
ADAT	0.10	0.16	0.26	−0.04	0.26	0.11	0.27
GPDAT	0.25	0.20	0.43*	0.04	0.38*	0.24	0.45**
DATUR	0.42*	0.21	0.57**	0.16	0.46**	0.38*	0.60**
ADEAT	0.29	0.21	0.48**	0.19	0.40*	0.29	0.50**
GPDEAT	0.32	0.21	0.51**	0.21	0.43*	0.32	0.54**
DEATUR	0.45**	0.22	0.60**	0.26	0.48**	0.42*	0.64**
HDASR	0.34	0.17	0.50**	0.09	0.39*	0.36*	0.54**

三、讨论

在全球气候变化背景下，中国最近 100 年平均气温增加了 0.40 ~ 0.50 ℃（丁一汇等，2003），降水的区域化特征明显（Piao 等，2010）。相关报道表明，中国近 50 年太阳总辐射以下降趋势为主（赵东等，2009），且变化往往伴随着气温、湿度、降水量等其他环境因子的变化。本研究观察到，2011—2014 年日活动积温利用率、日有效积温利用率呈逐年增加的趋势（表 9-2-10）。关于太阳辐射对作物生长发育的影响研究主要针对年际间太阳辐射减弱对植物生长发育和光合生理特性的影响（冯颖竹等，2007；李潮海等，2007；谭卫锋等，2009）。李永庚等（2005）研究表明，太阳辐射与干物质积累量和经济产量呈正相关，水稻齐穗至成熟期的太阳辐射对稻谷产量有决定性影响。本试验观察到，生育期内日平均太阳辐射强度呈逐年降低的趋势（图 9-2-4），且抽穗后日平均太阳辐射强度与粒数、结实率以及产量显著或极显著正相关（表 9-2-11）。

作物生长对光照、温度和水分等气象条件都有一定要求，其中对温度条件尤为敏感（Hogy 等，2012；Butler 等，2013）。温度可以通过调控植物代谢速率、光合速率等能源供应操纵各物候期的长短（Ridgman，1989；Rebetzke 等，2006），如小麦和大麦花后源性状对温光变化较敏感，而库性状则主要受日均温的影响（李有春，1991）；玉米灌浆中后期日均温的降低和日温差的增大会延长春玉米绿叶持续期，增加后期的光合势和 LAI（戴明宏等，2009），但在光照和水分条件适宜情况下，出苗、苗期及灌浆期随温度升高而缩短，生长状态在营养生长阶段受温度影响较小，同时在产量形成过程中会因不同温度条件对干物质积累影响的差异而不同（蔡福等，2015）；水稻播种至齐穗期的温光条件对产量的影响大于齐穗至成熟期（符冠富等，2009），其中灌浆期高温会促使剑叶的衰老加快，加速籽粒灌浆，而遮阴能延缓叶片衰老，造成光合作用减弱（丁四兵等，2014）。本试验观察到，生育期内活动积温与产量、生物产量、抽穗期茎鞘干质量及粒叶比、收获指数、群体生长速率以及净同化率均呈二次函数关系，与抽穗期叶片干质量和叶面积指数则呈极显著正相关关系（图 9-2-5 ~ 图 9-2-7）。

温度升高一方面可增加区域的积温和活动积温，延长生长期，提高区域的气候生产潜力，促进水稻的新陈代谢，提高水稻产量；另一方面将使极端温度的出现频率增加，对局部地区作物的生长发育起抑制作用。研究表明，在气候温暖的低纬度地区，过高的温度将导致水稻产量下降（田小海等，2007；Lobell 等，2011）。也有研究认为，东北地区气候变暖对水稻产量的影响正面效应大于负面效应，增产趋势明显（张卫建等，2012），而黑龙江省南北部稻区活动积温相差较大（400 ~ 500 ℃），品种之间生育期相差悬殊，生产上应该用生育期较长或需要活动积温较多的品种提高生产潜力（矫江等，2008）。本试验观察到，生育期内日活动积温和日有效积温及其利用率与粒数、结实率以及产量显著或极显著正相关，日活动积温和日有效积温及其利用率与千粒重显著正相关（表 9-2-11）。

气候变暖能够缓解热量不足，尤其是低温对黑龙江水稻生产的不利影响，延长水稻的适宜生长期，有利于水稻的高产稳产。但气候变暖也可能引发突发性灾害，导致水稻大幅度减产。因此，在水稻品种选择上，晚熟品种选择要适当，要能够充分利用热量资源，抵御不利的气象条件；在栽培上，要通过调整育秧方式、水分管理、施肥技术等措施提高水稻生产系统的适应能力，使水稻生产更加稳定。

参考文献

[1] 蔡福，明惠青，赵先丽，等 . 温度条件对辽宁南部玉米生长发育和产量的影响——以庄河分期播种试验为例 [J]. 干旱区资源与环境，2015，29(2):132-137.

[2] 程建平，罗锡文，樊启洲，等 . 不同种植方式对水稻生育特性和产量的影响 [J]. 华中农业大学学报，2010，29(1):1-5.

[3] 戴明宏，单成钢，王璞 . 温光生态效应对春玉米物质生产的影响 [J]. 中国农业大学学报，2009，14(3):35-41.

[4] 丁四兵，朱碧岩，吴冬云，等 . 温光对水稻抽穗后剑叶衰老和籽粒灌浆的影响 [J]. 华

南师范大学学报：自然科学版，2004(1):117-122.

[5] 丁一汇，张锦，徐影，等 . 气候系统的演变及其预测 [M]. 北京：气象出版社，2003：32-35.

[6] 冯颖竹，谢振文，贺立红，等 . 光强因子对甜糯玉米光合作用和产量构成的影响 [J]. 华北农学报，2007，22(3):132-136.

[7] 符冠富，王丹英，李华，等 . 水稻不同生育期温光条件对籽粒充实和米质的影响 [J]. 中国农业气象，2009，30(3):375-382.

[8] 黄雅丽，陈刚，陈楠，等 . 播期和密度对麦茬中粳稻皖稻68生育期和产量形成的影响 [J]. 中国农学通报，2009，25(15):95-99.

[9] 贾立平 . 太阳辐射与植物生长发育的关系 [J]. 现代农业，2004，4(1):40.

[10] 矫江，许显斌，卞景阳，等 . 气候变暖对黑龙江省水稻生产影响及对策研究 [J]. 自然灾害学报，2008，17(3):41-48.

[11] 李潮海，赵亚丽，杨国航，等 . 遮光对不同基因型玉米光合特性的影响 [J]. 应用生态学报，2007，18(6):1259-1264.

[12] 李有春 . 小麦和大麦花后源库性状对温光响应的比较研究 . 四川农业大学学报 [J]，1991，9(3):338-343.

[13] 李永庚，于振文，梁晓芳，等 . 小麦产量和品质对灌浆期不同阶段低光照强度的响应 [J]. 植物生态学报，2005，29(5):807-813.

[14] 刘江，徐秀娟 . 气象学 [M]. 北京：中国农业出版社，2002：76-77.

[15] 谭卫锋，陈文音，陈章和 . 光照强度对水鬼蕉（Hym-enocallis littoralis）生长及生理生态特性的影响 [J]. 生态学报，2009，29(3):1320-1329.

[16] 田小海，松井勤，李守华，等 . 水稻花期高温胁迫研究进展与展望 [J]. 应用生态学报，2007，18(11):2632-2636.

[17] 汪本福 . 粳稻不同生育期类型品种产量形成特性与品质特征研究（硕士学位论文）[D]. 扬州：扬州大学，2006：2-10.

[18] 魏金连，潘晓华 . 夜间温度升高对早稻生长发育及产量的影响 [J]. 江西农业大学学报，2008，30(3):427-432.

[19] 魏金连，潘晓华，邓强辉 . 夜间温度升高对双季早晚稻产量的影响 [J]. 生态学报，2010，30(10):2793-2798.

[20] 杨兴洪，邹琦，赵世杰 . 遮荫和全光下生长的棉花光合作用和叶绿素荧光特征 [J]. 植物生态学报，2005，29(1):8-15.

[21] 杨知建 . 湖南省杂交水稻气候生态适应性研究 . Ⅱ. 杂交水稻的生育期变化规律及其与气象生态条件的关系 [J]. 湖南农学院学报，1990，16(4):315-324.

[22] 张卫建，陈金，徐志宇，等 . 东北稻作系统对气候变暖的实际响应与适应 [J]. 中国农业科学，2012，45(7):1265-1273.

[23] 赵东，罗勇，高歌，等 . 我国近50年来太阳直接辐射资源基本特征及其变化 [J]. 太阳能学报，2009，30(7):946-952.

[24] 周曙东，周文魁，朱红根，等 . 气候变化对农业的影响及应对措施 [J]. 南京农业大学学报：

社会科学版，2010，10(1):34-39.

[25]BANNAYAN M，TOJO SOLER C M，GARCIA Y G，et al.Interactive effects of elevated [CO_2] and temperature on growth and development of a shortand longseason peanut cultivar[J].Climatic change，2009，93:389-406.

[26]BUTLER E E，HUYBERS P.Adaptation of US maize to temperature variations[J].Nature climate change，2013，3:68-72.

[27]CAVAGNARO J B，TRIONE S O.Physiological，morphological and biochemical responses to shade of Trichloris crinita，a forage grass from the arid zone of Argentina[J].Journal of arid environments，2006，68:337-347.

[28]FORSTER P，RAMASWAMY V，ARTAXO P，et al.Changes in at-mospheric constituents and in radiative forcing[M].New York:Cambridge University Press，2007：137-215.

[29]HOGY P，POLL C，MARHAN S，et al.Impacts of temperature increase and change in precipitation pattern on crop yield and yield quality of barley[J].Food chemistry，2013，136:1470-1477.

[30]Intergovernmental Panel on Climate Change(IPCC).The fourth assessment report of the intergovernmental panel on climate change[M].Cambridge:Cambridge University Press，2007：457-461.

[31]JOESTING H M，MCCARTHY B C，BROWN K J.Determining the shade tolerance of American chestnut using morphological and physiological leaf parameters[J].Forest ecology and man-agement，2008，257:280-286.

[32]LOBELL D B，SCHLENKER W，COSTA-ROBERTS J.Climate trends and global crop production since 1980[J].Science，2011，333:616-620.

[33]MOHAMMED A R,TARPLEY L.High nighttime temperatures affect rice productivity through altered pollen germination and spikelet fertility[J].Agricultural and forest meteorology，2009，149:999-1008.

[34]MU H，JIANG D，WOLLENWEBER B，et al.Long-term low radiation decreases leaf photosynthesis，photochemical efficiency and grain yield in winter wheat[J].Journal of agronomy and crop science，2010，196:38-47.

[35]NAGARAJAN S，JAGADISH S V K，HARI PRASAD A S，et al.Local climate affects growth，yield and grain quality of aromatic and non-aromatic rice in northwestern India[J].Agriculture，ecosystems and environment，2010，138:274-281.

[36]OLESEN J E，BINDI M.Consequences of climate change for European agricultural productivity，land use and policy[J].European journal of agronomy，2002，16:239-262.

[37]PIAO S L，CIAIS P，HUANG Y，et al.The impacts of climate change on water resources and agriculture in China[J].Nature，2010，467:43-51.

[38]REBETZKE G J，RICHARDS R A，FETTELL N A，et al.Genotypic increases in coleoptile length improves stand establishment，vigour and grain yield of deep-sown wheat[J].Field crops re-search，2006，100:10-23.

[39]RIDGMAN W J.An introduction to the physiology of crop yield[J].Journal of agricultural science，1989，113:413-413.

[40]XU J，BERGIN M H，YU X，et al.Measurement of aerosol chemical，physical and radiative properties in the Yangtze delta region of China[J].Atmospheric environment，2002，36:161-173.

第七节　寒地水稻小群体栽培高产品种特征的研究

为提高水稻单产水平，1992 年在黑龙江省全省范围内推广了水稻小群体栽培技术，即采用偏穗重型的早熟品种、盘育苗、每平方米 16 ~ 20 穴、增加中后期施肥量的管理方式，是介于普通稀植和超稀植之间的栽培模式。为探讨小群体栽培条件下水稻品种的生育及产量构成特点，我们对 1991—1995 年间进行的品种试验结果进行了分析。

一、基本情况

试验地在黑龙江省农垦科学院水稻所，土壤肥力中等，有机质 2.1%，水解氮 54 mg/kg，速效磷 40 mg/kg，速效钾 60 mg/kg。参试品种 27 个，4 月底育苗，5 月 23 日插秧。

二、结果分析

1. 生育期与其构成因子的关系

经对 27 个品种的调查结果回归分析表明，水稻秧苗的主茎叶片数、插秧到抽穗的天数、结实日数与本田生育日数，主茎叶片数与插秧到抽穗的天数均呈线性正相关，相关系数分别为 0.706 2、0.906 4、0.689 0、0.753 9。如果以参试品种的平均生育日数（108 d）为对照，则结实日数每增加 1 d，生育日数将延长 1 ~ 2 d；插秧到抽穗的日数每增加 1 d（抽穗晚 1 d），生育日数将增加 1 d 左右。如果主茎叶片数增加 1.0 片，则生育日数将延长 8.8 d，其中插秧到抽穗的日数延长 7.4 d，占总增加天数的 84.1%。由此可见，水稻生育期的长短、抽穗的早晚与主茎叶片数有直接关系。主茎叶片数增加将使营养生长期大幅度增加，抽穗晚，从而导致生育日数增加；叶片减少，则生育日数缩短，抽穗提前。

2. 主茎叶片数、生育期及其构成因子与产量的关系

调查结果分析还表明，主茎叶片数、插秧到抽穗的天数、结实日数及生育日数与产量均呈二次方程关系。当主茎叶片数为 11.5 片时，公顷产量为 7 052.8 kg；插秧到抽穗的日数为 66 d 时，公顷产量为 7 104.1 kg；结实日数为 37 d 时，公顷产量为 7 192.4 kg；本田生育日数为 106 d 时，公顷产量为 7 192.2 kg，这是小群体栽培条件下高产品种表现出来的

生育特征，即高产品种的主茎叶片数为 11.2~11.8 片时，本田生育日数为 99 ~ 113 d，本田营养生长期为 61 ~ 71 d，结实日数为 34 ~ 40 d。这表明在小群体栽培条件下，主茎叶片数是影响产量的重要因素。如果主茎叶片数过少，则营养体较小，营养生长期短，分蘖少，产量低；如果叶片数过多，虽然分蘖较多，但营养生长期较长，抽穗晚，致使后期籽粒灌浆不足，千粒重下降而减产。因此在寒地高纬度地区，小群体栽培主茎叶片数为 11.5 片的品种时，在生育进程安排上如以 5 月 23 日为插秧期的中间值时，则 7 月 28 日（7 月 26—30 日）抽穗、9 月 3 日（9 月 1—6 日）成熟的品种可获得高产稳产。

3. 产量与其构成因素的关系

根据考种结果求得多元一次回归方程：

$Y = 1.36X_1 + 6.81X_2 + 44.16X_3 + 47.76X_4 + 708.79$

式中，Y 为公顷产量，X_1 为每平方米穗数，X_2 为每穗颖花数，X_3 为结实率，X_4 为千粒重。由方程可知，千粒重在产量中所占的比重最大，为 47.76%，其次是结实率，为 44.16%，单位面积的穗数对产量影响最小，仅占 1.36%。这说明小群体栽培的水稻产量不是通过增加穗数，而是通过提高穗的质量达到的。因此，在寒地情况下进行小群体栽培的水稻品种应具备粒大、结实率高、着花数多的特点。回归分析还表明，小群体栽培的水稻单位面积穗数、颖花数与产量的关系都遵循了抛物线的变化规律，根据该变化规律可知，小群体栽培时，每平方米 400 穗左右，每穗着花数 90 个左右的偏穗重型品种可获得高产稳产。

千粒重、结实率、实粒数、穗重与产量的直线回归关系一方面说明了它们对产量形成的显著作用，另一方面也说明了它们对产量的形成具有相对的独立性。如果以 9.0 t 为公顷产量的指标，那么要求千粒重为（30 ± 3）g，结实率为 90% ± 5%，进一步体现了小群体栽培条件下穗大、粒大、结实率高的重穗型品种在增产中的优势。

4. 产量构成因素间的关系

根据考种结果得知，单位面积的穗数和颖花数间呈直线负相关，因而单方面增加其中一个因素，另一因素有下降的趋势。如果以每平方米 400 穗、35 000 个颖花为指标，即可缓解其间矛盾获得高产。

三、小结

寒地水稻小群体栽培高产品种的特征应是：主茎叶片数为 11.2 ~ 11.8 片，5 月 23 日插秧时，本田营养生长期为 61 ~ 71 d，本田生育期为 99 ~ 113 d，每平方米穗数为 350 ~ 450 穗，千粒重为 27 ~ 33 g，每穗颖花数为 80 ~ 100 个，结实率为 85% ~ 95%。依此特征筛选出的品种品系有垦稻 6 号、东农 416、垦系 104、垦系 259、垦 93–341、垦系 249 六个品种，公顷产量超过 9.0 t 的概率为 75%。

第八节　寒地水稻品种按穗重分类及栽培规律分析

稻为多型性植物，无论是野生稻或栽培稻中都分化形成很多不同的类型。栽培稻按特性分类主要有熟期性、抗病避虫性、有效分蘖多少、穗重等11项。各项目中凡有数量关系的，均按早、中、晚稻分别测定，并以平均数加减一个标准差为中级标准，在此范围以上和以下的分别为上下级的标准。广州曾按穗重将籼、粳稻品种划分为三级，其中早籼2.8 g以上为大穗品种，1.8 g以下为小穗品种，二者之间为中穗品种；晚籼2.9 g以上为大穗品种，1.7 g以下为小穗品种，二者之间为中穗品种。普通粳稻3.5 g以上为大穗品种，2.3 g以下为小穗品种，二者之间为中穗品种。

寒地（北纬43°以北）稻区是我国具有独特生态特征的新兴稻区，种植品种为极早熟类型，为了更系统地研究、掌握这类品种的栽培规律，本节以穗重为项目对黑龙江垦区目前种植的品种做出一般分类，供参考。

一、材料与方法

垦鉴稻2号、空育131等26个品种（见表9-2-12）为"九五"期间"寒地水稻高产、低成本、高效益栽培技术研究"的试验品种。试验数据处理运用SAS软件中聚类近似协方差分析完成。

表 9-2-12　参试品种一览表

序号	品种	收获穗数	穗重/g	序号	品种	收获穗数	穗重/g
1	垦鉴稻2号	295.3	3.32	14	垦95－295	478.2	1.72
2	垦系9405	266.8	3.17	15	垦92－509	444.1	1.49
3	普选29	377.2	1.49	16	绥粳3号	401.2	2.04
4	垦94－1043	318.1	2.77	17	垦系249	304.7	2.02
5	垦系9809	304.6	2.90	18	垦鉴稻3号	486.9	1.44
6	龙选948	595.0	1.23	19	龙粳2号	517.1	1.38
7	牡9367	496.1	1.47	20	空育131	567.7	1.36
8	垦系259	421.1	1.41	21	垦系9808	311.6	2.52
9	合江19	576.0	1.39	22	垦系9807	292.4	2.46
10	垦稻7号	427.8	1.61	23	普特1号	308.6	1.62
11	东农416	459.7	1.52	24	垦稻6号	320.7	2.38
12	垦鉴稻4号	363.4	2.20	25	垦系9172	312.4	3.16
13	垦稻8号	413.9	1.66	26	上育397	532.8	1.36

聚类是根据样本之间相似程度进行分类的统计方法，如两个样本相似程度越大，距离越近，则归为一类的可能性越大。

二、结果分析

1. 品种分类

从每平方米收获穗数（x）和平均穗重（y）建立起来的关系（图 9-2-8）可知，收获穗数与穗重呈负相关关系，$r=-0.774\,2$。回归关系为：$y=0.376\,001+898.6/x$。这说明收获穗数与穗重是相互制约的，且有较稳定的对应关系，即穗重随收获穗数的增加而减小，随收获穗数的减小而增大。

根据软件的分类结果（表 9-2-13），兼顾曲线的连贯性可得（450，1.6）和（320，2.5）两点为曲线的"拐点"，即分类结果为：穗重小于 1.6 g 的品种为穗数型品种（小穗品种），大于 2.5 g 的品种为穗重型品种（大穗品种），界于 1.6 ~ 2.5 g 之间的为中间型品种。中间型的灵活性较大，可根据栽培的需要进一步分为中间偏穗数型品种和中间偏穗重型品种，按照这一分类标准，参试品种中垦鉴稻 2 号、垦 94-1043 等为较典型的穗重型品种，空育131、合江 19 等为穗数型品种，垦稻 8 号、东农 416 等为中间型品种。

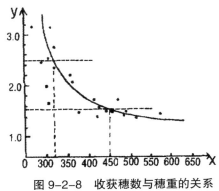

图 9-2-8　收获穗数与穗重的关系

表 9-2-13　分类结果取值

类别	I	II	III
y	2.42 ~ 2.90	1.13 ~ 1.50	1.64 ~ 2.50
y	2.46 ~ 3.32	1.23 ~ 1.72	1.47 ~ 2.20
x	266.8 ~ 320.7	459.7 ~ 595.0	320.7 ~ 444.1

2. 栽培规律分析

在参试品种中选择有代表性的垦鉴稻 2 号和空育 131 两品种（见表 9-2-14、表 9-2-15），进行产量构成分析，得方程：

$$y_1 = -1\,591.60 + 20.94x_1 + 1\,217.79x_2$$
$$F = 32.25 > F_{0.01} = 6.36$$
$$y_2 = -3\,646.96 + 11.17x_3 + 4\,099.66x_4$$
$$F = 5.83 > F_{0.05} = 5.79$$

式中 y_1、x_1、x_2 分别为垦鉴稻 2 号的产量、收获穗数和穗重；y_2、x_3、x_4 分别为空育 131 的产量、收获穗数和穗重。两个方程反映了同样一个规律：在产量潜力范围内，不论是穗重型品种，还是穗数型品种，均可以通过增加收获穗数和提高穗部质量两个途径实现增产，而通过提高穗部质量的效果最明显，即保证穗部质量比单纯争取穗数更重要。从本研究看，产量构成因素同样增加 1 个单位，穗重对产量的贡献率占 95% 以上，而收获穗数不足 5%。所以在优质高产的目标下，实施水稻栽培技术的出发点应是确保穗部适宜的质量。

表 9-2-14　垦鉴稻 2 号产量构成表

序号	收获穗数	穗重 /g	公顷产量 /kg	序号	收获穗数	穗重 /g	公顷产量 /kg
1	343.3	2.45	8 013.7	10	421.0	2.70	10 600.0
2	292.9	2.79	7 065.8	11	434.0	3.00	10 850.0
3	278.0	2.65	7 491.7	12	318.1	2.77	8 911.0
4	404.0	2.40	10 074.0	13	293.6	2.99	8 000.0
5	311.2	2.77	8 890.7	14	307.8	3.12	9 220.8
6	278.2	3.02	8 262.5	15	316.7	3.08	9 467.5
7	248.8	2.81	7 021.0	16	333.5	2.81	9 310.0
8	302.8	3.16	8 144.0	17	378.0	2.62	9 500.0
9	311.0	3.07	7 667.0	18	396.0	2.50	9 667.0

表 9-2-15　空育 131 产量构成表

序号	收获穗数	穗数	公顷产量 /kg	序号	收获穗数	穗重	公顷产量 /kg
1	595.0	1.23	8 518.0	5	597.3	1.55	9 418.2
2	567.7	1.36	7 356.2	6	626.0	1.58	9 696.4
3	496.1	1.47	7 827.8	7	643.0	1.48	9 586.9
4	560.7	1.55	9 823.0	8	594.7	1.63	9 422.5

通常穗数与穗重的相关系数为负值，穗数过多必然导致穗长、每穗颖花数和成粒数、千粒重等性状削弱，使穗重降低；而穗重是穗部质量的综合反应，着粒数、结实率和千粒重三者表达于同一穗上，也存在相互制约关系，任何一因素的增加可导致穗重的减少，而其中一项的减少也可能引起穗重的增加（反馈调节关系）。所以必须协调好各性状的数量关系，才能实现优质高产。

进一步对两品种的产量构成关系分析可知：垦鉴稻 2 号收获穗数与产量正相关，r_{y1x1}=0.871 5，回归关系为：

$$y_1=2\ 571.18 + 18.74x_1$$

而产量与穗重（r_{y1x1}=−0.148 7）及穗重与收获穗数（r_{y1x1}=−0.408 9）的关系不显著。空育 131 产量与收获穗数（r_{y2x3}=0.608 2）和穗重（r_{y2x4}=0.641 8）均存在正相关关系，但穗重的贡献率明显大于收获穗数（约 360 倍），见回归方程：

$$y_2=1\ 544.2 + 12.7x_3$$

$$y_2=2\ 128.8 + 4\ 609.2x_4$$

由此可知，寒地水稻品种不能采取"扬长补短"的方法栽培，而应按照"最小养分率"的原理，对品种产量构成的弱势因素实行重点栽培，（因为）每平方米所能收获的有效穗数是有限的，一个单茎所能生产的光合产物也是有限的，特别是在寒地稻区，水稻生长在"源"限制型的环境中，要在较短的时间里形成较高的产量，必须协调穗、粒之间的比例关系，通过高质量的群体获得优质高产。具体地说，穗重型品种应稳定适宜的穗重，争取适宜的穗数；穗数型品种宜稳定适宜的穗数，争取适宜的穗重。

3. 品种栽培要点

品种不同，栽培重点亦不相同，按照高光效群体结构的要求，可以中间类型品种的相应特征为标准，形成穗数型品种向中间偏穗数型、穗重型品种向中间偏穗重型的栽培过渡。栽培要点是以安全抽穗期为中心，在选用熟期适当的品种、培育壮秧、适期稀植、浅水间歇灌溉的基础上，以获得适宜的总颖花量（穗数 × 穗粒数）为目的，采取"平稳促进"的肥料运筹原则，一般穗重型品种氮肥前、后期施用比例为（6 ~ 7）：（3 ~ 4）；穗数型品种为（5 ~ 6）：（4 ~ 5），即将氮肥总量的 10% ~ 20% 用于穗重型品种攻取收获穗数，用于穗数型品种攻取穗质量。

三、结束语

（1）寒地水稻品种按穗重分类的一般标准为：穗重小于 1.6 g 的为穗数型品种，大于 2.5 g 的为穗重型品种，介于两者之间的为中间型品种。在高产条件下，穗重型品种宜采取稳定穗重、争取穗数栽培法；穗数型品种宜采取稳定穗数、争取穗重栽培法。

（2）一般穗重型品种的分蘖力较弱，穗数型品种的穗较小，但也存在穗大蘖多、穗小蘖少的现象，需要进一步探索其优质高产的栽培规律。

第九节　寒地水稻高产、低成本、高效益栽培技术研究报告

我国是农业大国，但还不是农业强国。中国人均占有粮食约 400 kg，而发达国家为 800 ~ 1 000 kg。预计到 2030 年，世界人口将达到 80 亿，我国人口亦将接近 16 亿。全世界还需要增加粮食 50%，其中亚洲需增加 75%，中国需增加 55%。即使按这一水平增长，届时中国人均粮食占有量仍处于较低水平，同时，资源的短缺也不断地威胁着农业生产的正常进行，因此以作物高产、优质、低成本为内容的研究思路已代表了生产发展的趋势，加强包括水稻在内的高效益栽培技术的应用也是适应人类生存发展需要的。

寒地稻区（北纬 43° 以北）作为中国新兴的粳稻产区。20 世纪 80 年代中期，随着水稻旱育稀植技术的引入和推广水稻产量达到 6 000 kg/hm^2，但最高产量仍徘徊在 7 500 kg/hm^2 左右，80 年代末，随着高产新品种的育成及栽培密度进一步减少，氮肥施用重点由前期移到中后期，水稻小面积产量才突破了 9 000 kg，与此同时，为弥补插秧机械的不足而发展起来的钵育抛栽技术，经过 5 年的示范推广，全垦区面积达到 0.7 万 hm^2，然而因密度大、秧苗分布不均等问题，而未能继续发展。于是人工插秧实现优质高产的途径，转移到钵育摆栽技术上来，1996 年垦区出现了边研究边推广的局面。为了更系统地总结水稻钵育摆栽技术，充分地发挥该技术优势，黑龙江省农垦科学院水稻研究所受总局科技局的委托承担了以钵育摆栽为重点的"寒地水稻高产、低成本、高效益栽培技术研究"项目。现将 5 年的重点研究进展总结如下：

一、试验设计

开展"寒地水稻高产、低成本、高效益栽培技术研究"课题的意义在于进一步探索减少成本、提高单产的栽培之路。为寒地稻作的可持续发展提供依据，也为垦区水稻实现机械化栽培做好农艺方面的准备。该项目本着产量和成本同步优化为原则，以水稻钵育摆栽为基础，通过品种选择、育秧技术、摆栽技术、肥料施用技术、灌溉技术、灭草技术等方面的研究实现优质高产栽培技术与节本增效技术的有机结合，完成了高效益技术体系的组装。

二、结果与分析

（一）品种选择

品种是决定产量和品质的内因，优良品种能比较充分地利用自然、栽培中的有利条件，从而表达出种质上的优势。正确认识优良品种的特征特性，并确定栽培方向，对实现优质高产具有重要意义。

1. 品种分类

水稻产量由收获穗数、穗着粒数、结实率和千粒重四个因素构成，如简化一下，产量即可由收获穗数和穗重构成：产量 = 收获穗数 × 穗重。根据这一关系，对同一产量指标而言，不同的品种可以分别通过收获穗数的优势、穗重的优势或穗粒兼顾的优势实现，并且收获穗数与穗重之间存在对应关系。这样品种就可以划分出穗数型品种（分蘖力强）、穗重型品种（分蘖力弱、穗大）和中间型品种。近年来由于栽培手段的需要，南北方稻区经常使用这一标准。但由于地域的差异，这一分类还以定性分类居多，特点是在寒地稻区没有量化，使栽培措施的针对性不强，极易导致高产栽培措施的盲目性，为此，本项目在研究期间以穗重为标准，利用聚类分析法对参试的品种进行了一般性分类，即平均单穗重大于 2.5 g 的品种为穗重型品种，小于 1.6 g 的品种为穗数型品种，介于两者之间的品种为中间型品种，中间型品种还可以分为中间偏穗数型品种和中间偏穗重型品种。按照这一标准参试品种中垦鉴稻 2 号（3.32 g）、垦系 9405（2.77 g）等为穗重型品种，空育 131（1.36 g）、龙选 948（1.23 g）等为穗数型品种。

2. 栽培规律分析

寒地水稻生长在"源"限制型的环境中，有效积温较少，且相对稳定，因此应有计划地分配这些资源，使水稻用于构建营养体、储存干物质的比例趋于协调，才能实现高产稳产。对一个茎秆及其附属叶片而言，抽穗后所能制造的光合产物是有限的，而单位面积所能容纳的适宜茎叶量也是一定的，所以，寒地水稻栽培既要采取"扬长避短"的栽培思路，更应该遵循"最小养分率"的原理，在保证穗部质量的前提下，对品种的弱势因素实行重点栽培，以获得单位面积总颖花质和量的突破，从而达到高产的目的。根据试验中典型品种的产量与产量构成关系：

$$y = 2\,571.18 + 18.74X_1, \qquad r_1 = 0.871\,5$$
$$y = 2\,128.8 + 4\,609.2X_2, \qquad r_2 = 0.641\,8$$

式中，y 代表产量，X_1 代表垦鉴稻 2 号的收获穗数，X_2 代表空育 131 的穗重。可以推得，同一产量指标穗重型品种应稳定适宜的穗重，争取收获穗数，而穗数型品种宜稳定适宜穗数，争取适宜的穗重，即通过水肥调控实现品种特征、特性的过渡。

一般情况下，在产量构成因素中，收获穗数是最活跃的因素，受栽培条件影响也最大。大穗型品种为"源"限制型品种，在寒地源限制环境中的适应性也将受到限制，表现为结实率不稳定。所以，穗重型品种通过适当增加基本苗或采取增加分蘖的措施来争取收获穗数获得高产的机会较多。

（二）培育壮秧技术

1. 钵盘的选择

水稻钵育苗，由于单株营养面积大（561 孔钵盘为 1.2 cm^2／株），比每盘播 100 g 芽谷的钙塑子盘育苗多一倍以上，苗质明显优越。但这一优势并不随生长面积的增加而持续增加，所以，必须根据秧苗类型选择既有利于高产又经济的钵盘。根据这一思路，以目前市场上钵体最小的钵盘（561 孔，每穴容土 3.17 cm³）为对照进行筛选试验，结果表明：

（1）随着每钵容土量的增大，育出秧苗的苗质相对指标增大，但不呈正比例增加，如 451 孔和 352 孔钵苗比 561 孔钵盘苗质高 31.8% 和 36.1%，而 2 倍土高 49.3%，反映了苗质与钵块大小之间存在的近对数曲线关系（经分析这一差异是秧苗滞长期的迟早产生的）。

（2）实收产量呈现抛物线变化规律，其中 451 孔和 352 孔比 561 孔高 14.1% 和 13.4%，表现出分蘖成穗多的优势。由此可见，在目前的产量水平下，培育中苗（3.1 ~ 3.5 叶）使用每穴容土量 3 ~ 4 cm³ 的钵盘（如 468 孔、515 孔、561 孔），大苗（4.1 ~ 4.5 叶）使用容土量 4 ~ 5 cm³ 钵盘（如 306 孔、352 孔）更为经济高效。

2. 播种量的确定

水稻钵育苗每钵播种粒数，不但因钵内苗数的变化而影响苗质，更重要的是由于株数不同影响收获穗数、穗重和产量。经分析，每钵种子数与苗质及穗重呈负相关，其中播量与苗质间的负相关性显著，$r= \mid -0.951\ 3 \mid > r_{0.05}=0.878\ 0$，与穗重的负相关性极显著，$r= \mid -0.974\ 3 \mid > r_{0.05}=0.959\ 0$，每增加 1 粒芽谷苗质下降 5.3 个百分点，穗重减少 5.5 个百分点。而播量与收获穗数及产量间呈抛物线性正相关，最高值均出现在每钵 3 ~ 4 粒处，即每穴播种 3 ~ 4 粒（芽率 90% 以上），可获得最高产量。

3. 覆土厚度的确定

覆土具有遮光、保水、固定种子等作用，所以，播种后覆土厚度直接影响育秧质量，从试验结果看，出苗期随覆土厚度的增加呈延后趋势，成苗率呈抛物线变化趋势，充实度和露种率呈降低趋势，连根率显著增加。因此，考虑到秧苗的质量和移栽时的可操作性，覆土厚度超过盘面 0.5 cm 为宜，种上总覆土厚度控制在 0.7 cm 左右。

4. 苗床管理

经计算，钵育中苗若每穴 3 株，则每苗所占营养土的体积约为 1.0 cm³，而盘育苗芽谷 100 g（千粒重 25 ~ 30 g），每苗所占体积为 1.1 ~ 1.3 cm³（按底土计），较钵苗多 10% ~ 30%。如使用相同的营养土，则速效养分含量也将同比例减少。因此，为保证生育后期不脱肥，应在秧苗 2 叶 1 心期追施适量速效肥料。但不宜将速效养分一次性补入营养土，增加养分浓度，抑制根系发育。

钵盘铺于床面，无形中创造了地膜效应，有利于水稻生长，但也易产生"高温保护"现象，同时由于水分在盘面的停留时间多于盘育苗，产生高温、高湿的环境，引起地上部徒长，因此，钵育苗炼苗程度应大于盘育苗，确保低温成苗。

按照上述步骤，秧苗素质较盘育苗平均高 31.4%，育秧成本下降 12.9%，总成本下降 1.47%，其中用种量、土量、壮秧剂、大棚折旧、浸种药分别下降 0.57%，0.43%，0.40%，0.60%，0.007%。

（三）本田管理

1. 移栽穴距的确定

移栽密度一方面关系到水稻中后期的长势和管理的能动性，另一方面关系到成本和经济效益。目前机械插秧密度还主要是 30 cm×10 cm 和 30 cm×13.3 cm，人工插秧主要是 30 cm×13.3 cm 和 30 cm×16.5 cm，生产上少数用 30 cm×20 cm 以上密度的。钵育摆栽能否进一步扩大密度？研究期间在稳定行距的前提下，与试验点进行了联合探讨，结果表明随着穴距的增大，产量及产量构成均呈抛物线形变化，其中收获穗数的最佳穴距为 16.7 cm，穗重的最佳穴距为 20.0 ~ 23.3 cm，产量的最佳穴距为 16.7 ~ 20.0 cm，按照"优势集中"的原则，可以确定钵育摆栽的一般栽培密度为（30 cm×16.7 cm）~（30 cm×20 cm）。

就当前的水稻生产水平而言，钵育摆栽 30 ~ 40 d 的秧苗，其密度应稀于生产上惯用的平米栽 27 穴、80 ~ 100 株苗，达到 16 ~ 20 穴、50 ~ 60 株的程度是最经济合理的。

2. 施肥技术

该部分是项目的研究重点之一，5 年中进行了不断的探索。

1）肥料的供需变化

水稻施肥是一项受很多因素影响的复杂系统，要形成一个高产的经济施肥模式，除了解常年的施肥模式和土壤的基础养分含量，要制定一个切实可行的目标产量。

在品种分类的基础上，选择穗重型和中间偏重型（单穗重 2.0 g 以上）品种，进行目标产量的可能性分析：如按（30 cm×16.5 cm）~（30 cm×20 cm）的密度摆栽，每穴收获 20 ~ 30 穗 / 穴，收获 450 ~ 500 穗 /m²，单产可实现 650 ~ 700 kg/667 m²。为了较有把握地实现产量目标，1997—1998 年在井水灌溉的条件下，对氮、磷、钾肥的供需关系做了研究，基础肥力水平为全氮 0.1%、全磷 0.1%，有机质 0.2%，速效磷 40 mg/kg、速效钾 70 mg/kg、水解氮 10 mg/100 g·土，方法是采用密度（X_1）、施肥时期（X_4）、氮肥量（X_3）、磷肥量（X_1）、钾肥量（X_5）5 因子 5 水平二次正交旋转回归设计，结果得到应用方程：

$$y = 961.4 + 37.7x_1 - 13.33x_3 + 14.94x_5 -$$
$$12.4x_1x_2 + 9.24x_1x_3 - 10.14x_3x_4 +$$
$$10.82x_3x_5 + 17.07x_{12} - 19.12x_{22} -$$
$$20.86x_{32} - 14.37x_{42} + 13.33x_{52}$$
$$\pm 103.5$$

$F_1 = 2.51 < F_{0.05} = 3.29$，证明用多元二次回归模型描述试验结果是合适的，也表明研究的因素基本上综合了对试验结果的变异影响。

$F_2 = 22.93 > F_{0.01} = 3.37$，证明在统计分析的意义上较好地描述了试验结果。经优化，肥料主效应排列为 N ＞ K ＞ P，配合使用时 NPK ＞ NK ＞ NP；最佳组合为栽 50 ~ 60 株 /m²，N 130 kg/hm²，P₂O₅ 50 kg/hm²，K₂O 80 kg/hm²，产量为 11 009.8 ~ 13 079.8 kg/hm²。

与此同时在自流灌部分行了中后期肥料试验，方法是 L9（34）正式试验设计，结果氮、磷、钾肥与产量 y 的关系为：

$$y=7\,044.7 + 7.91N - 0.52P + 3.30K, \quad F=8.16 > F_{0.05}=5.41$$

也表明了目前肥料三要素对产量的贡献大小排列是 N > K > P，氮、磷、钾比例调整优化为 1 : 0.4 : 0.6。

2）氮肥施用技术

"春季升温缓慢、夏季高温时间短、秋季降温快"是寒地稻作的气候特点，要使水稻在生育期间充分地利用有限的光热资源，就必须通过肥水调控手段，构建与气温规律相协调的"库、源、流"系统，避免生育期间生理、生态指标的剧烈波动，才能实现水稻生产的高效益，即遵循"平稳促进"的栽培思路。

前述的井灌条件下形成的单产 650 kg/667 m^2 的氮肥施用方法为基肥、蘖肥、调节肥、穗肥、粒肥比例为 3 : 2 : 2 : 2 : 1。为进一步验证氮肥在高产栽培中前后期较适宜的分配比例，同时探讨"模式"在优质米生产中的可行性，而进行的对比试验证明收获穗数随氮肥比例的后移呈增加趋势（见表 9-2-16），成穗率和穗重呈抛物线关系。最佳比例为 5 : 5。从外观米质和抗性上看，以 5 : 5 偏 6 : 4 为好。从而验证了以氮为主的"平稳促进"施肥模式。

表 9-2-16　氮肥前后期施用比例试验调查结果

项目	施肥方式				品种	
	7 : 3	6 : 4	5 : 5	4 : 6	垦鉴稻 2 号	垦 92-509
穗数（每平方米）	427	423	437	437	293	533
成穗率 /%	68.8	73.2	72.9	70.5	68.1	75.6
穗重 /g	2.18	2.14	2.28	2.26	2.70	1.80
垩白率 /%	33.7	30.6	31.6	35.4	62.4	3.3
倒伏 /%	1.83	0	1.83	5.42	0	4.08

3）磷肥施用技术

磷是水稻体内许多重要有机化合物的组成成分，且多方面参与水稻体内的生理过程，但用量过大一方面会增加固定量，降低有效性，另一方面也会与部分营养元素发生拮抗作用，根据这一想法所做的试验结果为：

产量（y）与总施磷量（x_1）的关系为：

$$y=8\,625.1 + 0.55x_1 - 0.002x_{12}$$

$$F=167 > F_{0.01}=30.8 \quad 拐点\ x_1=419.7$$

产量（y）与基肥量（x_2）的关系为：

$$y=8\,250.4 + 5.03x_2 - 0.2x_{22}$$

$$F=14.2 > F_{0.05}=9.6 \quad 拐点\ x_2=39.0$$

产量（y）与施用次数（x_3）的关系为：

$$y=6\,078.7 + 156.5x_3 - 44.6x_{32}$$

$$F=3.1 > F_{0.25}=1.8 \text{ 拐点 } x_3=1.7$$

产量（y）与追肥时间（x_4）的关系为（时间从 6 月 1 日计）：

$$y=8\,678.7 + 13.0x_4 - 0.244x_{42}$$

$$F=3.2 > F_{0.25} \text{ 拐点 } x_4=26.7$$

上述拐点组合为：在全磷 0.1% 左右的稻田上，施磷（P_2O_5）50 kg/hm^2 左右，采用两次使用，第一次在水整地时施 80%，剩余 20% 可在分蘖高峰期随调节肥使用。

4）钾肥施用技术

目前钾肥的使用已在生产上引起高度重视，如何较合理地施用钾肥，根据水稻的吸钾规律和当前常用的使用方法，我们筛选了几个处理进行对比试验，结果基肥 50%、盛穗期 30%、穗期 20% 的处理，综合性状较均衡，产量较高。

综上所述，基肥在水整地时施 30% 氮、80% 磷、50% 钾，以提高耕层的肥力，保证生育期间，特别是前期和中期营养的平衡供给。第一次蘖肥在分蘖始期施氮 10% ~ 15%，第二次蘖肥在分蘖盛期施氮 15% ~ 20% 和 20% ~ 30% 钾，以钾促氮，加速氮代谢进程，提高氮的利用率，促进分蘖竞争成穗，提高成穗率。有效分蘖末期以 10% ~ 15% 氮和 20% 磷促进生育转换。穗肥在倒 2 叶伸长的前半期追施 15% ~ 20% 氮和 20% ~ 30% 钾，以"扩库、强源"，粒肥在始穗期施氮 10%，或结合防病健身措施追肥。整个生育期避免肥料的集中供给，以免引起水稻生理指标产生大幅度的波动，同时逐级诱导个体发展为高光效生产体系。

3. 灌溉技术

1）温度的变化

根的生长发育受土壤温度的制约，所以了解土壤温度的变化规律，对采取适宜的栽培措施、促进水稻生长有着重要意义。为了进一步了解水分管理对土壤温度的影响，近几年连续进行了不同水源、水深等因素对土壤温度影响的调查。

结果表明，寒地种植水稻，春季较低的土壤温度是制约水稻生长的重要因素，太阳辐射、水源和水深三要素中，太阳辐射的影响度占 99.5%。所以尽可能利用太阳辐射提高地温才是春季稻田灌溉的关键。浅水比深水灌溉更能提高稻田昼间土壤温度。6 月中旬地温上升到 20 ℃时，灌溉水深对地温的影响减小，七八月水稻叶面指数达到 4 以上时，深水比浅水灌溉地温高 1 ℃左右。河水比井水温度高 10 ℃左右，灌水后 3 d 地温差降到 0.4 ℃直到灌下一次水，水稻本田生长期内河水比井水灌溉土壤积温高 50 ℃左右。

2）灌溉方式比较

水稻井水灌溉时土壤温度低于河水灌溉，使得主茎叶片数增多 0.14 叶，延迟穗分化，现穗和成穗晚 1 d。不同深度水层虽然对土壤温度影响较小，但深水相对抑制穗分化，比浅水出穗成熟晚 1 d。因此，无论是井水还是河水，水稻移栽后浅水（3 cm）间歇灌溉有利于提早成熟。

几年来在借鉴南北方灌溉技术的基础上，针对寒地稻区的具体情况，进行灌水量的对比试验表明：在具备基本灌溉设施的条件下，灌溉量控制在 300 m^3/667 m^2，井水灌溉较河水灌溉的产量差异未达到显著水平；采用以建立 3 cm 水层为主的间歇灌溉模式，产量呈增加的趋势，且成本下降约 4%。

4. 节本灭草技术

当前水田除草剂的种类很多，价格也不等，所以筛选安全性高、防效好、成本低的除草体系，对实现高效益水稻栽培也具有重要意义。本项目在试验阶段选择的助草剂为丁草胺。结果其总量可控制在 1.25 ~ 1.75 kg/hm²，采取分次施用效果较好，其中第一次在水整地时用 60% 丁草胺 1.0 kg/hm² 封闭，移栽后 15 d 再用 0.5 kg/hm² 加 10% 草克星 0.1 kg/hm²，防治稗草和阔叶草效果达 95%，单项成本降低 40% 以上。

三、结语

（1）在品种分类的基础上，明确了穗重型（单穗重大于 2.5 g）采取穗数型栽培可获得高产，且高产的概率较大。

（2）钵育苗本身具备成本育壮秧的条件。本项目按照 30 cm × 20 cm 密度摆栽中苗，确定 3 ~ 4 cm³ 钵体的秧盘，每穴 3 粒芽谷，可降低育秧成本 12.9%。

（3）本田管理以"平稳促进"为原则，在中等肥力（有机质 2% 左右）条件下氮、磷、钾施用比例可调整为 1 ∶ 0.4 ∶ 0.6，氮肥施用比例为基、蘖、调（促）、穗（保）、粒肥为 3 ∶ 2 ∶ 2 ∶ 2 ∶ 1，磷肥基、调比例为 8 ∶ 2，钾肥基、蘖（盛蘖期）、穗比例为 5 ∶ 3 ∶ 2。水层管理在保证关键期用水的基础上，以浅水 3 cm 间歇灌溉为主，全生育期灌溉量可控制在 300 m³/667 m² 左右。本田灭草丁草胺用量为 1.25 ~ 1.75 kg/hm²，防稗效果可达 95%。

（4）该技术模式的试验示范结果为两年累计 2.28 万 hm²；井灌区单产 657.2 kg/667 m²，自流灌区单产 716.4 kg/667 m²，成本下降 5.6%，新增加效益 8 183.27 万元。

第十节　寒地水稻生育转换期及管理重点

水稻一生从生长的角度、发育的角度或生理的角度均可划分出不同的生育时期，这些时期存在着相互联系、相互制约的关系，这种关系的高度统一（集中），就在水稻的生命现象中表现出阶段性的"承启效应"。事实上这一效应就是通常所讲的生育转换质量问题。转换升级的水平体现了前一阶段管理水平，因此明确水稻生育转换时段，并根据生长中心的不同采取相应管理，对水稻优质、高产目标的稳步推进具有重要的意义。

一、生育转换期的界定

从生物学和植物生理学的角度看，水稻一生中形态结构性质的改变过程、生长中心的转移过程、摄取营养成分的变化过程（同化）、包括人为调控的转变过程，用时间或农时为尺度界定某一量变到质变转化的过程即生育转换期。水稻繁衍由种子到种子完成一个周期，笔者认为其中包含 4 个重要（主要）的生育转换期。

1. 原始体种子从休眠状态转入异养（胚乳）生长的过程

严格说来，种子植物的个体发育始于受精卵（合子）的第 1 次分裂。但是，由于种子是特有的延存器官，所以人们习惯于把种子萌发看成是植物进入营养生长阶段的第 1 步。

2. 从异养生长过渡为自养生长的过程

通常指离乳期，随着生长的进行，秧苗对胚乳的依赖逐渐减少。具体表现为从第 1 叶展开始，光合作用有了"量"的概念，但此时约有 80% 的胚乳养分被消耗；根系（种子根、鞘叶节根及伸长中的不完全叶节根）的吸收能力增强，植株将逐步开始独立营养；植株体重（干物重）由暂时减少变为增长。经过这一时段，植株将进入完全的自养阶段。

3. 植株由营养生长过渡为生殖生长的过程

以营养器官为主要收获对象时，则营养器官的生长直接影响产量；以生殖器官为主要收获对象时，营养器官的生长状况将决定着生殖器官的形成和膨大，因为生殖器官所需要的养料绝大部分是营养器官提供的。寒地水稻是重叠类型，在巩固营养生长体素质的同时，保证生殖生长正常进行是栽培的难点，也是提高产量、改善品质的关键所在。

4. 水稻抽穗期

水稻抽穗期是植株形态变化的标志。此期包含两个生物现象，一是幼穗从保护或半保护（生存环境）状态进入裸露的状态，植株的形态基本确定；二是雌、雄细胞结合形成二倍体，新一代种子子房进入生长发育阶段。

二、生育转换期的管理

植物的生长为发育奠定基础，而发育则是生长的必然结果，二者相辅相成，密不可分，不仅受植物本身内在因素的调节，而且受外界条件的影响。根据水稻不同时期的生长发育特点，协调生长条件之间的关系，是实现水稻优质高产栽培的重要原则之一。

1. 种子萌动过程的管理

种子萌动过程的管理主要是浸种和催芽两项措施。浸种的目的在于使全部种子均匀吸足水分，发芽整齐。种子从休眠状态转化为萌芽状态，吸足水分是种子萌发的第 1 步。种子在干燥时，含水量很低，细胞的原生质成凝胶状态，代谢活动非常微弱，处于休眠状态。只有通过吸水过程，才能使种皮膨胀软化，氧气随着水分透入稻种细胞内，增强有氧呼吸作用；有了水也便于有机物迅速运送到生长中的幼芽、幼根，加速种子发芽的进程。浸种、催芽过程是水稻一生中第 1 个生育转换期。从水稻的一生来说，该阶段是水稻从休眠的原始体状态转入次代生长发育的时期，胚将有目的地生长，胚乳要有秩序地完成养分供给。

浸种过程是养分供应形式的转化和能量的储备过程，催芽是营养转移和能量流动的过程。因此从上面的生物学作用可以知道，一方面浸种、催芽过程即是水稻（快速转入）生长发育的开始，也应是实行重点管理的开始；另一方面是争取农时、保证质量的基础。一般情况下种子发芽需要 3 个必备条件，即适宜的温度、适宜的水分和充足的氧气，水稻种子亦一样。同时作为"过程"的延伸，3 个条件也适宜贯穿水稻由种子发展为幼苗的过程，事实上这一概念可以作为水稻一生的基础条件，纳入栽培管理的范畴。

（1）温度。浸种因温度的不同需要的时间不同，一般 5 ℃温度需要 15 d、10 ℃温度需要 8 d、15 ℃温度需要 5 d、20 ℃温度需要 3 d、25 ℃温度需要 2 d、30 ℃温度需要 1 d。种子吸足水分所需积温总的趋势是高温浸种需要的少，低温浸种需要的多。浸种采用较低的温度为好，原则是浸种的积温达 80 ~ 100 ℃。水稻发芽的最低温度因所处的生态区域而异，冷凉地区的品种在 10 ℃左右，南方稻区要高一些；水稻发芽的最高温度为 40 ~ 42 ℃，最适温度为 30 ~ 32 ℃，一般保持 25 ~ 30 ℃温度。笔者曾在 12 ℃温度的条件下浸种 7 d，并在 20 ℃、30 ℃、40 ℃温度条件下催芽 48 h，在 30 ℃温度条件下的表现为发芽快且整齐；20 ℃温度条件下的表现为发芽慢，但正常；40 ℃温度条件下的表现为发芽快，但不正常。从浸种、催芽所要求的温度和效果看，选择适宜温度的下限值，对提高操作质量有一定保证作用。

（2）水分。种子发芽前的吸水过程分为急剧吸水的物理学吸胀过程和缓慢吸水的生物化学过程两个阶段。一般稻种发芽所需要的最低吸水量为其种子重量的 15%（籼稻）或 18%（粳稻）以上，即约达种子饱和度吸水量的 60% 以上。要使种子发芽良好，必须使种子吸水达其饱和度。2002 年笔者曾进行了水稻种子播前处理质量变化的调查，结果与上述规律基本一致，水稻种子在浸泡过程中可增重 35%，催芽后种子最大吸水率（吸水量／原样重）为 25%。

（3）氧气。水稻是水生植物，在水中或氧气浓度偏低的地方也能发芽生长，但氧气浓度过低，也会发生生理上的异常。正常情况下，鞘叶伸长 1 ~ 2 cm 即停止，其内部的不完全叶已达到鞘叶顶端，之后鞘叶顶端的腹面发生纵裂，不完全叶就抽出了。而在水中或氧气不足的条件下，鞘叶虽然也能长得很长，但维管束的发育不良，从 1996 年对直播条件下的种子发芽或出苗调查看，只有待到鞘叶顶端露出水面或排水晒田后，幼叶经过一段时间才伸长出来。可以认为在氧气浓度低的条件下，种子即使是形态上发芽，也仅仅是鞘叶伸长，而种子根和叶原基并不伸长。星川清亲研究在氧气不足的深水里，鞘叶伸长 5 ~ 10 cm，但幼根几乎不伸长。浸种阶段氧气的多少同样影响到浸种的质量，2003 年进行增氧浸种、常规催芽的试验调查表明，浸种过程氧气的供给所表现出的效果好于其他阶段，主要是芽谷率增加、哑谷率降低。从物质转化的角度考虑，由于氧气的供给提高了胚乳的转化率，提高了胚、酶的活性。关于浸种、催芽过程的氧气供给问题是目前生产中认识上的薄弱环节，也是操作过程中易被忽视的环节。因此从调控角度看，氧气的充足供给是实现全面调控的重点和难点。

2. 离乳期的管理

从叶龄上划分，离乳期经过 2 叶和 3 叶两个叶龄期。对于秧苗而言，该期主要是解决自身养分来源的问题，所以管理的重点应在满足光照、水、温度、空气等的条件下，进行速效养分的补给。从同伸关系的结果看，如果2叶期追肥，肥效将反映在3叶和4叶，植株根系在经过"避氮伸长"后，其"向化性"将使含氧量明显增加，这对返青分蘖具有积极的意义。笔者曾将苗床上一次性基施肥料的30%移至1.5叶期，取得了良好的效果，机插苗带蘖率达30%。

3. 营养生长与生殖生长重叠期的管理

重叠期的生理实质是生长中心的转移，也是植株体内养分分配和流向的转移。这一转移适时、彻底，则营养分配和流向集中于穗部，有利于形成大穗，抑制茎叶生长过旺，有利于高产稳产。重叠期的叶龄指标是以倒4叶为中心前后1个叶龄期，主茎11片叶的品种为7、8、9叶期。

（1）重叠期的肥料管理。寒地水稻在分蘖期施氮促蘖确保穗数的基础上，进入转换期要调节氮素吸收，控制无效分蘖，提高碳氮比。肥料管理的基础是控制前期施氮量，蘖肥早施、用足、不过量，保证在有效分蘖后肥劲下降，达到控制无效分蘖和改善株形的目的。如果有明显缺肥症状，并无根腐、徒长、生育慢等现象，且土壤的供肥能力下降时，应酌情使用接力肥，一般施氮量为全年用量的10%。

（2）重叠期的水分管理。主茎11片叶品种7叶期，田间茎数达计划穗数80%左右，应晾田控蘖，一方面抑制氮肥吸收，提高成穗率；另一方面向土壤中输送氧气，排除有害物质，壮秆壮根。

4. 抽穗期的管理

水稻抽穗标志着长穗期的结束、结实期的开始。根据抽穗数量可将抽穗过程分为始穗期（10%）、抽穗期（50%）和齐穗期（80%）3个阶段。管理的重点应以养根、保叶、防早衰，保持结实期旺盛的物质生产和运输能力，确保安全成熟，提高品质和产量为基本原则。水稻结实期的生育状况受灌溉的影响很大，即保水影响通气增氧，通气影响保水。一般采取措施使增强土壤渗透性和间歇灌溉协调，具体到抽穗阶段宜建立一定的浅水层，使土壤有充足的水分供给，增强植株的活力；同时，保证有适宜的空气湿度，提高授粉扬花的质量。在叶色正常的情况下，结实期不需追肥。当剑叶明显褪淡，脱肥严重，群体生长量偏小、无病害、活叶多时，可在抽穗期间用全生育期氮肥量的10%追施；也可以结合健身防病措施叶面喷施。

第十一节　水稻品种栽培密度的确定方法浅议

水稻品种栽培密度是生产中可控因素之一，对产量和品质有较大影响。栽培密度的确定一方面反映了对品种和栽培条件的认识程度，另一方面也是实施计划栽培的基础。以往栽培密度多根据品种的个别性状进行确定，如株高、分蘖能力等。但从生产的实际应用效果看，以单因素或个别因素为依据确定栽培密度显然是不全面的，通盘考虑水稻品种各方面的特性显得越来越重要。鉴于此想法，本节推荐几种确定水稻品种栽培密度的方法供参考。

1. 水稻品种单因素确定栽培密度的方法

寒地水稻栽培技术的每一次进步都是与栽培密度的演变相适应的。一项栽培模式的出现往往有其代表性品种（涉及适宜密度的优化确定问题），所以就模式而言具有较强的"专品种性"，而不能较全面、辩证、系统地指导生产。从目前寒地水稻栽培密度的发生区间看，行距为 23.3 ~ 40.0 cm、穴距为 10.0 ~ 23.3 cm，即每平方米穴数可从 11 穴到 43 穴不等。为了便于应用，人为地将这个区间分成以每平方米 15、25、35 穴为中心的 3 种类型，即较稀型（15 穴 ±5 穴）、中间型（25 穴 ±5 穴）和较密型（35 穴 ±5 穴）。考虑到栽培密度的变化（宏观上）可以是一个连续过程，同时根据上述的分类可将这一关系用集合的方法限制在［−1，+1］水平，即 −1 水平栽培密度为 35 穴 ±5 穴，0 水平栽培密度为 25 穴 ±5 穴，+1 水平栽培密度为 15 穴 ±5 穴。在品种区域试验的基础上，按照生产发展对品种特征、特性的要求，在其他条件不变的情况下，栽培密度的确定见表 9-2-17。

表 9-2-17　水稻品种单因素确定栽培密度对照表

品种特性	−1 水平	0 水平	+1 水平
熟期	晚	中	早
抗病性	强	中	弱
抗倒性	强	中	弱
蘖角	小	中	大
株高	矮	中	高
苗质	差	中	好
分蘖力	低	中	高

2. 水稻品种多因素确定栽培密度的方法

根据水稻品种受栽培条件的影响程度，将表 9-2-17 中各因素分为较稳定因素（M_1）和较不稳定因素（M_2）两类，其中 M_1 包括熟期（X_1）、抗病性（X_2）、抗倒性（X_3）、蘖角（X_4）；M_2 包括株高（X_5）、苗质（X_6）、分蘖力（X_7）。将各因素所处的水平值代入经验公式（1）、（2）、（3）可确定栽培密度。公式如下：

$$S=（M_1+M_2）/2 \tag{1}$$
$$M_1=X_1X_2X_3X_4 \tag{2}$$

$$M_2 = X_5 X_6 X_7 \tag{3}$$

通过上式求得的密度值在 $[-1, +1]$ 水平。如空育131品种早熟、抗病性中等、抗倒性强、蘖角小、株矮、苗质好、分蘖力高，其所对应的水平值分别为 +1、0、−1、−1、−1、+1、+1，则 S 值为 −0.5，栽培密度可控制在每平方米30穴左右，相当于行穴距29.7 cm×（9.9 ~ 13.2）cm 或 26.4 cm×13.2 cm；垦稻10号熟期晚、抗病性强、抗倒性中等、蘖角小、植株高、苗质好、分蘖力高，其所对应的水平值分别为 −1、−1、0、−1、+1、+1、+1，则 S 值为 +0.5，栽培密度应为每平方米20穴左右，相当于行穴距29.7 cm×16.5 cm。

3. 利用基本苗数确定栽培密度的方法

水稻的收获穗数是由基本苗数和分蘖穗数构成的，因此三者必然存在的关系是，合理基本苗数 = 适宜的穗数 / 单株穗数。按照叶蘖同伸关系可以得到移栽基本苗数经验公式：

$$X = \frac{Y}{1 + (N - n - SN) - \alpha} \tag{4}$$

式中，X 为移栽基本苗数；Y 为计划收获穗数；N 为主茎叶片数；n 为主茎伸长节间数；SN 为秧苗移栽叶龄；α 为校正值，$\alpha \in (0, 1)$，一般主茎10片叶品种取0.2，11片叶品种取0.4，12片叶品种取0.6，13片叶品种取0.8

如空育131品种计划公顷产量为 9 000 kg 时，适宜的收获穗数为每平方米550穗，正常情况下该品种主茎叶片数为11叶，主茎伸长节间数为3.6，移栽时叶龄为3.5叶，校正值取0.4，则每平方米适宜的基本苗数为122.2株，相当于每平方米30.6穴，每穴4株苗，接近机械插秧行穴距30 cm×10 cm水平。上述公式的使用应以机插壮秧为基本条件，如秧苗素质较弱、品种分蘖力较低时可适当增大 α 值。

4. 利用主茎叶片数确定栽培密度的方法

根据"器官同伸"理论和"叶龄模式"理论，可以确定移栽基本苗数公式如下：

$$X = \frac{K}{1 + (N - n - 3) \times \alpha + (N - n - 6) \times \alpha} \tag{5}$$

式中，X 为移栽基本苗数；K 为收获穗数；N 为主茎叶片数；n 为主茎伸长节间数；α 为校正值，因秧苗素质取值0.4 ~ 0.6秧，苗素质好则取值大，秧苗素质差则取值小。

移栽的基本原则是以每穴4株苗为中心，根据秧苗素质调整每平方米穴数（每穴 2 ~ 6株苗）。如主茎叶片数为12叶的壮苗，主茎伸长节间数为4.0，计划收获穗数为每平方米600穗，α 可取0.6，移栽基本苗数每平方米约为115株，每平方米28穴。

第十二节　寒地水稻苗床基肥施用技术研究

目前，水稻旱育秧苗的养分供给，主要是通过"壮秧剂"或相当于壮秧剂的养分配比实现的。从育秧效果上看，时常出现生长不协调的现象，如根冠比较小、充实度偏低等。为了探索问题的成因，进一步规范旱育壮秧的肥料管理技术，开展了苗床基肥适宜用量的研究。

一、试验材料与方法

试验采用随机区组设计，3因素、4水平。因素 A 为氮素（纯 N），每盘 0、2、4、6 g 4 个水平；因素 B 为磷（P_2O_5），每盘 0、1、2、3 g 4 个水平；因素 C 为钾（K_2O），每盘 0、0.5、1、1.5 g 4 个水平。共设 16 个处理，处理 1 为对照，不施用氮、磷、钾肥；处理 2~16 每盘的氮、磷、钾用量分别为 0、1、0.5 g，0、2、1 g，0、3、1.5 g，2、0、0.5 g，2、1、0 g，2、2、1.5 g，2、3、1 g，4、0、1 g，4、1、1.5 g，4、2、0 g，4、3、0.5 g，6、0、1.5 g，6、1、1 g，6、2、0.5 g，6、3、0 g。

供试水稻品种为空育 131，2 月 28 日播种，每盘播量为 100 g 芽谷，底土厚 2.0 cm（3 kg 土）。按设计拌肥，同时每盘拌立枯净 162.4 mg。播前浇 pH 值 3 ~ 4 的酸水，覆土 0.5 ~ 0.7 cm。

二、试验结果与分析

1. 基肥试验及植株分析结果

本试验是在室内完成的，平均室温 16.06 ℃、床温 13.37 ℃。从试验结果可知（见表9-2-18），成苗率随基肥量的增加呈下降趋势（r=-0.815 5），决定系数为 0.665 0，但下降方式不呈直线变化。根据"多项式对曲线的分段拟合"原理，两条曲线光滑连接处 x 的值约为 5 g，即每盘床土的施肥总量（纯量）约为 5 g。

进一步就各元素对水稻成苗率的影响进行分析可知，氮用量与成苗率呈显著负相关关系（r=-0.906 4），决定系数为 0.821 6；磷、钾用量与成苗率的关系分别为 r=-0.070 5 和 r=0.032 1，即在本试验设计量级内无显著相关关系。

表 9-2-18　水稻施用基肥试验结果

处理	成苗率 /%	叶龄	根长 /cm	根数	1 叶长 /cm	2 叶长 /cm	茎基宽 /mm	根冠比	充实度
1	60.22	1.99	6.64	6.6	1.86	8.35	1.50	1.615 4	0.962 3
2	58.82	1.96	3.88	6.9	1.80	8.27	1.50	1.500 0	1.014 0
3	55.96	2.00	5.47	4.5	2.29	9.11	1.42	1.312 5	1.070 2

处理	成苗率 /%	叶龄	根长 /cm	根数	1叶长 /cm	2叶长 /cm	茎基宽 /mm	根冠比	充实度
4	64.55	2.06	4.64	6.5	1.95	8.75	1.58	0.882 4	1.106 1
5	50.54	1.98	3.20	6.1	2.15	7.23	1.50	1.083 3	0.894 2
6	52.43	1.87	3.30	4.9	1.70	8.58	1.50	1.125 0	1.360 5
7	44.76	2.07	3.67	4.9	2.38	8.58	1.50	1.133 3	1.059 3
8	44.54	2.22	4.82	5.4	1.74	7.11	1.50	0.823 5	1.332 3
9	42.11	2.00	3.22	5.7	2.18	9.09	1.50	1.000 0	1.134 8
10	53.80	2.00	2.30	5.6	2.26	9.51	1.50	1.000 0	1.100 4
11	45.70	2.03	2.45	6.2	2.09	8.09	1.40	1.142 9	1.165 7
12	40.70	2.13	2.75	6.0	2.11	8.44	1.50	0.875 0	1.197 6
13	25.87	2.02	1.77	5.7	1.92	6.34	1.40	1.272 7	1.074 2
14	18.64	2.16	1.66	6.1	1.74	5.11	1.35	1.153 8	1.414 6
15	15.63	2.08	1.95	4.8	2.00	6.44	1.32	0.923 1	1.211 6
16	23.70	2.06	1.70	4.5	2.06	6.69	1.32	1.000 0	1.180 7

2. 营养元素与地上部相关性分析

（1）叶龄。与总肥量的关系为 $r=0.594\ 4$，平滑连接点为 4.8 g；与氮的关系为 $r=0.327\ 9$，平滑连接点为 2.0 g；与磷的关系为 $r=0.562\ 7$，平滑连接点为 2.0 g；与钾的关系为 $r=0.286\ 5$，拐点约为 1.0 g。

（2）1叶长。与营养元素无明显相关性。第 1 片叶是胚内"三幼一基"之一，其长度已在上年的发育中基本确定。

（3）2叶长。与氮用量呈显著负相关关系（$r=-0.585\ 5$），分析原因一是营养含量与成苗率的负相关关系，相当于改变了播量；二是株高与营养含量的负相关关系，必定使第 1 叶鞘相对较短。所以从培育壮秧的角度看，稀播和适宜的营养含量是提高 2 叶素质的措施之一。

（4）地上干重。与营养浓度无显著关系，但存在随氮量增加而下降、随磷量增加而提高的趋势。

（5）茎基宽。主要是随氮用量的增加而降低，降低原因与根系发育程度有关。

3. 地下指标与营养元素的关系

（1）根长。与总肥量和氮用量呈显著负相关关系（$r=-0.838\ 4$），与磷、钾无关。由此证实了"根避氮伸长"的论点。

（2）根量。在本试验设计的区间里，肥量变化和种类变化对根量的影响不显著，但存在负相关趋势。

（3）地下干重。与总肥量和氮素呈显著负相关关系。

从"育苗先育根、育根先育种子根"的角度和以上3项指标的分析可知，严格控制氮素用量是培育壮秧的重要环节。

4. 综合指标与营养元素的关系

（1）充实度。与总肥量正相关；与氮素呈正相关趋势；与钾无关。

（2）根冠比。与总肥量和磷元素呈显著负相关关系；与氮、钾呈负相关趋势。

以上2个指标与肥量的显著性交叉关系如下：

$$y_1=1.4 - 0.054\ 5x$$

$$y_2=0.993\ 2 + 0.028\ 4x$$

式中，x 为施肥量（g）；y_1 为根冠比；y_2 为充实度；

利用以上公式可知，当 $y_1=y_2$ 时，为施肥量的最适值，即 $x=4.91$ g。也就是说当总肥量为（4.9 ± 0.3）g 时，秧苗的各项指标趋于平衡。按照同样方法可以估算出氮的适宜值为（2.3 ± 0.2）g；磷的适宜值为（1.5 ± 0.1）g；钾的适宜值为（1.0 ± 0.1）g。

三、小结

（1）从试验结果可知，苗床基肥量的增加，特别是氮素的增加，对培育壮秧具有较大的限制作用。因此，控制氮素在苗床基肥中的使用，应成为培育壮秧的基本原则。

（2）目前，在以"壮秧剂"为代表的苗床管理中，氮素每盘用量为 3 ~ 4 g。若按本试验的结果，生产中应减掉约 30% 的氮素，调节氮、磷、钾比例为 5 : 3 : 2，绝对量级关系为纯 N 2.5 g、P_2O_5 1.5 g、K_2O 1.0 g。